“十二五”国家重点图书出版规划项目
世界兽医经典著作译丛

小动物皮肤病诊疗彩色图谱

第2版

[美] Karen Helton Rhodes　Alexander H. Werner　编著
李国清　主译

中国农业出版社

Blackwell's Five-Minute Veterinary Consult Clinical Companion Small Animal Dermatology
By Karen Helton Rhodes and Alexander H. Werner
ISBN: 978-0-8138-1596-1

著作权合同登记号：图字 01-2014-0703

图书在版编目（CIP）数据

小动物皮肤病诊疗彩色图谱 / （美）罗兹（Rhodes, K. H.），（美）沃纳（Werne, A. H.）编著；李国清主译. — 2版. — 北京：中国农业出版社，2014.5
（世界兽医经典著作译丛）
ISBN 978-7-109-17545-7

Ⅰ. ①小… Ⅱ. ①罗… ②沃… ③李… Ⅲ. ①动物疾病－皮肤病－诊疗－图谱 Ⅳ. ①S857.5-64

中国版本图书馆CIP数据核字(2012)第317244号

中国农业出版社出版
（北京市朝阳区农展馆北路2号）
（邮政编码100125）
责任编辑　邱利伟　黄向阳　雷春寅

北京通州皇家印刷厂印刷　新华书店北京发行所发行
2014年5月第1版　2014年5月北京第1次印刷

开本：889mm × 1194mm 1/16　印张：35.5
字数：910 千字
定价：345.00元
（凡本版图书出现印刷、装订错误，请向出版社发行部调换）

译者名单

主　译

李国清（华南农业大学兽医学院教授，博士生导师）

副主译

张龙现（河南农业大学教授，博士生导师）

张浩吉（佛山科技学院教授，硕士生导师）

周荣琼（西南大学教授，硕士生导师）

译校人员

华南农业大学	李国清　刘远佳　孟祥龙　刘　田
	任邵娜　郑国超　李雅文　李　结
河南农业大学	张龙现　董海聚　刘　芳
佛山科技学院	张浩吉
西南大学	周荣琼　马光旭
西北农林科技大学	林　青　赵光辉
青海大学	张瑞强

总审校　李国清

《世界兽医经典著作译丛》总序

引进翻译一套经典兽医著作是很多兽医工作者的一个长期愿望。我们倡导、发起这项工作的目的很简单，也很明确，概括起来主要有三点：一是促进兽医基础教育；二是推动兽医科学研究；三是加快兽医人才培养。对这项工作的热情和动力，我想这套译丛的很多组织者和参与者与我一样，来源于“见贤思齐”。正因为了解我们在一些兽医学科、工作领域尚存在不足，所以希望多做些基础工作，促进国内兽医工作与国际兽医发展保持同步。

回顾近年来我国的兽医工作，我们取得了很多成绩。但是，对照国际相关规则标准，与很多国家相比，我国兽医事业发展水平仍然不高，需要我们博采众长、学习借鉴，积极引进、消化吸收世界兽医发展文明成果，加强基础教育、科学技术研究，进一步提高保障养殖业健康发展、保障动物卫生和兽医公共卫生安全的能力和水平。为此，农业部兽医局着眼长远、统筹规划，委托中国农业出版社组织相关专家，本着“权威、经典、系统、适用”的原则，从世界范围遴选出兽医领域优秀教科书、工具书和参考书50余部，集合形成《世界兽医经典著作译丛》，以期为我国兽医学科发展、技术进步和产业升级提供技术支撑和智力支持。

我们深知，优秀的兽医科技、学术专著需要智慧积淀和时间积累，需要实践检验和读者认可，也需要具有稳定性和连续性。为了在浩如烟海、林林总总的著作中选择出真正的经典，我们在设计《世界兽医经典著作译丛》过程中，广泛征求、听取行业专家和读者意见，从促进兽医学科发展、提高兽医服务水平的需要出发，对书目进行了严格挑选。总的来看，所选书目除了涵盖基础兽医学、预防兽医学、临床兽医学等领域以外，还包括动物福利等当前国际热点问题，基本囊括了国外兽医著作的精华。

目前，《世界兽医经典著作译丛》已被列入“十二五”国家重点图书出版规划项目，成为我国文化出版领域的重点工程。为高质量完成翻译和出版工作，我们专门组织成立了高规格的译审委员会，协调组织翻译出版工作。每部专著的翻译工作都由兽医各学科的权威专家、学者担纲，翻译稿件需经翻译质量委员会审查合格后才能定稿付梓。尽管如此，由于很多书籍涉及的知识点多、面广，难免存在理解不透彻、翻译不准确的问题。对此，译者和审校人员真诚希望广大读者予以批评指正。

我们真诚地希望这套丛书能够成为兽医科技文化建设的一个重要载体，成为兽医领域和相关行业广大学生及从业人员的有益工具，为推动兽医教育发展、技术进步和兽医人才培养发挥积极、长远的作用。

农业部兽医局局长

《世界兽医经典著作译丛》主任委员 张仲秋

译者序

《小动物皮肤病学》第二版由美国兽医皮肤病学院河谷兽医皮肤病学兽医学博士凯伦·赫尔顿·罗兹和加利福尼亚动物皮肤病中心的亚历山大·H·沃纳共同编写。全书共有9个部分54章，均以图谱形式全面系统地介绍了宠物（犬和猫）常见的各种皮肤病，包括过敏性与超敏性皮炎、内分泌性皮肤病、免疫与自身免疫性皮肤病、传染性皮肤病、肿瘤性/副肿瘤性皮肤病和寄生虫病等，以及外来宠物（雪貂、豚鼠、仓鼠、刺猬、大鼠、小鼠和家兔）的常见皮肤病。本书立足于小动物皮肤病的兽医临床，引入了大量临床兽医皮肤病学的图片资料，简要概述了小动物各种皮肤病的定义、病因学与病理生理学、特征与病史、临床特点、鉴别诊断、诊断和治疗等，书末附有瘙痒性皮肤病的临床管理、犬遗传性皮肤病/品种易感性皮肤病、小动物各种皮肤病常用药物一览表和宠物主人培训讲义。本书系统总结了美国小动物皮肤病兽医临床咨询的一些经验，体现了小动物皮肤病学领域在当今发达国家的诊疗水准，可作为从事宠物医院临床兽医或技术人员的参考书，也可供宠物饲养者或爱好者参考。

本书从开始翻译到定稿，历时半年，期间得到了中国农业出版社邱利伟编辑以及华南农业大学等6所高等院校领导和同行的鼓励和支持。值此付梓之日，特向他们表示由衷的感谢！本书主译近年来得到了国家自然科学基金（No.30972179，31272551）、教育部博士点基金（N0.200805640004）和国家级双语示范课程《小动物寄生虫病学》等项目的资助，在此一并感谢！

我们深知，由于学识和临床经验有限，译著中难免存在瑕疵，恳请广大读者批评指正。

李国清

前　言

本书是美国经典的《5分钟兽医临床顾问》系列图书中的一本。本书不是全面的皮肤病教科书，而是直接面向一线临床医生，快速、实用提供临床解决方案是本书最大的特点，也是读者喜欢的原因。

本书第2版的编写继续秉承面向宠物医生的临床需求，从病症、临床症状、鉴别诊断、诊断、治疗等突出疾病要点。全书内容包括宠物（犬、猫）和外类宠物（雪貂、豚鼠、仓鼠、刺猬、小鼠、大鼠、家兔）的各种临床能见到的皮肤病，共9个部分54章内容。在附录部分，介绍了皮肤病的临床管理、皮肤病药物一览表以及宠物主人培训讲义。本书提供了550幅精彩的皮肤病病例照片，这是我们多年的临床实践积累，我们相信读者能找到临床所需。

感谢Wiley–Blackwell，特别是艾丽卡・犹太对我的热情支持，鼓励我们重新编写而不是简单在第1版基础上修改部分内容。

感谢亚历山大・H・沃纳作为合著者，他在美国的西海岸，我在美国的北部和东南地区，我们从不同的地区和角度看问题，并合作编写是最佳拍档。感谢凯伦・罗森塔尔继续编写本版的外来宠物皮肤病部分，她的经验和友谊永远是我非常珍贵的。

凯伦・赫尔顿・罗兹

致　谢

本书第一版的部分章节由下列作者提供，在此表示谢意。

Albert H. Ahn
Stephen C. Barr
Kartin M. Beale
Ellen N. Behrend
Karen I. Campbell
Edward G.Clark
Ellen C. Codner
Paul A. Cuddon
Elizabeth A. Curry-Galvin
David Duclos
Robyn E. Elmslie
Carol S. Foil
Sharon F. Grace
Elizabeth Goldman
John G. Gordon
Joanne C. Graham
W. Dunbar Gram
Deborah Greco
Jean Swingle Greek
Nita kay Gulbas
Steven R. Hansen
Keith A. Hnilica
Johnny D. Hoskins
Richard J. Joseph
Robert J. Kemppainen
Peter P. Kintzer
Karen Ann Kuhl
Suzette M. Leclerc
Alfred M. Legendre
Steven A. Levy
Dawn Elaine Logas
John MacDonald
Kenneth V. Mason
Linda Medleau
Linda Messinger
Danied O. Morris
K. Marcia Murphy
Gary D. Norsworthy
James O. Noxon
Allan J. Paul
Kenneth M. Rassnick
Lloyd M. Reedy
Keith p. Richter
Wayne Stewart Rosenthal
Karen L.Rosenthal
Fred W. Scott
Kevin Shanley
Francis W. k. Smith Tr.
Paul W. Snyder
Margaret S. Swartout
Sheila M. Torres
John W. Tyler
Alexander H. Werner
J. Paul Woods
Karen M. Young
Anthony Yu

内容简介

本书是美国兽医经典著作《小动物皮肤病诊疗彩色图谱》的第2版，阐述了小动物皮肤病学的基本知识，详细介绍了宠物（犬、猫）以及外来宠物（雪貂、豚鼠、仓鼠、刺猬、大鼠、小鼠、家兔）各种皮肤病。全书分为总论、过敏性与超敏性皮炎、内分泌性皮肤病、免疫与自身免疫性皮肤病、传染性皮肤病、肿瘤性/副肿瘤性皮肤病、寄生虫病、精选主题和外来宠物皮肤病共9个部分54章，书末附有瘙痒性皮肤病的临床管理、犬遗传性皮肤病/品种易感性皮肤病、皮肤病药物一览表和客户教育讲义。本书注重实践，图片丰富，内容翔实，实用性强。本书可供临床兽医、从事兽医学和公共卫生学的临床兽医或技术人员参考。

用药说明

兽医科学是一门不断发展的科学，特别是各个国家对药物、产品的使用和规定存在差异，本书属于引进的国外专著，出版社和译者本着忠于原著的原则翻译，书中介绍的治疗方案和用药剂量等内容仅供读者参考。在具体临床应用中，请读者遵守我国兽医相关法律法规，根据国内临床药物使用说明应用（如盐酸克伦特罗，我国严禁使用，国外有的国家可以应用）。出版社和译者对因治疗动物疾病中所发生的风险和损失不承担任何责任。

中国农业出版社

CONTENTS

目 录

第一部分

总 论

Basics

第1章

病变描述 / 术语

定义 / 概述

- 皮肤病病变的定义和描述对于患畜的诊断和监测非常重要。
- 从宏观模式到特定的病变类型，应得出一个整体印象。
- 病史和体征的简要描述要形成确诊的分类清单。
- 蚤过敏性皮炎的示例描述：背侧腰骶斑点状脱毛伴有丘疹、结痂、表皮脱落和苔藓样变。

皮肤病学术语

- 全身被毛
  - 光亮
  - 暗淡
  - 油亮
  - 干燥
  - 阴暗
  - 脆弱
  - 密集
  - 稀少（局部脱毛）
  - 无（脱毛）
  - 色泽
    - 一般正常的变化
    - 与特定毛色相关
- 病变分布
  - 对称性或非对称性
  - 区域（举例）
    - 足部
    - 面部
    - 耳廓
    - 鼻背侧
    - 鼻面

        - 黏膜
        - 皮肤黏膜交界处
        - 足垫
        - 背部
        - 腹侧
        - 躯干
        - 腹部
        - 头部
        - 颈部
        - 尾巴
        - 末端
- 模式
    - 分散的
    - 普遍的
    - 局部的
    - 小范围的
    - 片状
    - 区域性

原发性病变与继发性病变的临床特点

原发性病变直接从疾病过程中产生：

- 鳞片：角质细胞的堆积；可进一步分为细的，粗的，油腻的，干燥的，黏性的或松散的鳞片（图1-1）。
- 结痂：细胞与血清、血液、脓或药物的干性渗出物凝结而成（图1-2）。
- 囊状管型：堆积的囊状物质超出囊泡窦口水平；可以附着于毛干。
- 粉刺：毛囊扩张被皮脂和表皮碎屑所阻塞；当滤泡窦口暴露时，碎片会变暗，形成一个“黑头”（图1-3）。
- 直径1cm以下的病变：
    - 斑疹：皮肤颜色变化触及不到；色素沉着增加或减少，出血或红斑（图1-4）。
    - 丘疹：坚硬的皮肤隆起（图1-5）。
    - 水泡：表皮内或表皮下充满液体的细胞病变（图1-6）。
    - 脓包：表皮内或表皮下充满液体的非细胞性病变，液体内通常含有中性粒细胞，但也可能含有嗜酸性粒细胞（图1-7）。
    - 结节：坚硬的皮肤隆起，可延伸至深层皮肤（图1-8）。
- 直径1cm以上的病变：

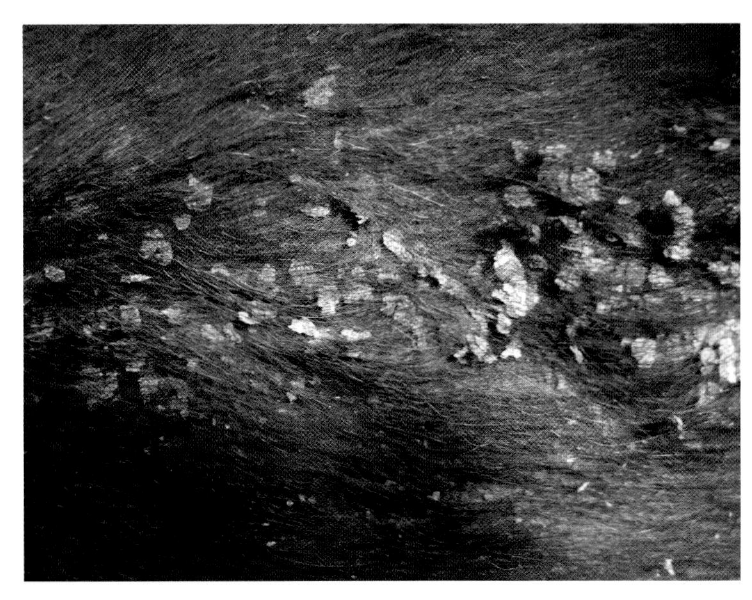

图1-1 鳞片——角质细胞的堆积

图1-2 结痂——鼻面干性渗出物厚厚的堆积

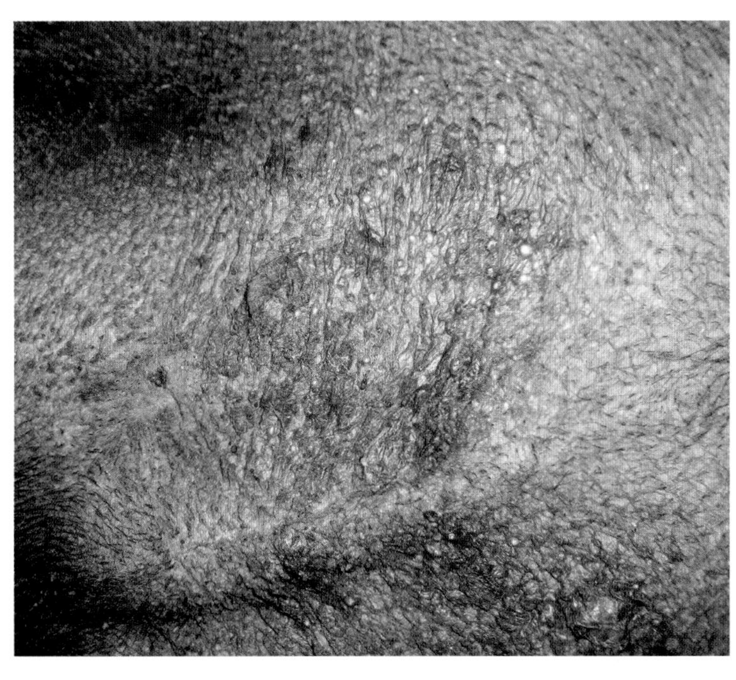

图1-3 粉刺——毛囊扩张被表皮碎片堵塞

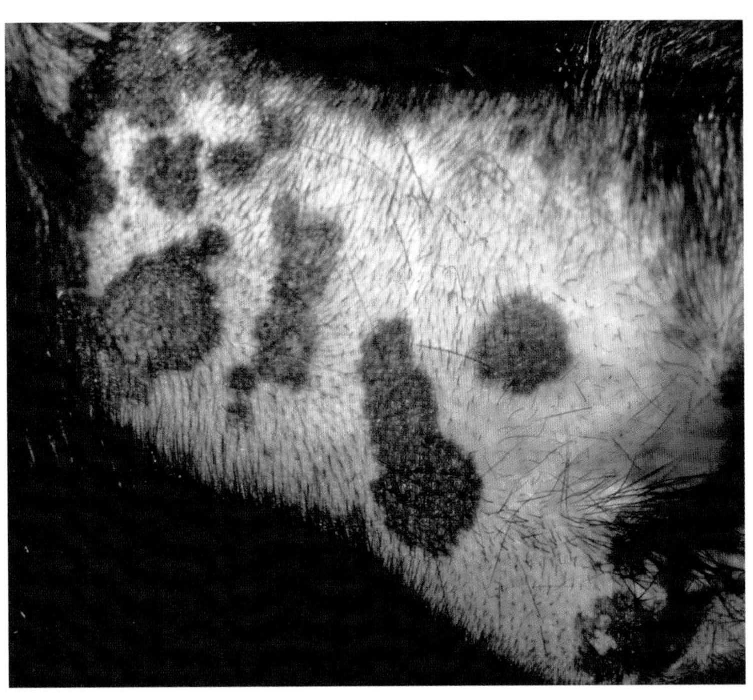

图1-4　斑疹——皮肤颜色变化触及不到

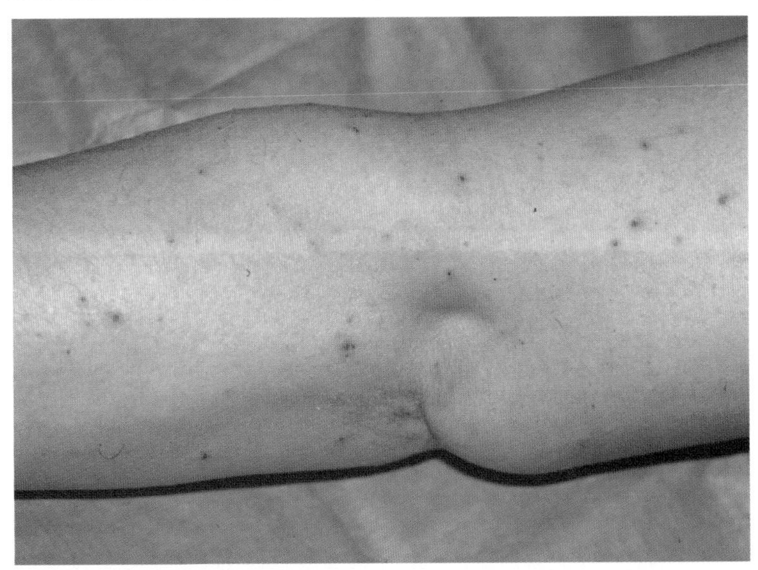

图1-5　丘疹——坚硬的皮肤隆起（犬疥癣感染人的病变）

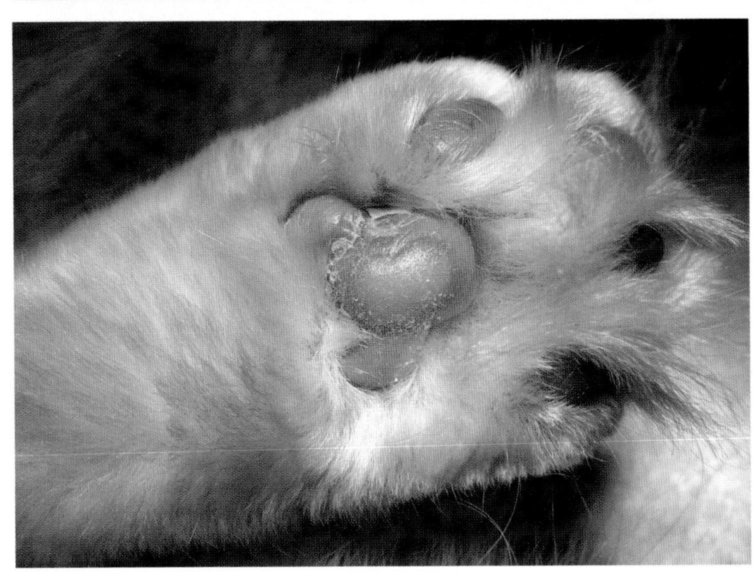

图1-6　水泡——充满液体的非细胞性病变（落叶型天疱疮）

图1-7 脓包——充满液体的细胞病变

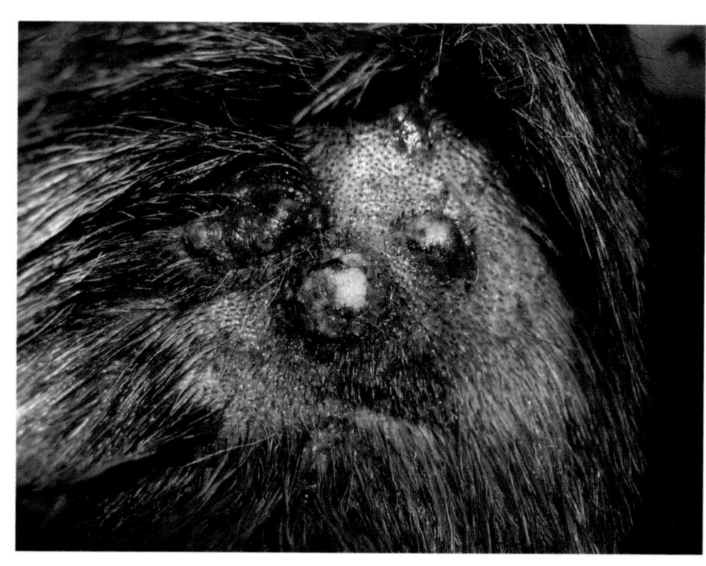

图1-8 结节——坚硬的皮肤隆起，延伸到深层皮肤（瘙痒性纤维结节）

- 斑片：皮肤颜色变化触及不到；大型斑疹（图1-9）。
- 斑块：扁平、可触及的坚硬隆起；大型丘疹（图1-10）。
- 鞭痕：真皮内液体的临时堆积，可产生明显分界（陡峭）的凸起区（图1-11）。
- 大泡：液体的大量积聚，常常延伸到真皮层（图1-12）。
- 脓肿：细胞性液体的大量积聚，可延伸到真皮层和皮下组织。
- 囊肿：常在表皮下形成衬有上皮的囊腔，腔内充满液体或半固体物质（图1-13）。
- 肿瘤：大的肿块，可涉及皮肤及深层组织（图1-14）。

- 色素变化
  - 色素沉着过多：皮肤色素增加。
  - 色素减少：皮肤色素沉着减少。
    - 白斑病：皮肤发白。

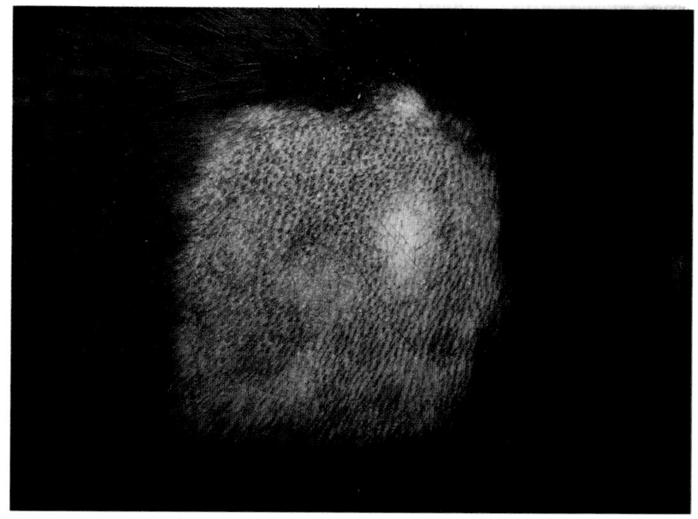

图1-9 斑片——不可触及的皮肤颜色变化引起的大面积病灶（亲上皮性淋巴瘤）

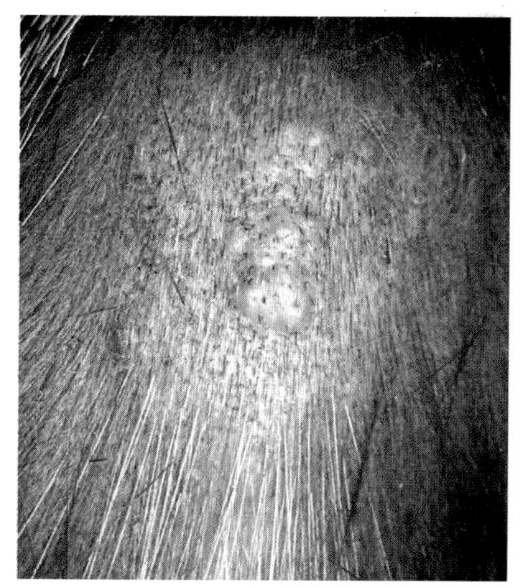

图1-10 斑块——扁平、可触及的坚硬皮肤隆起（油脂型）

图1-11　鞭痕——液体的临时积聚

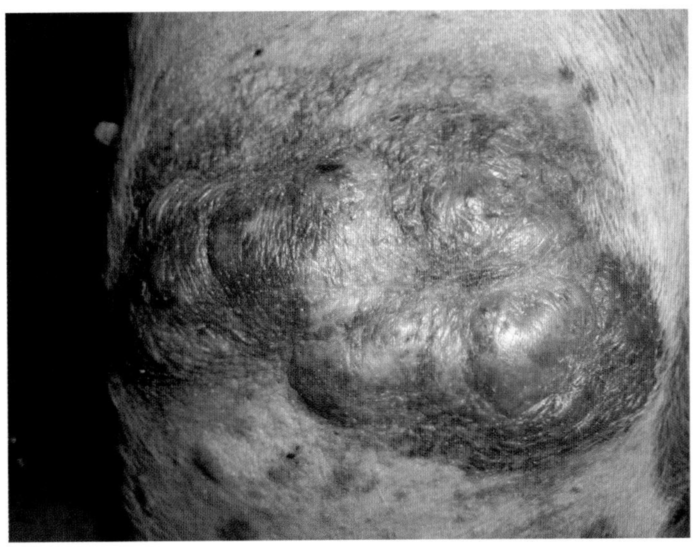

图1-12　大泡——液体的大量积聚，常延伸到真皮层

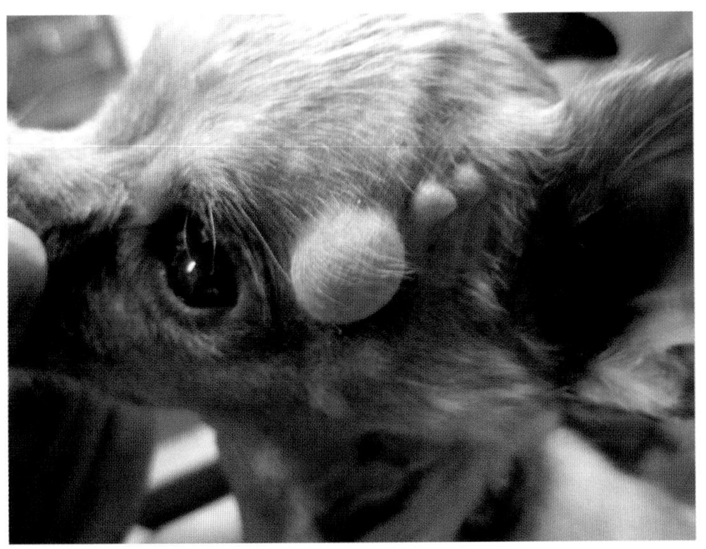

图1-13　囊肿——衬有上皮的腔内充满液体（汗腺囊肿）

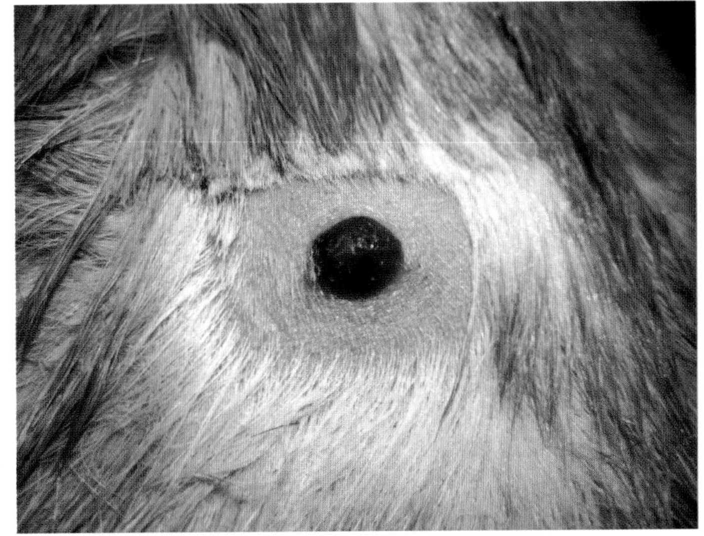

图1-14　肿瘤——大的肿块，可涉及皮肤及深层组织（浆细胞肿瘤）

- 白发：毛发发白。

继发性病变由原发性病变发展而来——最常见的是由病人或环境所诱发。

- 表皮环形脱屑：鳞片的环形积聚，源于水泡或脓疱的破裂（图1-15）。
- 表皮脱落：伴有红斑的线性糜烂和自身创伤后的结痂。
- 苔藓样变：皮肤增厚超出正常模式，由慢性炎症和自身创伤所引起（图1-16）。
- 糜烂：皮肤缺损，未穿透真皮与表皮交界处（图1-17）。
- 溃疡：皮肤缺损，可穿透真皮与表皮交界处（图1-18）。
- 裂缝：线性缺损可穿过表皮进入真皮（图1-19）。
- 瘘：伴有渗出的深部病变（图1-20）。
- 疤痕：已经取代正常皮肤的纤维组织区域；常触摸到变薄或扁平的缺损（图1-21）。

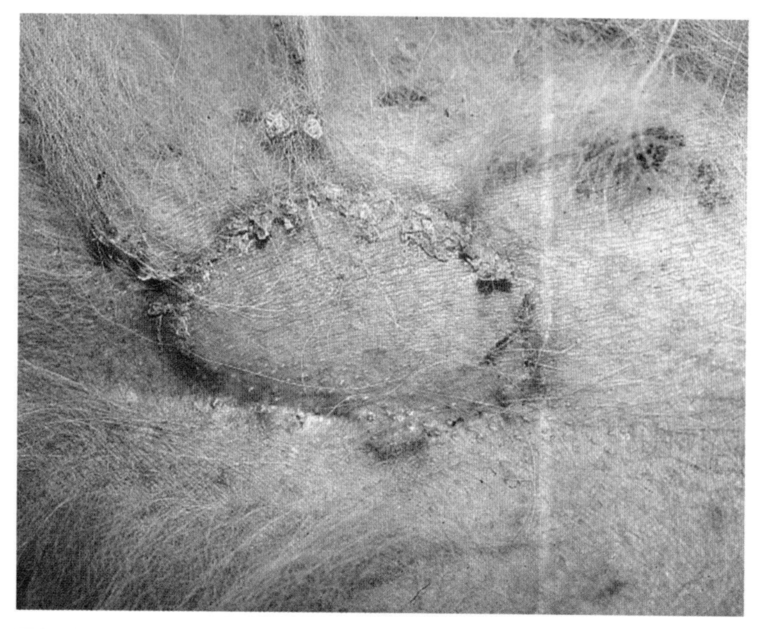

图1-15 表皮环形脱屑——鳞片的环形积累

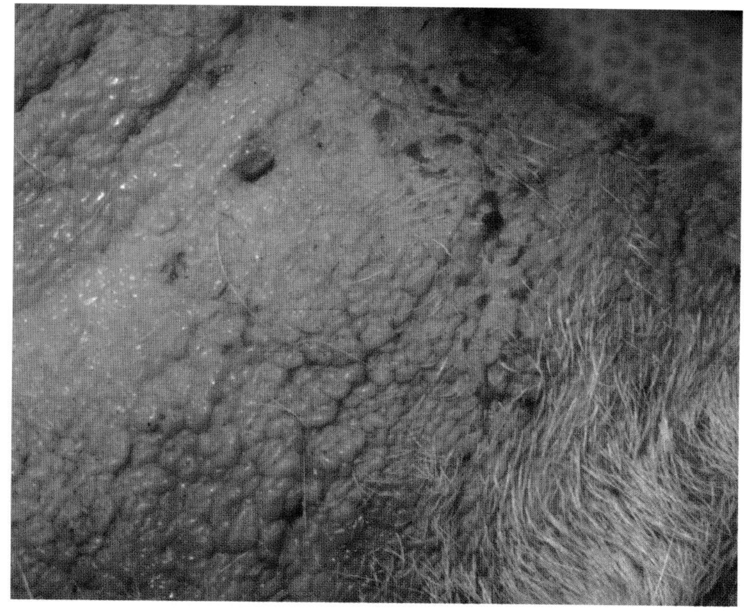

图1-16 苔藓样变——皮肤增厚超出正常模式（原发性皮脂溢）

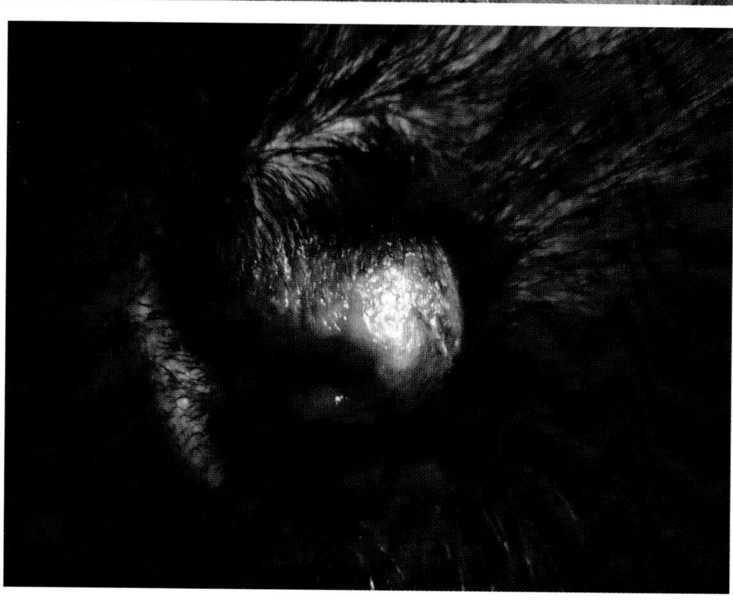

图1-17 糜烂——皮肤缺损，未穿透真皮与表皮交界处（天疱疮）

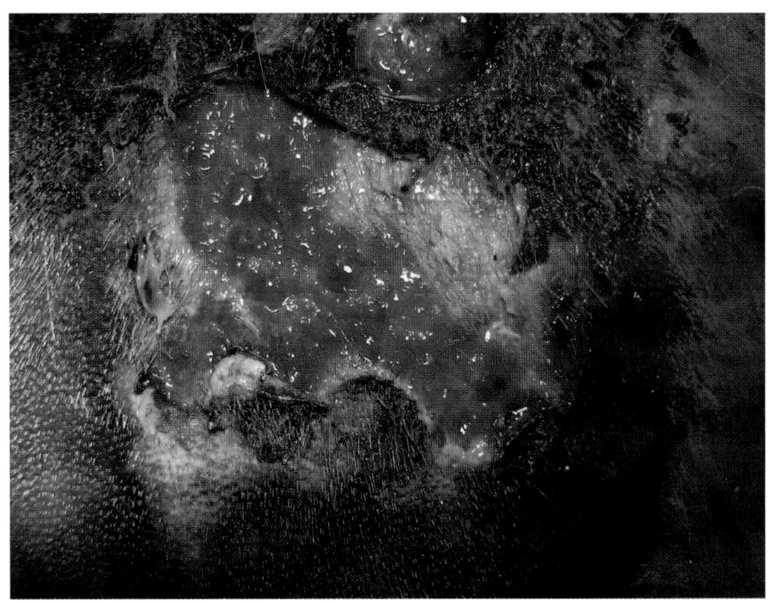

图1-18　溃疡——皮肤缺损，穿过真皮与表皮交界处

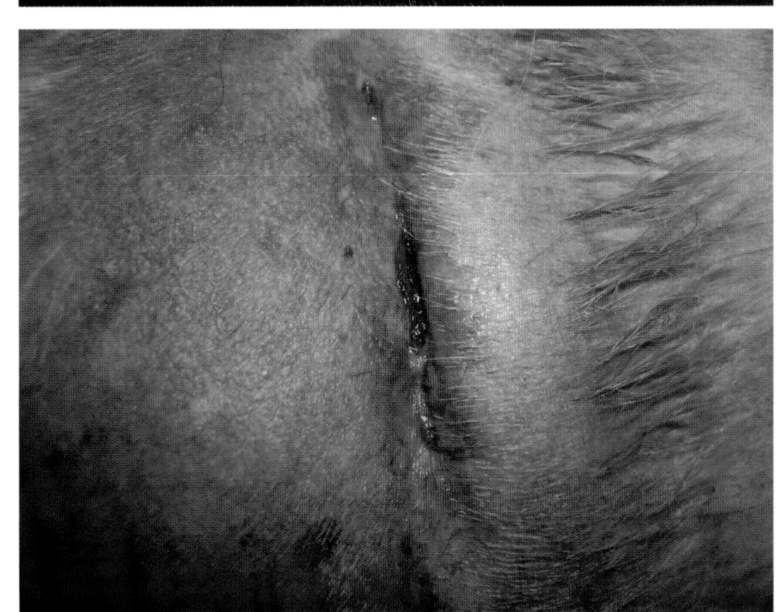

图1-19　裂缝——可穿透表皮的线性缺损（脂膜炎）

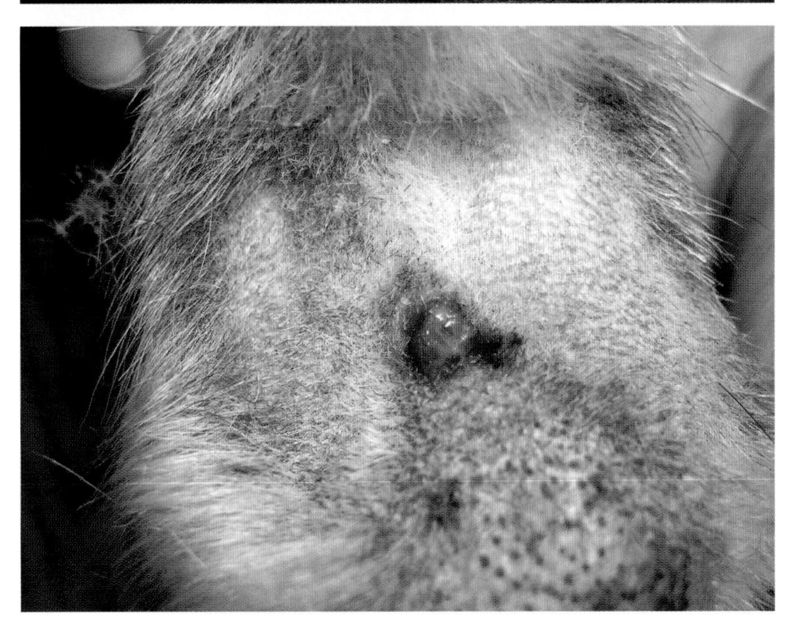

图1-20　瘘——伴有渗出的深部病变（跖骨瘘）

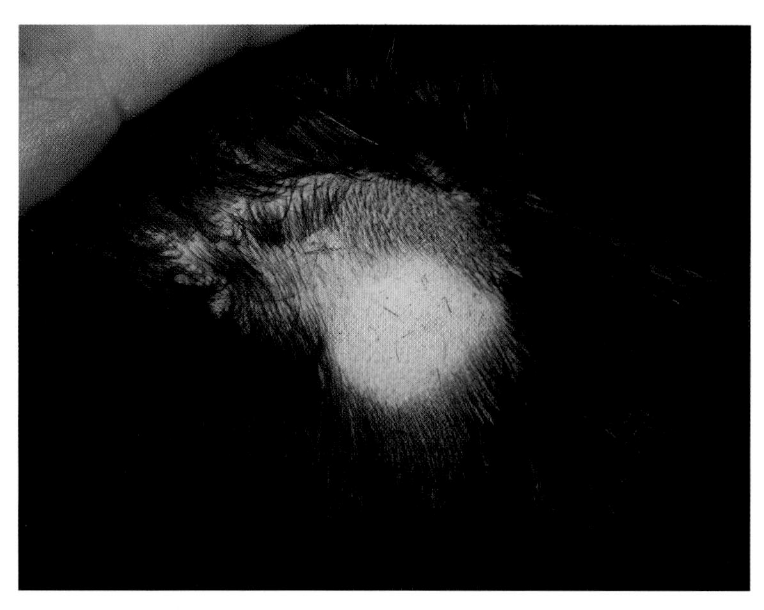

图1-21 疤痕——已经取代正常皮肤的纤维组织区域（接种反应）

注 释

- 检查结果的记录应当组织有序；描述应该提供清晰的“画面”，为随后的检查提供先前皮肤病的情况。
- 检查结果应该从“大”到“小”来组织描述。
- 正确鉴定特征性病变，并了解它们如何发展，提供宝贵的病理生理学信息。
- 许多皮肤病有特殊的外观，当与疾病的特征和病史相关时，能够提供适当有限的鉴别诊断。
- 另外，许多皮肤病有相似的体检结果。准确的记录可为临床医生对皮肤病患畜的诊断和治疗制订一份精确的计划。

作者：Alexander H. Werner

李雅文 译 李国清 校

第 2 章

实用细胞学

定义 / 概述

皮肤细胞学是基本的诊断依据，几乎每一个皮肤病病例都应该获得样本，样本收集和玻片制作的技术是解释的关键。刮屑法、拔毛法、耳拭子/涂片、直接印片、细针穿刺活检、醋酸胶带法制片是皮肤病学最常用的细胞学技术。

浅表样本刮屑法

该样本常用于诊断疥螨、背肛螨、恙螨、蠕形螨（伽图氏蠕形螨和角质层蠕形螨）、耳痒螨引起的感染。

- 选择病变皮肤。
- 将少量矿物油放在盖玻片上。
- 采用10号手术刀片或刮片。
- 用少量矿物油加在刀片或直接放在选择的病变皮肤上。
- 沿毛发生长的方向刮取皮屑，将皮屑转移到盖玻片上。
- 选择几个采样部位，在怀疑疥螨感染的情况下采样面积要大。
- 最佳的采样部位取决于临床诊断，即疥螨–耳廓边缘和肘部，蠕形螨–背中线或病灶部位。
- 用10×物镜观察整个玻片，有时需要调低聚光器以便增加反差。
- 注意活螨与死螨的比例以及卵、幼虫和成虫的比例（图2–1）。

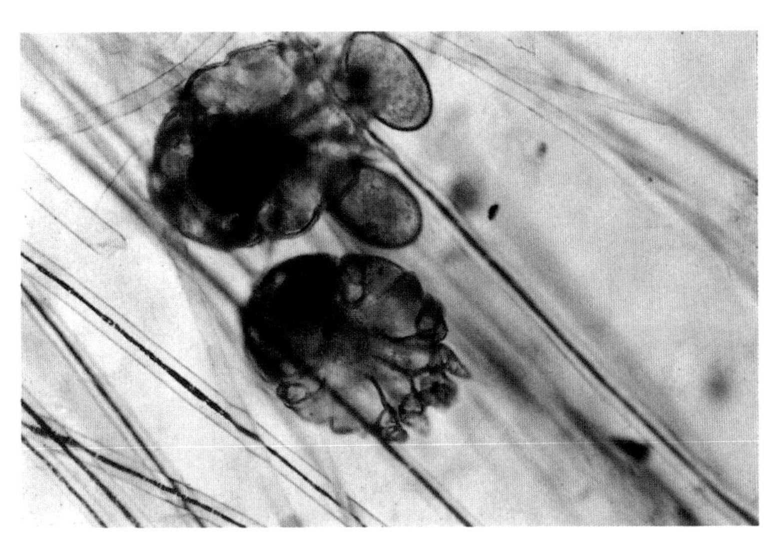

图2–1 耳廓边缘浅表皮肤刮取物中发现的疥螨和卵

深层样本刮屑法

该样本常用于诊断犬蠕形螨，印加蠕形螨和猫蠕形螨。

- 该技术与浅表样本的刮屑法基本相同，需补充的是：
  - 在材料放置玻片之后，用拇指和食指挤压采样部位，使毛细血管渗出，再次刮取同一部位，收集所有材料并放在预备的玻片上。
  - 理论上讲这种挤压可将螨虫挤到毛囊表面。
- 用10×物镜观察整个玻片，有时需要调低聚光器以便加大反差（图2–2）。
- 注意活螨与死螨的比例以及卵、幼虫和成虫的比例。
- 当心：足蠕形螨病往往可见水肿和肿胀，也许难以发现螨虫，采样应选择病变周围。

图2–2　犬蠕形螨刮屑法，注意螨的不同阶段，包括卵

拔　毛　法

拔毛法常作为采样的一种辅助手段，当获取眼周样本时可采用此法。

- 将少量矿物油放在盖玻片上。
- 用止血钳从病变和/或病变周围皮肤拔取少量毛发样本，直接放在矿物油内；在拔出被毛的毛球周围可以看到蠕形螨。
- 用10×物镜观察整个玻片，有时需要调低聚光器以便加大反差。

耳拭子 / 涂片法

耳拭子常用来诊断细菌和酵母的过度生长，而且也有助于其他鉴别诊断（肿瘤，角质化障碍，螨

虫，真菌感染）。每个中耳炎病例每次复检时应该进行耳部细胞学检查。

- 通过在耳道垂直与水平结合处（大约75°角——使用时要小心，以免刺穿耳膜）采集棉试子，获得细胞学检查的样品。
- 在载玻片上滚动样品；用字母R和L来表示样品代表哪个耳朵，以便两个样品都能放在同一玻片上。
- 样品在火焰上停留2～3s将玻片热固定。
- 采用Diff-Quik 染料（改良瑞氏染色），轻轻冲洗玻片，注意不要使样品脱落。
- 在10×物镜下开始检查，鉴定最好的观察视野；然后用40×、100×或油镜来鉴定虫体和/或细胞群。

注意以下几点：

1. 炎性细胞可随感染而变性，但免疫介导性皮肤病往往仍然是完整的。

2. 棘状细胞也许会大量存在，可提供诊断信息（如落叶型天疱疮）。

3. 如果见到大量上皮细胞夹杂极少细菌，可考虑角质化障碍。

4. 记住角质化细胞也许有黑色素颗粒。

5. 记住正常耳屎不染色。

6. 有中性粒细胞而无细菌也许表明是对放置在耳孔内治疗药物的超敏反应（即新霉素，丙二醇）。

表2-1　外耳道细菌或真菌定量的计分标准

细菌计分	每个高倍视野（400×）
0	无
1	少于1～2个细菌
2	2～5个细菌
3	5～20个细菌
4	大于20个细菌
真菌计分	每个高倍视野（400×）
0	无
1	少于1个
2	1～5个
3	5～10个
4	大于10个

直接印片或触片法

直接印片常用于诊断马拉色菌过度生长或评估溃疡和斑块。

- 将盖玻片直接在同一部位的皮肤表面按压几次（皮肤表面油腻需常用）（图2-3，图2-4），或将玻片压在活体样本的切口表面，或直接压在斑块、溃疡、糜烂处（图2-5A，B）。

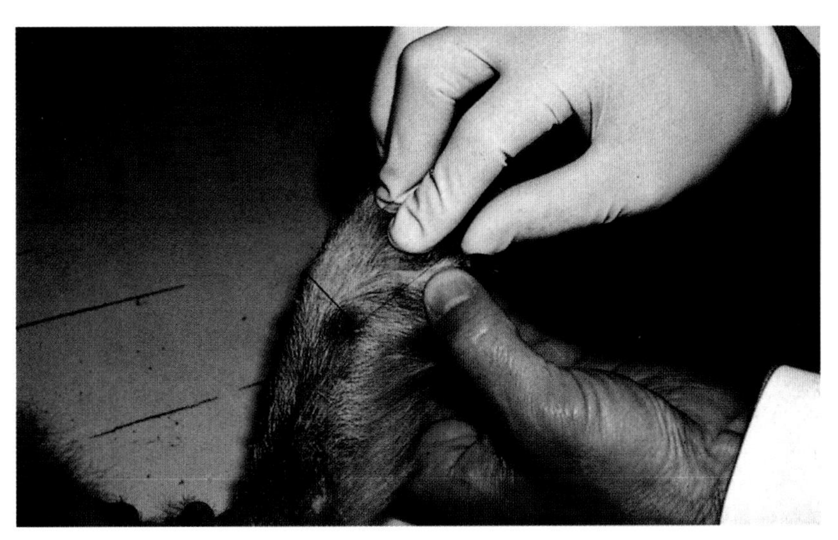

图2-3　在患马拉色菌皮炎的犬身上做印片检查真菌。注意使用乳胶手套以免在玻片背面产生指纹

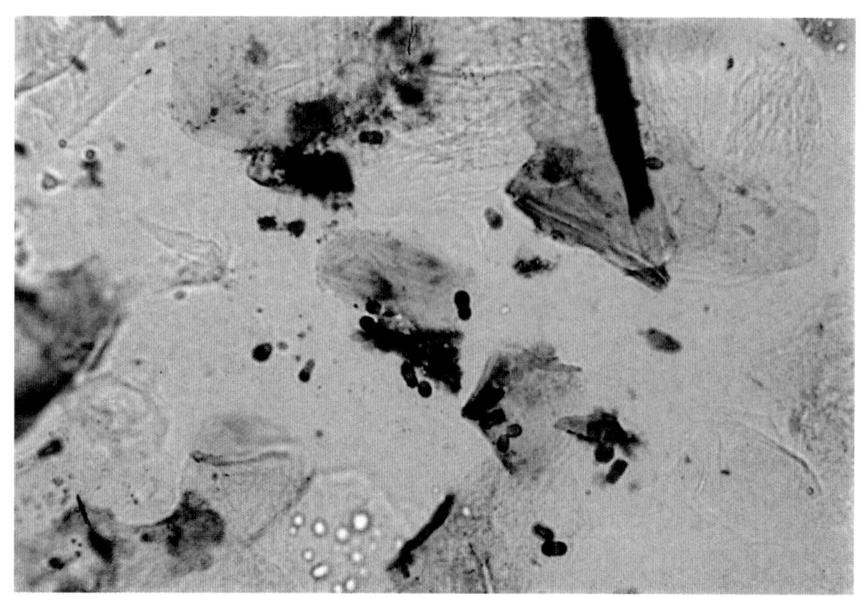

图2-4 来自马拉色菌足皮炎患畜的细胞学标本（油镜，1000×）

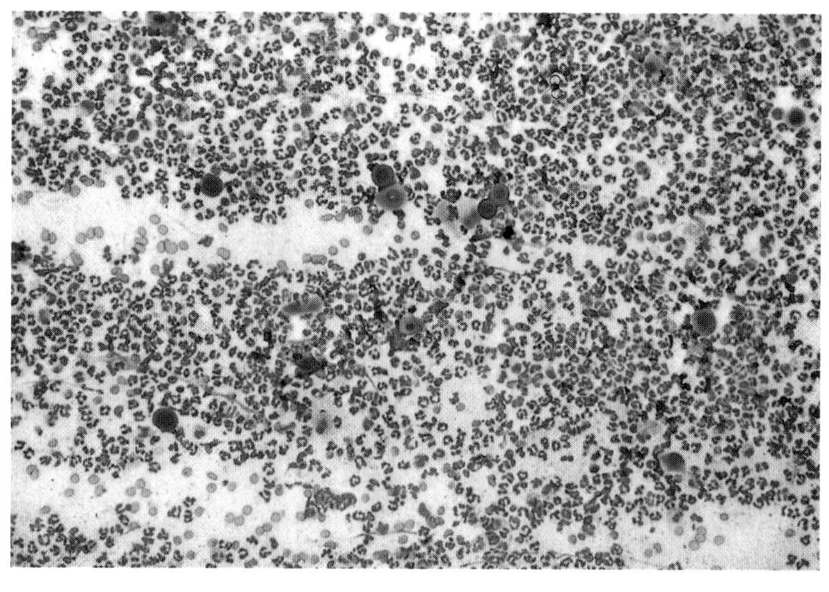

图2-5 （A）头上有大量痂皮和脓疱的病猫。（B）来自这只病猫的细胞学检查。注意许多中性粒细胞（未见感染源）和棘皮细胞，为角质化细胞，未见附着于其他上皮细胞。该图片提示为落叶型天疮疱病变

- 如果从活体样本的切口表面获得样本，那么做印片之前可用干海绵纱布轻轻吸干皮肤上的多余血液，然后在染色之前将玻片晾干。
- 除非使用黏性玻片，否则在染色之前要将从油腻皮肤获得的样品加热固定。
- 也可以采用棉拭子或刮刀采集样本用于真菌鉴定（特别是敏感区，如会阴部和肛门周围），在玻片上滚动，或经浅表刮屑（不用矿物油）采集样品（图2-6）。
- 结痂和睫状区表皮可用消毒针头轻轻去掉病变的表面或边缘，将底层表面印在载玻片上。
- 真菌的定量可采用耳拭子同样的计分标准。

细针头穿刺活检

细针头穿刺活检常用于检查脓包、结节和肿瘤。对于结节和肿瘤，作者宁愿使用22号针头和6cc注射器；对于较软的病变，如脓包，可使用23号针头和3cc注射器。

- 小心将针头插入病变中心，拉回活塞以提供负压，然后释放负压，重复几次（有时当重新调整针头方向时）。在从病变中移去针头之前总是要释放负压以便采集的样本留在针头或针座。
- 去掉注射器的针头，注射器内注入空气，替换注射器针头，将样本推到干净的显微玻片上。
- 可简单地将酒精滴到病变表面，采集小病变（脓包除外）样本；晾干后用无菌针头切开病变，用针头铲起内容物，放在载玻片上（图2-7A，B）。

醋酸胶带法制片

该法常用于螨（姬螯螨）和真菌的鉴定，最好是干净的胶带。

- 对于马拉色菌的鉴定，用胶带的黏性面多次按压可疑区域，胶带用Diff-Quik染料处理，但不要用溶解黏性的酒精溶液，然后将胶带（黏性面朝下）压在盖玻片上（图2-8）。
- 对于姬螯螨的鉴定，将胶带黏在多个部位（采集尽可能多的皮屑），然后直接将胶带（黏性面朝下）压在载玻片上（图2-9）。

注　释

1. 直接印片要用力将待检样本压在玻片的表面以便加大黏附。
2. 热固定应短暂，不能“煮”玻片。
3. 染色过程应小心，以免玻片上的材料脱落（按规定时间将玻片浸在每个固定或染色液中，而不是反复蘸）。
4. 冲洗玻片时要小心（用低压）。
5. 染色维护对于预防人为假象是很重要的，应定期更换染料（每周或当污染时）。
6. 当用油镜（即1000×）观察或用高倍镜（即400×）观察时，放一滴油在载玻片上再加盖玻片检查，病原体会更清晰。
7. 通过在盖玻片上使用少量封固剂（如Permount）可永久保存玻片。

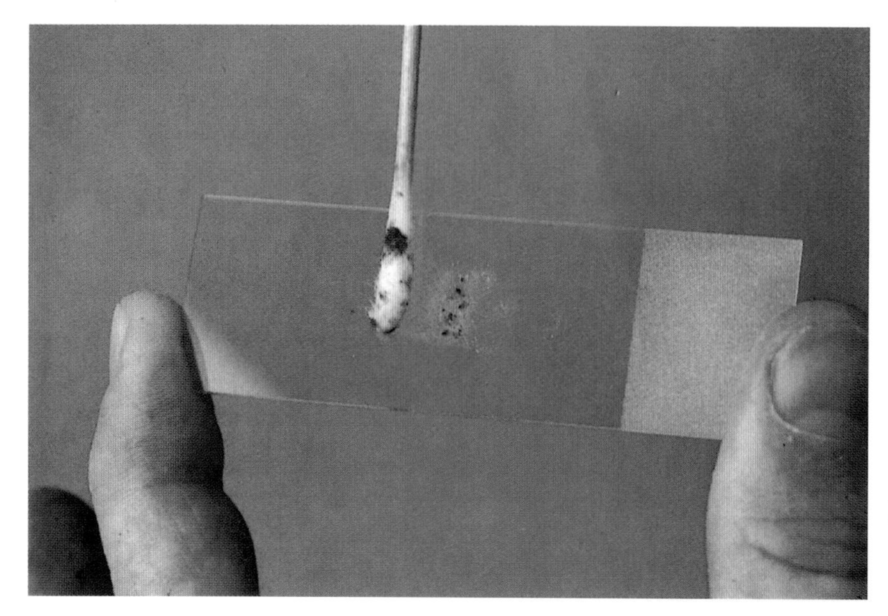

图2-6 采自耳和趾间区的样本，通过在载玻片上滚动棉签做细胞学涂片

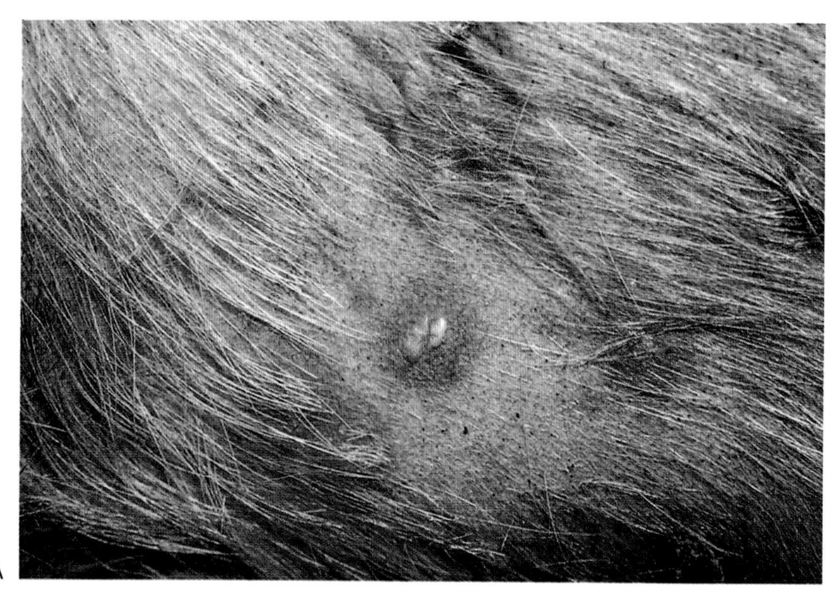

A

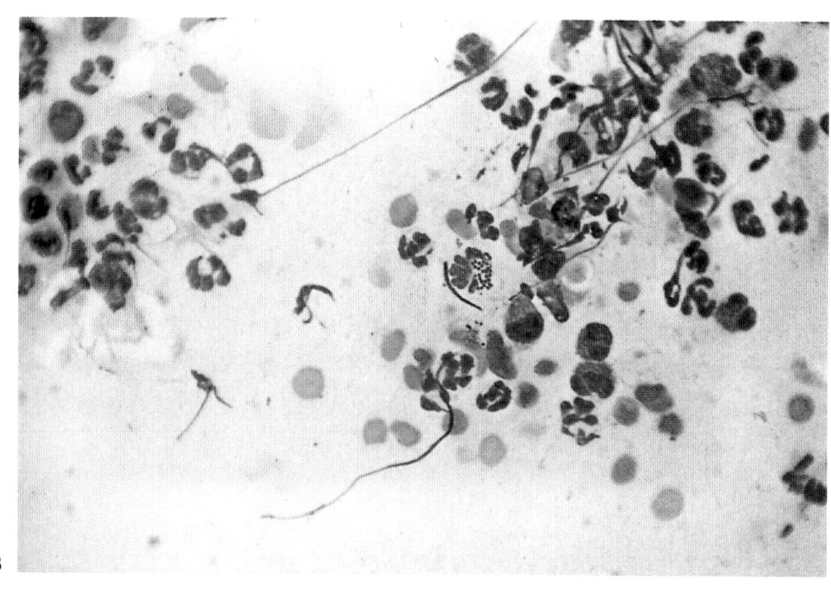

B

图2-7 （A）病犬的脓包。（B）来自同一病犬的细胞学检查，显示中性粒细胞内的球菌，表明感染脓皮病

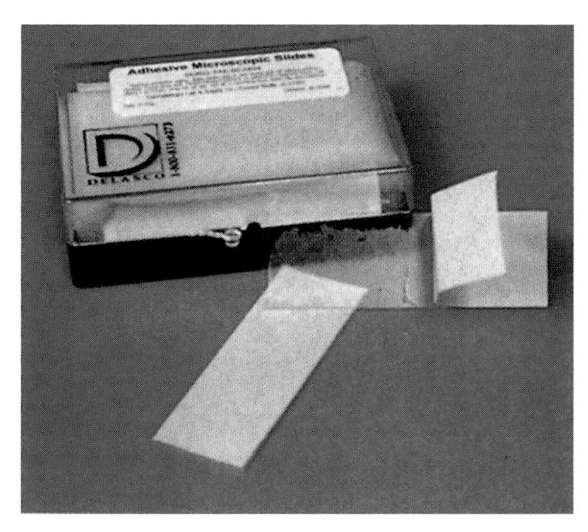

图2-8　用纸覆盖的黏性显微玻片，使用前去掉纸膜

图2-9　犬的姬螯螨（*Cheyletiella yasguri*）

作者：Karen Helton Rhodes
李国清　译校

第3章

细菌和真菌的诊断性培养与鉴定

定义/概述

- 诊断皮肤真菌性病变时需要进行适当的培养。
- 如果在表皮或耳分泌物中检测到真菌（非马拉色菌属），应该提交培养的样本。
- 治疗犬的常规细菌性毛囊炎时一般不需要细菌培养和敏感性试验。
- 当某些病例无法选择合适的抗生素时，可采取细菌培养和药敏试验。
- 如果在表皮或耳分泌物中鉴定棒状杆菌，应进行细菌培养和敏感性试验。

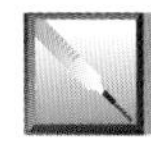

皮肤真菌的培养和鉴定

培养基

- 皮癣试验培养基（DTM）：添加抗菌素来阻止非皮癣菌的生长，并以酚红作为pH指示剂的改良沙氏葡萄糖琼脂培养基。
- 沙氏葡萄糖琼脂或快速孢子化培养基（RSM)：用于促进分生孢子生长，有利于癣菌鉴定的琼脂。
- 皮肤癣菌试验培养基可延迟分生孢子的产生。推荐结合有琼脂的产品。
- 中型平板比小玻璃瓶更利于样本的接种。
- 室温（24～27℃）接种培养，远离紫外线，防止干燥。小型食品贮存器可以作为一个非正式的孵化器。

样品采集

- 拔毛（图3-1，图3-2）
  - 在病灶边缘用无菌镊子拔出毛发。
  - 通过伍氏灯挑选毛发可以增加成功率。
  - 轻轻地将样品压在试验培养基上。
- 牙刷技术（图3-3）
  - 用无菌牙刷可以收集较大的或病变界限不清的样品。
  - 沿毛发生长的反方向刷毛有助于去除易脆的（感染的）毛干。
  - 轻轻地将毛发刺入试验培养基——不必转移大量的碎屑。

菌落的生长和鉴定（图3-4～图3-6）

- 每天监测培养板的颜色变化和菌落的生长情况。
- 观察生长情况长达28天。

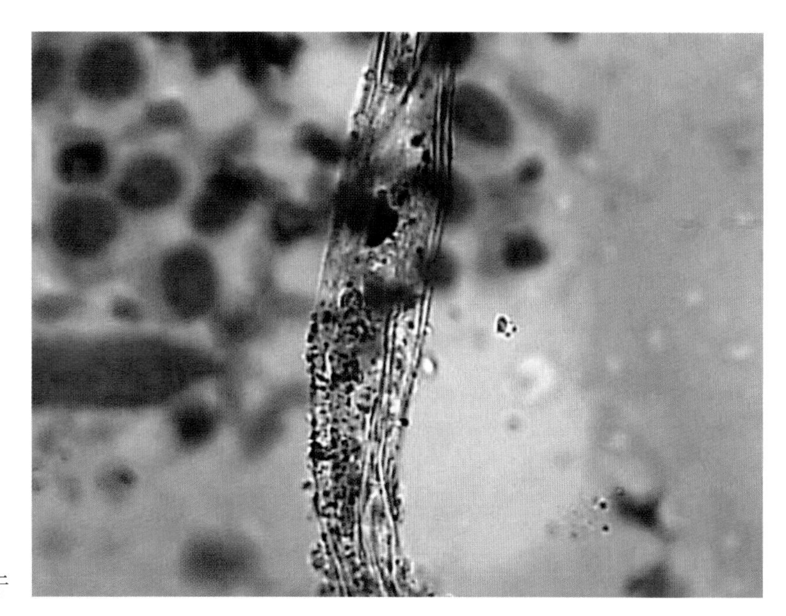

图3-1　感染石膏样小孢子菌菌丝的毛干

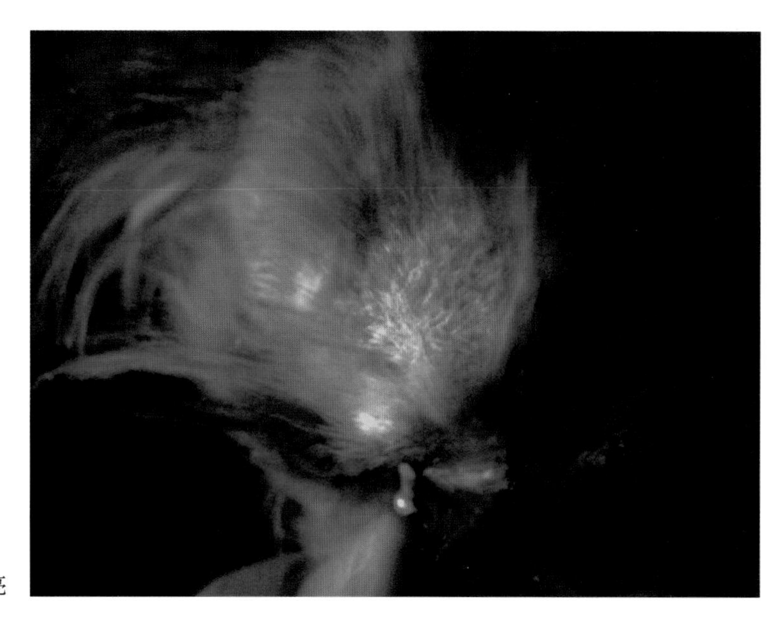

图3-2　伍氏灯荧光阳性，头部毛干着色明亮

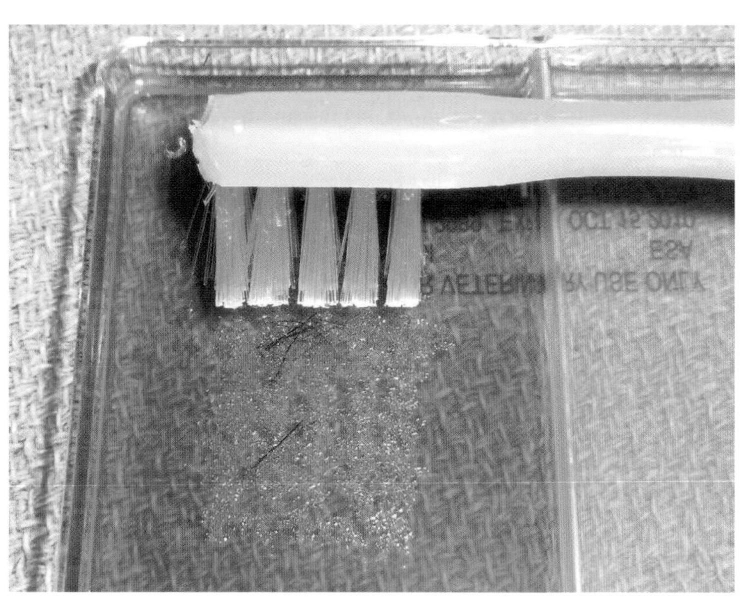

图3-3　牙刷技术接种培养基，注意牙刷在培养基上轻压产生的轨迹

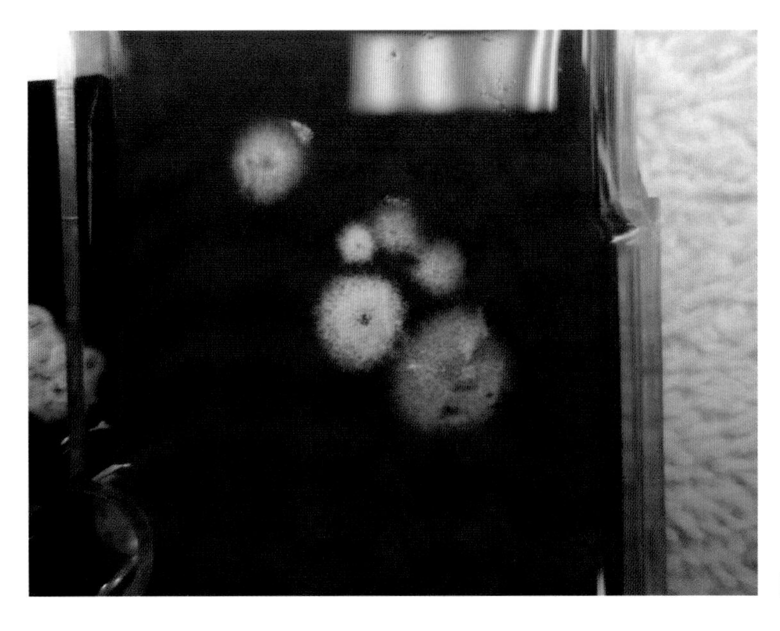

图3-4 犬小孢子菌，培养基颜色变化超过菌落大小

图3-5 膏样小孢子菌，菌落没有着色，似羊毛状外观

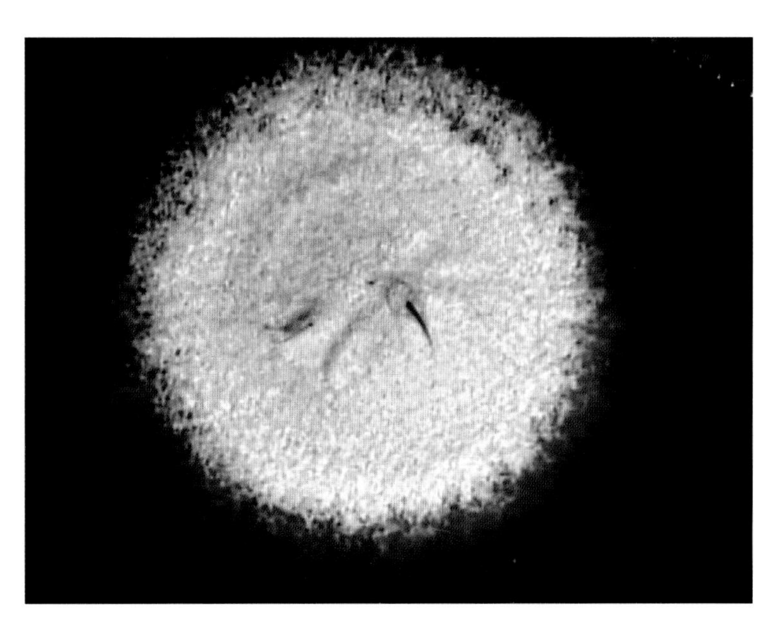

图3-6 须毛癣菌，乳脂色粉状菌落

图3-7　乳酚棉兰染色鉴定透明胶带取样的菌落

- 在菌落生长前或同时，培养基颜色可从黄色变为红色。
- 菌落可能为棉花样，羊毛状或粉状。

真菌鉴定

- 用干净的醋酸胶带或无菌环将菌落转移到载玻片上。
- 乳酚棉兰染色是常被推荐用于加大菌丝和分生孢子外观反差的方法，但只要出现暗染就足够了。
- 为了鉴定起见，可对菌丝、大的分生孢子和/或小的分生孢子进行玻片检查（图3-8 ~ 图3-10）。
- 犬小孢子菌，石膏样小孢子菌和须毛癣菌是犬的病变中最常见的皮肤癣菌，犬小孢子菌通常从猫身上也可分离到。
- 不能鉴定的菌落应该提交参考实验室进行鉴定；提交样品之前要与你的实验室进行协商。

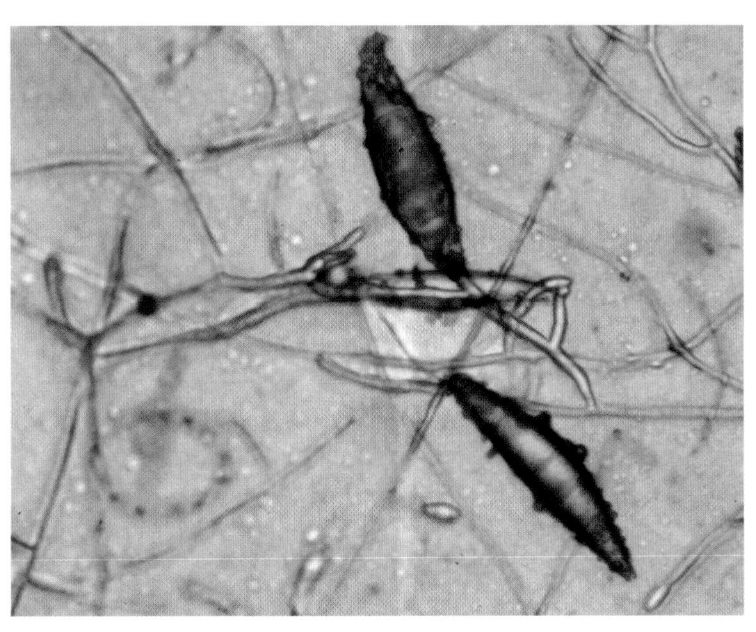

图3-8　犬小孢子菌大分生孢子

图3-9 膏样小孢子菌大分生孢子

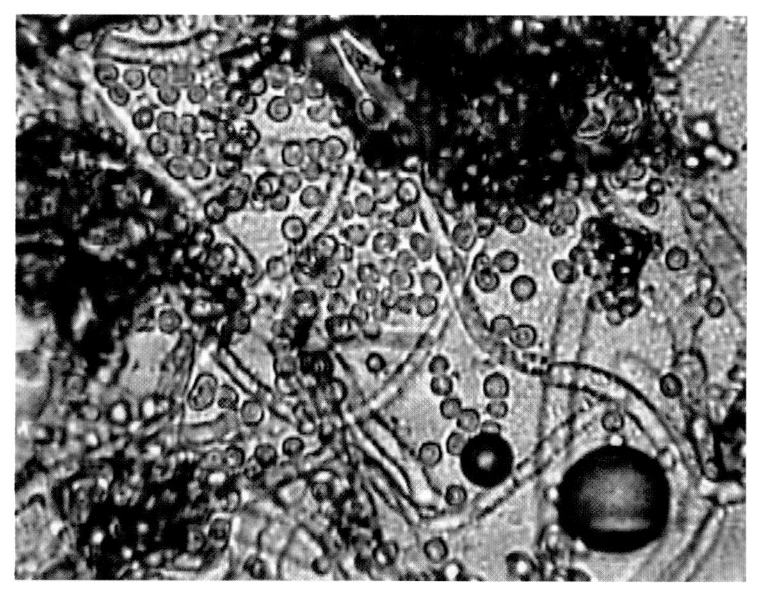

图3-10 须毛癣菌小分生孢子

细 菌 培 养

- 将样品提交有经验的兽医参考实验室进行细菌培养，鉴定和敏感性试验。
- 告知实验室你所怀疑的异常微生物或人兽共患的微生物，了解有关实验室的专长，以便提交怀疑为耐甲氧西林葡萄球菌的样品。
- 用无菌棉签从病灶浅表获取样品。
- 过多的碎屑可能会影响结果，可用酒精浸湿的纱布轻轻地将其剔除，采集样品前不要用消毒溶液擦洗病变部位。
- 外耳和中耳道的样品用于细菌培养鉴定和敏感性试验，将在下面和第46章进行讨论。

来自浅表病变的样品

- 用无菌棉签直接擦拭病变部位（图3–11）。
- 通过针刺或用无菌棉签从病灶内收集样品（图3–12）。
- 样品可以采自：
  - 表面渗出物；
  - 痂皮和鳞片之下；
  - 表皮环状鳞屑周围；
  - 穿刺的脓疱。

图3–11　直接从皮肤皱褶采样进行细菌培养

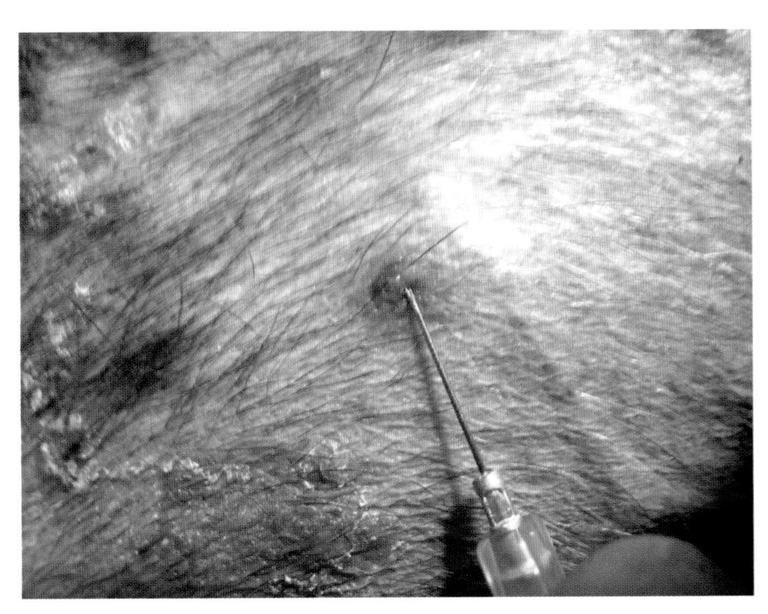

图3–12　从脓包采样进行细菌培养和细胞学检查

从组织获得的样品

- 使用无菌活检技术。
- 将组织样品放在消毒纱布上，用手术刀去除表皮（用于组织病理学检查时表皮和其他组织可以一起提交）。
- 提交剩余的真皮和皮下组织应置于一个无菌容器中，如果预计运输时间较长，应在容器中添加少量无菌生理盐水以防止组织脱水。

从耳道获得的样品

- 表明持续感染；
- 表明在细胞学样品中何时鉴定为杆状菌；
- 从外耳道的近端和远端获得的样品，以及从中耳和每个耳朵获得的样品，也许会有不同；为了准确评估外耳炎和中耳炎，必需提交每个部位的样品，特别是细胞学检查证实为不同的微生物族群。
- 静脉或脊髓导管插入期间可用盖子保护无菌棉签通过垂直耳道获得水平耳道的样品。
- 可通过鼓膜插入脊髓针或无菌导管采集大疱内液体（图3-13）。

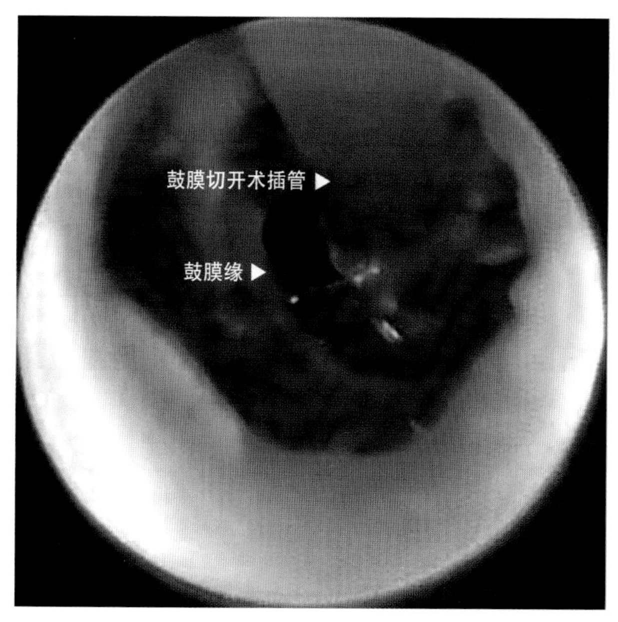

图3-13 通过鼓膜插入无菌导管采集样品进行细菌培养和细胞学检查。注意静脉导管在右上象限穿透鼓膜

作者：Alexander H. Werner

刘田 译 李国清 校

第 4 章

诊断性活组织检查

定义 / 概述

皮肤活组织检查是最重要的诊断工具之一。获得活体组织切片有三个关键因素：部位选择、组织处理以及好的皮肤病专家。凭借各种商业或私人实验室，可提供很多公认的皮肤病专家。当地注册的皮肤科医生可以帮助提供实验室的地址和名称。部位选择和组织处理的技巧由提交样本的兽医负责。

活 检 的 决 定

许多皮肤疾病中，活检是唯一有用的诊断工具。常规治疗失败后继续活检同等重要，这似乎是一个“经典案例”。下面的“规则”适用于这个决定。

何时活检

1. 持久性病变；
2. 任何肿瘤或疑似肿瘤性疾病；
3. 任何鳞片性皮肤病；
4. 水泡性皮肤病；
5. 未确诊的脱发症；
6. 任何异常的皮肤病。

部 位 选 择

通常难以决定选哪个部位进行活检。我们常被告知要在病灶边缘采样以便正常和不正常的部位都可用于检查。在很多情况下，可能会导致所取的病灶只有一小部分是病理组织。选择有代表性的病变和提交多块皮肤对于评价更为有效。多数实验室在相同费用的情况下允许医生递交4～5个皮肤切片，因为多个切片将有助于病理学家作出诊断。如果鼻突有病变的话，应提交鼻突的切片，不要周围的皮肤。虽然在切割病变组织的时候会有大量出血，但是它会愈合很好，只留一个很小的疤痕，并且增加了准确诊断的可能性。下面的“规则”适用于这个决定。

哪里活检

1. 选择几个有代表性的病变，因为它们可能代表同一疾病的几个不同阶段或多个问题。
2. 病变特征包括鳞片、痂皮、红斑、糜烂、溃疡等（图4-1 A～C）。
3. 虽然从溃疡中心采集的样品很少用于诊断，但病灶边缘的活检并不一定是必要的。
4. 脓疱和水泡不应该用穿孔技术进行活检，因为穿孔的扭转动作会使它们破裂或去掉病变的顶

图4-1A 有过渐进性、无应答性、侵蚀性和溃疡性皮肤病史，且有轻度到中度瘙痒的10岁龄患猫

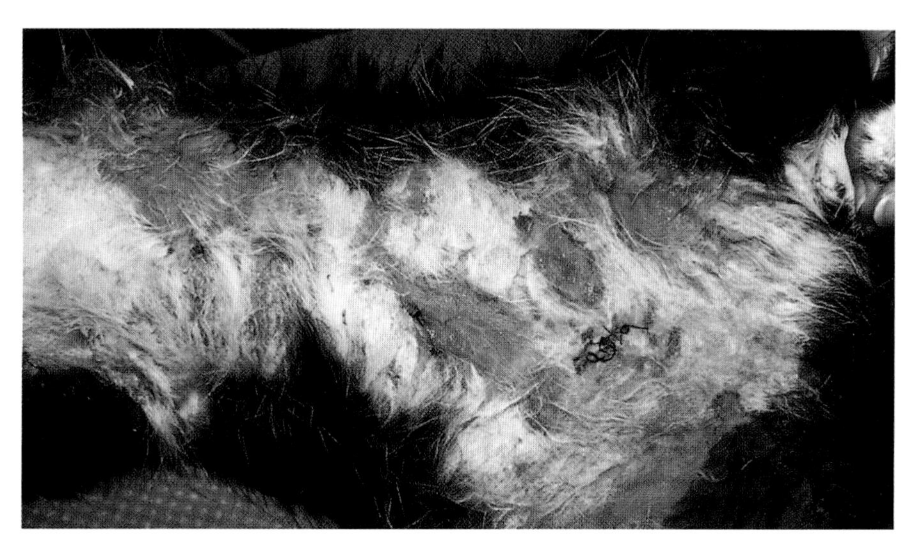

图4-1B 同一只猫的腹面观，揭示多个糜烂，溃疡及罕见的斑块状病变与全身性红斑有关

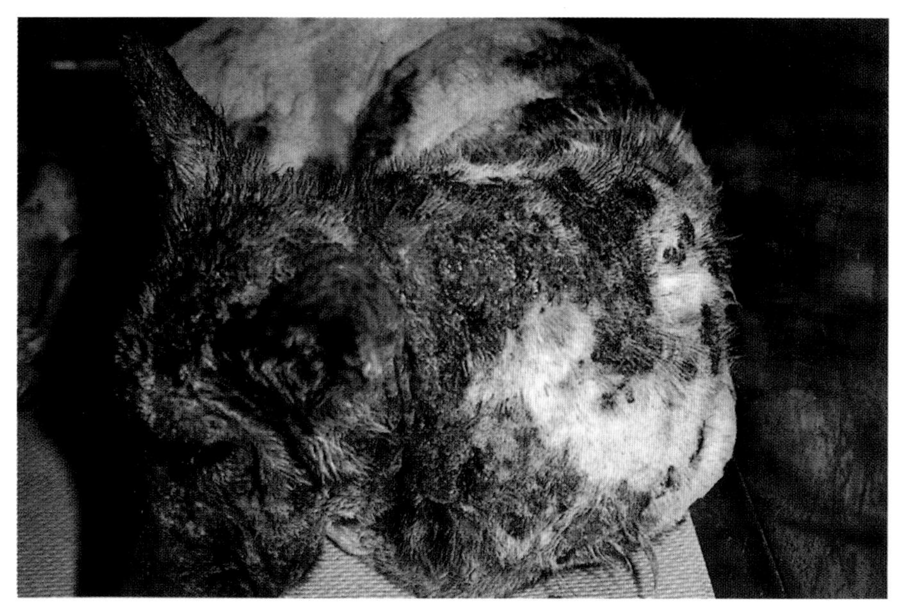

图4-1C 有着非瘙痒性溃疡和结痂性皮肤病的8岁大的德国牧羊犬

层，而且会破坏样品的结构，这些病变应该全部切除。

5. 溃疡或深部渗出性病变最好通过切除获得，而不是采用穿孔技术，因为扭转动作可以将病理组织与正常组织分开，留下重要的线索（即血管炎，脂膜炎等）。

6. 不要害怕足垫或鼻突的活检，锲形样品比圆形穿孔样品更容易封闭。

7. 结痂病变是活检的最佳部位。在采样期间，痂皮与病变分离时一定要确保将其保存在福尔马林的瓶子里，让技术人员做个标签“请在痂皮处切割”。

8. 鳞片严重的区域常常是最佳的诊断部位。

活 检 技 术

活检技术最重要一点是皮肤活检的部位不应该被擦洗和清洗，因为这将失去有关诊断的线索。没有擦洗取样部位就直接刺穿痂皮和鳞片常常会使兽医感到不舒服。多数皮肤活检可以通过皮下注射利多卡因进行局部麻醉（图4–2A，B）。一些性情比较暴躁的动物可能需要镇静剂。不要用2mm和4mm的凿子，因为切片太小，不是很好的样本尺寸。下面的“规则”适用于该技术。

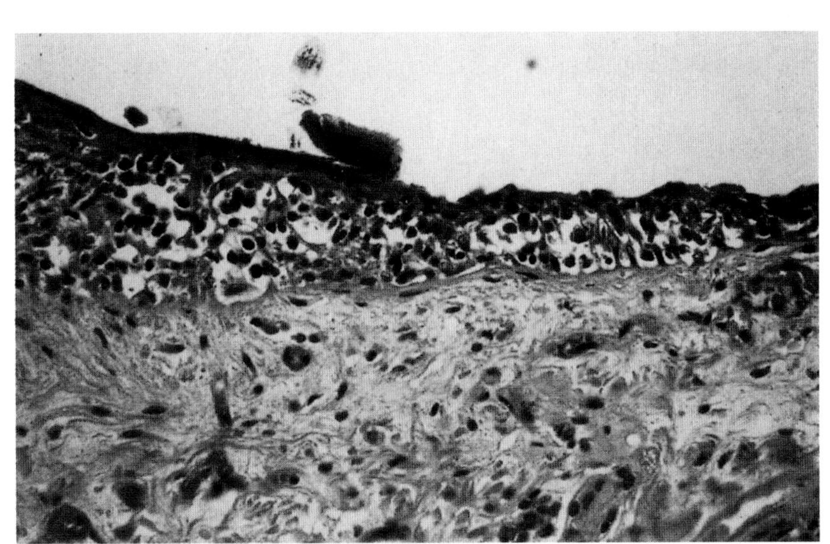

图4–2A　皮肤活检揭示表皮淋巴细胞的胞吐作用，支持亲表皮淋巴瘤的诊断

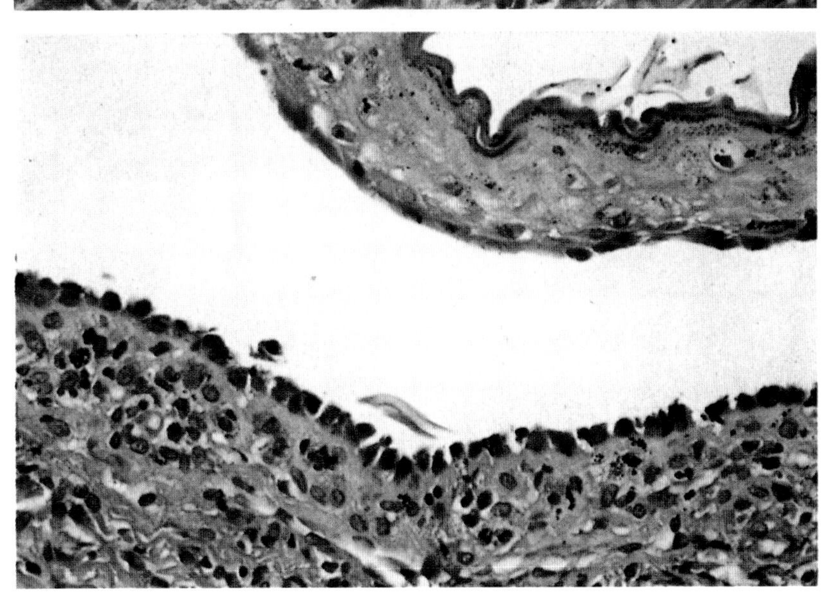

图4–2B　皮肤活检揭示慢性天疱疮的病因。注意表皮裂缝沿水疱底部与基底层细胞分离（“墓碑”样外观）

如何活检

1. 切除病灶前一定不要擦洗或清洗病变区——表面痂皮可能包含诊断所必需的病理变化。

2. 在对鼻子、足垫、水疱、大庖或深部病变（血管炎、脂膜炎等）切片时，使用手术刀片获得楔形或椭圆形活体标本。

3. 使用穿孔器活检时，选择6mm的尺寸。

4. 使用穿孔器活检时，只在一个方向旋转，不要重复使用工具，因为刀片很容易变钝，在操作过程中可能将组织撕裂。

5. 使用利多卡因时，在皮下进行麻醉，不要在皮内麻醉。

6. 不要试图用镊子来处理组织（弄得支离破碎），而应该用小针头来处理组织（图4–3）。

7. 将样品迅速放入福尔马林液中。

8. 小而薄的标本可以放在一小块压舌板上，毛边朝外，以防止卷曲，然后标本朝下漂浮在福尔马林中。

9. 避免冻结。

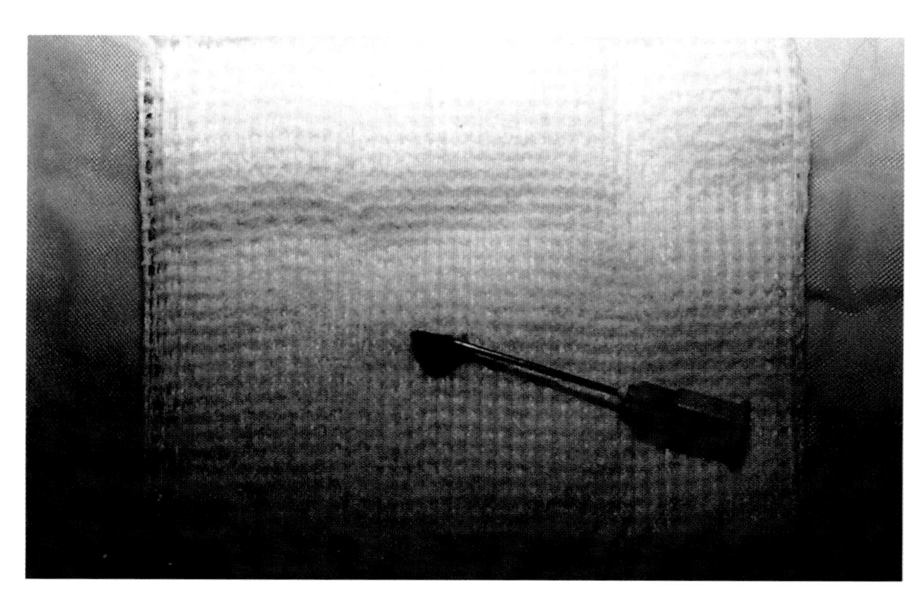

图4–3 避免用镊子处理组织，因为它们常常与样品破碎有关

最后，需给病理学家提供一个完整的病史和病变的临床描述。通常包括一份活检所需要的介绍信。这封信概括了病史、临床症状、要考虑的鉴别诊断和计划。应该和病理学家组成一个诊断小组。如果没有提供相应的组织或信息就期盼病理学家提供一致的答案，这是不切实际的。

表4–1 皮肤组织病理学报告

描述	组织病理变化的总结
形态学诊断	报告确认的整体组织学模式
病因诊断	鉴定病原体（例如，细菌、蠕形螨、真菌等）
注解	病理学家在病例的临床特征（由临床医生提供）和活检的组织病理学特征之间作出相关描述。临床医生提供的信息对于给出合理的结论至关重要

表4-2 常用的组织病理学术语

术语	释义
棘层增厚	表皮厚度增加（表皮增生）；经常注意到慢性炎症
棘层松解	角质细胞（棘红细胞）黏性丧失，往往由自身免疫性疾病引起。如落叶型天疱疮，然而在炎性疾病中也能看到
淀粉样蛋白	透明，无定形，嗜酸性物质
细胞凋亡	个别的角质细胞死亡
表皮萎缩	表皮薄，常与使用皮质类固醇有关
气球样变	细胞中空病，细胞质肿胀无空泡；病毒感染的特征
大疱	皮内或皮下充满液体（囊泡是较小的大疱）
胆固醇裂	出现明显的针状空间，常见于黄瘤病、脂膜炎和破裂的卵泡囊肿
希瓦特小体	表皮基底层凋亡的细胞
龟裂	表皮内或表皮真皮连接处裂缝样空隙；由棘层松解或基底层细胞的水样变性，甚至人为所致
胶原溶解	变性的，均匀的，嗜酸性胶原蛋白常常吸引矿化作用
痂皮	表皮细胞，血清蛋白，红细胞，白细胞的表面积聚
真皮表皮接合处	表皮与真皮之间的接触面
浅窝	表皮表面的小凹陷
黏连形成	肿瘤诱发的纤维组织增生
血球渗出	表皮细胞间隙内有红血球；意味着血管完整性的破坏
角化不良	过早出现角质化，可见于肿瘤或角化异常
营养不良性矿化	沿胶原纤维出现钙沉积
胞吐作用	炎性细胞或红细胞的迁移，或两者进入细胞间隙
火焰图	改变的胶原蛋白区被嗜酸性物质所包围，见胶原溶解，常见于嗜酸性肉芽肿，也称为毛根鞘角化过度
纤维组织增生	纤维组织数量的增加
纤维化	严重纤维组织增生，胶原蛋白出现粗的平行线；肢端舔舐性皮炎的特征
再现层	将表皮与真皮底层隔离的胶原蛋白边缘区，常见于肿瘤或肉芽肿性疾病
角化过度	表皮角质层增厚，通常可以分为邻位（细胞核丢失）和对位（细胞核保留）两种类型，这有助于鉴定病因（锌反应性皮肤病以角化不全为特征）
颗粒层增厚或减少	指颗粒层厚度的改变（例如，苔藓样变时颗粒层增厚）
水样变性	基底层空泡的破坏，常见于盘状红斑狼疮
黑素减少	色素减少，可见于白癜风
黑变病	色素沉着过度，见于慢性炎症
海绵状微脓肿	棘层内中性粒细胞的积聚，常见于雪纳瑞犬的浅层化脓性坏死性皮炎
蒙罗氏微脓肿	角质层内或角质层下中性粒细胞的积聚，常见于史宾格犬的牛皮癣状苔藓样皮肤病
波特里耶氏微脓肿	异常淋巴细胞的积聚，常见于表皮性淋巴瘤
嗜酸性粒细胞微脓肿	见于早期胃癌、过敏症、复杂的天疱疮、马拉色菌、嗜酸性毛囊炎等
黏蛋白增多症	真皮内无定形嗜碱性物质大量增加，沙皮犬的正常皮肤和甲状腺功能减退的特征
坏死	表皮凝固性坏死，不涉及真皮和最小型炎症，常见于中毒性表皮坏死松解症
乳头状瘤	由乳头状瘤病毒感染导致表皮增殖，常外生但也可内生
色素失禁	黑色素从表皮到真皮逐渐减少并被巨噬细胞吞噬，常见于盘状红斑狼疮（DLE）
网状变性	表皮内水肿伴有角质细胞肿胀，常见于浅层坏死性皮炎/肝皮肤综合征
卫星现象	细胞毒性淋巴细胞包围凋亡细胞，表明细胞介导的免疫反应
海绵状结构	表皮细胞间水肿
硬化	疤痕的形成
空泡变性	细胞内水肿

表4-3 皮肤病学的组织病理学模式*

血管周围的
界面
脉管炎
间质性皮炎
结节性/弥散性
表皮内水疱/脓疱
表皮下水疱/脓疱
毛囊炎/毛囊周炎/疖病
脂膜炎
纤维性皮炎
萎缩性皮肤病

*用于报告中的形态学描述

作者：Karen Helton Rhodes

刘田 译 李国清 校

第5章

病变与局部差异

定义 / 概述

当检查患畜时，病变的特点和模式常常能够缩小疾病的鉴别诊断范围。下列各项可作为一种工具，有助于制订鉴别清单。显然，制订所有病变完全准确的列表是不可能的，因为许多疾病具有相同的临床特征。本章旨在为一些常见的皮肤病提供初步指南。

片 状 脱 毛

- 蠕形螨病：常伴发色素沉着过多，黑头粉刺，红斑，毛囊炎（图5-1，图5-2）。
- 脚癣：与鳞片和毛囊炎有关。
- 葡萄球菌毛囊炎：丘疹，脓包，痂皮，表皮环形脱屑，色斑，个别或散发（图5-3）。

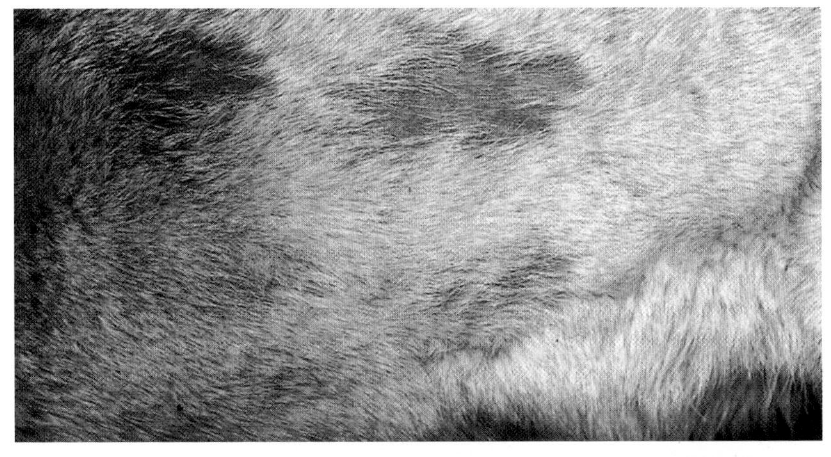

图5-1 蠕形螨病以多灶性部分或完全脱毛为特征

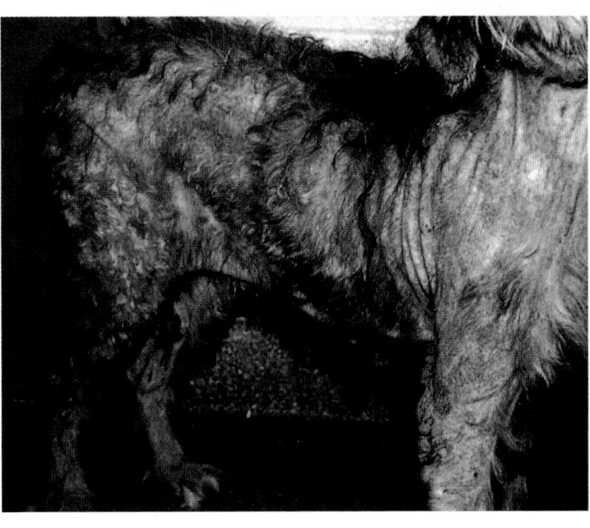

图5-2 广泛性蠕形螨病引起严重的红皮病，部分至完全脱毛和结痂

图5-3 浅表性脓皮病的典型特征，表现为多灶性斑块状脱毛（丘疹，脓包，表皮环形脱屑，斑疹色素沉着过多）

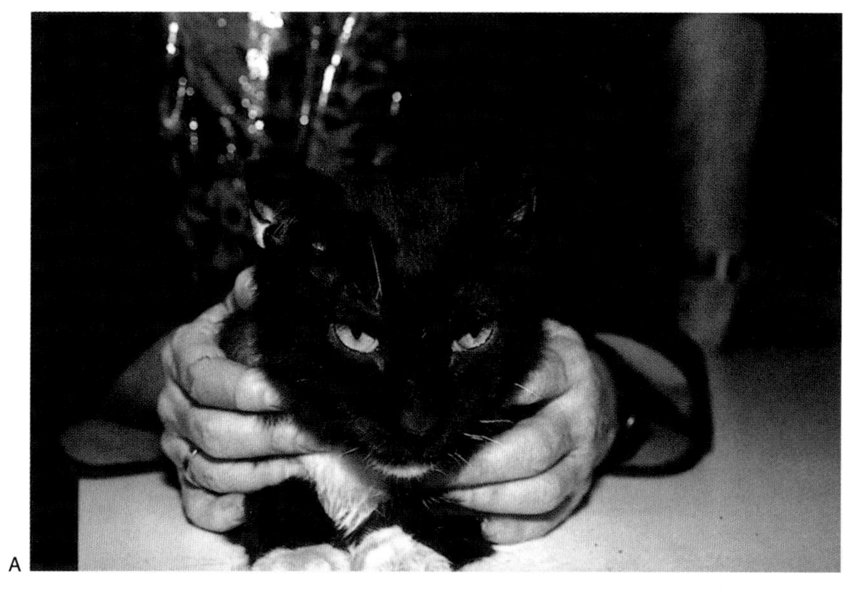

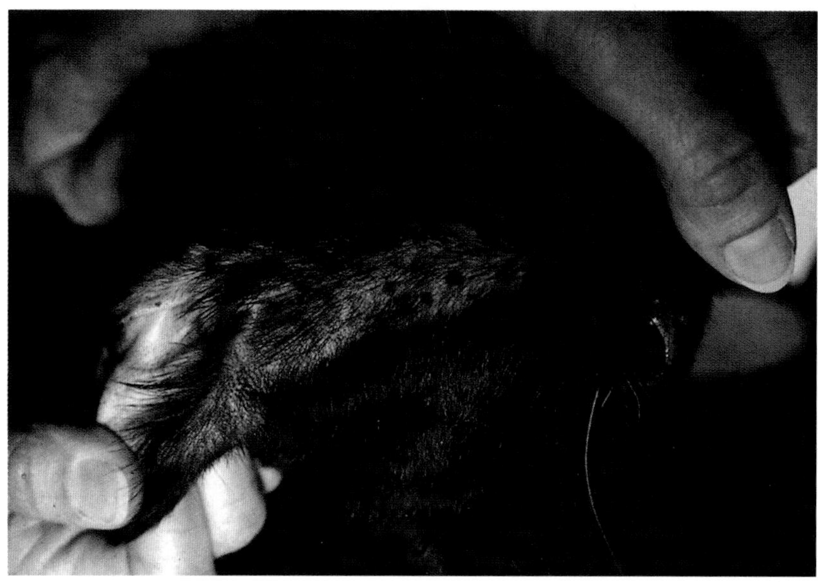

图5-4 （A）猫原位鳞状细胞癌（鲍温癌）。病变较轻者常常被忽视，直到病变严重才被发现。注意局部脱毛并发耳前区色素沉着过度；（B）猫原位鳞状细胞癌。图5-4A耳前区的特写镜头

- 注射反应：注射部位可能硬化或萎缩，也可同时出现两种症状，常与注射储藏的皮质类固醇有关。
- 疫苗引起的血管炎：病变可能与红斑有关，也可能无关，通常由狂犬病疫苗引起，可能在注射后2～3个月观察到。
- 斑秃：非炎性局灶性完全脱毛，淋巴细胞攻击毛球（囊）所致（图5-5）。
- 局部性硬皮病：发亮，光滑的硬化斑点。
- 皮脂腺炎（短毛品种）：病变部位呈环状，甚至呈多环状，常与鳞片有关。
- 毛发生长期脱落：发病急，压力大或者药物反应引起，非炎性。
- 鲍温样癌症："原位"鳞状细胞癌；常在猫的头部和耳廓出现着色的鳞片。

A

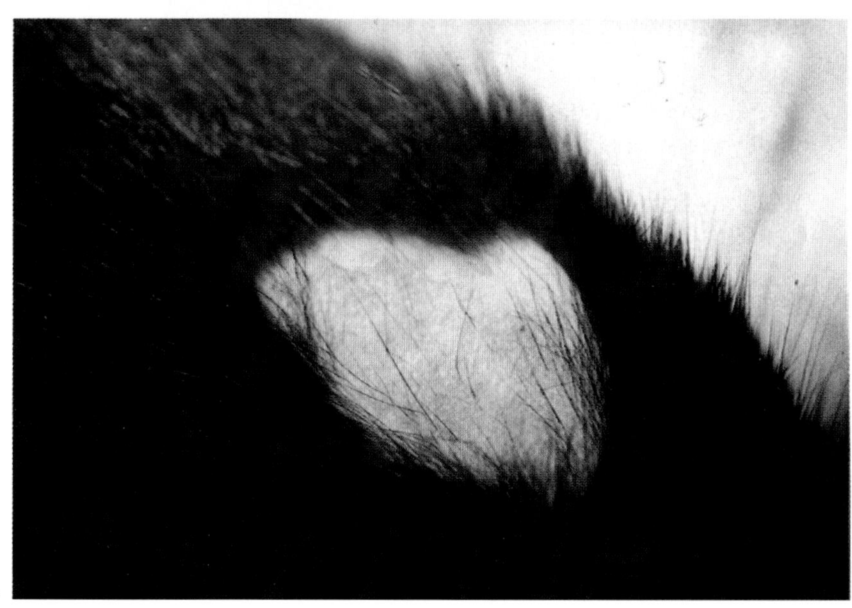
B

图5-5　（A）猫斑秃。呈斑块状非炎性完全脱毛。注意眼睛下方和沿鼻口的脱毛区。（B）猫斑秃，在躯干部位非炎症性脱毛斑

特定部位脱毛

- 牵引性脱毛：与发卡或橡皮筋牵引头皮有关。
- 剪后脱毛：修剪后毛发未能再生。
- 约克夏㹴犬黑皮病／脱毛：耳廓和鼻梁脱毛及色素沉着过多，有时在尾巴和脚，幼犬和青年犬均可发病。
- 对称性两侧脱毛：左右两侧局部环状匐行性毛囊发育不良，与色素沉着过多和粉刺有关。
- 黑毛毛囊发育不良：只发生于黑毛犬。
- 皮肌炎：在脸上，尾尖，脚趾，腕，跗部，耳廓对称性脱毛；常与红斑和疤痕有关；主要发生于喜乐蒂牧羊犬。
- 耳廓脱毛：毛发小型化，周期性或渐进性发生，常见于暹罗猫和腊肠犬（图5–4）。
- 犬的斑秃：见于葡萄牙水犬，美国水猎犬，灵猩，小灵犬，波士顿㹴，曼彻斯特㹴，吉娃娃，意大利灵猩，小鹿犬。
- 尾腺（上尾腺）脱毛：沿背面距离尾根大约5cm处脱毛（图5–6）。

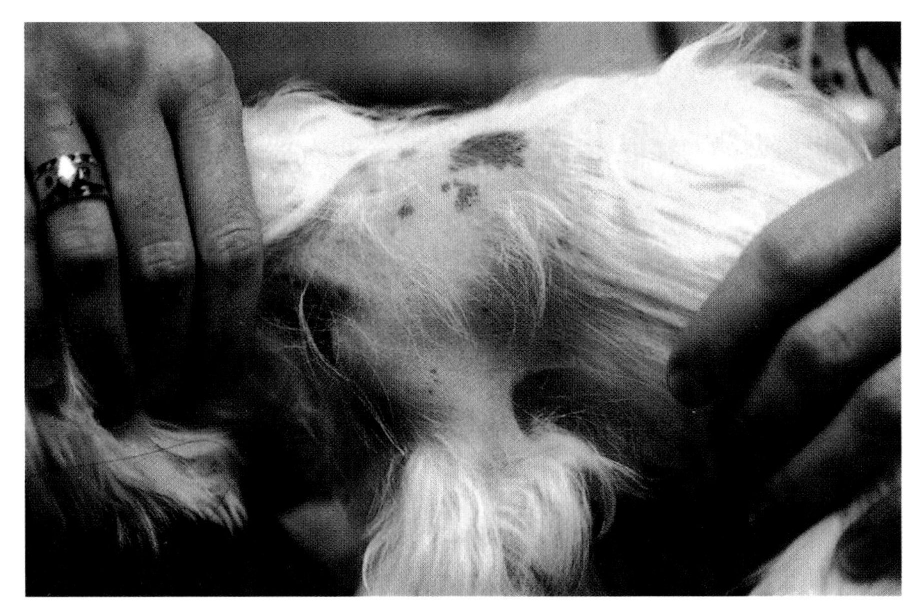

图5–6 3岁马耳他犬（F／S）在注射狂犬病疫苗后出现脱毛斑

一般性／弥漫性脱毛

- 蠕形螨病：严重病例。
- 皮肤真菌病：重症，慢性病例（图5–7～图5–21）。
- 皮脂炎：与角蛋白管型，弥漫性脱屑有关，背部常比腹部更受影响。头背部也常受影响。
- 库欣氏综合征（典型及非典型）：躯干脱毛，粉刺，尾巴秃，皮肤萎缩，静脉扩张，大肚子，脓皮病，色素沉着过多，在猫表现为耳廓末端卷曲和皮肤脆弱。

图5-7　8岁喜乐蒂牧羊犬浅表性脓皮病表现为弥漫性脱毛和红斑

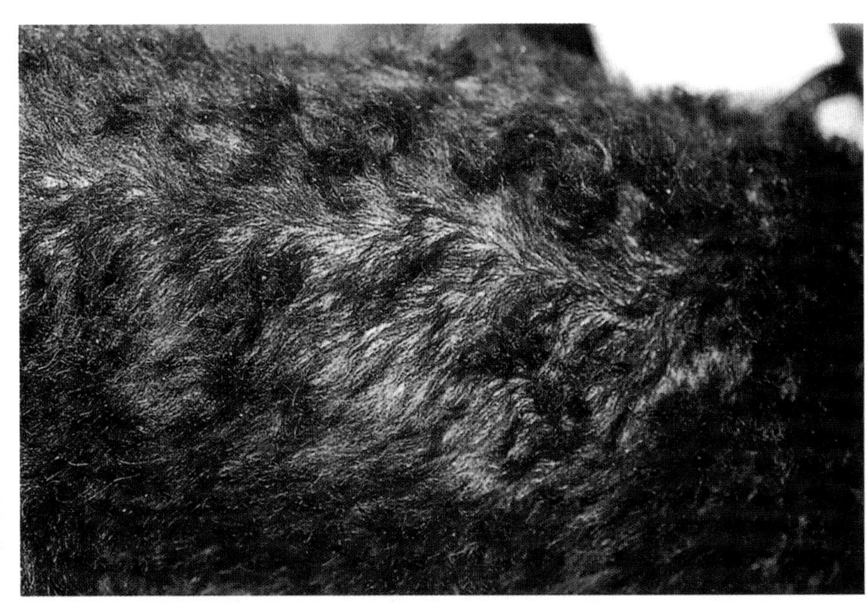

图5-8　标准贵宾犬的脊背出现弥漫性脱毛并发皮脂腺炎的被毛特征

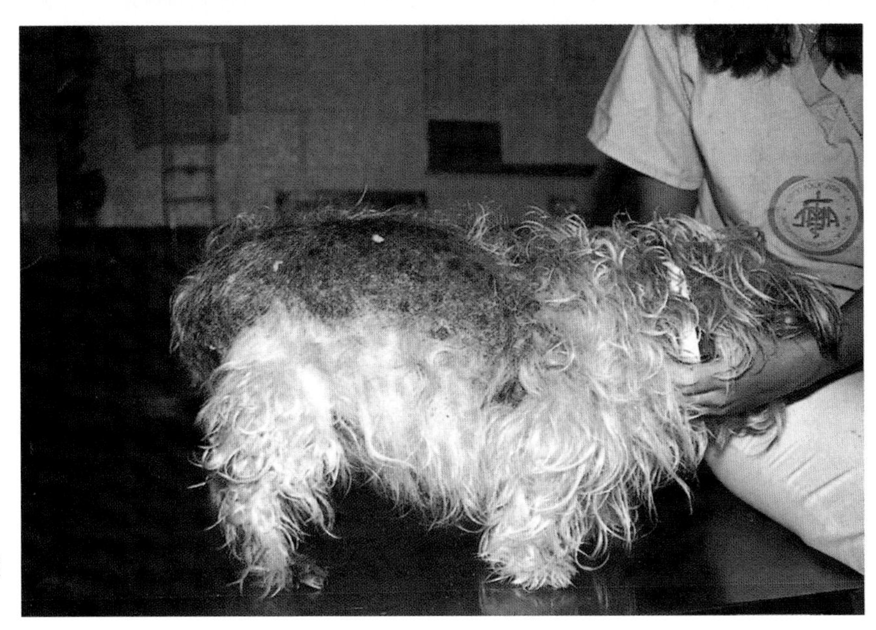

图5-9　肾上腺皮质机能亢进：躯干脱毛及色素沉着过多

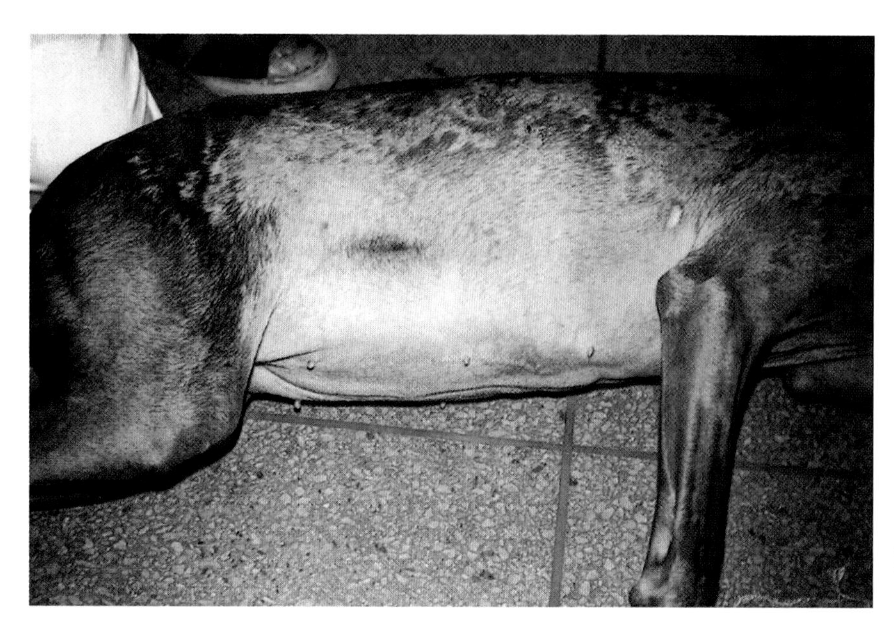

图5-10 患有肾上腺皮质机能亢进并继发浅表性脓皮病的大型犬

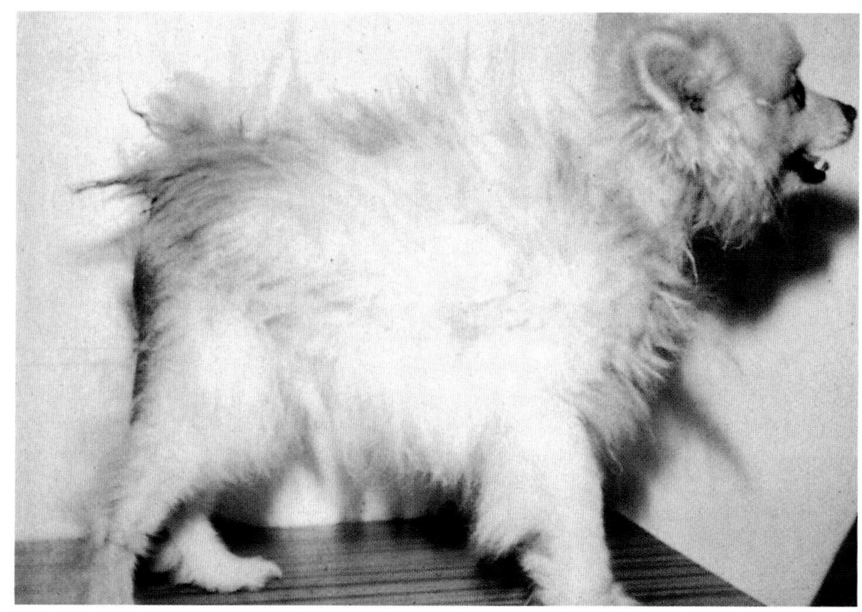

图5-11 生长激素反应性皮肤病。注意颈部周围以及尾部和会阴部的显著脱毛

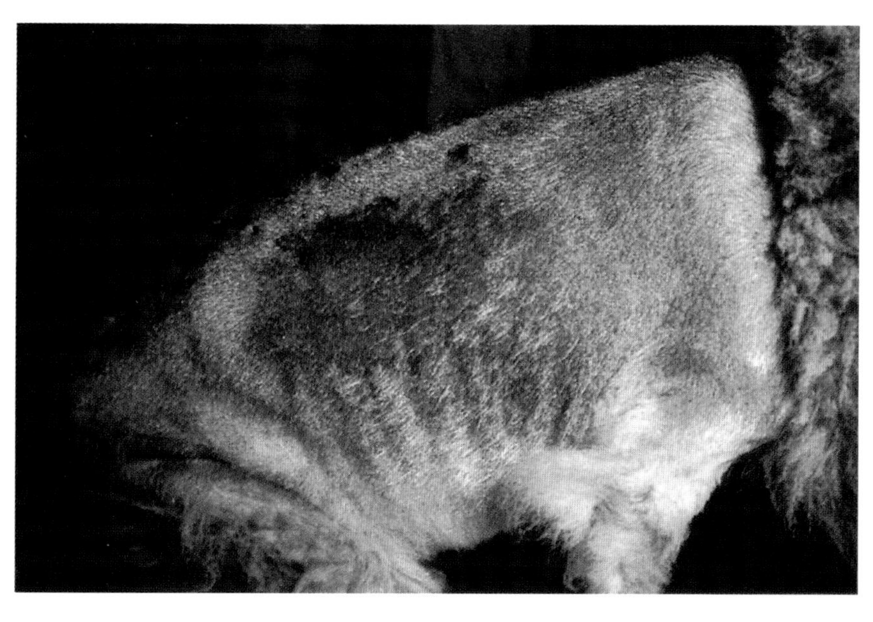

图5-12 5岁波美拉尼亚犬肾上腺性激素失衡

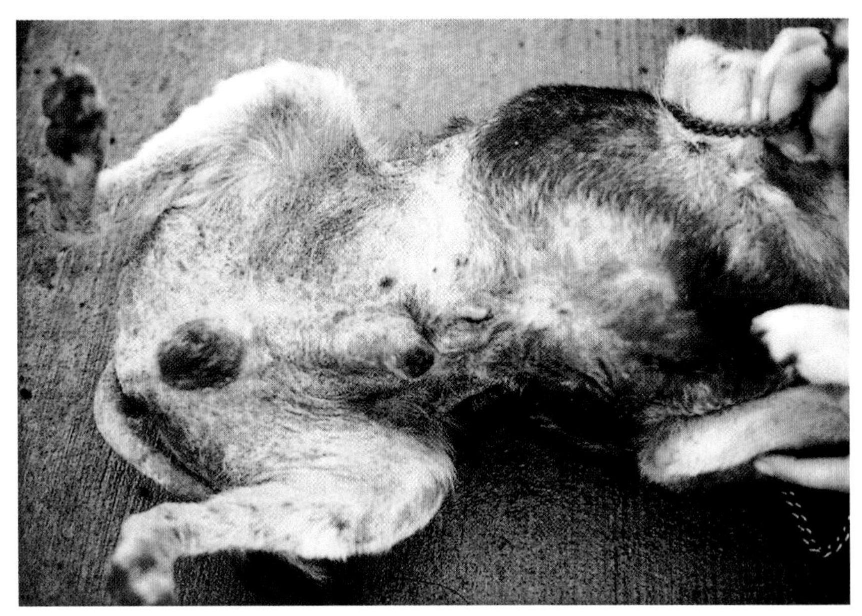

图5-13　支持细胞瘤。注意脱毛并发色素沉着过多

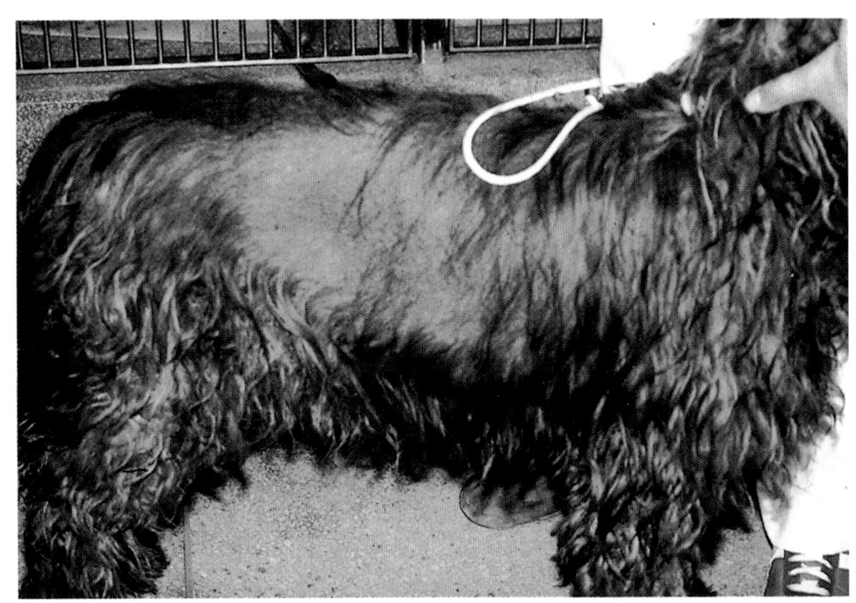

图5-14　严重的甲状腺功能减退引起的躯干局部部分或完全脱毛（注意：甲状腺功能减退常被“过度诊断”为犬脱毛的病因）

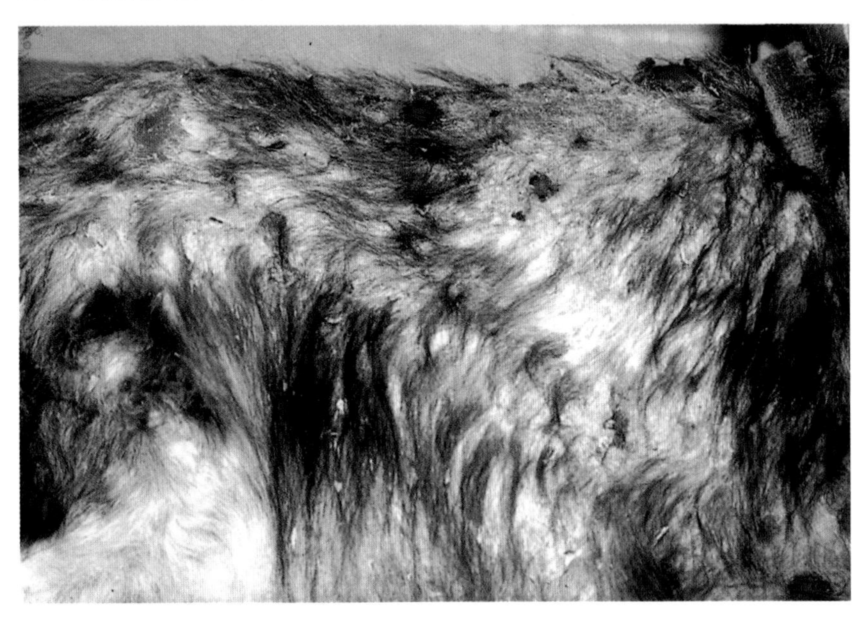

图5-15　12岁杂交犬患亲表皮性淋巴瘤。注意：部分或完全脱毛伴有严重鳞片和红斑

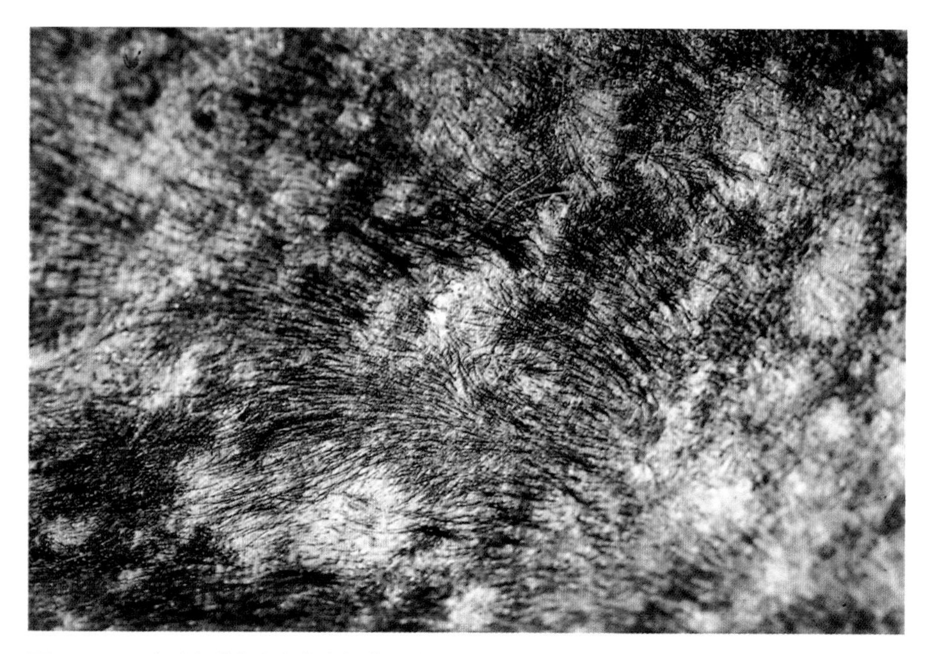

图5-16 14岁可卡猎犬患亲表皮性淋巴瘤。注意：少见斑块和结节。病变包括多灶性斑块状脱毛（被毛已脱光）伴有黏性鳞片和轻度红斑

图5-17 6岁可卡猎犬会阴和尾部患原发性角化障碍并继发真菌性皮炎

- X型脱毛：肾上腺皮质增生样综合征，对称性躯干脱毛。
- 甲状腺功能减退："悲惨相"/黏液性水肿，在犬的躯干和颈部两侧对称性脱毛。
- 甲状腺功能亢进：猫被毛粗乱，局部脱毛，拨弄前肢毛发，类似强迫症。
- 生长激素反应性皮肤病：对称性躯干脱毛并发色素沉着过多；颈部通常是最早脱毛的部位。
- 高雌性素症：会阴部，腹股沟，肋部罕见的对称性脱毛，乳腺和外阴增生，卵巢囊肿。
- 发情引起：母犬会阴部和肋部脱毛，可发展为广泛性周期性脱毛。

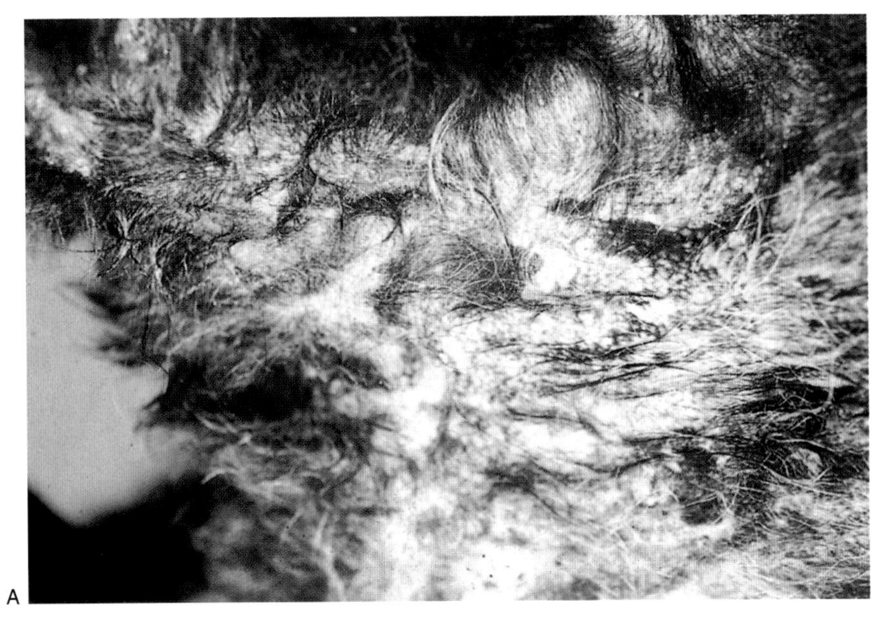

A

B

图5-18　（A）14岁猫在腹部腹面患亲表皮性淋巴瘤表现部分脱毛和黏性磷片的早期特征。（B）亲表皮性淋巴瘤，进一步发展为斑块和结节

- 睾丸激素反应性皮肤病：阉割的公犬渐进性躯干脱毛。
- 支持细胞瘤：雄性雌性化，乳房发育，会阴部和生殖器区域脱毛。
- 阉割反应性皮肤病：在颈圈部位，会阴部，大腿尾中侧，侧腹脱毛。
- 糖尿病：部分弥漫性脱毛，在猫可能与粟粒状皮炎有关。
- 色素稀释性脱毛：被毛变薄，与毛囊炎有关，渐进性发生，往往与蓝色被毛有关（约克夏㹴犬和杜宾犬常见）。
- 毛囊发育不良：缓慢渐进性脱毛（爱尔兰水猎犬，意大利斯皮诺犬）。
- 毛囊类脂沉积：红点，青年犬，罗威纳犬。

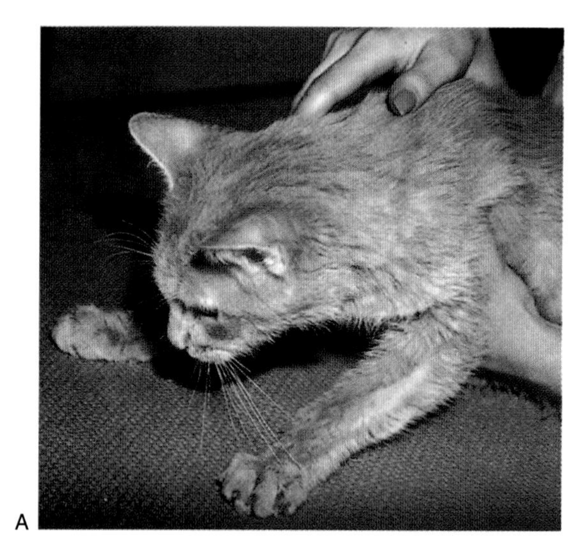

图5-19 （A）猫甲状腺功能亢进常与过度梳理毛发有关，可能会导致局部脱毛，沿前肢侧面较为明显。（B）猫甲状腺功能亢进。这个9岁猫没有其他甲状腺功能亢进常见的临床症状而表现为过度梳理毛发。注意沿前肢脱毛

- 先天性脱毛：见于卷毛比雄犬，小猎犬，巴吉度猎犬，法国斗牛犬，罗威纳犬；通过这种疾病选出的品种有：中国冠毛犬，墨西哥犬，美国无毛㹴，阿比西尼亚猫，斯芬克斯猫。
- 休止期脱发：与压力有关（如妊娠）。
- 角化障碍：与角化过度和过度油腻有关，最常见于可卡犬。
- 天疱疮：脱毛伴有脱屑，结痂，脓疱，红斑。
- 皮肤淋巴瘤：初始阶段脱屑脱毛，进一步发展到斑块、结节和溃疡，与黏膜褪色有关。
- 猫遗传性少毛症：常染色体隐性遗传，暹罗猫，德文力克斯猫，缅甸猫，伯曼猫；被毛稀疏。
- 猫全身性脱毛：遗传缺陷，完全没有主毛发，次生毛发减少，表皮增厚，油性皮肤，无胡须、尾尖、爪子、阴囊处有绒毛（斯芬克斯猫，加拿大无毛猫）。
- 猫对称性脱毛：精神性或过敏性皮炎是最常见的病因。
- 猫胸腺瘤：剥脱性皮炎，红斑，非瘙痒，从头部和颈部开始，逐渐蔓延，见于成年猫。
- 猫副肿瘤性脱毛：起病急，发展迅速，腹面（还有眼睛，鼻子，脚垫）完全脱毛，皮肤光滑发亮，与胰腺外分泌腺癌和胆管癌有关。
- 猫淋巴细胞性毛囊炎：脱毛，脱屑，色素沉着过多，瘙痒有或无，可能是一个反应模式或副肿瘤综合征。
- 假斑秃：淋巴细胞攻击毛囊峡部造成的脱毛，无瘙痒，非炎性。

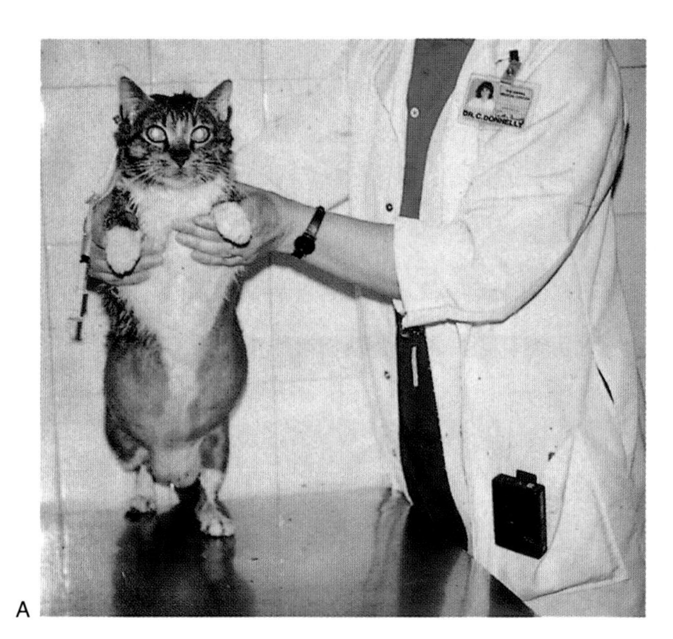

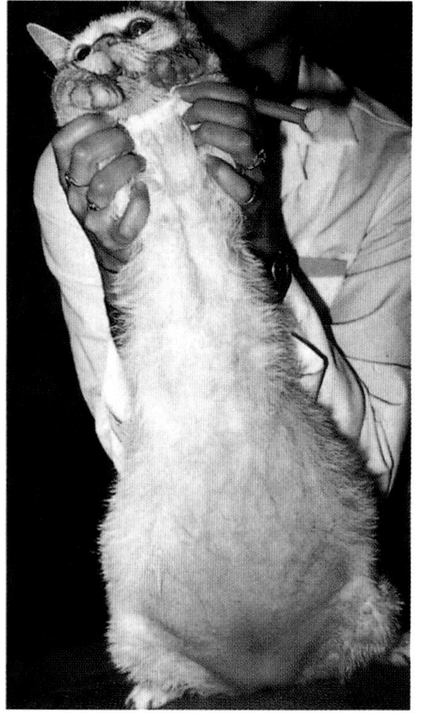
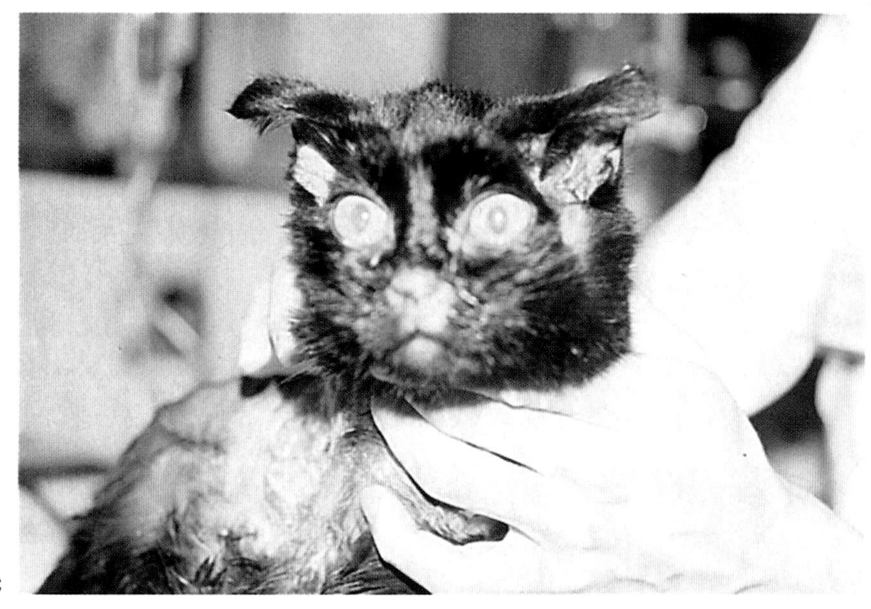

图5-20　（A，B）　猫肾上腺皮质机能亢进。注意大肚子外观和部分躯干脱毛。（C）猫肾上腺皮质机能亢进。注意耳廓边缘卷曲

- 黏蛋白性脱毛：毛囊外根鞘和表皮的黏蛋白增多。
- 结节性脆发病：毛发创伤过多，局部毛干肿胀，与表皮损伤有关。

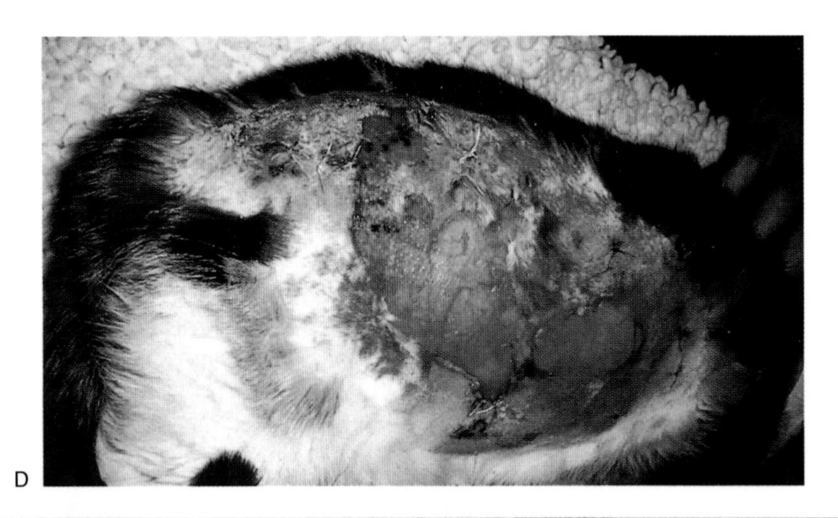

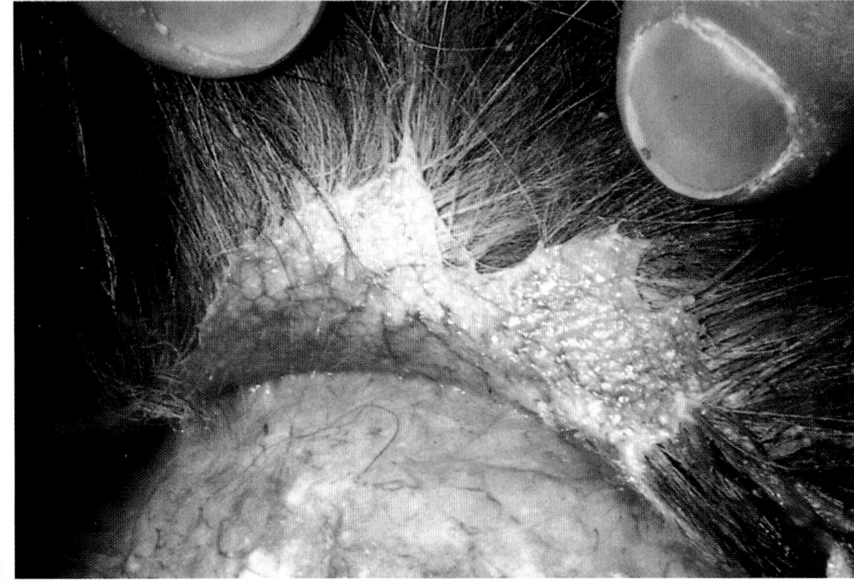

图5-20　（D，E）猫皮肤脆性综合征并发亢进。注意肢体大面积裸露及皮肤容易蜕皮，往往有与这些病变相关的小痛，并且可通过日常接触发生。（Rod Rosychuck博士惠赠）

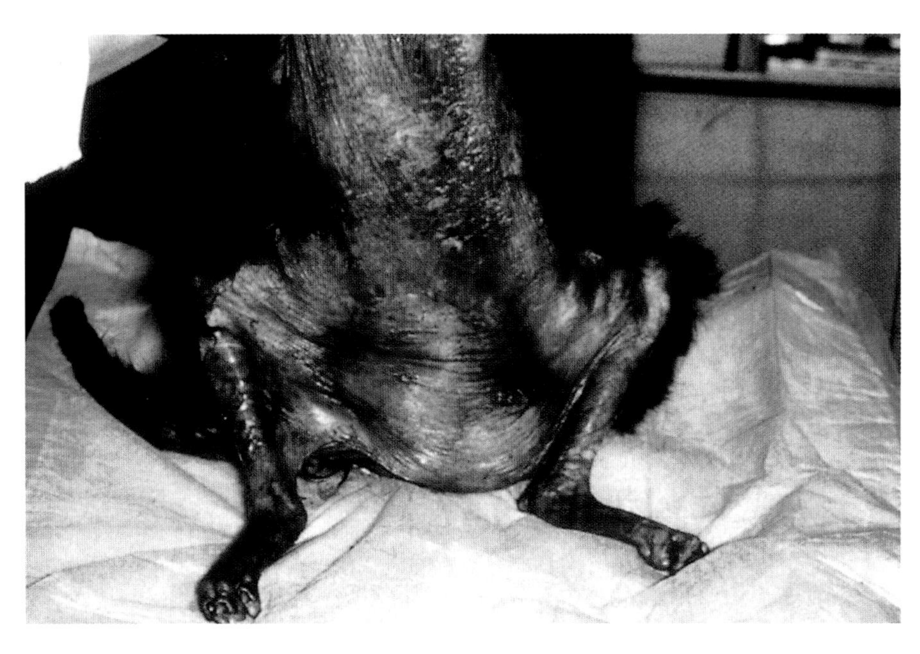

图5-21　与胰腺外分泌腺癌有关的副肿瘤综合征。注意皮肤色素沉着过多和脱毛部位闪闪发光的外观，常见于腹侧。（Rod Rosychuck博士惠赠）

剥脱性皮肤病（脱屑）

- 皮肤真菌病：可以有任何临床表现，常见为剥脱。
- 外寄生虫：姬螯螨，蠕形螨，疥螨感染（图5–22 ~ 图5–30）。
- 猫胸腺瘤：面部，颈部红斑；大龄猫，非瘙痒，脱屑。
- 角化障碍：角质脱落，继发马拉色菌过度生长。
- 维生素A反应性皮肤病：营养性反应，见于可卡犬，西高地白㹴，斑点犬，拉布拉多犬，沙皮犬，猎狐犬。
- 锌反应性皮肤病：脱毛，脱屑，结痂，红斑；见于眼周，耳廓，嘴唇；阿拉斯加品种易于发病。
- 毛囊发育不良：脱毛伴发角化过度和毛发形态学异常（结构／黑化作用）。

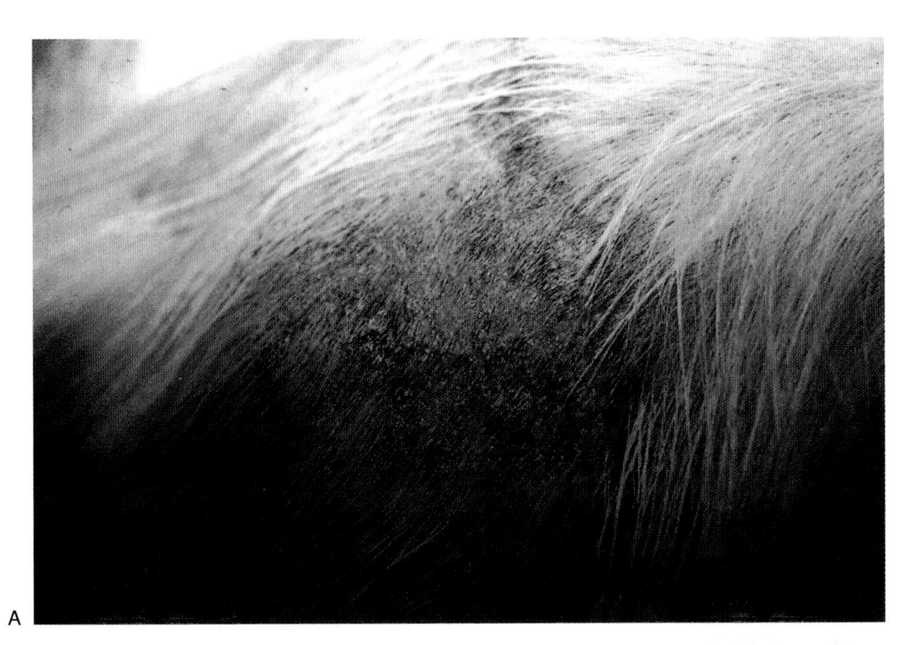

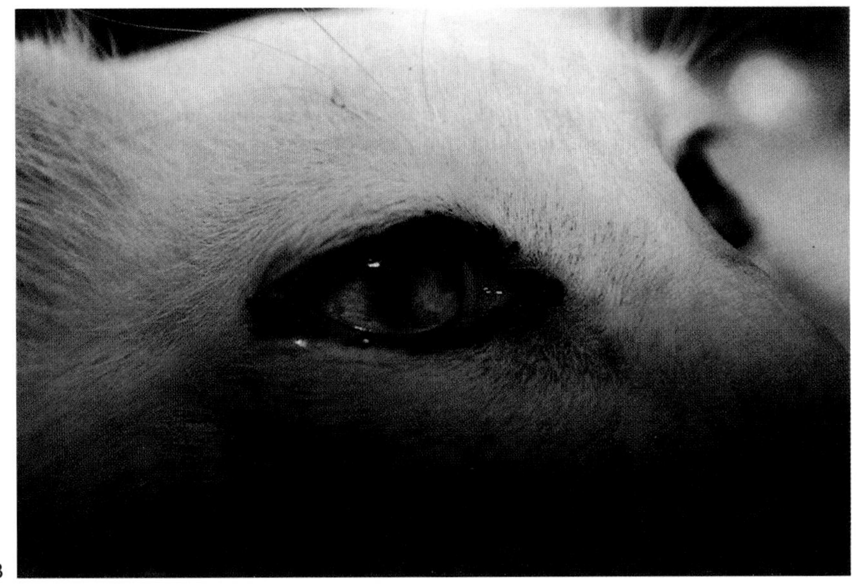

图5–22　（A）猫皮脂炎以黏性鳞片和局部脱毛为特征。（B）眼睑边缘色素沉积与皮脂炎有关

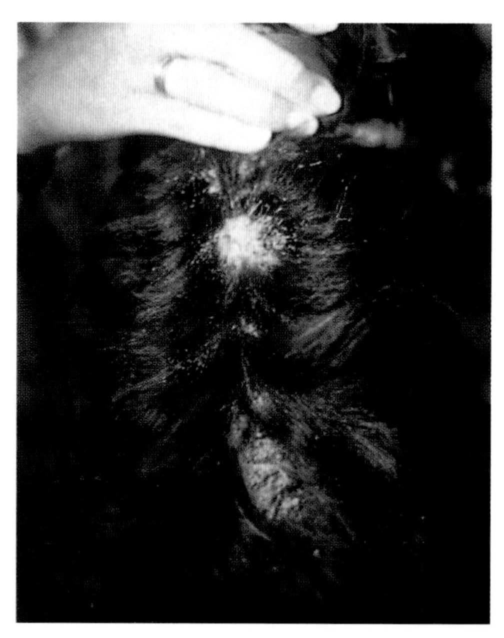

图5-23 维生素A反应性皮肤病以多灶性角质增生斑为特征

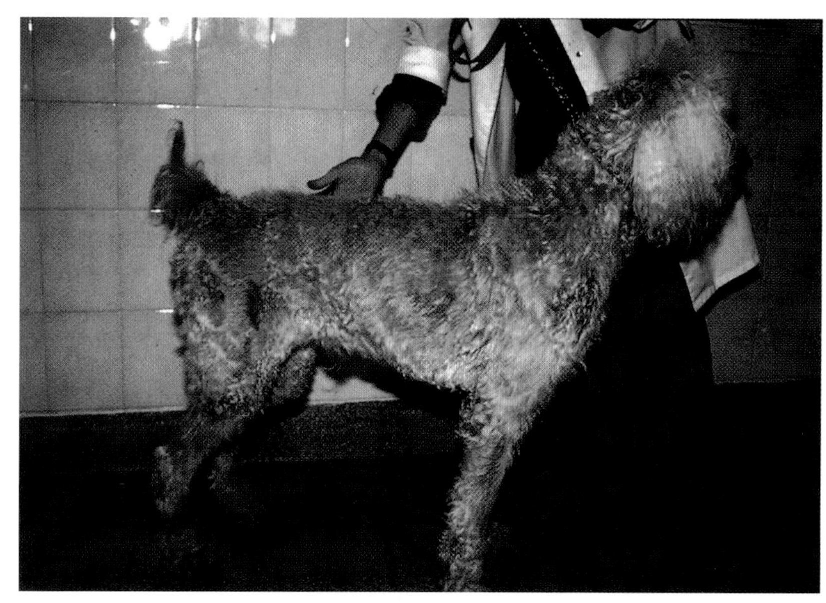

图5-24 标准贵宾犬患广泛肉芽肿性皮脂炎，表现为毛囊角质化，毛发明显地贴在皮肤上，并有脱毛的临床表现

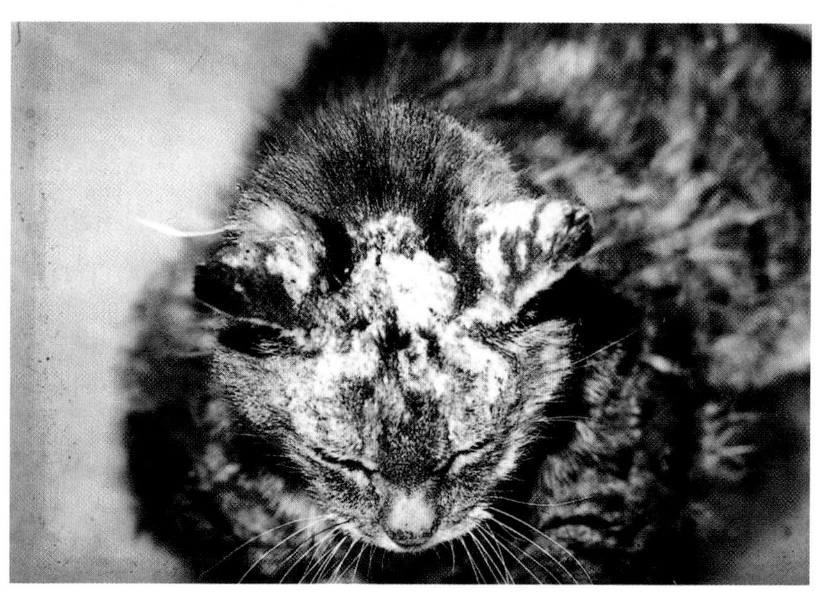

图5-25 猫的耳螨感染表现为明显的角化障碍

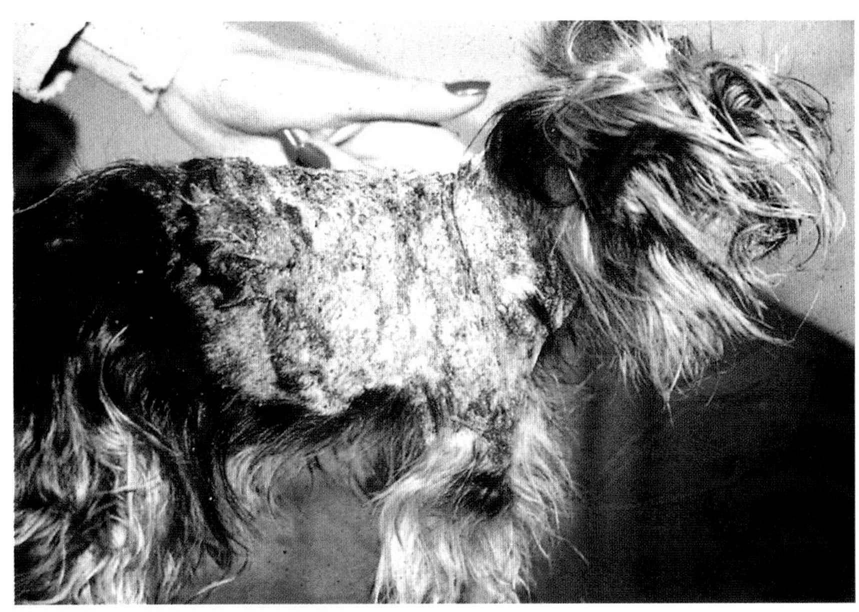

图5-26　约克夏㹴犬因慢性皮肤真菌病出现严重的黏性鳞片

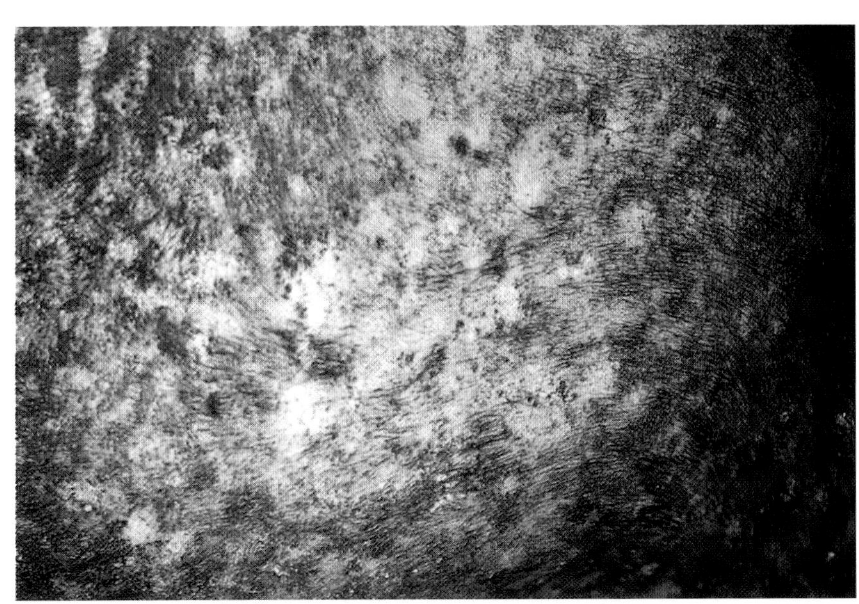

图5-27　可卡犬亲表皮性淋巴瘤。注意：此犬剔去毛发的部位皮肤褪色和弥漫性脱屑

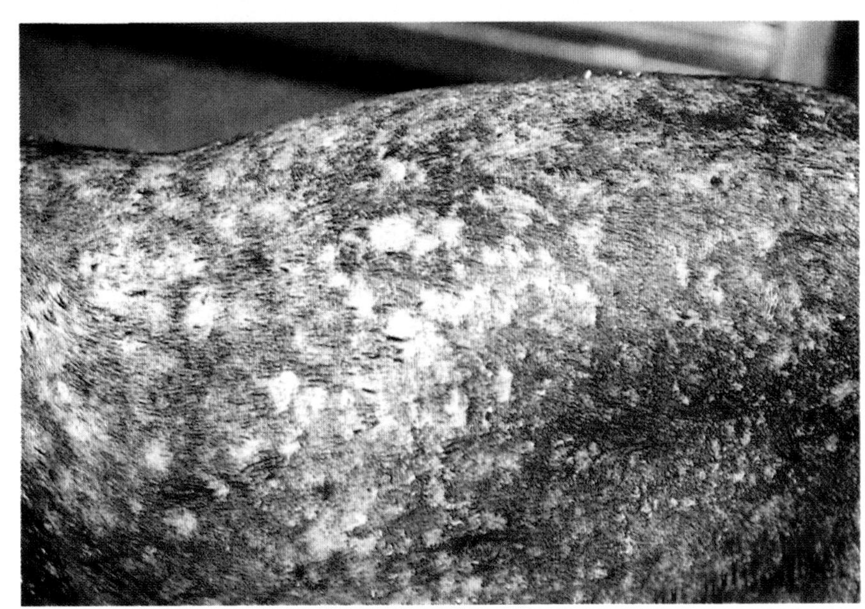

图5-28　这只可卡犬已经剪掉毛发，露出多灶性褪色和弥漫性脱屑的部位，为皮肤淋巴瘤的特征

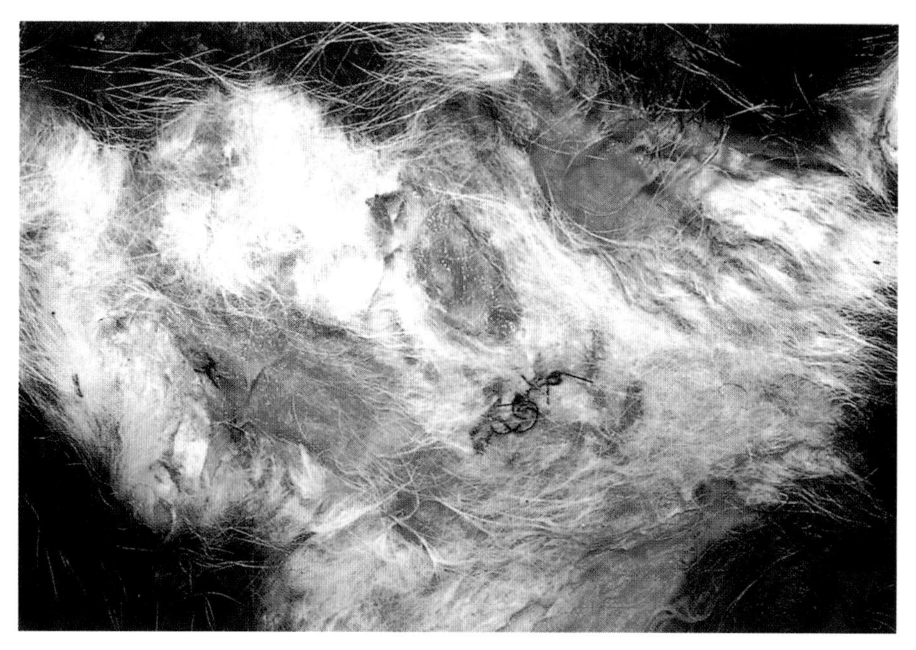

图5-29 猫腹部腹面患皮肤淋巴瘤，表现为红色斑块和溃疡，这与疾病的进一步发展有关

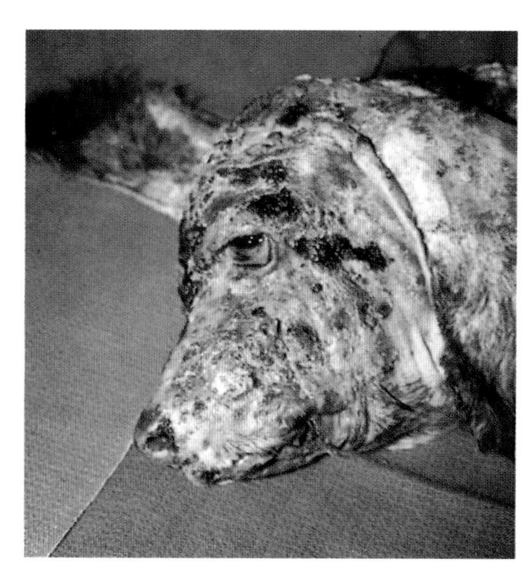

图5-30 亲表皮性淋巴瘤的最终阶段。注意弥漫性红斑，脱毛，结痂，褪色（尤其是鼻镜）

- 犬先天性鼻趾角化过度：在鼻镜和脚趾边缘鳞片累积，一般无症状。
- 皮脂炎：弥漫性角质脱落，毛发贴在皮肤表面，影响最严重的部位是背部包括头部。
- 鱼鳞病：先天性严重角化障碍，见于金毛猎犬，西高地白㹴犬，骑士查理王猎犬，杰克罗素㹴，诺福克㹴，约克夏㹴犬；鳞片紧紧黏附皮肤并继发脓皮病，预后不良。
- 皮肤淋巴瘤：许多情况下，脱屑是皮肤T细胞淋巴瘤的第一个临床症状，接着发生脱屑、斑块、结节，也伴发褪色。
- 光化性角化病：红斑和脱屑。
- 苔藓样银屑形皮肤病：史宾格猎犬和德国牧羊人易患，见于耳廓和腹股沟内侧。
- 髯犬粉刺症候群：沿体背出现脱屑和粉刺。

- 耳缘皮肤病：腊肠犬，特发性，血管炎／血管病有或无，脱毛，龟裂，角质脱落，凹痕。
- 拉布拉多猎犬遗传性鼻角化不全：可能开裂，造成一些不适，常常无症状，见于6～12个月龄。
- 浅表坏死性皮肤病："肝表皮综合征"；角化过度，结痂，溃烂；见于耳廓、面部、黏膜皮肤结合处、关节、脚掌。
- 波斯猫的脏脸综合征：红斑和脱屑，瘙痒，红／棕色皮脂积累，往往是马拉色菌过度生长，喜马拉雅猫也可见。
- 痤疮：犬，猫；犬的变异性脓皮病；猫的角化缺陷。
- 德国短毛猎犬遗传性类狼疮皮肤病：脱屑，结痂，鳞片；见于幼犬面部；预后盛衰。

结痂及糜烂／溃疡性皮肤病

- 落叶型天疱疮：常见结痂多于溃疡，鼻梁，脚掌，耳廓先出现，IMSD，药物诱发（promeris），由皮肤癣菌引起。
- 慢性天疱疮：溃疡伴有黏性结痂，可能有口腔病变，IMSD。
- 大疱性类天疱疮：自身抗体针对基底膜区，溃疡，皮肤黏膜交界处常受影响。
- 盘状红斑狼疮：免疫复合物沉积；见于鼻镜，耳廓，脚掌；褪色。
- 系统性红斑狼疮：多系统疾病，免疫复合物沉积，针对基底膜区（图5-31～图5-42）。
- 德国短毛猎犬遗传性类狼疮皮肤病：幼犬面部红斑，结痂，鳞片。
- 冷凝集素病：四肢末端常最受影响；溃疡／坏死。
- 脉管炎：特发性，免疫介导性，与猫白血病毒引起的（耳尖和尾坏死）肿瘤相关，药物引起，疫苗引起（狂犬病），遗传性——小猎犬幼年型多动脉炎综合征，杰克罗素㹴犬中性粒细胞破坏性脉管炎，德国牧羊犬家族性皮肤血管病，灰犬皮肤和肾小球血管病，腊肠犬血栓性耳廓坏死，糖尿病引起的血管炎，立克次氏体引起的血管炎，尿毒症引起的血管炎，嗜酸性血管炎（昆虫），类风湿关节炎。
- 多形性红斑：匐行性或"公牛眼睛"样病变；特发性；疫苗或药物引起，猫是由疱疹病毒引起。
- 中毒性表皮坏死：融合性表皮坏死；特发性，药物引起。
- 黏膜类天疱疮：皮下起泡性疾病：见于口腔、鼻腔、耳廓、肛门、眼、生殖器。
- 嗜酸性鼻疖病：发病急；昆虫／蜘蛛叮咬引起；脱毛，红斑，糜烂，结节，瘙痒／疼痛有或无。
- 幼犬蜂窝织炎："小犬扼杀"，无菌肉芽肿，脓疱，糜烂，溃疡；见于面部、耳廓、周围淋巴结。
- 皮肤组织细胞增多症：鼻梁、鼻黏膜、躯干、四肢；伯恩山犬和金毛猎犬易患。
- 葡萄球菌脓皮病：表面（结痂）和深层（溃疡）。
- 深部和中间真菌病：孢子丝菌病，芽生菌病，隐球菌病，球霉菌病等。
- 非典型分支杆菌病：创伤易感染，猫较常见，溃疡性结节伴有瘘管，脂肪组织增厚。
- 放线菌：诺卡氏菌，放线菌，链霉菌。
- 腐皮病：动物暴露于积水，溃疡性结节，严重瘙痒。

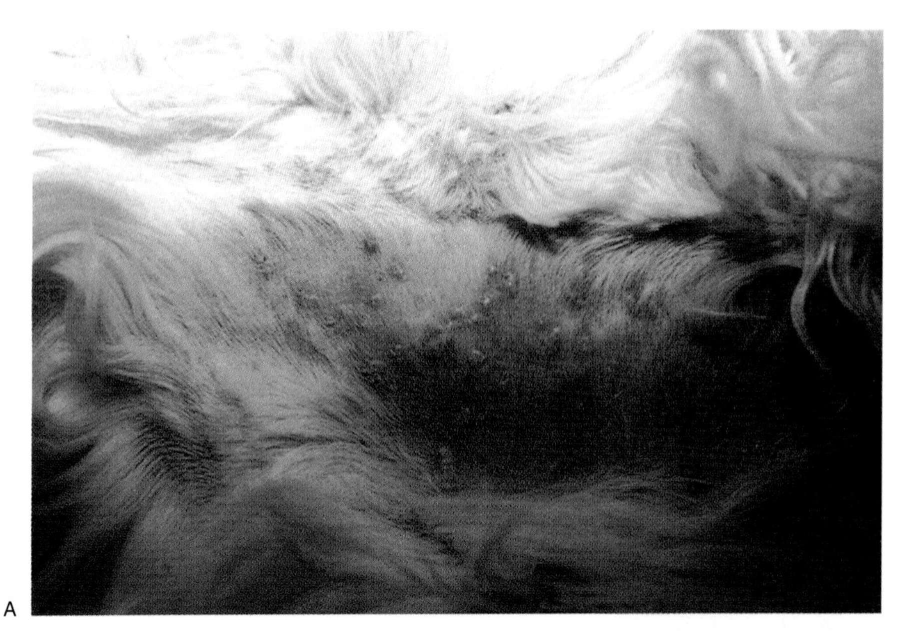

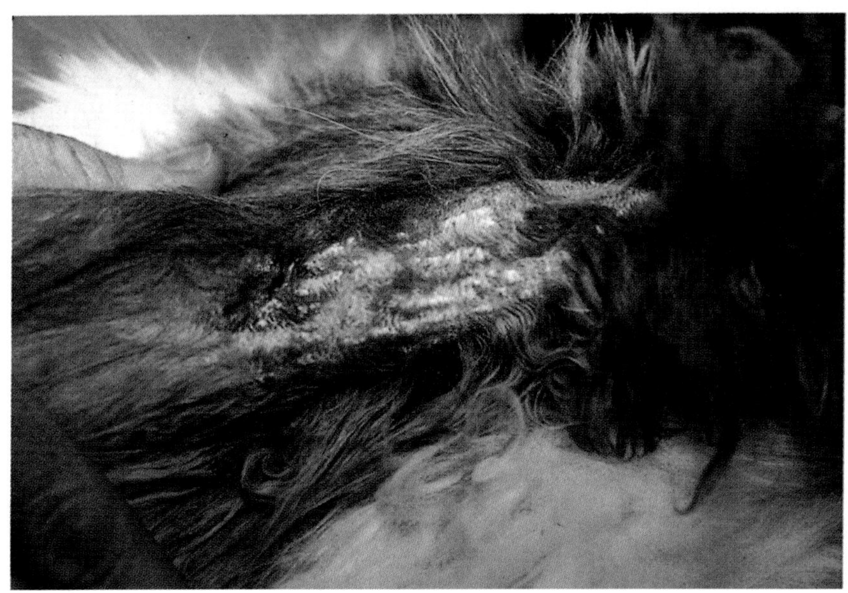

图5-31 （A）皮肤黄瘤病可能与内分泌失调（皮质醇，甲状腺，糖尿病等）或先天性高脂血症有关。这个10岁短毛家猫（M/C）表现为沿尾干腹面出现小的黄色至粉红色融合结节。（B）皮肤黄瘤病伴发糖尿病。注意这个7岁短毛家猫（F/S）猫沿腹部出现的线性黄色-粉红色病变

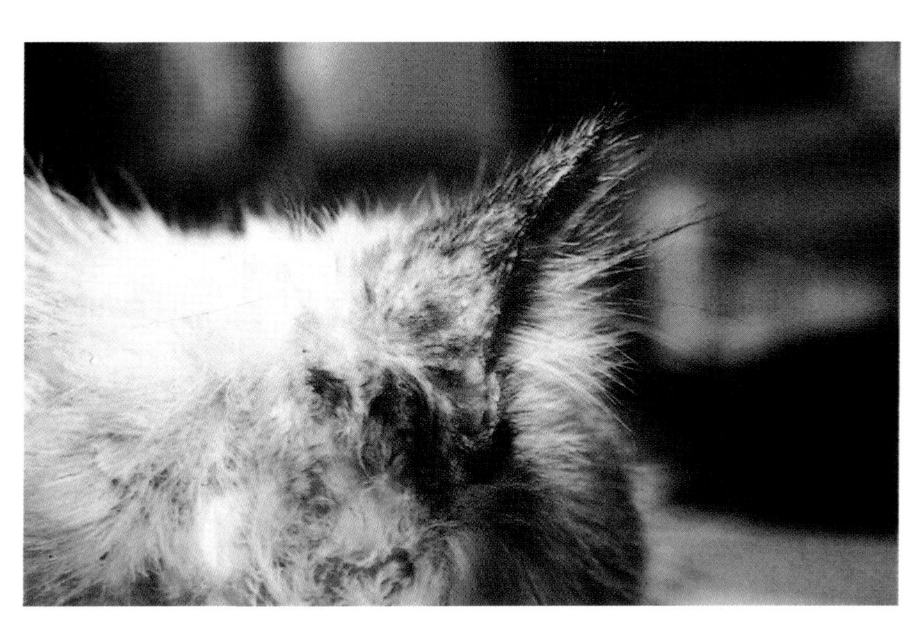

图5-32 猫过敏性皮炎，沿头颈部最为严重。注意沿耳廓和颈部表皮脱落

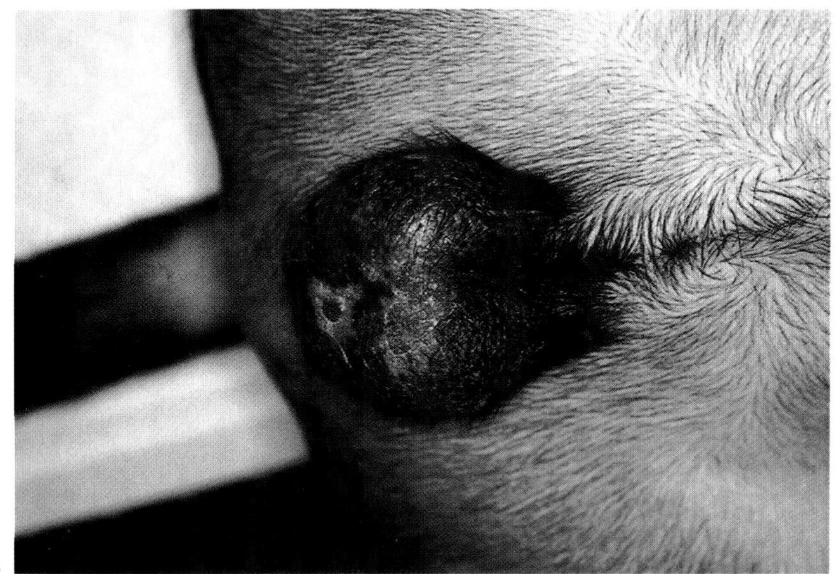

图5-33　（A）8岁雄性杂交犬患寻常天疱疮影响口腔黏膜和（B）阴囊

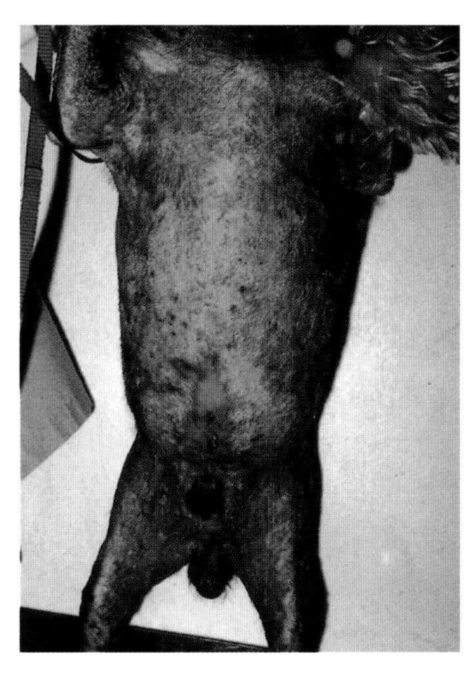

图5-34　5岁雄性迷你雪纳瑞犬腹部患有蒺藜引起的中毒性表皮坏死

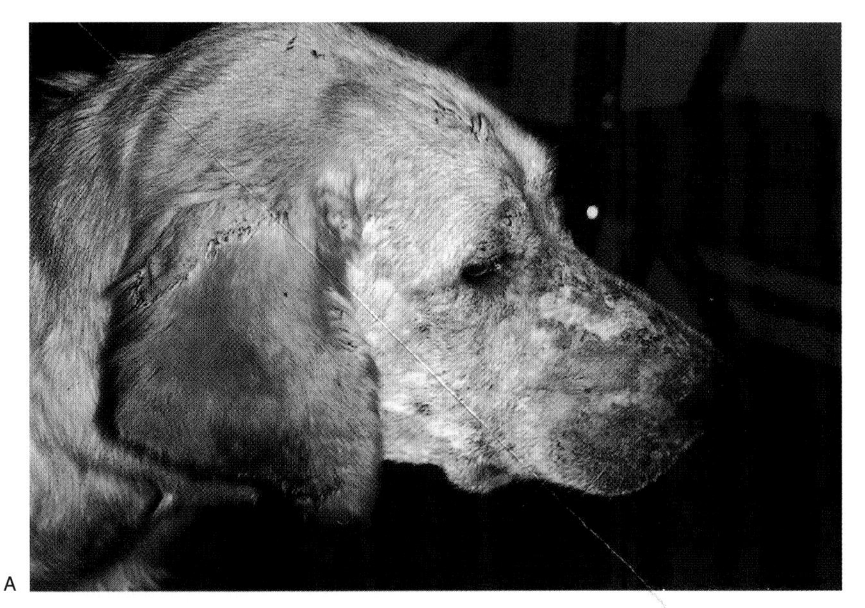

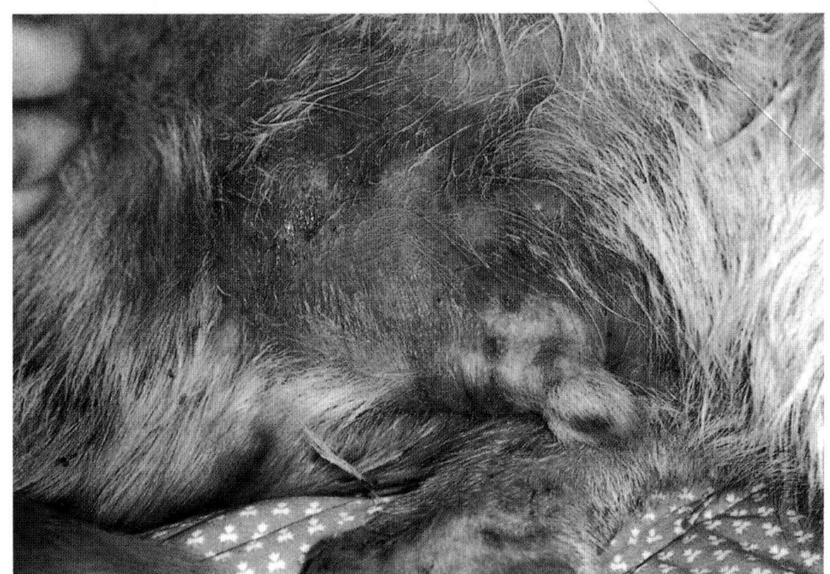

图5-35 （A）2岁雄性金毛猎犬面部广泛性糜烂和（B）腹股沟皮炎，由药物（头孢氨苄）诱发的落叶型天疱疮样皮肤病

图5-36 5岁雄性短毛家猫上唇患有"啮齿动物溃疡"

图5-37　3岁雄性短毛家猫因蚊虫叮咬过敏造成鼻镜溃烂

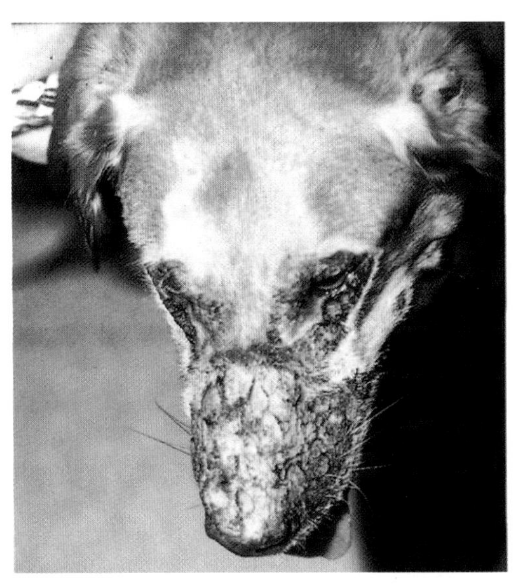

图5-38　落叶型天疱疮表现为沿着鼻梁和眼周部位出现典型的皮肤感染模式

图5-39　脓皮病的特征性病变为丘疹，脓疱，表皮管形脱屑和色素斑

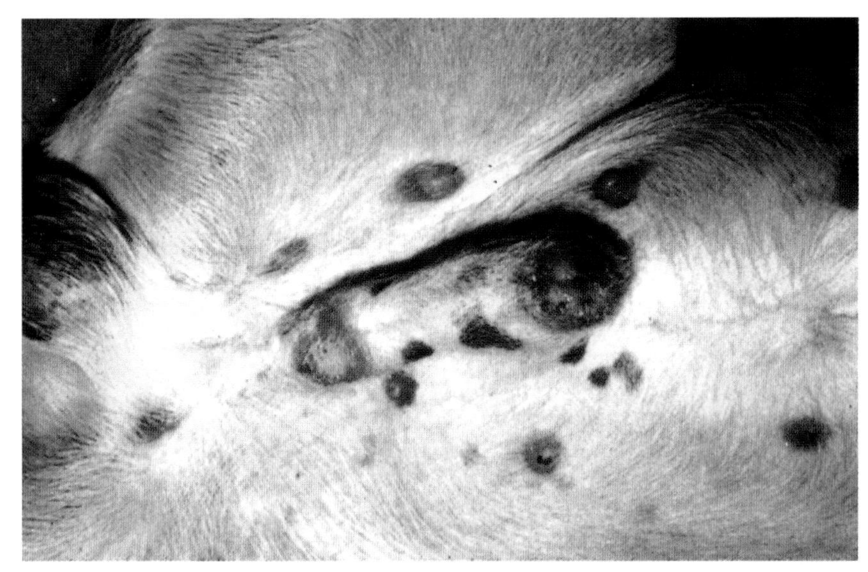

图5-40 患落叶型天疱疮的犬腹部有完整的脓包

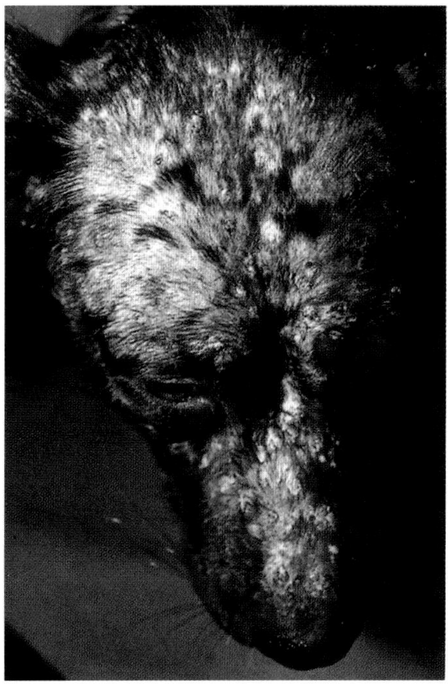

图5-41 脓疱和结痂是落叶型天疱疮的特征性病变

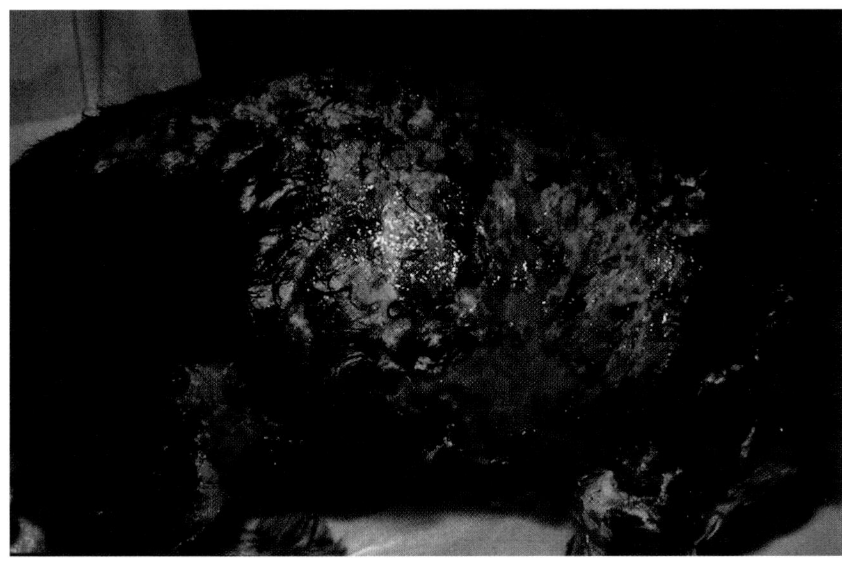

图5-42 杂交犬因电热毯损伤造成背部的灼伤

- 原藻病：腐生性藻类，积水，皮肤黏膜结合处溃疡，色素脱失。
- 拟青霉菌病：酵母样腐生菌引起；腐烂的植物；溃疡性结节和外耳炎。
- 利什曼病：原生动物寄生虫，人畜共患病，脱屑，结痂，溃疡性皮肤病。
- 猫牛痘：罕见，猫通过叮咬的伤口感染，欧洲，溃疡性丘疹和结节。
- 猫白血病毒和猫免疫缺陷病毒相关的皮肤病：巨细胞性皮肤病（溃疡，瘙痒，面部，颈部，耳廓）及耳廓边缘和尾部的猫白血病毒血管炎。
- 猫杯状病毒相关性皮肤病：猫口面部疼痛综合征（三叉神经痛，单侧面部瘙痒，暹罗猫和缅甸猫)。
- 蠕形螨病：严重病例普遍表现为结痂和溃疡。
- 疥螨：严重的皮肤瘙痒诱发广泛性表皮脱落和结痂。
- 蚤咬性过敏症：躯干尾背部。
- 猫蚊虫叮咬过敏症：病变在面部，红斑和溃疡性结节。
- 类圆线虫和钩虫移行症：红斑，溃疡；脚掌，腹部。
- 猫嗜酸性肉芽肿综合征：无痛性溃疡，线性肉芽肿，嗜酸性斑块。
- 过敏性皮炎：严重的皮肤瘙痒易使患畜出现糜烂，溃疡，结痂。
- 皮肌炎：遗传性缺血性皮肤病，面部、耳朵、尾巴；巨食管，肌肉疾病／萎缩，步态不稳。
- 后天性大疱性表皮松解：大型丹麦犬幼犬；荨麻疹，水疱，溃疡——面部、腹股沟、脚掌、口腔黏膜皮肤结合处。
- 皮肤无力：皮肤伸展过度和脆弱；犬和猫；溃疡和疤痕。
- 皮肤黄色瘤：真皮内胆固醇裂解；黄色-粉红色脱毛斑块及结节发展为溃疡，常由糖尿病或原发性高脂血症引起。
- 表皮坏死性皮肤病（肝皮肤综合征）：角化过度性溃疡性皮肤病，与肝病和／或胰腺胰高血糖素瘤有关。
- 皮肤钙化：真皮内矿物质沉着，与服用皮质类固醇诱发的胶原蛋白变性或肾上腺皮质机能亢进有关；剧烈瘙痒，糜烂，溃疡。
- 皮肤T细胞淋巴瘤：色素脱失，鳞片，斑块，结节，溃疡，缓慢渐进性，犬和猫。
- 柯利牧羊犬和喜乐蒂牧羊犬溃疡性皮肤病：可能是变异性皮肌炎或皮肤水泡型红斑狼疮，匐行性红斑，伴有溃烂的松弛性水泡；腹股沟、腋下、生殖器、耳廓、口腔黏膜、脚掌。
- 猫线性溃疡性皮肤病：颈部和肩部有独立病灶，剧烈瘙痒，难治疗。
- 猫浆细胞蹄皮炎：跖骨和掌骨的肉垫肿胀呈海绵状，溃疡；可能与猫免疫缺陷病毒有关。
- 先天性结节性脂膜炎：皮下结节及躯干上的引流管；腊肠犬易患此病，背部往往感染较严重，病变是无菌的，最终以结痂和疤痕愈合。
- 热激红斑：热辐射损伤。
- 光化性皮炎：红斑和脱屑，进一步发展为结节／糜烂／溃疡，肤色浅者易患。
- 日光，热，化学烧伤：红斑，鳞片，糜烂，溃疡，坏死。

- 史宾格猎犬肢端切割综合征：四肢严重溃疡；自主诱发，遗传性感觉神经病变。

色 素 异 常

- 先天性白斑病／白毛（白癜风）：皮肤和毛发受影响；比利时牧羊犬、德国牧羊犬、杜宾犬、罗威纳犬易患；呈永久性或盛衰（图5–47，图5–48）。
- 犬眼皮肤综合征（小柳原田样综合征）：全葡萄膜炎，白斑病，白毛，脑膜炎，免疫介导攻击黑色素细胞；哈士奇和秋田犬易患（图5–46）。
- 鼻部色素减退（达德利鼻——永久性，雪鼻——暂时性）：先天性；鼻镜保留鹅卵石样质地。
- 皮肤T细胞淋巴瘤（表皮淋巴瘤）：皮肤黏膜交界处常见色素脱失（图5–49）。
- 盘状红斑狼疮：鼻镜褪色和溃疡是常见的临床特点（图5–43 ~ 图5–45）。
- 系统性红斑狼疮，大疱性类天疱疮，寻常型天疱疮，红斑型天疱疮：免疫介导性疾病，影响皮肤的真皮表皮交界部位（黑素细胞并行）。
- 皮肌炎：柯利牧羊犬和喜乐蒂小牧羊犬；瘢痕皮肤病，巨食管，步态下降，肌肉无力，皮肤和毛发色素脱失。
- 药物引起的色素变化：酮康唑引起皮毛变灰。
- 雀斑：成年犬和橙色猫无症状黑斑；扁平斑，色素沉着过多。
- 炎症后色素沉着过度：皮肤对炎症的正常反应，象征愈合过程。
- 色素稀释性脱毛（色素突变性脱毛）：与蓝色或黄褐色皮毛有关。
- 约克夏㹴犬黑皮病和脱毛：脱毛，皮肤发亮，黑皮病。

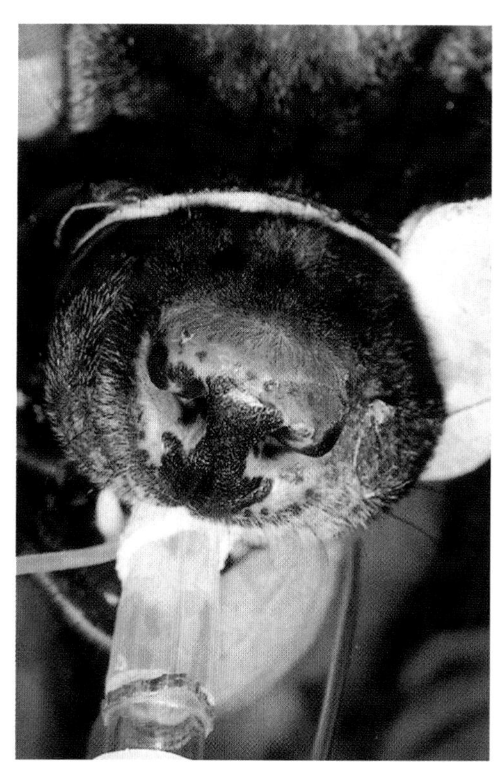

图5–43 5岁雄性秋田犬患盘状红斑狼疮

图5-44　3岁实验室杂交犬患有渐进性褪色并发鼻镜的盘状红斑狼疮特征性的红斑和溃疡

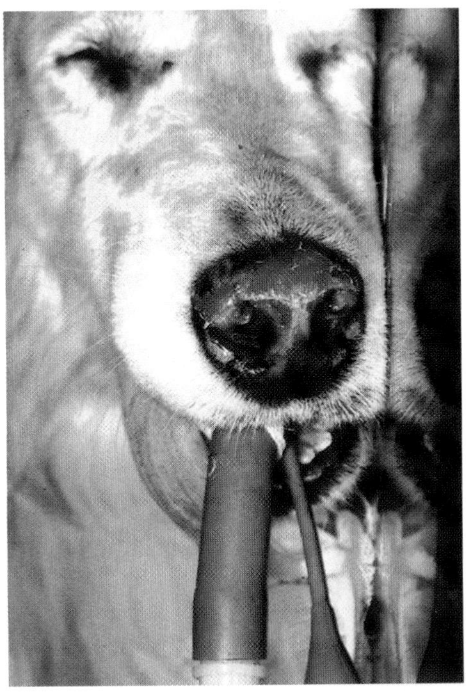

图5-45　图5-44的特写镜头。盘状红斑狼疮

图5-46　眼皮肤综合征（小柳原田样综合征）。注意皮肤特征性褪色模式，缺乏相关炎症，常见于疾病的早期阶段

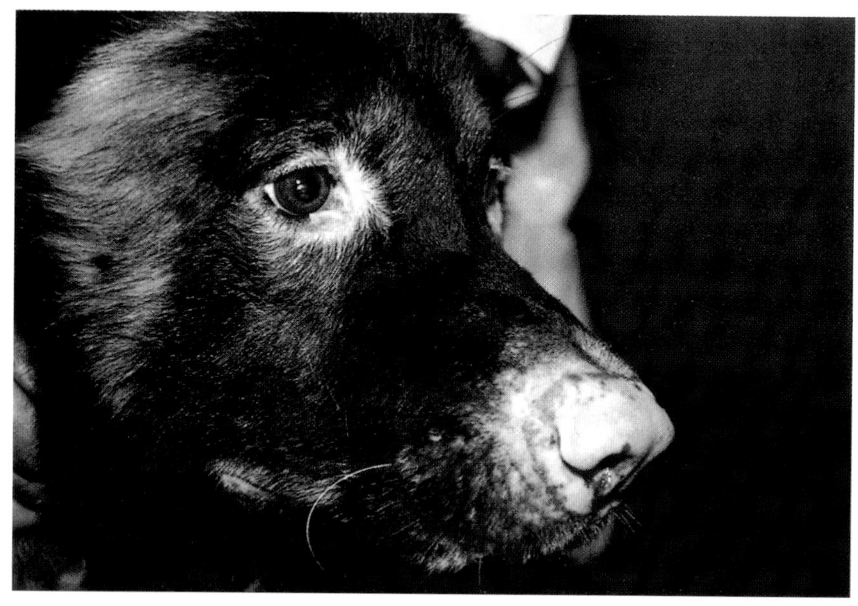

图5-47 白癜风（先天性白斑病/白毛），渐进性褪色，没有炎症。极少病例可能会自动恢复正常肤色

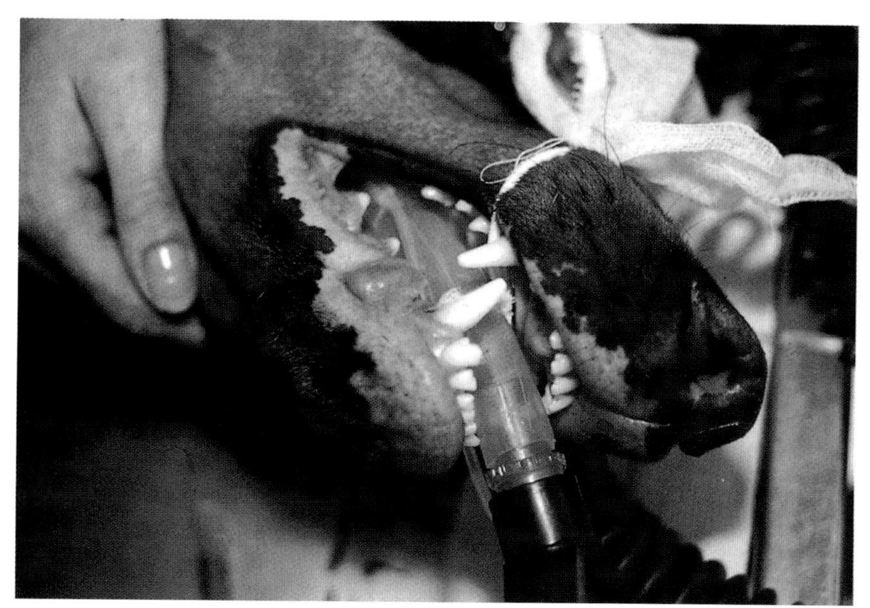

图5-48 白癜风。注意皮肤黏膜交界部位褪色

图5-49 11岁犬患皮肤淋巴瘤伴发广泛性脱屑和鼻镜褪色

- 黄斑黑变：与睾丸肿瘤有关。
- 契-东综合征（Chediak-Higashi）：见于波斯猫（蓝烟色），白虎，海福特肉牛，黄牛，阿留申水貂；巨型黑素体；畏光，免疫缺陷，出血性疾病。
- 眼皮肤白化病：白色波斯猫患有异色虹膜和耳聋。
- 灰柯利犬循环造血综合征：犬周期性中性粒细胞减少；浅色鼻子常为诊断线索，肝和肾功能衰竭，多数在2岁之前死亡。
- 罗得西亚脊背犬色素稀释和小脑变性：被毛蓝色与浦肯野细胞变性有关；可致死。
- 迷你雪纳瑞犬获得性金毛：年轻成年犬，躯体毛发呈金黄色斑驳状，原因不明。
- 痣：色素沉着斑点和斑块，无症状。
- 黑色素瘤：色素肿瘤。

爪和爪皱皮肤病鉴别名单

如果考虑分布模式是否对称，可将鉴别范围缩小。对称的指甲问题（多个爪子的多个爪）通常示为免疫介导性，代谢，遗传，营养，或病毒的病因。不对称分布（一个爪子上的一个或多个爪）很可能是感染，外伤或肿瘤。通过对称与不对称分布鉴别疾病分类有点武断，但对诊断检查制订鉴别名单来说还是有帮助的。

- 细菌感染：常继发于外伤。
- 真菌感染：皮肤癣菌，马拉色菌，念珠菌，芽生菌，隐球菌，地丝菌，孢子丝菌。
- 寄生虫病：蠕形螨病，钩虫性皮炎，蛔虫感染（图5-50～图5-54）。
- 原虫性疾病：利什曼原虫病。

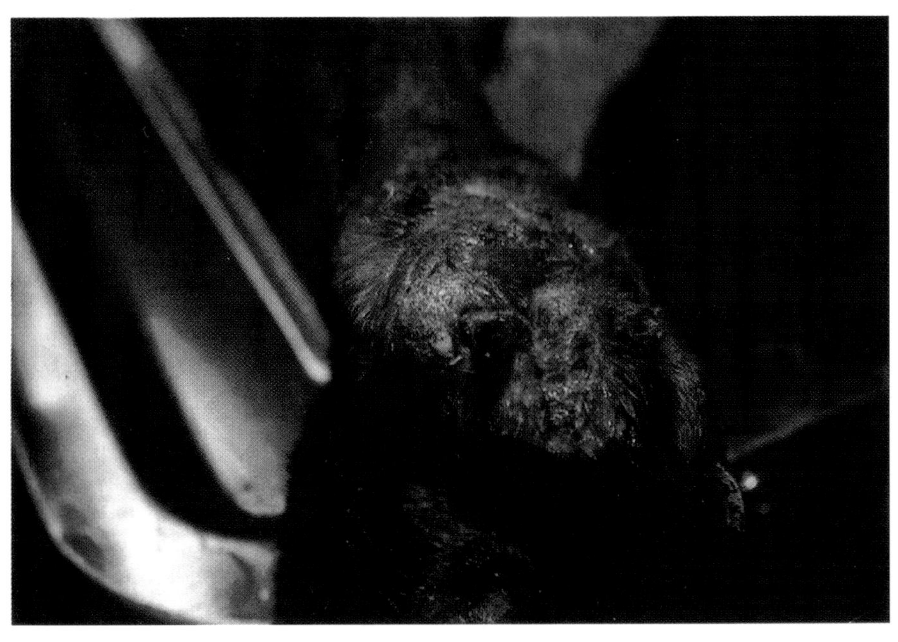

图5-50　细菌性毛囊炎和疖病并发蠕形螨病造成的蹄皮炎。注意：感染的整个脚趾，甲床部位，趾间空隙组织水肿，脱毛，角化过度，局部糜烂和溃疡

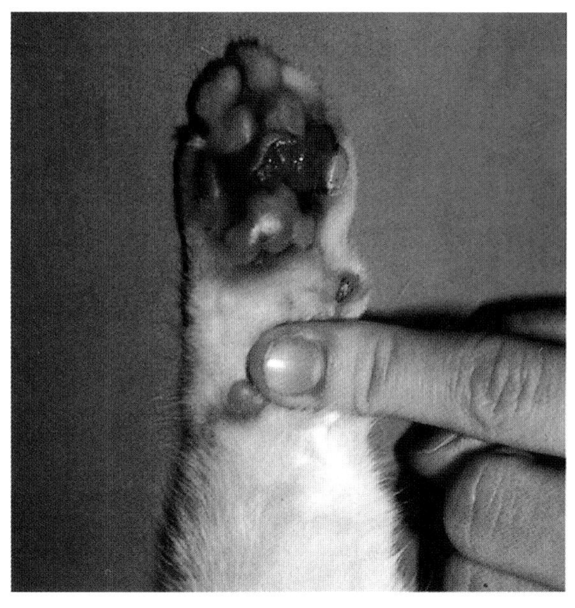

图5-51 脚趾和掌垫的嗜酸性斑块（猫嗜酸性肉芽肿综合征）

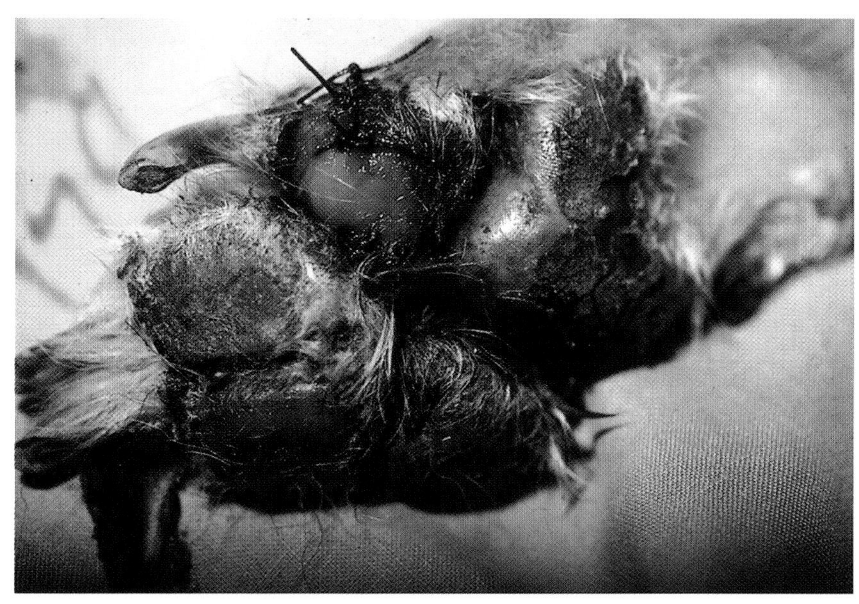

图5-52 9岁杂交犬患寻常型天疱疮。注意足垫溃疡伴发周围组织角化过度和结痂

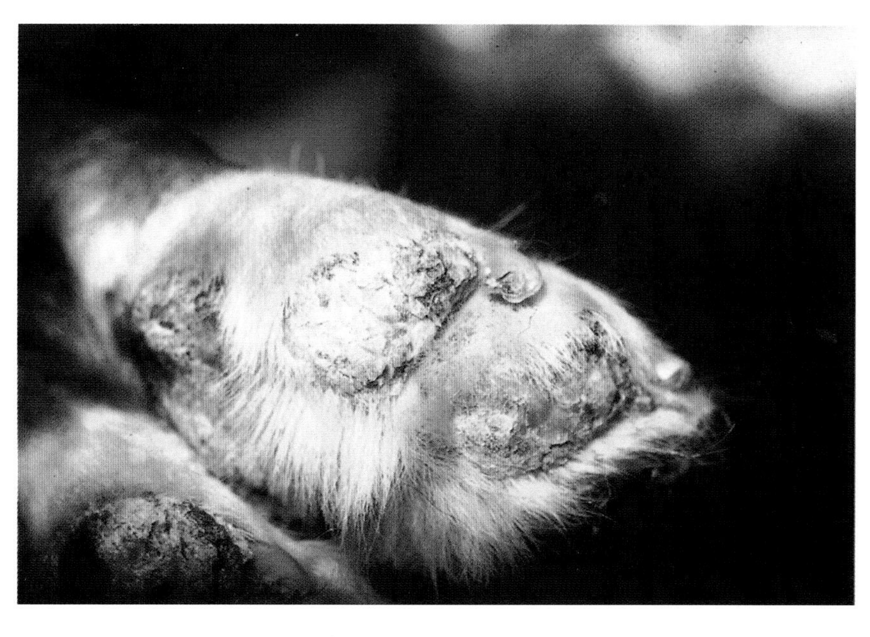

图5-53 犬肝皮肤综合征。注意脚掌角化融合明显

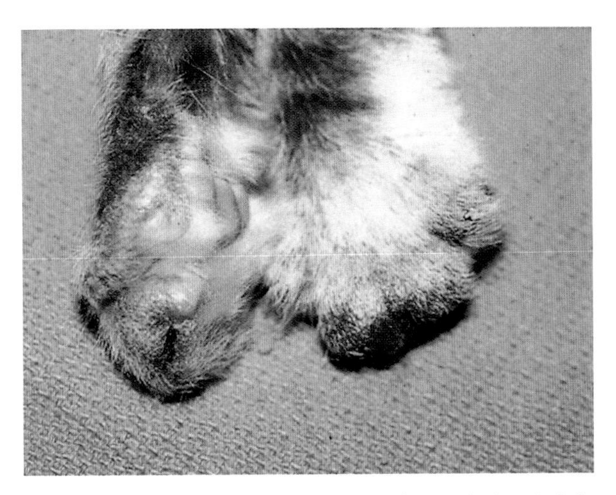

图5-54　皮肤淋巴瘤影响猫的脚趾。身体其他部位没有病变

- 病毒病：猫白血病病毒，猫免疫缺陷病毒。
- 创伤：化学性（化肥，地板清洁剂，盐），获得性动静脉瘘。
- 免疫介导性疾病：狼疮状肿瘤营养不良，系统性红斑狼疮，落叶型天疱疮，寻常型天疱疮，大疱性类天疱疮，血管炎，药物不良反应，疫苗反应，冷球蛋白血症，嗜酸性斑块（EGC）。
- 代谢性疾病：甲状腺功能减退（犬），甲状腺功能亢进（猫），糖尿病，肾上腺皮质机能亢进，浅层坏死性皮炎，肢端肥大症（巨甲和甲弯曲）。
- 遗传性疾病：大疱性表皮松解，皮肌炎，皮脂溢出，线性表皮痣，无甲症，多爪，在腊肠犬表现为脆甲症。
- 肿瘤：鳞状细胞癌，转移性支气管癌，肥大细胞瘤，黑色素瘤，角化棘皮瘤，淋巴肉瘤，血管外皮细胞瘤，骨肉瘤，黏液肉瘤。
- 其他：缺陷，致死性肢端皮炎，锌反应性皮肤病，弥漫性血管内凝血，先天性指甲营养不良，先天性无甲，麦角中毒，铊中毒，猫浆细胞性蹄皮炎。

鼻（鼻镜）皮肤病

- 盘状红斑狼疮：主要影响鼻区，色素脱失，光照加剧，鹅卵石样结构消失。
- 系统性红斑狼疮：多系统疾病；脸、鼻子、黏膜表皮结合处；广泛性。
- 天疱疮综合征：免疫介导性皮肤疾病，往往结痂多于溃疡，不同程度脱色；常见脚掌结痂。
- 大疱性类天疱疮：常与结痂及褪色有关；常见于黏膜表皮结合处（图5-55～图5-59）。
- 鼻光照性皮肤病：从肤色浅的鼻镜和鼻梁交界处开始，鼻过度暴露于阳光下的必须经过盘状红斑狼疮。
- 接触性皮炎：不常见；橡胶菜盘样；前鼻镜和嘴唇处罕见溃疡，红斑和褪色。
- 皮肌炎：鼻、面部、四肢；疤痕褪色／溃疡，可见多发性肌炎和巨食管。
- 眼皮肤综合征：葡萄膜炎；鼻子、嘴唇、眼睑处色素脱失，溃疡。

图5-55 红斑型天疱疮表现为鼻镜和鼻梁交界处轻度褪色和红斑疮

图5-56 眼皮肤综合征表现为葡萄膜炎，褪色，轻度炎症，局灶性糜烂/溃疡

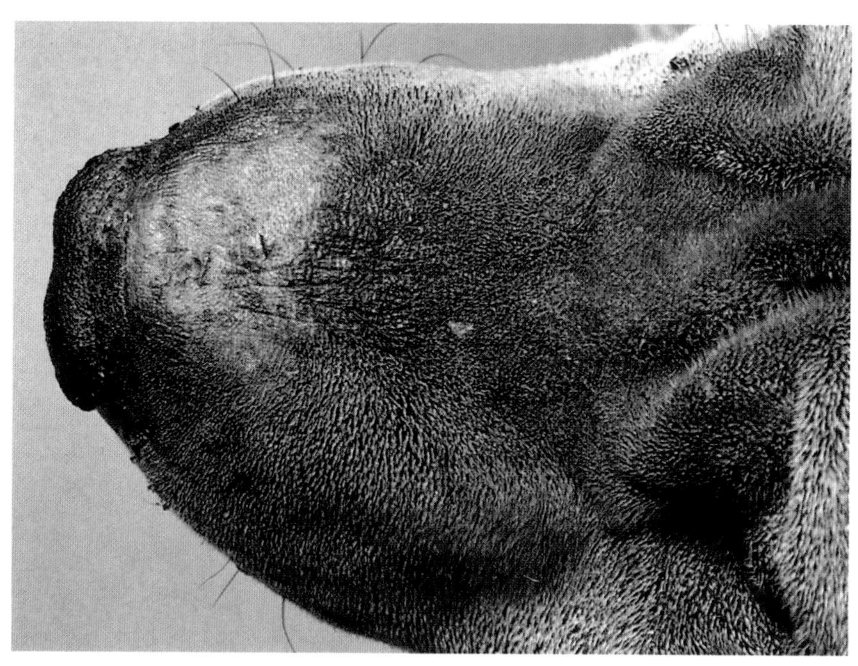

图5-57 中国沙皮犬对塑料碗过敏

图5-58　先天性白斑病／白色毛发

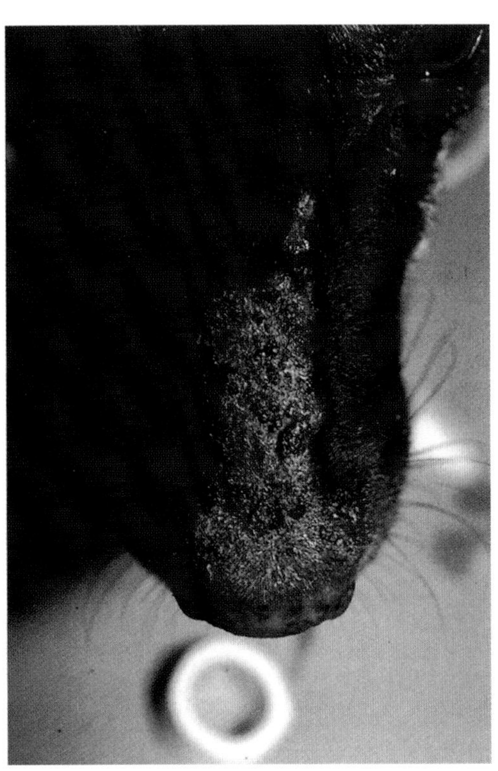

图5-59　患寻常型天疱疮犬出现水疱，糜烂，溃疡和结痂

- 锌反应性皮肤病：角化不全，结痂——鼻、脸、脚掌、黏膜皮肤结合处，压点。
- 鼻脓皮病：主要是长毛部位——鼻梁，炎症可能很少扩展到鼻镜。
- 白癜风：无炎症褪色或糜烂／溃疡。
- 鼻色素减退：浅棕色或棕褐色，可能呈季节性，品种问题。
- 药物不良反应：局部敏感（新霉素）或全身反应。
- 皮肤淋巴瘤：色素脱失和硬结，与表皮淋巴瘤有关。

- 组织细胞增生症：浸润往往影响鼻孔和鼻甲骨，伯恩山犬易患。
- 先天性鼻趾角化过度：常见于老龄犬；鼻镜和脚掌边缘。
- 遗传性鼻角化过度：拉布拉多犬，幼犬。
- 过敏症：蚊子叮咬猫引起的过敏。
- 病毒：疱疹病毒，杯状病毒。

结节和引流的病因

- 细菌
  - 疖病继发葡萄球菌感染，最常见。
  - 放线菌／诺卡氏菌。
  - 分支杆菌。
  - 异物。
  - 猫支原体脓肿。
  - 细菌性肉芽肿。
  - 局灶性附件发育不良继发于慢性毛囊炎／疖病。
- 真菌
  - 马约基肉芽肿，皮肤癣菌肉芽肿。
  - 孢子丝菌病。
  - 霉菌性足分支菌病。
  - 暗色丝孢霉病。
  - 接合菌病。
  - 明色丝菌病。
  - 隐球菌病。
  - 球孢子菌病。
  - 芽生菌病。
  - 组织胞浆菌病。
- 寄生虫
  - 蠕形螨病。
  - 利什曼病。
  - 小杆线虫皮炎。
  - 原生生物，腐霉菌病，原藻病。
- 病毒
  - 病毒性乳头状瘤。
- 过敏症
  - 荨麻疹。

    - 血管神经性水肿。
    - 嗜酸性肉芽肿。
    - 节肢动物叮咬过敏。
    - 蚊虫叮咬过敏（猫）。
- 血管
    - 动静脉瘘。
    - 脉管炎。
    - 血栓形成。
    - 凝血障碍。
- 代谢
    - 皮肤黄瘤病。
    - 表皮钙质沉着。
    - 局灶性钙质沉着。
    - 结节性皮肤淀粉样变。
- 其他
    - 无菌性结节性脂膜炎。
    - 外伤性脂膜炎。
    - 注射后脂膜炎。
    - 无菌结节性附件周肉芽肿性皮炎。
    - 幼犬蜂窝组织炎综合征。
    - 活性组织细胞增多症——皮肤／全身。
    - 德国牧羊犬结节性皮肤纤维变性。
    - 良性结节性皮脂腺增生。
    - 皮垂。
    - 痣／错构瘤（胶原，血管，毛囊，皮脂腺）。
    - 附件纤维发育不良。
    - 皮样囊肿／窦。
    - 囊肿（毛囊，表皮，内含物）。
    - 脂肪过多症。
    - 汗腺囊瘤病。
- 肿瘤
    - 圆形细胞肿瘤：肥大细胞瘤，浆细胞瘤，淋巴瘤，组织细胞瘤，恶性组织细胞增多病，组织细胞肉瘤，传染性性病肿瘤。
    - 黑色素细胞肿瘤：良性真皮黑色素细胞瘤，恶性黑色素瘤。
    - 上皮来源：鳞状细胞癌，鳞状上皮乳头状瘤，鲍文氏综合征（“原位”），基底细胞瘤，角化棘皮瘤，皮内角化上皮瘤，毛发上皮瘤，毛发质瘤，皮脂腺／肝样腺／大汗腺／耵聍腺瘤和癌。

- 间质细胞：血管外皮细胞瘤，神经鞘瘤，纤维瘤／纤维肉瘤，黏液肉瘤，血管瘤／血管肉瘤，淋巴管瘤／淋巴管肉瘤，脂肪瘤／脂肪肉瘤，纤维乳头状瘤（猫肉状瘤），平滑肌肉瘤，皮肤纤维瘤。

作者：Karen Helton Rhodes

任卲娜　译　李国清　校

第6章

人兽共患病

定义 / 概述

- 人兽共患病广义上可以定义为动物和人类共有的任何疾病，狭义上可定义为直接从动物传染给人类的任何疾病。
- 可能与影响皮肤的疾病相混淆，特别是在包含传播媒介的情况下。
- 进一步考虑的是，伴侣动物是否携带可以刺激但不感染人类的外寄生虫。
- 最近讨论的话题包括编码多药耐药基因的概念，该基因可能将伴侣动物上的菌群转移到人类，反之亦然。
- 已从同一家庭人和动物体内的菌群中发现类似的耐药模式，这大概可视为人兽共患疾病的耐药性从动物直接转移到人，可能影响（虽然不会导致）人的疾病。
- 人兽共患病及其传播媒介地域上明显不同。

下面章节的列表并非详尽无遗，仅列出犬、猫较常见的皮肤疾病，犬、猫外寄生虫传播的疾病，或犬、猫携带的外寄生虫所引起的皮炎（图6-1 ~ 图6-3）。

图6-1 腹部姬螯螨病的红色丘疹

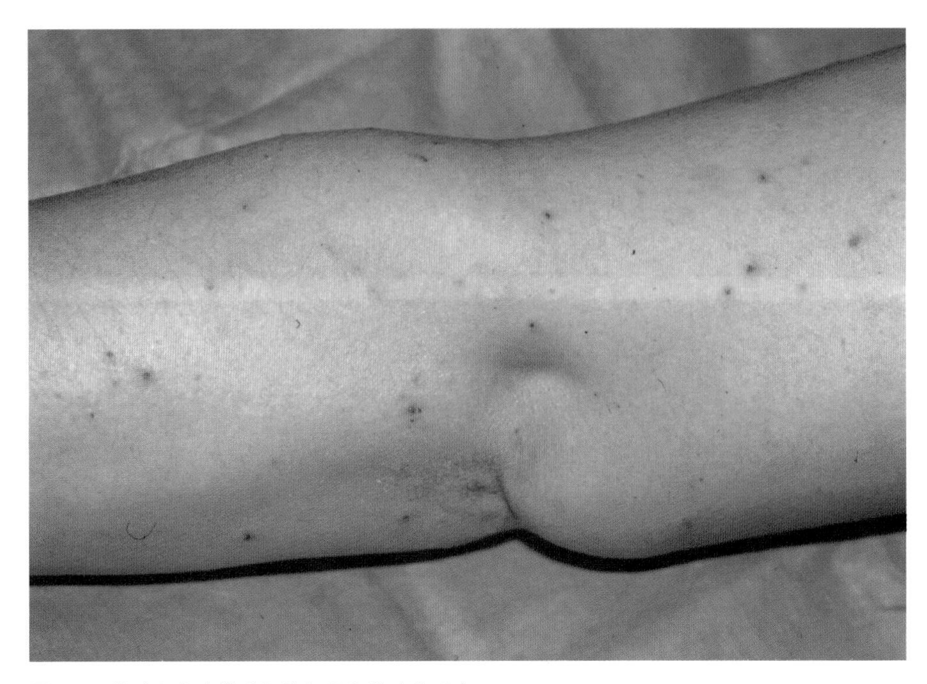

图6-2 前肢上犬疥螨引起的红斑和擦破的丘疹

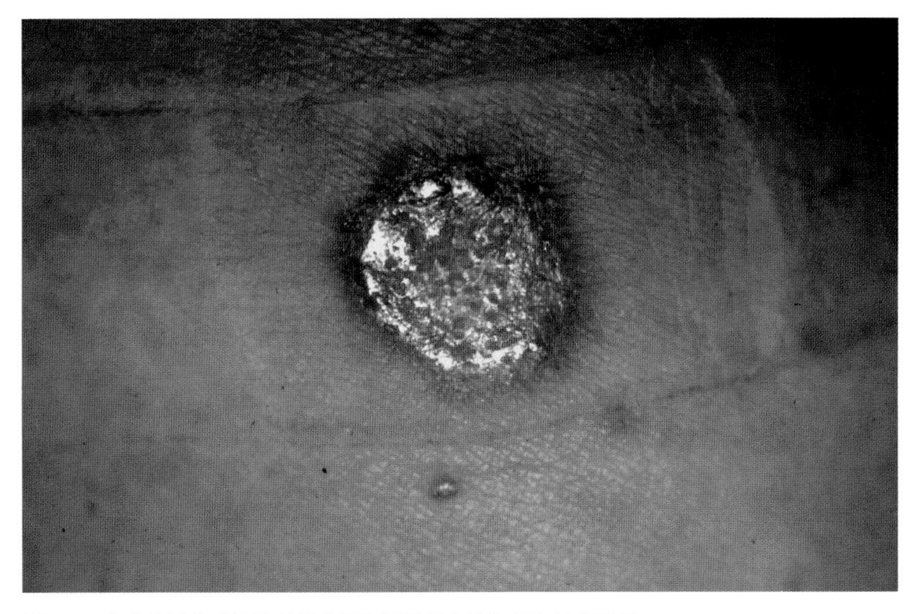

图6-3 犬小孢子菌引起的环状（环）缓慢扩大的红斑和结痂病灶

寄 生 虫

- 姬螯螨；
- 疥螨；
- 犬耳螨；
- 利什曼原虫；

- 猫耳螨；
- 犬猫栉首蚤；
- 蚤属；
- 吸着蚤（*Echnidnophaga gallinacean*）；
- 犬复孔绦虫；
- 皮肤幼虫移行症
  - 犬钩虫；
  - 巴西钩虫；
  - 狭头钩虫。

细　菌

- 结核病；
- 刚果嗜皮菌；
- 链球菌；
- 葡萄球菌；
- L型\支原体；
- 鼠疫耶尔森氏菌；
- 犬布鲁氏菌。

真　菌

- 孢子丝菌病；
- 隐球菌病；
- 芽生菌病；
- 组织胞浆菌病；
- 鼻孢子菌病；
- 曲霉病；
- 青霉菌病；
- 原藻病；
- 粗球孢子菌；
- 厚皮马拉色菌；
- 皮肤菌病：
  - 犬小孢子菌；
  - 石膏样小孢子菌；
  - 须毛癣菌；
  - 表皮癣菌。

病 毒

- 正痘病毒（猫牛痘病毒）；
- 副痘病毒（病毒传染性脓疱皮炎）。

作者：Alexander H. Werner
任邵娜 译 李国清 校

第二部分

过敏性与超敏性皮炎

Allergic and Hypersensitivity Dermatitis

第 7 章

特异性皮炎

定义 / 概述

- 特异性皮炎（AD）是一种对自然界中花粉（牧草、杂草和树木的花粉）、霉菌、粉尘螨、上皮细胞致敏原以及其他致敏原有过敏性倾向的皮肤病。

病因学 / 病理生理学

- 易感动物被环境中的致敏原致敏时，产生的特异性IgE会结合到皮肤肥大细胞的受体结合位点，当机体再次接触（吸入，更重要的是经皮肤吸收）致敏原时，引起速发型超敏反应（Ⅰ型变态反应），即嗜碱性粒细胞和组织肥大细胞通过脱颗粒作用，释放组织胺、肝素、蛋白水解酶、细胞因子及其他介质。
- 也可能涉及非IgE抗体（IgGd）及后期反应（8 ~ 12h）。
- 犬：虽然有遗传倾向，但是确切的遗传模式尚不明确，其他因素也很重要。
- 猫：尚不清楚。
- 过敏阈值原理：致痒因素的累积可以降低每个动物的个体阈值。

特征 / 病史

- 犬：真正的发病率不详，估计有3% ~ 15%的犬会发病，据报告是第二个最常见的过敏性皮肤病。
- 猫：发病率不详，一般认为比犬的发病率低得多。
- 犬：任何品种（包括杂种）均可发病，由于遗传倾向，某些品种或家族可能更常见，可能有地域差异。
- 在美国（犬）：常见品种有波士顿猎犬、凯恩㹴、英国斗牛犬、英格兰猎犬、爱尔兰猎犬、拉萨狮子犬、迷你雪纳瑞、哈巴犬、西里汉猎犬、苏格兰猎犬、西部高地白㹴、硬毛猎狐犬、金毛猎犬。
- 犬：平均发病年龄在1 ~ 3岁，从3个月到6岁均可发病，第一年症状不被注意，但症状会渐进性发展，在3岁以前症状明显。
- 患病情况无性别差异。

病史

- 面部、脚部、会阴部、腋窝瘙痒。
- 发病早。

- 有家族过敏史。
- 呈季节性或非季节性。
- 皮肤或耳部反复感染（细菌或酵母过度生长）。
- 暂时性糖皮质激素反应。
- 病情逐渐加重。

临 床 特 点

- 特征性症状：瘙痒（发痒、搔抓、摩擦、舔舐）（图7–1）。
- 可见原发性病变，但多数皮肤病变被认为是自发性创伤所致（图7–2）。
- 发病部位：趾间、腕部、跗部、口鼻周围、眼周围、耳廓、腋下及腹股沟（图7–3）。
- 病变：无或出现断毛，唾液变色（卟啉染色）或者红斑、丘疹、结痂、脱发、色素沉着过度、苔藓样变、过分油腻或干脂溢性变化以及多汗（顶浆分泌性出汗）。
- 继发细菌性、真菌性皮肤感染（常见）（图7–4）。
- 慢性、复发性外耳炎。
- 继发眼睑炎可导致结膜炎。
- 猫：常见粟疹性皮炎，整理过度性脱毛，面部抓痕，外耳炎以及嗜酸性斑块（图7–5～图7–9）。

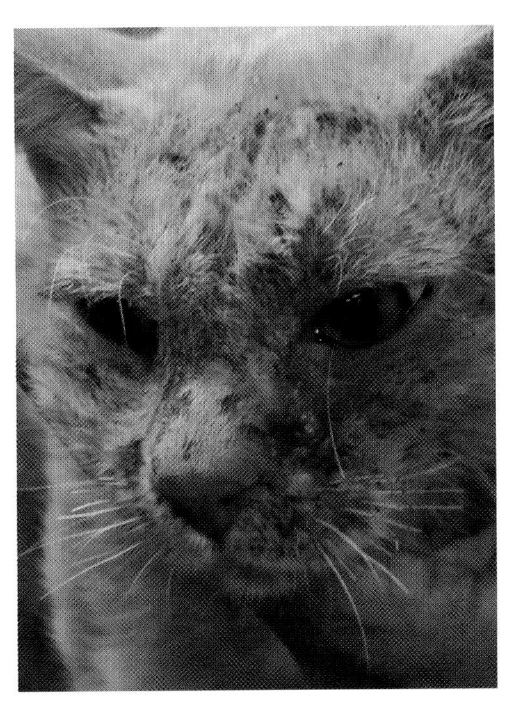

图7–1 红斑、脱毛、抓痕明显，与环境过敏原过敏有关

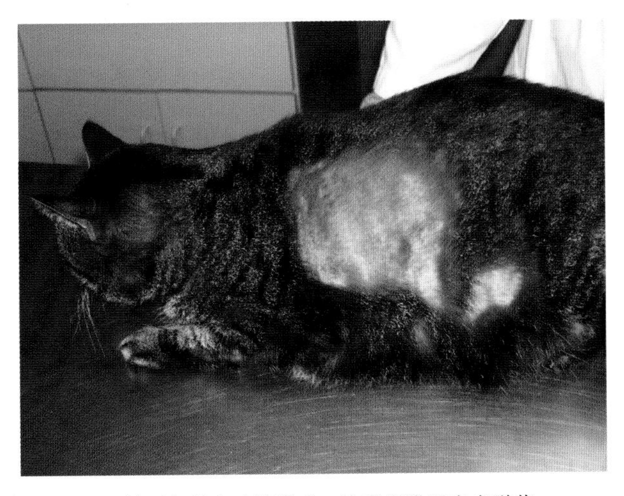

图7–2 过敏引起的自残性脱毛，注意患猫无表皮脱落

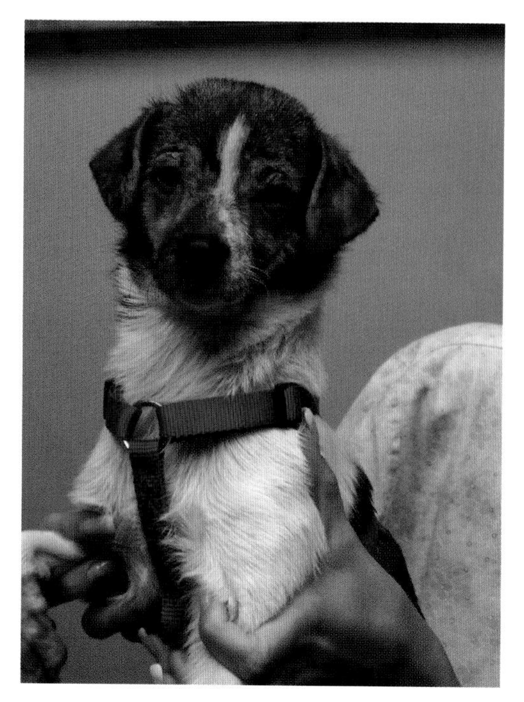

图7-3　眼周严重脱毛，红肿，脱皮

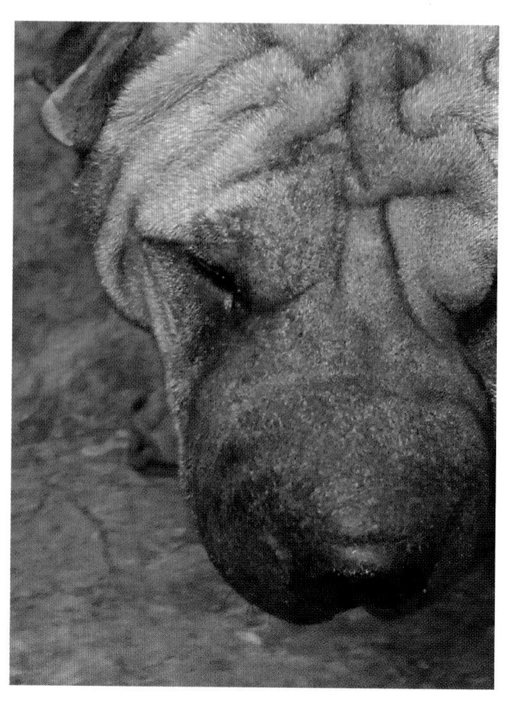

图7-4　局部弥漫性脱毛，伴有红斑并继发马拉色菌过敏症，与空气过敏原有关

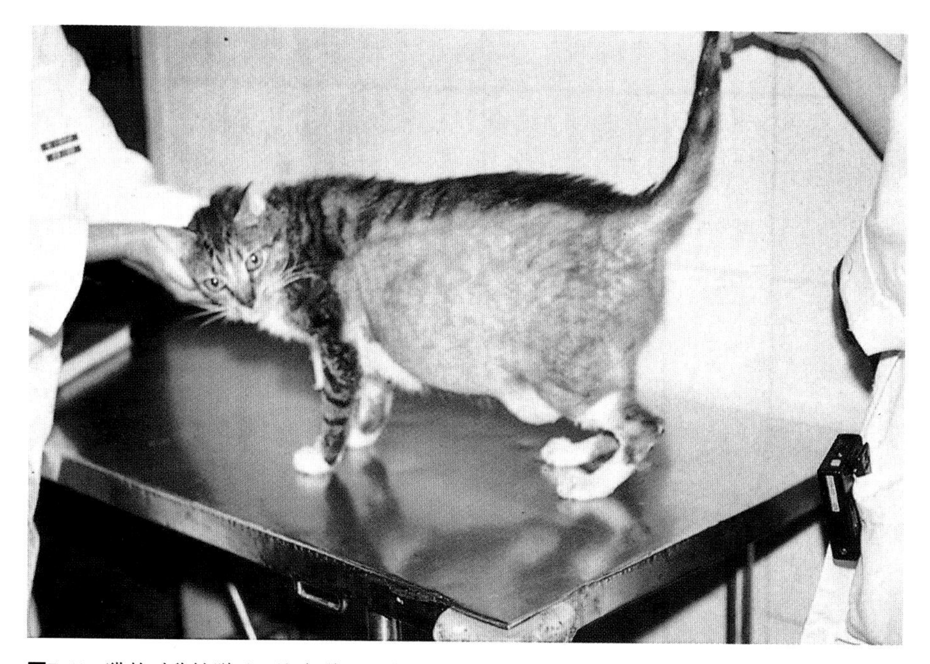

图7-5　猫的对称性脱毛，注意脱毛区域界限清楚，无炎症反应

鉴 别 诊 断

- 食物过敏：病变分布和体检结果一致，但无季节性；可能并发特异性皮炎；通过观察对低过敏性饮食的反应加以鉴别。
- 跳蚤叮咬过敏：许多地区季节性瘙痒最常见的原因；可能并发特异性皮炎；通过观察病变分布和对跳蚤控制以及皮内注射特异性抗原的反应来加以鉴别。

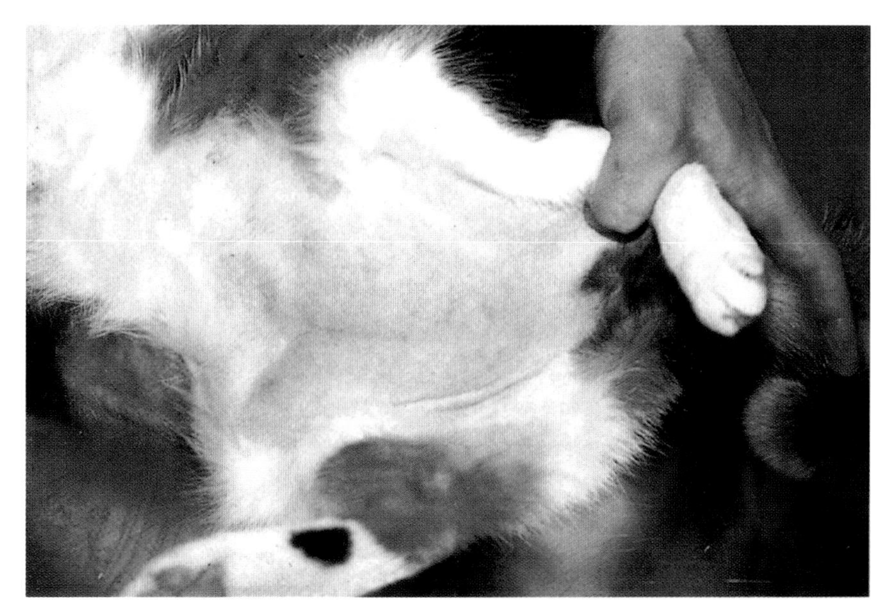

图7-6　该猫过度挠抓腹部导致腹部完全脱毛

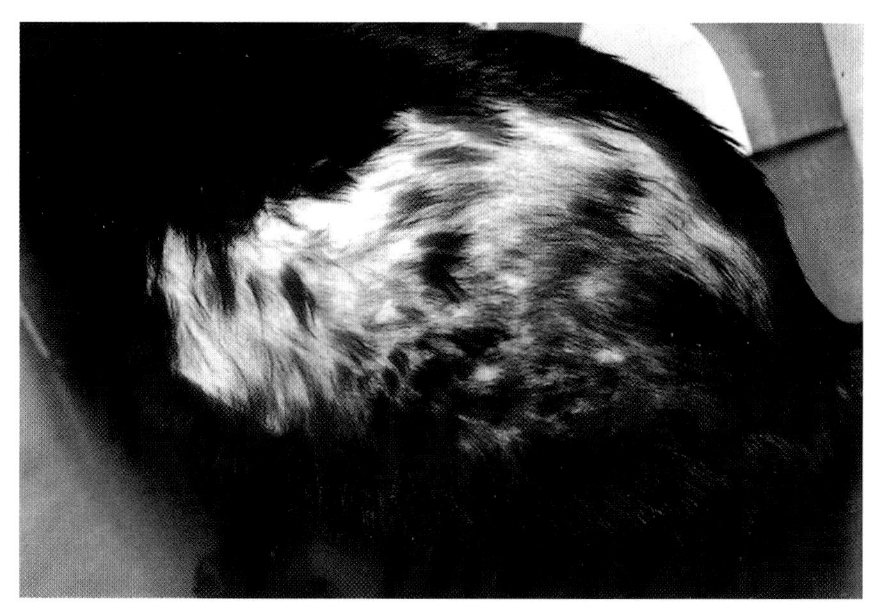

图7-7　神经性和精神性皮肤病引起的斑块状脱毛，无炎症反应

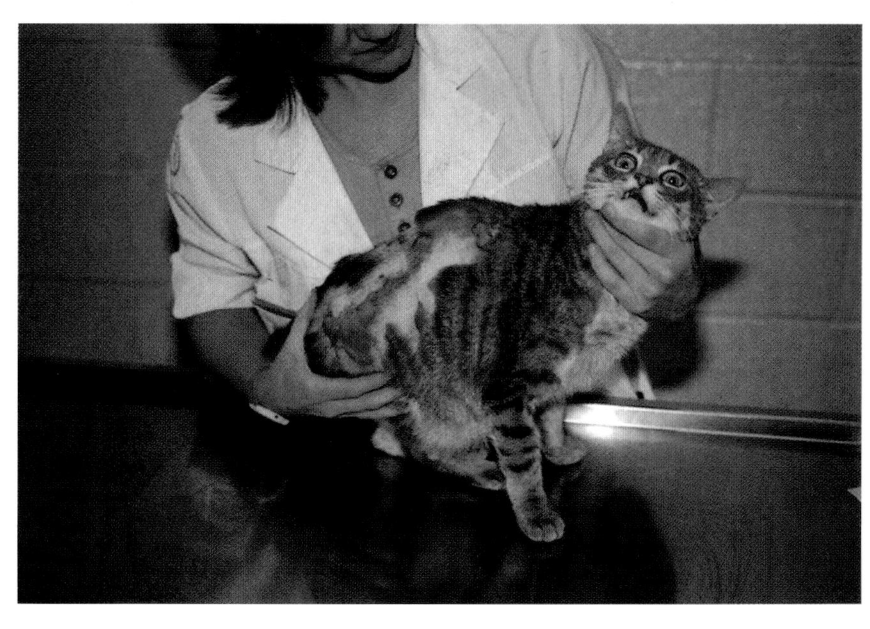

图7-8　成年猫身上的嗜酸性斑块

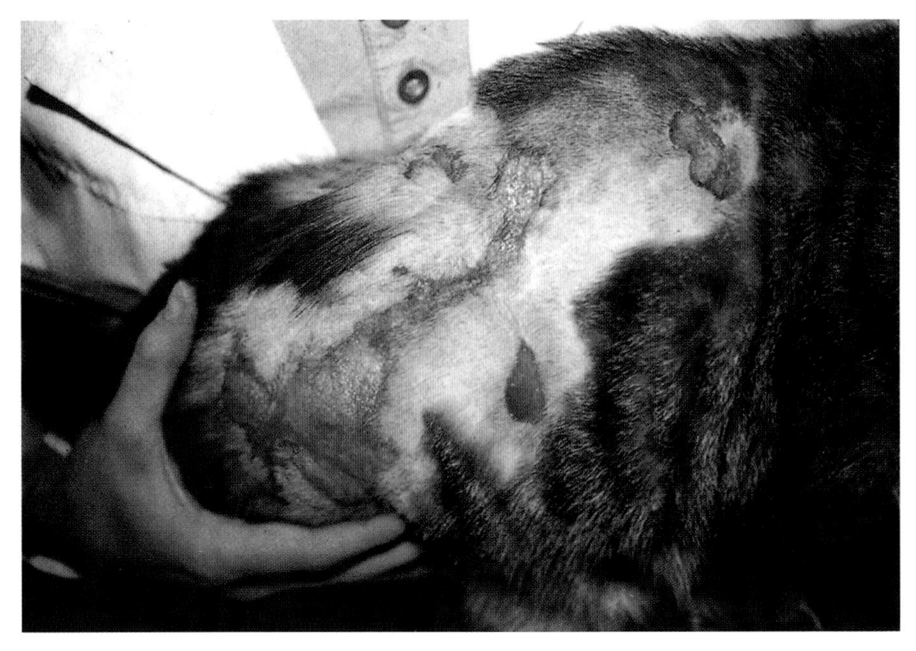

图7-9　剧烈瘙痒继发表皮脱落引起躯体凸起的红斑成为嗜酸性斑块

- 疥癣：常见于幼犬或者流浪犬；通常造成胸腹部、肘外侧以及耳缘瘙痒；如皮屑多和（或）杀螨治疗完全有效，可以排除疥癣。
- 继发性脓皮病：通常由葡萄球菌引起，特征为滤泡性丘疹、脓包、结痂、表皮环形脱屑。
- 继发性真菌感染：通常由厚皮病马拉色菌引起，特征为红斑、鳞屑、结痂、皮肤油腻、苔藓样变、体褶和擦烂部位恶臭，皮肤检查有大量出芽的酵母菌，抗真菌治疗效果好具有诊断意义。
- 接触性皮炎（过敏或刺激性）：可能引起足部严重的红斑和瘙痒以及腹部被毛稀少。有接触已知致敏物或刺激物的病史，对环境改变有反应，斑贴试验有诊断意义。在犬和猫中少见。

诊　断

下面列出重要和次要的诊断标准（引自Willemese，1986）。

重要指标（至少具备3项）

- 瘙痒。
- 典型分布：面部、蹄部、跗骨屈肌面和腕骨伸肌面苔藓样变。
- 慢性、复发性皮炎。
- 品种倾向或有家族史。

次要指标（至少具备3项）

- 症状出现于3岁之前。
- 双侧结膜炎。
- 面部红斑。
- 细菌性脓皮病。

- 多汗。
- IDST（皮试）反应阳性。
- 特异性IgE升高。
- 特异性IgGd升高。

病因调查

- 接触或吸入花粉（牧草、杂草、树木）。
- 霉菌孢子（户内/户外）。
- 室内尘螨。
- 危险动物。
- 昆虫（尚有争议）。

血清过敏试验

- 商品化试验检测患畜血清中的特异性IgE抗体水平。
- 比较IDST的优点：实用，不需要大面积的剃毛。
- 比较IDST的缺点：常见假阳性反应，检测过敏原的数量有限，检测效果与质量控制不一致（所用的实验室也许不同），当前的实验数据似乎比以前更可靠。
- 每个实验室的可信度和重复性不同，常与皮试结合来提高检出率。

IDST（皮试）

- 皮内注射少量待检的过敏原，测量疹块的形成。
- 此法是免疫方案中鉴别攻击性过敏原用来预防的最准确方法。
- 在猫身上，由于疹块相对较小，结果有时难以解释。

皮肤活组织检查

- 皮肤活组织检查可以排除其他的鉴别诊断，但结果往往不是特征性的。皮肤组织病理学变化包括棘皮病、混合性单核细胞浅表性血管皮炎、皮脂腺变形以及继发性浅表脓皮病。

治　疗

- 在一些病例中补充必需脂肪酸（EFA）有一定的疗效。
- 局部疗法（香波）有助于机械性清除接触皮肤的环境致敏原。
- 瘙痒症的管理见附录A。

免疫疗法（过敏原特异性免疫治疗）

- 不断加大患畜对致病过敏原的服用剂量（通常是注射），试图降低其敏感性。
- 过敏原的选择以过敏试验结果、病史、地方植物知识为基础。
- 当需要避免或减少皮质类固醇的用量，当每年症状持续4～6个月或者用非甾体类药治疗无效时采用此法。
- 可成功地减少60%～80%犬或猫的瘙痒症。
- 作用缓慢，一般需要3～6个月或者长达1年才能引起有效的竞争性抑制作用。

皮质类固醇

- 暂时缓解症状可以服用，以便减少抓痒。
- 应逐渐减少剂量以较好地控制瘙痒症。
- 最佳选择：强的松或强的松龙片，每次0.2 ~ 0.5mg/kg，口服，每2天一次。
- 犬应避免使用库存的皮质类固醇注射剂。
- 猫可以采用醋酸强的松龙治疗。

抗组胺药

- 疗效不如皮质类固醇类药物。
- 可能与必需脂肪酸有协同作用。
- 合并使用时，一般应避免或者低剂量使用皮质类固醇。

其他药物

- 经常用止痒香波冷水沐浴可能有效。
- 补充必需脂肪酸对一些瘙痒症患畜有帮助。
- 三环抗抑郁剂（多虑平1.0 ~ 2.0mg/kg，口服，每天两次或阿米替林1.0 ~ 2.0mg/kg，口服，每天两次）已经用作犬的止痒药，但是其整体效能和作用机制尚不清楚。

注　释

- 此病让畜主和医生都很无奈。
- 注重控制和治疗。
- 应向畜主说明病情会渐进性发展。
- 应告知畜主，特异性皮炎很难缓解或者治愈。
- 开始新的疗程时，每2 ~ 8周对患病动物检查一次。
- 注意监视动物的瘙痒、自我抓伤、脓皮病以及可能的药物不良反应。
- 一旦取得控制效果，每3 ~ 12个月应对动物检查一次。
- 对于用慢性皮质类甾酮治疗的动物，每隔6 ~ 12个月应进行血细胞计数、血清化学和尿液分析。
- 如果通过过敏性试验确定为攻击性过敏原，主人应尽量减少与动物接触。
- 减少其他致痒原（例如蚤、食物过敏和继发皮肤感染）可以降低瘙痒的程度，使动物可以耐受。
- 常见继发脓皮病，并发蚤过敏性皮炎。
- 除非顽固性瘙痒导致安乐死，一般不会威胁到生命。
- 如不加以治疗，瘙痒程度会加重。
- 极少病例可以自愈。

作者：Karen Helton Rhodes

周荣琼　马光旭　译　李国清　校

第8章

接触性皮炎

定义 / 概述

- 刺激性接触性皮炎（ICD）和过敏性接触性皮炎（ACD）是两种罕见的临床症状相似但病理机制可能不同的综合征。

病因学 / 病理生理学

- 刺激性接触性皮炎和过敏性接触性皮炎之间的区别，可能是概念多于实际。
- 刺激性接触性皮炎是由于接触特殊化合物而对角质化细胞的直接损伤所致，损伤的角质细胞可诱发针对皮肤的炎症反应。
- 过敏性接触性皮炎被认为是Ⅳ型变态反应（迟发型变态反应），是一种需要致敏和诱导的免疫反应。郎罕氏细胞与进入皮肤的抗原相互作用，导致再次接触抗原的T淋巴细胞的激活，并释放细胞因子（特别是TNF-α）。
- 有的报道混淆了刺激性接触性皮炎、过敏性接触性皮炎以及特异性皮炎的区别。
- 皮炎可通过皮肤增加抗原的渗透，从而促进过敏性接触性皮炎的发生，过敏性动物的过敏性接触性皮炎发病率增加。

特征 / 病史

刺激性接触性皮炎

- 任何年龄段都可因为不良化合物的直接刺激而发病。
- 急性情况下，接触一次后就可发病，24h内即可出现症状。
- 皮质类固醇对其作用甚微。
- 去除刺激物后，病变1~2d即可消退。

过敏性接触性皮炎

- 幼年动物少见，多数动物长期接触抗原（几个月到几年）。猫很少见，除非接触含d-柠檬烯的杀虫药。
- 过敏性接触性皮炎易感情况：德国牧羊犬、贵宾犬、硬毛猎狐犬、苏格兰猎犬，西部高地白㹴、拉布拉多犬和金毛猎犬易感。
- 过敏的发生需要几个月到几年的长期接触。
- 接触3~5 d后再次接触可导致临床症状的出现，症状可持续几周。

- 皮质类固醇治疗有效，抗原刺激存在时若不连续给药会复发。
- 脱敏：无效。
- 预后：抗原被鉴定而且被去除则预后良好；抗原未确定则预后不良，可能需要终生治疗。

临 床 特 点

- 病变部位决定于抗原接触的位置，常局限在无毛皮肤以及接触地面的部位（下巴、腹部、胸部、会阴部、阴囊、尾巴能接触到的腹部和趾间）（图8-1，图8-2）。

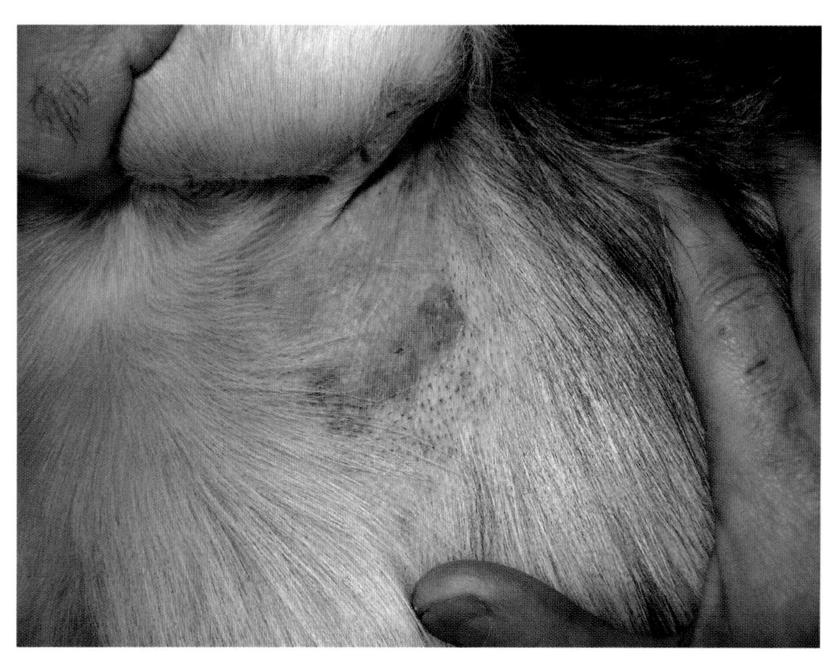

图8-1 接触性皮炎。腋窝无毛区红斑

图8-2 接触植物引起的接触性皮炎

- 犬的厚被毛对抗原接触是一个有效的屏障，极端红皮病可在发际线突然停止（图8-3）。
- 初期见红斑、肿胀，可导致丘疹和噬斑，水泡较少见。
- 长期暴露可导致苔藓样变和色素沉着过度。
- 局部给药（例如耳部给药）的反应有局限性（图8-4，图8-5）。
- 洗发水或者杀虫剂导致的全身反应较少见。
- 瘙痒：中度至严重。
- 季节性发病表明是植物或户外的抗原。

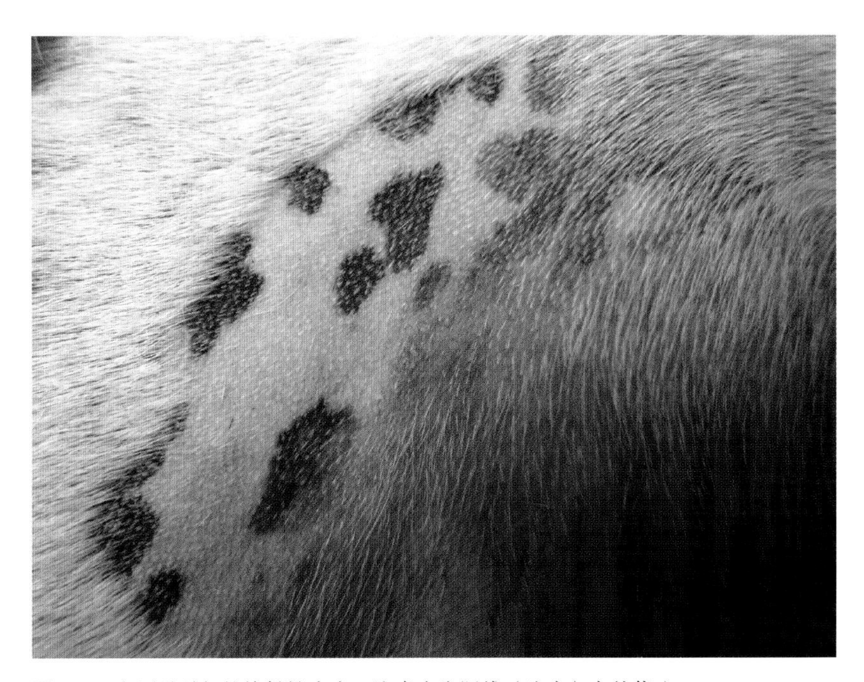

图8-3　防晒霜引起的接触性皮炎。注意在发际线（边夹）突然停止

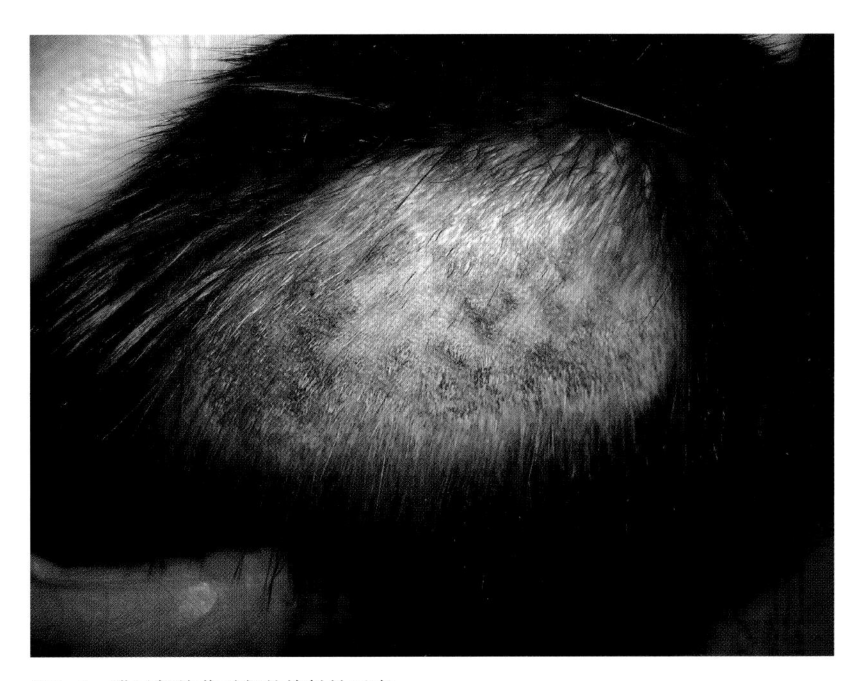

图8-4　猫局部给药引起的接触性反应

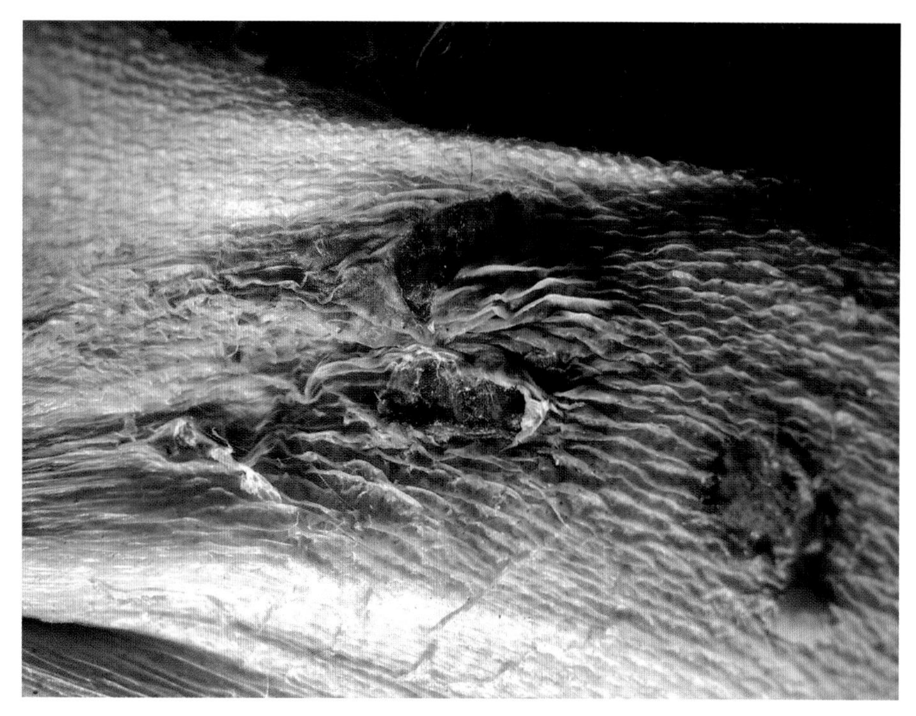

图8-5　侧腹涂擦类固醇药膏引起的接触性皮炎

- 报道过的不良物质：植物、地膜、垫料、松木屑、纺织品、毯子、地毯、塑料、橡胶、皮革、镍、钴、混凝土、肥皂、洗涤剂、地板蜡、除臭剂、除锈剂、肥料、杀虫剂（包括新型灭蚤药）、灭蚤项圈、局部用药物（尤其是新霉素）。

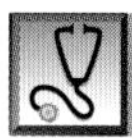

鉴 别 诊 断

- 特异性皮炎。
- 食物过敏。
- 药物反应。
- 寄生虫过敏或感染。
- 昆虫叮咬。
- 细菌性毛囊炎。
- 马拉色菌皮炎。
- 皮肤癣菌病。
- 蠕形螨病。
- 皮肤型红斑狼疮。
- 脂溢性皮炎。
- 日光性皮炎。
- 烧伤。
- 擦伤。

诊　断

- 封闭式斑贴试验：有时有效（皮质类固醇和非甾体类抗炎药试验前必须停用3～6周）；直接用环境物质或者采用人用的标准斑贴试验试剂盒放在绷带下48h。
- 最佳诊断试验：消除刺激物和抗原后进行刺激物接触试验。
- 细菌培养试验，以确定是否继发细菌性毛囊炎。
- 剪掉未感染区域的毛，促进其与抗原的接触而产生局部反应。
- 皮肤活组织检查。
  - 表皮内水泡形成和海绵样水肿：在ICD和ACD情况下，出现表皮水肿，伴有血管周单核细胞浸润。
  - 刺激性接触性皮炎：通过白细胞胞吐作用出现多形核白细胞浸润。
  - 过敏性接触性皮炎：淋巴细胞或嗜酸性细胞和淋巴细胞海绵样浸润，并发表皮内嗜酸性脓包。

治　疗

- 消除不良物质。
- 用低过敏性洗发水洗去皮肤上的抗原物质。
- 创造机械性屏障，可能的话穿上袜子和衬衫，减少与环境的接触。
- 全身给予皮质类固醇：强的松龙0.25～0.5mg/kg，口服，每天一次，3～5d；之后每2天一次，2周；必要的话，每周两次。
- 外用皮质类固醇，可用于局灶损伤。
- 初期口服己酮可可碱，10mg/kg，每8～12h一次，后期可减至每天一次；可能对胃有刺激；不可服用烷化剂，顺铂和两性霉素B；西咪替丁可增加己酮可可碱的血清浓度。

注　释

缩写

- ACD= 过敏性接触性皮炎
- ICD= 刺激性接触性皮炎
- TNF-α=α肿瘤坏死因子
- NSAID= 非甾体类抗炎药

作者：Alexander H.Werner

周荣琼　马光旭　译　李国清　校

第9章

嗜酸性肉芽肿

定义 / 概述

- 猫：经常混淆的四种不同的症候群，主要根据临床症状的相似性、常常并发（和复发）以及对皮质类固醇反应阳性来划分：
  - 嗜酸性斑块；
  - 嗜酸性肉芽肿；
  - 无痛性溃疡；
  - 过敏性粟疹样皮炎。
- 犬：犬的嗜酸性肉芽肿（EGD）少见；与猫的嗜酸性肉芽肿的区别将单独列出。

病因学 / 病理生理学

- 嗜酸性斑块：是一种超敏反应；多数由于昆虫（蚤，蚊），较少由于食物或者环境过敏原引起；可因外伤而加剧。
- 嗜酸性肉芽肿：病因多种，包括遗传素质和可能的过敏症。
- 无痛性溃疡：可能与过敏症和遗传有关。
- 过敏性粟疹样皮炎：常见的过敏反应，多数由蚤引起。
- 嗜酸性粒细胞：是嗜酸性肉芽肿、嗜酸性斑块、过敏性粟疹样皮炎的主要浸润细胞，但无痛性溃疡除外；是上皮组织中最多的白细胞；与过敏反应和寄生虫感染密切相关；但在炎性反应中的作用更普遍。
- 患病动物的相关报道和一项对无特定病原体猫发病的研究表明，遗传素质（可能是嗜酸性调节功能遗传障碍的结果）可能是嗜酸性肉芽肿和无痛性溃疡的主要原因。
- 已提出嗜酸性粒细胞增值遗传障碍的观点。
- 犬的嗜酸性肉芽肿（EGD）：可能与遗传素质和过敏反应都有关（尤其是非遗传性易感品种）。

特征 / 病史

猫

- 无品种倾向。
- 嗜酸性斑块：年龄2～6岁。
- 遗传性嗜酸性肉芽肿：发病年龄小于2岁。

- 过敏性疾病：大于2岁。
- 无痛性溃疡：无年龄偏向。
- 据报道母猫易发病。
- 四种症候群的病变可能会自然发生或表现急性，也可能同时出现一种以上症候群的病变。
- 嗜酸性斑块出现以前可能表现出昏睡症状。
- 常见临床症状的起伏变化。
- 某些地区的季节性发病可提示为接触昆虫或者环境过敏原。
- 四种症候群的区分取决于临床症状和皮肤组织病理学检查结果。

犬

- 西伯利亚雪橇犬（占病例的76%），骑士查理王小猎犬，德国牧羊犬可能发病。
- 发病年龄通常小于3岁。
- 雄性犬易发病，占总病例的72%。

临　床　特　点

猫

- 嗜酸性斑块：脱毛、红斑、糜烂或界限清晰的斑块，常出现在腹股沟、会阴部、大腿侧面、腹部以及腋区，经常潮湿或闪闪发光，周围淋巴结肿大，一些猫病情可能会自动好转，尤其是遗传性嗜酸性斑块（图9-1 ~ 图9-3）。
- 嗜酸性肉芽肿：有时候重叠出现以下情况：
  - 在靠近尾部的大腿上呈明显的线性分布（线性肉芽肿）（图9-4）。

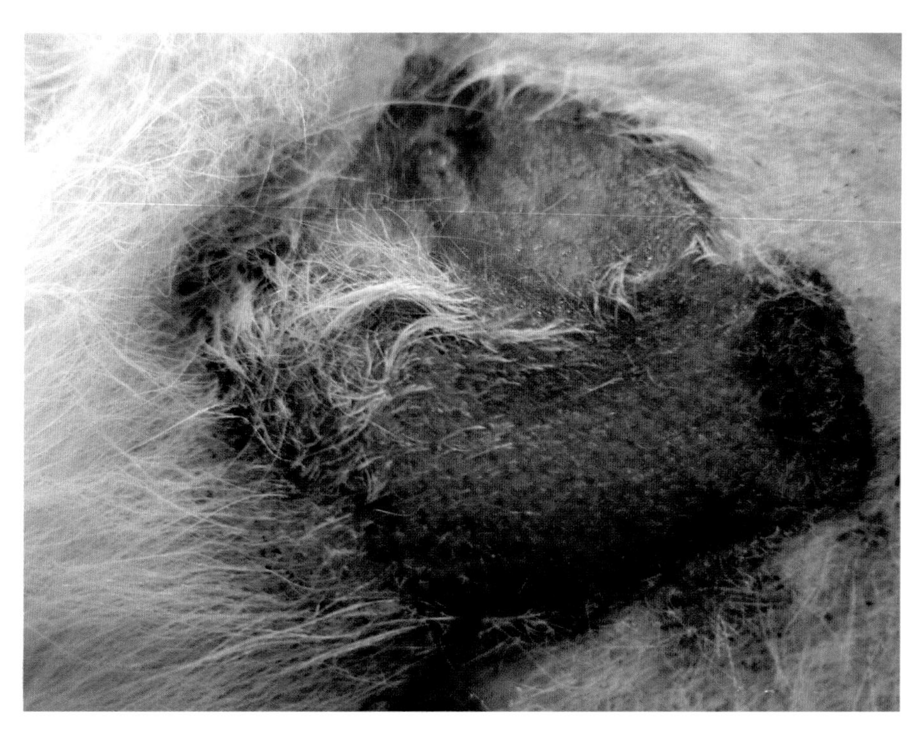

图9-1　腹部界限清晰、糜烂的嗜酸性斑块

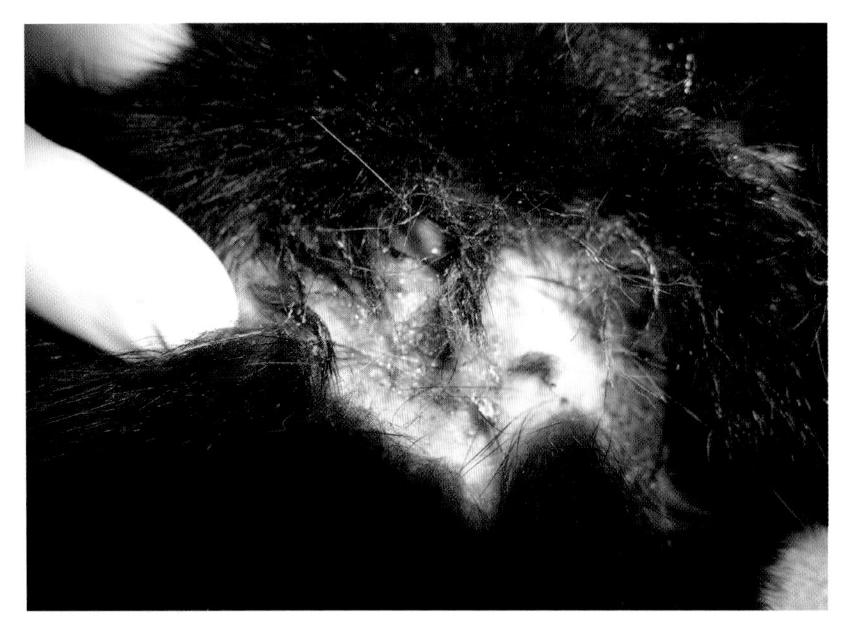

图9-2　食物过敏继发的嗜酸性斑块

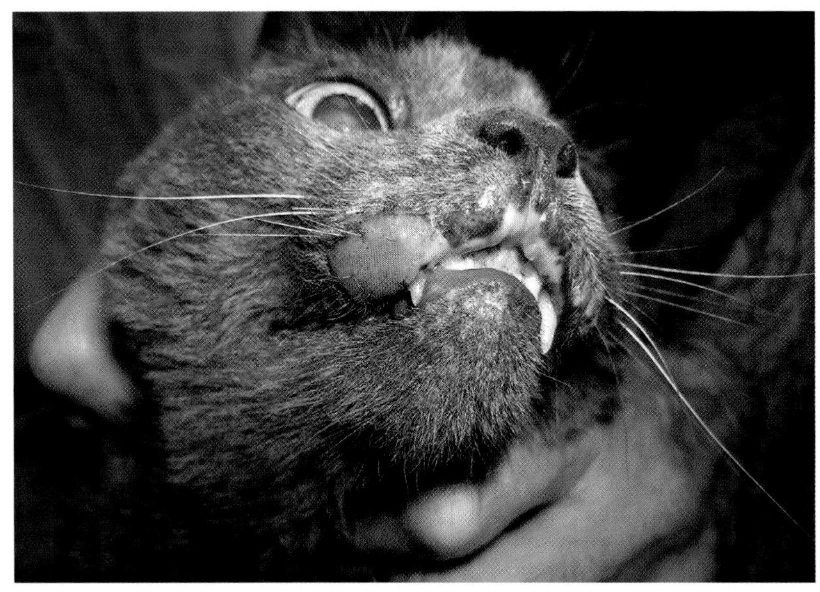

图9-3　唇边大的嗜酸性红斑

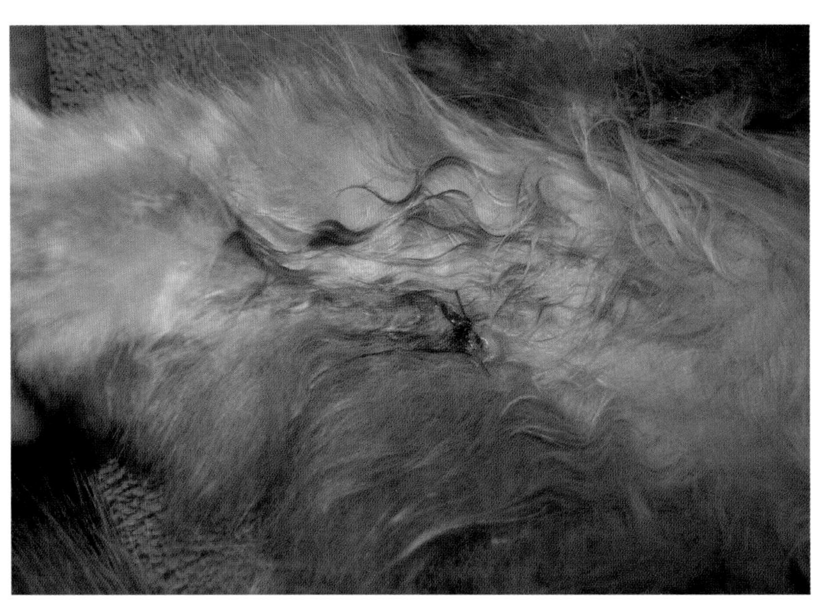

图9-4　尾侧大腿上线形肉芽肿

- 身上斑块呈单个或多个融合，溃疡呈鹅卵石样或者表面粗糙，呈白色或黄色，可能提示胶原变性（图9-5～图9-8）。
- 下巴和唇缘肿胀（“撅嘴”）（图9-9）。
  - 足垫肿胀、疼痛，跛行（2岁以下的猫最常见）（图9-10）。
  - 口腔溃疡（尤其是舌、上腭、腭弓）；患猫表现吞咽困难、口臭、流涎。
- 过敏性粟疹样皮炎：多处褐色或灰色结痂，红色丘疹，病变触诊比视诊更多见，可能导致脱毛，瘙痒；多出现于背部（图9-12，图9-13）。

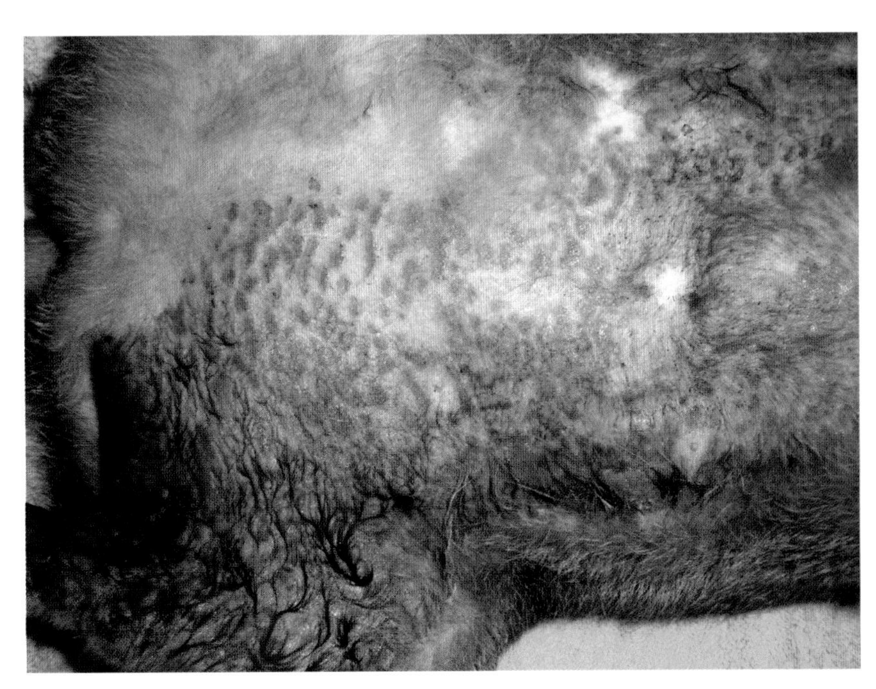

图9-5　嗜酸性肉芽肿，融合性斑点状红斑

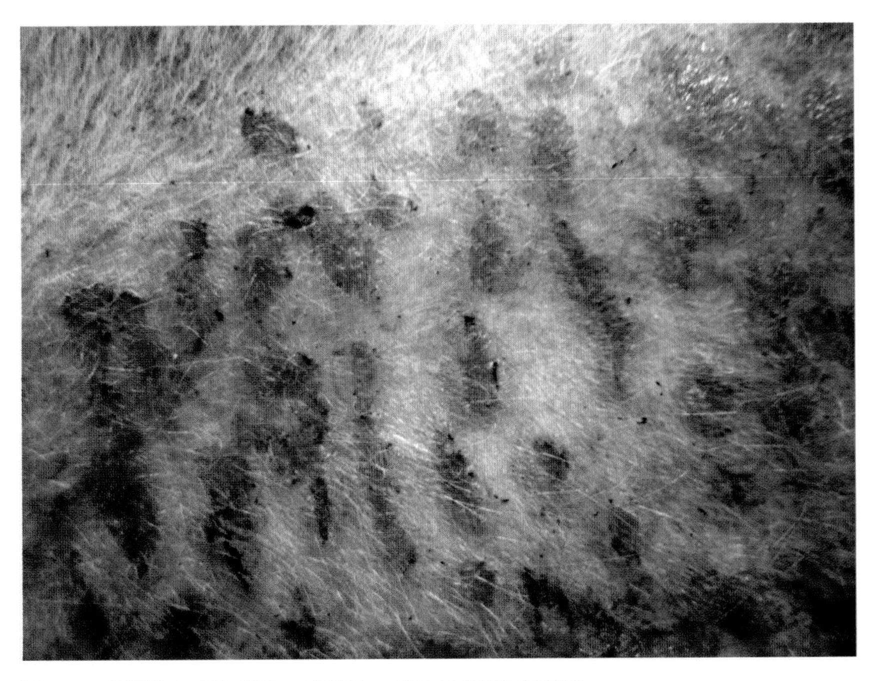

图9-6　嗜酸性肉芽肿（图9-5病例）。斑块呈鹅卵石样外观

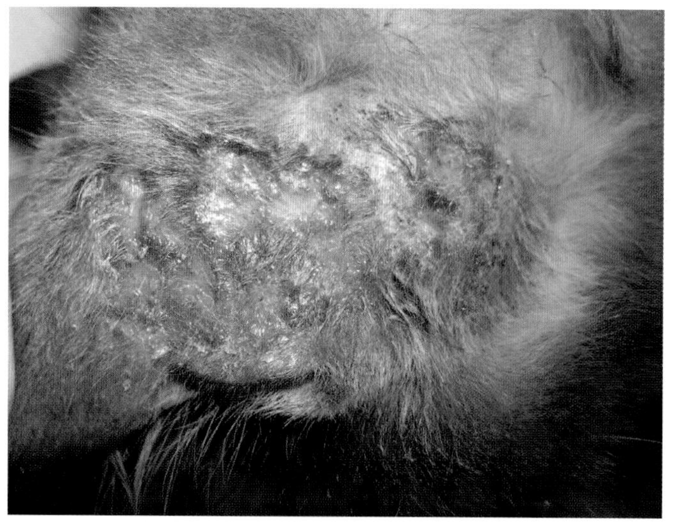

图9-7　嗜酸性肉芽肿，渗出和侵蚀

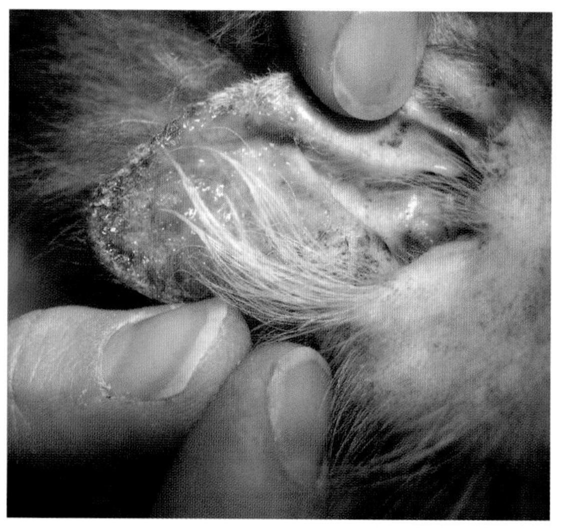

图9-8　嗜酸性肉芽肿，图9-7病例耳廓边缘处渗出

图9-9　嗜酸性肉芽肿，下巴肿胀（“撅嘴”状）

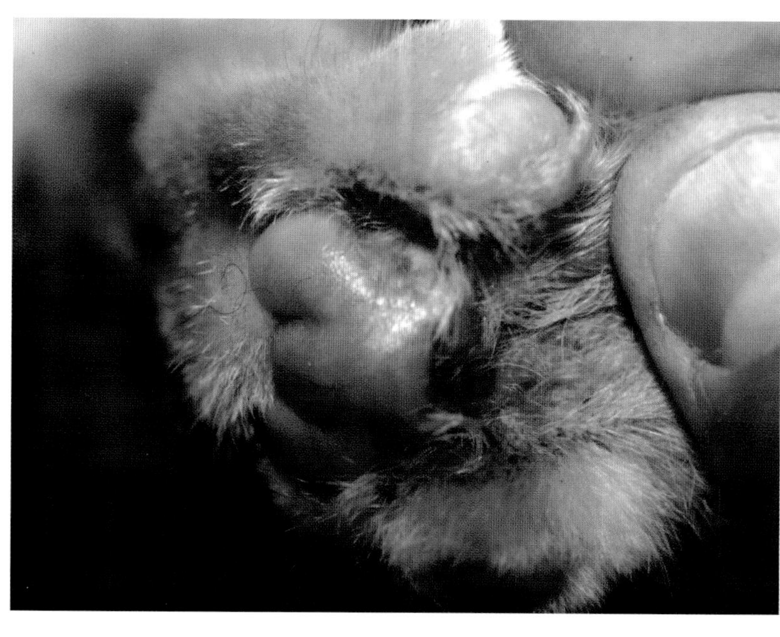

图9-10　掌垫边缘处嗜酸性肉芽肿

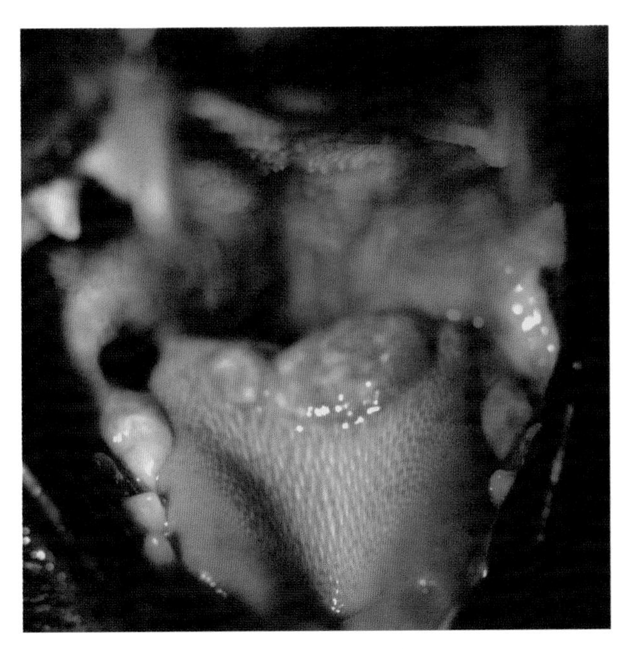

图9-11　舌面嗜酸性肉芽肿，界限清晰并侵蚀

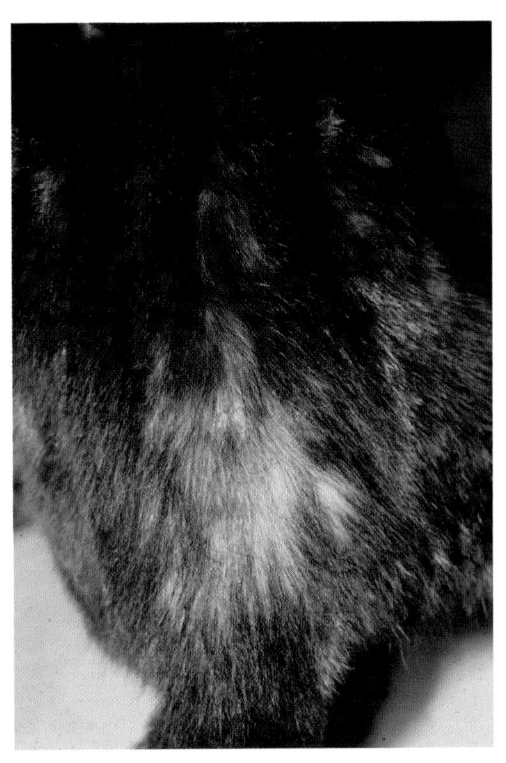

图9-12　腰骶背部过敏性粟疹状皮炎

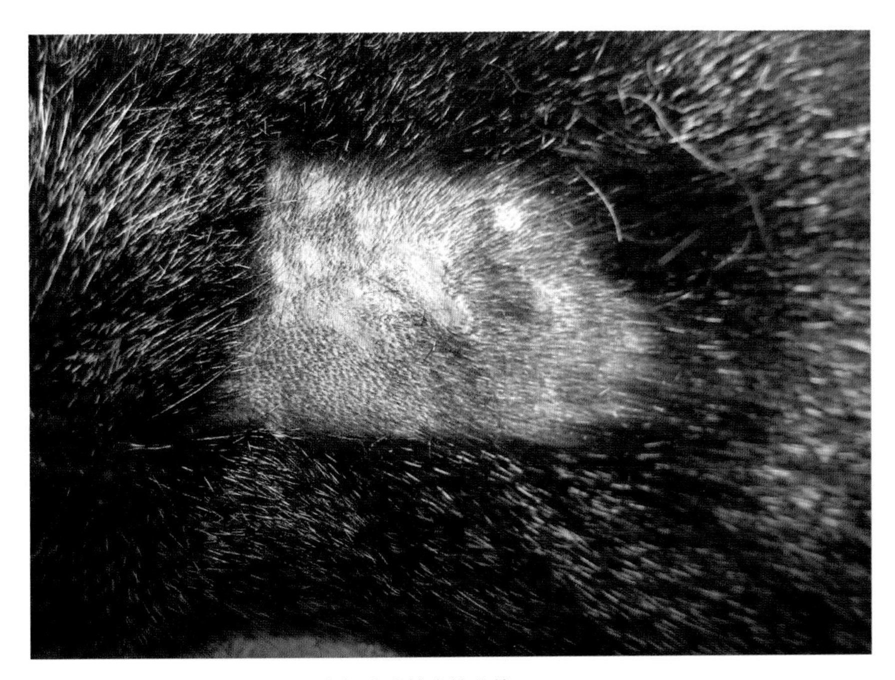

图9-13　过敏性粟疹状皮炎，背部多处结痂性斑块

- 无痛性溃疡：典型的凹陷以及硬化的溃疡，颗粒样，呈橙黄色，出现在上唇人中附近（图9-14，图9-15）。

犬

- 犬的嗜酸性肉芽肿（EGD）：溃疡性斑块或包块，呈黑色或橙色，出现在舌和腭弓部位，有的也出现在包皮和侧腹（图9-16，图9-17）。

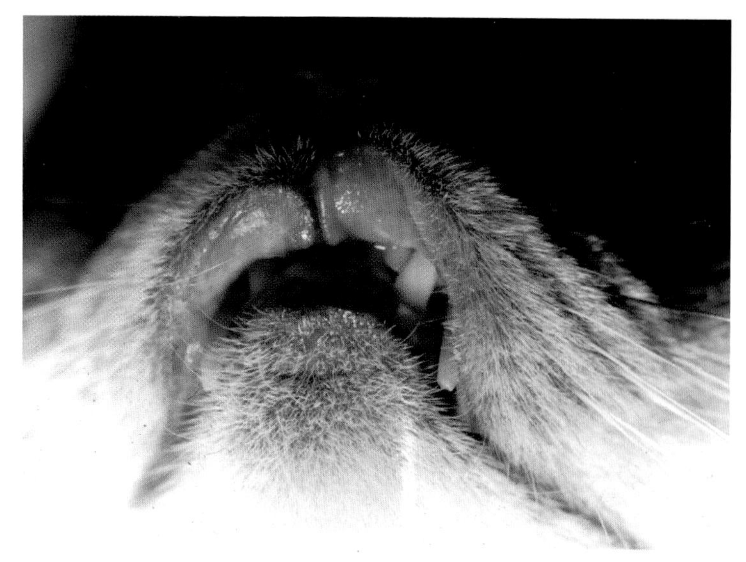

图9-14　无痛性溃疡引起上唇肿大伴有糜烂，病变组织呈橘黄色

图9-15　无痛性溃疡，由于自残导致表面疤痕

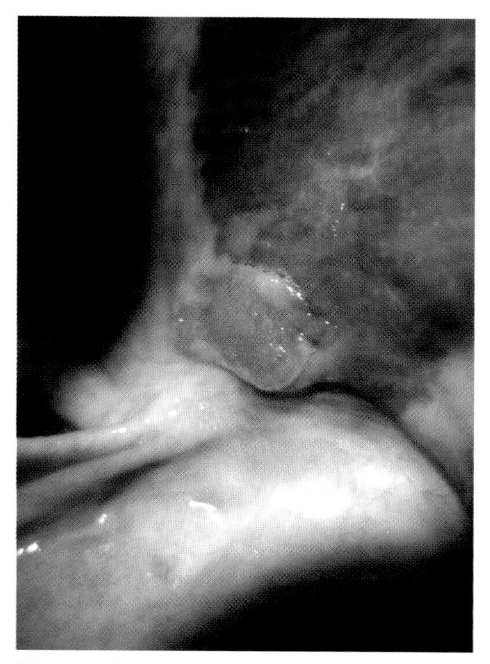

图9-16　犬的尾侧咽嗜酸性肉芽肿斑块

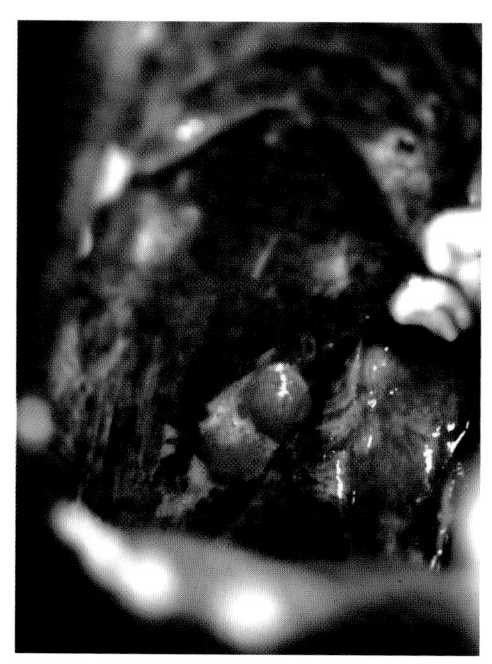

图9-17　犬的嗜酸性肉芽肿，尾侧咽上红斑

鉴 别 诊 断

- 包括综合征中其他疾病。
- 疱疹病毒性皮炎。
- 猫白血病病毒或猫免疫缺陷病毒。
- 非应答性损伤：
  - 落叶型天疱疹。
  - 皮肤癣菌病或者深部霉菌感染。
  - 蠕形螨病。
  - 细菌性毛囊炎。
  - 肿瘤（特别是转移性腺瘤、鳞状上皮癌、皮肤淋巴肉瘤）。
- 犬的嗜酸性肉芽肿（EGD）：肿瘤形成、组织细胞增生、传染性和非传染性肉芽肿、创伤。

诊　　断

- 血细胞计数/生化检验/尿液分析：轻度至中度嗜酸性粒细胞增多、常规血清化学和尿液分析正常。
- 猫白血病病毒和猫免疫缺陷病毒血清学试验。

诊断程序

- 病变部位触片，见大量嗜酸性细胞（图9–18）。
- 昆虫及跳蚤的综合控制：有助于排除跳蚤或蚊虫叮咬过敏。

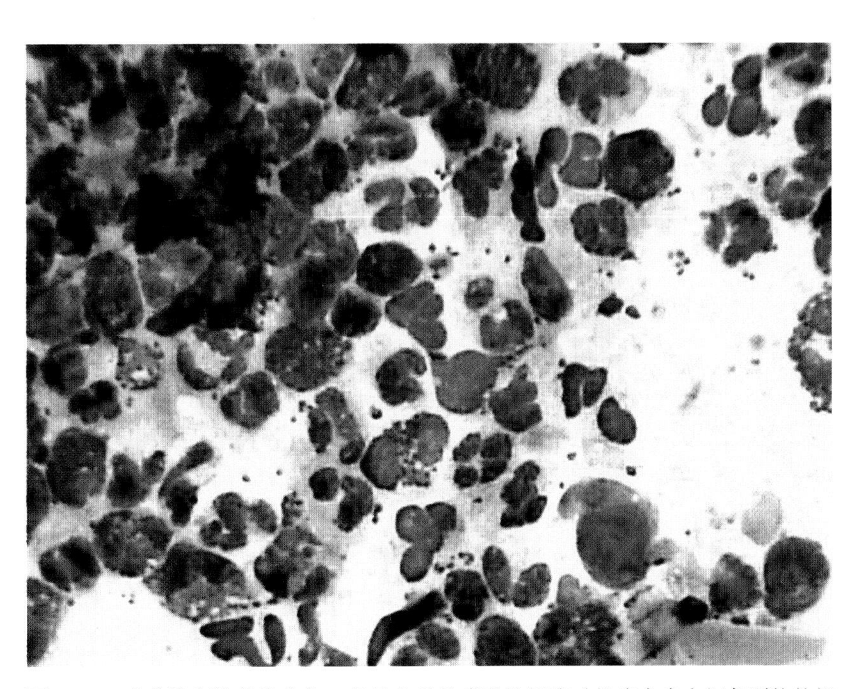

图9–18　嗜酸性斑块的渗出物，显示大量的嗜酸性细胞（细胞内多个红色颗粒的细胞）

- 食物消除试验：适用于所有病例，饲喂新的蛋白质或者水解的食物8～10周后，攻击诱发新的病变。
- 特异性皮炎：皮内试验（首选），皮内注射少量的抗原稀释液，注射部位产生疹块或水泡表示阳性反应。当皮内试验不便时可采用血清试验。
- 皮肤组织病理学诊断：用以区分各个症候群。
  - 嗜酸性斑块：严重的表皮和滤泡性棘细胞层水肿，嗜酸性细胞胞吐作用致黏蛋白增多，血管表皮强烈的嗜酸性细胞浸润，表皮侵蚀、溃疡。
  - 嗜酸性肉芽肿：病灶嗜酸性粒细胞脱颗粒和胶原变性，类似肉芽肿形成（"火焰状"），角质细胞凋亡与嗜酸性粒细胞、棘皮病的表皮侵蚀、溃疡和渗出有关。
  - 无痛性溃疡：表皮或黏膜严重溃疡，伴有坏死性嗜酸性细胞脱颗粒；纤维素性皮炎或者嗜中性炎症；明显的嗜酸性粒细胞浸润少见。
  - 过敏性粟疹状皮炎：表皮糜烂和坏死病灶较分散，有明显的嗜酸性结痂，血管表皮及细胞间隙有嗜酸性细胞浸润。
  - 犬的嗜酸性肉芽肿（EGD）：病灶为栅栏状肉芽肿，胶原纤维周围呈火焰状，嗜酸性粒细胞混合巨噬细胞、肥大细胞、浆细胞以及淋巴细胞浸润。

治 疗

整体考虑

- 门诊患病动物除了严重的口腔疾病以外避免摄入足够的液体。
- 采取医疗措施以前应鉴定并消除不良过敏原。
- 皮内或血清试验阳性猫的脱敏：多数病例成功，最好长期服用皮质类固醇药物。
- 通过行为矫正术和/或分心法来减少患病动物的损伤性病变。
- 犬的嗜酸性肉芽肿（EGD）：如果受到机械性损伤和医学上无反应可切除单个病变。

药物选择

嗜酸性斑块、嗜酸性肉芽肿、过敏性粟疹状皮炎

- 一些病例用抗生素可见好转：甲氧苄啶-磺胺嘧啶15mg/kg，每天两次；头孢氨苄 22mg/kg，每天两次；阿莫西林三水化物-克拉维酸12.5mg/kg，每天两次；克林霉素 5.5mg/kg，每天两次。
- 强的松龙注射剂：20mg/只（猫），2周内重复注射（视情况而定）。普通治疗方式，通过重复注射可快速免疫，不建议长期治疗。
- 强的松2～4mg/kg，每48h一次；地塞米松0.1～0.2mg/kg，每24～72h一次；曲安西龙 0.1～0.2mg/kg，每24～72h一次。保持控制病变所需的维持剂量，可以产生类固醇快速免疫或对该药有特异性，改变剂型可能有用，可能需要较高的诱导剂量但需要尽快递减。
- 局部：单个病变可用氟轻松/二甲基亚砜（Synotic乳液），有大量病变的患畜不实用，或可引起全身反应。
- 多数病例最重要的管理是适当控制跳蚤。

无痛性溃疡

- 注射或口服皮质类固醇：参见嗜酸性斑块和肉芽肿（上述）。
- α干扰素：每天30～60IU，用7d，停7d。疗效有限，不良反应少，无特效疗法。
- 有些病例用抗生素见好转：甲氧苄啶-磺胺嘧啶15mg/kg，每天两次；头孢氨苄22mg/kg，每天两次；阿莫西林三水化物-克拉维酸12.5mg/kg，每天两次；克林霉素5.5mg/kg，每天两次。

备选药物

嗜酸性斑块、嗜酸性肉芽肿、过敏性栗疹状皮炎以及无痛性溃疡

- 苯丁酸氮芥0.1～0.2mg/kg，每48～72h一次。
- 环孢菌素5mg/kg，每24～48h一次。
- 多西环素5～10mg/kg，每24h一次。
- 醋酸甲地孕酮2.5～5mg，2～7天一次。不良反应明显（糖尿病，乳腺癌，表皮萎缩），建议严重、症状顽固的病例不使用此药（图9-19）。

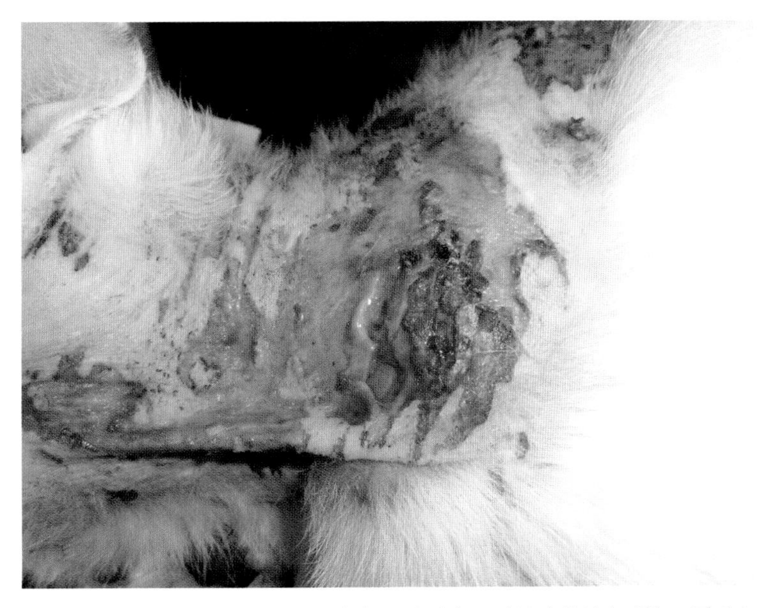

图9-19 服用醋酸甲地孕酮或局部使用皮质类固醇导致的继发感染，严重表皮萎缩和龟裂

犬的嗜酸性肉芽肿（EGD）

- 强的松：开始每天口服0.5～2.2mg/kg，随后药量逐渐减少。
- 病变内注射皮质类固醇，每个病变注射强的松5mg。
- 停止治疗后一般不会复发。
- 合适的病变可进行外科切除。

注 释

患畜监测

- 皮质类固醇：经常体检并检查血象、血清化学以及尿液分析加上培养。
- 选择的免疫抑制剂：经常检查血象（开始每2周一次，之后每月一次，如果继续治疗，每2月一次）以监测骨髓抑制情况。常规血清化学以及尿液分析加上培养（开始每月一次，之后每3～6个月一次）以监测并发症（肾病、糖尿病、尿道感染）。

病程及预后

- 原发性病因被确定并消除后，病变永久消失。
- 治疗与不治疗，多数病变都有起伏，可能会不定期的复发。
- 一旦病变减退，药量应减到最低或停药。
- 猫患遗传性疾病时病变在几年之后可能会自愈，犬的嗜酸性肉芽肿病变可能对药物治疗表现顽固。

英文缩写

- FeLV = 猫白血病病毒
- FIV = 猫免疫缺陷病毒
- CBC = 全血细胞计数
- EGD = 犬的嗜酸性肉芽肿
- DMSO = 二甲基亚砜

作者：Alexander H. Werner

周荣琼 马光旭 译 李国清 校

第 10 章

食物不良反应

定义 / 概述

- 食物不良反应是食用一种以上动物性食品后引起的一种非季节性瘙痒反应。

病因学 / 病理生理学

- 发病机制并不完全清楚：有免疫学和特异性体质两种说法。
- 免疫反应：对特异性成分的速发型和迟发型反应，速发型反应可推测为Ⅰ型超敏反应；迟发型为Ⅲ型或Ⅳ型超敏反应。
- 非免疫学反应：食物不耐受和特异质反应，包括对有害成分的代谢性、毒性、药理效应，原因是摄入食物中含有高水平组胺，或某种直接诱生组胺，或通过组胺释放因子诱生组胺的物质。
- 由于难以区别免疫反应和特异质反应，所以常用食物过敏这一术语。
- 免疫介导的反应：由于摄入或消化前后产生的糖蛋白（过敏原）所引起，在胃肠道黏膜可以发生致敏，在物质吸收后也可发生致敏。
- 据推测，在幼龄动物肠道寄生虫或肠道感染可以引起肠黏膜的损伤，导致过敏原的异常吸收及随后的致敏。

特征 / 病史

- 大约5%的犬、猫皮肤疾病和10%～15%的过敏性疾病都是食物过敏的结果。
- 比例因地区和医师而有很大的不同。
- 大部分临床特征与其他过敏反应相似。
- 皮肤/外分泌症状：全身瘙痒，外耳炎。
- 胃肠道症状：呕吐、腹泻、频繁的肠蠕动和肠胃胀气。
- 神经症状：少见，已记载食物过敏和耐受不良与癫痫有关。
- 身体任何部位的瘙痒均无季节性。
- 糖皮质激素抗炎效果不佳提示食物过敏。
- 猫的常见症状是面部瘙痒。

临　床　特　点

- 马拉色菌性皮炎、脓皮病、外耳炎。

- 斑块。
- 脓包。
- 红斑。
- 结痂。
- 鳞屑。
- 自发性脱毛。
- 抓痕（图10–1）。
- 苔藓样变（图10–2）。
- 色素沉着过度。
- 荨麻疹。
- 血管性水肿。
- 脓性创伤性皮炎。

图10–1　注意食物过敏引起的明显抓痕

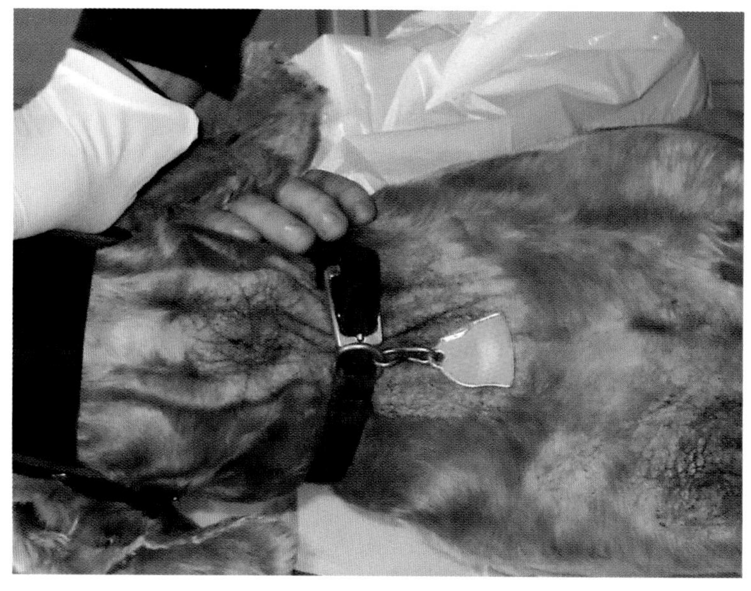

图10–2　严重食物过敏性皮炎继发马拉色菌过敏症状。注意增生或苔藓样变程度与慢性病程有关

鉴别诊断

- 跳蚤叮咬过敏：常局限在后躯及尾部，呈季节性。
- 特异性皮炎：与面部、腹部、足部瘙痒有关；呈季节性；如果在6月以内或6岁以上首次出现，食物过敏的可能性大于吸入性过敏（不同时发生）。
- 疥疮：发病部位（耳部、肘部、踝部）奇痒，皮屑检查发现螨，如果螨的治疗有效可确诊此病。
- 药物反应：瘙痒发生前给过药，停药后症状消退，可确诊。
- 马拉色菌过敏。

诊　断

排除饮食法

- 食物过敏的确诊试验。
- 为患病动物量身订制。
- 饮食应局限于动物限定的一种蛋白质和碳水化合物或以前未接触过。
- 临床症状的最大改善可能需要12周（一般试验周期为8周）。
- 如果患病动物对一种以上食物过敏，可在第4周见到显著变化。

饮食激发试验

- 用于排除饮食后症状减轻的患病动物。
- 刺激：饲喂原来的食物，如果症状复发，说明食物中某种成分可以致病；刺激应持续到症状出现，但不超过10 d。
- 诱发（饮食诱发试验）：如果刺激试验确认食物过敏的存在，往排除饮食中添加单一成分，试验成分包括各种肉类（牛肉、鸡肉、鱼肉、猪肉、羊肉），各种谷物（玉米、小麦、大豆、大米），蛋类，乳制品；如果症状出现较快（犬一般1～2 d出现症状），每种成分的诱发期应持续10 d左右；根据试验结果挑选不含致敏物质的商品化食品。

治　疗

- 在诊断的诱发阶段应避免引起症状复发的任何食物。
- 确保顾客了解饮食诊断试验每一环节的原理。
- 告知顾客停止治疗、不用咀嚼玩具、维生素及其他咀嚼药品（如犬恶丝虫预防片），患畜以前的饮食中也许含有这些成分。饮食试验期间应避免使用药囊（给药中用到）。
- 户外的宠物要圈养以防觅食，以免改变饮食。
- 为顾客提供可以带回家的宣传资料（见附录4）。
- 告知顾客，所有家庭成员都要知道试验方案，保持试验食物的清洁，避免其他食物来源。
- 在饮食试验的前2～3周给予全身性止痒药物有助于防止自残行为。
- 抗生素和抗真菌药物对继发脓皮病和马拉色菌感染有效，避免那些已知的具有抗炎作用的药物，如四环素、红霉素、甲氧苄啶磺胺增效剂。
- 在饮食试验的最后阶段（4～8周），根据饮食试验可正确评估动物反应时，应停止使用糖皮质激素和抗组胺药。
- 咀嚼型维生素和恶丝虫药片可能含有致敏物质。

注　释

- 每4周检查、评价并记录患畜的瘙痒及临床症状。
- 避免摄入以前食物中含有的任何蛋白质。

- 治疗和咀嚼玩具应限制于安全的物品（例如苹果、蔬菜）。
- 瘙痒的其他原因（如跳蚤叮咬过敏，特异性皮炎，一些外寄生虫如疥螨、背肛螨和恙螨）可能会掩盖饮食排除试验的反应。
- 如果食物成分是唯一的致痒原因并且已经避免，则预后良好。犬或猫很少对新的物质产生过敏，有则需要新的饮食排除试验。
- 其他过敏（跳蚤、特应性过敏）必须加以治疗。
- 6个月以内或者6岁以上首次发病的动物，食物过敏的可能性大于特异性过敏。

作者：Karen Helton Rhodes

周荣琼　马光旭　译　李国清　校

第三部分

内分泌性皮肤病

Endocrine Dermatoses

第 11 章

犬的皮质醇过多症

定义 / 概述

- 自发性皮质醇过多症（HAC）是由肾上腺皮质的皮质醇分泌过多所引起的疾病，可分为两种类型：依赖肾上腺性（ADH）和依赖垂体性（PDH）分泌过多。
- 医源性HAC是由过量服用外源性糖皮质激素所造成的。
- 所有类型的临床症状都是由多个器官系统皮质醇的循环浓度升高所造成的不良后果。

病因学 / 病理生理学

- 自然发生的HAC中，85%～90%是由脑垂体中间部及远侧部的嗜碱性或嫌色细胞的失控性增殖（肿瘤），导致促肾上腺皮质激素（ACTH）分泌过多，从而导致双侧肾上腺皮质增生所引起的。肿瘤中多数很小，称之为微腺瘤。大约15%是巨腺瘤，两种肿瘤的临床症状都很相似，但巨腺瘤由于占位性肿块的影响，可能引起中枢神经系统的症状。
- 10%～15%的病例是由于分泌皮质醇的肾上腺皮质肿瘤（皮质腺瘤/癌）所引起。这些肿瘤中大约一半是恶性的，正常的肾上腺由于肿瘤引起皮质醇的分泌过多而萎缩。
- 医源性HAC临床上与自然发生的HAC没有区别，都是由于糖皮质激素分泌过多或者服用时间过长引起肾上腺皮质萎缩和抑制促肾上腺皮质激素水平的结果。
- HAC是多系统的疾病，每个系统的表现程度差别很大。在一些病例中，一个系统的示病症状可能占优势，另一些病例可能涉及几个系统不同程度的症状。
- 尿道或皮肤的示病症状往往占优势。

特征 / 病史

- 该病是犬的最常见的一种内分泌紊乱。
- 据报道，贵宾犬、腊肠犬、波士顿㹴、拳师犬和比格犬的患病风险较大。
- 犬依赖脑垂体的肾上腺皮质机能亢进（PDH）无性别倾向，但2/3～3/4为雌性。
- 患HAC犬通常为中老龄，但1岁犬也可见到。

临 床 特 点

- 多尿，烦渴：85%～95%病例会发生，糖皮质激素干扰抗利尿激素的释放与活性，造成代偿性多饮多尿。

- 多食症：对食欲的直接刺激作用。
- 腹部下垂“大肚皮”：腹部膨大的出现是由于腹部脂肪的再分配，腹部肌肉萎缩和肝肿大。
- 肝肿大：糖原的积聚。
- 脱毛：躯干两侧对称性脱毛，头部和四肢毛发稀少；毛囊、表皮、皮肤附件结构萎缩；沿鼻梁可见脱毛（图11-1）。
- 皮肤萎缩：表皮更新/再生减慢，缺乏弹性。
- 静脉扩张：微微鼓起的红色小斑点，代表血管异常扩张、扩展或重叠。
- 蠕形螨病：可能是由于在正常菌群的控制过程中免疫反应迟缓引起蠕形螨过度生长所致。
- 伤口愈合不良：糖皮质激素过多可抑制炎症反应，成纤维细胞增殖和胶原沉积。
- 黑头粉刺：毛囊口被角蛋白堵塞，可能为黑色或白色；有时与蠕形螨病有关（图11-2）。

图11-1　肾上腺皮质机能亢进，注意躯干脱毛及色素沉着过多

图11-2　肾上腺皮质机能亢进，腹部皮肤明显萎缩，显示血管突出和粉刺

- 皮肤钙化：在真皮或（和）表皮或沿着毛囊上皮出现钙沉积，可见坚硬的结节或斑块，颜色通常为黄色或粉红色，可引起后来的异物反应。重症病例通常在颈背部出现病变，轻症病例通常在腹部擦烂处（腋下，腹股沟）最明显（图11-3）。
- 脓皮病：糖皮质激素过多易引起细菌过度生长和免疫反应缓慢，导致皮肤感染（图11-4）。
- 营养不良性矿化可以在皮肤以外的组织发生：肾盂、骨骼肌、胃壁、支气管壁、心肌、血管和肝脏。

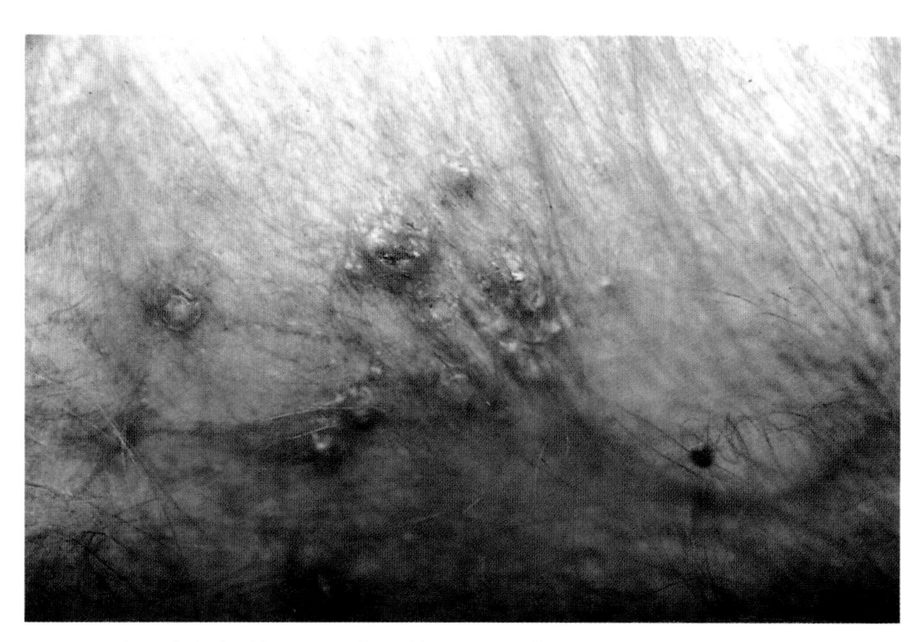

图11-3 肾上腺皮质机能亢进，早期皮肤钙化。注意黄色，粉红色丘疹。许多病例病变触诊像砂砾样坚硬，并且有可能扩散和加重

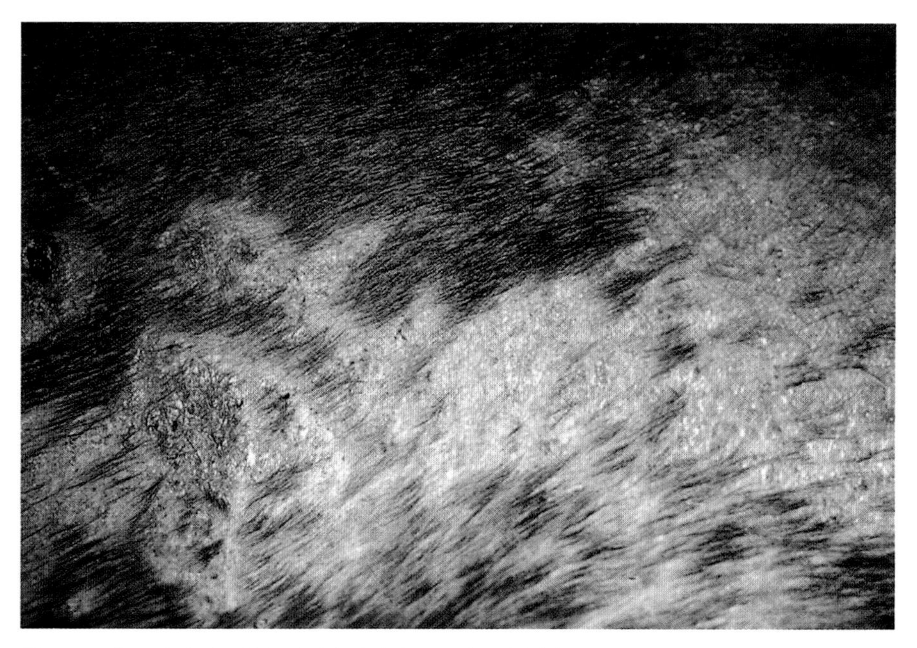

图11-4 肾上腺皮质机能亢进继发脓皮病，通常具有周期性和持久性

- 肌肉萎缩无力：蛋白质分解和肌肉消耗过多；轻压会出现十字形破裂；高浓度皮质醇可引起肌肉强直，特征是伸肌僵硬。
- 乏情：糖皮质激素对脑垂体促性腺激素的分泌表现负反馈。
- 睾丸萎缩，性欲减退：糖皮质激素对垂体促性腺激素的分泌出现负反馈，从而导致睾丸分泌的雄激素减少。
- 阴蒂肥大：雄激素分泌过多，雌性动物雄激素分泌的主要来源是肾上腺。
- 肛周腺瘤：雌性和绝育的雄性动物，雄激素分泌过多。
- 喘气：常见，可能是由于呼吸肌的消耗以及腹胀引起胸廓扩张能力下降，其他可能原因包括肺动脉压过高和顺应性下降，原发性中枢神经系统扰乱，或者肺矿化。
- 呼吸困难：较少见，与肺动脉栓塞有关，可能是HAC危及生命的一个并发症，可能会继发凝固性过高，红细胞增多和高血压。
- 色素沉着过度:可能是由于促肾上腺皮质激素与黑色素细胞刺激素相似的缘故。
- 失明和乳头状光反射改变：压力对毗邻脑垂体的视神经交叉的影响。
- 中枢神经系统症状：痉挛，踱步，低头，转圈，行为异常（胆小/亢奋），体温异常（不明原因的发热或体温过低），共济失调，昏迷，死亡。通常由于垂体腺瘤和占位效应所致，也可能由于缺乏负反馈调节以及随后肿瘤扩大（纳尔逊综合征）而在抗肾上腺疗法开始后发生。

鉴别诊断

- 取决于临床和实验室所表现的异常。
- 甲状腺功能减退。
- 性激素性皮肤病。
- 肢端肥大症。
- 糖尿病。
- 肝功能异常。
- 肾脏疾病。
- 多尿/烦渴的其他原因。
- 毛囊发育不良。
- X型脱毛/非典型肾上腺皮质机能亢进。

诊断

- 血象：嗜酸性粒细胞减少，淋巴细胞减少，中性粒细胞增多，红细胞增多，血小板增多。
- 血清化学：可能表现碱性磷酸酶增多，ALT（谷丙转氨酶）轻微增加，血胆脂醇过多，高甘油三脂血症，5%～10%的犬可能出现高血糖症（糖尿病），BUN（尿素氮）和甲状腺素浓度低。
- 尿液分析：可能出现相对密度减少，肾小球硬化导致的蛋白尿，血尿，脓尿，或尿液中细菌数量增多。

- 尿皮质醇肌酐比率（UCC）：敏感性高，但特异性差（其他非肾上腺疾病也会导致UCC上升）。
- 腹部X线检查：可能有肝肿大，大约50%的肾上腺肿瘤出现硬化并在X线上可显示。
- 胸腔X线检查：可能有支气管钙化或肾上腺癌转移，也可见到骨质缺乏。
- 超声检查：用于区分PDH和ADH及不同时期的ADH。
- CT/核磁共振：常用于巨腺瘤的检查。
- 病理学检查（PDH）：肉眼检查可以对比正常垂体和垂体巨腺瘤的大小和两侧肾上腺皮质扩大；显微检查可见垂体腺肿瘤，远侧部和中间部促肾上腺皮质激素细胞增生及肾上腺皮质增生。
- 病理学检查(ADH)：肉眼检查可见肾上腺组织大小改变，对侧腺萎缩（少见两侧肿瘤），一些病例出现肾上腺癌转移；显微检查见肾上腺皮质腺瘤或癌。

筛选试验

- HAC的筛选试验包括低剂量地塞米松抑制试验（LDDST）和促肾上腺皮质激素(ACTH)刺激试验；筛选试验完成后，下一个试验是区分PDH和ADH。
- ACTH刺激试验：
  - 不能区分PDH和ADH，可用于鉴定HAC。
  - 监测治疗效果的最好试验。
  - 比LDDST的敏感性低——LDSST敏感性是90%，但无特异性（44%～73%），ACTH敏感性80%，特异性85%，因此，很多临床医生采用ACTH刺激试验作为初步诊断。因为这个试验可以获得有价值的信息，并且时间较短（1～2h：8h）。
  - 只有通过试验才能区分是原发性还是医源性（皮质醇水平低于正常值，不随刺激而增加）。
  - 检测方法：患畜应禁食；仔细检查样品的溶血和血脂情况；冷藏前及时离心分离血清和血浆。
    - 血液样品的基准线。
    - 静脉或肌内注射促皮质素，5μg/kg（0.02mL/kg，250μg/瓶）。
    - 60min后采集第二份血样。
  - 试验解释：刺激后皮质醇浓度大于22μg/dL，多数实验室认为符合HAC；若小于15μg/dL则认为不符合HAC。但20%～30%的HAC病例刺激后会低于临界点。非肾上腺疾病也可产生假阳性结果。如果刺激前后皮质醇变化不明显，可考虑医源性HAC。也可能不是肾上腺肿瘤。
- 低剂量地塞米松抑制试验（LDDST）：
  - 敏感性95%，特异性44%～73%。
  - 使用糖皮质激素或镇静安眠剂的犬不能采用。
  - 确定HAC的筛选试验，有时也可用于区分PDH和ADH。
  - 检测方法：患畜应禁食；检查样品的溶血或血脂情况；冷藏前及时离心分离血清和血浆。
    - 血样的基准线；
    - 静脉注射0.01mg/kg的地塞米松（为了剂量准确可用0.9%氯化钠溶液稀释）；
    - 4h后采集第二份样品；
    - 8h后采集第三份样品。

- 试验解释：8h皮质醇浓度大于1/4μg/dL，符合HAC；4h皮质醇浓度小于1.4μg/dL并且8h样品浓度大于1.4μg/dL，符合PDH；4h抑制失败，不能区分ADH和PDH；非肾上腺疾病可能影响测试。

PDH和ADH鉴别试验

- 高剂量地塞米松抑制试验（HDDST）：
  - 皮质醇水平下降可能为PDH，但25%的PDH犬在HDDST中不下降，几乎100%的ADH犬会下降。
  - 如果皮质醇没有下降，不能说明是ADH还是PDH。
  - PDH：高剂量皮质类固醇会导致垂体ACTH的分泌减少，进而降低血浆中皮质醇水平。
  - ADH：肿瘤会自动分泌皮质醇，从而抑制ACTH的产生，由于ACTH已经被抑制，所以地塞米松对血浆中的皮质醇没有影响。
  - 检测方法：与LDDST检测相同，但是地塞米松的剂量较高，0.1mg/kg，静脉注射。
  - 试验解释：8h皮质醇浓度小于1.0～1.4μg/dL。
- 内源性促肾上腺皮质激素:
  - 非常准确，但样品处理不当时高度敏感，可造成促肾上腺皮质激素水平虚假偏低，给人以假象，误认为犬具有抗利尿激素；在EDTA管中使用抑肽酶防腐剂可减少操作失误。
  - PDH病例内源性促肾上腺皮质激素水平正常或偏高。
  - ADH病例内源性促肾上腺皮质激素水平偏低或检测不到，因为肾上腺肿瘤可分泌高水平的皮质醇，从而抑制垂体促肾上腺皮质激素分泌。
- 腹部超声检查：
  - 评估肾上腺大小（正常的宽度应小于7 mm）和对称性以及侵入相邻结构的情况。
  - 某些肾上腺肿瘤矿化。
  - 常用于代替HDDST或内源性促肾上腺皮质激素试验。

治　疗

手术考虑

- 垂体切除术：仅描述，但一般不建议用于治疗PDH，因为操作难度大，需要密切监测和终身补充荷尔蒙。
- 肾上腺切除是应要求所采取的手术，一般不用于治疗犬的PDH；如有适当的人员和设施，可作为治疗猫的PDH选择方法之一。
- 治疗肾上腺皮质腺瘤和小癌可选择手术，除非患犬有很大的手术风险或客户拒绝手术。

垂体瘤的放射治疗

- 放射治疗可用于垂体瘤。

药物选择

1. 米托坦（o,p'-DDD）（细胞毒性药物）常作为犬的PDH和ADH治疗药物。常见的不良反应包括嗜睡、乏力、呕吐、腹泻、共济失调和医源性肾上腺皮质功能减退。随食物给药可增加吸收，每隔

1～6月进行促肾上腺皮质激素刺激试验，以便监控皮质醇水平。

- PDH：起初每天给25mg/kg负荷剂量（大约3～8d，观察饮食欲的细微变化，然后测试），直到基础代谢和促肾上腺皮质激素刺激后皮质醇水平处于正常测试范围（1～5g/dL），然后每周给50mg/kg。剂量的调整根据促肾上腺皮质激素的测试反应（基础的和促肾上腺皮质激素刺激后的皮质醇水平维持在1～5μg/dL）。如果旧病复发，皮质醇水平超出正常范围，重新加载剂量5～7 d，每周维持剂量大约增加50%。在最初和随后加载期间给予泼尼松（每天每千克体重0.2mg）。
- ADH：使用米托坦（目标是皮质醇的基础水平和促肾上腺皮质激素刺激后水平低至检测不到），或以最高耐受剂量服用米托坦，开始每天用50mg/kg作为负荷剂量；每天服用强的松0.2mg/kg。

2. 曲洛斯坦（酶抑制剂）：活性类固醇的类似物，竞争性抑制3-β-羟基类固醇脱氢酶，从而产生皮质醇和醛固酮；竞争性抑制是可逆的，取决于剂量；肾上腺酶也可被曲洛斯坦所抑制；随食物给药以便最大吸引；怀孕或哺乳期母犬禁用，用于配种的动物或者患有肾脏或肝脏疾病或贫血的患犬也不能使用。

- 剂量指引：在文献上有很大不同：
  - 体重<3kg，起始剂量为每天10mg；
  - 3kg<体重<10kg，起始剂量为每天30mg；
  - 10kg<体重<20kg，起始剂量为每天60mg；
  - 20kg<体重<40kg，起始剂量为每天120mg；
  - 体重>40kg，起始剂量为每天120～240mg；
  - 另一推荐剂量为每天2～5mg/kg；
  - 可按每天一次或分两次给药。

剂量可根据ACTH刺激的皮质醇水平来调整。多数病例7 d内显示临床改善。ACTH刺激后皮质醇水平应该在1～5μg/dL。开始用药后（用药后3h）重复ACTH刺激试验1～2周；在药物刺激后第1月、第2月、第3月、第6月通过ACTH刺激检测皮质醇水平，之后如果水平稳定，每3～6月监测一次。ACTH刺激后皮质醇水平：

- 如果小于0.7μg/dL，停止用药；
- 如果在0.7～1.5μg/dL，48h停止用药，以1/2剂量重新开始；
- 如果在1.5～5.5μg/dL，继续按当前用量给药；
- 如果在5.5～9.0μg/dL，增加50%的剂量；
- 如果大于9.0μg/dL，增加50%～100%的剂量。

一般给药会安全有效；不良反应包括肾上腺皮质功能减退，急性死亡，急性肾上腺坏死。不要用于配种的动物。维持治疗必须保持每天一次或两次的剂量，不同于米托坦的每周两次。

3. 丙炔苯丙胺（盐酸司来吉兰；美国托皮卡动物保健公司产品）（单胺氧化酶抑制剂）：可用于治疗PDH；通过增加下丘脑-垂体轴多巴胺能活性来减少脑垂体ACTH的分泌，从而降低血浆中皮质醇的浓度；仅用于治疗简单的PDH；不推荐用于治疗患有并发疾病如糖尿病的PDH；不能治疗分泌皮质醇的肾上腺皮质瘤；初始治疗每天用1mg/kg，如果2个月无明显改善，每天可增至2mg/kg；如果还没有效果，可采用其他疗法；不利方面包括每天需要照看管理，药物费用大以及常常缺乏临床反应；不良反应少。

4. 酮康唑：（抑制类固醇合成）通过阻断细胞色素P450酶系统抑制哺乳动物类固醇的合成，该系统负责雄激素和皮质醇的生产；酮康唑也可抑制垂体皮质层分泌促肾上腺皮质激素；初始剂量10mg/kg，每天两次；一些犬可增至20mg/kg，每天两次；控制HAC时无法耐受米托坦剂量的犬可用此药，患ADH犬在肾上腺切除之前需要控制HAC时也可使用此药；可能对患AT的犬缓解HAC的临床症状也起作用，据报道，超过1/3犬不能对此药作出适当反应；不良反应包括食欲减退、呕吐、腹泻、嗜睡、性欲下降、生殖激素减少和特质性肝病。

5. 替换疗法（效果最小或未知）：褪黑激素，亚麻籽油与木质素，甲基双吡啶丙酮，溴麦角环肽，赛庚啶，卡麦角林。

注　释

病犬监测（见每种药物）

- 治疗反应：定期测试促肾上腺皮质激素的反应；治疗开始7～10d后测试，以确保有足够的反应，然后在米托坦维持治疗的1个月、3个月和6个月各一次，以后每半年到一年一次，在开始更高的维持剂量前，可采用促肾上腺皮质激素反应试验来检查必要的重载期是否足够；根据情况的不同，经过数天至数月的适当治疗可消除临床症状；当前的标签说明完全是根据消除HAC的临床症状来评价丙炔苯丙胺的疗效（促肾上腺皮质激素刺激试验不用于评估治疗反应）。
- 一些医生选择做低剂量地塞米松抑制试验，每4～6周一次，以评估垂体肾上腺轴是否正常或改进。

病程与预后

- 不治疗HAC：病情一般会渐进性加重，预后不良。
- 治疗PDH：通常预后良好；经过米托坦治疗的PDH患犬平均存活时间是2年；至少10%可存活4年；存活时间超过6年的犬死亡原因通常与HAC无关。
- 巨腺瘤和神经症状：严重预后不良。
- 肾上腺腺瘤：通常预后良好，小癌（非转移性）预后也良好。
- 大癌与广泛转移的ADH：通常预后不良，偶尔看到对高剂量米托坦的反应令人印象深刻。

作者：Karen Helton Rhodes

郑国超　译　李国清　校

第12章

猫肾上腺皮质机能亢进/皮肤脆性综合征

定义/概述

- 以皮肤极其脆弱为特征的疾病，是由多种原因引起的。
- 并发肾上腺皮质机能亢进，糖尿病，或过度使用醋酸甲地孕酮、其他孕激素类化合物或副肿瘤综合征的老年猫，往往容易发生。
- 少数猫不会出现生化改变。

特征/病史

- 自然发生的疾病，往往见于老龄猫。
- 医源性病例没有年龄倾向。
- 无品种或性别差异。

风险因素

- 肾上腺皮质机能亢进：依赖垂体或依赖肾上腺。
- 医源性：因过多使用皮质类固醇或促孕药物而继发。
- 糖尿病：较少，除非与肾上腺皮质机能亢进有关。
- 可能与特发性或副肿瘤性综合征有关。

病史

- 逐渐出现临床症状。
- 渐进性脱毛（但不全是）（图12-1）。
- 通常会体重减轻，体表无光泽，食欲不振，乏力。

临床特点

- 皮肤明显变薄，正常操作即会撕裂（图12-2～图12-4）。
- 皮肤撕开时很少流血。
- 仔细检查可注意到多处撕裂伤（新旧都有）。
- 可见躯干部位部分或全部脱毛。
- 有时与“鼠尾巴”，耳廓折叠，腹部膨胀有关。

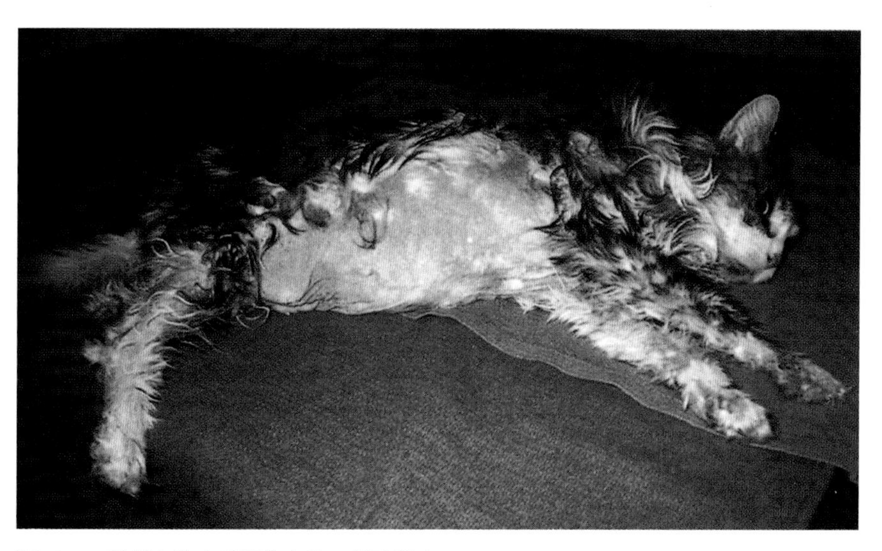

图12-1　猫肾上腺皮质机能亢进，躯干脱毛

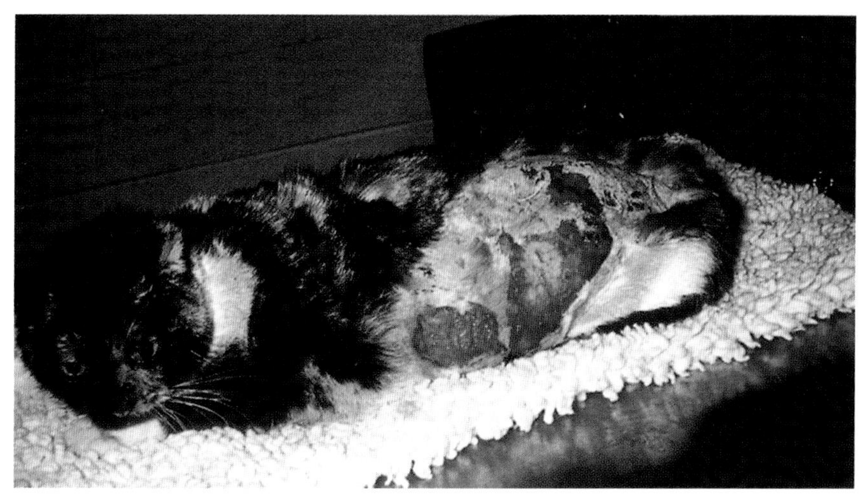

图12-2　猫肾上腺皮质机能亢进，常规处理时皮肤明显脆弱。注意大面积裸露的皮肤。（Rod Rosychuk博士惠赠）

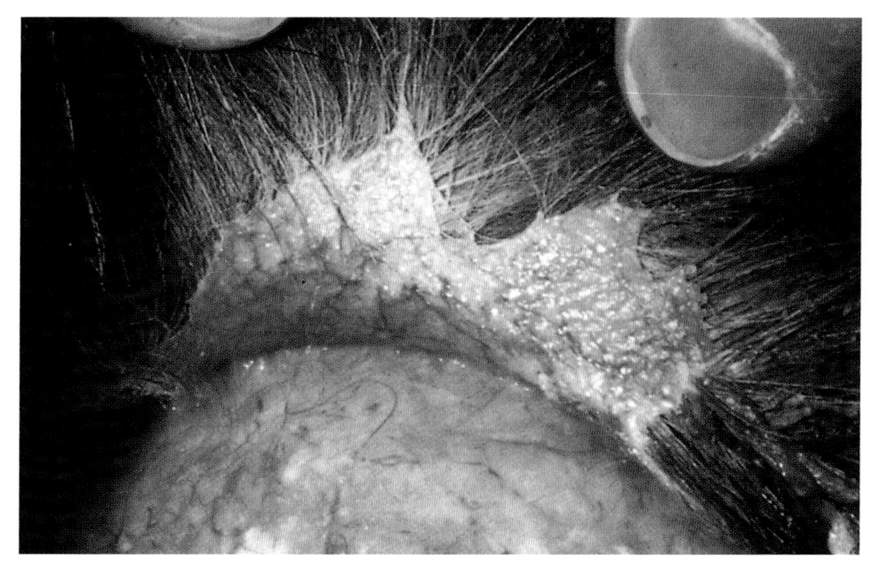

图12-3　图12-2的近距离观察。皮肤容易剥脱，伴有疼痛或出血。这些皮肤的缝合常常无效。（Rod Rosychuk博士惠赠）

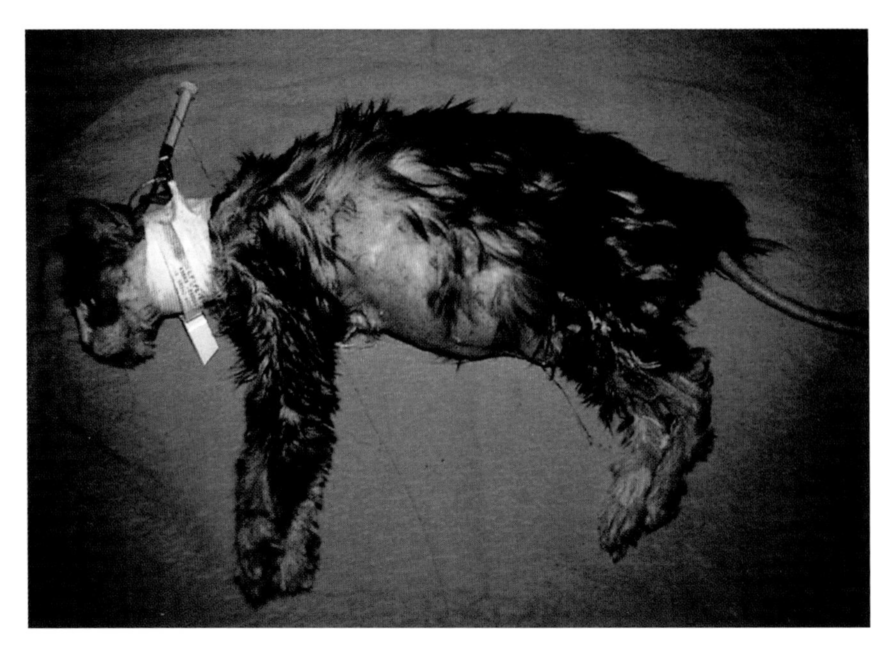

图12-4　猫肾上腺皮质机能亢进并发糖尿病。注意脱毛，“鼠尾巴”，腹部膨大，身体非常虚弱

鉴 别 诊 断

- 脆皮病。
- 猫副肿瘤性综合征：胰腺肿瘤、脂肪肝、胆管癌。

诊　断

全血细胞计数/生化/尿液分析

- 多数病例诊断意义不大。
- 大约80%患有肾上腺皮质机能亢进的猫并发糖尿病（高血糖，糖尿）。

其他实验室检查

- 促肾上腺皮质激素刺激试验：70%患有肾上腺皮质机能亢进的猫反应强烈。
- 低剂量地塞米松抑制实验：15%～20%正常猫皮质醇水平可能无法降低，肾上腺皮质机能亢进和非肾上腺疾病通常不会抑制。
- 高剂量地塞米松抑制试验：正常猫显示皮质醇浓度减少；非肾上腺疾病通常减少；许多医生认为是肾上腺皮质机能亢进的最佳筛选试验；区分肾上腺肿瘤和垂体依赖性肾上腺皮质机能亢进的原因不可靠，因为这两种病情都不可能出现抑制。
- 内源性促肾上腺皮质激素水平：多数实验室的正常范围是20～100pg/mL。

影像学检查

- 腹部超声：肾上腺肿块往往很小，直至疾病末期。
- CT和MRI：小的垂体瘤可能难以显现；MRI也许更容易看见。

病理学检查

- 组织病理学：可建议做，但没有诊断意义；表皮和真皮较薄；胶原纤维明显变细。

治　疗

- 应排除潜在的代谢性疾病。
- 许多病猫虚弱，需要支持性治疗。
- 撕裂伤的手术矫正：没有用，因为组织无法承受缝合的压力。
- 保护皮肤：穿衣服，减少容易损伤皮肤的活动，挪开周围锋利的东西，防止与其他动物玩耍受伤。
- 肾上腺皮质机能亢进：肾上腺切除术是首选的治疗方法。
- 钴60放射治疗：治疗垂体瘤的效果不一。

药物选择

- 药物治疗：对准备手术和减少术后并发症的猫有用（例如感染和伤口愈合不佳）。
- 猫的肾上腺皮质机能亢进没有已知有效的治疗药物。
- 米托坦：12.5～50mg/kg，口服，每天两次；效果也不确定；不良反应包括厌食、呕吐、腹泻。
- 酮康唑（里素劳）：10～15mg/kg，口服，每天两次；反应不一。
- 甲基双吡啶丙酮：65mg/kg，口服，每天两次；此药对于临床症状改善比其他药物效果更明显。
- 曲洛斯坦已在猫身上试用，效果不一。

注意事项

- 肾上腺皮质机能亢进：对于糖尿病的猫要密切监测；当皮质醇水平下降时，应调节胰岛素以防低血糖。

注　释

缩写词

- HDDST=高剂量地塞米松抑制试验
- LDDST=低剂量地塞米松抑制试验
- o,p’-DDD=米托坦

作者：Karen Helton Rhodes

郑国超　译　李国清　校

第 13 章

甲状腺功能减退

定义 / 概述

- 甲状腺分泌的甲状腺激素（T4，T3）减少。
- 甲状腺激素不足，影响到许多代谢过程和几乎每一个器官系统。
- 缺乏一种对甲状腺功能减退的可靠测试（除了甲状腺活组织检查），脱毛的原因很多且症状相似，很容易引起误诊。
- 最常见的皮肤病症状包括被毛不长，皮肤角质化和细菌性毛囊炎。
- 通过补充甲状腺激素（T4）来治疗。

病因学 / 病理生理学

- 垂体腺释放的促甲状腺激素（TSH）：主要由甲状腺分泌激素来调节；T3可抑制TSH的分泌。
- 下丘脑促甲状腺激素释放激素对甲状腺总的影响尚不清楚；三级甲状腺功能减退在犬或猫尚未记录。
- 甲状腺激素在血浆中主要与蛋白质结合；在整个循环中，不到1%是游离的；垂体甲状腺轴的功能是保持游离的T4（fT4）水平。
- T4: 占分泌激素的80%以上；在周围组织转换成活性T3后，生物活性上调；如转为反向T3（rT3），则活性减小。
- 只有游离的激素才能进入细胞，具有生物活性。
- 淋巴细胞性甲状腺炎（原发性甲状腺功能减退）：最常见的原因；甲状腺免疫介导性破坏；可能是特发性甲状腺萎缩的原因（甲状腺功能减退第二个最常见的原因）；50%的病例可测出针对甲状腺抗原的自身抗体（抗甲状腺球蛋白抗体，ATAs）（已报告品种差异）；在甲状腺功能正常的犬也可检出。
- 继发性甲状腺功能减退（TSH分泌受损）：较少见；可能是由给药（糖皮质激素，磺胺，苯巴比妥）引起的。
- 由于肿瘤，饮食缺碘和腺体或激素生成的先天性异常引起的甲状腺功能减退：非常少见（图13-1）。

特征 / 病史

- 犬最常见的是内分泌失调。

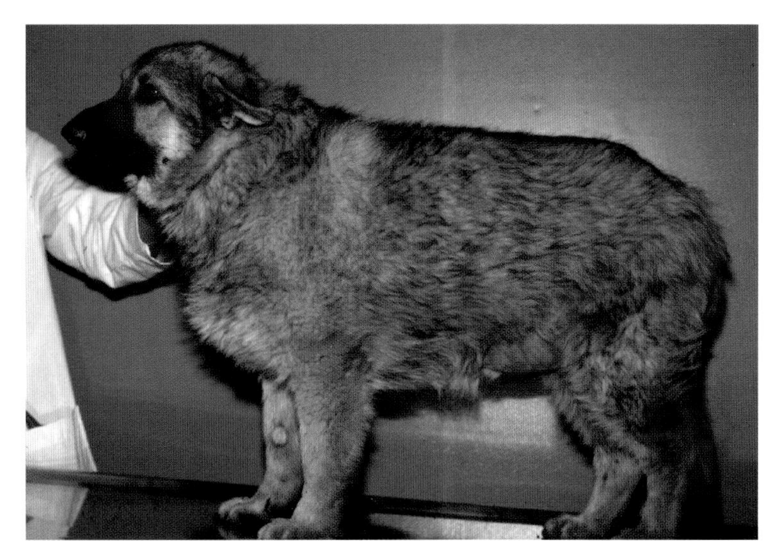

图13-1　垂体性侏儒症

- 高风险犬：金毛猎犬和杜宾犬。
- 某些犬具有遗传性：比格犬，苏俄猎狼犬，大丹犬。
- 易感品种：主要是中型和大型犬；金毛猎犬，大丹犬，杜宾犬，爱尔兰长毛猎犬，万能㹴犬，英国古典牧羊犬，腊肠犬，迷你雪纳瑞，布列塔尼犬，可卡犬，沙皮犬，松狮犬，贵宾犬，爱尔兰猎狼犬，英国牛头犬，纽芬兰犬，雪橇犬和拳师犬。
- 发病高峰年龄是5岁（平均年龄7岁）。
- 性完整的动物：发生甲状腺功能减退的风险减少。
- 症状非特异性并且进展缓慢，往往延误诊断。
- 最初症状：全身乏力，精神迟钝，对运动和寒冷的耐力差，行为改变和肥胖；性健全动物也许表现生殖功能障碍。
- 已报道中等频率的非皮肤病症状：周围神经病变（偶尔急性），颅神经亏损（霍纳氏综合征），全身性肌病（虚弱），巨食道症，喉麻痹，角膜脂沉积症；对于神经病和肌病补充甲状腺激素之后恢复较快，但对巨食道或喉麻痹无效。

临 床 特 点

- 早期症状（图13-2～图13-6）
    - 被毛无光泽，易断。
    - 毛质改变；初级毛发丢失，可能会回到小犬时体毛状态。
    - 过度脱屑。
    - 容易脱毛。
    - 被毛剪断后不能再生：体表摩擦或挤压处被毛丧失（例如：颈圈，肘部外侧，跗关节外侧）。
    - 毛发脱落后生长减少：在拳师犬和爱尔兰长毛猎犬描述的多毛症是因为死毛保留过多。

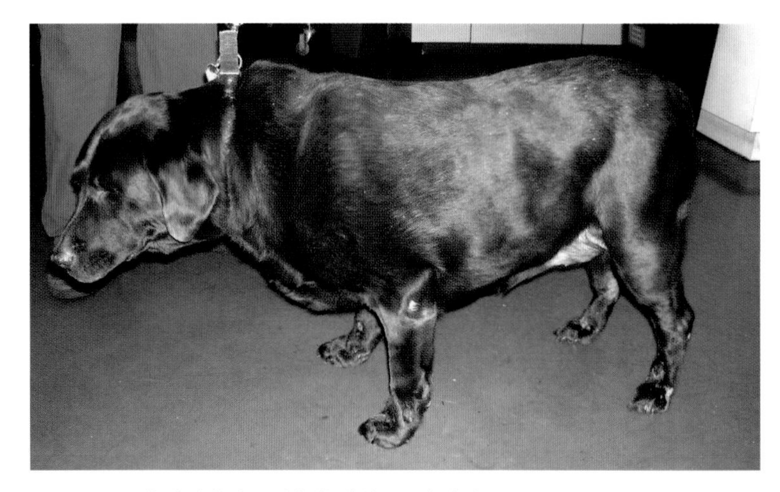

图13-2　甲状腺功能减退引起的脱屑和毛色发亮

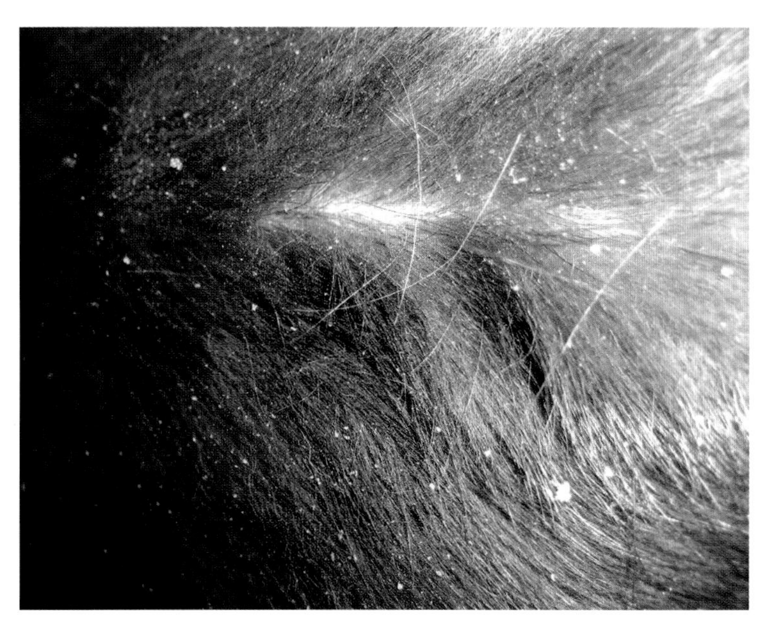

图13-3　甲状腺功能减退表现毛发色暗易脆，皮屑增多

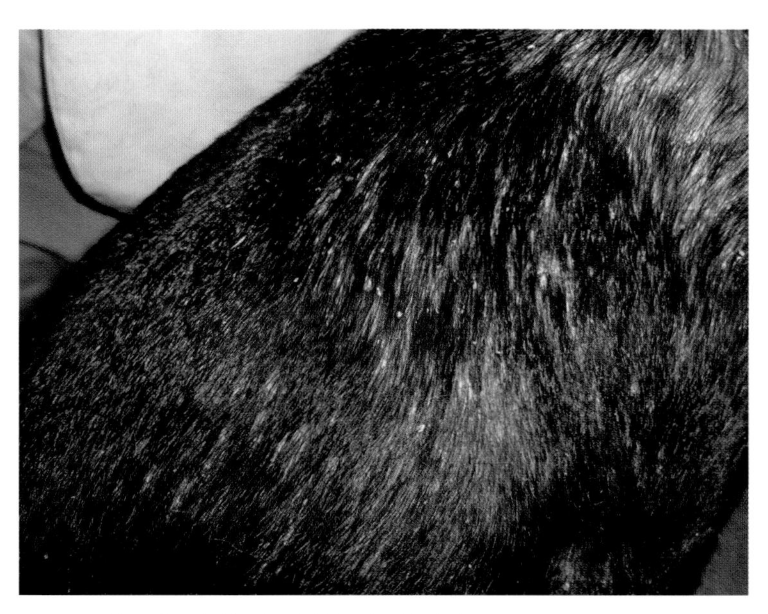

图13-4　被毛薄，皮屑多与甲状腺功能减退有关

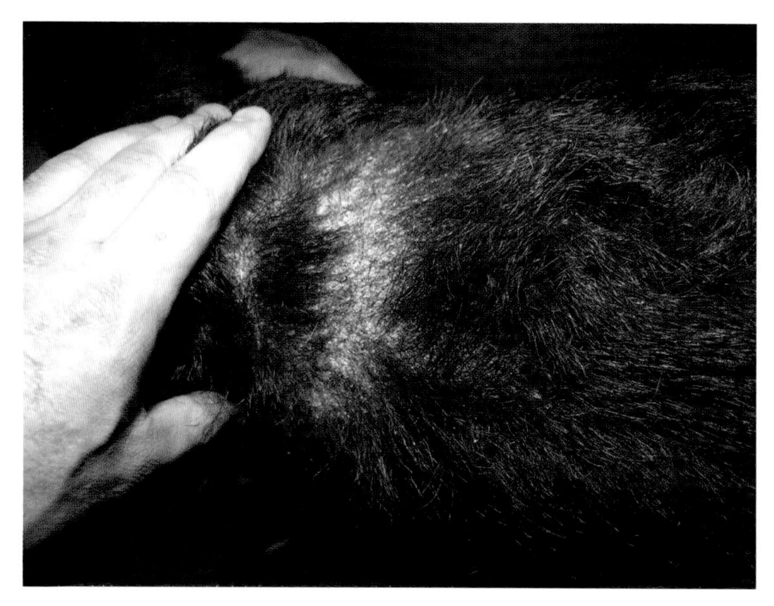

图13-5　图13-4中患犬被毛稀薄脆弱并且脱屑

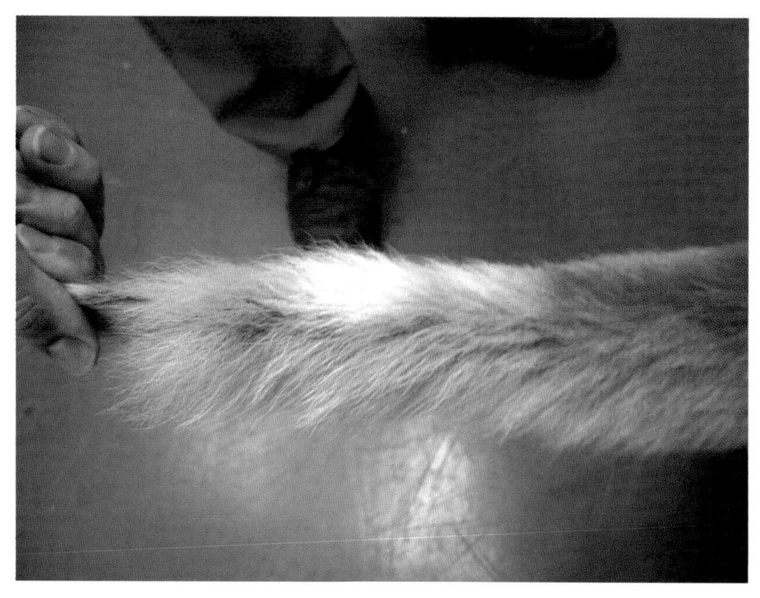

图13-6　甲状腺功能减退所致的尾巴被毛变薄（“鼠尾巴”）

- 被毛颜色改变（最常见的是发亮）。
- 初始脱毛可能是片状和非对称性脱毛。

- 晚期症状（图13-7～图13-13）
  - 两侧对称性脱毛；通常在躯干，头和四肢上留有被毛。
  - 耳廓脱毛和脱屑。
  - 外观皮肤水肿（黏液性水肿和黏蛋白增多）。
  - “痛苦”的面部表情。
  - 明显的角化过度，脂溢性皮炎。
  - 色素沉着过多，苔藓样变，脱毛区有粉刺。

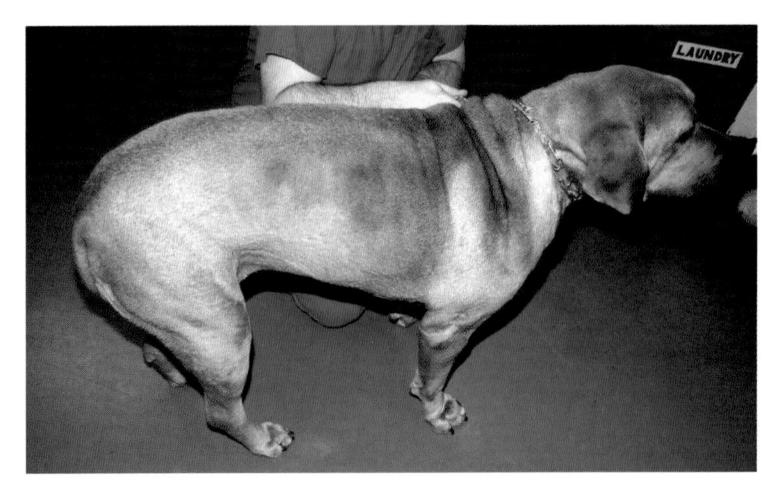

图13-7　躯干脱毛伴有色素沉着过多

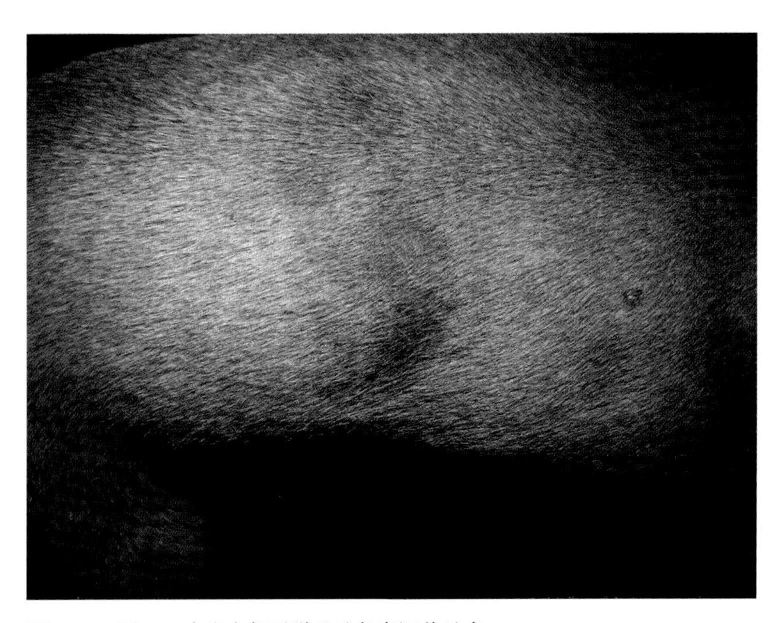

图13-8　图13-7中患犬躯干脱毛及色素沉着过多

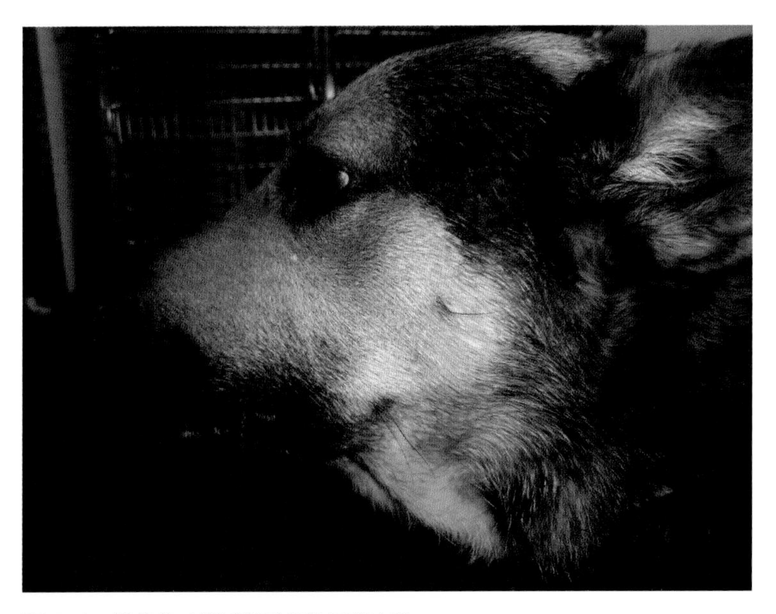

图13-9　甲状腺功能减退引起的面部水肿

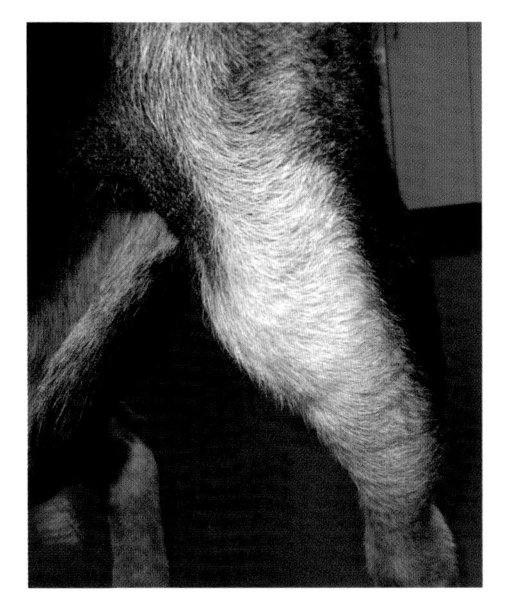

图13-10　图13-9中患犬下肢水肿

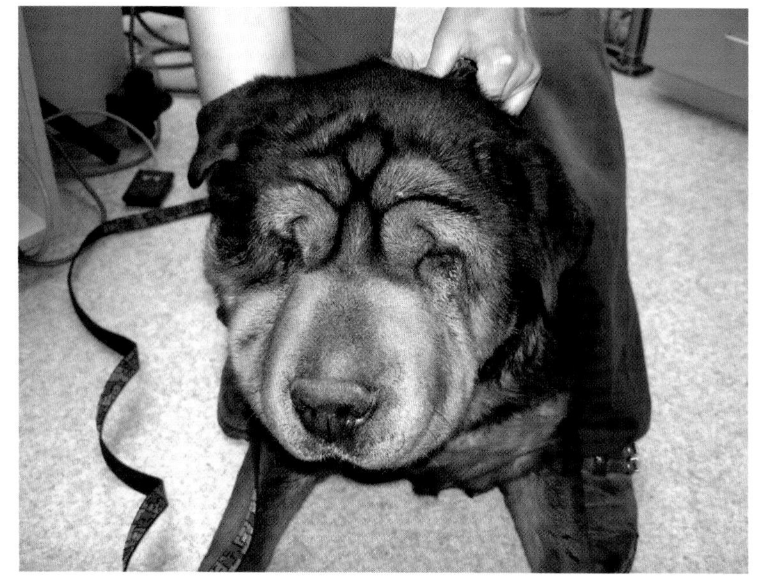

图13-11　“痛苦”的面部表情

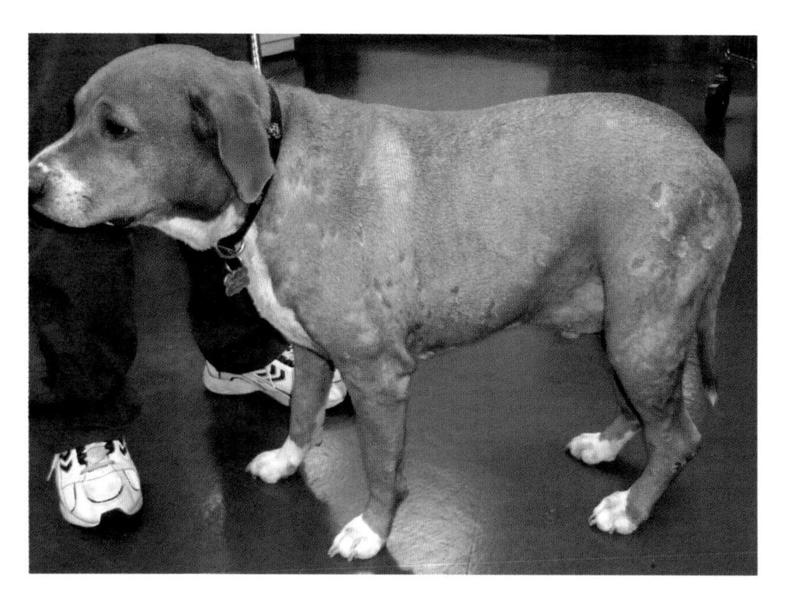

图13-12　甲状腺功能减退继发的脓皮病

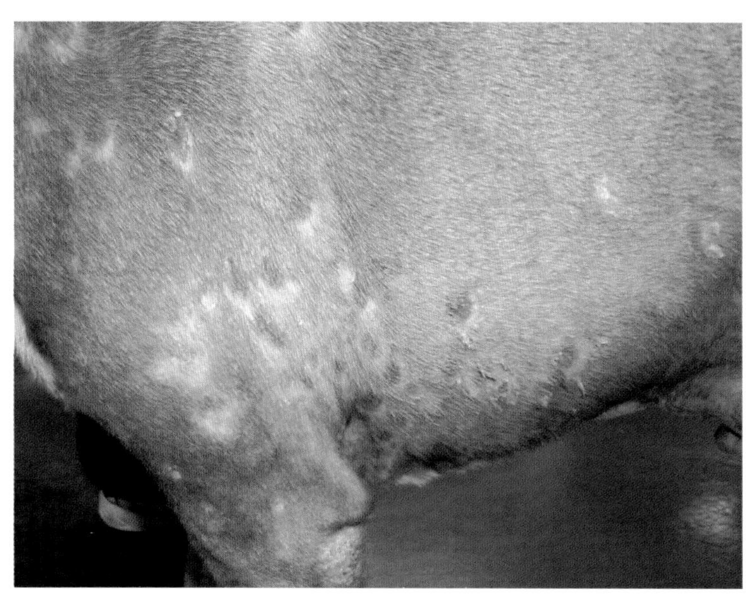

图13-13　图13-12中患犬，注意被毛“虫蛀样”外观，斑点状脱毛与脱屑

■ 细菌性毛囊炎。
■ 马拉色菌性皮炎。
■ 外耳炎。
■ 伤口愈合不良：挫伤。
■ 瘙痒少见，除非与继发感染有关。

鉴 别 诊 断

■ 肾上腺皮质机能亢进：往往与其他全身症状有关，来自外源性或内源性。
■ 性激素异常（肾上腺，肾上腺外，性腺）。
■ 毛囊发育不良。
■ 休止期脱毛。
■ 由于全身性疾病引起或药物治疗继发的脱毛。
■ 脱毛模式包括周期性躯干脱毛。
■ 原发性角质化障碍。

诊　断

全血球计数/生化指标

■ 正常红细胞性贫血，正常色素性贫血，非再生性贫血。
■ 空腹高胆固醇血症。
■ 空腹甘油三酯血症，总血脂过高。

甲状腺激素浓度

■ 总T4：
  ■ 甲状腺功能减退患畜通常低于正常范围。
  ■ T4测量值低必须结合相应的临床症状来推测是否为甲状腺功能减退，可采用其他试验（如TSH测定）来辅助诊断。
  ■ 针对T4的自身抗体会影响结果。
  ■ 某些品种检测值较低（如灵缇）。
  ■ 正常犬可出现大幅波动。
  ■ 总T4下降与年龄、发情、妊娠、肥胖和营养不良有关。
  ■ 病态甲状腺功能正常综合征：由于非甲状腺疾病引起的血清T4值低。
  ■ T4基准线减少的特定疾病：肾功能衰竭，肝功能衰竭，全身性和皮肤感染，糖尿病，肾上腺皮质功能亢进和肾上腺皮质功能减退。
  ■ 测量值降低：糖皮质激素，磺胺类，非甾体类抗炎药，苯巴比妥和三环类抗抑郁药。
■ 总T3/fT3/rT3：
  ■ 总T3水平波动很大，测量值不能准确表示甲状腺状态。

  - 反向T3水平，在病态甲状腺功能正常情况下可能会增加。
  - 针对T3的自身抗体会影响测试结果。
- fT4:
  - 可用平衡透析法测量。
  - 较少受并发疾病影响（除了肾上腺皮质机能亢进）。
  - 较少受针对甲状腺抗原和激素的自身抗体影响。
  - 不建议作为一个独立的测试，可用T4测量来解释。
  - 测量总T4和fT4是许多专家诊断甲状腺功能减退的首选方法。
- TSH：
  - 可提高检测灵敏度，实验室间有正常的变化范围。
  - 甲状腺功能减退的犬TSH值有可能正常；正常犬TSH值有可能升高。
  - 结合T4低与TSH高来诊断甲状腺功能减退。
  - 进一步评估甲状腺炎或验证前后不一致的结果，应在1至3个月内重复测量。
  - 测量总T4和TSH是许多专家诊断甲状腺功能减退最好的替代方法。
- TSH刺激试验：
  - 确定甲状腺的功能。
  - TSH给药前后测量T4基准线。
  - 甲状腺功能正常的患畜：刺激后T4值在正常范围内或高于正常。
  - 非甲状腺疾病（病态甲状腺功能正常）：反应迟钝，但刺激后T4值在正常范围。
  - 甲状腺功能减退：刺激前后T4值低于正常范围。
  - 重组TSH：非常昂贵，目前没有实际应用。
- 补充试验:
  - TRH刺激试验：反应不一致且小于TSH，没有实际意义；但有助于区分原发性甲状腺功能减退和二级或三级甲状腺功能减退。
  - 甲状腺活检：确诊性试验；不用于潜在的并发症；淋巴细胞性甲状腺炎的病理检查结果，包括淋巴细胞、巨噬细胞和浆细胞浸润，甲状腺实质破坏，最终被纤维结缔组织所替代。
  - 甲状腺超声检查：有用，但往往不敏感，甲状腺功能低下，犬甲状腺减小。
  - 抗甲状腺球蛋白抗体：在50%甲状腺功能减退的犬中存在（抗T3有30%，抗T4有15%），甲状腺功能正常的犬也可出现；甲状腺激素水平正常的犬出现此类抗体则表明正在发生甲状腺炎；在甲状腺激素水平模棱两可的犬中可能有用；有可能干扰激素检测结果，往往造成试验结果的扩大化。
  - 治疗试验：根据皮肤异常来诊断甲状腺功能减退是不可靠的；补充甲状腺激素后，在甲状腺功能正常和甲状腺功能减退犬中可产生类似的初始效应（毛发生长，活动增加）；在甲状腺功能正常的犬中给药后及时测量T4水平，可表现明显的升高。
  - 皮肤组织病理学：常常不能用于甲状腺机能减退的特异性诊断；更适合内分泌失调；表皮

和毛囊漏斗部增生和角质化；以休止期毛囊为主；可见皮脂腺增生，黏蛋白增多；常见细菌性毛囊炎。

治　疗

一般考虑

- 饮食: 血脂测量出现异常时，减少脂肪摄入。
- 必须终生治疗。
- 治疗反应：7 d内出现神经病变和严重的全身症状；4 ~ 6周内出现实验室检查异常和一般的全身症状；1 ~ 3个月出现皮肤病。
- 甲状腺功能亢进：表现为心动过速、腹泻、多尿、烦渴、多食、瘙痒和焦虑或行为改变。

药物选择

- 合成左旋甲状腺素：可供选择补充。
- 合成的T3（碘塞罗宁，4 ~ 6 μg/kg，每天3次），通常不推荐给药，除非怀疑T4吸收减少（很少见）；甲状腺功能亢进很可能与T3补充有关。
- 左旋甲状腺素：血清消除半衰期是12 ~ 16h；给药后4 ~ 6h达到高峰浓度。
- 左旋甲状腺素的初始剂量：15 ~ 20 μg/kg，每天两次。
- 对充血性心力衰竭、患有肾病、糖尿病、痉挛、肾上腺皮质机能减退的患畜可降低开始剂量，初始给药剂量为10 μg/kg，每天两次，通过提高代谢速率和强心来防止骚动不安。
- 左旋甲状腺素的吸收可能随剂型而异。
- 建议给予低剂量皮质类固醇，但是并未证实对于那些对左旋甲状腺素给药反应差的患畜可以提高T4的吸收率。

治疗监控

- 给药后4周开始测量。
- 左旋甲状腺素给药后4 ~ 6h采集样品。
- T4水平应该在正常范围，治疗检测报告的参数各实验室不同，最好是结果接近于中间水平。
- 替代监测方法：低谷期（正好在左旋甲状腺素给药之前）和给药后4 ~ 6h检测T4，低谷水平应该在低端，峰值应该在参考值范围的上端。
- 剂量改变后4周要重复检测。
- 病情稳定的患畜要求间隔6个月检测一次。
- TSH水平，如果在补充前升高的话，通过治疗应该回到正常或降低。目前不能仅仅根据TSH水平的测量来解释补充是否足够。

替代治疗方案

- 标准是每天补充两次。
- 当甲状腺功能减退症状缓解时，可尝试每天一次。
- 由于药物吸收的不同，不能保证每天一次治疗有效。

- 每天一次给药检测的研究仍然欠缺。
- 每天一次治疗的成功是根据甲状腺功能减退临床症状的连续性消除来确定。
- 静脉注射L–甲状腺素（4~5 μg/kg，每天两次），可用于治疗甲状腺功能减退的危险期（黏液性水肿昏迷）。

注　释

缩写词

- T4=L–甲状腺素，四碘甲腺氨酸
- T3=三碘甲状腺氨酸
- TSH=甲状腺刺激激素
- TRH=甲状腺激素释放激素
- fT4=游离T4
- rT3=反向T3

作者：Alexander H. Werner

郑国超　译　李国清　校

第14章

非炎症性脱毛

定义 / 概述

- 该病不常见，与毛囊发育周期异常有关。
- 许多疾病可产生相似的脱毛模式，只影响躯干而不涉及头和远端肢体。
- 与内分泌和非内分泌因素有关。
- 诊断非内分泌性脱毛通常要排除常见的内分泌因素。
- 非内分泌性原因包括光秃和毛囊发育不良。
- 内分泌因素包括甲状腺功能减退、肾上腺皮质机能亢进、阉割反应性脱毛、性激素失衡以及X型脱毛（同义名：生长激素应答性脱毛，肾上腺增生样综合征，长毛绒品种肾上腺性激素失衡）。

病因学 / 病理生理学

一般因素

- 肾上腺皮质功能亢进和甲状腺功能减退在其他章节已经讨论（第11、12、13章）。
- 许多因素可影响毛发再生，包括激素性和非激素性因素。
- 性激素分泌失调，尤其是分泌增多，会影响毛发再生，性激素和它们的前体具有内在的糖皮质激素作用，与糖皮质激素受体有亲和力，可以抑制下丘脑-垂体-肾上腺轴（HPA）功能。
- HPA轴异常可使糖皮质激素前体（尤其是雄激素）分泌增加，糖皮质激素检测水平可能会升高，也可能不升高。
- 在不明原因下，激素分泌异常可能短暂影响毛囊周期，这些变化通常不会持久。

X型脱毛

- 该术语常与生长激素应答性脱发和长毛绒品种的肾上腺性激素失衡互用。
- 可能由于孕酮或者雄激素升高导致生长激素分泌减少所致。
- 生长激素不足的情况不一致。
- 长毛绒品种肾上腺性激素失衡和肾上腺增生样综合征可能是由于肾上腺21-羟化酶缺乏，导致类固醇激素过量分泌所引起。
- 垂体性侏儒症：腺垂体细胞分泌功能缺乏或破坏，也可能与其他激素缺乏有关，与X型脱毛综合征不同。

雌激素失衡

- 雌激素是由卵巢滤泡和包囊、莱狄细胞、肾上腺球状带和束状带所产生的。

- 雌激素过量与以下因素有关：
  - 卵巢囊肿和卵巢肿瘤（雌性）。
  - 塞尔托利细胞瘤、精细胞瘤或间质细胞瘤（雄性）。
  - 肾上腺皮质分泌异常。
  - 补充外源性雌激素（乙底酚）。
  - 激素取代局部药物疗法。
- 雌激素是犬毛生长初期的抑制剂（刺激人类头皮毛发生长），并且可激活前列腺雄激素和子宫内膜孕酮的作用。
- 血清雌激素浓度正常的动物，皮肤上雌激素受体量也会增加。
- 雌激素外围转换或/和雄激素过量以及激素受体的调节，都受生长因素的影响，如出现异常都可导致雌激素过量或不足。
- 真正的雌激素缺乏比较少见，主要见于卵巢子宫切除术，血清雌二醇浓度可能正常。
- 雄激素增多症。
- 犬睾酮水平增高没有引起脱毛。
- 脱毛与孕酮水平升高相关，通常多由雌激素引起（醋酸甲地孕酮）。
- 孕酮可能是由于在犬的毛囊内与糖皮质激素受体结合和/或转化为皮质醇而起作用。
- 去势引起的脱毛与睾酮引起的脱毛可能都是由于激素水平的相对改变所引起，反应可能不会持久。

特征 / 病史

- 垂体性侏儒症：易患的品种有德国牧羊犬、狐狸犬、小型宾莎犬、玛瑙熊犬。此病在3月龄有过记录（图14–1）。
- X型脱毛：较常见的易感品种有微型狮子犬和长毛绒品种，如博美犬、松狮犬、秋田犬、萨摩耶德犬、荷兰狮毛犬、阿拉斯加和西伯利亚雪橇犬。其症状主要发生在1～5岁雄雌完整或绝育的犬（图14–2～图14–4）。
- 雄激素过多症（主要是雄性）：在中老年性别完整的犬中脱毛，非常少见。
- 雌激素过多症：年老性别完整的雌性犬（颗粒细胞瘤，其他卵巢肿瘤，卵巢囊肿）；年老性别完整的雄性犬（睾丸肿瘤）；年轻性别完整的雌性犬（卵巢囊肿）；玩具品种（接触主人的药物）；绝育的雌性犬（外源性服用己烯雌酚）(图14–7～图14–9)。
- 睾丸肿瘤：拳师犬，设德兰牧羊犬，德国牧羊犬，喜乐蒂牧羊犬，威玛猎犬，北京犬和柯利犬；但隐睾犬的风险增加（图14–10，图14–11）。

临 床 特 点

- 被毛：由于毛发未被取代而变得干燥或发白；缺乏正常脱落；除了头和四肢远端之外，通常躯干弥漫性和两侧对称性脱毛。原被毛首先脱落，保留下层片状绒毛，最终被毛脱光。

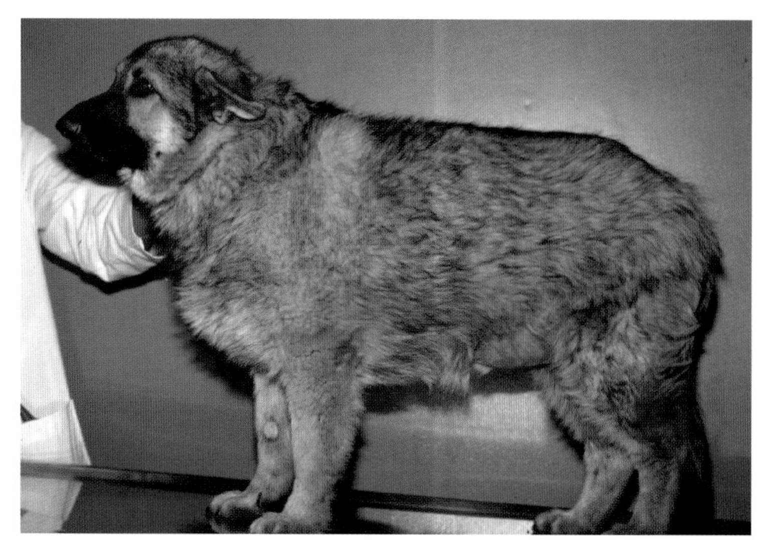

图14-1　垂体性侏儒症

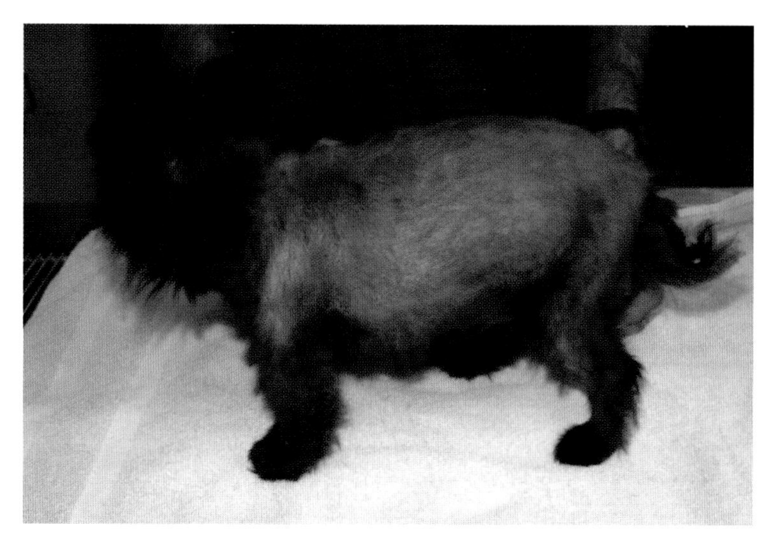

图14-2　患有X型脱毛的雄性阉割的波美拉尼亚犬头部和四肢远端以外的对称性脱毛

图14-3　雌性绝育的北极犬患有X型脱毛，原毛脱落，下面保留斑块状绒毛

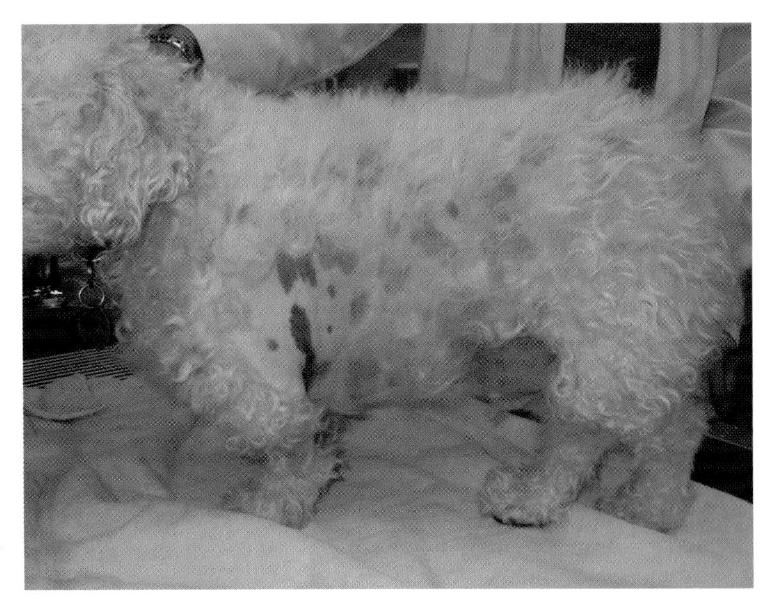

图14-4　患X型脱毛的卷毛比雄犬躯干出现脱毛斑，头部和四肢被毛正常

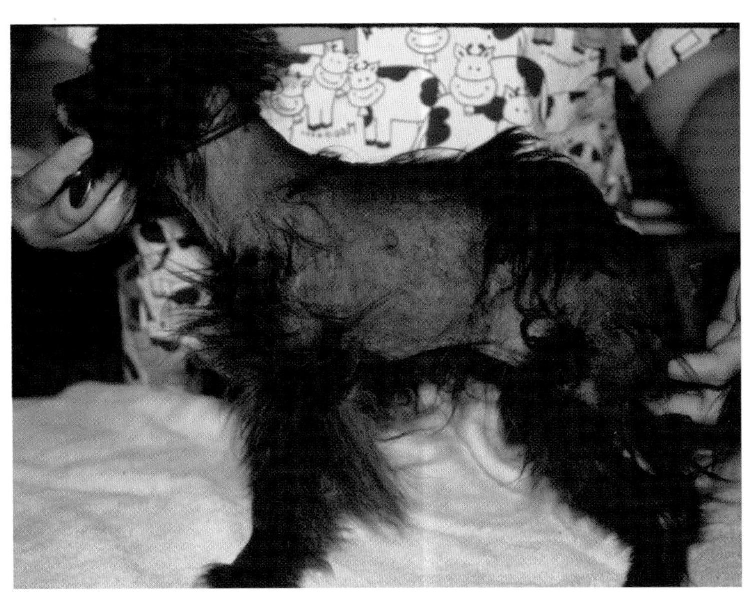

图14-5　波美拉尼亚幼犬的阉割反应性脱毛

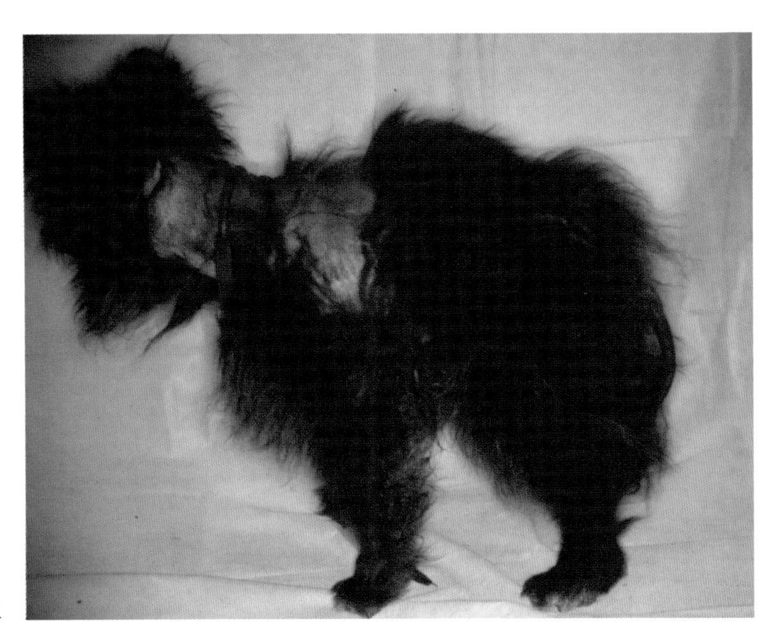

图14-6　图14-5中患犬阉割后斑片状被毛再生

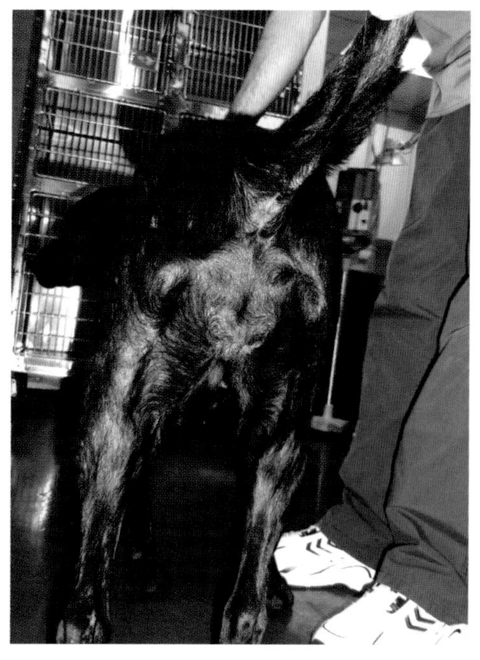

图14-7 4岁拉布拉多犬因卵巢子宫切除术引起脱毛，尾侧大腿和会阴部被毛稀疏

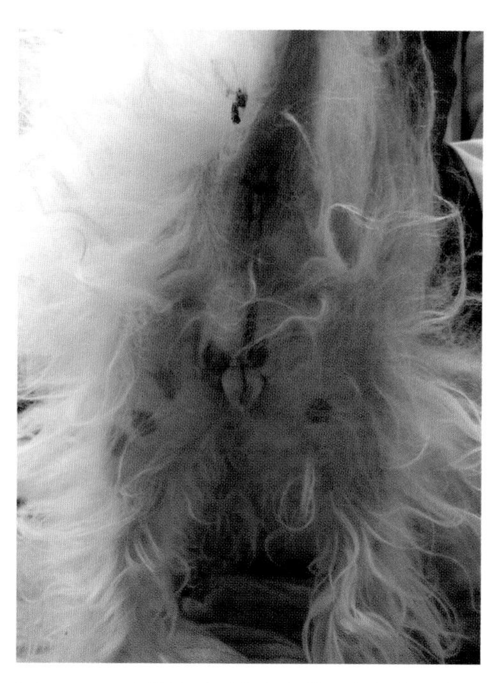

图14-8 7岁雌性马耳他犬卵巢子宫切除术前尾部大腿和腹股沟区脱毛

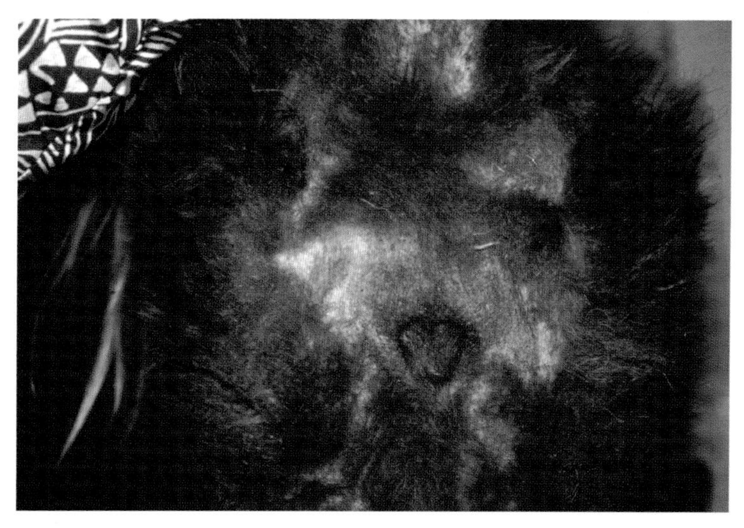

图14-9 服用己烯雌酚引起的脱毛，症状与图14-7中患犬相似，会阴部被毛稀疏

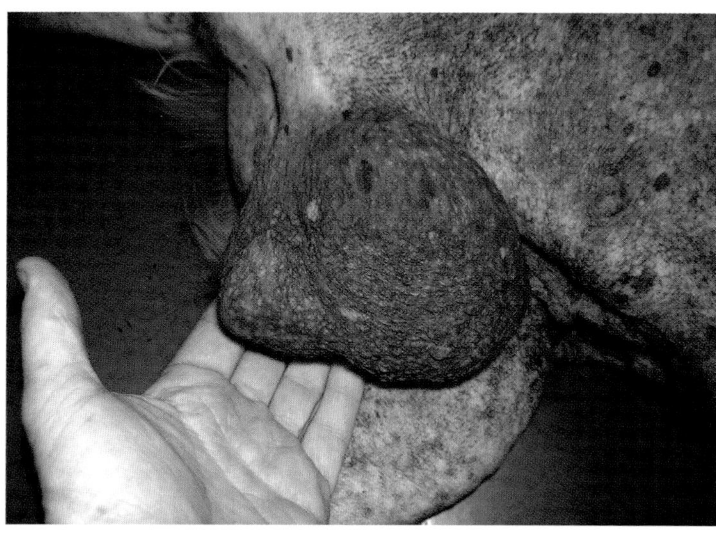

图14-10 患睾丸支持细胞瘤犬的睾丸大小不对称，注意尾侧大腿和会阴处无被毛，与其他情况类似

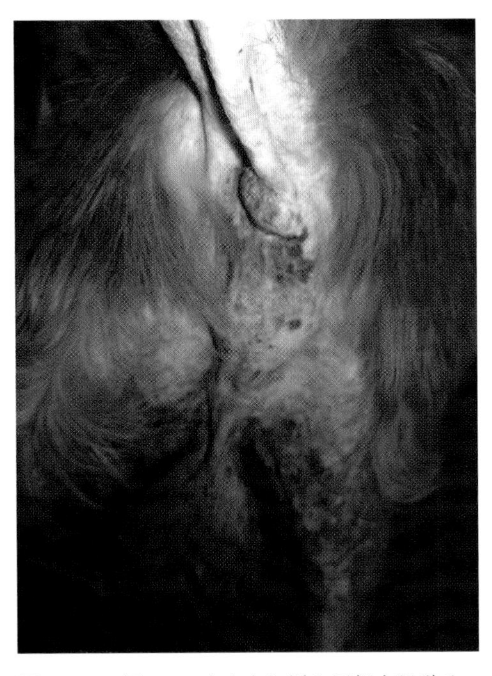

图14-11　图14-10中患犬肛周和尾侧大腿脱毛

- 继发不同的皮脂溢出，皮肤瘙痒，细菌性毛囊炎，粉刺。
- 表皮和真皮萎缩，轻度苔藓样变和脱屑。
- 雌激素过多症：乳头，乳腺，外阴，包皮肿大；线性包皮炎；睾丸触诊正常或大小不规则；由于血小板减少出现瘀点；由于白细胞减少而发热（图14-12）。
- 雄激素过多症：尾腺和肛周腺增生；被毛可能正常。
- X型脱毛：常见明显的色素沉着过多（黑皮病）。
- 通常不表现全身性症状（多尿，烦渴，异嗜）；雌激素反应性病例可能会发生小便失禁。

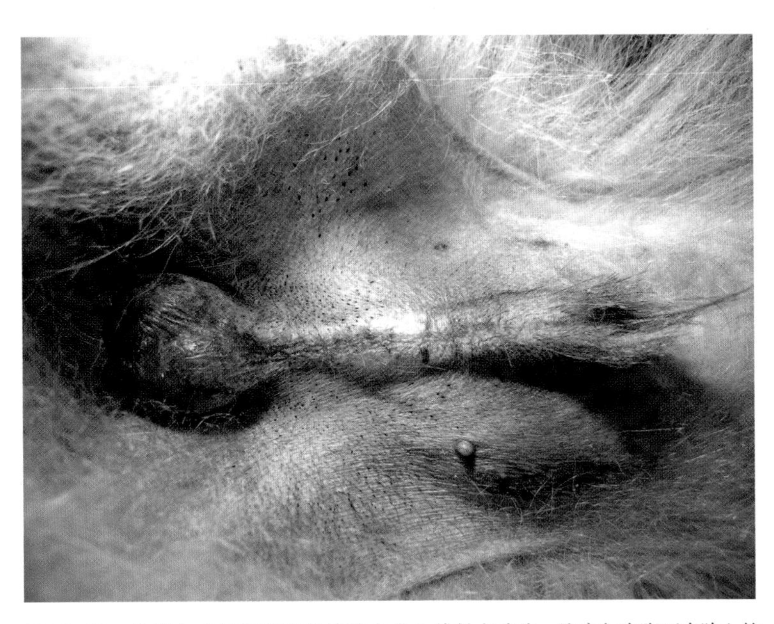

图14-12　患睾丸支持细胞瘤的博美犬发生线性包皮炎。注意包皮腹面皮肤上的红斑

鉴别诊断

- 甲状腺功能减退。
- 肾上腺皮质机能亢进。
- 细菌性毛囊炎。
- 蠕形螨病。
- 毛囊发育不良：色素稀释性脱毛，黑色毛囊发育不良。
- 秃毛型：腊肠犬、波士顿㹴、灵𤟥、水猎犬、吉娃娃犬。
- 周期性侧翼脱毛：拳师犬、英国斗牛犬、猴面㹴。
- 剃毛后脱毛。
- 休止期脱毛。
- 角质化障碍。

诊断

- 全血细胞计数，生化指标，尿液分析：除了与甲状腺功能减退或肾上腺皮质机能亢进有关，其他正常。贫血和/或骨髓发育不全或再生障碍性贫血伴有高雌性素症。
- 血清性激素浓度：通常正常；根据临床症状并排除其他疾病作出疑似诊断。
- 血清雌二醇浓度：雄性犬患有睾丸肿瘤或雌性犬患有卵巢囊肿时有时会升高，但是每天雌二醇正常的波动，使雌二醇浓度的解释有困难。重复实验证明长期升高可得出结论。
- 促肾上腺皮质激素刺激试验或低剂量地塞米松抑制（LDDS）试验：可用于排除肾上腺皮质机能亢进。
- 血清甲状腺素，fT4，促甲状腺激素：可用于排除甲状腺功能减退。
- 测量肾上腺性激素的促肾上腺皮质激素刺激试验: 可表明皮质醇前体的分泌过剩。
- 皮肤组织病理学变化通常与内分泌性皮肤病有关：毛发生长静止化，毛囊角化病，毛发角质化（火焰毛囊），表皮和真皮萎缩，皮脂腺萎缩；通常有别于秃斑和毛囊发育不良引起的变化。
- 腹部超声波：肾上腺增生或肿瘤和性腺肿瘤。

治疗

一般考虑

- 经常用抗皮脂溢洗发水洗澡，以减少脱屑，粉刺和细菌性毛囊炎。
- 继发细菌性毛囊炎可用适当的抗生素治疗。
- 除了肿瘤，由化妆品导致的被毛丧失和色素沉着过多，在开始治疗前应考虑治疗的风险。

X型脱毛

- 褪黑激素：小型犬3mg，每天两次；大型犬6～12mg，每天两次；在3个月内毛发可重新长出；大约40%的病例有效；一旦毛发长出来，可停止治疗；如果毛发重新脱落，可再行补充。

- 高剂量褪黑激素会导致胰岛素耐药性；糖尿病患犬谨慎使用。
- 米托坦：每天以15～25mg/kg作为诱导；接着每周两次维持；部分犬毛发可重新生长；使用该药可能会导致爱迪森氏危机症；应定期监测电解质并进行促肾上腺皮质激素刺激试验。
- 曲洛司坦：剂量可按照治疗库欣氏综合征；部分犬毛发可再生。使用该药可导致爱迪森氏危机症；应定期监测电解质并进行促肾上腺皮质激素刺激试验。
- 人造生长激素（0.15IU/kg，皮下注射，每周两次，持续6周）：可引起糖尿病。

性激素失衡

- 诊断和手术切除卵巢囊肿或肿瘤，以及腹部或阴囊睾丸肿瘤。
- 健全动物绝育可刺激被毛再生（可能是暂时的）。
- 甲睾酮（1mg/kg，最大剂量每只犬30mg）：每2天一次，直到毛发重新长出；然后每4～7天一次；可导致行为变化，胆管型肝炎和油性皮脂石；监测肝化学变化。
- 己烯雌酚（0.1～1mg/kg，口服）：每天一次，持续14～21d，停药7d；如此重复直至被毛重新长出，然后变为每周2～3次；经常监测血细胞数量。

注　释

缩写词

- GH=生长激素
- ACTH=促肾上腺皮质激素
- LDDS=低剂量地塞米松抑制试验
- TSH=促甲状腺激素
- HPA=下丘脑-垂体-肾上腺
- fT4=游离甲状腺素

作者：Alexander H. Werner

郑国超　译　李国清　校

第四部分

免疫与自身免疫性疾病

Immunologic and Autoimmune Disorders

第 15 章

犬的遗传性皮肌炎

定义 / 概述

- 犬的遗传性皮肌炎是一种皮肤和肌肉（血管少见）的遗传特质性炎性疾病。

病因学 / 病理生理学

- 确切的发病机制尚未明确，尽管普遍认为该病是遗传引起，但一些研究者怀疑该病由传染性因素（如病毒）引发，还有一些研究者认为可能是免疫介导或自身免疫性疾病。
- 皮肤：最初，面部、耳朵、尾端以及四肢末端骨突处出现不同程度的皮炎。
- 肌肉骨骼：随后，肌炎病情由轻到重，颞肌和嚼肌发生肌炎。病情严重者，全身肌肉发生疾病，如发生在食道肌肉就会导致巨食道症。一般来说，皮炎越严重肌炎就越严重。
- 该病在柯利牧羊犬、喜乐蒂牧羊犬和法国狼犬呈常染色体显性遗传。

特征 / 病史

易感品种

- 柯利牧羊犬、喜乐蒂牧羊犬、法国狼犬和它们的杂交后代多发此病。
- 已报道的患犬：澳大利亚牧羊犬、威尔斯柯基犬、松狮犬、德国牧羊犬和哈瓦那犬。

发病年龄范围

- 皮肤病变通常发生于7周到6月龄。
- 轻度疾病：病变可在3个月内消退。
- 中度疾病：病变可持续6个月以上。
- 重度疾病：病变通常可持续一生，病情逐渐发展。
- 成年犬发病：很少见。

风险因素

- 创伤。
- 日光。
- 发情。
- 分娩。
- 哺乳。

临 床 特 点

- 临床症状由轻微的皮肤病变和亚临床肌炎发展为严重的皮肤病变和全身肌肉萎缩。
- 皮肤病变的消长变化：犬的发病年龄小于6个月，发病部位是眼、唇、面、内耳廓、尾端和四肢末端的骨突周围；损伤修复后可留下疤痕；原发性泡状病变罕见，但病情严重者可产生溃疡。
- 颞肌和嚼肌发生萎缩较为常见。
- 病情严重者可能导致饮食和吞咽很困难，生长发育迟缓，跛足，大量肌肉萎缩和繁殖障碍。
- 同窝出生的几只犬可能被感染，但是病情严重程度存在显著差异。
- 皮肤病变：常出现丘疹，水泡较为罕见；不同程度的红疹在面部、唇和眼睛周围、内耳廓、尾端和四肢末端的骨突周围出现脱毛、鳞屑、结痂、溃疡和疤痕（图15-1 ~ 图15-5）。
- 肉垫和口腔溃疡罕见。

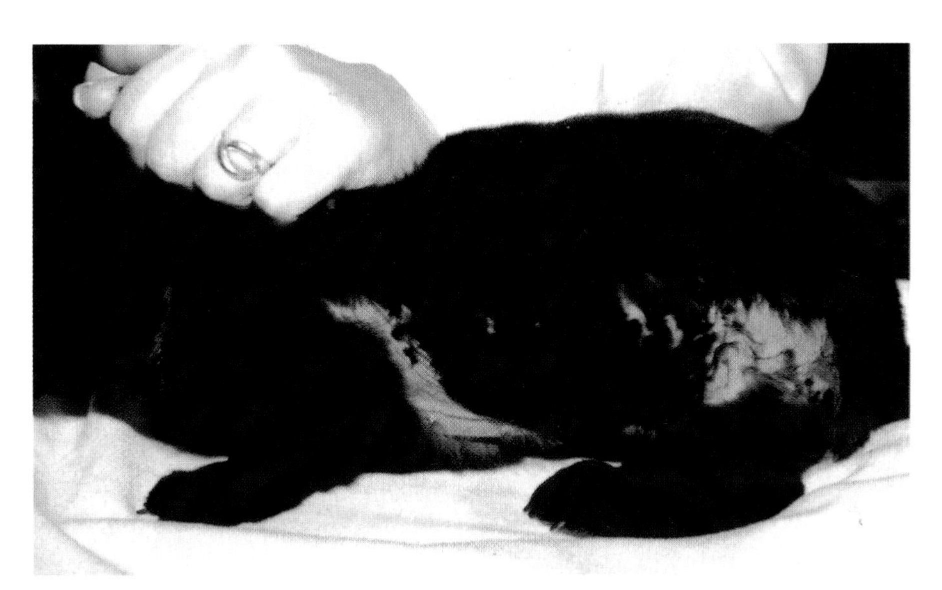

图15-1 柯利犬的皮肌炎。皮肤受损部位脱毛、结痂，形成疤痕（佛罗里达大学兽医学院Gail Kunkle惠赠）

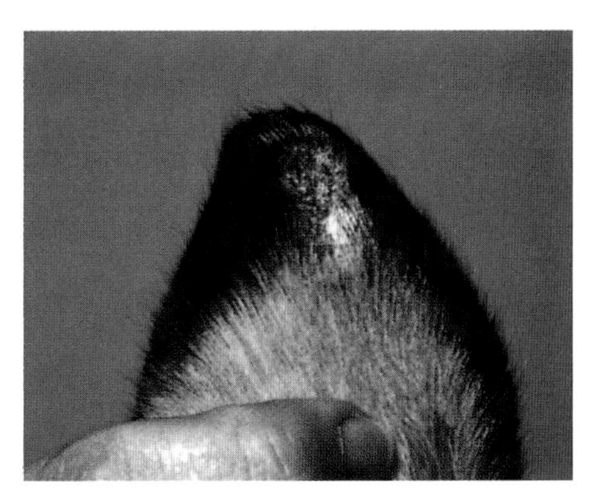

图15-2 耳廓的皮肤病变，出现结痂和脱毛，后遗症是形成疤痕（佛罗里达大学兽医学院Gail Kunkle惠赠）

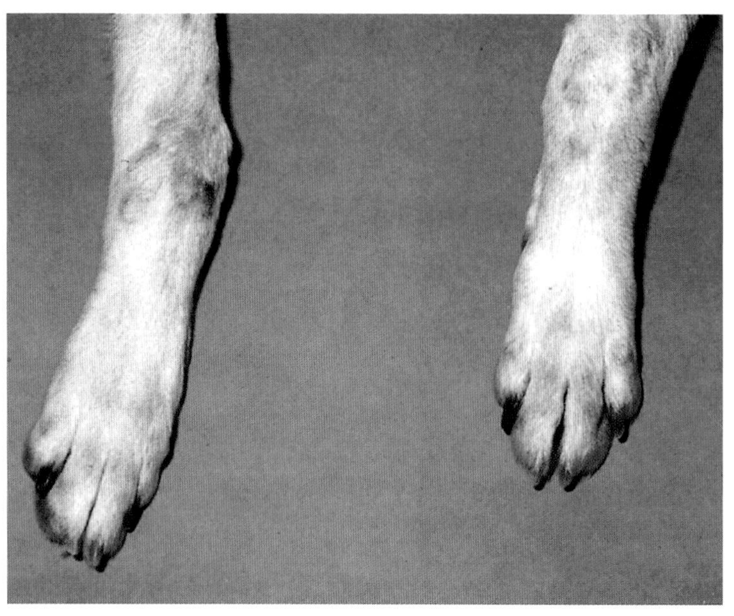

图15-3　四肢末端出现结痂、脱毛（佛罗里达大学兽医学院Gail Kunkle惠赠）

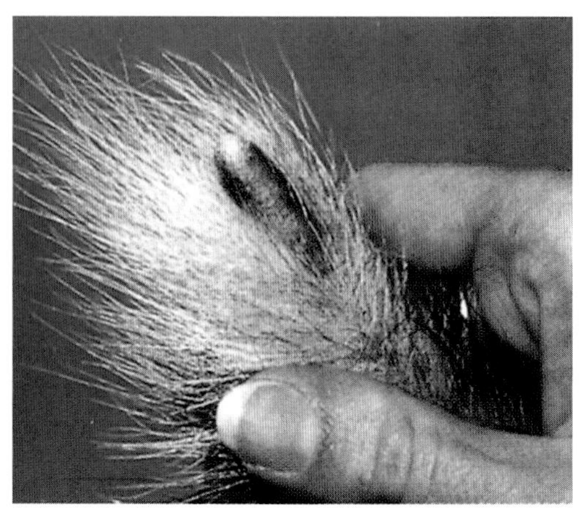

图15-4　尾端病变，常出现脱毛和结痂（佛罗里达大学兽医学院Gail Kunkle惠赠）

图15-5　柯利牧羊犬的皮肌炎。注意眼睛周围出现疤痕和色素减少

- 肌炎：轻重不一，轻者无，重者出现嚼肌两侧对称性减小，以致出现全身肌肉对称性萎缩，跛足。
- 吸入性肺炎：巨食道症。

鉴别诊断

- 蠕形螨病。
- 皮肤真菌病。

- 细菌性毛囊炎。
- 幼畜蜂窝织炎。
- 盘状红斑狼疮。
- 系统性红斑狼疮。
- 多肌炎。

诊　断

- 病情严重者可出现非再生性贫血。
- 血清肌酸激酶浓度正常或稍微偏高。
- ANA滴度和红斑狼疮试验呈阴性。
- 肌电图（EMG）：被感染的肌肉肌电图异常，纤颤电位，变化频率高，正锐波。
- 皮肤活组织检查：选择出现丘疹、水泡或出现脱毛和红疹的病变部位，避免有感染和有疤痕的病变部位。
- 肌肉活组织检查：由于病理变化可能轻微、多病灶、或（早期）没有病变，因此检查较困难；可用肌电图选择受影响的肌肉或萎缩肌肉；如果肌肉没有出现临床症状，随机活检可能没有诊断意义。

皮肤活检

- 基底细胞（胶质小体）呈现分散坏死或者单个基底细胞呈空泡状。
- 偶尔会出现含有少量红细胞的水泡。
- 浅层真皮轻度弥漫性炎性浸润，含有淋巴细胞和不同数量的肥大细胞和中性粒细胞（特别是毛囊周围）。
- 通常，毛囊基底细胞变性和萎缩。
- 继发表皮溃疡和真皮形成疤痕。
- 结合毛囊炎、表皮和毛囊细胞变性及毛囊萎缩可以确诊。

肌肉活检

- 病灶出现许多炎性细胞，包括淋巴细胞、巨噬细胞、浆细胞、中性粒细胞和嗜酸性粒细胞。
- 肌纤维变性，出现断裂、空泡变性，肌纤维中嗜酸性粒细胞数量增加。
- 肌纤维萎缩、再生。

治　疗

- 非特异性症状疗法包括治疗继发性脓皮病以及避免创伤和暴晒。
- 避免会造成皮肤创伤的活动。
- 白天在室内活动，避免强烈的日光照射。
- 因为发情会加重病情，建议雌性动物做绝育手术。

药物选择

- 由于该病是周期性自限性疾病，因此药物治疗效果很难评估。
- 维生素E：口服剂量为100～400IU，每天1～2次。
- 强的松：口服剂量为1～2mg/kg，每天两次，直到病情得到缓解；长期治疗，需要隔日服用低剂量的强的松。
- 己酮可可碱：口服剂量为200～400mg，每天一次；该药为人用药，可以降低血液黏稠度，增加微血管血液流速和组织含氧量；抑制血小板聚集，红细胞变形增加，血清纤维蛋白原水平降低；一些犬有效，但在1～2个月内效果不明显。

注意事项

- 犬对甲基黄嘌呤类药物（如茶碱）敏感，因此己酮可可碱不能用于犬。
- 己酮可可碱：对胃有刺激，使动物血凝时间延长，抗凝疗法需谨慎使用。
- 糖皮质激素：应向动物主人说明可能产生的不良反应。

注　释

- 要说明疾病的遗传特性。
- 注意患犬不能繁殖。
- 告知动物主人该病是不能治愈的，尽管自愈有可能发生。
- 针对病情严重的犬要说明预后和可能的并发症。
- 告知动物主人药物治疗可能无效。

客户教育

- 预防与避免。
- 减少创伤和避免日光照射。
- 切除卵巢阻止其发情、分娩和哺乳（活动性皮肌炎的所有促成原因）。
- 患病动物应避免配种。

可能的并发症

- 继发性脓皮病和蠕形螨病。
- 轻中度疾病：脱毛的残留病灶，先前受损的皮肤发生色素沉着过多或过少；在鼻梁和眼睛周围最常发生。
- 重度疾病：泛发性疤痕，如果咀嚼肌和食管括约肌发生病变，则咀嚼、饮水和吞咽都很困难，可出现巨食道症，可诱发犬的吸入性肺炎。
- 全身性肌炎：生长发育缓慢。

病程与预后

- 长期预后：根据严重程度不同而不同。
- 微小疾病：预后良好，自动消退，不会产生疤痕。
- 轻中度疾病：最后自动消退，通常会留下疤痕。

- 重度疾病：预后不良，终生有严重的皮炎和肌炎。

相关病症

- 喜乐蒂牧羊犬和柯利犬的自发性化脓性皮肤病：发病机制尚未明确；成年喜乐蒂牧羊犬和柯利犬有该病报道；特征是在腹股沟和腋下擦烂处形成边界清楚的匐形溃疡；可能单独发生或并发皮肌炎；可能是皮肌炎的亚群。

妊娠

- 切勿让患犬配种。
- 妊娠会加重病情。

作者：Karen Helton Rhodes

赵光辉 译 李国清 校

第 16 章

盘状和系统性红斑狼疮

定义 / 概述

盘状（皮肤）红斑狼疮（DLE/CLE）

- 为系统性红斑狼疮（SLE）的一种良性变异类型。
- 犬最常见的免疫介导性皮肤病之一。
- 主要感染部位是鼻部，其次是面部、耳朵和黏膜，其他部位很少发生。
- 主要特征是鼻面脱色、糜烂或溃疡。

系统性红斑狼疮（SLE）

- 多系统自身免疫性疾病，特征是形成自身抗体和循环性抗原–抗体复合物。
- 临床症状取决于靶器官系统，有时相当严重，血管炎常是突出的临床特征。

病因学 / 病理生理学

- 确切机制尚未明确。
- 可能有遗传倾向。
- 可疑病因：药物反应、病毒感染和紫外线照射。
- 季节性加重：与光照期或紫外线照射增加有关。
- 紫外线照射是主要原因。
- 盘状狼疮在真皮–表皮结合处有抗原/抗体沉积。
- 在肾小球基底膜、皮肤、血管和滑液膜有抗原–抗体复合物沉积。
- 组织损伤是由免疫复合物激活补体和炎性细胞浸润的直接结果，以及针对膜结合抗原的自身抗体的直接细胞毒效应。

特征 / 病史

- 常见于犬，猫少见。
- 易感品种：柯利犬、德国牧羊犬、西伯利亚爱斯基摩犬、喜乐蒂牧羊犬、阿拉斯加雪橇犬、松狮及它们的杂交后代。
- 青年犬易发。
- 症状有起伏。
- 患系统性红斑狼疮宠物常伴有嗜睡、食欲不振甚至厌食、跛行、发热及溃疡性皮肤病。

临 床 特 点

盘状（皮肤）红斑狼疮（DLE/CLE）

- 开始症状为鼻面和（或）唇脱色（图16–1）；脱色后发展为糜烂和溃疡；组织缺失或结痂（图16–2，图16–3）；耳廓和眼周区也会出现，爪和生殖器部位较少见。
- 德国短毛猎犬狼疮性皮肤病：盘状红斑狼疮的一种，全身表皮脱落，常继发细菌性毛囊炎，见于1～2岁的犬，渐进性发生，抗核抗体（ANA）阴性，淋巴细胞浸润性皮炎，常称为脱落性皮肤红斑狼疮（ELCE）。
- 喜乐蒂牧羊犬和苏格兰牧羊犬溃疡性皮肤病（UDSSC），以前认为是皮肌炎的一种，但现在认为是盘状红斑狼疮（皮肤红斑狼疮）的泡状型，溃疡性皮肤病常见于股、腹股沟、腋下和腹部，病变呈匐形或多环形，出现富含淋巴细胞的界面性皮炎，真皮与表皮接合处形成囊泡。

图16–1　盘状红斑狼疮。注意鼻面脱色

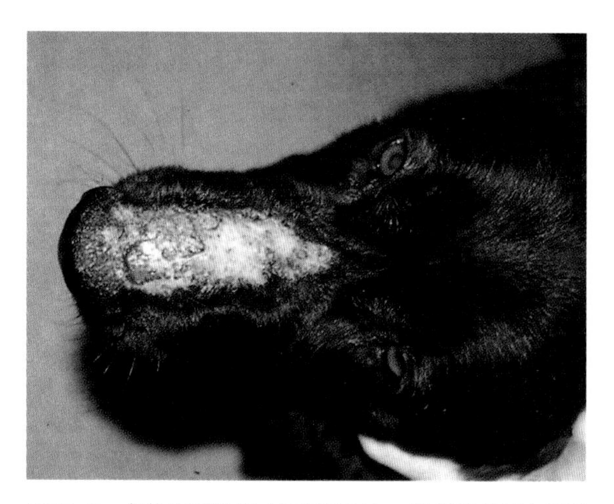

图16–2　盘状红斑狼疮（DLE/CLE）。注意该病例大面积脱毛，疤痕明显

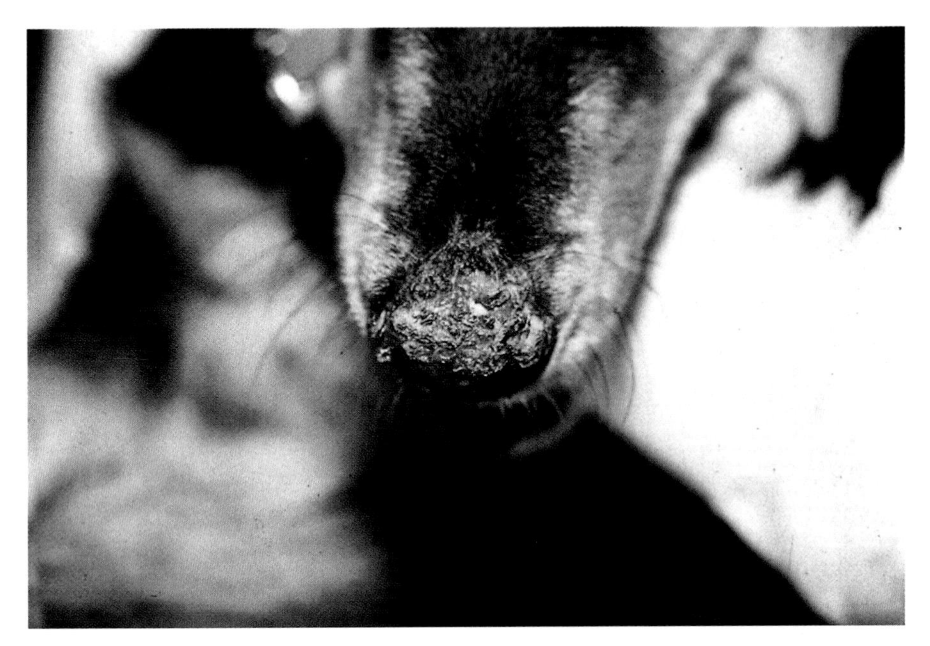

图16-3　DLE的晚期病例，鼻面因慢性病变而变形

系统性红斑狼疮（SLE）

- 关节肿胀和疼痛；皮肤病变主要表现为红斑、糜烂，常见皮肤黏膜和口腔溃疡（图16-4～图16-9）；发热、淋巴结肿大、肝脾肿大、肌肉萎缩、心肌炎、心包炎、胸膜炎（图16-9）；系统性红斑狼疮的典型症状是舌侧面溃疡。

鉴别诊断

- 其他免疫介导性疾病：落叶型天疱疮、红斑性天疱疮和眼色素层皮肤症候群。
- 药物反应、多形性红斑和中毒性表皮坏死松解症：鼻、面损伤。
- 皮肤黏膜脓皮病。
- 皮肌炎：有品种倾向性（柯利犬和喜乐蒂牧羊犬）。
- 鼻脓皮病和皮肤真菌病：条件性感染，与盘状红斑狼疮类似。
- 昆虫过敏：一种表现形式就是鼻腔的炎性疾病。
- 接触性变态反应。
- 锌反应性皮肤病。
- 代谢性表皮坏死。
- T细胞表皮淋巴瘤：可始于口吻部和嘴唇。
- 鳞状细胞癌：可影响面部，在慢性盘状红斑狼疮病例中发病率可能稍高。
- 先天性白斑病（白癜风）：可能引起组织和头发脱色，没有并发炎症。
- 肿瘤诱发性血管炎。
- 感染性疾病需与系统性红斑狼疮区分开。

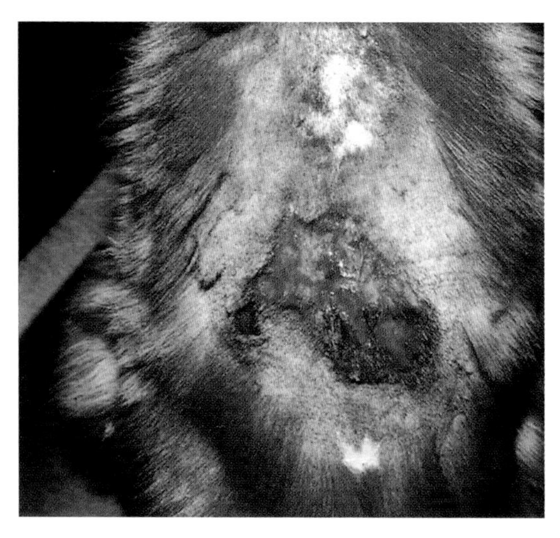

图16-4　系统性红斑狼疮。猫的背部局部溃疡，除了高于40℃间歇热之外没有其他症状

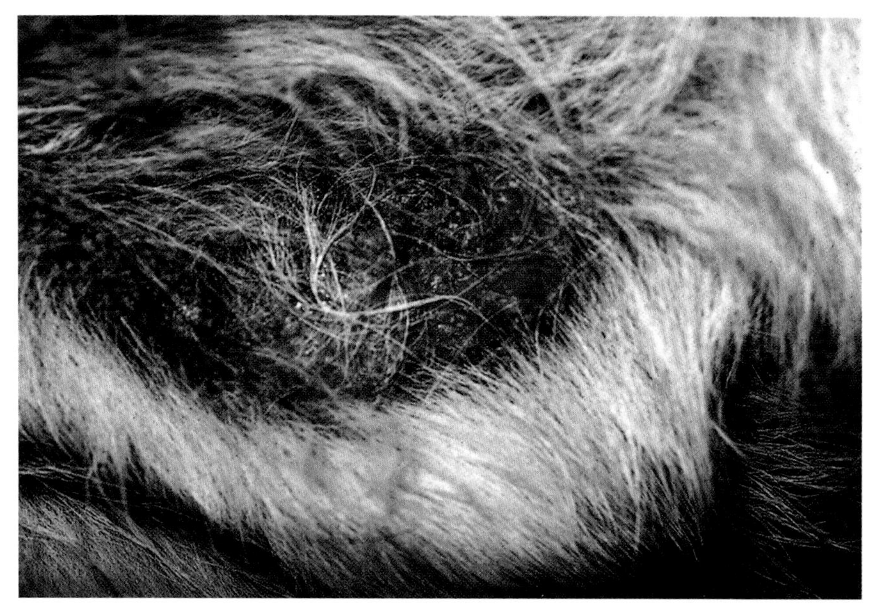

图16-5　犬的系统性红斑狼疮。压点（肘部）局部溃疡

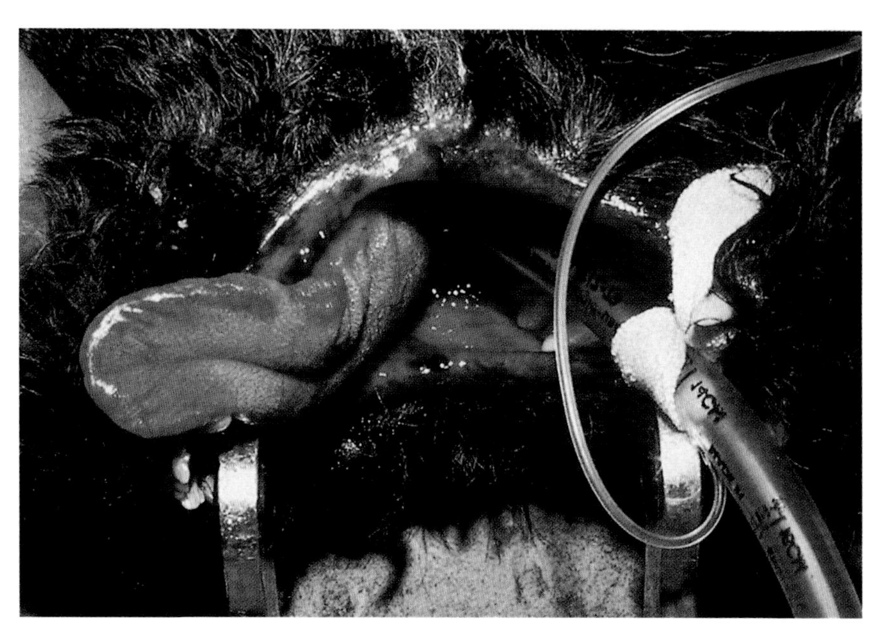

图16-6　系统性红斑狼疮。该犬口腔黏膜和舌部大量溃疡

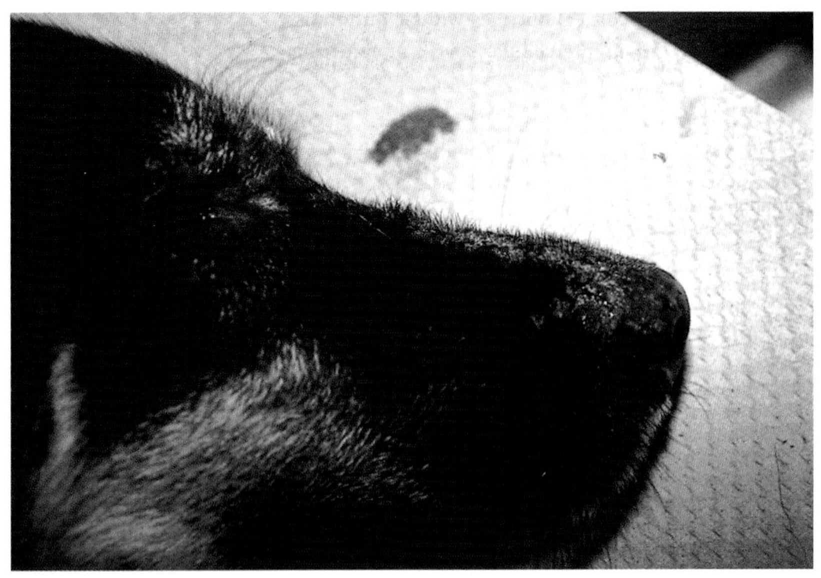

图16-7 8岁犬系统性红斑狼疮。注意鼻面、鼻梁和眼睛周围的红疹、溃疡和结痂

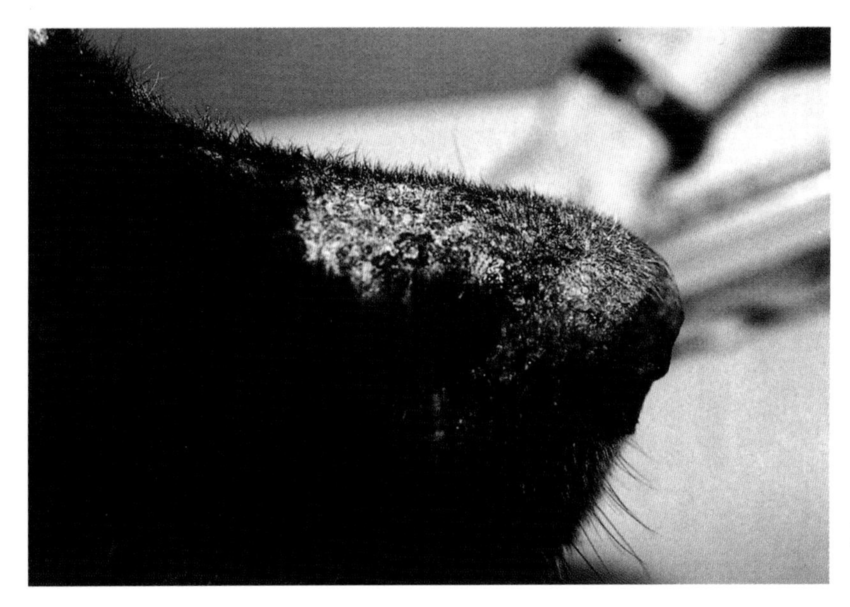

图16-8 系统性红斑狼疮。图16-7中鼻梁的特写镜头

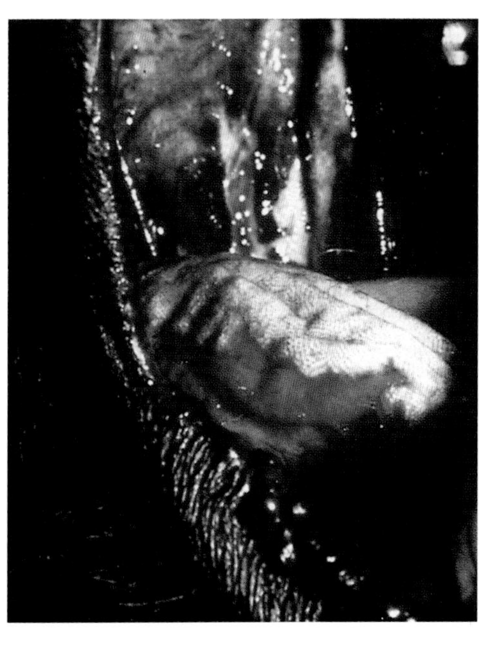

图16-9 系统性红斑狼疮的典型症状：舌侧面出现溃疡

诊 断

- 抗核抗体（ANA）、红斑狼疮制剂和库姆斯氏试验：盘状红斑狼疮通常正常或阴性，系统性红斑狼疮呈阳性。
- SLE：非腐蚀性关节炎，肾小球肾炎引起的蛋白尿，溶血性贫血，白细胞减少，血小板减少，多发性肌炎，血清蛋白电泳显示β球蛋白和γ球蛋白浓度高。
- 非溃疡性灰石板样褪色病变的活组织检查：在盘状红斑狼疮病例中常表现的症状有病损处呈现苔藓样皮炎，伴有色素失禁、细胞凋亡和不同程度的皮肤黏液。
- 系统性红斑狼疮的皮肤活检，特征与盘状红斑狼疮相似，出现血管炎和脂膜炎。
- 保存在Michel's 溶液中非溃疡性盘状红斑狼疮样品的免疫病理学检查：与系统性红斑狼疮检查结果一样，在血管基底层会出现荧光染色。

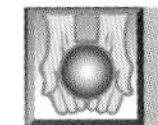

治 疗

药物选择

- 四环素和尼克酰胺：体重小于10kg的犬，每8h口服250mg；体重大于10kg的犬，每8h口服500mg。
- 维生素E：口服剂量为10～20IU/kg，每天两次，可以减轻炎症。
- 外用皮质甾类：先用高剂量氟化类固醇，每天一次，连用14d；然后每48～72h一次，连用28d；如果症状缓解，则服用低剂量的氟化类固醇（例如：0.5%或2.5%氢化可的松）。
- 强的松：适用于重症或非反应性病例；每天2～3mg/kg单独使用或隔日与咪唑硫嘌呤联合使用，口服剂量为1～2mg/kg；长期治疗则口服剂量为0.5～1mg/kg，隔日一次（咪唑硫嘌呤不能用于猫）。
- 苯丁酸氮芥：用于小犬、小猫，每天剂量为0.2mg/kg。
- 己酮可可碱：犬、猫口服剂量为10～15mg/kg，每天3次。
- 环孢霉素：犬每天剂量为5～10mg/kg［如果出现不良反应（如胃炎、乳头瘤、牙龈增生和淋巴结肿大），则停止服用］；猫每天剂量为25mg。
- 他克莫司（局部用药）：浓度为0.03%～0.1%。

注意事项

- 初次治疗7～14d后复查临床反应。
- 血细胞计数和生物化学检测：如果局部用药或口服类固醇则需每3～6个月检查一次。
- 血细胞和血小板计数：前3～4个月每2周检查一次，应用咪唑硫嘌呤或苯丁酸氮芥时应每3～6个月检查一次。
- 血清化学：应用环孢霉素时，每3～4个月检查一次。
- 勿用患病动物配种。
- 可能出现外形损毁。
- 可能引起创伤性出血。

- 不要在阳光下暴晒，应用防晒指数大于15的防水防晒霜。
- 系统性红斑狼疮患病动物病情减轻时抗核抗体仍然很高，故不能用于监测病情。

可能的并发症

- 结疤；
- 继发脓皮病；
- 出血；
- 毁容。

病程与预后

- 盘状红斑狼疮呈渐进性发生，如不治疗一般不会危及生命；
- 多数盘状红斑狼疮病例适当治疗后病情可以得到缓解；
- 盘状红斑狼疮需进行慢性免疫抑制治疗时，预后需谨慎，但积极治疗可见病情缓解；
- 系统性红斑狼疮出现溶血性贫血、肾小球肾炎和细菌性败血症必定预后不良。

注　释

缩略词

- ANA=抗核抗体
- LE=红斑狼疮
- SLE=系统性红斑狼疮

作者：Karen Helton Rhodes

赵光辉　译　李国清　校

第 17 章

药疹、多形性红斑和中毒性表皮坏死松解症

定义 / 概述

- 这类疾病临床表现和病理变化差异很大。
- 药疹：许多轻度药物反应可能没有引起注意或未被报道，因此具体药物的药疹发生率尚未明确，事实上许多药物反应是从人的药物反应推测而来。
- 多形性红斑（EM）：严重的溃疡性疾病，可能与给药、病毒病、细菌感染和肿瘤有关；常为特质性；病变的临床表现和严重程度各有不同。
- 中毒性表皮坏死松解症（TEN）:一些研究者认为TEN是EM更严重的临床类型，另一些研究者则认为EM和TEN是不同的疾病。

病因学 / 病理生理学

- 药物类型：局部使用、口服及注射性药物（图17–1）。
- 剥脱性红皮病：通常与香波和药浴有关。
- 在首次服用某药的几周或几个月后可能发病。
- 免疫与生理反应。

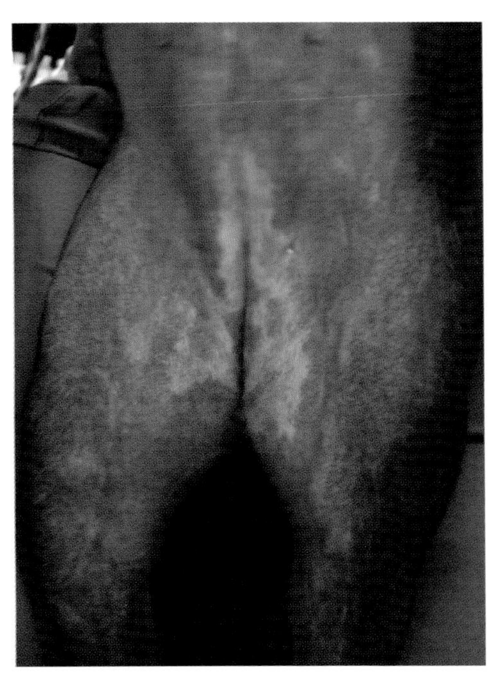

图17–1 头孢氨苄引起的药疹

- 凋亡性疾病（个别角质化细胞坏死）。
- 病理生理学上包括多种机制，如角质形成细胞MHCII及ICAM-1黏附分子的表达上调，导致T淋巴细胞在真皮和表皮处募集，引起凋亡。
- EM主要以表皮和毛囊角质细胞个别坏死（细胞凋亡）为特征，伴有真皮炎性细胞浸润；TEN通常是较为严重的混合性表皮坏死，伴有轻微真皮炎症。
- EM和TEN通常被认为是药疹的严重表现，但是临床医生必须要明确是否有其他的病因和先天性疾病。

特征 / 病史

- 犬和猫。
- 年龄、品种和性别倾向：尚不清楚。
- 一些药物反应似乎呈现家族性（例如：在同窝出生的仔犬中已诊断出狂犬疫苗反应）。

临 床 特 点

- 精神萎靡、厌食、发热和跛行。
- 口腔、足垫、耳廓的皮肤黏膜可能会出现溃疡/糜烂。
- 瘙痒：可由多种药物引起，为人的药疹最常见的症状。
- 黄斑和丘疹样皮疹：通常伴有瘙痒，作为炎症的非典型症状（图17-2）。
- 剥脱性红皮病：由血管扩张引起的弥漫性红斑反应，常常导致表皮脱落（弥漫性脱屑）。
- 荨麻疹/血管性水肿：由速发型（I型）超敏反应所致；需要前期致敏，血管通透性增加导致体液渗入组织间隙（图17-3，图17-4）。
- 过敏性血管炎：皮肤血管炎症；导致病变区组织血流不畅，出现缺氧；多数病例认为是Ⅱ型超敏反应所致。

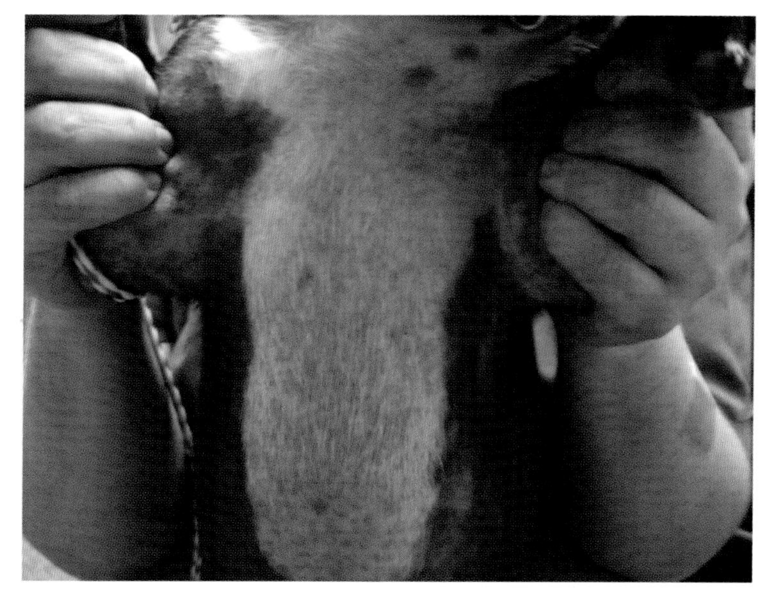

图17-2 头孢氨苄引起的严重弥漫性红斑丘疹

图17–3　复方新诺明引起的弥漫性荨麻疹

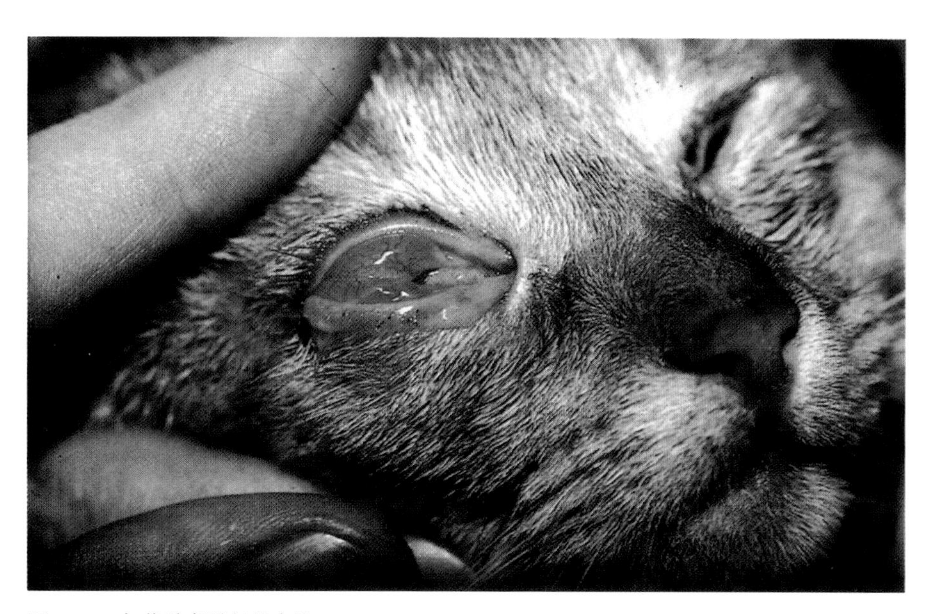

图17–4　灰黄霉素引起的水泡

- 多形性红斑（EM）：斑点或斑块向周围扩散，在病灶中央非常明显，可出现牛眼状外观，可见多种形状或形式（匐形和多环形）。
- 中毒性表皮坏死松解症（TEN）：表皮出现广泛坏死和成片脱落，造成皮肤表面湿润及强烈的炎症。
- 药源性天疱疮/类天疱疮：动物很少出现该类药物反应；可模拟这些疾病自身（自发）的形式。

鉴 别 诊 断

- 瘙痒，红斑疹/丘样性皮疹和荨麻疹/血管性水肿：过敏性疾病（特异性反应、食物过敏、接触性过敏）和对外寄生虫的反应（疥疮、跳蚤叮咬过敏、昆虫叮咬）。

- 剥脱性红皮病：对于老龄犬和猫，可排除皮肤T细胞淋巴瘤。
- 血管炎：传染性、瘤变性、自身免疫性疾病，许多血管炎病例是先天性自发的。
- 多形性红斑：可排除呼吸道感染和内部肿瘤。
- 天疱疮/类天疱疮：每当诊断这些疾病时应考虑药物反应，但同时发生的自身免疫性疾病更为常见。
- 热灼伤或化学灼伤可能出现类似的临床症状。

诊　断

- 血清生物化学和全血球计数（特别是怀疑或诊断为皮肤血管炎时：可能会并发肝、肾和胃肠道疾病）。
- 立克次氏体的血清学试验，抗核抗体试验。
- 猫免疫缺陷病毒和白血病病毒的血清学试验。
- 细菌、真菌培养和敏感性试验：特别是临床症状出现脓性肉芽肿性炎症时。
- 皮肤活组织检查：强制性诊断大多数药物反应性疾病（血管炎、多形性红斑、中毒性表皮坏死松解症、天疱疮/类天疱疮）。

治　疗

- 停止使用可能违规的药物。
- 中毒性表皮坏死松解症：由于出现体液和蛋白质外流及败血症，应采取广泛性支持疗法以及补液或营养疗法。
- 类固醇：尚有争议。
- 环孢霉素常被选为治疗多形性红斑（每天剂量为5～10mg/kg）。
- 对于疑难病例静脉注射人用免疫球蛋白可能会有效果：按照使用说明配制含有5%～6%免疫球蛋白的生理盐水，每隔4～6h静脉注射一次。
- 己酮可可碱（血管扩张药），一些病例可能有效。

注 意 事 项

- 住院治疗：如果非常虚弱。
- 门诊就诊：根据身体状况进行常规复查。
- 一些反应似乎是激活自身的免疫反应。
- 一些药物代谢产物可持续存在数天或数周，从而引起连续性反应。
- 中毒性表皮坏死松解症：预后不良。
- 血管炎：当出现关节炎、肝炎、肾小球肾炎和神经肌肉障碍等一些全身性并发症时预后要谨慎。

作者：Karen Helton Rhodes

赵光辉　译　李国清　校

第 18 章

肉芽肿性皮脂炎

定义 / 概述

- 该病是针对皮脂腺（皮肤分泌的附属结构）的炎性疾病过程。

病因学 / 病理生理学

- 可能是先天性遗传，也可能与免疫介导或代谢有关（最初可能是角化障碍或脂代谢异常，导致有毒的中间代谢产物累积）。
- 病因尚不清楚。
- 贵宾犬和秋田犬呈常染色体隐性遗传模式。

特征 / 病史

- 青年到中年犬多发此病。
- 没有性别倾向。
- 两种形式：一种发生于长毛品种，另一种发生于短毛品种。
- 易感动物：贵宾犬、秋田犬、萨莫耶犬、维兹拉犬、德国牧羊犬和霍夫瓦特犬（图18–1，图18–2）。

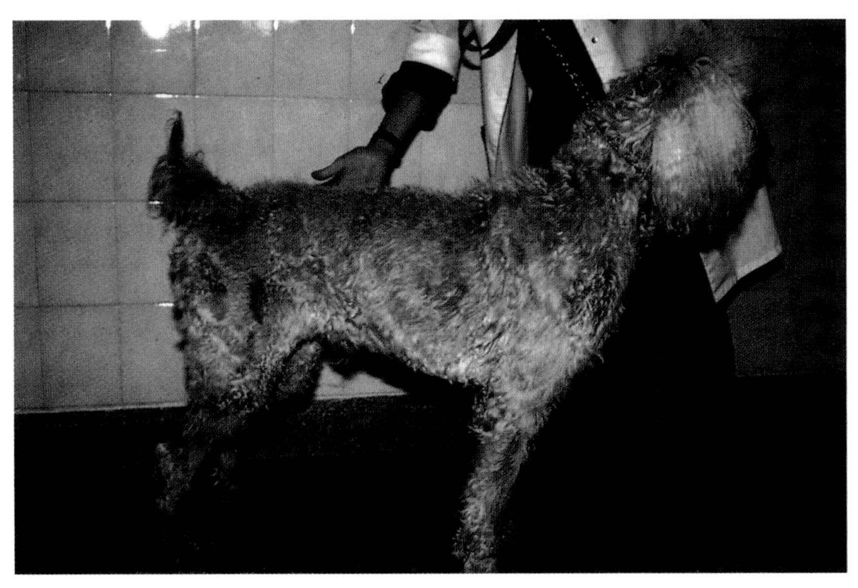

图18–1 患有全身肉芽肿性皮脂炎的标准贵宾犬，毛囊角蛋白管型与皮肤上被毛缠在一起，呈现出脱毛外观

图18-2　标准贵宾犬毛干周围有毛囊管型，长毛与紧贴皮肤表面的鳞屑一起脱落（部分脱毛）

- 猫和兔子也有相关报道。

临　床　特　点

长毛品种

- 部分对称性脱毛。
- 被毛干燥易断。
- 银白屑紧贴皮肤。
- 毛干周围有毛囊管型（鳞屑从毛囊排出时围绕毛发聚集，可能由于毛囊漏斗部缺乏皮脂，外根鞘上皮发生角质化而引起）。
- 小束被毛蓬乱或脱毛，在尾巴处与鳞屑缠在一起呈现鼠尾巴外观。
- 病变：首先出现在背中线和头背面。
- 重症：继发细菌性毛囊炎，瘙痒和出现恶臭。
- 秋田犬：通常影响较为严重。

短毛品种

- 脱毛：呈典型的蚕食样，圆形或匐形，弥漫性脱毛。
- 轻度脱屑：细小，黏附的少。
- 影响躯干、头部和耳朵。
- 继发细菌性毛囊炎较罕见。

鉴　别　诊　断

- 原发性皮脂溢：角化障碍。

- 细菌性毛囊炎。
- 蠕形螨病。
- 皮肤真菌病。
- 内分泌性皮肤病。
- 鱼鳞癣。
- 毛囊发育不良。

诊　断

- 皮屑检查：正常。
- 皮肤真菌培养：阴性。
- 内分泌功能检测：正常。
- 皮肤活检具有诊断意义。

病理检查

- 在皮脂腺（毛囊峡区）出现结节状肉芽肿和脓性肉芽肿的炎症反应。
- 正角化病角化过度，形成毛囊管型，长毛品种更明显。
- 晚期：皮脂腺完全缺失，附件周围纤维化。
- 整个毛囊和附属结构破坏则较少见。

治　疗

- 不管治疗与否，临床表现时好时坏。
- 治疗效果尚未进行对照研究。
- 治疗效果不定，可能与诊断时病情的严重程度有关。
- 秋田犬：最难治疗的品种。

药物选择

- 每隔24h在患处喷涂50%～75%的丙二醇溶液。
- 婴儿油：在患处浸泡1h，然后用洗毛水将婴儿油和鳞屑洗去。
- 补充必需脂肪酸（EFA）可能会引起呕吐、腹泻和肠胃胀气等不良反应。
- 类维生素A：口服剂量为1mg/kg，每天两次，服用一个月后改为每天一次，两个月后隔日服用一次，如若需要可以一直持续下去。
- 环孢霉素是最好的治疗药，口服剂量为5mg/kg，每天两次，该药可能会产生一些不良反应，如呕吐、腹泻、齿龈增生、多毛症、皮肤乳头瘤样病变、感染率增加、肾毒性（罕见）和肝毒性（罕见）。
- 四环素与尼克酰胺结合使用，口服剂量为250～500mg，每天3次。
- 杀菌性抗生素和过氧化苯甲酰洗液：可以用来治疗继发性细菌性毛囊炎。

注 意 事 项

- 动物主人应该给患犬登记，以便确定该病是否与遗传有关。
- 皮脂腺在完全破坏后不能再生，因此必须长期治疗，以便除去过多的鳞屑，替换失去的皮脂。被毛不一定再生，且再生的被毛与原来的被毛结构不同（例如：贵宾犬再生的被毛没有卷曲）。

作者：Karen Helton Rhodes

赵光辉　译　李国清　校

第19章

脂膜炎

定义/概述

- 一类皮下脂肪组织的炎症、非特异性疾病。
- 犬和猫不常患此病。
- 病因复杂多样，一种特殊形式是先天性（无菌性结节性脂膜炎，SNP）。
- 单个或多个皮下结节或瘘管。
- 无菌结节性脂膜炎常发生在躯干背部。
- 脂肪细胞易受创伤、缺血性疾病和邻近组织炎症的影响。
- 组织学：分为小叶型（脂肪小叶）、中隔型（小叶间结缔组织中隔）、弥散型（小叶和小叶间隔）。
- 弥散型常见于犬。
- 中隔型常见于猫。

病因学/病理生理学

- 感染性：细菌，真菌，非典型分支杆菌，传染性栓塞。
- 免疫介导性：狼疮性脂膜炎，结节性红斑，药物反应，血管炎。
- 自发性：无菌结节性脂膜炎。
- 异物引起的创伤。
- 肿瘤：多中心肥大细胞瘤，皮肤淋巴瘤，胰腺性脂膜炎。
- 节肢动物叮咬。
- 营养性（维生素E缺乏：猫的脂肪组织炎）。
- 注射后：皮脂类固醇，疫苗（狂犬病疫苗等），其他皮下注射。

特征/病史

- 没有年龄、性别或品种倾向。
- 无菌结节性脂膜炎：腊肠犬易感，柯利牧羊犬和迷你贵宾犬也有潜在风险，任何品种均可发生。

临 床 特 点

- 病变：常见于躯干；大部分患犬有单个结节或在躯干外背侧有多灶性病变；有时成为囊性结节并

发展为瘘管；破裂前和破裂时有痛感；溃疡常随着结痂或结疤而愈合。

- 单个或多灶性早期病例：结节在皮下可自由移动；覆盖结节的皮肤一般正常，但是可变成红斑或变为棕色或黄色（较少见）。
- 结节：直径从几毫米到几厘米不等，有时固定且边界清晰，有时柔软无法确定边缘；随着结节的增大发展，可固定在真皮深处（因此覆盖结节的皮肤不能自由移动）。
- 附近脂肪可发生坏死（图19-1）。
- 分泌液：通常有少量油性分泌液排出，棕黄色至血色。
- 多种病变（犬和猫）：常见全身症状（如厌食、发热、倦怠和精神沉郁）（图19-2 ~ 图19-4）。

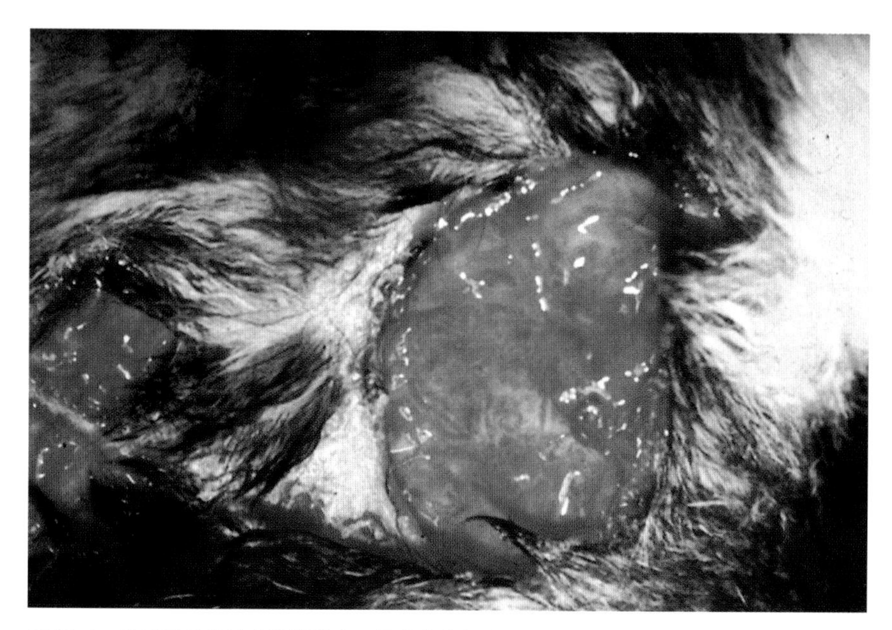

图19-1　先天性无菌结节性脂膜炎。注意犬背部大面积溃疡，油性分泌物表明脂肪坏死

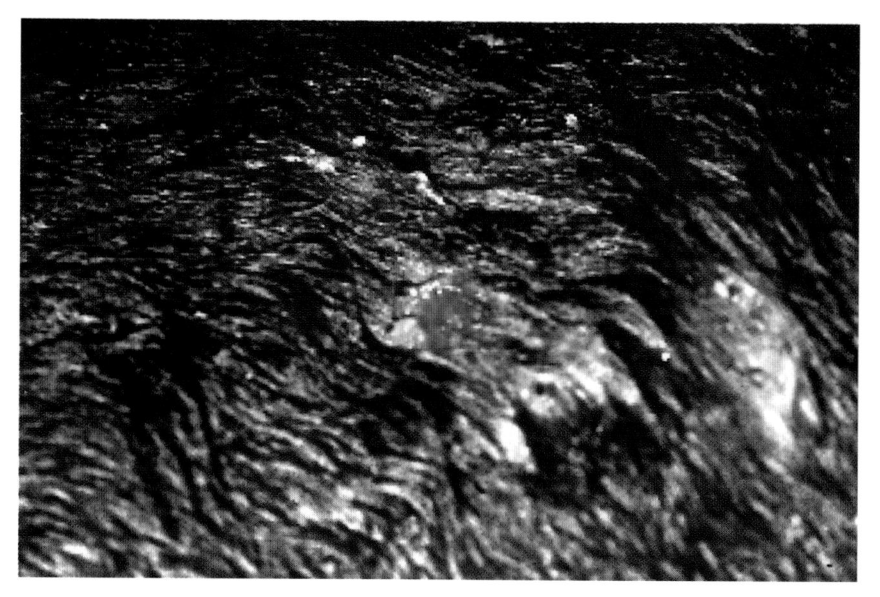

图19-2　无菌结节性脂膜炎。躯干病变区域剪毛前多灶性病变。患犬表现发热和厌食

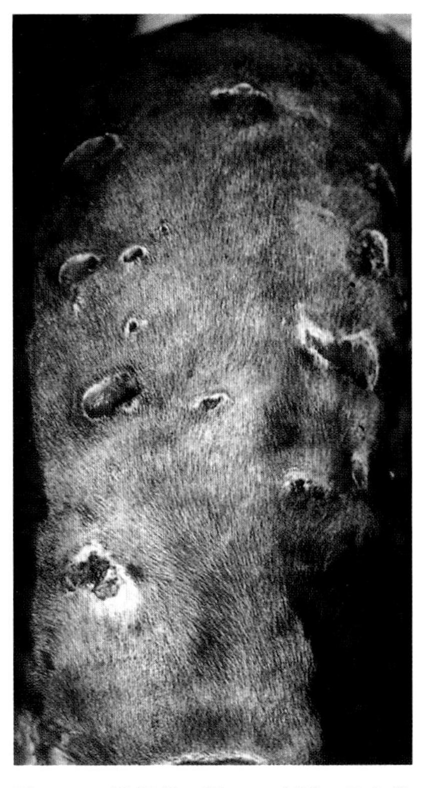

图19-3　脂膜炎。图19-2中同一患犬剪毛后的情况。注意病变皮肤和无病变皮肤之间有明显的分界线

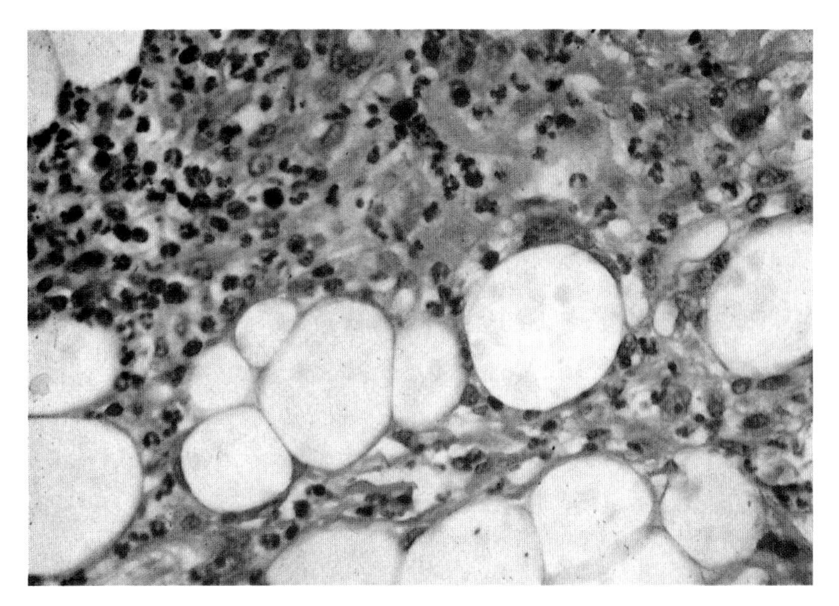

图19-4　脂膜炎组织病理学变化。注意脂肪小叶周围有大量的炎性细胞浸润

鉴　别　诊　断

脓皮病

- 较脂膜炎更为常见。
- 多见于压力点周围或更普遍。
- 可能有浅表脓皮病的相关病变（如丘疹、脓包和表皮环状脱屑）。
- 抽取物抹片：大量中性粒细胞以及不同数量的单核细胞和细菌。
- 培养/敏感试验和活体检查：可确诊。

皮肤囊肿

- 通常无痛感。
- 轮廓清晰，通常不出现脂膜炎所常见的“融合”现象。
- 通常无炎症反应。
- 抽取物：不定型碎片，无炎性细胞，无脂肪坏死的特征，但有大量的皮脂腺分泌。
- 活体检查：可确诊。

皮肤肿瘤

- 脂肪瘤：柔软且边缘清晰。

- 无炎症反应或瘘管。
- 抽取物：脂肪细胞，无炎性细胞。
- 活体检查：可确诊。

肥大细胞瘤/皮肤淋巴瘤/胰腺性脂膜炎

- 多病灶。
- 可影响头部、腿和黏膜。
- 常呈红斑状。
- 有多种表现型。
- 抽提物：可建议做。
- 活体检查：可确诊。

无菌结节性脂膜炎

- 可通过排除脂膜炎的其他病因作出诊断；
- 活体检查，培养物阴性；特殊染色阴性以及根据临床表现所需要的其他诊断方法。

诊　断

- 偶有再生性左移或嗜酸性粒细胞。
- 轻度白细胞增多。
- 轻度色素正常、红细胞正常的非再生性贫血。
- 抗核抗体。
- 直接免疫荧光试验。
- 血清蛋白电泳。
- 血清脂肪酶/淀粉酶水平。
- 超声：胰腺炎可能是该病的一个重要诱发因素（少见）。
- 细菌培养和敏感性试验：用于鉴定原发性细菌和继发性细菌。
- 真菌和非典型分支杆菌培养。
- 活组织检查：阴性培养有助于诊断无菌结节性脂膜炎。
- 组织样品的特殊染色：辅助鉴定病原体。
- 手术切除组织活检：大多数情况下，比穿刺活组织检查更准确。穿刺活检获得的样品深度不能达到诊断的要求。
- 组织病变：需要对脂膜炎作出诊断；确定由中性粒细胞、组织细胞、浆细胞、淋巴细胞、嗜酸性粒细胞或多核巨细胞而引起的三种炎性浸润（中隔性、小叶性或弥散性）；鉴定坏死，纤维变性或血管炎。

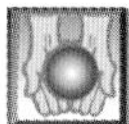

治　疗

- 单个病变：用手术切除进行治疗。

- 多个病变：需要全身性给药治疗。
- 阳性培养结果需用合适的抗真菌、抗细菌或抗分支杆菌药物进行治疗。
- 无菌结节性脂膜炎：用类固醇进行全身治疗；使用强的松（每天2.2mg/kg）直到病变完全消退（36周）；症状减轻后，逐步减小用药剂量，连续用药两周；有时需要缓慢降低药量以减少复发的机会；大部分患犬能治愈，个别患犬需隔天使用低剂量药物治疗以保持病情缓解。
- 口服维生素E：可以控制轻度病例。
- 口服咪唑硫嘌呤（每天1mg/kg）：当类固醇药物禁忌时替换使用。
- 环孢菌素：用于治疗无菌先天性脂膜炎，每天口服剂量为5～10mg/kg。
- 四环素和烟酰胺：体重低于10kg的患犬每8h口服一次，每次250mg；高于10kg时剂量为500mg（无菌结节性脂膜炎病例）。
- 强力霉素对一些病例报道有效，口服剂量为10mg/kg，每天两次（无菌结节性脂膜炎病例）。

注　释

- 如果长期使用免疫抑制药物或糖皮质激素，应进行全血细胞计数、血小板计数、化学指标检测及尿液分析。
- 传染性病例需使用高剂量药物长期治疗。
- 无菌先天结节性脂膜炎往往对高剂量皮质类固醇反应很快，幼龄动物比老龄动物恢复更快，老龄动物往往需要一个维持方案。

作者：Karen Helton Rhodes

赵光辉　译　李国清　校

第 20 章 混合性天疱疮和大疱性类天疱疮

定义 / 概述

混合性天疱疮

- 一种少见甚至罕见的自身免疫性皮肤病。
- 表皮形成脓疱和水疱，可导致不同程度的糜烂、溃疡和结痂。
- 动物中已鉴定的类型：
  - 落叶型天疱疮（PF）；
  - 红斑型天疱疮（PE）；
  - 寻常型天疱疮（PV）；
  - 泛表皮脓疱型天疱疮（PEP）；
  - 犬慢性家族性良性天疱疮（Hailey-Hailey disease）；
  - 副肿瘤性天疱疮（PP）。

大疱性类天疱疮

- 该病非常罕见，一半以上患病动物的病理表现是黏膜感染，表皮下形成水疱。

病因学 / 病理生理学

混合性天疱疮

- 皮肤棘层松解过程：结合组织的自身抗体针对表皮间细胞抗原（桥粒芯蛋白），乙酰胆碱受体沉积在细胞间隔区，与钙黏蛋白（细胞间黏附分子）反应，引起上皮细胞分离和细胞变圆（皮肤棘层松解）。
- 细胞内凝聚力丧失引起水疱、脓疱和（或）大水泡。
- 糜烂、溃疡和病情的严重性：与自身抗体在皮肤内沉积的深度（特异性钙黏蛋白靶分子）有关。
- 类型：落叶型、寻常型、红斑型和泛表皮脓包型（增殖型）。
- PF：自身抗体针对上皮表层的桥粒芯蛋白1（桥粒芯蛋白1：细胞桥粒的成分）。
- PE：自身抗体针对上皮表层的桥粒芯蛋白1以及在紫外线照射下上皮细胞表达的抗原。
- PV：抗体针对钙黏蛋白即桥粒芯蛋白1和桥粒芯蛋白3（在基底层角化细胞和黏膜上强表达）；自身抗体沉积在基底膜上形成溃疡。
- PEP：PF的另一种表现形式，可能涉及自身抗体针对的其他分子（斑珠蛋白，抗角化细胞IgG4）。

- PP：针对多种血小板溶素蛋白家族和桥粒芯蛋白；T细胞介导的角化细胞凋亡可能有利于病变的产生。
- 相关的诱发因素多种多样：遗传、激素、肿瘤、药物、营养、病毒、情绪压力和物理因素（烧伤、紫外线）。

大疱性类天疱疮

- IgG自身抗体针对“大疱性类天疱疮的抗原”。
- BP抗原是基底层角化细胞的XⅦ型胶原蛋白的跨膜糖蛋白。
- 皮下水疱和大疱是由表皮-真皮结合部的分离所形成的。

特征 / 病史

混合性天疱疮

- 该类疾病不常见。
- 通常是中老年动物发病。
- PF
  - 最常见的类型：秋田犬、长须柯利犬、松狮犬、腊肠犬、杜宾犬、芬兰猎犬、纽芬兰犬、英国史宾格犬、可卡犬、沙皮犬和比利时小牧羊犬易发此病。
  - 平均发病年龄4岁。
  - 最常涉及的药物：抗生素（磺胺类药、头孢氨苄）、甲硫基咪唑、Promeris®。
- PE
  - 该病不常见。
  - 可能是落叶型天疱疮的一种良性变异形式或天疮疱和红斑狼疮的交叉型。
  - 柯利犬、德国牧羊犬和喜乐蒂牧羊犬多发此病。
  - 紫外线照射会使病情加重。
- PV
  - 该病罕见。
  - 最严重的类型：德国牧羊犬、柯利犬多发此病。
  - 雄性动物容易发病。
  - 平均发病年龄6岁。
- PEP：该病最罕见，病情比PF更严重。
- PP：罕见类型，临床症状表现不一，从严重到相对良性的结痂病变。
- 慢性家族性良性天疱疮（黑利-黑利病）：可能有遗传偏向（在人体上为常染色体显性遗传性皮肤病）。

大疱性天疱疮

- 该病非常罕见。
- 柯利犬、喜乐蒂牧羊犬、杜宾犬和腊肠犬多发此病。

临 床 特 点

混合性天疱疮

- PF
  - 短暂的水泡和脓疱融合形成结痂的斑块（图20-1）。
  - 鳞屑、结痂、脓疱、表皮环形脱屑、糜烂、红斑、脱毛，足垫角质化出现裂缝。
  - 溃疡表明深层疾病和（或）继发细菌感染。
  - 犬
    - 面部病变：鼻面、口背部、眼眶周围（“蝴蝶”样）、耳（图20-2～图20-8）。
    - 足垫边缘（图20-9～图20-11）。
    - 躯干出现结痂、鳞屑、囊泡和脓疱（图20-12～图20-16）。
    - 黏膜和皮肤黏膜病变比较罕见，可能由于继发感染。
- 猫：常见于面部、乳头和爪褶（图20-17～图20-23）。
- 病情较严重的或慢性病例常表现为淋巴结病、水肿、精神沉郁、发热和跛行（如果足垫发生病变）；然而，患病动物通常比较健康。
- 不同程度的疼痛和瘙痒。
- PE
  - 与PF相似。
  - 病变局限于面部，足垫很少发生。
  - 紫外线照射会加重病情；在某些地区可能有季节性。
  - 鼻面、口背部、唇边缘和眼睑边缘常见脱色，可能会先结痂（图20-24～图20-26）。
  - 口腔和黏膜不会发生。
  - 抗核抗体极少呈阳性。
- PV
  - 常见口腔溃疡，可能先有皮肤病变。
  - 溃疡、糜烂、表皮环形脱屑、水泡和结痂（图20-27，图20-28）。
  - 由于覆盖的表皮较厚，囊泡和大疱可能持续较长。
  - 破溃常导致深层漏斗状糜烂，很快发展为溃疡。
  - 病情比PF和PE严重，患病动物通常是不健康的。
  - 影响黏膜、皮肤黏膜交界处和皮肤，可能波及全身。
  - 尼氏征呈阳性（当对病变附近的皮肤施加压力会产生新的糜烂部位或将糜烂部位扩大）。
  - 摩擦和创伤部位（腋窝、腹股沟、四肢着力点）。
  - 爪垫和趾甲可能会脱落。
  - 不同程度的瘙痒和疼痛。
  - 厌食、精神沉郁和发热。

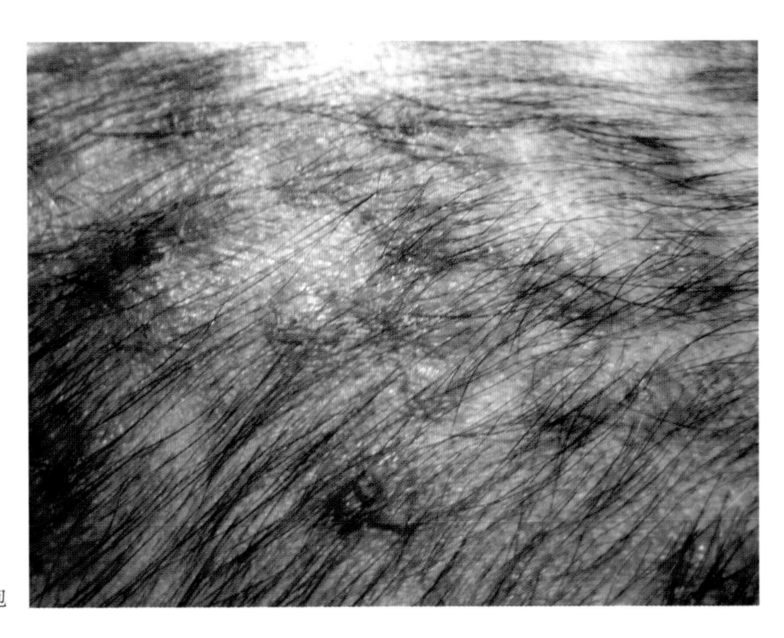

图20-1　浅表脓疱性落叶型天疱疮，多个囊泡

图20-2　落叶型天疱疮，眼周、口背部和耳结痂

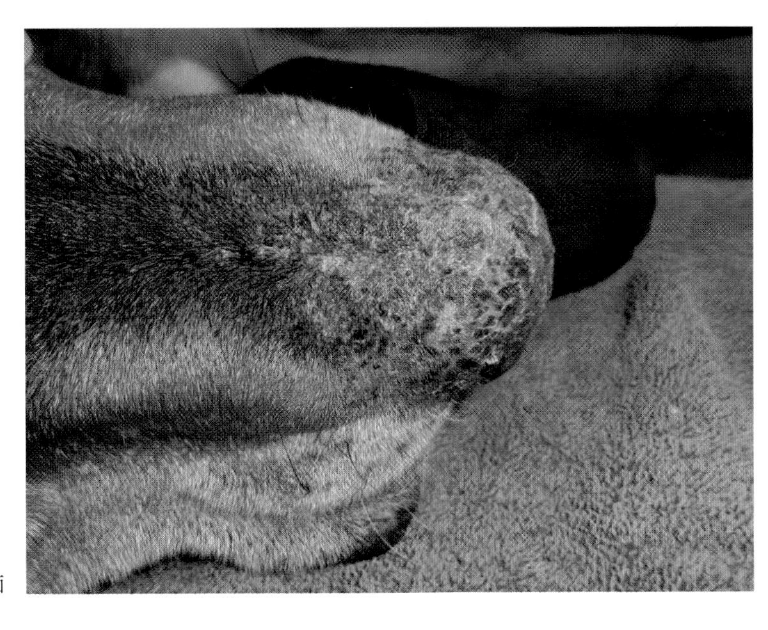

图20-3　落叶型天疱疮，口背部结痂

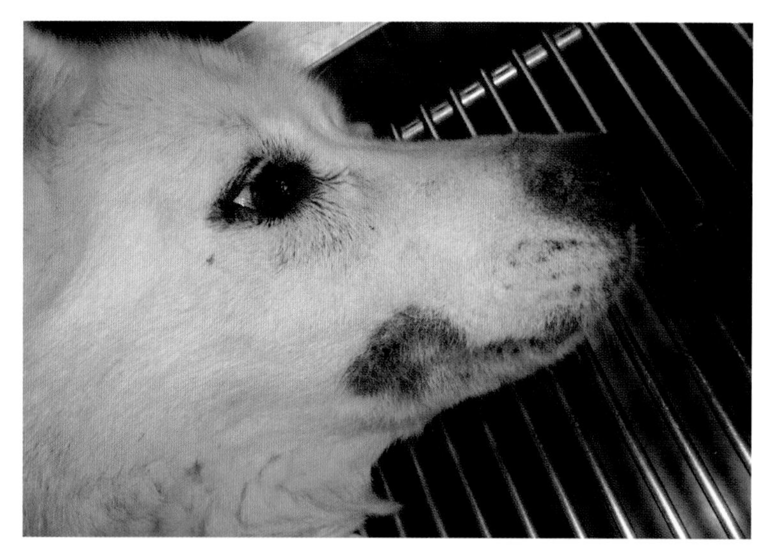

图20-4　落叶型天疱疮，患犬唇边缘、口角、口背部和面部结痂，类似锌反应性皮炎或接触性皮炎

图20-5　落叶型天疱疮，鼻面有厚厚的结痂

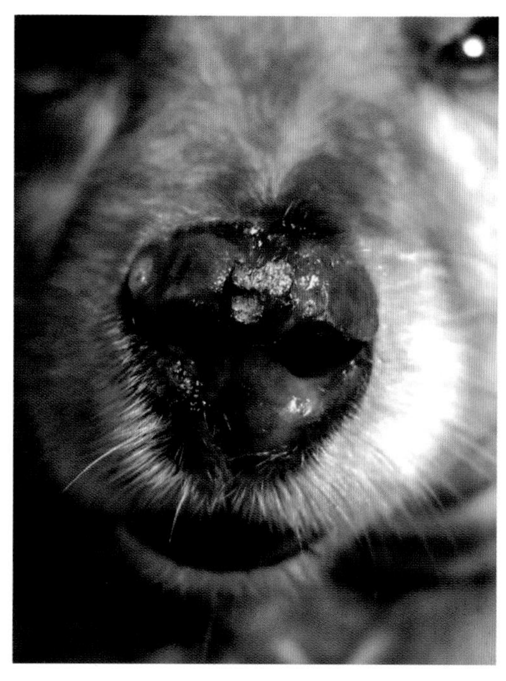

图20-6　落叶型天疱疮，图20-5中除去痂皮的患犬

图20-7　落叶型天疱疮，耳上结痂

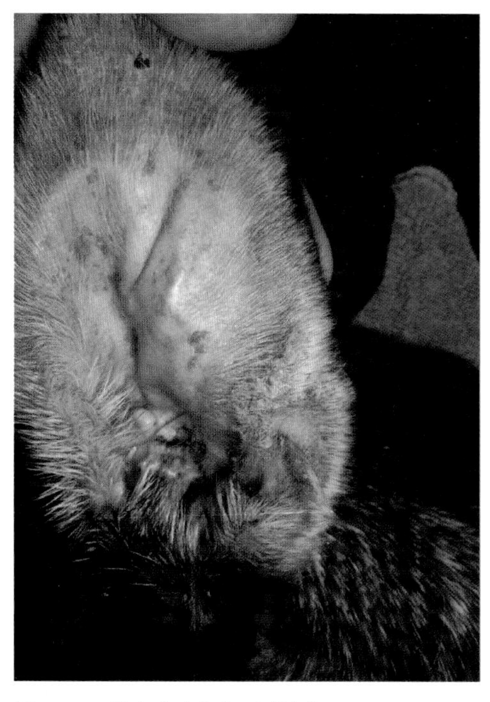

图20-8　落叶型天疱疮，耳结痂

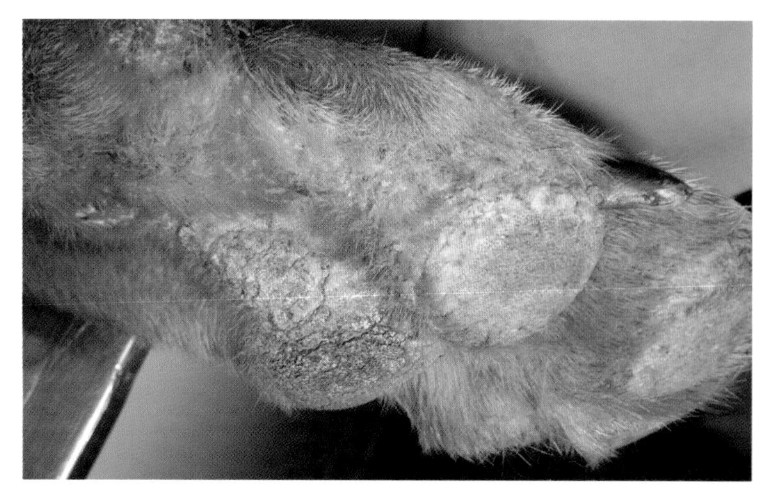

图20-9　落叶型天疱疮，足垫边缘结痂

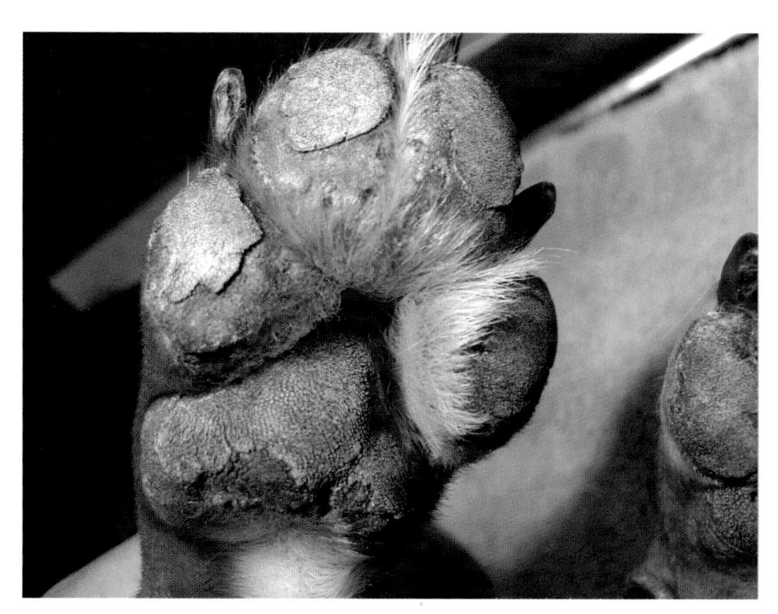

图20-10　落叶型天疱疮，足垫上结痂

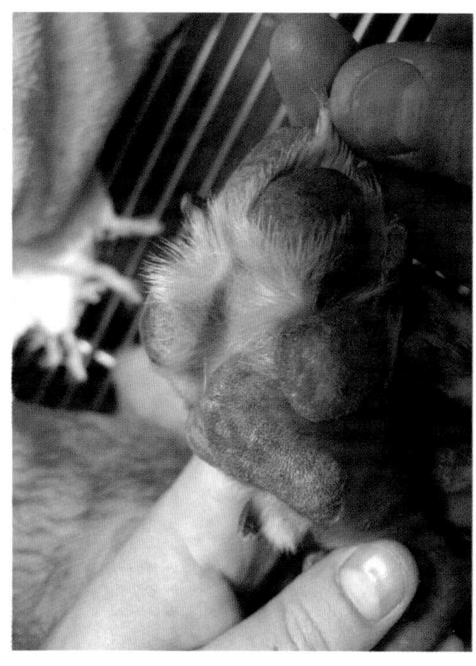

图20-11　落叶型天疱疮，图20-10中患犬治疗4周后的情况（足垫正常）

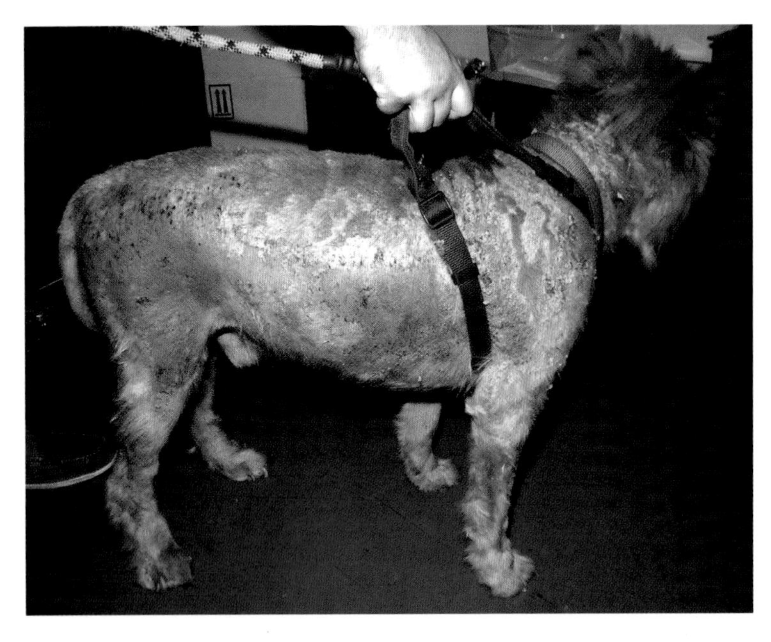

图20-12　落叶型天疱疮，全身性结痂和红斑

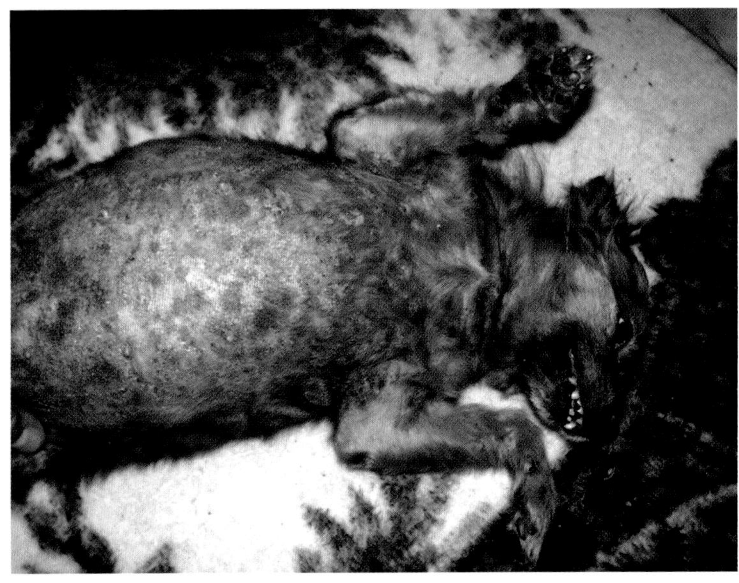

图20-13　落叶型天疱疮，全身性结痂，红斑和色素沉着过多

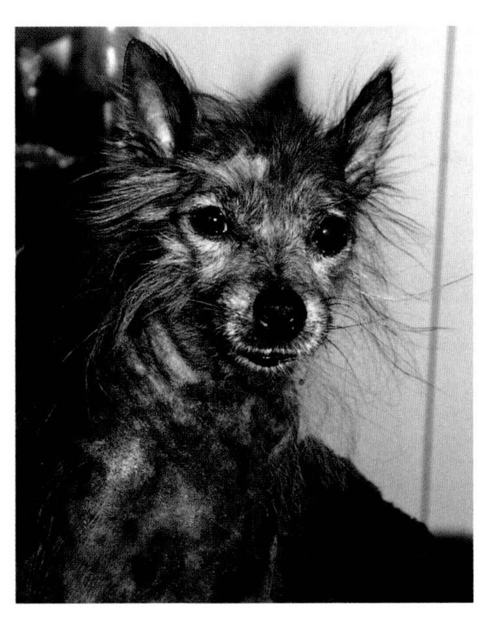

图20-14　落叶型天疱疮，图20-13中患犬治疗前的情况

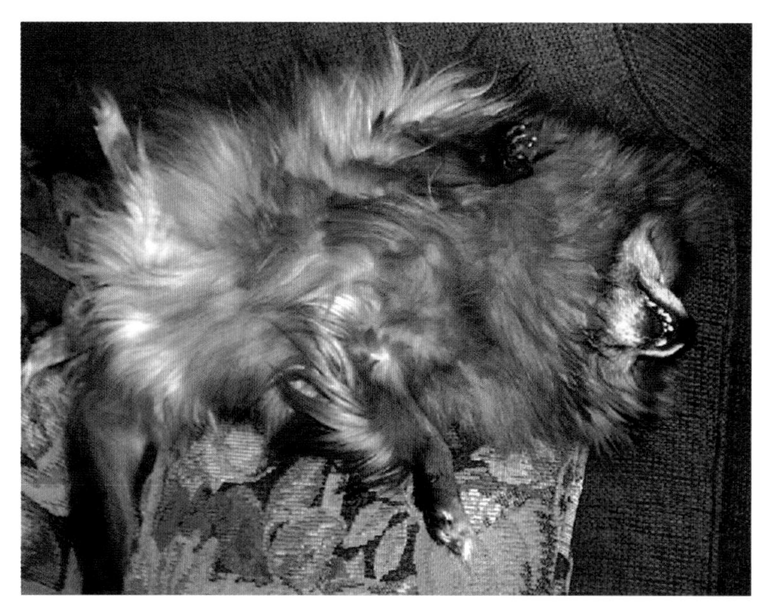

图20-15　落叶型天疱疮，图20-13中患犬治疗16周后的情况

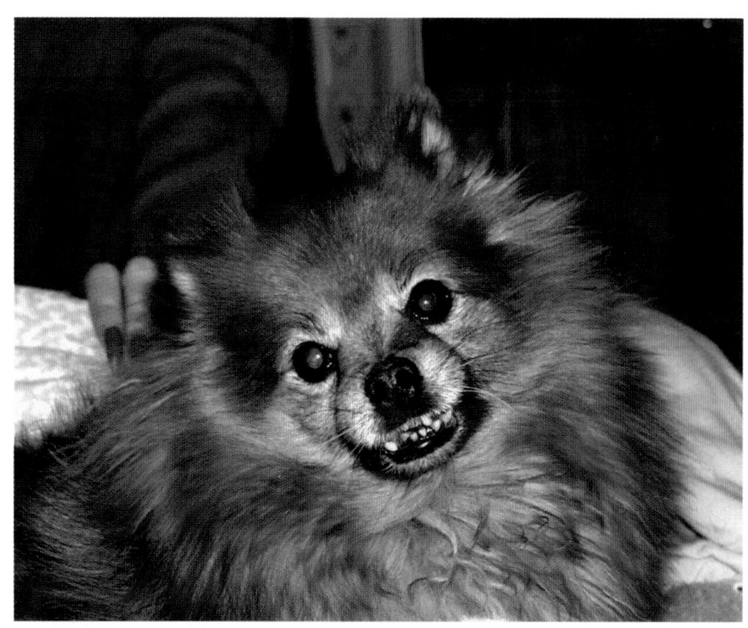

图20-16　落叶型天疱疮，图20-13中患犬治疗16周后的情况

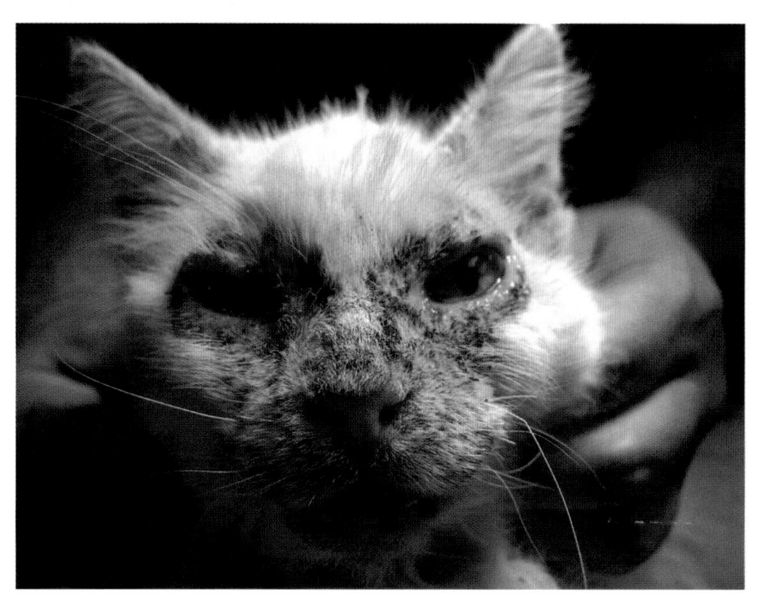

图20-17　落叶型天疱疮，蝴蝶样病变

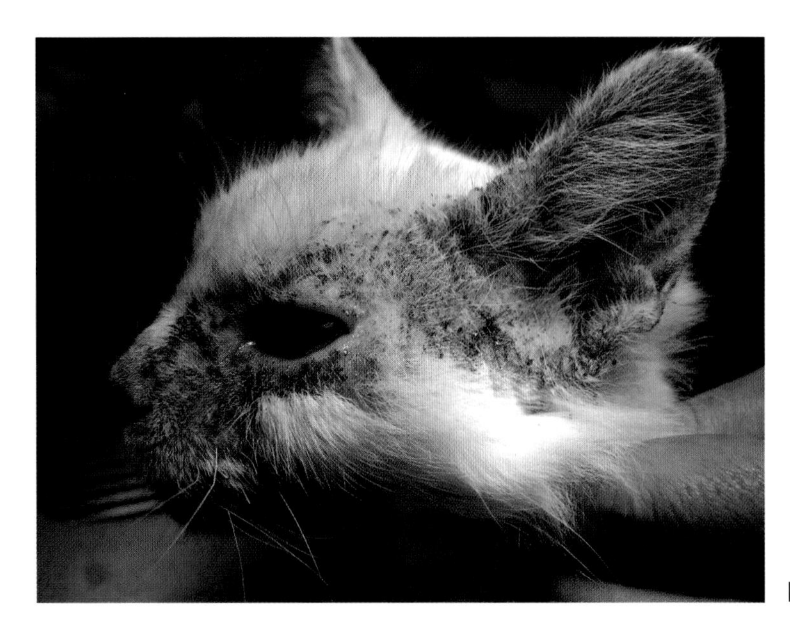

图20-18　图20-17中患犬面部痂皮与鳞屑

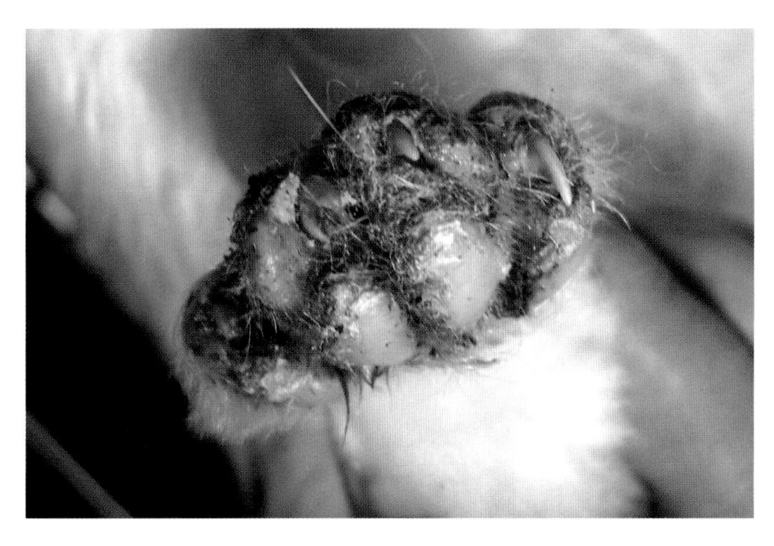

图20-19　图20-17中患犬爪皱襞的渗出物

图20-20　图20-17中患犬肉垫边缘的痂皮和鳞屑

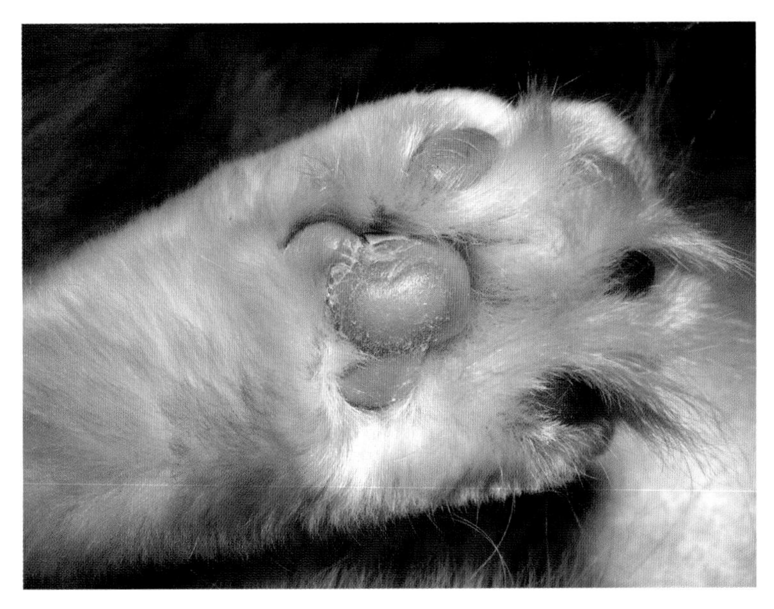

图20-21　落叶型天疱疮，肉垫的囊泡

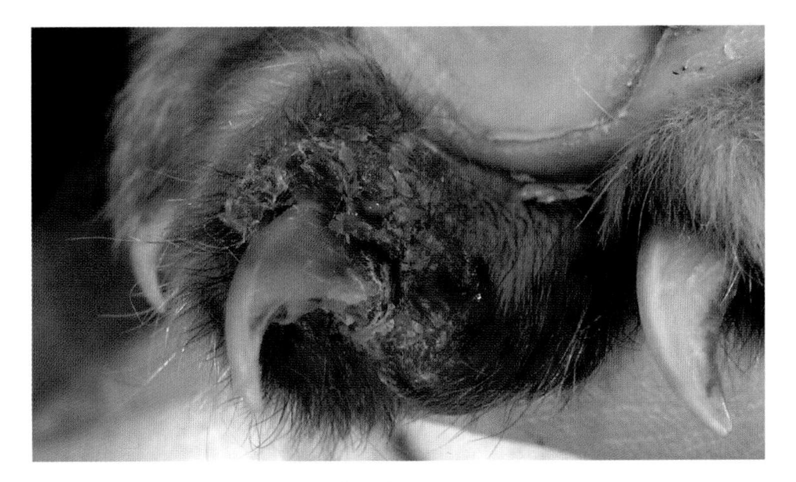

图20-22　落叶型天疱疮，爪皱襞的渗出物

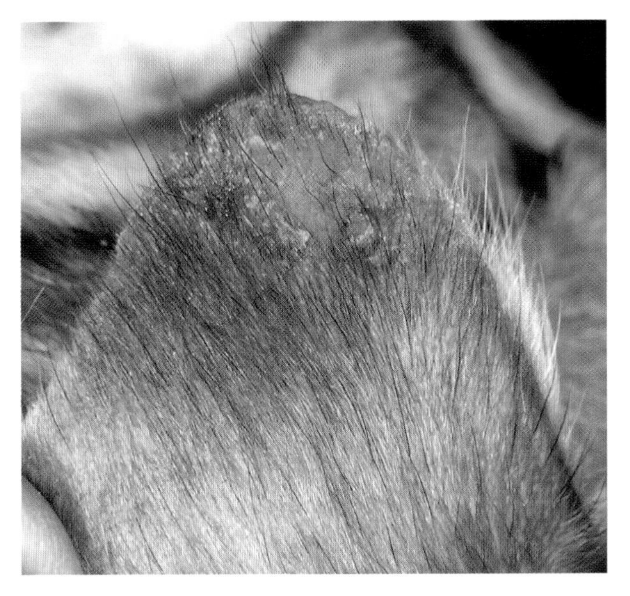

图20-23　落叶型天疱疮，耳结痂

图20-24 红斑型天疱疮，鼻面结痂前脱色

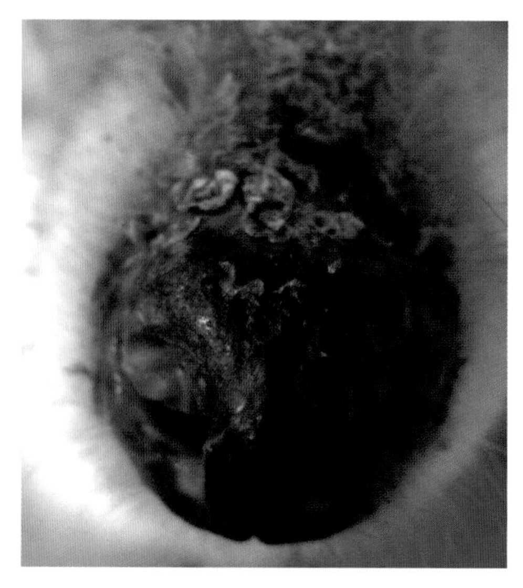

图20-25 红斑型天疱疮，鼻面和口背部明显脱色

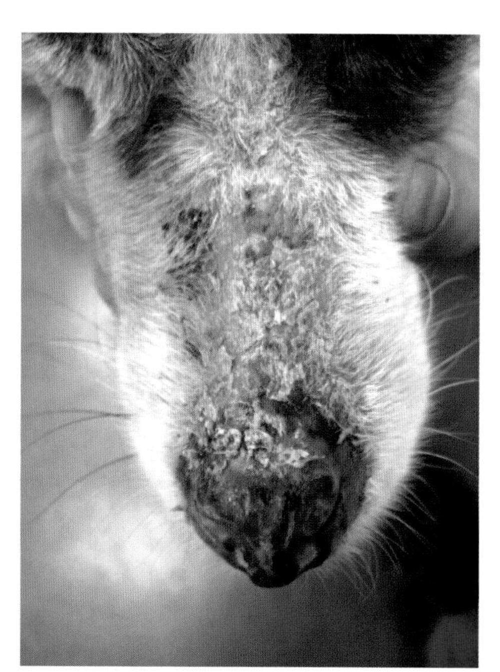

图20-26 图20-25中患犬，口背部脱色和结痂，鼻面组织丢失

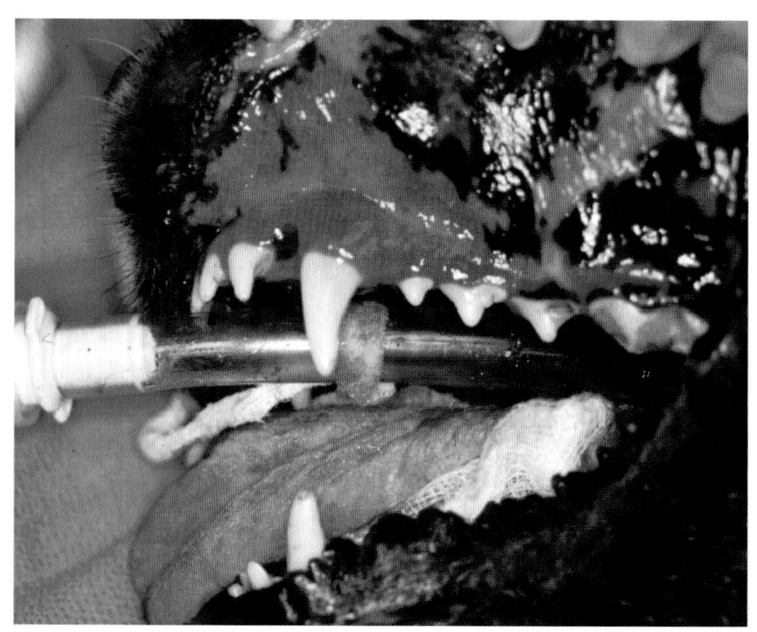

图20-27 寻常型天疱疮，注意口腔黏膜和舌出现溃疡

图20-28　图20-27中患犬硬腭和唇边缘出现溃疡

- 常见继发性细菌感染。
- PEP
  - 该病罕见，病情较PF严重。
  - 在表皮所有层（包括毛囊）出现囊泡和水疱。
  - 脓疱发展为暴发性乳头状瘤样病变和渗出性（附着厚痂皮）的肿块（图20-29～图20-31）。
  - 口腔或黏膜无损害。
  - 全身性疾病与继发细菌感染有关。
- PP
  - 该病非常罕见。
  - 受影响的黏膜和皮肤黏膜交界处起泡（图20-32，图20-33）。
  - 可见于肿瘤。
  - 全身性症状与肿瘤和皮肤病变有关。
  - 已报道的肿瘤：胸腺瘤、胸腺淋巴瘤和脾肉瘤。

大疱性类天疱疮

- 该病非常罕见。
- 症状与PV相似，但水疱易破（图20-34～图20-39）。
- 临床上最常见的是慢性良性疾病。
- 斑疹发展为囊泡和大疱，破溃后形成溃疡。
- 常见部位：头、耳、腋下、腹侧和腹股沟。
- 肉垫和爪皱襞通常不受影响。
- 口腔和唇边缘黏膜上的水泡很快会变为溃疡。
- 常留下疤痕。

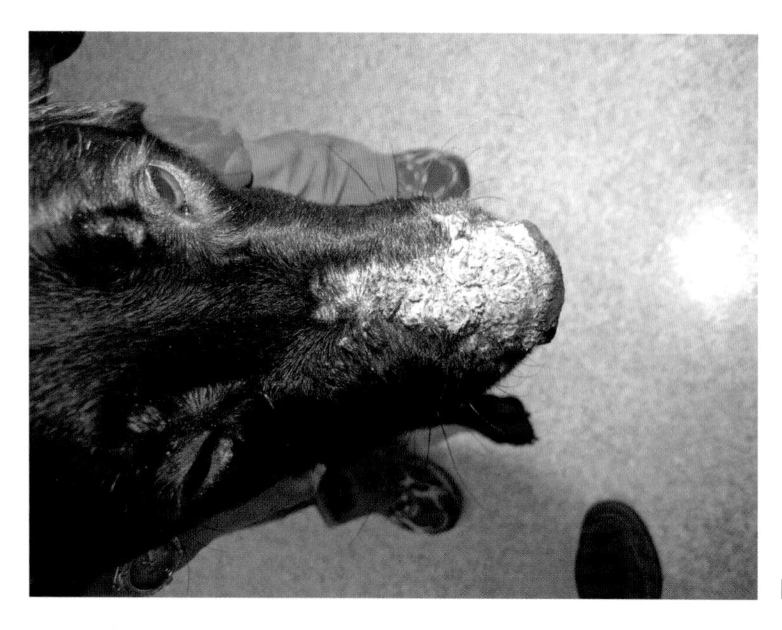

图20-29　泛表皮性天疱疮使口背部产生厚厚的痂皮

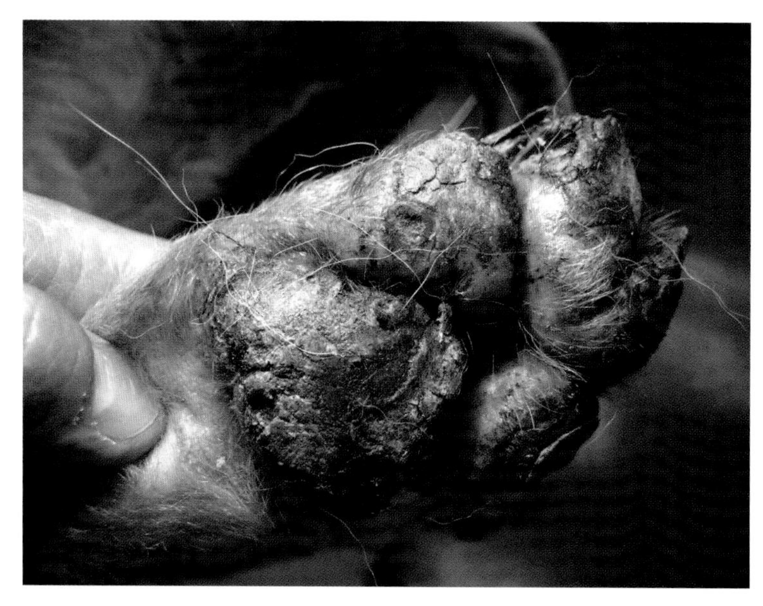

图20-30　泛表皮性天疱疮使肉垫边缘结痂、糜烂

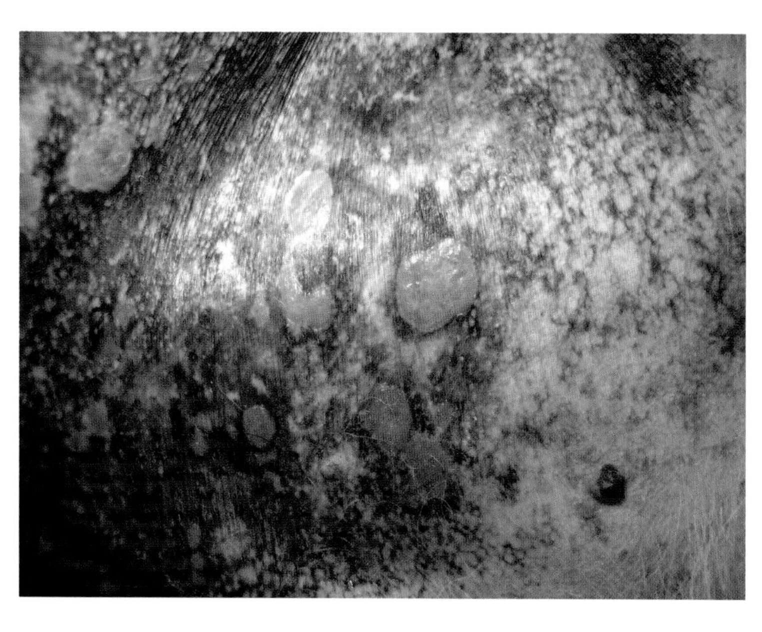

图20-31　泛表皮性天疱疮使腹部出现蚀斑

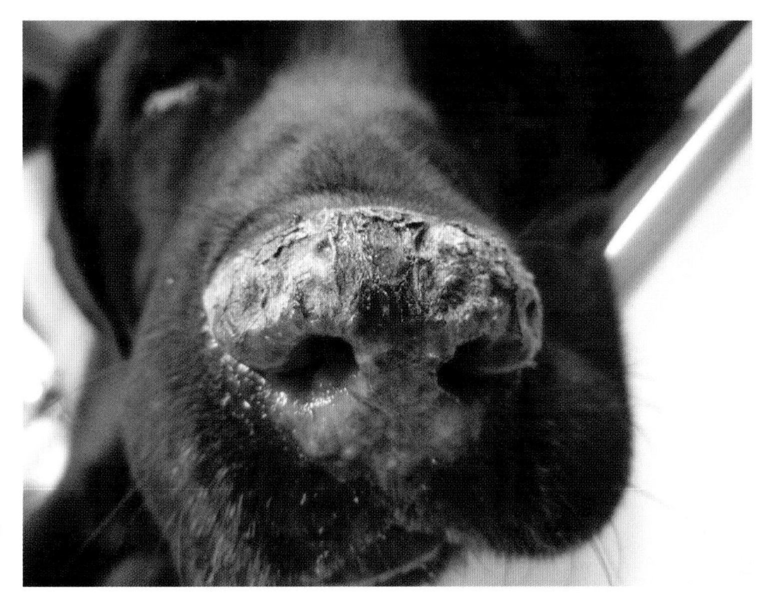

图20-32　副肿瘤性天疱疮继发于肺肿瘤，鼻面有厚厚的痂皮

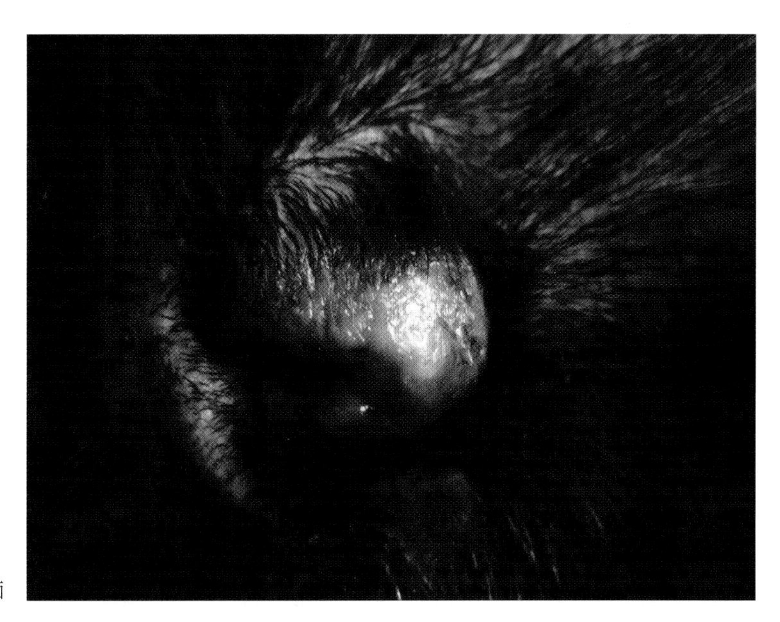

图20-33　副肿瘤性天疱疮，阴户产生糜烂和结痂

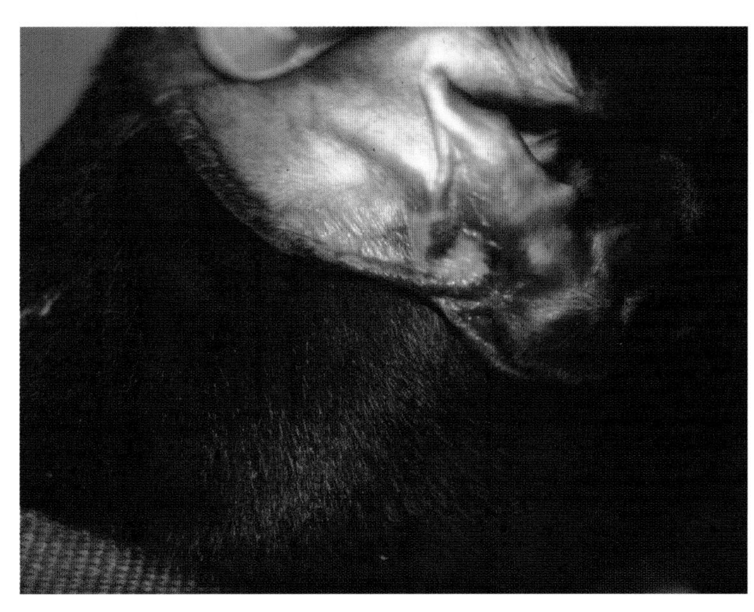

图20-34　大疱性类天疱疮，注意耳表面浅的大疱下出现红斑

图20-35　大疱性类天疱疮，溃疡导致出血、结痂

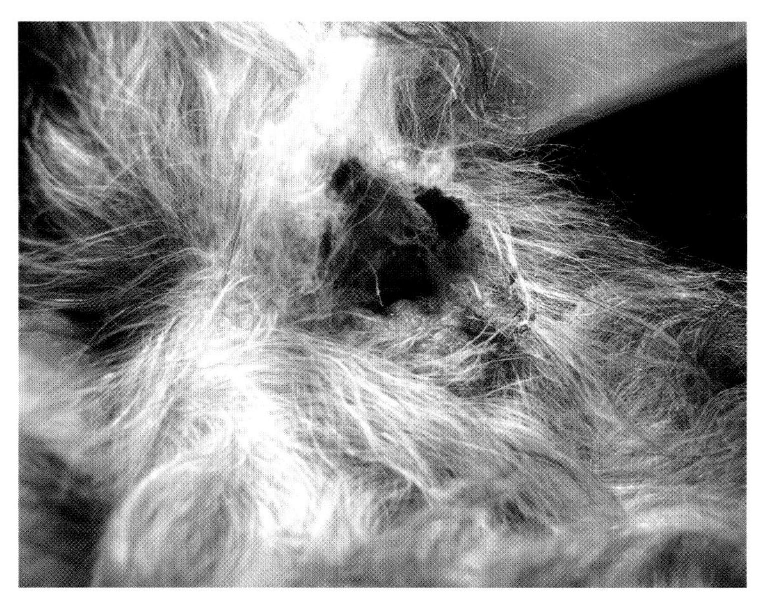

图20-36　大疱性类天疱疮使肛门黏膜出现溃疡

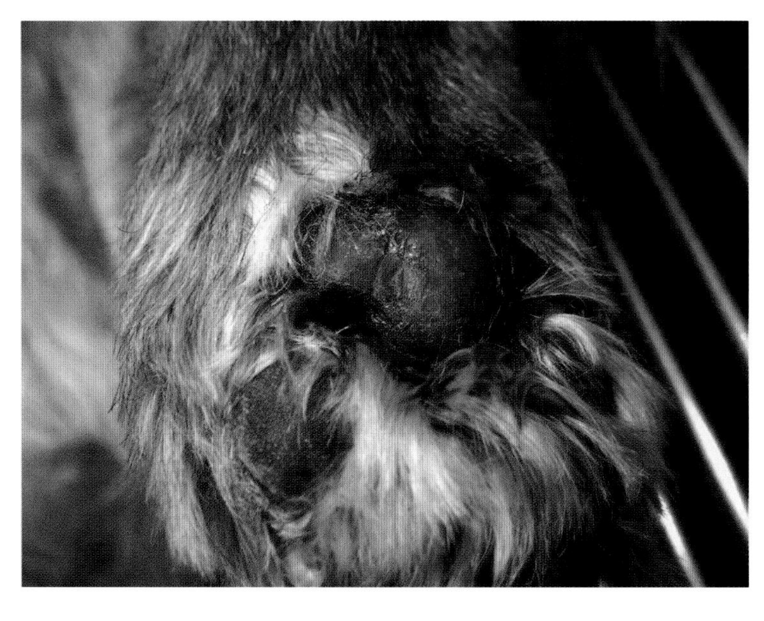

图20-37　大疱性类天疱疮使肉垫出现溃疡

图20-38　大疱性类天疱疮，图20-35中患犬治疗2周后的情况

图20-39　大疱性类天疱疮，图20-35中患犬治疗2周后的情况

- 不同程度的瘙痒和疼痛。
- 厌食、精神抑郁和发热。

鉴别诊断

混合性天疱疮

- PF
  - 细菌性毛囊炎。
  - 中性粒细胞或嗜酸性粒细胞性疖病。
  - 皮肤真菌病。
  - 蠕形螨病。

    - 念珠菌病。
    - 皮脂炎。
    - 角化异常。
    - 盘状或皮肤型红斑狼疮。
    - 红斑型天疱疮。
    - 角质层下脓疱性皮肤病。
    - 药疹。
    - 多形性红斑。
    - 锌反应性皮炎。
    - 皮肌炎。
    - 酪氨酸血症。
    - 亲上皮性淋巴瘤（趋上皮淋巴瘤）。
    - 淋巴网状内皮细胞恶性肿瘤。
    - 浅表坏死性皮肤病。
    - 眼色素层皮肤症候群。
    - 无菌嗜酸性脓疱病。
    - 线状IgA皮肤病。
- PE
    - 落叶型天疱疮（面部）。
    - 系统性红斑狼疮。
    - 盘状红斑狼疮。
    - 细菌性毛囊炎。
    - 中性粒细胞或嗜酸性粒细胞性疖病。
    - 蠕形螨病。
    - 皮肤真菌病。
    - 亲上皮性淋巴瘤。
    - 单纯性大疱性表皮松解症。
    - 眼色素层皮肤症候群。
- PV
    - 大疱性类天疱疮。
    - 系统性红斑狼疮。
    - 副肿瘤性天疱疮。
    - 中毒性表皮坏死松解症。
    - 药疹。
    - 浅表坏死性皮炎。

  - 亲上皮性淋巴瘤。
  - 淋巴网状内皮细胞肿瘤。
  - 溃疡性口炎。
  - 多形性红斑。
- PEP
  - 寻常型天疱疮。
  - 多形性红斑。
  - 细菌性毛囊炎。
  - 落叶型天疱疮。
  - 苔藓样皮肤病。
  - 皮肤肿瘤。
- PP
  - 寻常型天疱疮。
  - 大疱性类天疱疮。
  - 多形性红斑。

大疱性类天疱疮

- 寻常型天疱疮。
- 系统性红斑狼疮。
- 药疹。
- 多形性红斑。
- 中毒性表皮坏死松解症。
- 亲上皮性淋巴瘤。
- 淋巴网状内皮细胞肿瘤。
- 溃疡性口炎。

诊　断

全血细胞计数/生物化学/尿液分析

- 较少出现异常情况，偶尔出现白细胞增多和高球蛋白血症。

其他实验室检测

- 抗核抗体：仅PE也许出现弱阳性。

诊断程序

- 脓疱或结痂的细胞学涂片或压片（图20–40，图20–41）。
- 检查棘状角质细胞、中性粒细胞和嗜酸性粒细胞。
- 棘状角质细胞呈圆形，细胞深染，核突出（“煎蛋状”）。
- 患BP的动物，没有棘状细胞；PV患畜由于龟裂很深，棘状细胞罕见。

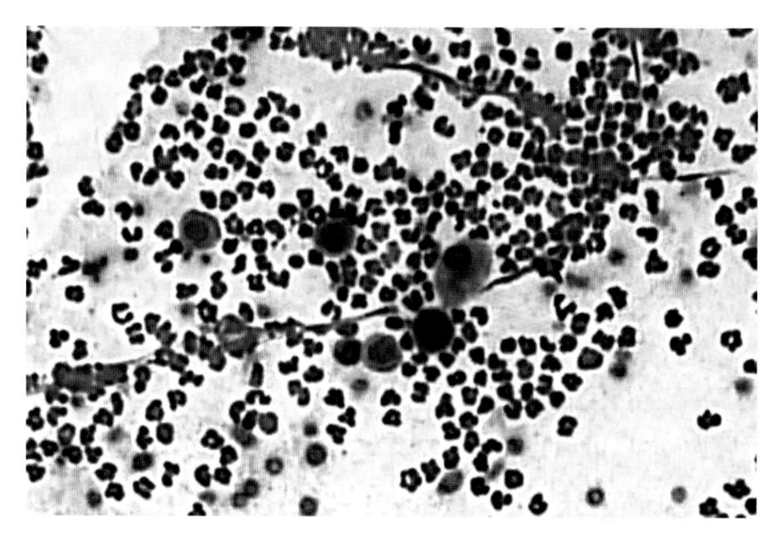

图20-40　落叶型天疱疮，渗出物中有完整的中性粒细胞和棘状角质细胞（100×）

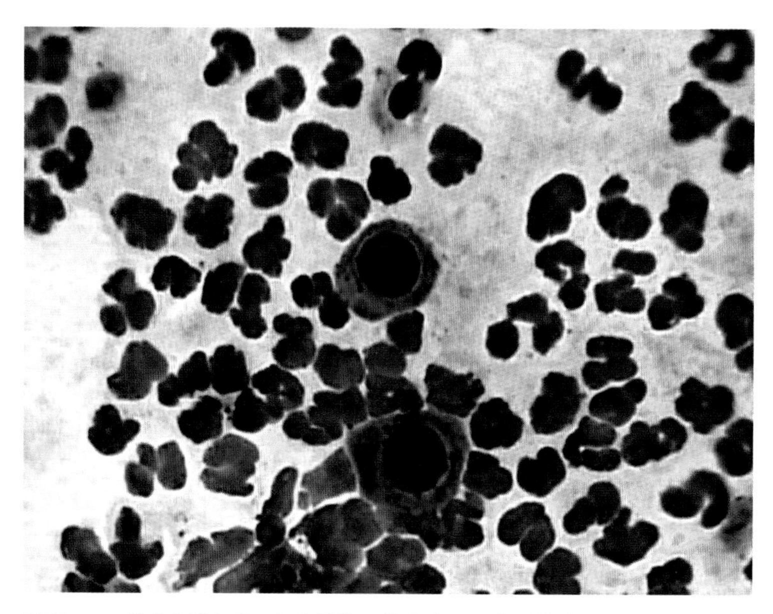

图20-41　棘状角质细胞，细胞深染，核突出，呈煎蛋状（400×）

- 细菌培养：用于鉴定继发性细菌感染。
- 如诊断需要皮肤组织病理学检查可进行活检。
- 活检样本应选受损皮肤或病变周围的皮肤。

混合型天疱疮的病理变化

- PF：痂皮内有棘状角质细胞；棘层松解和表皮内出现断裂；形成微小脓肿或脓疱并延伸到毛囊；棘状角质细胞可能是单个的、成簇的或黏附于覆盖的表皮；混合型皮肤炎症，血管周围有中性粒细胞和嗜酸性粒细胞。
- PE：病理变化与PF相似；基底细胞损伤，苔藓样界面皮炎；色素失禁。
- PV：基底外层断裂，有棘状角质细胞；单个角质细胞仍附着于基底膜形成“墓碑”状；常见继发性溃疡；表皮浅层出现不同程度的炎症。
- PEP：整个表皮层包括毛囊上皮出现脓疱。

- PP：基底外层和浅表皮肤棘层松解，形成跨表皮的脓疱；角质细胞凋亡显著；皮肤或黏膜下层有淋巴细胞、巨噬细胞和浆细胞浸润；不同数量的中性粒细胞。
- 活检皮肤经免疫荧光抗体检查或免疫组化检验所见的免疫病理变化：
  - 50%～90%病例（PF）细胞间隙染色阳性；
  - 检测时或检测前服用类固醇（或其他免疫抑制性药物）可能会影响检测结果；
  - 间接免疫荧光试验通常呈阴性；
  - PE患畜的基底膜和细胞间隙着染；
  - PV患畜跨表皮着色。

大疱性类天疱疮的病理变化

- 真皮和表皮交界处形成水泡，有炎症浸润。
- 主要是嗜酸性粒细胞的浸润。
- 没有棘状角质细胞：表皮下发现缺损。

治　疗

一般考虑

- 初期住院治疗，针对病情严重者。
- 门诊就诊治疗，初期可经常就诊（每1～3周一次）；当病情缓解时可减为每1～3个月一次，患病动物可按维持治疗方案进行。
- 严重的患畜则需要使用抗生素。
- 水疗法和浸泡对治疗有帮助，可减轻痛苦。
- 低脂饮食：避免利用皮质类固醇和硫唑嘌呤治疗而诱发的胰腺炎。
- 避免紫外线：会加重病变（PE）。

混合性天疱疮的药物选择

- PE和PV
  - 皮质类固醇
    - 氢化泼尼松：开始控制剂量1.1～2.2mg/kg，口服，每天两次。
    - 最小维持量：口服0.5mg/kg，每隔48～72h一次。
    - 剂量逐渐减少，每周5～10mg，间隔2～4周一次。
- 细胞毒药物
  - 一半以上的病例需要添加免疫调节剂。
  - 协同使用皮质类固醇可减少剂量及不良反应。
  - 硫唑嘌呤：先每隔24h口服2.2mg/kg，然后间隔48～72h；由于明显的骨髓抑制作用，因此猫很少使用；猫的剂量为1mg/kg，间隔48～72h。
  - 苯丁酸氮芥：每天0.2g/kg，猫的首选药物。
  - 环磷酰胺：间隔48h，口服，$50mg/m^2$，用于犬。

- 二氨二苯砜（间隔8h，口服，1mg/kg，直到症状缓解，随后视情况使用）：不能用于犬。
- 金疗法
  - 常与强的松联合使用。
  - 金诺芬：间隔12～24h，口服，0.1～0.2mg/kg。
- 环孢菌素
  - 皮质激素类药物的替代或补充药物。
  - 最初用量为每天口服5mg/kg。
  - 局部使用他罗利姆（商品名普特皮）：用于单个病变，每天一次至每周两次。
- PE和PEP
  - 泼尼松龙：口服1.1mg/kg，先间隔24h，然后间隔48h；尽可能减少到最小维持量，症状缓减后可停药。
  - 轻症病例局部使用类固醇或他罗利姆即可。
  - 四环素和烟酰胺：口服500mg，间隔8h（大于10kg的犬）；10kg以下的犬剂量减半，PE病例限用。
- PP
  - 鉴定、治疗或控制潜在的肿瘤。
  - 其他疗法与PF/PE相似。

大疱性类天疱疮的药物选择

- 四环素和烟酰胺：口服500mg，每隔8h一次（大于10kg的犬）；10kg以下的犬剂量减半，限用。
- 顽固病例的其他疗法与PF/PE相似。

皮质类固醇药物替代品

- 当出现不良反应或效果不明显时选用氢化泼尼松。
- 甲基强的松龙：开始剂量为0.8～1.5mg/kg，口服，间隔12h一次；用于对氢化泼尼松耐受差的病例。
- 氟羟氢化泼尼松：先口服0.2～0.3mg/kg，间隔12h；后口服0.05～0.1mg/kg，间隔48～72h。
- 地塞米松：先口服0.1～0.2mg/kg，间隔24h；后口服0.05mg/kg，间隔72h。
- 糖皮质激素脉冲疗法：连续3d应用四型甲基强的松龙琥珀酸钠（剂量11mg/kg）来缓解症状，限用于急性严重病例。

局部类固醇

- 氢化可的松霜。
- 其他可用的局部皮质激素类：0.1%倍他米松戊酸盐，肤轻松丙酮化合物，0.1%氟羟氢化泼尼松，先每12h一次，后每24～48h一次，最后每周两次。

注　释

病畜监测

- 初期间隔2～4周监测治疗效果，随着病变愈合减少监测频率和治疗剂量。

- 常规血液学和血清生化检查，尤其是高剂量使用皮质类固醇、细胞毒性药物和金疗法的患畜；每2～4周检查一次，症状减轻后每1～3月检查一次。
- 常见不良反应
  - 皮质类固醇：多尿、多饮、多食、性情变化、糖尿病、胰腺炎和肝中毒等。
  - 硫唑嘌呤：胰腺炎和骨髓抑制。
  - 细胞毒药物：白血球减少症、血小板减少症、肾毒性和肝中毒等。
  - 金疗法：白血球减少症、血小板减少症、肾毒性、皮炎、口腔炎和过敏反应等。
  - 环磷酰胺：出血性膀胱炎。
  - 免疫抑制剂：动物易患蠕形螨病、皮肤和系统性细菌、真菌感染。

混合性天疱疮的病程和预后

- PV和PF
  - 需要使用皮质类固醇和细胞毒药物终生治疗，症状很难缓解。
  - 常规监测极为重要。
  - 治疗产生的不良反应可能会影响生活质量。
  - 如果不治疗（特别是PV）可能会危及生命。
  - 继发性感染可致病，甚至致死（特别是PV）。
- PE和PEP
  - 相对良性和自限性疾病。
  - 口服类固醇用量可减少到低的维持量，某些病例可停止用药。
  - 如果不治疗，皮炎会恶化；全身性症状较罕见。
  - 预后一般。

大疱性类天疱疮的病程与预后

- 需要长期治疗。
- 严重病例需要积极治疗，一些病例治疗后没有效果。
- 慢性病例可用四环素/烟酰胺来控制和（或）局部治疗。
- 发病率与继发细菌感染有关。

缩略词

- PF=落叶型天疱疮
- PE=红斑型天疱疮
- PV=寻常型天疱疮
- PEP=泛表皮性天疱疮
- PP=副肿瘤性天疱疮
- BP=大疱性类天疱疮

作者：Alexander H. Werner

赵光辉　译　李国清　校

第21章 无菌结节性肉芽肿性皮肤病

定义 / 概述

- 该病的原发性病变是坚实突出的，一般直径大于1cm的结节。

病因学 / 病理生理学

- 结节：通常由炎性细胞渗透到真皮和皮下组织而引起；可继发于内源性或外源性刺激。
- 炎症典型，但有例外，从肉芽肿到脓性肉芽肿。

病因

- 淀粉样变性。
- 异物反应。
- 球形细胞增多症。
- 先天性无菌肉芽肿和脓性肉芽肿（图21–1）。
- 犬的嗜酸性肉芽肿。
- 皮肤钙化症（图21–2，图21–3）。
- 局限性钙质沉着（图21–4～图21–6）。
- 恶性组织细胞增生症。

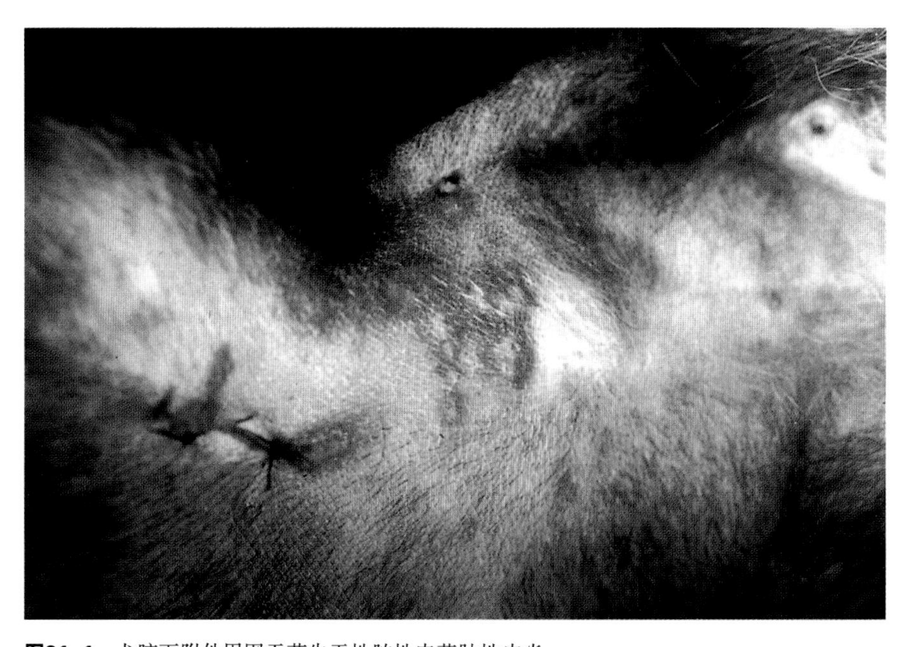

图21–1 犬腋下附件周围无菌先天性脓性肉芽肿性皮炎

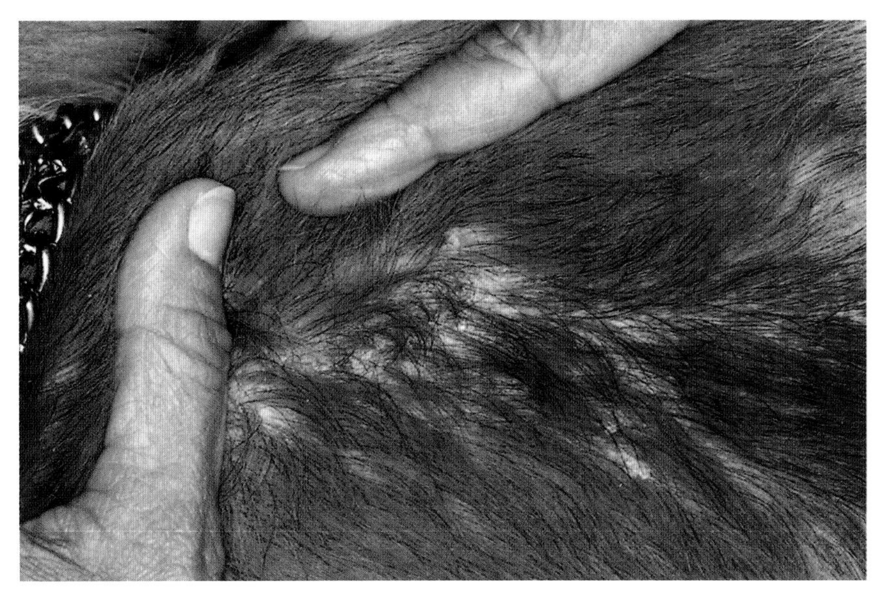

图21-2　肾上腺皮质机能亢进的犬出现皮肤钙化。注意沿躯干背部小而坚实的结节

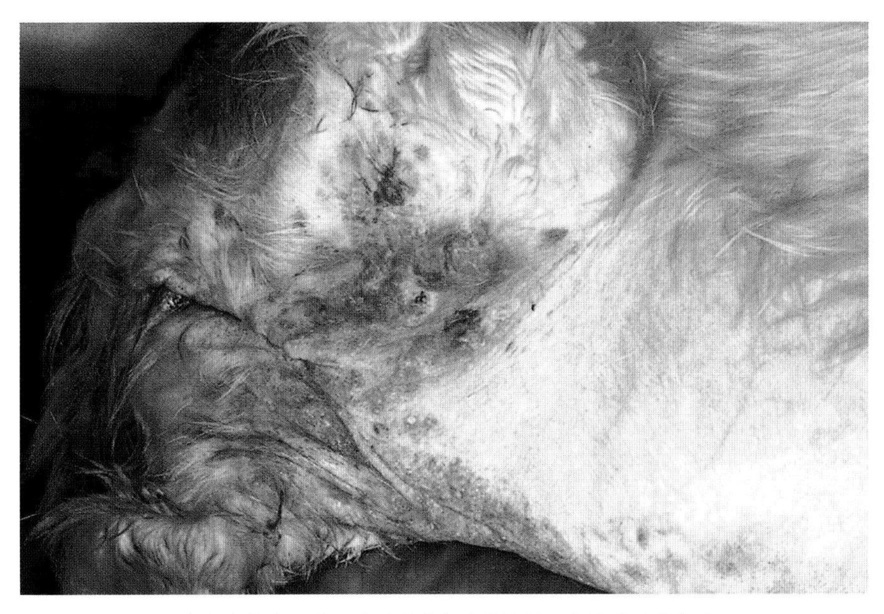

图21-3　图21-2中患犬的腹股沟区有融合的红疹样斑块，颜色变为黄红色

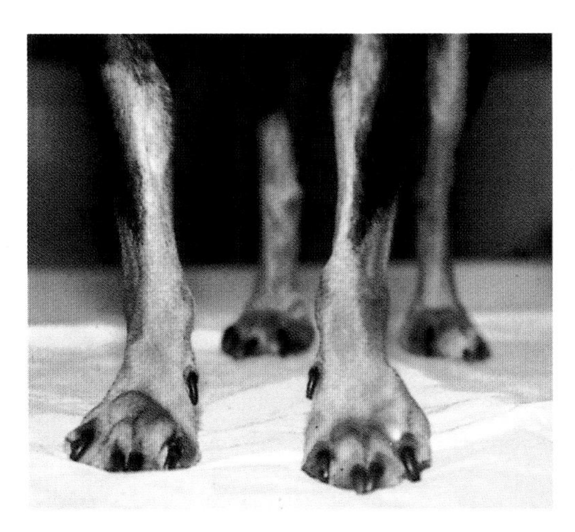

图21-4　局限性钙质沉着引起迷你杜宾犬的足趾肿胀

- 皮肤组织细胞增多症（图21-7，图21-8）。
- 无菌性脂膜炎（图21-9 ~ 图21-11）。
- 结节性皮肤纤维变性。
- 皮肤黄色瘤（图21-12）。

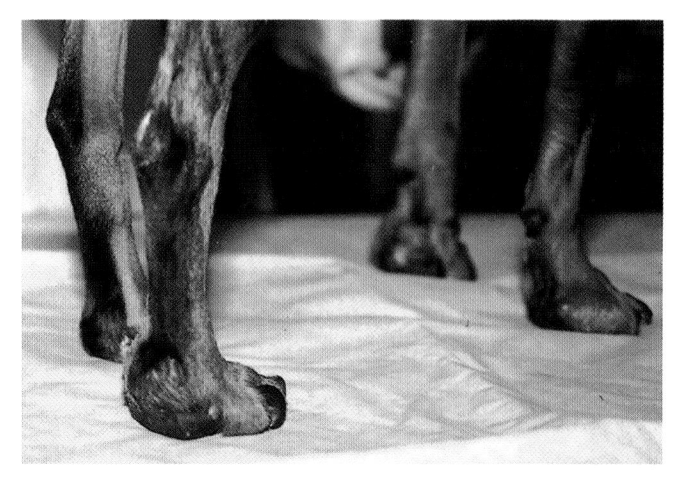

图21-5　图21-4中患犬的后视图，跖骨垫肿胀

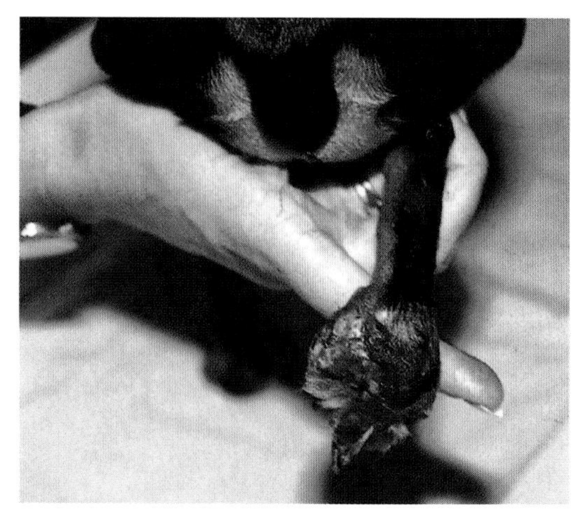

图21-6　由局限性钙质沉着引起的足垫明显畸形

图21-7　伯恩山犬皮肤组织细胞增多症

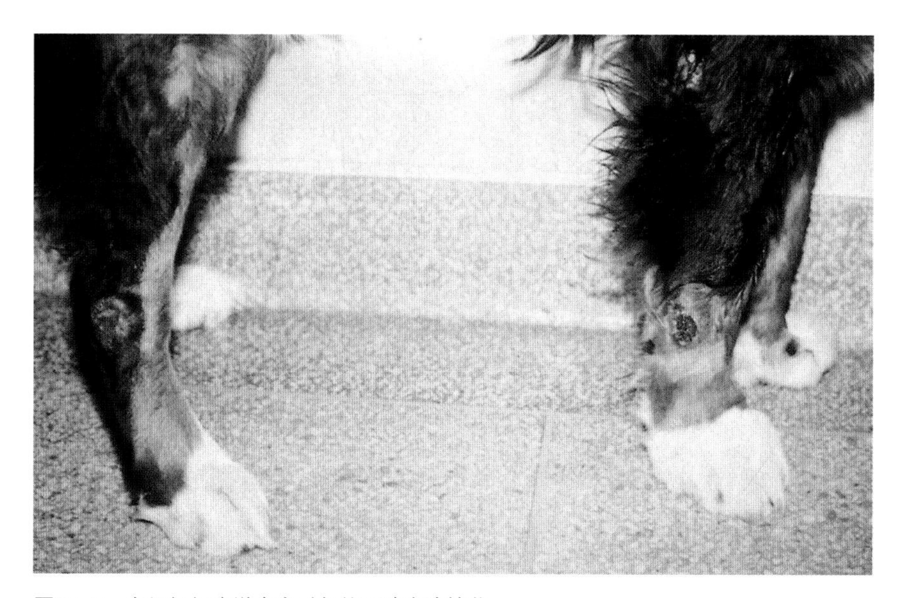

图21-8　由组织细胞增多症引起的四肢皮肤结节

图21-9 3.5岁魏玛猎犬的脂膜炎（图片由Marcia Schwassmann和Dawn Logas博士惠赠）

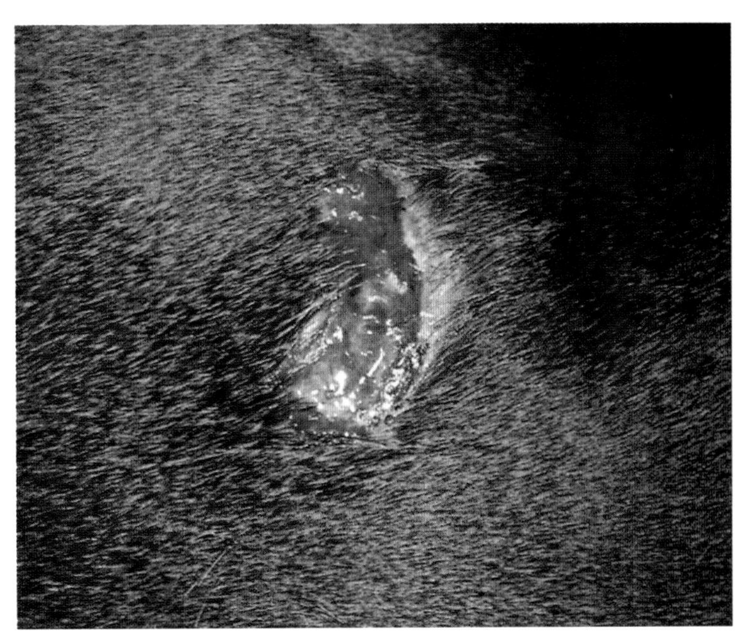

图21-10 由无菌结节性脂膜炎引起的躯干溃疡性结节（图片由Marcia Schwassmann和Dawn Logas博士惠赠）

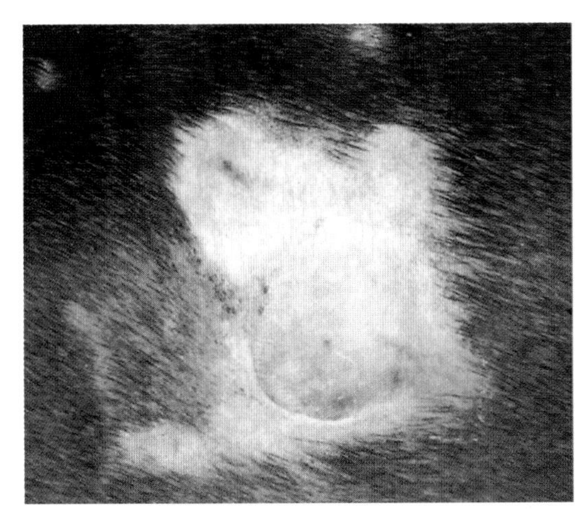

图21-11 愈合的伤口继发脂膜炎留下的疤痕（图片由Marcia Schwassmann和Dawn Logas博士惠赠）

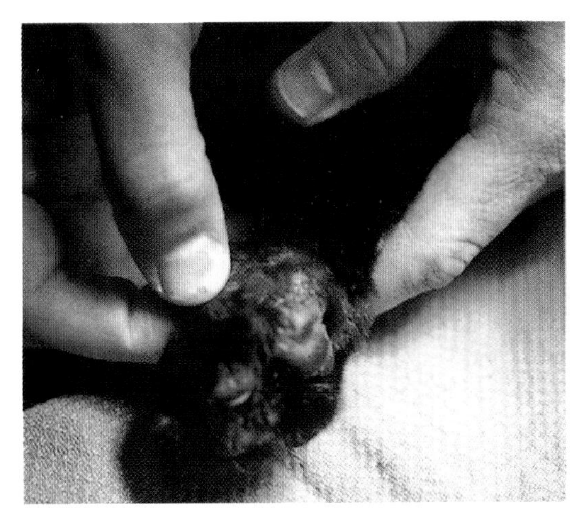

图21-12 由皮肤黄色瘤引起的沿猫掌骨垫的黄红色坚实的结节

特征 / 病史

- 结节性皮肤纤维变性：3~5岁的德国牧羊犬。
- 局限性钙质沉着：小于2岁的德国牧羊犬。
- 恶性组织细胞增生症：伯恩山犬。
- 任何年龄、品种和性别的犬都可患此病，但伯恩山犬对恶性组织细胞增生症风险最大，德国牧羊犬对结节性皮肤纤维变性风险最大。

风险因素

- 异物反应：接触任何刺激性物质（如水泥粉尘或玻璃纤维）可诱发此病。
- 毛发异物：大型犬停留在非常坚硬的表面上风险增大。
- 皮肤钙化症：服用高剂量的糖皮质激素风险可能会加大。
- 脂膜炎：饮食中缺乏维生素E会增加其患病几率。

鉴　别　诊　断

- 无菌结节性皮肤病：必须与深层细菌和真菌感染以及皮肤肿瘤相区别。
- 这些疾病都可以通过组织病理学检查和深层组织培养来诊断。

诊　　断

- 淀粉样变性：如果内脏器官受到影响，生物化学检查和（或）尿液分析可能会发生变化。
- 恶性组织细胞增生症：各类细胞减少症，血清铁蛋白水平可能会升高，但皮肤组织增生不会升高。
- 皮肤钙化病：糖皮质激素过多的变化特征（如应激性白细胞像、碱性磷酸酶高、高血糖和尿相对密度低）。
- 皮肤黄色瘤：糖尿，高血糖和（或）血脂异常。
- 放射和超声检查：内脏器官显现出淀粉样变性和组织细胞增多的轮廓。
- 放射检查：鉴定患皮肤钙化和局限性钙质沉着的肾病患犬其他部位是否发生营养不良性钙化。
- 超声波检查：鉴定已患结节性皮肤纤维变性的患犬是否患有囊腺癌。
- 皮肤活检进行组织病理学检查和培养（真菌、好氧菌和分支杆菌）是结节性皮肤病诊断所必须的。

治　　疗

- 大多数病例可以在门诊治疗。
- 有几种病（如恶性组织细胞增生、淀粉样变性和结节性皮肤纤维变性）是致命性的。
- 患皮肤钙化病的犬可能需要住院治疗脓毒症，强烈的局部疗法（DMSO）常常有效。

药物选择

- 淀粉样变性：尚未有良好的治疗方式，只有当病变是单个时，才能通过手术切除。
- 脓性肉芽肿：唯一有效的治疗是通过手术切除。
- 先天性无菌肉芽肿和脓性肉芽肿：治疗前期可用强的松（口服剂量为2.2～4.4mg/kg，每12h一次）；病情完全缓解后继续服用类固醇，持续7～14d；然后减少剂量；对于用糖皮质激素难治的病例可以尝试将咪唑硫嘌呤（口服剂量为2.2mg/kg，每48h一次）与强的松或碘化钠联合使用。
- 异物反应：最好的治疗方法是尽可能除去刺激物；对于毛发异物，患犬需放置于柔软的垫层上，首先局部使用角质软化剂；许多患有毛发异物反应的犬可能会继发感染细菌，需要局部和全身应用抗生素治疗。

- 犬的嗜酸性肉芽肿：强的松（口服剂量为1.1 ~ 2.2mg/kg，每24h一次）可产生良好的治疗效果。
- 恶性组织细胞增生症：尚未有有效的治疗方法，该病可很快致死。
- 皮肤组织细胞增多症：高剂量的糖皮质激素和细胞毒药物可使病情缓解；该病较易复发；在一些病例中服用L-天冬酰胺酶有效，常选用环孢霉素，口服剂量为每天5mg/kg。
- 皮肤钙化病：尽可能控制潜在的疾病；多数病例需要使用抗生素来控制继发性细菌感染。
- 采用水疗法和应用抗菌香波洗浴可减少继发性疾病；局部使用二甲基亚砜有效（用药不超过身体的1/3，每天一次，直到病变康复）；如果病变扩大，应该密切监测血清钙的水平。
- 局限性钙质沉着：大多数病例选择手术切除。
- 无菌脂膜炎：单个病变可通过手术切除；治疗可选用强的松（口服剂量为2.2mg/kg，每天一次或分为两次口服，每12h一次）；直到病变康复，然后减少用药剂量；一些犬需要很长的恢复期，但是另一些犬需要延长隔日疗法；有几例口服维生素E有效（剂量为400U，每12h一次）（见第19章）。
- 结节性皮肤纤维变性：多数病例尚无治疗方法，因为肾囊腺癌通常是两侧同时发病，单侧的囊腺瘤或囊腺癌很少见，切除单侧受损的肾脏可能会有疗效。
- 皮肤黄色瘤：纠正潜在的糖尿病或血脂蛋白过多（通常与饮食有关）通常有治疗效果。

禁忌

- 对于继发感染的任何动物应尽量避免服用皮质类固醇和其他免疫抑制性药物。

注意事项

- 二甲基亚砜：服用应谨慎，如果用来治疗皮肤钙化病，则要监测血清钙的水平。

注　释

患畜检测

- 长期服用糖皮质激素的病畜应进行全血球计数、生化检查、尿液分析和培养，每6个月一次。
- 应用二甲基砜治疗皮肤钙化病的患犬应该检查钙的水平，从治疗开始起，每7 ~ 14d检查一次。

可能的并发症

- 系统性淀粉变性、恶性组织细胞增生和结节性皮肤纤维变性：死亡率极高。

相关疾病

- 皮肤钙化病：糖皮质激素过多，慢性肾功能衰竭和糖尿病。
- 局限性钙质沉着：（偶尔）肥大性骨营养不良和特发性关节炎。
- 结节性皮肤纤维变性：肾囊腺癌。
- 皮肤黄色瘤：糖尿病和血脂蛋白过多。

作者：Karen Helton Rhodes

赵光辉　译　李国清　校

第22章

眼色素层皮肤症候群

定义/概述

- 罕见的综合征，类似于人的小柳原田综合征。
- 被认为是自身免疫性疾病，可导致肉芽肿性眼色素层炎和脱色性皮炎（皮肤和毛发），以及罕见的脑膜脑炎同时发生。

病因学/病理生理学

- 此病被认为是由遗传因素引起的自身免疫性疾病；自身抗体针对黑色素细胞导致全眼色素层炎、白斑病和白毛。
- 患犬已发现视网膜抗体。
- 阳光照射会加剧症状。

特征/病史

- 犬已报道，特别是秋田犬、萨摩耶德犬和西伯利亚爱斯基摩犬多发此病。
- 年轻的和中年犬最易发病；有报道显示该病没有性别倾向（图22-1）。
- 其他品种很少报道：松狮，爱尔兰赛特犬，狐狸㹴，腊肠犬，喜乐蒂牧羊犬，圣伯纳犬，英国古老牧羊犬和巴西菲勒犬。

图22-1 眼色素层皮肤症候群。注意葡萄膜炎的早期症状，往往是临床症状的先兆

临 床 特 点

- 突发性眼色素层炎：可能引起疼痛，逐渐失明。
- 鼻子、嘴唇和眼睑并发或随后出现白斑病（图22-2 ~ 图22-4）。
- 脚垫、阴囊、肛门和硬腭可能也会褪色。
- 眼睛症状：畏光、乳突光反射减少或消失、眼睑痉挛，前葡萄膜炎、眼前房出血、脉络膜视网膜炎、结膜炎、视网膜脱落、虹膜膨隆、青光眼和失明。
- 皮肤病症状：鼻面、口周围/口腔（唇及口腔黏膜）和眼睛周围出现对称性褪色症状，阴囊、阴门、肛门和脚垫也会褪色，但发病概率较低。

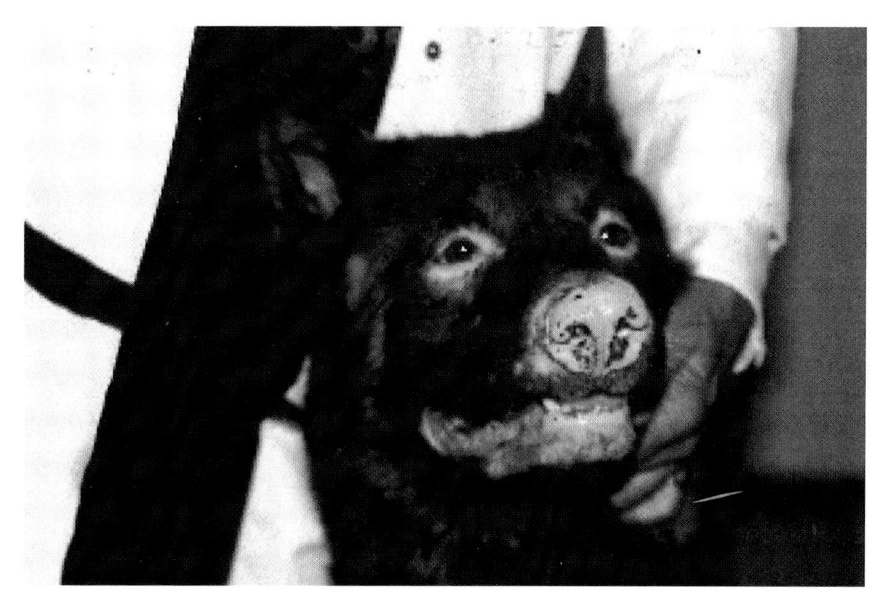

图22-2　小柳原田综合征。注意鼻面和眼周皮肤黏膜连接处褪色

图22-3　小柳原田综合征。眼周围出现褪色

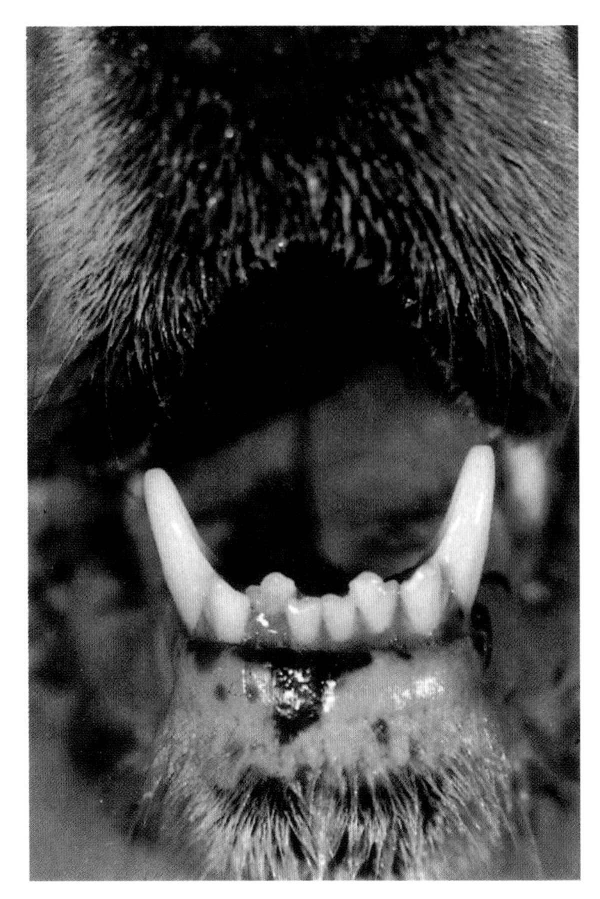

图22-4　小柳原田综合征。该病例黏膜褪色

- 全身性皮肤和被毛可能会褪色。
- 受损皮肤可能会出现溃疡和结痂。
- 有关脑膜脑炎的报道比较罕见。

鉴 别 诊 断

- 免疫介导性疾病：混合型天疱疮、系统性红斑狼疮、盘状红斑狼疮、大疱性类天疱疮、白癜风（原发性点状白斑/白发）和血管炎。
- 肿瘤（皮肤淋巴瘤）以及许多可以引起褪色的其他炎性和传染性皮肤病。
- 皮肤活检是诊断该病最有效的方法。
- 视网膜检查有助于鉴别这些疾病。

诊　断

- 活检和皮肤病理学检查：有经验的兽医在检测病理模式有时出现微妙差异时可以作出最好的解释；早期病变表现为苔藓样界面，有大量组织细胞以及明显的色素失禁；表皮基底细胞层水样变性较罕见。
- 视网膜评估，通常首先表现出异常的临床特征。

治 疗

- 快速有效地启动免疫抑制疗法可以阻止后黏连的形成和继发性青光眼、白内障或者失明症状的出现。结膜下或局部用糖皮质激素（如0.1%的地塞米松眼液，每4h用药一次；或地塞米松1～2mg，结膜下给药），直到眼色素层炎症状缓解，也可用1%的阿托品眼液，间隔6～24h。
- 视网膜检查：检测病程进展最重要的手段；有时皮肤病变的改善不能反映视网膜的病理变化。
- 剜除术：由于疼痛难忍时推荐此法。

药物选择

- 皮脂类固醇：开始用高剂量的强的松（口服剂量为1.1～2.2mg/kg，每12～24h一次）和咪唑硫嘌呤（口服剂量为1.5～2.5mg/kg，每天一次）；如果用于治疗慢性疾病则减少剂量和用药次数，间隔一天用药一次；一些病例初期仅用强的松可能就有改善，但延长治疗的后果需要补充使用咪唑硫嘌呤。
- 环孢霉素（每天剂量为5～10mg/kg），可替代咪唑硫嘌呤，对于严重病例可以联合使用。
- 局部或结膜下使用类固醇和睫状肌麻痹剂：可用于前葡萄膜炎。

注意事项

- 强的松和咪唑硫嘌呤：贫血、白细胞减少症、血小板减少症、血清碱性磷酸酶升高、呕吐和胰腺炎；两周检查一次血清生化指标和全血球计数，开始也包括血小板计数；当病情稳定后，减少用药剂量和次数。

注 释

- 每周或每两周检查一次，包括视网膜评估：早期用来监测治疗的不良反应；视网膜检查是很重要的，因为皮肤病变的改善不能表明视网膜病变的好转。
- 治疗几个月后可以停止服用咪唑硫嘌呤，但是强的松是否需要还不确定。
- 医源性肾上腺皮质机能亢进：常常是糖皮质激素治疗的后果。
- 环孢霉素可以用作类固醇的替代品。
- 预后一般或谨慎，需要长期治疗。
- 失明是常见的后遗症。
- 皮肤或毛发永久性脱色，但一些病例可以改善。

作者：Karen Helton Rhodes

赵光辉 译 李国清 校

第 23 章

血 管 炎

定义 / 概述

- 血管的炎症，有中性粒细胞（破裂或未破裂的白细胞）和淋巴细胞、少有嗜酸性粒细胞、肉芽肿性或者混合型细胞浸润。
- 发病机制：Ⅲ型（免疫复合物型）和Ⅰ型（速发型）超敏反应。
- 由感染、寄生虫侵袭、内毒素、免疫复合物沉积引起内皮细胞损伤，启动局部炎症反应、动员中性粒细胞及激活补体。中性粒细胞释放溶酶体酶导致血管壁坏死、血栓形成及出血。患有结节性多发性动脉炎的人和犬出现血管内膜增生、血管壁变性和坏死，导致受损血管及邻近组织出血、血栓形成及坏死（大多数病例）。
- 非表皮性脉管炎（如肾、肝及体腔的浆膜面）可以导致全身性疾病（如多发性动脉炎和蛋白尿）明显的临床症状，而不引起明显的外在病变。

特征 / 病史

- 任何年龄、品种和性别都可受到影响。
- 腊肠犬和罗威纳犬多发此病。
- 随病因而不同。
- 接触过敏性药物（如青霉素、磺胺类药物、链霉素和肼苯哒嗪）使动物致敏。
- 接触蜱。
- 恶丝虫病。
- 近期接种过疫苗。

临 床 特 点

- 明显的紫癜。
- 血疱。
- 坏死和“打孔状”溃疡（图23-1，图23-2）。
- 该病常见于四肢末端（爪子、耳廓、唇、尾巴和口腔黏膜），可能会引起疼痛。
- 厌食、精神倦怠、疼痛/瘙痒、发热、四肢指压性水肿、多发性关节炎、关节病、肝病、神经病变、血小板减少、贫血和肌病，取决于潜在的病因。系统性症状反映所涉及的器官（如肝、肾和中枢神经系统）。

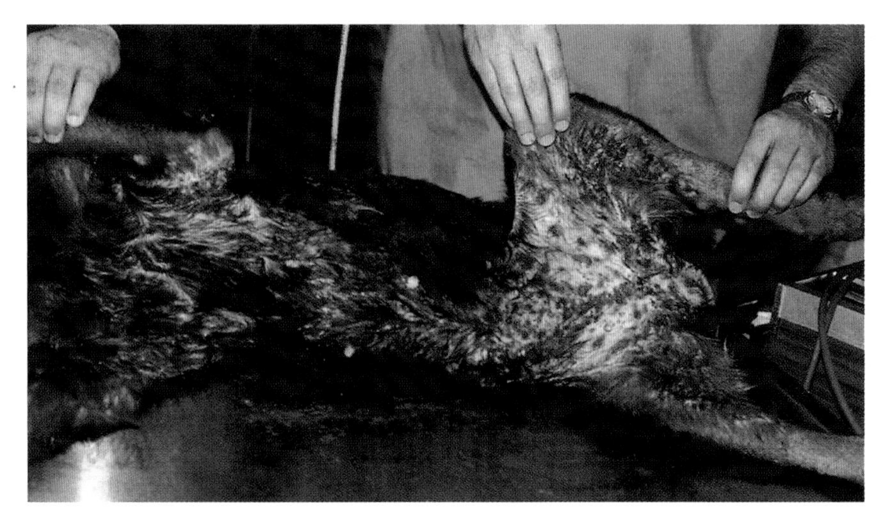

图23-1　葡萄球菌过敏继发的严重血管炎。注意溃疡区域呈“打孔样”

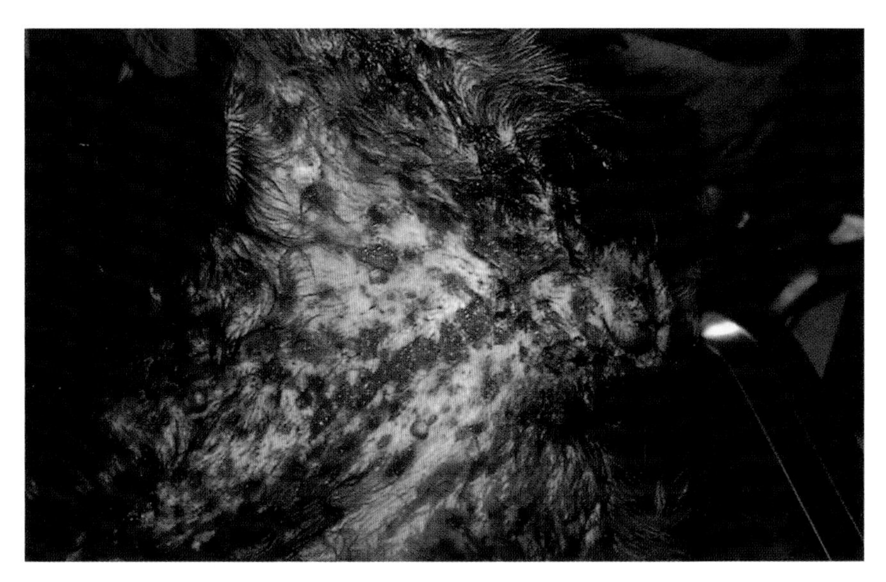

图23-2　葡萄球菌过敏继发的严重血管炎。注意溃疡区域呈“打孔样”

- 疾病的全身性表现（如嗜眠、淋巴结病、发热、疼痛引起意识模糊和体重下降）。
- 结节性多动脉炎的皮肤病变（皮下结节：犬比人少见）。
- 与潜在感染性或免疫相关性疾病有关的症状（如血小板减少和多发性关节病）。
- 圣伯纳犬和雪纳瑞犬的鼻动脉炎。
- 幼龄比格犬的多动脉炎综合征（JPS）是多系统细小血管坏死性血管炎。
- 腊肠犬耳缘静脉出现血管炎/血管病变/皮脂溢。
- 德国牧羊犬的家族性皮肤血管病变。
- 灵猩犬的皮肤和肾小球血管病变。
- 杰克罗素㹴的中性粒细胞破碎性血管炎。

病因及风险因素

- 系统性红斑狼疮。

- 冷凝集素病。
- 冻伤。
- 弥漫性血管内凝血。
- 淋巴肿瘤。
- 药物反应（图23–3，图23–4）；外用伊曲康唑引起的猫坏死性血管炎。
- 疫苗接种反应（狂犬病疫苗接种1～5个月后可能引起全身弥散性缺血性皮肤病）。
- 蜘蛛咬伤。
- 免疫介导性疾病。
- 结节性红斑样脂膜炎。
- 风湿性关节炎。

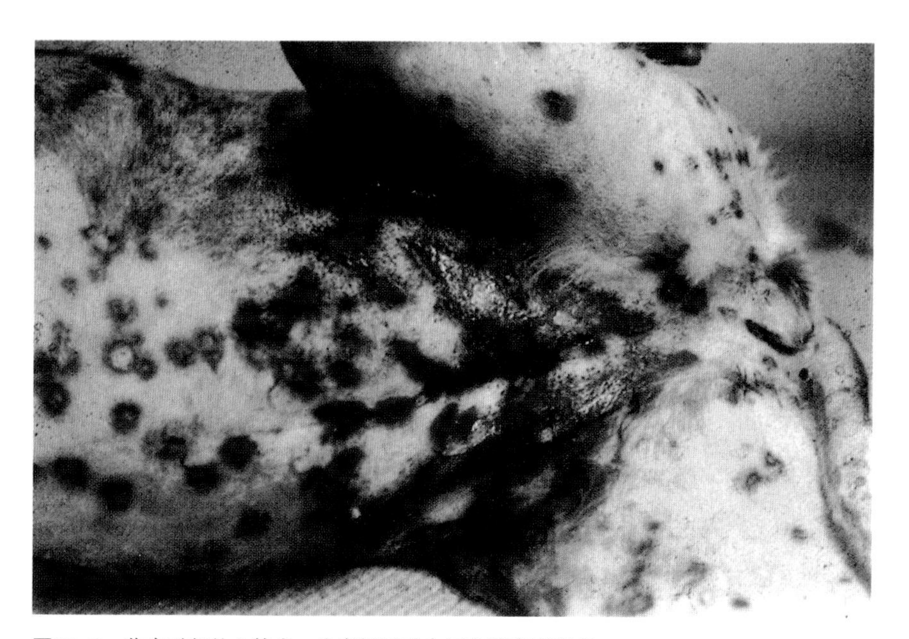

图23–3　药疹引起的血管炎。注意坏死融合区和药疹型病变

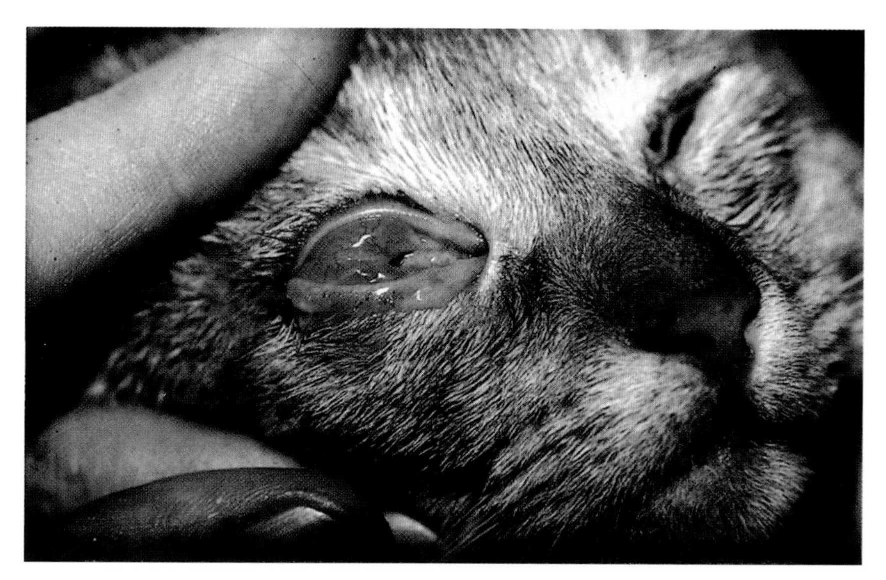

图23–4　接触灰黄霉素引起的水疱疹

- 落基山斑疹热。
- 葡萄球菌过敏。
- 食物过敏引起的荨麻疹性血管炎。
- 猫的白血病病毒和免疫缺陷病毒引起的血管炎。
- 50%的病例为先天性。

鉴别诊断

- 耳缘皮脂溢，化学和热灼伤，中毒性表皮坏死松解症，多形性红斑，皮肌炎，柯利犬和喜乐蒂牧羊犬的溃疡性皮肤病及脓毒症（图23-5A，B）。

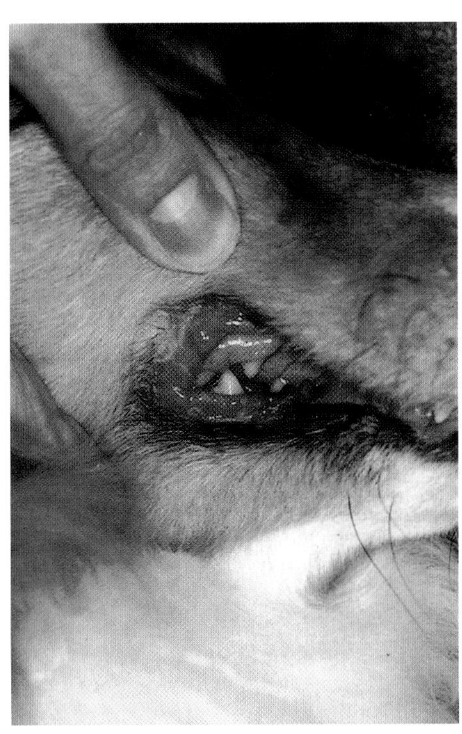

A

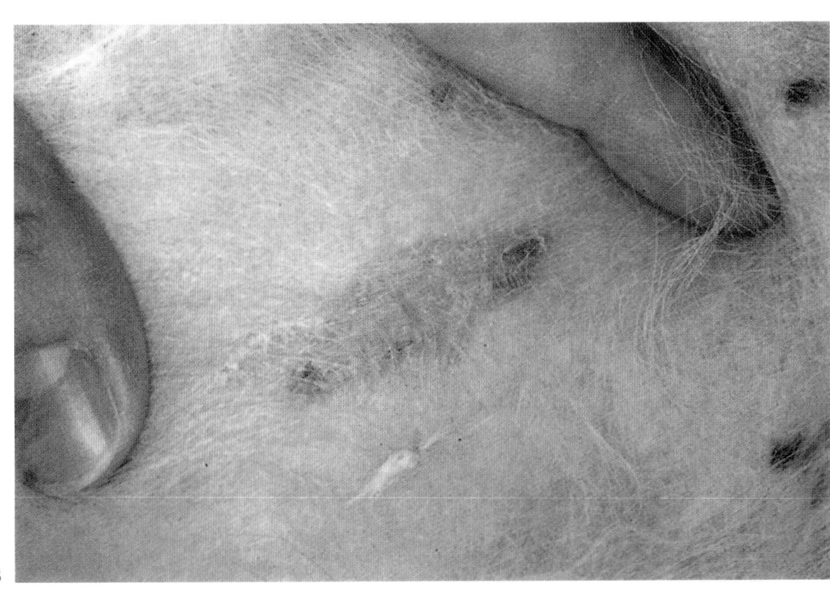

B

图23-5 一岁喜乐蒂牧羊犬溃疡性皮肤病，受损的口腔黏膜（A）和腹股沟（B）

诊 断

- 活组织检查：楔型活检样品而不是钻孔型活检样品。
- 脓毒症，弥漫性血管内凝血，系统性红斑狼疮，落基山斑疹热和风湿性关节炎：可能出现异常。
- 免疫诊断：可考虑抗核抗体滴度，库姆斯试验和冷凝集素试验。
- 血清学试验可能有助于诊断蜱传疾病（如立克次体）。
- 系统性红斑狼疮的患畜抗核抗体滴定呈阳性，对于其他全身性疾病也可能呈现阳性。
- 恶丝虫病的患畜心丝虫试验呈阳性。
- 管圆线虫感染可通过粪便检查和气管冲洗液的细胞学检查来诊断。
- 放射学有助于诊断心丝虫和管圆线虫感染。
- 皮屑检查：可能有助于诊断蠕形螨病（继发脓毒症）。
- 早期病变的活检：提交给皮肤病理专家；病理变化取决于潜在的病因，但在血管内或其周围通常有中性粒细胞（破裂或未破裂的白细胞）、淋巴细胞、嗜酸性粒细胞、肉芽肿、混合细胞浸润；最显著的病变是血管坏死和纤维栓塞；也可能出现血管周围出血或水肿，缺血性皮肤病。
- 血管炎：如果全血细胞计数、生化检查或者尿液分析揭示系统性疾病，可选择代表性培养物（血、尿、皮肤等）进行检查。

治 疗

- 潜在疾病：临床管理上优先考虑。
- 非系统性异常：饮食未改变的话可在门诊治疗。
- 全身性疾病：必须住院治疗。
- 告知动物主人：在未发现病因之前预后要谨慎，预后要根据病因来定。

药物选择

- 抗生素：当等待组织病理检查结果时首先使用；选择没有药物反应的抗生素。
- 强的松：免疫介导性疾病并发血管炎——犬的剂量为1～2mg/kg，每天一次；猫2～4mg/kg，每天一次。
- 氨苯砜：仅用于犬；病因尚不明确或者仅用强的松无效的情况下，可试用氨苯砜，剂量为1mg/kg，每天3次，持续2～3周；然后减少到每天两次，持续2周；每天一次，持续2周；最后48h一次，剂量为1mg/kg。
- 柳氮磺胺吡啶：口服剂量为10～20mg/kg，每天3次（每天最大剂量为3g），一旦病情缓解，剂量可减为10mg/kg，每天两次，持续3周；然后每24h一次，口服剂量为10mg/kg。
- 己酮可可碱（犬）：口服剂量为10～15mg/kg，每8h一次，同时服用维生素E，每12h一次，剂量为400IU。
- 烷化剂包括苯丁酸氮芥和咪唑硫嘌呤（仅用于犬），可减少皮质类固醇的需要量。
- 四环素和尼克酰胺：当犬体重小于10kg，口服剂量为250mg，每8h一次；体重大于10kg的犬，口服剂量为500mg，每8h一次。

- 环孢霉素：每天剂量为5 ~ 10mg/kg。

注意事项

- 氨苯砜和柳氮磺胺嘧啶：有肾、肝疾病或血质不调的患畜不推荐使用。
- 柳氮磺胺嘧啶：如果先前存在干燥性角膜结膜炎不推荐使用；给猫用药时要谨慎；可以取代蛋白质结合度高的药物（如甲氨蝶呤、华法令阻凝剂、苯基丁氮酮、噻嗪类利尿剂、水杨酸盐、丙磺舒和苯妥英）；抗酸药会降低生物利用率；可减少叶酸和地高辛的生物利用率；如果同时服用硫酸亚铁或其他铁盐，可降低血液中柳氮磺胺嘧啶的水平。
- 己酮可可碱：可增加血凝时间，降低血压。

注　释

- 经常检测血清化学指标，推荐使用全血球计数和尿液分析。
- 血管炎很难治疗，预后需谨慎。
- 免疫抑制性治疗时，治疗剂量应减到最低。

作者：Karen　Helton Rhodes

赵光辉　译　李国清　校

第五部分

传染性皮肤病

Infectious Dermatoses

第24章

细菌性毛囊炎和新出现的耐药性脓皮病

定义 / 概述

- 皮肤及相关结构常见的细菌感染。

病因学 / 病理生理学

- 当皮肤表面完整性受到破坏，皮肤长期受到潮湿的浸泡，正常菌群发生改变，正常循环遭到破坏，或者免疫力受损时，皮肤就会发生感染。
- 皮肤菌群的主要类型：包括常态菌群和瞬态菌群。
- 感染和定植：
  - 感染：存在入侵病原体并可引起免疫反应（直接涂片或脓包穿刺检查可见退化的中性粒细胞和/或被吞噬的细菌）。
  - 定植：生活在皮肤上但宿主不会产生反应的潜在病原。
- 正常的皮肤菌群实际上可作为机体防御系统的一部分。
- 细菌位于浅表皮和毛囊漏斗处，通过皮脂和汗水吸收营养。这些生物过着共生生活，有助于抑制那些借助细菌素入侵的细菌定植。
- 正常菌群可以因pH、温度、盐度、湿度、白蛋白和脂肪酸的浓度等而改变。
- 犬正常皮肤表面/毛囊菌群中定居的细菌：
  - 微球菌。
  - 凝固酶阴性葡萄球菌（表皮葡萄球菌，木糖葡萄球菌）。
  - α溶血性链球菌。
  - 不动杆菌。
  - 产气荚膜梭菌。
  - 痤疮丙酸杆菌。
  - 伪中间葡萄球菌（易在毛囊处找到）。
- 猫正常皮肤表面/毛囊菌群中定居的细菌：
  - α溶血性链球菌。
  - 微球菌。
  - 凝固酶阴性和阳性的葡萄球菌。
  - 不动杆菌。

病因

- 与其他哺乳动物相比，犬皮肤细菌感染较为常见的主要原因：
  - 角质层薄且结构致密。
  - 角质层的细胞间脂质相对缺乏。
  - 犬的毛囊开口处缺乏脂质鳞状上皮塞。
  - 皮肤的pH相对较高（通常为7.5）。
- 细菌感染的三种主要类型：
  - 表面（上皮）：
    - 急性湿性皮炎（“热点”）。
    - 皮褶脓皮病（擦烂）。
  - 浅表性脓皮病（表皮和毛囊）：
    - 脓疱疮（幼犬脓皮病）。
    - 皮肤黏膜脓皮病。
    - 浅表扩散性脓皮病。
    - 浅表性毛囊炎。
  - 深层脓皮病（毛囊破裂和感染扩散到真皮和皮下组织）：
    - 口鼻部毛囊炎和疖病。
    - 鼻和脚的脓皮病。
    - 全身性深层脓皮病。
    - 细菌性肉芽肿（“舔舐性肉芽肿”）。
    - 压迫点脓皮病。
    - 化脓性毛囊炎和疖病。
- 诱发因素：
  - 全身免疫缺陷（代谢性疾病）。
  - 创伤（压迫、舔、刮伤、寄生虫等）。
  - 毛囊损伤（蠕形螨、划伤等）。
  - 皮肤损伤（胶原蛋白破坏、疾病扩散等）。
  - 物理因素（被毛梳理差、皮肤浸软、热、湿度等）。
  - 不恰当的抗菌治疗：疗程太短，药物选择贫乏，剂量不合适。
- 伪中间葡萄球菌：最常见；也有其他葡萄球菌。引起脓皮病的是施氏葡萄球菌和金黄色葡萄球菌（犬的葡萄球菌之间，甲氧西林耐药性是新出现的临床问题，将在本章后面介绍）。
- 多杀性巴氏杆菌：猫的重要病原体。
- 革兰氏阴性菌（如大肠杆菌，变形杆菌，假单胞菌）可使深层脓皮病（疖病）复杂化。
- 很少由高级细菌（如放线菌，诺卡氏菌，分支杆菌，放线菌）所引起。

特征 / 病史

- 犬：很常见；猫：罕见。
- 品种为具短毛、有皮皱或老茧的品种。
- 德国牧羊犬可发生严重的深度脓皮病，对抗生素仅部分有效，并且频繁复发；在斗牛犬趾间区也注意到类似问题。
- 急性或渐进性发病。
- 各种瘙痒：潜在病因可能是由瘙痒症（气源性致敏原—过敏性皮炎）所引起，葡萄球菌感染本身也可引起瘙痒（细菌性过敏）。

临　床　特　点

- 急性湿性皮炎（“热点”）：自我诱发的创伤性皮肤病继发细菌感染；浸湿的皮肤可发生毛囊炎和疖病（大型犬的面部）。
- 褶烂或间擦疹：皮褶组织被长期浸泡可引起皮褶性皮炎，易患部位是面部褶皱，指叉，会阴区，腋窝等。
- 脓疱疹（非毛囊性角质层下脓疱）：小犬脓疱疮（营养不良，环境肮脏等），老年犬大疱性脓疱疮（通常在鼻子或无毛皮肤上由大肠杆菌或假单胞菌引起柔软的大脓包；老年患畜可能免疫功能低下）。
- 皮肤黏膜脓皮病（MCP）是一种特发性溃疡性黏膜皮炎，有结痂和不同程度的脱色。病变往往涉及嘴唇，口周，阴门周围，包皮和肛门区。
- 浅表性脓皮病：常见于躯干；病变范围可被被毛所掩盖；可表现丘疹，脓疱，表皮环形脱屑，色素沉着斑。
- 浅表扩散性脓皮病：沿躯干侧面可见大片的表皮鳞屑；常见于柯利牧羊犬和喜乐蒂牧羊犬；可探查潜在的代谢性疾病。
- 深层脓皮病：常常影响到下巴，鼻梁，压觉点和足，也可累及全身（图24-1，图24-2）；由于毛囊破裂释放毛干抗原进入血液，可引起异物反应。
- 假单胞菌（“梳理后疖病”）是一种因洗澡和/或梳理引发的独特的深层脓皮病。该病呈急性经过，剧烈疼痛，患畜常有发热。梳理，修剪，或洗澡过度对毛发的生长都有直接影响，可引起毛囊破裂，导致异物反应。短毛品种易患。背中线往往是受影响最严重的部位。在这种情况下，洗发剂或设备的细菌污染可能是其重要的病因。病变常发生在梳理后24～48h内。
- 细菌过度生长综合征（BOG）通常是由于葡萄球菌在皮肤表面过度生长所致。细菌毒素可能有致敏的作用，可以作为超抗原引发非特异性炎症反应。“群体感应”也可能是这种综合征的一个重要因素。当葡萄球菌超过一定密度时，即可发生群体感应，其特征是细菌从细胞增殖转换为产生毒素。主要临床症状是瘙痒、红斑和苔藓样变。主要病变如丘疹和脓疱通常不出现。这种病例往往与马拉色菌过度生长也有关系，往往有潜在的疾病，如过敏性皮肤病或长期糖皮质激素治疗。

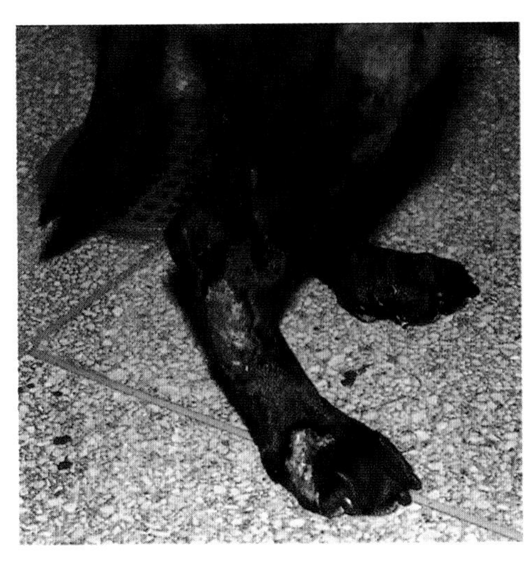

图24-1　肢端病变为主的深层脓皮病，疖病及蜂窝组织炎

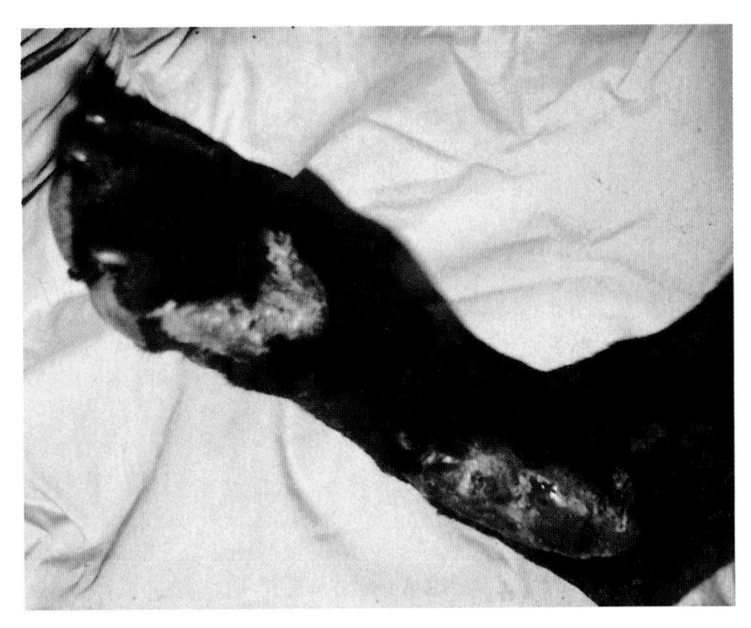

图24-2　图24-1中深层脓皮病的近距离观察

外用洗发水治疗对于成功治疗绝对是至关重要的。

病变

- 丘疹。
- 脓疱。
- 出血性水泡。
- 浆液性痂皮（猫的粟粒性皮炎）。
- 表皮环形脱屑：脓疱的足印（图24-3）。
- 圆形红斑或色素沉着斑（图24-4）。

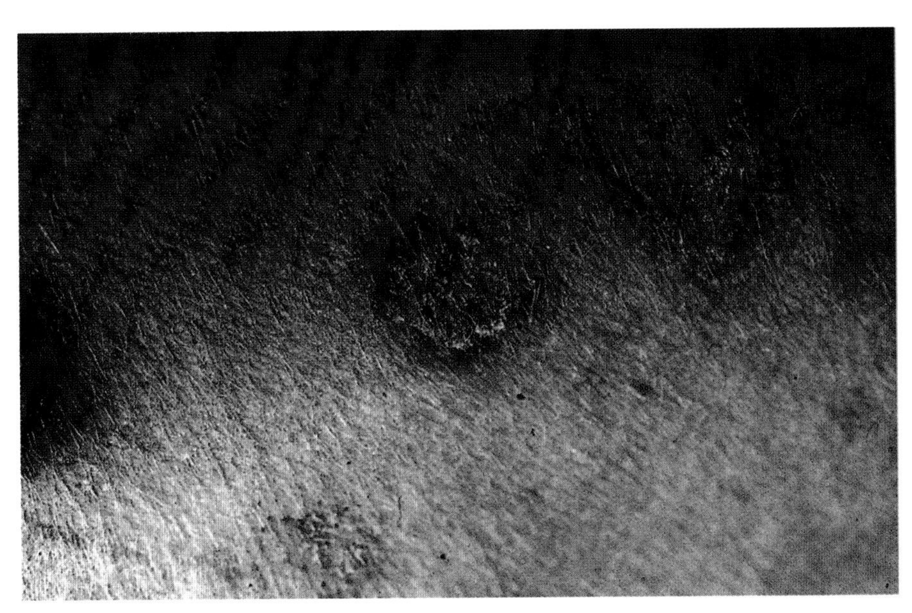

图24-3　浅表性脓皮病。注意表皮环形脱屑周围的痂皮

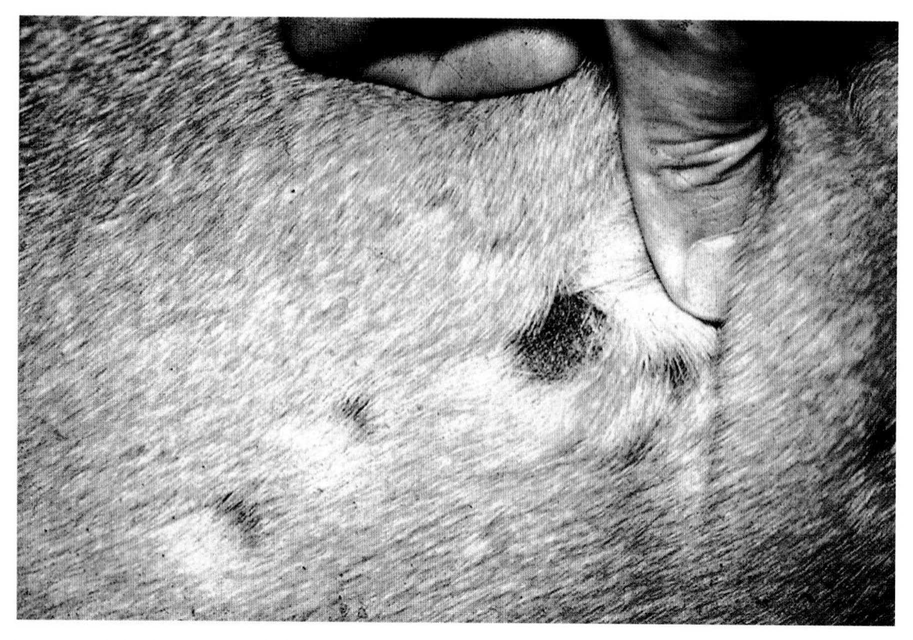

图24-4 浅表性脓皮病的康复阶段，炎症后色素沉着过多引起的色素斑

- 局部病变。
- 脱发，虫蛀式被毛，大片环形脱屑。
- 脱屑，毛囊管型。
- 苔藓样变。
- 脓肿。
- 疖病，蜂窝组织炎。
- 流脓。
- 皮肤油腻。

鉴别诊断

- 特应性皮炎。
- 寄生性皮炎（跳蚤，疥疮，蠕形螨病，姬螯螨病等）。
- 食物过敏。
- 肿瘤（皮肤淋巴瘤）。
- 代谢性疾病（糖尿病，浅表坏死剥脱性皮炎，特发性和医源性肾上腺皮质机能亢进，甲状腺功能减退等）。
- 角化/角化缺陷（脂溢性皮炎，维生素A反应性皮肤病，皮脂腺炎等）。
- 色素稀释性脱毛/毛囊发育不良。
- 免疫介导性疾病（天疱疮，红斑狼疮，脉管炎等）。
- 免疫抑制（糖皮质激素，化疗，代谢等）。
- 脂膜炎。

- 结节性皮肤病（组织细胞增生症等）。

诊　断

- 风险因素鉴定：
  - 过敏：跳蚤；过敏性疾病；食物；接触。
  - 真菌感染：皮肤癣菌。
  - 内分泌疾病：甲状腺功能减退；肾上腺皮质机能亢进；性激素失衡。
  - 免疫不健全：糖皮质激素；年幼动物。
  - 皮脂溢出：痤疮；雪纳瑞粉刺综合征。
  - 构造：短毛，皮肤皱褶。
  - 创伤：压觉点，梳理，刮伤，觅食行为，刺激。
  - 异物：狐尾草，草芒。
  - 浅层：正常或可反映潜在的病因（例如，甲状腺功能减退引起的贫血；库欣氏症引起的应激性白细胞像和高血清碱性磷酸酶；寄生引起的嗜酸性粒细胞增多）。
  - 全身性，深层：可显示白细胞增多，核左移和高球蛋白血症，也有与潜在病因相关的改变。
- 诊断性试验：
  - 全身性体检。
  - 皮肤刮屑，拔毛，癣菌培养，皮内过敏试验，低过敏性食物试验，内分泌测试：可找出潜在的病因。
  - 皮肤活检。
  - 细胞学：完整脓疱的直接涂片；吞噬细菌的中性粒细胞；区分细菌性感染与落叶性天疱疮（棘层松解性角质细胞）和深部真菌感染（芽生菌病，隐球菌病）；晶粒组织可以识别丝状体，高级细菌的特征。
  - 治疗性诊断试验。
  - 细菌培养和敏感性试验：从完整脓疱中获得的内容物，来自表皮环形脱屑内侧的棉拭子，组织活检，或来自流脓或痂皮下新鲜的分泌物，均可分离出病原体。

治　疗

- 严重的，全身性，深层：可能需要静脉输液，注射抗生素，或每天洗漩涡浴。
- 过氧化苯甲酰或洗必泰洗发水：除去表面的碎片。
- 漩涡水浴疗法：深层脓皮病；去除结痂性渗出物，鼓励引流。
- 如果由食物过敏引起，需采取低过敏原饮食；否则要有高质量的、营养均衡的犬粮。
- 避免高蛋白，质量低劣的“特价”饮食以及补充过量。
- 褶皱性脓皮病可能需要手术矫正，以防止复发。
- 浅表脓皮病：最初可凭经验采用公认的抗生素治疗（见表24–1）。

表24-1　兽医皮肤病常用的全身性抗生素

药物	作用方式	排泄	备注
阿米卡星， 每天15mg/kg，皮下注射	杀菌	肾脏	肾毒性；耳毒性有争议； 革兰氏阳性球菌/革兰氏阴性杆菌有效； 注射/疼痛；密切监视
阿莫西林/克拉维酸， 15～20mg/kg，口服，每天2～3次	杀菌	肾脏	大型犬价格昂贵； 剂量高于标签剂量
阿奇霉素， 5～10mg/kg，口服，（7～14d）	抑菌	肝脏>肾脏	厌氧菌，某些革兰氏阳性球菌，弓形虫病； 日常，随食物服用可减少吸收； 与红霉素交叉耐药；用于乳头瘤和牙龈增生
头孢氨苄， 25～30mg/kg，口服，每天2～3次； 头孢拉定（Cefa片剂/滴剂）， 22～25mg/kg，口服，每天2次； 头孢泊肟（Simplicef）， 5～10mg/kg，口服，每天1次； 头孢维星， 80mg/kg，每10～14天1次	抑菌	肾脏	过度使用和滥用导致耐药菌株出现； 可能有糖尿；广谱好；常为脓皮病首选； 头孢维星注射是猫或幼犬的最佳选择
氯林可霉素 11mg/kg，口服，每天1～2次	抑菌	肝脏>肾脏	革兰氏阳性球菌和厌氧菌； 随食物服用吸收较少； 与红霉素交叉耐药
氯霉素 40～50mg/kg，口服，每天3次	抑菌	肝脏	革兰氏阳性和革兰氏阴性菌谱； 穿过血脑屏障； 与人类感染有关（再生障碍性贫血）； 后肢无力； 甲氧苯青霉素耐药的替代选择
强力霉素 5mg/kg，口服，每天2次	抑菌	肾脏>胃肠道	革兰氏阳性球菌； 产生细菌抗药性，易呕吐/腹泻； 只有表明C/S时使用； 与尼克酰胺一起使用有免疫调节作用
红霉素 10mg/kg，口服，每天2次	抑菌	肝脏>肾脏	革兰氏阳性球菌，支原体； 20%的病例出现呕吐
氟奎诺酮 恩诺沙星（Baytril）， 5～20mg/kg，口服，每天1次； 环丙沙星（Cipro）， 15～20mg/kg，口服，每天1次；	杀菌	肾脏>肝脏	良好的组织穿透力； 假单孢杆菌往往耐药； 用于深度脓皮病和混合感染
奥比沙星（Orbax）， 2.5～7.5mg/kg，口服，每天1次； 马波沙星（Zenequin）， 2.75～5.5mg/kg，口服，每天1次； 二氟沙星（Dicural）， 5～10mg/kg，口服，每天1次	杀菌	肝脏	用于多重耐药； 和其他抗生素合用（开始按低剂量）； 易产生耐药性，引起肝炎，溶血性贫血； 血小板减少，厌食，V/D，橙色汗水，泪液，尿液，粪便和唾液
磺胺类药 磺胺甲恶唑+三甲氧苄二氨嘧啶， 15mg/kg，口服，每天2次； 磺胺二甲氧嗪+奥美普林（Primor）， 27.5mg/kg，口服，每天1次	杀菌	肝脏>肾脏	革兰氏阳性球菌； 可引起干燥性角膜结膜炎； 引起药疹，肝坏死； 避免杜宾和罗威纳犬的关节炎； 改变甲状腺活性

- 复发性，耐药性，或深层脓皮病：可根据细菌培养和药敏试验结果采用抗生素治疗。
- 对不同抗生素敏感的多种病原：最好根据葡萄球菌易感性选择抗生素，但在严重病例还需要找到一种覆盖多种病原的治疗方法。
- 类固醇：当与抗生素同时使用时，将加速抗药性的产生和复发。
- 红霉素，林可霉素和苯唑西林常可引起呕吐，故可与少量食物一起服用。
- 庆大霉素和卡那霉素：因肾毒性通常不能全身长期使用。
- 甲氧苄啶：磺胺类抗生素与干燥性角结膜炎，发热，肝毒性，多发性关节炎，血液异常有关；可导致低甲状腺的测试结果。
- 氯霉素：猫要谨慎使用；可引起犬的轻度可逆性贫血（罕见）；大型犬可见后肢无力（停止服药可恢复正常）。
- 葡萄球菌疫苗，staphoid AB，或自体菌苗：小部分病例可提高抗生素的疗效，减少复发。
- 临床治疗以外服用抗生素最少2周，浅层脓皮病通常约1个月，深层脓皮病2～3个月以上。
- 用过氧化苯甲酰或洗必泰洗发水常规洗澡：可有助于防止复发。
- 持续复发的一些病例，可用低于最小抑制浓度的抗生素来控制（长期/低剂量）。
- 铺草垫：可缓解压觉点脓皮病。
- 外用过氧化苯甲酰凝胶或莫匹罗星软膏可能是有用的辅助疗法。含洗必泰的外用喷雾剂与Vetericyn VF喷雾剂（稀释的漂白产品）一样有效。
- 如果潜在病因未找到和尚未有效处理，可能会复发或无反应。
- 脓疱疮：影响青春期前的幼年犬；与饲养差有关，往往只需要局部治疗。
- 浅表脓疱性皮炎：发生于小猫；与女主人过分“亲吻”有关。
- 过敏性疾病继发的脓皮病：通常在1～3岁开始。
- 内分泌失调继发的脓皮病：通常在中年期开始。

注　释

新发抗药性细菌性脓皮病，耐甲氧西林葡萄球菌感染

- 出现在犬的细菌感染（很少在猫），对常用的抗生素药敏模式表现抗药性。
- 这些感染往往造成治疗上的难题。
- 新发的感染，包括耐甲氧西林葡萄球菌、假单胞菌、肠球菌和棒状杆菌，此时葡萄球菌感染最普遍，最令人困惑。
- 最令人困惑的细菌感染包括耐甲氧西林的葡萄球菌（耐甲氧西林金黄色葡萄球菌，耐甲氧西林伪中间葡萄球菌和耐甲氧西林施氏葡萄球菌）。
- “甲氧西林抗药性”，意指对同一类药物如青霉素、阿莫西林、苯唑西林中其他抗生素具有抗药性。
- 葡萄球菌是革兰氏阳性球菌，是哺乳动物皮肤和黏膜正常菌群的一部分。
- 在犬的皮肤上可以检测到多种葡萄球菌，最常见种类是伪中间葡萄球菌。

- 一般认为凝固酶阳性葡萄球菌比凝固酶阴性葡萄球菌致病性更大，但最近的数据表明，凝固酶阴性的葡萄球菌也可以致病（犬的施氏葡萄球菌）。
- 有人怀疑耐甲氧西林金黄色葡萄球菌/耐甲氧西林伪中间葡萄球菌的产生与滥用抗生素有关。广谱抗生素如头孢氨苄、头孢唑啉、头孢羟氨苄、阿莫西林、青霉素，甚至氟喹诺酮均可加快苯唑西林/甲氧西林耐药性的产生。不必要的处方，使用抗生素的针对性不强，在畜牧业生产中将抗生素用作饲料添加剂也可能是造成耐药性的原因。
- 耐甲氧西林葡萄球菌的三种抗药机制：①青霉素结合蛋白（PBP）和mecA基因；②所有耐甲氧西林葡萄球菌的细胞壁增厚；③主动外排作用。
- mecA基因传递编码改变的缺陷蛋白（PBP2a），该蛋白参与细胞壁肽聚糖的合成。所有青霉素和头孢菌素（β-内酰胺）需要结合细菌细胞壁的PBP来发挥药物的作用。由于mecA基因的存在和活化，耐甲氧西林金黄色葡萄球菌就可产生有缺陷的PBP。mecA基因来自移动的遗传元件，称之为葡萄球菌染色体盒（SCCmec）。耐甲氧西林金黄色葡萄球菌的传播通常是通过克隆化扩增，而不是正常的突变或质粒转移过程。所有的耐甲氧西林金黄色葡萄球菌菌株，可以追溯到20世纪60年代中期在欧洲发现的单个克隆。
- 外排泵：耐甲氧西林葡萄球菌往往具有一些蛋白，可通过膜结合泵参与主动去除抗生素，从而有效地限制许多抗生素在细胞内部结构中的活性。

葡萄球菌毒力因子

葡萄球菌致病因子有助于疾病的发生：

- 透明质酸酶可降解透明质酸，破坏结缔组织。
- 凝固酶可增加组织中纤维蛋白血栓的产生。
- 激酶可将纤溶酶原转化为纤溶酶，消化纤维蛋白。
- 链球菌溶血素可破坏吞噬作用。
- 链激酶可激活纤溶酶样蛋白的活性。
- 溶血素可通过细胞溶解破坏细胞。
- 在功能障碍模式中蛋白A结合IgG抗体，从而避免吞噬作用（黏附分子）。
- 表皮剥脱毒素可导致起泡，皮肤坏死毒素可引起葡萄球菌烫伤样皮肤综合征。
- 外毒素可引起局部组织损伤，诱发炎症。
- 超抗原（中毒性休克综合征毒素，TSST-1）可引起严重的致死性炎症。
- α毒素（溶细胞素）可在角质细胞内形成空洞。

甲氧西林抗药性的历史背景

- 金黄色葡萄球菌通常在29%~38%人群的鼻腔定植。
- 约0.84%的美国人（200万人）鼻腔中有金黄色葡萄球菌定植，没有临床症状。
- 某个人确诊为MRSA感染者，与他密切接触的人（配偶，父母/孩子，照顾者）和关系相对疏远的人（室友，朋友等）相比，其传染风险要大7.5倍。
- 20世纪60年代初以来，人类医院的金黄色葡萄球菌菌株中，耐甲氧西林的发生率迅速增加。

- 两大类：医院获得性MRSA（HA-MRSA）和社区获得性MRSA（CA-MRSA）。
- HA-MRSA是引起人的院内感染的头号病原体。风险因素包括免疫抑制性疾病/药物，手术，住院等。
- CA-MRSA近几年已经明显增加，至少50%的人已知有MRSA定植，可携带CA-MRSA菌株。社区获得的菌株遗传上不同于HA-MRSA，可表达称为Panton-Valentine杀白细胞素的毒素。社区类型的风险因素是生活条件拥挤，军事设施，监狱，体育设施/更衣室，老人院/疗养院，日托设施等。这种类型通常比HA-MRSA对抗生素更加敏感，但可产生危及生命的坏死性筋膜炎，坏死性肺炎以及败血症。
- 传统的区域株最近发生了转换，在社区环境发现HA-MRSA，在医院环境也有CA-MRSA。因此，出现了一个新名词，HCA-MRSA（卫生保健相关的MRSA）。
- 美国医学协会（AMA）2007年报告估计在2005年有95000美国人感染金黄色葡萄球菌，其中18650人死亡，死亡率高于艾滋病毒/艾滋病，同年因艾滋病死亡约17000。病人中与MRSA有关的最高死亡率为58%，均发现于医院环境。'
- 20世纪70年代初以来，家畜的甲氧西林抗药性已被确认，但到20世纪90年代才认为具有临床意义。近年来耐甲氧西林的报告剧增。在2005年，一个国家实验室报告，只有19%的金黄色葡萄球菌菌株耐甲氧西林，然而在2007年，其比例已上升到42%。但在2004年，不到0.6%的中间葡萄球菌（可能是伪中间葡萄球菌）具有甲氧西林抗药性，但在2007年这一数字已跃升至10.2%。
- 多数犬的病例涉及MRSP和MRSS，很少MRSA。
- 大多数犬的临床表现为脓皮病，耳炎和手术伤口感染（深部软组织，体腔，骨科修复）。
- MRSP和MRSS与犬的浅表感染（皮肤和耳道）最为密切（图24-5~图24-8）。
- 患犬的MRSA常见于深部感染——泌尿生殖系统、呼吸系统、关节间隙、体腔和伤口。

图24-5　鼻梁上慢性复发性融化溃疡，继发于耐甲氧西林葡萄球菌的感染

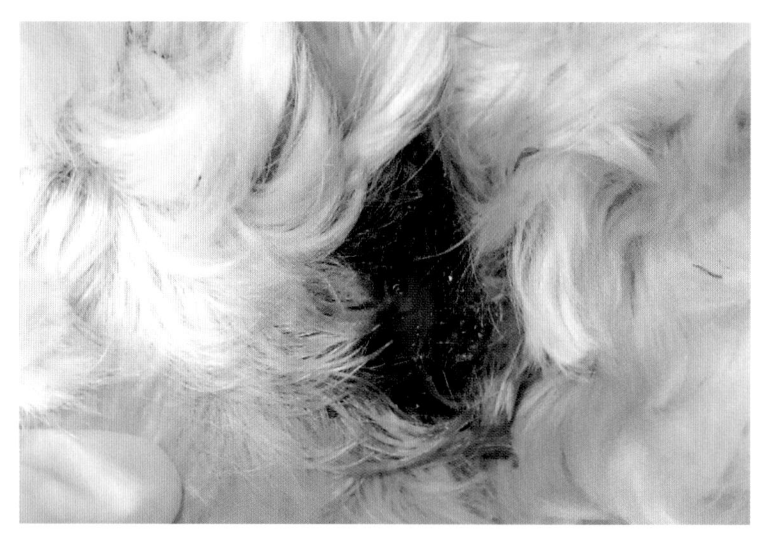

图24-6　图24-5的近距离观察

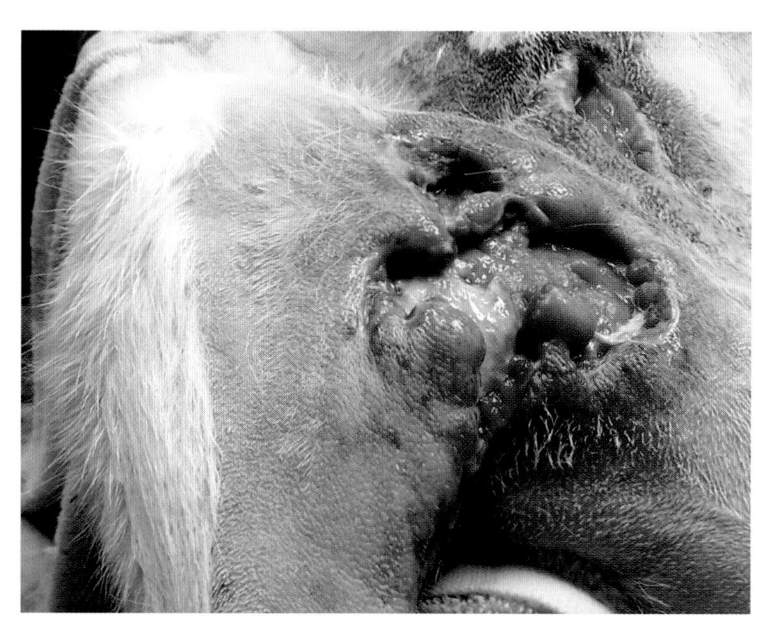

图24-7　耐甲氧西林葡萄球菌感染引起的严重“融化”性皮炎

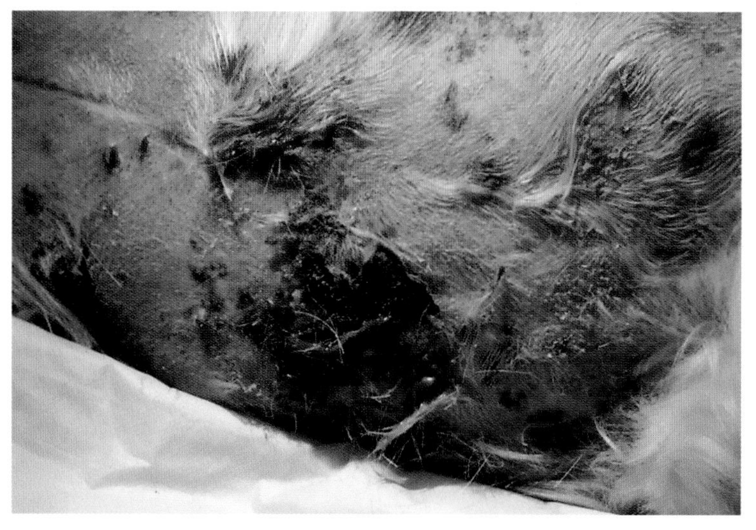

图24-8　耐甲氧西林葡萄球菌感染引起的浅表性毛囊炎和局灶性疖病

葡萄球菌在不同物种间的传播日益受到关注

- 伪中间葡萄球菌，金黄色葡萄球菌和施氏葡萄球菌人兽共患的可能性正在日益受到关注。所有三种葡萄球菌，都有可能导致人类和动物的疾病。
- 重要的是要记住，并非所有感染都会导致发病，还有可能只是定植。一项研究表明，在4.5%的健康犬和1.2%的健康猫中发现MRSP。
- 作为人畜共患的一个例子，家庭猫已确定的MRSA菌株，含有金黄色葡萄球菌染色体盒（SCC）mec元素，与人的院内MRSA感染有关。2006年的结果显示，存在来自人的人畜共患的反向传播。
- 在卫生保健领域就业的业主们通常认为可能的传播方式是由人传给宠物。同样，伪中间葡萄球菌从已感染的和没有感染的宠物主人中都已分离到。
- 施氏葡萄球菌具有多重耐药性，是人和犬感染的已知原因，并不依赖于种间传播。
- 就动物和住院患畜风险增加而言，犬的医院探视方案已经引起高度关注。目前的建议是避免来访动物与感染MRS患畜的接触。每次访问之前，宠物应洗澡，梳理。
- 可由许多途径传播：环境到人类，人类到环境，人类到宠物，宠物到人类，宠物到环境以及环境到宠物。
- 通常由鼻腔、咽喉和皮肤直接接触传播，或由墙壁、地板、柜台、床上用品、餐具等间接接触传播。
- 目前，人类或动物的黏膜感染MRSA后，不推荐常规的抗菌治疗。目前还没有证据表明，这种治疗是有效的，局部采用莫匹罗星也没有明显疗效。鼻腔、皮肤或黏膜都不能达到足够的药物覆盖。多数宠物将自动清除MRSA。

减少人兽共患病/反向人兽共患病的风险

- 用肥皂和水彻底洗手至少15 s（避免条皂）。
- 使用含酒精的洗手液（62%酒精）。
- 在处理疑似病人时使用手套。
- 避免重复使用被污染的衣物（实验室外套、领带、磨砂等）。
- 不要与宠物分享食物或使用相同的餐具。
- 不要让宠物舔你的脸或开放性伤口。
- 免疫力低下的人要格外小心。
- 消毒外科手术设备。
- 常规消毒所有笼具和设备（如：听诊器）。
- 用60℃水清洗被褥。
- 经常清洁诊所物体表面（桌面、麻醉机、地板、墙壁、笼具、键盘、电话机、指甲钳、皮带、枪口等）。

客户教育

在互联网上有几个很好的资源：

- www.wormsandgermsblog.com为宠物主人提供了MRSP讲义。

- www.CCAR-ccra.org提供了有用的临床资料，包括客户教育讲义。

MRSA事实

- 在环境中超过42d的尸体和60d的肉类产品上可以发现。
- 在玻璃上可以存活46h。
- 在阳光直射下可以存活17h。
- 在地板上可存活7d。
- 在诊所被褥和衣服上可存活12个月以上。

耐药性金黄色葡萄球菌的全身性治疗（根据培养和药敏试验结果）

- 氯霉素：往往是最好的选择。
- 强效磺胺类药物：通常为第二个最好的选择。
- 阿米卡星：注射，有痛感和潜在的肾毒性。
- 强力霉素。
- 克林霉素：限制使用。
- 氟喹诺酮：限制使用。

表24-2 小动物兽医诊所的感染控制和最佳实践

加拿大抗生素研究委员会公关部（2008），2008年9月第一次印刷

洗手
洗涤，冲洗和干手的机械动作可以去除大多数短暂出现在手上的细菌。手很脏时，必须用肥皂和自来水洗手。如果无法使用自来水，可使用湿纸巾去除明显的污垢和碎屑，然后用酒精擦手。 在兽医诊疗场所**不能使用肥皂条**。因为病原体有可能从一个人间接传染给另一个人。相反，应使用液体或泡沫肥皂。 ■ 洗涤液应该采用一次性自动泵机分发。 ■ 装洗涤液的容器未消毒不能使用，因为有污染的危险。 ■ 在急救护理区（如重症监护区和其他进行手术的场所），**应使用抗菌性肥皂**。
技术
1. 摘除所有手和胳膊上的首饰。 2. 用温水（不热水）湿手。热水猛然接触到皮肤上，会导致干燥和额外的皮肤损伤。 3. 采用液体或泡沫肥皂。 4. 冲洗手的各个部位至少15s，这是机械清除暂留细菌所需的最短时间，要特别注意指尖、指间、手背和拇指根，这些部位最容易被忽略。很多人计算洗手时间的简单方法是唱“生日快乐”。 5. 通过来回搓手，在温自来水下彻底冲洗双手的肥皂。残余的肥皂会导致皮肤干裂。 6. 用纸巾轻轻吸去手上水分，使手彻底干燥。用纸巾强力擦手会损伤皮肤。 7. 用纸巾关闭水龙头，以免你的手再次受到污染。 注意：如果使用空气干手器，必须要有自动出水水龙头，因为关水龙头不使用纸巾将会造成洗手后的再次污染。
何时应进行手部卫生
■ 在与病人接触前后； 　■ 特别是进行手术之前； ■ 接触病人环境中的物品前后； ■ 接触病人的体液或与体液有关的任何活动之后； ■ 带手套前，尤其是脱手套后； ■ 进食前； ■ 使用厕所或抠鼻子之后。

表24-3　被选消毒剂的特性

小动物兽医诊所的感染控制和最佳实践，加拿大抗生素研究委员会公关部（2008），2008年11月第一次印刷

消毒剂分类	在病原材料中的活性	优点	缺点	注意事项	备注
醇类： 乙醇异丙醇	快速灭活	速效，无残留，相对无毒	挥发快	可燃	不适用于环境消毒，主要用做防腐剂
醛类： 甲醛，戊二醛	良好	广谱 相对无腐蚀性	剧毒	有刺激性 致癌 需要通风	使用水溶液或气体（熏蒸）
碱类： 氨水			气味难闻 有刺激性	不要用漂白剂混合	不建议常规使用
双胍类： 洗必泰	快速灭活	无毒	与阴离子洗涤剂不相容		不适用于环境消毒，主要用作防腐剂
卤族： 次氯酸盐 （漂白粉）	快速灭活	广谱，包括孢子价廉，可用于准备食品表面	可被阳离子肥皂/去污剂和阳光灭活； 需要频繁使用	有腐蚀性 有刺激性 与其他化学物质混合可产生有毒气体	用于环境表面清洁消毒，通常只有杀孢子消毒剂
氧化剂	良好	广谱，环保	随时间分解	有腐蚀性	环境消毒的最好选择
酚类	良好	广谱，无腐蚀性，储存稳定	对猫有毒，气味难闻，与阳离子和非离子型洗涤剂不相容	有刺激性	干燥后有一些残留活性
季铵化合物（QACs）	温和	储存稳定，对皮肤无刺激，低毒，可用于食物表面；耐高温和酸碱度	与阴离子型洗涤剂不相容		常用的环境消毒剂，干燥后有些残留活性

表24-4 各类被选消毒剂的抗菌谱

小动物兽医诊所的感染控制和最佳实践，加拿大抗生素研究委员会公关部（2008），2008年11月第一次印刷

	病原	醇类	醛类	氨水	洗必泰	次氯酸盐（漂白粉）	氧化剂	酚类	季铵化合物
最敏感	支原体	++	++	++	++	++	++	++	+
↓	G^+细菌	++	++	+	++	++	++	++	++
	G^-细菌	++	++	+	+	++	++	++	+
	假单胞杆菌	++	++	+	±	++	++	++	±
	包膜病毒	+	++	+	±	++	++	++	+
最有抵抗力	衣原体	±	+	+	±	+	+	±	–
	无包膜病毒	–	+	±	–	++	+	+	–
	真菌孢子	±	+	+	±	+	±	+	±
	耐酸菌	+	++	+	–	+	±	++	–
	细菌孢子	–	+	±	–	++	+	–	–
	球虫	–	–	+	–	–	–	+	–

注：++ 高度有效；+ 有效；± 活性有限；– 无活性。

- 万古霉素：对绝大多数MRS敏感，但对犬有肾毒性。
- 利奈唑胺：优良的活性，口服或注射，毒性低，但非常昂贵，关于兽用尚有争议，因为它在“危及生命”的人类病例中往往是唯一有效的药物。

局部治疗

- 2%莫匹罗星：优良的穿透剂，主要对革兰氏阳性菌敏感，有抑菌作用。
- 夫西地酸。
- 葡萄糖洗必泰：比过氧化苯甲酰的刺激性要小，剩余效应好，对革兰氏阳性菌效果好，对假单胞菌效果差。
- 过氧化苯甲酰：氧化剂，当心可漂白织物，可降低皮肤的pH，可引起干燥，破坏细菌的细胞膜。
- 10%乳酸乙酯：可降低皮肤的pH。
- 瑞他帕林（Altabax）：优良的渗透剂，革兰氏阳性菌，价格昂贵。
- Vetericyn VF 喷雾剂（稀释的漂白剂）。

作者：Karen Helton Rhodes

张瑞强　译　李国清　校

第 25 章

皮肤真菌病

定义 / 概述

- 影响毛发角化区和指甲以及浅层皮肤的一种皮肤真菌感染（癣）。
- 最常见的分离菌：犬小孢子菌，须癣毛癣菌和石膏样小孢子菌。
- 犬小孢子菌的来源通常是被感染的猫。
- 须癣毛癣菌的来源往往是与鼠类的直接或间接接触。
- 石膏样小孢子菌的来源是受污染地区挖掘的土壤。
- 告戒畜主皮肤真菌病是一种人兽共患的疾病。

病因学 / 病理生理学

- 暴露或接触皮肤癣菌并不一定导致感染。
- 感染可能不会导致临床症状。
- 皮肤癣菌：在毛发、指甲、皮肤的角化层生长；在活组织中并不生长旺盛，在严重炎症的情况下可持续存在；潜伏期为1～4周。
- 受影响的动物可能是无症状的携带者，有些动物永远不会表现出症状。
- 糖皮质激素可以调节炎症并延长感染。

发生/流行

- 病变可能与许多皮肤病相似，诊断不准确可能很常见。
- 感染率差异很大，取决于研究的群体。猫舍和庇护所存在风险。
- 虽然无处不在，在炎热潮湿的地区发病率较高。
- 适土性癣菌的发病率可能有地域上的不同。
- 皮肤癣菌可通过直接接触被感染的毛发和/或鳞屑在动物和人之间传播。

特征 / 病史

- 猫：长毛品种更常见，可引起持久性亚临床感染。
- 临床症状在年轻和老龄动物更常见。
- 病变可能是从脱毛或被毛差开始。
- 有过确认感染的病史或接触过感染的动物或环境（例如，猫舍），但检查结果并不一致。

病因

- 猫：犬小孢子菌是最常见的病原。
- 犬：病因是犬小孢子菌、石膏样小孢子菌和须癣毛癣菌，每种病菌的发病率有地区差异。

风险因素

- 疾病（猫白血病病毒，猫免疫缺陷病毒）或药物（类固醇）引起的免疫受损。
- 猫免疫缺陷病毒感染（发病率高3倍）。
- 畜群密度高。
- 营养不良。
- 管理不善。
- 缺乏足够的检疫期。
- 过度洗澡和梳理。

临 床 特 点

- 表现不一，从隐性带菌状态到片状或圆形脱毛，可迅速发展为全身性病变。
- 典型的圆形脱毛：常见于猫；犬经常被误解。
- 鳞屑，红斑，色素沉着过多，瘙痒：表现不一。
- 可发生肉芽肿病变（假足分支菌病）或脓癣（常为石膏样小孢子菌）。
- 毛囊炎。
- 猫粟粒性皮炎。
- 甲床发炎和指甲畸形。
- 面部毛囊炎和疖病可与自身免疫性疾病相似（图25-1～图25-3）。

图25-1　感染犬小孢子菌的波斯猫。该品种易患皮肤真菌病（Carol Foil博士惠赠）

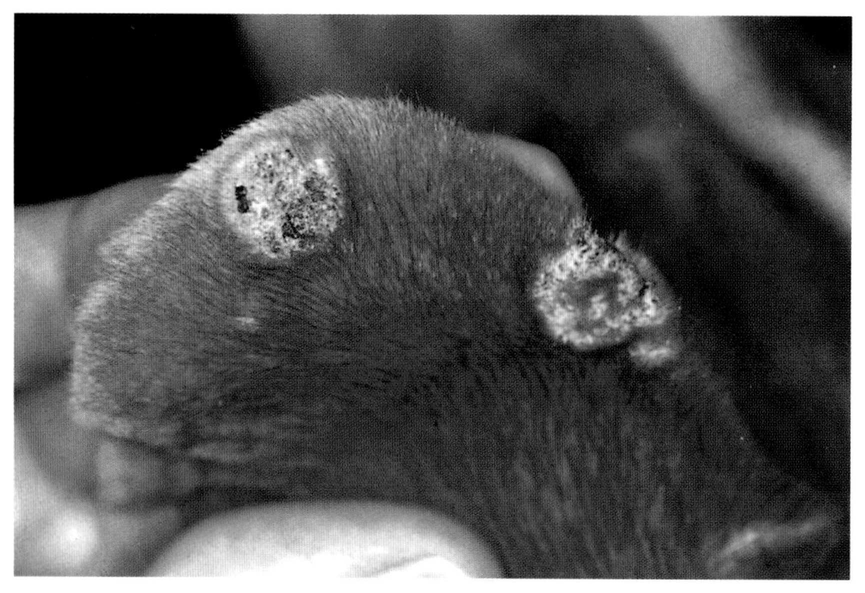

图25-2　犬的皮肤真菌病（犬小孢子菌），人和猫的特征是圆形脱毛斑和鳞屑（图片由Carol Foil博士惠赠）

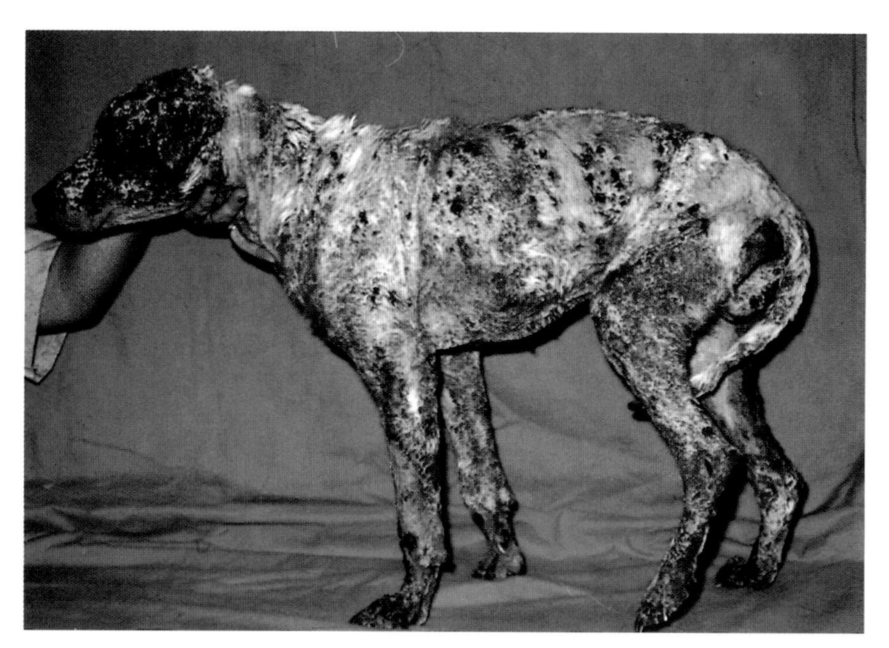

图25-3　须癣毛癣菌引起的扩散性皮肤真菌病（图片由Carol Foil博士惠赠）

鉴别诊断

- 猫：过敏性皮炎，淋巴细胞壁毛囊炎，和大多数其他皮肤病。
- 犬：细菌性毛囊炎（表皮环形脱屑）和多种原因的脱毛。
- 蠕形螨病：毛囊口严重扩大，伴发疖病。
- 免疫介导/自身免疫性皮肤病：类似于脸或足皮肤真菌病引起的严重炎症。

诊 断

伍德灯检查

- 多样的筛检工具。
- 许多致病性皮肤癣菌不能发出荧光。
- 常见有假荧光；药物处理，表皮鳞片相关的角蛋白和皮脂都可产生假阳性荧光。
- 灯至少应预热5min，然后对可疑病灶照5min。
- 犬小孢子菌真正的阳性反应，是在毛干发出苹果绿色荧光。

毛发的显微检查

- 使用清洗液后，拨毛检查有助于提供快速诊断。
- 费时，常常产生假阴性结果。
- 使用的毛发应在伍德灯照明下发出荧光，这样可增加鉴定毛干真菌菌丝的可能性。
- 癣菌在组织内从不形成大型分生孢子（可以出现腐生性真菌孢子）。

真菌培养与鉴定

- 诊断的“金标准”。
- 伍德灯下检查，显示阳性苹果绿色荧光的头发，被认为是培养的理想材料。
- 从脱毛区边缘拔毛，不能随机拔毛。
- 使用灭菌牙刷来刷无症状动物的被毛，以便取得更好的结果。
- 皮肤癣菌试验培养基（带酚红指示剂的沙氏葡萄糖琼脂）：皮肤癣菌生长可改变培养基的颜色，当培养基变成碱性时颜色可变为红色；皮肤癣菌早期生长阶段可产生颜色变化；腐生菌菌落生长后可引起明显的颜色变化，因此每天检查培养基是很重要的。
- 显微镜检查小分生孢子和大分生孢子的生长情况对于确认致病性皮肤癣菌，鉴定属种和辅助鉴定感染源是必须的。不产生孢子或难以辨认的可疑菌落可能是毛癣菌。
- 皮肤癣菌菌落的颜色是白色到浅黄色，污染物往往是蓝色、绿色、黑色或深褐色。
- 培养阳性表明有皮肤癣菌存在，微生物可能是短暂的（如脚上的适土性癣菌）。

皮肤活检

- 诊断该病通常并不需要。
- 可能有助于确定真正的入侵和感染，或诊断真菌培养阴性的可疑病例。
- 在肉芽肿性皮癣（癣脓肿，假足分支菌病）病例最有帮助。
- 病理组织学检查：常见毛囊炎，毛囊周炎或疖病。角化过度，表皮内脓疱，脓肉芽肿性反应模式也会发生。
- 在H&E-染色切片中可观察到真菌菌丝；特殊染色更容易见到病原。

治 疗

药物选择

- 灰黄霉素：不再是选择的药物。小型包装：口服剂量为25～60mg/kg，每12～24h一次，连用4～10周；超小型包装：口服剂量为2.5～15mg/kg，每12～24h一次，每天分两次给药，并配合脂肪餐，可增加吸收；剂量越高毒性增加的可能性越大，使用时应特别谨慎；最常见的不良反应是肠胃不适；通过降低剂量或分剂量多次给药来减轻不良反应；已发现与猫的特异毒性（骨髓抑制）有关，因此不建议使用。
- 酮康唑：真正的疗效未知；口服剂量为10mg/kg，每24h一次，或分剂量，每12h一次；连用4～8周；最常见的不良反应是厌食和呕吐，猫不建议使用；许多医生首选用来治疗中型到大型犬。
- 伊曲康唑类似于酮康唑，但不良反应较少，更有效，而且价格昂贵。伊曲康唑胶囊在犬的口服剂量为5～10mg/kg，每24h一次，持续4～8周；猫的口服剂量是10mg/kg，每24h一次，持续4～8周或直到痊愈；口服剂量20mg/kg，每48h一次，对于犬也可考虑。在一些猫，治疗4周后可改变给药方案，隔周治疗一次，总治疗时间为8～10周；用一周停一周的交替治疗方案，有明显疗效，可减少药物费用，或每周2天；包装有100mg胶囊和含环糊精的10mg/mL液体；由于吸收不同液体优于复方制剂。伊曲康唑已成为许多临床医生治疗幼小的犬和猫（6周大的猫）的皮肤真菌病的最好选择。
- 建议局部治疗和修剪与全身治疗相结合；治疗程序启动后，有助于防止环境污染，常常与病情开始恶化有关；石硫合剂（1∶16稀释），恩康唑和咪康唑（带或不带洗必泰）是最有效的全身性外用制剂；石硫合剂气味芳香，可以染色；恩康唑在美国不供家庭使用。含咪康唑的溶液有洗发水和便携式制剂；推荐使用伊丽莎白项圈，特别是猫，可防止摄入这些产品。单独使用洗必泰已被证明无效，但最近的研究显示洗必泰可与咪康唑联合使用来提高疗效。

注意事项

- 灰黄霉素
  - 高度致畸。
  - 长期治疗或特异体质，可发生骨髓抑制（贫血，全血细胞减少和中性粒细胞减少）。
  - 中性粒细胞减少：猫的最常见的致死性反应；停药后可持续，感染FeLV或FIV的猫可危及生命。
  - 神经系统不良反应。
  - 怀孕动物禁用（致畸）。
- 酮康唑
  - 可导致十分严重的肝病。
  - 可抑制犬的内源性类固醇激素的产生。
- 伊曲康唑
  - 据报道，患芽生菌病的犬用伊曲康唑治疗（剂量为5mg/kg，每12h一次），其中7.5%的犬有脉管炎与皮肤坏死溃疡性病变。接受剂量为5mg/kg，每24h一次的患畜未见病变。

  - 据报道约5%～10%因芽生菌病治疗的患犬有肝毒性。
  - 脉管炎在猫中也有报道。
- 石硫合剂溶液：外用溶液
  - 有临床证据，摄入石硫合剂可导致口腔黏膜的刺激，因此，干燥时应给动物带上伊丽莎白项圈（尤其是猫）。

替代药物

- “癣疫苗”：不再在美国上市，虽然有利于减轻症状，但是或许能促进隐性带菌状态产生。
- 氯芬奴隆：用于控制跳蚤的几丁质合成抑制剂；对照研究中证明无效。
- 氟康唑：在研究中药物的有效性没有很好记载；但比伊曲康唑便宜。
- 特比萘芬：在对唑类药物（剂量为每天30mg/kg）有抗药性的病例或作为替代疗法可能有帮助。
- 克霉唑，咪康唑，特比萘芬外用药膏/乳液可能有帮助。

注　　释

客户教育

- 告知主人，许多短毛猫在单独环境下，以及许多犬的症状都可以自动缓解。
- 可修剪长毛动物，以减少环境污染。
- 劝告主人治疗效果可能并不乐观，也很昂贵，尤其是在多动物家庭或复发病例。
- 通知主人环境治理包括污染物的处理是很重要的，尤其是复发病例；稀释的漂白剂（所需浓度有所不同）是一种实用而且相对有效的环境净化手段，浓漂白剂和福尔马林（1%）杀孢子更为有效，但在许多情况下使用并不实际，洗必泰的试点研究证明无效。
- 通知主人在多动物环境或猫舍情况下，治疗和控制可能非常复杂，应考虑咨询有这方面专长的兽医。
- 皮肤真菌病是一种人兽共患的疾病。
- http://www.wormsandgermsblog.com 是一个优秀的客户教育网站。

病畜监护

- 皮肤癣菌培养是监测治疗反应的唯一有效手段，许多动物临床上有所改善，但培养仍呈阳性。
- 重复真菌培养，直到治疗结束；需连续治疗，直到至少有一次培养结果呈阴性。
- 在抗药性病例，采用牙刷技术采集病料每周重复培养；连续治疗，直到2～3次连续培养的结果均为阴性。
- 如果用灰黄霉素治疗，每周或每两周要进行全血细胞计数，如用酮康唑或伊曲康唑治疗则要定期评估肝脏酶的改变情况。

预防

- 启动检疫期，并获得所有进入家庭动物的皮肤癣菌培养物，以防止隐性携带者造成再感染。
- 应考虑啮齿动物协助传播该病的可能性。

- 如果涉及适土性癣菌，要避免接触感染性土壤。
- 可考虑对暴露动物的预防性治疗。
- 几个月之后，许多动物会“自动清除”感染。
- 治疗可加速临床治愈，并有助于减少环境污染。
- 有些感染，尤其在长毛猫或多动物情况下可能持久存在。
- 环境清理对于防止再感染是至关重要的。从破碎和脱落的毛发/皮屑释放的皮肤癣菌分节孢子寿命很长。用吸尘器来清除毛发，用家庭漂白剂对表面进行清洗，都很重要。衣服和被褥应使用漂白剂彻底清洗或丢弃。应抛弃铺着地毯的抓猫的箱子。

作者：Karen Helton Rhodes

张瑞强　译　李国清　校

第 26 章

中间和深层霉菌病

中间霉菌病：孢子丝菌病

定义 / 概述

- 影响皮肤，淋巴管或全身的人兽共患的真菌病。
- 由无处不在的二态真菌申克氏孢子丝菌经直接接种所引起。
- 土壤和有机质中的腐生菌通过接种进入组织。

特征 / 病史

原因与风险因素

- 犬：猎犬被荆棘或碎片刺伤。
- 猫：公猫户外打架。
- 接触到富含腐烂有机质的动物易患此病。
- 接触患病动物或临床健康猫与感染猫在同一家庭是一个危险因素。
- 免疫抑制性疾病是一个危险因素。
- 在热带和亚热带地区发病率增加。
- 注意：这是一种人兽共患的疾病，应采取适当的预防措施，以防止感染。皮肤破损的情况下不能抵抗该病。

临 床 特 点

- 犬的皮肤型：结节很多，可能有渗出或结痂，通常影响头部或躯干（图26-1）。
- 猫的皮肤型：病变最初表现为伤口或伤口样脓肿，出现在头部、腰部和四肢远端，与打斗有关。
- 皮下淋巴型：通常由皮肤型通过淋巴管延伸，形成新的结节，瘘管或结痂；常见淋巴结肿大。
- 扩散型：出现不适和发热的全身症状。

鉴 别 诊 断

- 感染：出现结节和瘘管的细菌性和真菌性疾病（如隐球菌病、芽生菌病、猫麻风病和组织胞浆菌病）。
- 肿瘤。
- 深层细菌感染。

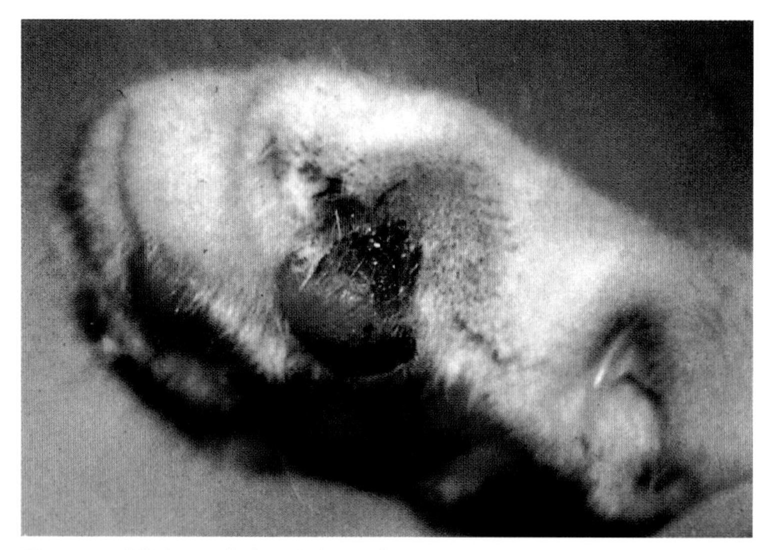

图26-1　猫的孢子丝菌病。注意沿甲床和脚垫的溃疡性病变（Carol Foil博士惠赠）

- 寄生虫：蠕形螨，泥皮线虫。

诊　断

- 深层病变组织的培养。
- 注意：这是一种人兽共患的疾病，必须告诫实验室工作人员可能有别的诊断；在其他鉴别诊断排除之前，不应试图去培养。
- 渗出液的细胞学检查：细胞内可见雪茄形至圆形的真菌或在渗出物中游离的真菌存在。
- 活检：通常病原数量众多，尤其是猫；真菌染色（PAS或GMS）有助于诊断；犬的组织中未证实病原存在，并不能排除诊断。

治　疗

- 治疗患孢子丝菌病的动物时，应考虑该病人兽共患的性质。
- 可考虑门诊治疗，但可增加人类接触的可能性。

药物选择

- 碘化钾饱和溶液（SSKI）
  - 犬：剂量为40mg/kg，与食物一起口服，每8h一次；猫：剂量为10～20mg/kg，与食物一起口服，每12h一次。
  - 治疗至少2个月，临床症状缓解后继续治疗30d。
  - 犬，如果有碘中毒症状（被毛干燥，大量鳞屑，流鼻涕或眼泪，呕吐，抑郁或虚脱），应停药1周。如果症状轻微，以相同剂量再次治疗。如果症状严重或复发，应考虑其他药物。
  - 猫，常见碘中毒症状（抑郁、呕吐、厌食、抽搐、体温低、心血管虚脱），一旦出现，应停止用药。

- 酮康唑和伊曲康唑
  - 治疗猫和犬真菌病的效果明显。
  - 犬：酮康唑：剂量5～15mg/kg，口服，每12h一次，直到临床症状缓解后1个月或最少2个月。大约3个月内临床症状可以缓解。最常见的不良反应是厌食，但症状相对较轻。伊曲康唑：胶囊型剂量为5～10mg/kg，每12～24h一次，至少2个月。按低剂量5mg/kg服用，每24h一次，很少出现不良反应。通常比酮康唑的耐受性好。然而，已有急性肝病和血管炎的报道（见皮肤真菌病）。
  - 猫：酮康唑口服剂量为5～10mg/kg，每12～24h一次，持续1～2个月，直到临床治愈。猫常见的不良反应是肠胃功能紊乱，其他不良反应有抑郁、发热、黄疸和神经症状。伊曲康唑（15mg/kg，口服，每24h一次，最少1个月，直到临床治愈）由于疗效好和不良反应少，对猫而言是治疗的首选。伊曲康唑口服混悬液（含环糊精）的剂量为1.25～1.5mg/kg，每24h一次。复方制剂由于吸收可能不一致，所以不推荐使用。口服悬浮液最好是空腹使用，可提高吸收率。治疗猫时，有时需要替换药物类型。

注　释

病畜监测/预后

- 建议每隔2～4周进行重新评估，包括肝脏酶的评估，以监测临床症状和与治疗有关的不良反应。
- 如果治疗失败，应考虑替代治疗或联合治疗方案（SSKI和酮康唑）。氟康唑和特比萘芬仍未经过测试，但也许可以用于治疗。

人兽共患的可能

- 注意：这是一种人兽共患的疾病，应采取适当的预防措施，以防止感染。
- 动物主人教育非常重要。
- 皮肤破损的情况下，不能抵抗此病。
- 已报道啮齿动物、鹦鹉、猫、犬、马和犰狳的叮咬和划痕可引起人畜互传。
- 临床健康的猫与感染的猫同在一个家庭可能是传染源。

深层霉菌病：隐球菌病，球孢子菌病，芽生菌病

定义 / 概述

- 局部或全身性真菌感染。
- 新型隐球菌生长在鸟粪和腐烂的植被（真菌）。
- 粗球孢子菌（美国西南部）和皮炎芽生菌（密西西比、俄亥俄、田纳西河流域和威斯康星州部分地区）是土传性真菌生物。
- 临床症状因涉及的器官系统各有不同。

特征/病史

隐球菌病（图26-2，图26-3）

- 猫的感染可能比犬高7倍。
- 犬和猫吸入真菌生物，通常在鼻腔引起感染病灶。
- 一种传播形式是经血循环从鼻腔蔓延到大脑、眼睛、肺和其他组织，或延伸到鼻子的皮肤、眼、眼窝组织和滤过淋巴结。
- 通常伴有发热、厌食、流鼻涕、皮肤结节/溃疡、嗜睡和神经症状（抽搐、共济失调、麻痹和失明）。
- 50%的病猫有皮下病变，包括丘疹和结节以及脓肿、溃疡和瘘管。
- 猫鼻的病变非常普遍，可出现鼻梁肿胀，导致面部不对称，常见上呼吸道症状。

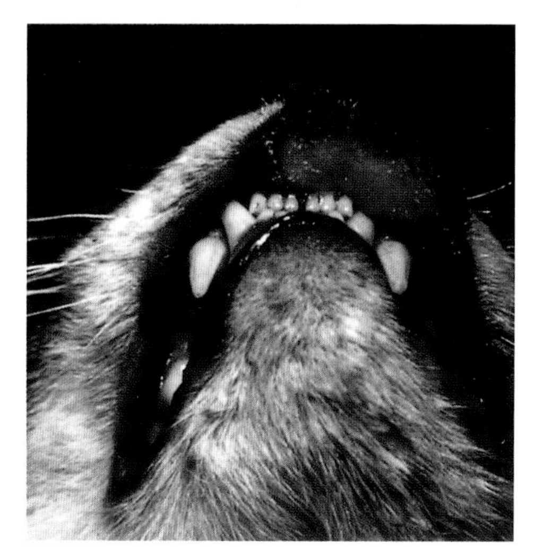

图26-2 猫隐球菌病。注意上唇沟和唇部局灶性溃疡性结节以及下巴的扩散性结节（Carol Foil博士惠赠）

图26-3 由新型隐球菌感染引起的7岁短毛家猫的面部溃疡性皮炎

球孢子菌病

- 犬和猫的发病，但犬的发病率比猫高。
- 吸入感染性节孢子是感染的主要途径。
- 接触10d内表现临床症状，但无症状感染也可发生，可导致免疫力的产生，而无临床疾病。
- 临床症状取决于受影响的系统器官，包括嗜睡，发烧，厌食，痰性咳嗽或干咳/呼吸困难，关节疼痛，抽搐，葡萄膜炎/角膜炎，截瘫，颈部或背部疼痛，骨肿大，心血管症状，肾功能衰竭，淋巴结肿大，皮肤病变以结节和瘘管为特征。

芽生菌病（图26-4，图26-5）

- 源于土壤的小孢子（分生孢子）被吸入，在体温作用下孢子变成真菌，引发肺部感染（真菌性肺炎）。然后真菌经血源性扩散到整个身体。宿主的免疫反应导致脓性肉芽肿性反应。

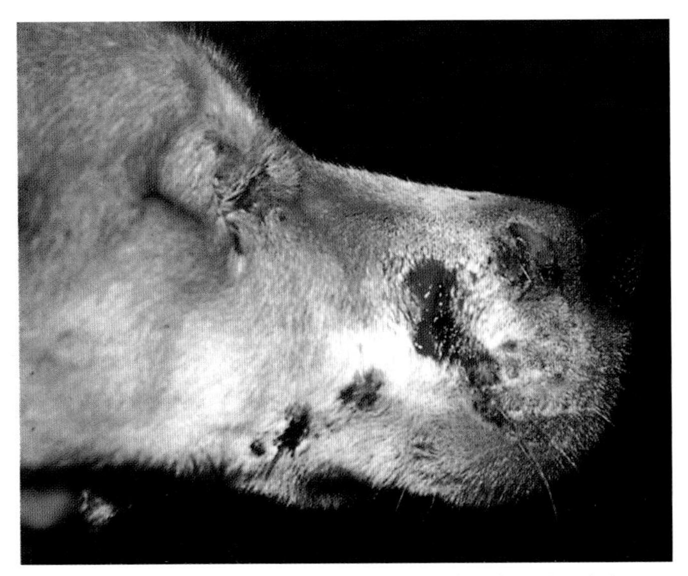

图26-4　犬的面部芽生菌病引起的局灶性溃疡和渗出（图片由Carol Foil博士惠赠）

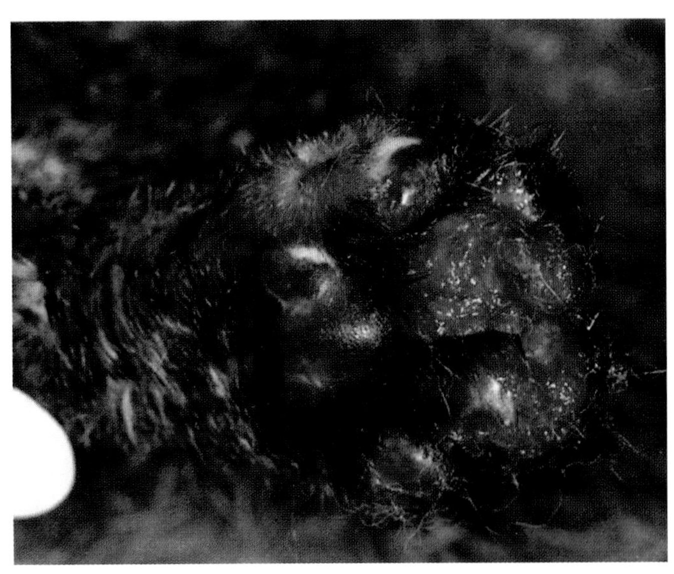

图26-5　猫的脚垫因芽生菌病引起的严重溃烂（图片由Carol Foil博士惠赠）

- 85%的患犬有肺病，40%的患犬有皮肤病（肉芽肿）。
- 临床症状包括发烧，嗜睡，厌食，剧烈干咳，淋巴结肿大，跛行（真菌性骨髓炎），葡萄膜炎/青光眼，睾丸肿大和前列腺肥大。
- 皮肤病变包括溃疡性结节或斑块，皮下脓肿，瘘管，或大而硬的丘疹。

鉴 别 诊 断

- 肺炎。
- 肿瘤。
- 心脏衰竭。
- 其他全身性真菌病（组织胞浆菌病等）。
- 细菌感染。
- 神经系统疾病（立克次氏体、肉芽肿性脑膜脑炎、细菌性脑膜脑炎、肿瘤等）。
- 犬瘟热。
- 免疫介导性疾病。

诊　　断

- 全血球计数及血清化学检查：贫血，嗜酸性粒细胞增多，中性白血球增多，高球蛋白血症，低蛋白血症，氮质血症，高钙血症。
- 尿液分析：相对密度低和蛋白尿，犬恶丝虫感染时有炎性肾小球肾炎；前列腺感染时犬的尿液中可以发现芽生菌。
- X线：隐球菌性肉芽肿常见于猫的软腭后，骨损伤时常见致密材料填充鼻腔；球孢子菌病可引起肺部间质细胞浸润和骨质溶解；芽生菌可引起肺部和骨组织明显的病变；可出现全身性间质性炎症到结节性肺浸润，支气管淋巴结肿大，溶解性和增生性局灶性骨病变。

- 脑脊髓液培养和隐球菌荚膜抗原检测。
- 血清学检查：乳胶凝集试验或酶联免疫吸附试验（隐球菌），犬恶丝虫抗体的血清学试验，芽生菌的免疫琼扩（AGID）。
- 细胞学检查：鼻腔黏液检查具有诊断意义，淋巴结穿刺，皮肤病灶或引流渗出物的抹片，甚至气管洗脱液检查往往都具有诊断意义。
- 组织病理学检查：检查部位有皮肤、骨骼、无核眼、淋巴结，这些部位的检查与细胞学检查同时进行最具诊断意义。
- 培养/药敏试验：培养球孢子菌时要小心，因为它的菌丝体具有高度传染性。

治　疗

- 一般采用门诊治疗。但是，用两性霉素B治疗的患畜，治疗期间每周需要住院几次。对并发的临床症状（例如：癫痫，疼痛，咳嗽），应适当进行治疗。
- 限制活动，直到临床症状开始消退。
- 饲喂高质量可口的饮食，以保持体重。
- 应审查严重疾病长期治疗的费用和必要性以及治疗失败的可能性。此外，动物主人应当知道所用药物可能的不良反应。
- 患局灶性肉芽肿的病例（例如：肺叶、眼和肾的肉芽肿），受影响的器官可以手术切除。
- 一般认为球孢子菌病是最严重和危及生命的全身性真菌病。扩散性疾病的治疗，采用抗真菌药至少需要治疗1年。
- 鼻咽部隐球菌引起的脓性肉芽肿性病变，可能需要手术切除，以减少呼吸困难。

药物选择

- 犬
  - 唑类药物家族中目前有几种口服药可用于治疗犬的深部真菌感染。
  - 酮康唑（KTZ）剂量为5～10mg/kg，口服，每12h一次。可与食物一起服用，有人认为与高剂量维生素C合用可增强药物的吸收。治疗应持续较长一段时间。
  - 伊曲康唑（ITZ）剂量为5～10mg/kg，口服，每12h一次。服用方法与酮康唑类似。据报道与酮康唑相比该药有较高的穿透率，但尚未观察到更好的临床反应。
  - 氟康唑（FCZ）口服剂量为5mg/kg，每12h一次，治疗成功率已经大大增加，尤其是神经系统感染。该药极其昂贵，动物主人应备足费用。长时间使用后，一些病例用药的频率可减少为每天一次。
  - 两性霉素B（AMB）较少推荐使用，因为容易造成肾功能损伤以及不能提供有效的口服药物。两性霉素B可按0.5mg/kg的剂量静脉注射，每周3次，总的累积剂量为8～10mg/kg。可以缓慢静脉注射（病重的犬），也可以当成丸剂快速灌注（相对健康的犬）。慢缓输液时，将两性霉素B加到250～500mL 5%葡萄糖溶液中，滴注，给药时间不少于4～6h。快速服用时，将两性霉素

B加到30mL 5%葡萄糖溶液中，通过蝴蝶状导管在5min内灌注，为了减轻两性霉素B对肾脏的不良影响，在两性霉素B治疗前几小时，可补充0.9%氯化钠（每小时每千克体重2mL）。

- 两性霉素B和酮康唑结合，在两种药物单独用于犬无效，或表现出明显的毒性时可以联合使用两性霉素B和酮康唑。目前尚不清楚在球孢子菌病治疗中联合治疗是否比单一药物治疗更有效。联合治疗时，两性霉素B按说明给药，总累积剂量为4 ~ 6mg/kg；酮康唑口服剂量为10mg/kg，每天一次，至少8 ~ 12个月。
- 氟胞嘧啶：按100mg/kg的剂量口服，每天分为3 ~ 4次；如果感染特别顽固，可添加三唑类药可能有帮助。

- 猫
  - 下列唑类药物可用于猫：
    - 酮康唑，总剂量为50mg/kg，口服，每12h一次。
    - 伊曲康唑，总剂量为25 ~ 50mg/kg，口服，每12h一次。
    - 氟康唑，总剂量为25 ~ 50mg/kg，口服，每12h一次。
  - 另外，两性霉素B可快速灌注给药，剂量为0.25mg/kg，每周3次，总累积剂量为4mg/kg。然后，根据临床反应可以长期用酮康唑治疗。

注意事项

- 主要由肝脏代谢的药物，不应与酮康唑同时给药。
- 主要由肾脏代谢的药物，不应与两性霉素B一起给药。
- 唑类药物的不良反应包括食欲不振，呕吐，肝毒性。症状减轻之后可以停止用药，或按低剂量使用；如果动物能够耐受药物，可以慢慢增加到推荐剂量。
- 两性霉素B治疗可能有严重的不良反应，包括肾功能不全、发热、食欲不振、呕吐和静脉炎。
- 由于肺部炎症，可造成严重的咳嗽，治疗开始后症状可能会暂时加重。可能需要短期使用低剂量的泼尼松和止咳药，以减轻呼吸道症状。
- 伊曲康唑与药物诱导性血管炎引起的溃疡性皮炎有关。
- 氟胞嘧啶与药疹有关，可表现为皮肤、嘴唇、鼻子脱色，以及骨髓抑制。

注　　释

患病动物监测

- 应每隔2 ~ 3个月监测血清滴度。应对动物进行治疗，直到它们的血清滴度下降。对治疗反应差的动物，应在给药后2 ~ 4h测量血药浓度，以确保药物足够的吸收。
- 所有用两性霉素B治疗的动物应监测尿素氮和进行尿分析。如果尿素氮上升，高于50mg/dL，或在尿中发现颗粒管型，应暂时停止治疗。

病程和预后

- 隐球菌
  - 告知动物主人这是一种慢性疾病，需要几个月的治疗。中枢神经系统疾病患畜需要终身维持治疗。

- 虽然不被视为一种人畜共患的疾病，但它可通过伤口传播，特别是免疫受损的人。
- 荚膜抗原滴度将决定对治疗的反应，如果2个月内滴度没有显著降低，则治疗方案需要改变。应每2个月检测一次，直到治疗后6个月；检测不到抗原之后或滴度永远不会转阴，但持续3～4个月明显减少时，可继续治疗2个月。
- 并发FeLV或FIV感染的猫预后严重。

- 球孢子菌病
  - 病情扩散则预后严重，许多犬口服治疗症状会改善；特别是当治疗缩短时，可能会复发。估计总的康复率在60%左右，但一些报道氟康唑治疗的有效率达90%。
  - 猫的预后尚未明确，但可以确定的是快速的扩散需要长期治疗。
  - 治疗完成后，建议每3～4个月做血清学检测，以监测复发的可能性。
  - 扩散性球孢子菌病未经处理而自然康复极为罕见。
  - 人兽共患病：正如动物组织中所见，霉菌小球并不直接传播给人或其他动物。然而，在某些罕见的情况下，绷带放置在渗出性病灶或污染的垫草内，其中真菌的感染性霉菌有可能恢复生长。渗出性病灶可导致节孢子的环境污染。任何时候处理感染的渗出性病灶都要小心。对主人处于免疫抑制的家庭来说应特别小心。
- 芽生菌
  - 25%的犬在治疗的第一周内死亡。感染康复的犬可产生持久的免疫力。
  - 肺的侵害程度和侵入脑部将影响预后。
  - 20%的患畜治疗后3～6个月内会复发。
  - 胸部X线片往往是治疗持续时间的最佳显示器；如果有病变存在，要继续治疗30d。
  - 临床/放射检查康复后，继续治疗至少30d。
  - 一般认为不存在人畜共患的威胁，除非通过叮咬伤口传播。
  - 告诫主人芽生菌病源自环境，他们可能在接触宠物的同时感染了芽生菌，鸭和浣熊猎人已经证实有共同的感染源，犬的发病率是人类的10倍。

作者：Karen Helton Rhodes

张瑞强 译 李国清 校

第 27 章

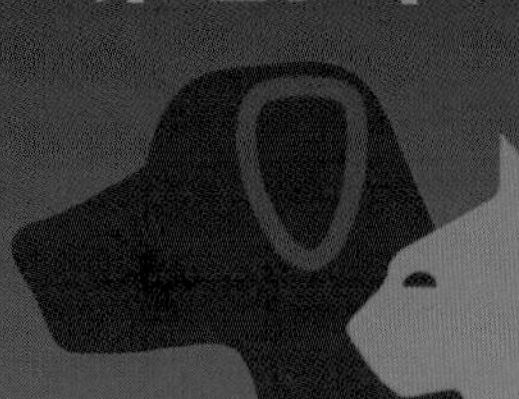

利什曼病：原虫性皮炎

定义 / 概述

- 鞭毛虫类原虫感染引起的皮肤和内脏疾病。
- 影响犬，猫，老鼠，马，牛和人类；犬科动物是人类疾病的重要感染源。
- 公共卫生问题：可能是人畜共患的致死性疾病。
- 在美国不常见，因地理位置而不同。
- 除利什曼原虫外其他原虫引起的皮肤病变极其罕见，本章不做讨论。

病因学 / 病理生理学

- 婴儿利什曼原虫：流行于地中海盆地，葡萄牙和西班牙；在瑞士，法国北部和荷兰有散发病例。
- 杜氏利什曼原虫复合种或巴西利什曼原虫：流行区为南美洲，中美洲和墨西哥南部。
- 婴儿利什曼原虫在美国呈地方性流行。
- 犬的病例在得克萨斯州，俄克拉何马州，马里兰州，北卡罗莱纳州已报道。
- 鞭毛虫通过白蛉（白蛉——旧大陆；罗蛉——新大陆）转移到宿主皮肤内，媒介昆虫在美国尚未明确鉴定。
- 该病原位于各种组织的巨噬细胞内。
- 猫：常位于皮肤。
- 犬：总是扩散到全身的大部分器官，肾功能衰竭是最常见的死亡原因。
- 潜伏期：1个月至数年。

特征 / 病史

- 曾于美国国内外流行地区旅行。
- 通过输入污染的血液和经胎盘感染。
- 几乎所有的犬，都发生内脏或全身性疾病；90%涉及皮肤疾病。

临 床 特 点

- 内脏型
  - 运动障碍。
  - 严重体重减轻和厌食。

  - 腹泻，呕吐。
  - 鼻出血和黑便。
  - 淋巴结肿大。
  - 消瘦。
  - 肾功能衰竭（多尿，频渴）。
  - 神经痛。
  - 跛行，由关节炎，多发性肌炎，溶骨性病变，增生性骨膜炎所致。
  - 热病。
  - 脾肿大。
  - 眼部疾病。
- 皮肤型（图27-1，图27-2）

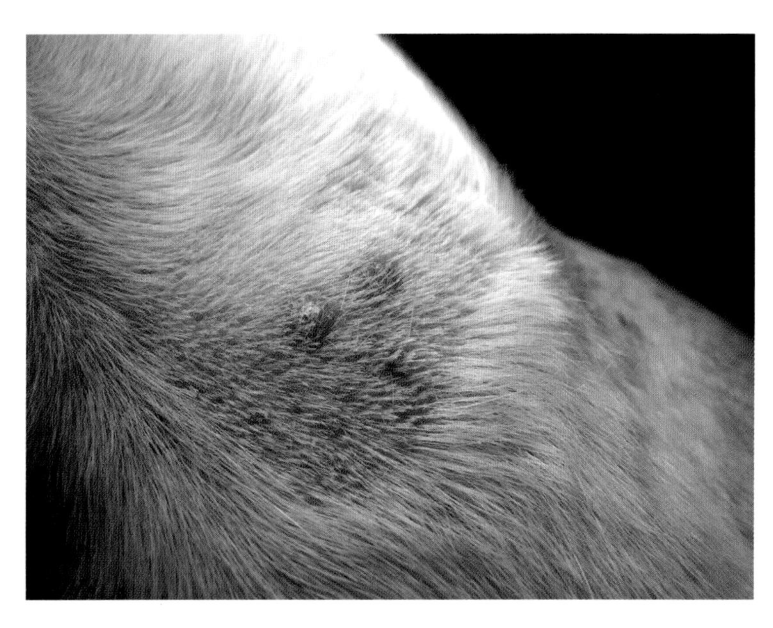

图27-1 利什曼病，结痂性皮肤结节

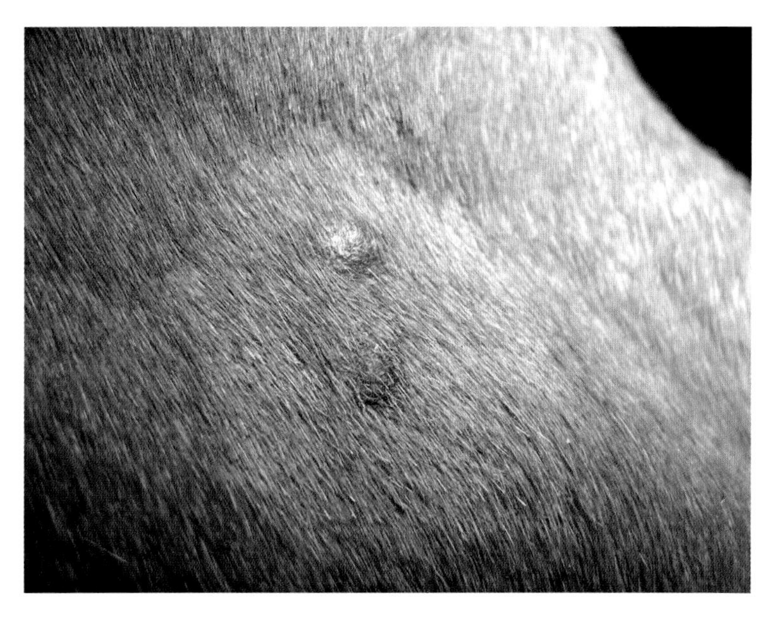

图27-2 利什曼病，结痂性皮肤结节

- 剥脱性皮炎。
- 皮肤褪色。
- 口套和脚垫增厚和脱屑。
- 脱毛和毛皮质量改变。
- 压觉区皮肤结节和溃疡。
- 指甲异常（罕见）。

鉴别诊断

- 内脏型
  - 真菌病（芽生菌病，组织胞浆菌病）。
  - 系统性红斑狼疮。
  - 埃里希体病。
  - 多发性骨髓瘤。
  - 转移性肿瘤。
  - 犬瘟热病毒。
  - 系统性血管炎。
- 皮肤型
  - 角质化障碍。
  - 营养性皮肤病（维生素A反应性，锌反应性）。
  - 特异性鼻指（趾）过度角化症。
  - 苔藓样牛皮癣样皮肤病。

诊断

- 全血细胞计数/生化指标：高蛋白血症，伴有高球蛋白血症和低白蛋白血症；肝脏酶的指数升高；氮质血症；血小板减少症，非再生性贫血。
- 尿液分析：蛋白尿。
- 抗球蛋白试验（Coombs），抗核抗体，LE细胞试验：阳性罕见。
- 血清学诊断：间接荧光抗体滴度为1∶64；重组抗原免疫测定（视条件而定）。
- 穿刺物中病原的培养与鉴定：皮肤，脾脏，骨髓，淋巴结。
- 皮肤组织病理学活组织检查：有组织细胞和巨噬细胞浸润，皮肤、淋巴结、肝、脾和肾组织中巨噬细胞内可见利什曼原虫无鞭毛体。
- 黏膜溃疡：胃，小肠，结肠（偶尔）。

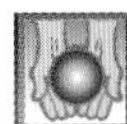

治疗

- 治疗尚有争议，因该病原有人畜互传的可能，可从持续感染的犬传染给人类。

- 慢性感染引起消瘦的动物预后很差。
- 五价锑治疗可改善病畜的生活质量，但很少能治愈。
- 猫：单个皮肤结节可手术切除。
- 告知客户，病原不可能被消灭；复发是不可避免的。
- 重病患畜开始可用低剂量的五价锑药物。
- 预后效果取决于治疗之初肾功能不全的程度。
- 经常采用全血细胞计数，血清白蛋白，球蛋白，肌酐，尿蛋白：肌酐来监测治疗情况。
- 根据临床症状明显改善，复检中病原的鉴定，血清滴度的变化来决定是否继续治疗。
- 往往在几个月到一年内复发；治疗完成后至少每2个月复检一次。

药物选择

- 葡萄糖酸锑钠（30~50mg/kg，静脉注射或皮下注射，每天一次，持续3~4周）：在美国通过疾病控制中心可以获得。
- 葡甲胺锑酸盐（100mg/kg，静脉注射或皮下注射，每天一次，连用3~4周）。
- 别嘌呤醇（30mg/kg，口服，每天一次，持续3个月；然后20mg/kg，每天一次，每月连续1周）：通常与五价锑一起给药。
- 米替福新（2mg/kg，口服，每天一次）。
- 替代药物包括：γ-干扰素，两性霉素-B，恩诺沙星，麻保沙星，甲硝唑和螺旋霉素。

作者：Alexander H.Werner

张瑞强 译 李国清 校

第 28 章

马拉色菌性皮炎

定义 / 概述

- 厚皮病马拉色菌（又称犬糠秕孢子菌）：属于真菌；为皮肤，耳朵和皮肤黏膜部位正常的共栖生物；可以过度生长，引起犬和猫的皮炎，唇炎和耳炎。
- 厚皮病马拉色菌喜脂质，但是从猫和犬分离的一些种是脂质依赖性真菌（图28–1）。
- 病变区真菌的数量通常很多，虽然检查的结果不尽相同。
- 从无害性共生生物转变为病原，其原因知之甚少；但似乎与过敏性，脂溢性，可能有先天性和荷尔蒙的因素有关。
- 马拉色菌过度生长综合征（MOG）：由于共生生物的定殖和过度生长引起的临床疾病。
- 马拉色菌可产生许多酶（脂肪酶和蛋白酶），通过改变皮肤脂质的保护屏障，皮肤的pH，以及释放花生酸和激活补体，引起皮肤炎症。
- 马拉色菌可能是原发性过敏原，可引发Ⅰ型（速发型）超敏反应。用马拉色菌提取物进行皮肤测试可以出现速发型超敏反应。也可引起迟发性超敏反应。

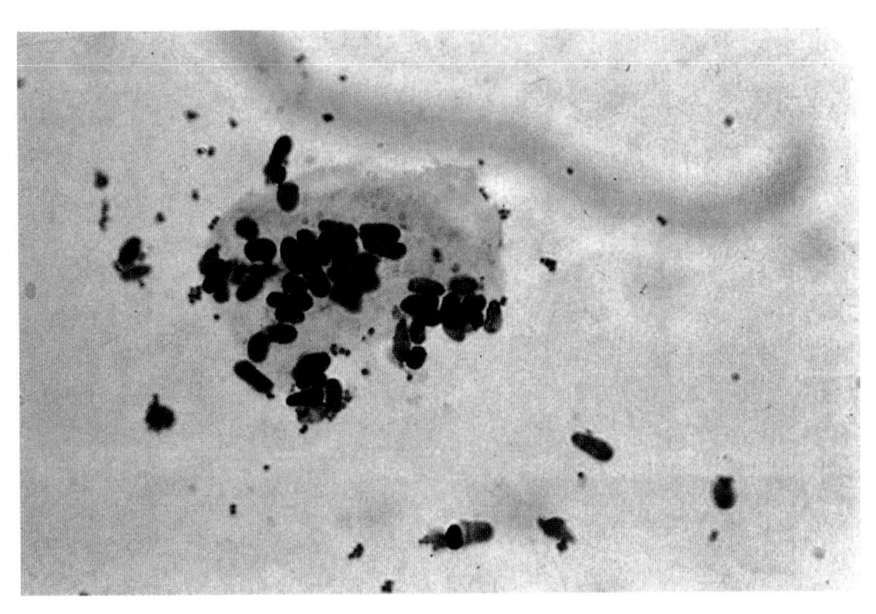

图28–1 马拉色菌的胶带制片（400×）

特征 / 病史

- 犬：任何品种均可感染，西高地白㹴，贵宾犬，巴吉度猎犬，可卡犬，腊肠犬最易感。
- 猫：不像犬那样常见；据推测青年到中年猫的发病诱因与犬的相似；老年猫马拉色菌性皮炎可能与内部肿瘤有关；任何品种均可受到影响，而年轻的雷克斯猫最易感。
- 无性别偏好。
- 犬马拉色菌性皮炎和马拉色菌相关的脂溢性皮炎：常见于世界所有地区。

风险因素

- 高温高湿：可增加发生频率。
- 并发过敏性疾病（特别是过敏体质，跳蚤过敏，某些食物过敏）：可能是诱发因素。
- 易感品种的角化缺陷和皮脂溢（尤其是青年犬）。
- 内分泌疾病（尤其是老年犬）：怀疑为相关的诱发因素。
- 遗传因素：犬的易感品种和雷克斯猫的幼年发病有遗传方面嫌疑。
- 并发伪中间葡萄球菌感染和由此产生的细菌性毛囊炎：已证实；在选择的病例中，犬脂溢性皮炎是这种病原体过度生长的结果；单一治疗不能消除所有症状，反而有可能暴露其他问题；抗真菌治疗仅可消除马拉色菌性皮炎的所有症状，而潜在的过敏反应可能仍然会出现。
- 猫在幼年和成年都可发病，可能与过敏相关。在雷克斯猫，其独特的被毛或皮肤遗传特征或易患肥大细胞异常（称为色素性荨麻疹），这些可能都是风险因素。老年猫马拉色菌性皮炎可能与胸腺瘤以及胰腺和肝脏的癌症有关。
- 药物：未发现真菌之前用糖皮质激素或抗生素治疗。
- 外寄生虫性皮肤病：蠕形螨病，疥疮等。

临 床 特 点

- 瘙痒：伴有不同程度的红斑，脱毛，鳞屑，油腻，渗出物恶臭；可影响嘴唇，耳朵，脚，腋下，腹股沟区和颈腹侧（图28-2～图28-7）。
- 色素沉着过多及苔藓样变：见于慢性病例。
- 并发黑色蜡状到脂溢性耳炎：频繁发生。
- 面部瘙痒：罕见而典型（常见于猫）。
- 常怀疑为过敏加重，似乎对糖皮质激素治疗产生抗药性。
- 并发细菌性毛囊炎，超敏反应，内分泌紊乱以及角质化障碍。

鉴 别 诊 断

- 在患病皮肤上发现大量病原即可做出诊断，去除真菌后临床症状明显改善也可做出诊断。
- 过敏性皮炎：包括跳蚤过敏，先天性过敏，食物过敏。
- 浅表细菌性毛囊炎。

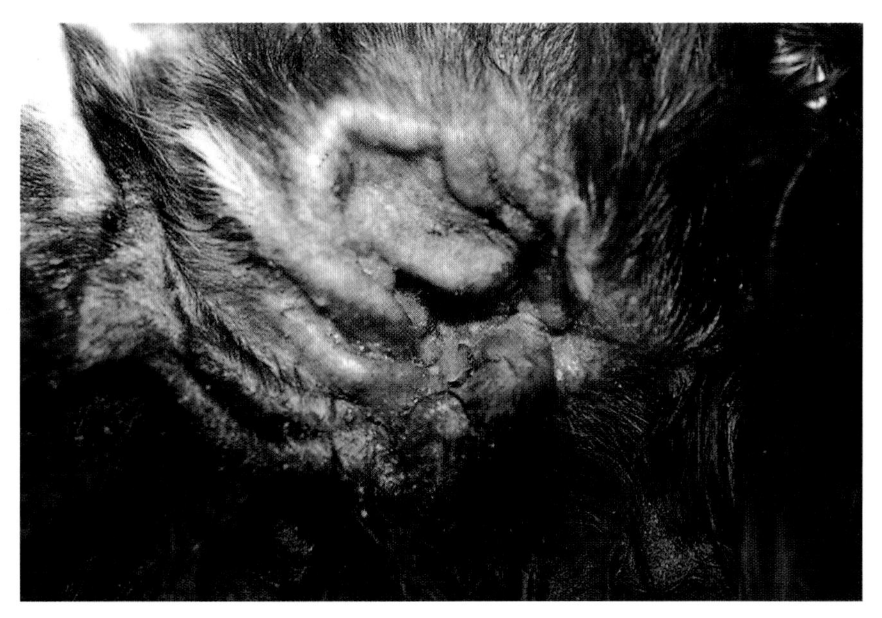

图28-2　过敏性皮炎诱发马拉色菌外耳炎引起的耳廓和耳道红斑，耳屎过多和耵聍腺增生（图片由Kevin Shanley博士提供）

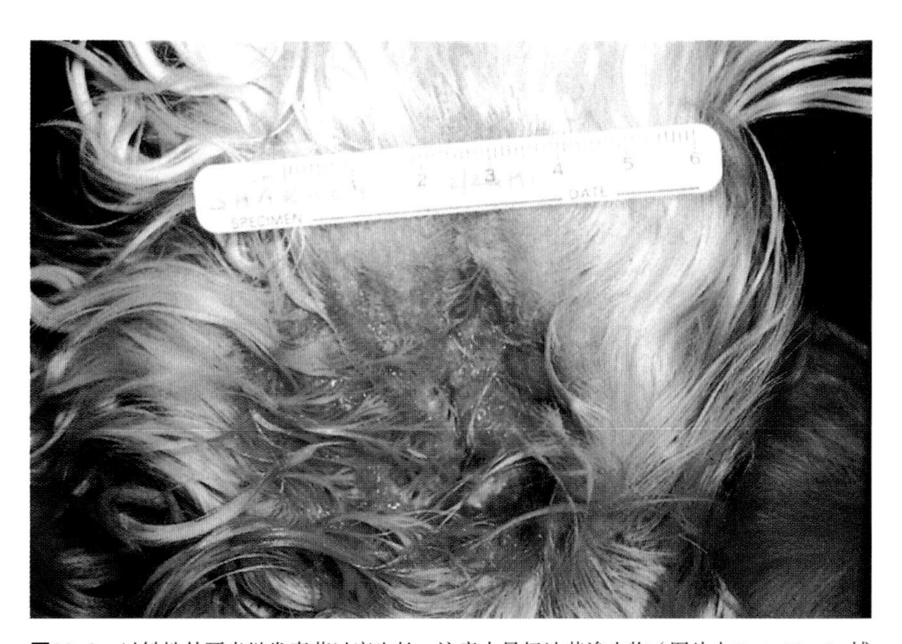

图28-3　过敏性外耳炎继发真菌过度生长，注意大量奶油黄渗出物（图片由Kevin Shanley博士提供）

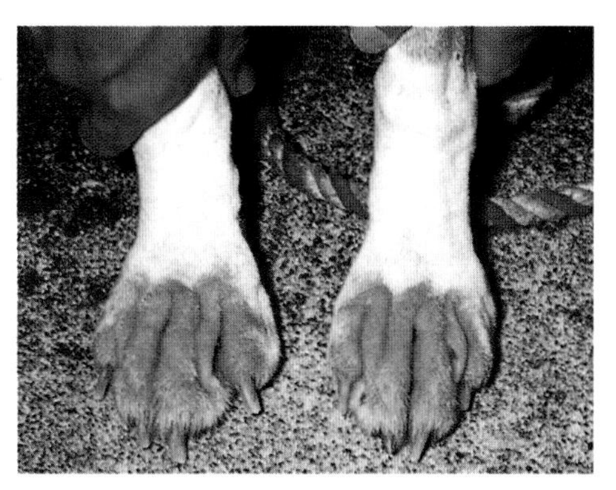

图28-4　拳师犬典型的马拉色菌性蹄皮炎

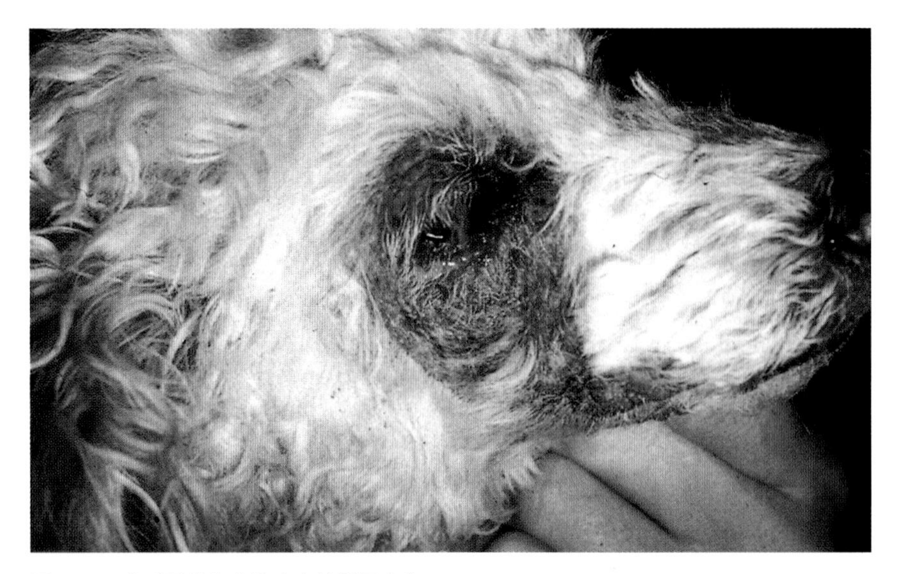

图28-5　典型马拉色菌性皮炎的眼周病变

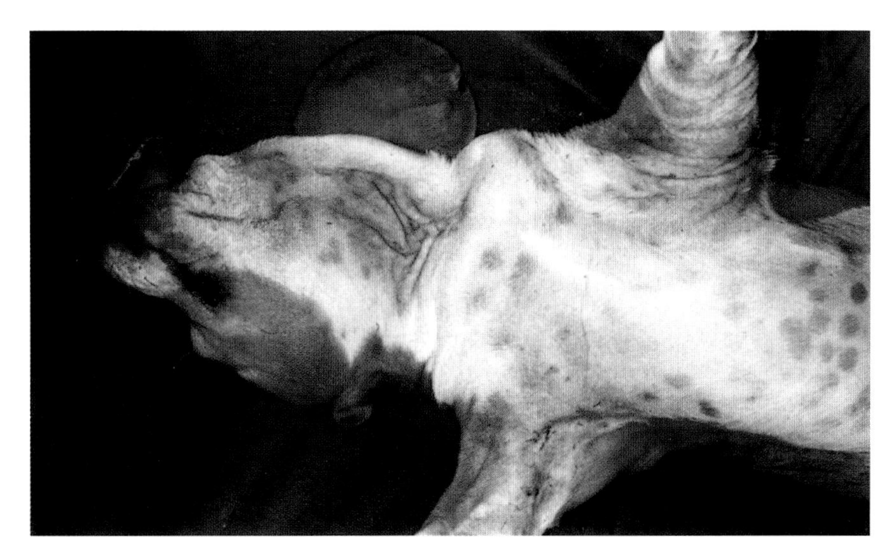

图28-6　巴赛特猎犬皮褶区马拉色菌脂溢性皮炎

图28-7　西高地白㹴全身性马拉色菌性皮炎

- 原发性和继发性皮脂溢/角质化障碍。
- 药物反应。
- 皮肤淋巴瘤。
- 蠕形螨病。
- 疥疮。

诊　断

- 真菌培养：使用接触性平皿（瓶盖做成的小琼脂平皿，铺满沙氏琼脂，或最好是迪克森改良琼脂，尤其是对猫）；将平皿压在病变皮肤的表面；在32℃～37℃下孵育3～7天。计数鲜明的黄色或浅黄色，圆形，半球形菌落（1～1.5mm）；提供半定性数据；往往不一定需要。
- 非定量的培养方法：没有任何价值，因为马拉色菌是一种正常的共栖生物。
- 全血细胞计数/生化检验，以检测潜在的疾病（例如：甲状腺机能减退，肾上腺皮质机能亢进）。
- 超声和X线检查，以检查内部是否有恶性肿瘤。

最有价值的诊断程序

- 皮肤细胞学检查：触片，棉试子，或透明胶带制片，Diff快速染色；用一滴染料直接滴到载玻片上（染色期间真菌可以洗脱）；将染色的载玻片通过火焰固定，以改善染色效果。
- 油腻和/或鳞屑区最有可能产生阳性结果。
- 真菌的数量也许不像以前人们认为的那样有价值，因为几个病原就可以引起过敏反应。
- 组织病理学不像细胞学诊断那么敏感，然而如果在毛囊内发现真菌的话就可认为具有重要价值。

治　疗

- 鉴定任何诱发因素并治疗疾病。
- 外部疗法：真菌主要分布在角质层。
- 洗发水处理：以清除鳞屑，渗出物和恶臭。
- 外用药物治疗（根据试验数据）：咪康唑，克霉唑，特比奈芬外用药膏和洗必泰洗发水最有效；硫化硒洗发水效果差但有用，每周治疗两次。
- 其他外用抗真菌和抗细菌洗发水治疗，如果配合合适的全身给药，可能有价值。
- 替代组合：外用溶解角质的洗发水与全身抗真菌和抗菌药物结合治疗。

药物选择

- 局部病变：使用含咪唑类化合物的面霜和乳液有效。
- 酮康唑：5～10mg/kg，每天一次，连用2～4周，可用于广泛性或慢性苔藓样变的病例。
- 氟康唑和伊曲康唑：每天按5～10mg/kg给药也很有效。
- 特比萘芬对于犬和猫同样有效。
- 外用抗菌性洗发水：慢性病例可长期缓解症状。

注意事项

- 酮康唑：很少会引起肝脏的不良反应；由于其阻断肾上腺皮质醇的产生（通过抑制P-450），可掩盖肾上腺皮质机能亢进的症状，并可干扰肾上腺功能测试的结果；有肝病和内部恶性肿瘤的严重衰弱的猫应禁止使用，因为他们可能无法对药物进行代谢。

注　释

病畜监测

- 体检和皮肤细胞学检查：治疗2～4周后进行，以监测治疗效果。
- 坚持治疗，直到证实几乎检测不到病原，或完全康复后7d。有些病畜一停药就会复发，可能需要长期脉冲式治疗。这些患畜必须通过常规的血液检查来监测对肝脏的不良影响。
- 瘙痒和异味：通常在1周内明显改善。
- 复发：当潜在的皮肤病没有得到很好的控制时常见有复发；经常用抗真菌和抗菌复合型洗发水（咪康唑加洗必泰）洗澡有助于降低复发率。

作者：Karen Helton Rhodes

张瑞强　译　李国清　校

第29章

分支杆菌感染

定义/概述

- 分支杆菌：革兰氏阳性，高抗酸细菌（分支杆菌属）；人和动物专性或散发性病原。
- 结核病：由结核分支杆菌（人），牛分支杆菌（牛和一些野生哺乳动物），鼠分支杆菌（田鼠），与类鼠分支杆菌所引起。犬猫接触感染的宿主可以散在感染；可由专性寄生物引起扩散至多器官的疾病；发达国家的犬猫比较罕见。
- 麻风病：由麻风杆菌（啮齿动物）和2个未命名的麻风病原体（*M. visibilis*（暂定））所引起。
- 猫有两类综合征：1类综合征为局部结节性疾病，影响幼猫，四肢病变处有少量到中等数量的抗酸杆菌（麻风杆菌）；2类综合征有全身性皮肤病变，影响老龄猫，病变处有大量抗酸杆菌（与海鱼分支杆菌关系接近的未定种）。
- 犬：犬的麻风样肉芽肿性综合征，由通过DNA测序鉴定的分支杆菌（未定种和未培养）所引起。
- 全身或非皮肤的非结核分支杆菌感染：病原有龟分支杆菌脓肿亚种，鸟分支杆菌复合群，偶发分支杆菌，日内瓦分支杆菌，堪萨斯分支杆菌，马赛分支杆菌，猿分支杆菌，耻垢分支杆菌，耐热分支杆菌，异型分支杆菌；可零星感染犬和猫；一些患畜有并发症或免疫抑制或外伤性引入腐生生物；综合征包括胸膜炎，局部或扩散性肉芽肿，扩散性疾病，神经炎，支气管肺炎。
- 分支杆菌快速生长引起的皮肤/皮下感染：又称分支杆菌性脂膜炎。
- 犬和猫：可感染腐生性偶发分支杆菌，龟分支杆菌脓肿亚种，耻垢分支杆菌，草分支杆菌，地分支杆菌复合群，耐热分支杆菌，溃疡分支杆菌。

特征/病史

- 结核病
  - 任何年龄的猫和犬。
  - 据报道巴赛特猎犬和暹罗猫最易感（证据尚不清楚，可能统计失常）。
- 猫麻风病
  - 成年流浪猫和小猫，小猫和年轻的成年猫表现1类综合征；老年猫表现2类综合征（平均9岁）。
- 犬麻风样肉芽肿
  - 报告病例大多是户外短毛大型犬，特别是拳师犬和德国牧羊犬。
- 全身非结核分支杆菌病
  - 偶发性疾病，可影响任何年龄的犬和猫。

- 分支杆菌性脂膜炎
  - 成年猫和犬。

原因和风险因素

- 结核病
  - 接触来源：总是典型的感染宿主。
  - 犬：通常接触来自家庭的（结核菌）感染者，常见于市区来自发展中国家的移民；感染途径是摄入咳出的传染性物质；接触气溶胶也有可能感染。
  - 猫：经典感染途径是通过饮用未经消毒的病牛（牛分支杆菌）牛奶；现在比过去少得多；可通过捕食小型哺乳动物（牛分支杆菌，结核菌未定种）受到感染。
- 猫麻风病
  - 1类综合征，从温带沿海港口城市报道过有关病例，气候凉爽可使四肢的病原容易生长。
  - 2类综合征，病例来自乡村或半农村的环境；年老或免疫不健全可能是风险因素。确切的风险因素仍然不确定；据推测接触啮齿动物可感染。
- 犬麻风样肉芽肿
  - 病例与蝇叮咬相关，可季节性波动；短毛犬易感。
  - 本病可能是全球性分布，但据报道多数病例来自澳大利亚和巴西。在美国，加利福尼亚、夏威夷和佛罗里达州报道过病例。
- 全身性非结核分支杆菌病
  - 报告的多数病例来自免疫抑制或并发全身性疾病。
  - 接触：肺部和全身性疾病的接触途径尚未明确。
- 分支杆菌性脂膜炎
  - 大多数感染有前期外伤或手术伤口。多数患畜免疫健全。
  - 创伤和意外接种的皮下脂肪可导致感染；可能有叮咬病史（皮下疾病）。
  - 肥胖动物可能比瘦小动物患病风险更大。

临床特点

- 结核病
  - 与接触途径相关，主要发病部位：口咽部淋巴结，头部和四肢的皮肤和皮下组织，肺系统，胃肠道系统。
  - 犬：呼吸道症状，特别是咳嗽，呼吸困难少见。
  - 猫：源自受污染的牛奶：体重减轻，慢性腹泻，肠壁增厚；源自捕食：皮肤结节，溃疡和瘘管。
  - 所有犬和部分猫：咽部和颈部淋巴结肿大；呕吐无物，多涎，或扁桃体脓肿；淋巴结明显肿大，触诊坚实，不能移动，柔软；可能有溃烂和渗出。
  - 发热。

  - 抑郁。
  - 部分厌食和体重减轻。
  - 可发生肥厚性骨病或高钙血症。
  - 扩散性疾病：体腔积液，内脏肿块；骨或关节病变；真皮和皮下肿块和溃疡，淋巴结肿大和/或脓肿；中枢神经系统症状；猝死。
- 猫麻风病
  - 1类综合征：开始四肢出现局部结节，可迅速发展为溃疡；临床病程险恶，手术切除后可复发，几周内可产生广泛性病变。
  - 2类综合征：开始局部或全身性皮肤结节，不溃烂，病情进展缓慢，病程几个月到几年。
  - 猫的多系统肉芽肿性分支杆菌病：弥漫性皮肤增厚，累及多个器官系统。
- 犬麻风样肉芽肿
  - 真皮或皮下组织有一个以上的边界清楚无痛性结节（2mm ~ 5cm），常见于头部或耳朵，但也可发生在身体的任何部位，仅见很大的溃烂病变。
  - 无全身性症状。
- 全身性非结核分支杆菌病
  - 犬的肺部和全身性非结核分支杆菌感染很少报道，如发生这种情况，症状与结核病相似。
  - 感染鸟分支杆菌时，扩散性疾病最常见。
- 分支杆菌性脂膜炎
  - 皮肤：外伤性病变，采用适当治疗无法愈合；在皮下组织局部扩散（脂膜炎）；原发病灶扩大，形成较深的溃疡，排出油性出血性渗出物；周围组织变得坚硬；卫星病灶开放式溃疡并有渗出（图29–1，图29–2）。
  - 在手术部位伤口裂开。
  - 全身性症状罕见。

鉴 别 诊 断

- 分支杆菌感染的预后各不相同，治疗建议和公共卫生影响也不相同，但最初可能有类似的症状，尤其是皮肤病变。
- 所有表现：应考虑真菌和其他放线菌感染。
- 脂膜炎：临床上可能会鉴定为诺卡氏菌病。

诊　断

皮内试验

- 结核病（犬）：采用结核菌素或卡介苗在耳廓内侧进行皮内测试。
- 可产生假阳性结果，由于与非结核分支杆菌可发生交叉反应。

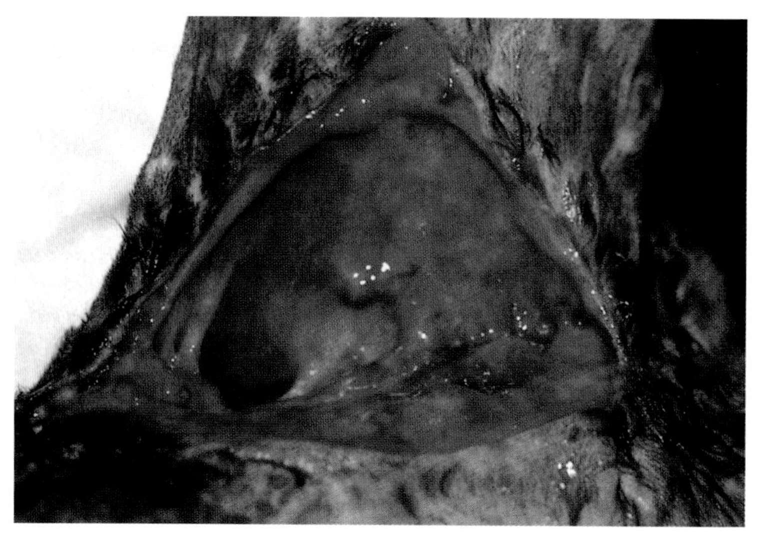

图29-1　非典型分支杆菌病，注意病灶“融化”，延伸到整个皮下组织

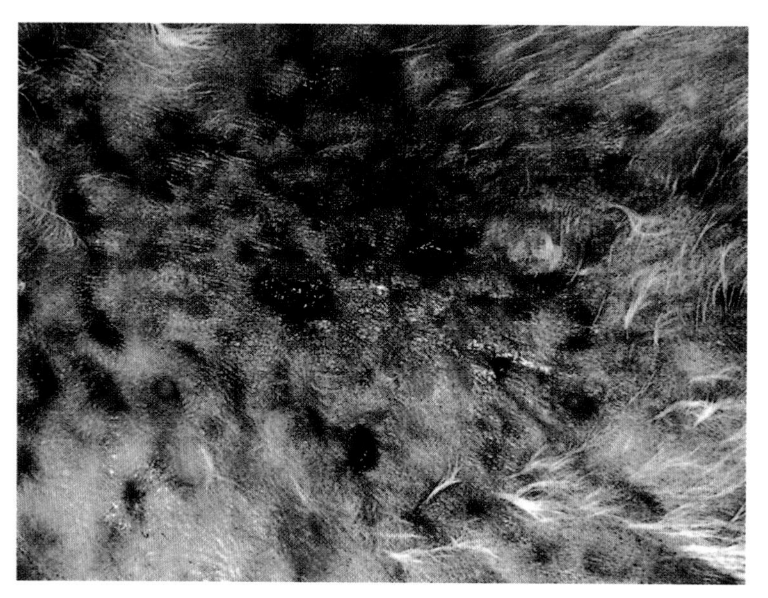

图29-2　非典型分支杆菌病，卫星病灶多灶性溃疡

X线检查

- 胸部，腹部或骨骼病变：提示肉芽肿性传染病。
- 分支杆菌病无特征性病变。
- 肺结核病变：可能会钙化或变成空腔。

细胞学/组织病理学检查

- 可对患病组织活检材料进行组织病理学与微生物学评价。
- 任何部位经皮肤消毒后抽取化脓性材料，均可用于微生物学鉴定。超声引导下穿刺最有保证。
- 活检标本：应未受到表面细菌的污染；必须包含肉芽肿的中心病灶。
- 感染组织涂片：采用抗酸性石炭酸品红液或金胺罗丹明荧光染料进行检测。按常规染色，病原呈阴性，巨噬细胞内显示杆菌的“奇怪”模样；涂片材料包括来自病变皮肤渗出物或淋巴结棉拭子或穿刺物，经气管洗脱物，内镜刷洗物，直肠细胞学材料，手术活检的触片。热固定涂片应和培养组织一起送检。

培养

- 培养：需要特殊培养基和技术；对于非结核病原需要转诊到专门实验室（咨询分支杆菌可到得克萨斯大学泰勒健康中心，微生物科）
- 特殊检测（PCR）
- PCR方法：用组织样本或体液可检查任何分支杆菌感染；可用此方法来鉴定犬的麻风样肉芽肿和2类麻风综合征的病原，鉴别引物没有市售。

治 疗

- 结核病
  - 在结核分支杆菌感染的情况下，应该获得当地卫生部门的许可，应始终考虑人畜共患的潜在风险。
  - 多剂用于治疗人类结核病的化疗药物已经取得了成功。鸟分支杆菌复合群的感染难以治疗。
- 猫麻风病
  - 广泛传播之前，单个病灶可以沿病灶边缘切除治愈。
  - 手术治疗之后，应进行全身治疗。
- 犬麻风样肉芽肿
  - 可采用手术切除；病变可自愈；抗菌治疗可能有助于愈合。
- 皮下及全身非结核杆菌感染
  - 治疗应根据病原的鉴定和药敏试验结果。
  - 往往需要多种药物治疗。
  - 积极的外科减积手术可能有助于康复；建议术前和术中进行抗菌治疗。

药物选择

- 结核病
  - 坚持使用两三种药物口服治疗，对任何病原不要尝试单药治疗。
  - 当前建议：可用氟喹诺酮类（如恩诺沙星）、克拉霉素和利福平治疗6～9个月。
  - 恩诺沙星、奥比沙星、马波沙星、莫西沙星和环丙沙星：5～15mg/kg，口服，每天一次。
  - 利福平：10～20mg/kg，口服，每天一次，或分为每12h一次（最大剂量为每天600mg）。
  - 克拉仙霉素：5～10mg/kg，口服，每天一次。
  - 异烟肼和利福平：可使用合剂；关于猫的使用知道的很少；猫的最近一份治疗报告，用异烟肼、利福平和双氢链霉素治疗3个月，体重减轻，最终治愈。
  - 异烟肼：10～20mg/kg（总剂量达300mg），口服，每天一次。
  - 乙胺丁醇：15mg/kg，口服，每天一次。

  - 吡嗪酰胺：代替乙胺丁醇，15～40mg/kg，口服，每天一次。
  - 双氢链霉素：15mg/kg，肌内注射，每天一次。
- 猫麻风病
  - 利福平10～20mg/kg，每天一次；或分为每12h一次。
  - 克拉霉素：可能有用，用法同上。
- 皮下及全身非结核杆菌感染
  - 体外敏感性测试可用于这些病例的选择性化疗。已报道对各种非结核杆菌有效的抗生素是大环内酯类，磺胺类，四环素类，氨基糖苷类，氟喹诺酮类药物。
  - 抗结核杆菌药物一般无效。
  - 过去曾建议单药治疗，但由于长期的疗效不佳，现在建议双药治疗。
  - 氟喹诺酮类抗生素，甲氧苄啶-磺胺类，氨基糖苷类，四环素类和克拉霉素对一些单个分离株有效。在一定程度上，可通过分离的菌种预测药效，但长期治疗应根据药敏试验结果。
  - 应继续治疗2～6个月。常见治疗一停止就复发，或在治疗过程中复发的情况。

注　释

畜主教育/预后

- 结核病：应谨慎，但实际上预后目前尚不确定，因为能长期使用且耐受性好的药物不多见。
- 猫麻风病：对于1类综合征预后不良；对于2类综合征，预后中等，特别是病变适合进行手术切除的猫。
- 犬麻风样肉芽肿：预后良好。
- 皮下及全身非结核杆菌感染：常见复发，但积极的手术治疗和多种药物治疗，可以改变文献报道的复发观点。

患畜监测

- 抗结核和抗麻风药物：至少每月检查一次；监测厌食和体重减轻的情况。
- 每月监测肝脏酶的指标。
- 指导畜主及时报告表皮病变。

人兽共患的潜在风险

- 结核病：患病的家养宠物可能是畜主严重人兽共患病的威胁；公共卫生部门应通知生前或死后诊断（可能受法律要求）的情况，没有公共卫生部门的同意不要试图去治疗。
- 结核分支杆菌：人兽共患病最大的潜在威胁，尤其是渗出性皮肤病灶。
- 疾病可从犬和猫传染给人类：记录较少；最近在猫结核病的暴发中，没有记录这样的情况。
- 在有犬和猫的家庭，了解人结核病的临床医师，应该告知畜主关于反向人兽共患病的传播风险。

作者：Karen Helton Rhodes

张瑞强　译　李国清　校

第 30 章

诺卡氏菌病

定义 / 概述

- 犬和猫少见的感染。
- 病原：土壤腐生菌；通过伤口污染或呼吸道吸入进入机体。

病因学 / 病理生理学

- 免疫系统受损可提高感染的可能性。
- 患病系统：呼吸系统，皮肤/外分泌系统，淋巴系统，肌肉骨骼系统，神经系统。
- 星状诺卡氏菌（犬和猫）。
- 巴西诺卡氏菌（仅猫）。
- 原放线菌（罕见）。

特征 / 病史

- 任何品种的犬和猫。

临 床 特 点

- 取决于感染部位。
- 胸腔：脓胸，可导致呼吸困难、消瘦、发热。
- 皮肤：慢性，伤口不愈合（图30–1）；常伴有瘘管（图30–2，图30–3）；如果病程延长，可导致淋巴结肿大、淋巴结化脓、骨髓炎。
- 扩散：幼年犬最常见，通常从呼吸道感染开始；嗜睡，发烧，体重减轻；以周期性发热为特点；可累及中枢神经系统；可发生胸腔和/或腹腔积液。

鉴 别 诊 断

- 皮肤：放线菌病
  - 非典型分支杆菌病。
  - 麻风病。
  - 叮咬伤口脓肿。
  - 异物造成的瘘管。

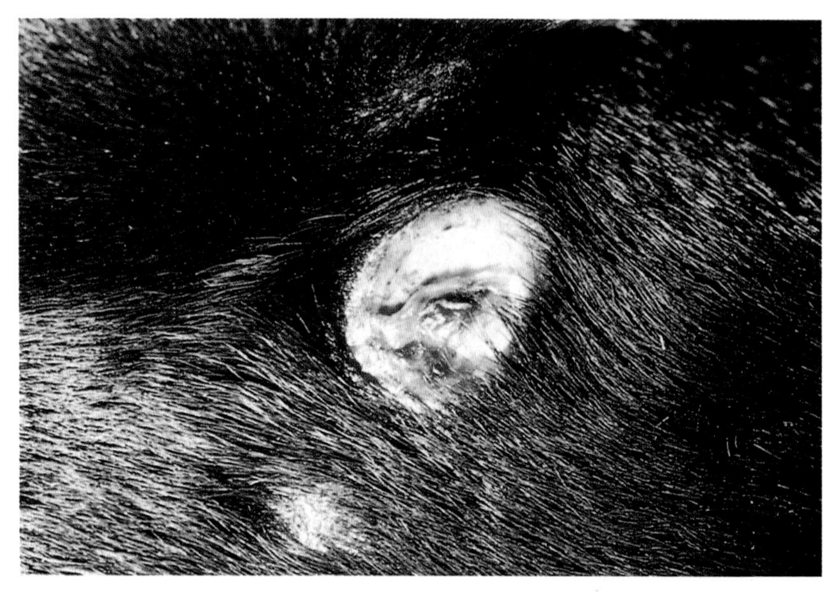

图30-1　诺卡氏菌病局部未愈合的病变特征（图片由Carol Foil博士惠赠）

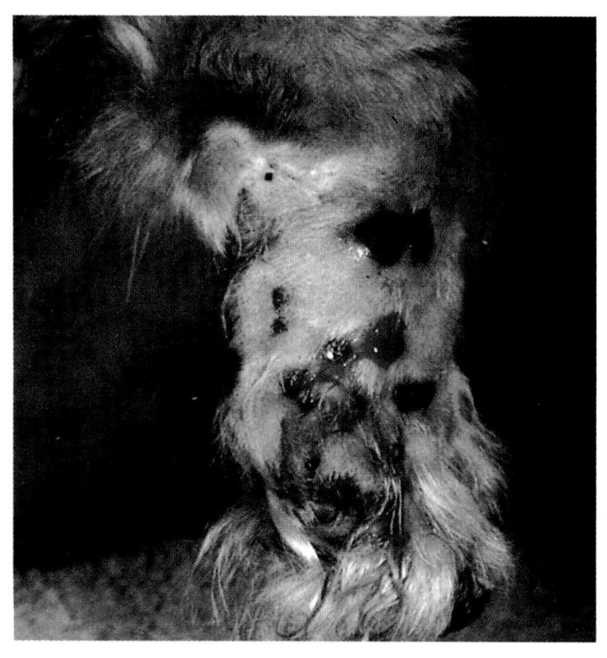

图30-2　诺卡氏菌病，11岁巴厘猫患有瘘管与多灶性溃疡

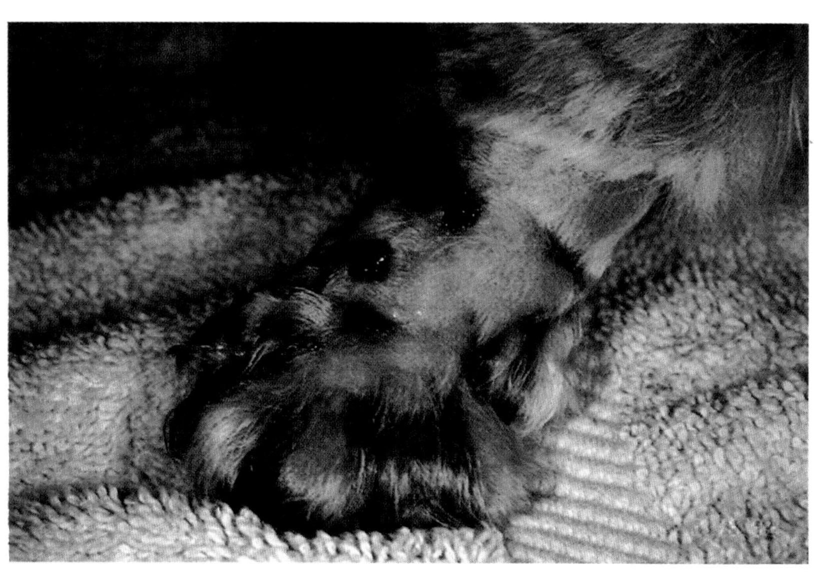

图30-3　诺卡氏菌病，图30-2的近距离观察（图片由Dawn Logas和Marcia Schwassmann博士提供）

- 胸腔：细菌性脓胸
  - 胸腔肿瘤。
  - 慢性膈疝。
- 扩散：全身性真菌感染
  - 猫传染性腹膜炎。

诊　断

- 中性粒细胞增多。
- 非再生性贫血：可长期感染（慢性疾病的贫血）。
- 化学检查：通常为正常；长期感染可看到高丙种球蛋白血症。
- X线片：可显示胸腔或腹腔积液，胸膜肺炎，或骨髓炎。
- 细胞学检查：胸腔或腹腔穿刺样品，或其他渗出液用罗曼诺夫斯基染色，革兰氏和改良抗酸染色，做快速诊断；可发现革兰氏阳性丝状分支杆菌和球菌；不能区分放线菌。
- 培养：有诊断意义；可用沙氏培养基进行需氧培养。
- 星形诺卡氏菌：脓性肉芽肿性反应多于放线菌和巴西诺卡菌；肉芽肿反应具有广泛的纤维化。
- 虽然通常有病原存在，但无法区分。
- 组织病理学检查可区分放线菌。

治　疗

- 胸腔或腹腔积液与扩散：住院治疗，直到临床稳定和积液消除；脱水病例往往需要补液和支持疗法。
- 门诊病人需要长期的抗生素治疗及瘘管引流。
- 饮食：提供有吸引力的色香味美的食品来促进进食；厌食病畜必要时采取强迫灌食；首选胃管投食。
- 手术：方案可行时，手术引流应伴随药物治疗；重要的是当胸腔积液时要开胸放置引流管；尝试引流手术和引流管和淋巴结的清创；小心鉴定异物。

药物选择

- 培养病原：可做抗生素药敏试验。
- 未培养或结果未决：良好的首选药物是磺胺类药物（例如，磺胺嘧啶按100mg/kg，静脉注射，口服，加载剂量为50mg/kg，静脉注射，口服，每12h一次）和磺酰胺–甲氧苄氨嘧啶合剂（30mg/kg，口服，每24h一次）。
- 氨基糖苷类：庆大霉素（3mg/kg，静脉注射，肌内注射，皮下注射，每8h一次）；丁胺卡那霉素（6.5mg/kg，静脉注射，肌内注射，皮下注射，每8h一次）。
- 四环素类：强力霉素（10mg/kg，口服，每24h一次）；盐酸四环素（15 ~ 20mg/kg，口服，每8h一次）；米诺环素（5 ~ 12.5mg/kg，口服，每12h一次）。

- 红霉素：10 ~ 20mg/kg，口服，每8h一次，或结合氨苄青霉素（20 ~ 40mg/kg，口服，每8h一次）或阿莫西林（6 ~ 20mg/kg，口服，每8 ~ 12h一次）。
- 阿莫西林加氨基糖苷类：该合剂有协同作用；当无法培养或结果未决时，任何严重感染都可以考虑。
- 平均治疗期为6周；然而，疾病明显缓解后治疗应延长几周。

注　释

- 四环素类（猫）：可引起发热，体温达41.5℃；如果治疗期间体温升高，应停止和更换用药。
- 在治疗成功后的第一年，应仔细监测发热，体重减轻，抽搐，呼吸困难和跛行等症状，因为可能会累及骨骼和中枢神经系统。

作者：Karen Helton Rhodes

张瑞强　译　李国清　校

第31章

病毒性皮肤病

定义/概述

- 由角化细胞内病毒感染引起的皮肤病。这些皮肤病常常不易作出诊断，因难以鉴定确切的致病病毒。

病因学/病理生理学

- 角化组织细胞内病毒复制可导致细胞抑制受到影响或上调角质化，为增生或结痂创造条件。
- 大多数兽医公认的病毒性皮肤病涉及痘病毒、冠状病毒、乳头状瘤病毒、逆转录病毒、疱疹病毒、杯状病毒相关性疾病。
- 一些广泛认可的动物皮肤综合征，尚未证实是病毒感染的直接结果，但似乎暗示有很强的因果关系。

特征/病史

- 常见面部或头部受到感染。
- 脚和/或脚垫可能会受到影响。
- 皮肤病临床症状因每个具体的病毒而不同，但往往涉及其他器官系统，如呼吸道、消化道和/或神经系统。

原因

- 猫白血病病毒相关性血管炎（逆转录病毒）：耳廓和尾尖严重坏死。
- 猫巨细胞性皮肤病（逆转录病毒）：瘙痒；面部、颈部、耳廓的溃疡性皮肤病，与猫白血病病毒有关。
- 猫浆细胞性口腔炎（逆转录病毒）：腭舌褶皱和舌腭弓疼痛，增生性病变；与猫免疫缺陷病毒有关。
- 猫浆细胞性蹄皮炎（逆转录病毒）：掌骨和跖骨垫呈海绵状，有或无疼痛和溃疡，与猫免疫缺陷病毒相关。
- 浆细胞性软骨炎（逆转录病毒）：耳廓对称性肿痛，接着愈合时皱缩，发热，与FeLV/ FIV相关。
- 表皮角：猫的多中心角通常发生在脚掌，有时为面部。
- 猫牛痘病毒感染（痘病毒）：红色斑疹，迅速溃疡；20%的病例有口腔病变，抑郁，厌食，发热，呼吸道症状；病变通常在3～8周内消退。

- 猫传染性腹膜炎（冠状病毒）：腹水，胸腔积液，肝炎，葡萄膜炎，罕见以血管炎为特征的皮肤病变，引起溃疡和坏死。
- 猫乳头状瘤（乳头瘤病毒）：年老波斯猫的增生性斑块；牵连多发性原位鳞状细胞癌（鲍恩病），特征是主要在面部、肩部、四肢出现色素沉着过多的角化斑块（图31-1）。
- 犬乳头状瘤（乳头瘤病毒）：口腔或皮肤黏膜连接处出现病毒性乳头状瘤，见于幼年犬或免疫低下患犬，与使用环孢素A有关（图31-2）。
- 犬的外生型角（乳头瘤病毒）：见于可卡犬和克里蓝㹴。
- 犬瘟热（麻疹病毒）：鼻指（趾）过度角化，脓疱性皮炎，发热，厌食，眼鼻排泄物增多，肺炎，腹泻，神经症状。

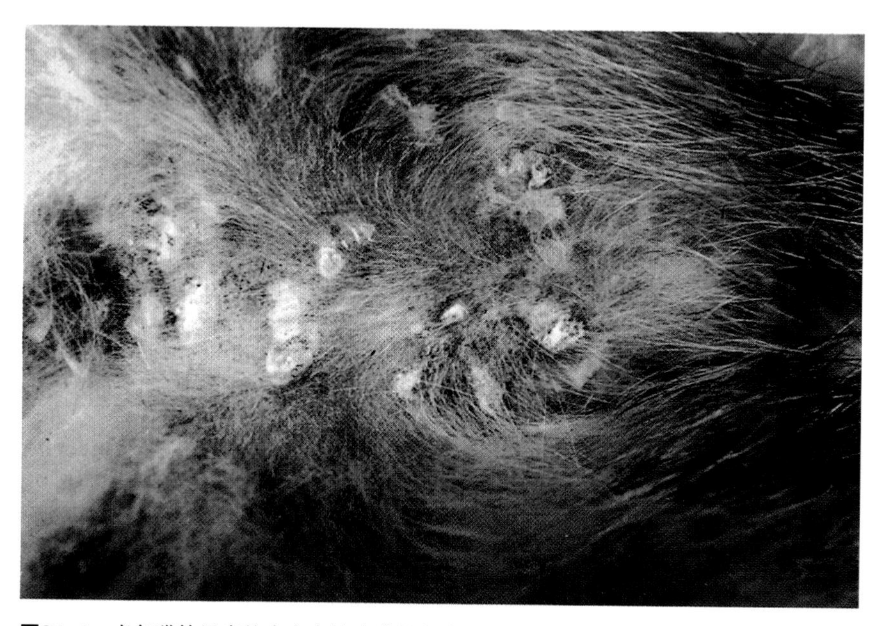

图31-1 老年猫鲍恩病的多个病灶（猫的皮肤原位鳞状细胞癌）（图片由Candace Sousa博士提供）

图31-2 年轻比格犬患有口腔乳头状瘤和眼睑皮肤黏膜交界处单个乳头状瘤

- 病毒传染性脓疱性皮炎（副痘病毒）：绵羊和山羊的传染源；通常在头部出现脓疱，溃疡和结痂，犬和猫均可受到影响。
- 伪狂犬病（疱疹病毒）：犬和猫，强烈的自残性瘙痒，猪是主要的传染源；可急性致死。
- 猫感染性鼻气管炎（疱疹病毒）：小水泡，大水泡，面部和鼻腔溃疡，往往与上呼吸道感染有关。
- 猫疱疹病毒相关性多形性红斑：疱疹病毒感染后10d出现皮肤病变，引起呼吸道症状和结膜炎；全身糜烂和剥脱性皮肤病，几周内消退。
- 犬疱疹病毒感染（疱疹病毒）：黏膜斑点状出血，幼犬急性死亡，成年犬出现角膜炎和结膜炎。
- 猫杯状病毒感染（杯状病毒）：口腔和面部小泡，迅速溃烂，上呼吸道感染，肺炎，急性死亡或自愈（图31-3）。
- 猫颜面部疼痛（FOP）综合征（杯状病毒）：缅甸猫和暹罗猫易感，三叉神经痛，单侧剧烈瘙痒，可能与口腔疾病有关。

风险因素

- 打斗或狩猎行为。
- 接触感染的动物。
- 摄食感染材料。

临 床 特 点

- 结痂。
- 相关性浅表细菌性毛囊炎。
- 脓肿。
- 甲沟炎。

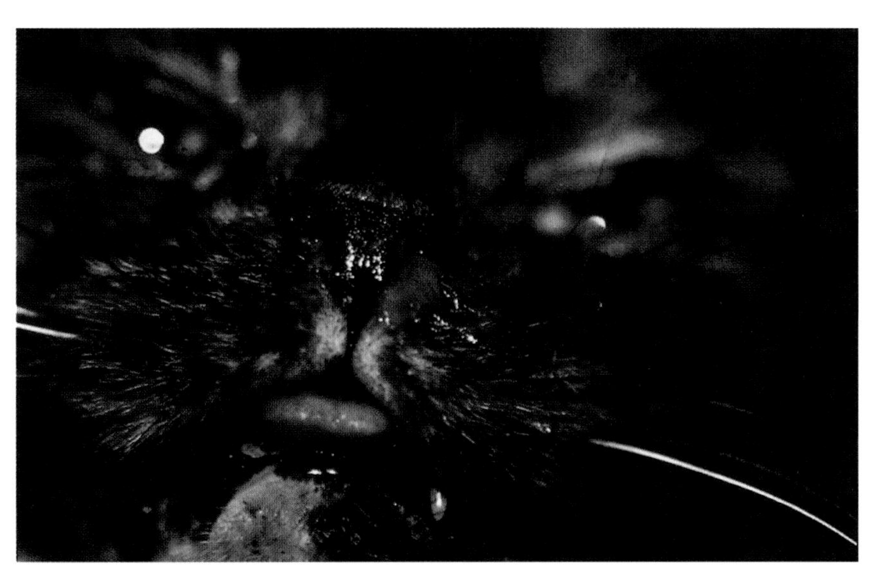

图31-3　猫杯状病毒感染。注意沿眼周和面部区域的红斑和糜烂（图片由J.Taboada博士惠赠）

- 伤口愈合不佳。
- 脂溢性皮炎。
- 剥脱性皮炎。
- 皮肤角。
- 外生型乳头状瘤。
- 牙龈炎/口腔炎。
- 皮肤或口腔（皮肤黏膜交界处）溃疡。
- 鼻趾角化过度。
- 色素斑点或斑块。
- 发展为鲍恩样原位癌（乳头瘤病毒）。

鉴别诊断

- 结痂性疾病：如果痂的形成出现在其他症状之前，可考虑药疹、落叶型天疱疮、系统性红斑狼疮和剥脱性皮炎的原因。
- 过敏性疾病：如果最初临床症状是瘙痒，可考虑跳蚤过敏性皮炎、食物不良反应、特应性皮炎或马拉色菌过度生长/超敏反应。
- 寄生虫病：犬和/或猫疥螨病，蠕形螨病，姬螯螨病。
- 传染病：浅表和深部的细菌和真菌感染；可考虑利什曼病。
- 角化障碍：鼻指（趾）角化过度，锌反应性皮肤病。
- 肿瘤：具有广泛性结痂和溃疡，可考虑肥大细胞瘤和亲上皮性淋巴瘤。
- 代谢紊乱：肝皮肤综合征（浅表坏死松解性皮炎）。

诊断

全血细胞计数/生物化学/尿分析

- 往往正常；出现异常可反映其他全身性疾病的严重性。

细胞学/血清学/病毒分离

- 皮肤碎屑和拔毛检查，癣菌培养，表皮细胞学检查：可用来排除其他疾病。
- 病毒血清学检查：猫白血病病毒和猫免疫缺陷病毒是兽医最常见的检查对象；可采用血凝抑制，病毒中和，补体反应，免疫印迹，ELISA；配对的血清样品的滴度上升，是活动性感染的标志。
- 从结痂材料分离病毒往往具有诊断意义（痘病毒感染中90%阳性）。
- 聚合酶链式反应（PCR）或反转录PCR（RT-PCR）。
- 脑脊髓液分析：骨髓穿刺有时有帮助。

组织病理学检查

- 光学显微镜
  - 增生。

- 气球样变性。
- 水肿性界面皮炎。
- 在表皮和/或毛囊外根鞘有合胞型巨细胞形成。
- 角质细胞包涵体。
- 免疫组化：免疫荧光或生物素-抗生物素复合体方法常被用来检测乳头瘤病毒的相关抗原。

- 电子显微镜
  - 具有高度选择性和诊断意义，但并不总是容易获得。
  - 可对痂皮，活检标本，或渗出液进行观察。

治　疗

- 通常门诊治疗，全身性患病动物除外。
- 全身性疾病，可能需要静脉输液，注射抗生素或每天漩涡浴，以帮助去除痂皮。
- 支持性护理和继发感染的治疗。
- L-赖氨酸，每只猫200～500mg，每天两次。
- 齐多夫定（又名叠氮胸苷，由位于宾夕法尼亚州费城的葛兰素史克制药公司生产）：直接的抗病毒药，对猫免疫缺陷病毒的急性感染最有效，骨髓抑制的显示器；5～15mg/kg，口服，每12h一次（主要针对FIV，FeLV）。
- α-干扰素：60～120U/d，口服（免疫调节剂），或100万～200万U/m^2，皮下注射，每周3次。
- 外用咪喹莫特（Aldara）：主要用于鲍恩综合征（原位鳞状细胞癌）。
- 康复病人的免疫血清（疱疹病毒）。
- 免疫接种预防某些病毒感染（犬瘟热，FeLV等）。
- 往往试用免疫调节剂：丙酸杆菌乐肤洁（ImmunoRegulin-Neogen，Lansing，MI）和乙酰化甘露聚糖（Carrisyn-Carrington Labs，Irvington，TX）。
- 眼科抗病毒药物：阿糖腺苷（Vira-A—Parke-Davis，Morris Plains，NJ）；用于疱疹性溃疡，每2h一次。

注意事项

- 皮质类固醇治疗。

作者：Karen Helton Rhodes

张瑞强　译　李国清　校

第六部分

肿瘤性 / 副肿瘤性皮肤病

Neoplasias, Cutaneous / Paraneoplastic Dermatoses

第32章

光化性皮肤病

定义/概述

- 光辐射，常与紫外辐射（UVL）有关，被吸收后可引起皮肤细胞许多分子的损伤。
- 犬和猫的无色素和无毛部位最易受到影响。
- 常见的光化性皮肤病包括日光性皮炎，光化性角化病（AK），光化性粉刺和疖病，血管瘤（HA），血管肉瘤（HSA）和鳞状细胞癌（SCC）。

病因学/病理生理学

UVA和UVB引起日光性皮炎的途径

- 直接接触阳光照射（晒伤）。
- 细胞标记改变（见于盘状红斑狼疮、红斑性天疱疮）。
- 被光敏性化合物损伤（光敏感性）。
- 细胞增殖过多与发生突变（光化性角化病和光诱发性肿瘤）。
- 慢性和长期暴露在阳光下可克服紫外线的天然屏障。
- 紫外线可通过自由基直接或间接地引起DNA损伤，已经证实紫外线诱发的突变可产生肿瘤抑制基因*p53*，引起突变角质细胞的扩散。
- 病畜往往产生一系列由紫外线引起的相关疾病，包括非肿瘤性疾病（光化性粉刺和疖病），肿瘤出现前的疾病（光化性角化病）和肿瘤（血管瘤，血管肉瘤和鳞状细胞癌）。

特征/病史

- 多数患病的犬和猫都是暴露在日光下，犬可能一侧经常暴露在日光下，造成不对称的病变。
- 病变出现在阳光接触的未受到被毛充分保护的淡色或无色皮肤（自然的或有疤痕的）以及有毛和无毛的交界处。
- 犬：鼻面，背侧鼻，腋下和腹部腹面和大腿内侧无毛区域。
- 猫：耳廓边缘和鼻面。
- 无性别差异。
- 地理分布：热带、沙漠或山区的户外动物（紫外线强度大）。
- 年龄：通常为大龄动物，也报道过2岁幼龄动物患此病。
- 品种偏好：达尔马提亚犬，惠比特犬，意大利灵猩，灵猩，美国斯塔福德郡斗牛㹴，小猎犬，德国短毛指示犬，拳师犬，巴吉度猎犬。

临 床 特 点

- 日光性皮炎（图32-1，图32-2）
  - 红斑，肿胀，结痂，糜烂，溃疡和渗出。
  - 不同程度的瘙痒；逐步发展成慢性病变。
  - 血管病变难以辨认。
  - 随着相邻皮肤发炎、红肿和脱毛，病变可以扩大。
  - 严重病例可继发细菌性毛囊炎，导致疤痕。
  - 猫：白猫的耳廓边缘、眼睑、鼻面、唇缘出现红斑，脱屑和结痂；耳廓边缘卷曲。
- 光化性粉刺和疖病（图32-3～图32-6）

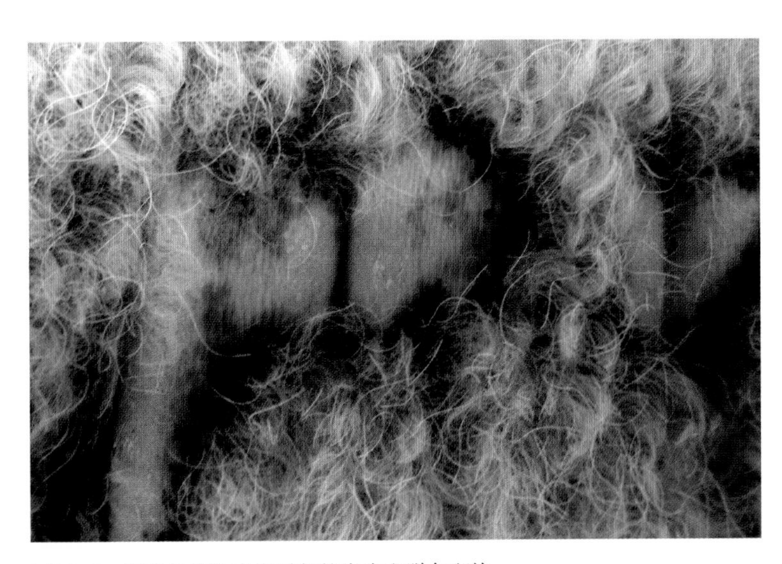

图32-1 慢性日光性皮炎引起的疤痕和脱色斑块

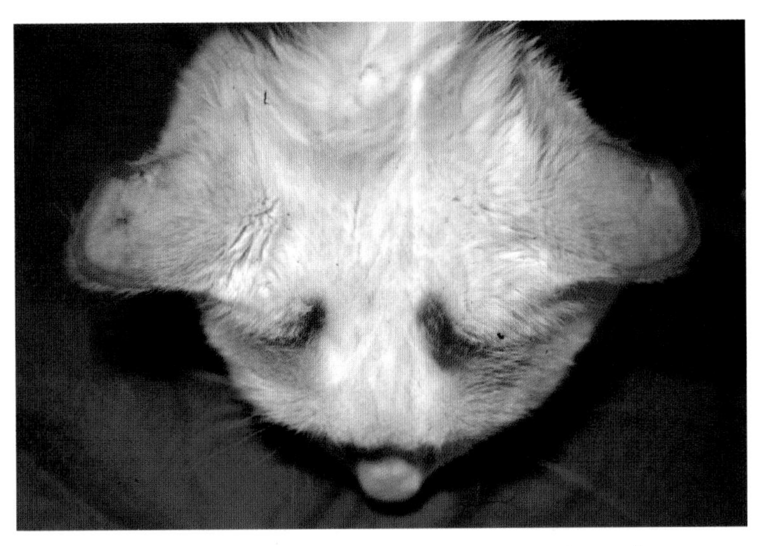

图32-2 耳廓的日光性皮炎，注意耳边缘的红斑、增厚和轻微卷曲

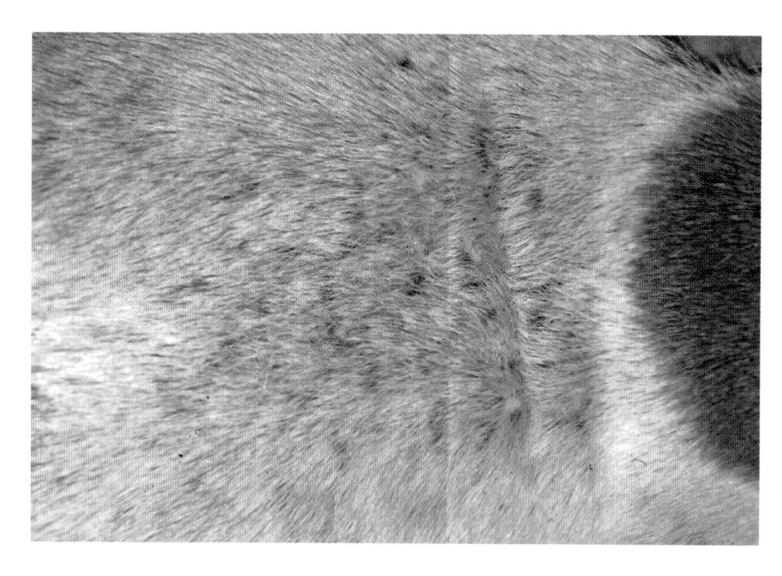

图32-3　光化性粉刺，可见毛囊发炎、扩张和充满碎片

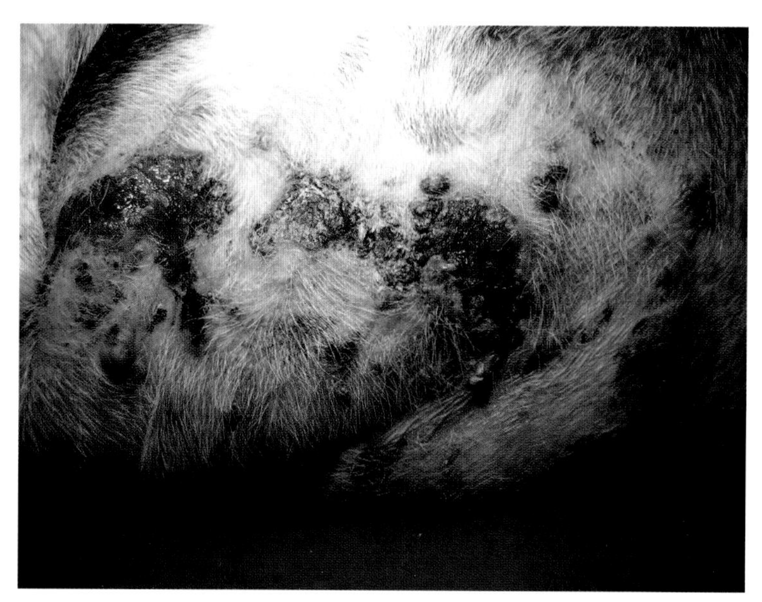

图32-4　光化性粉刺和疖病

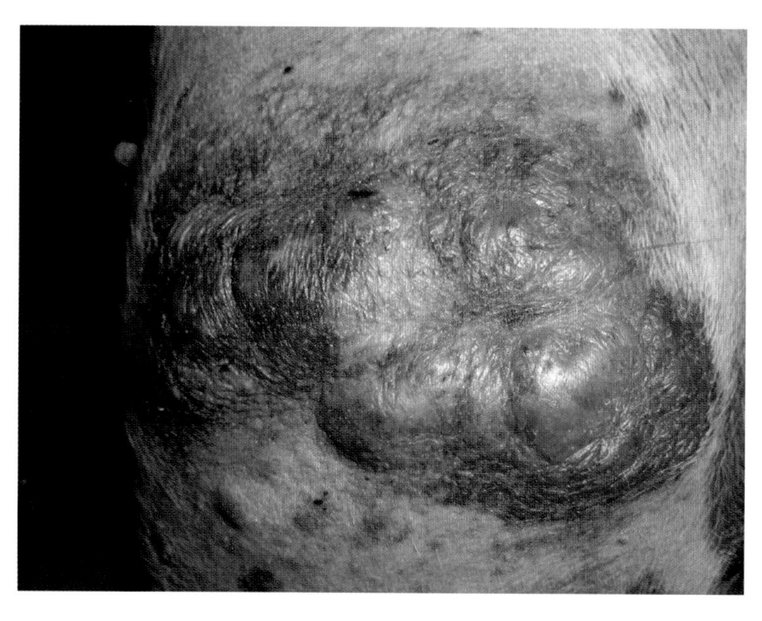

图32-5　光化性粉刺破裂导致大疱和疖病

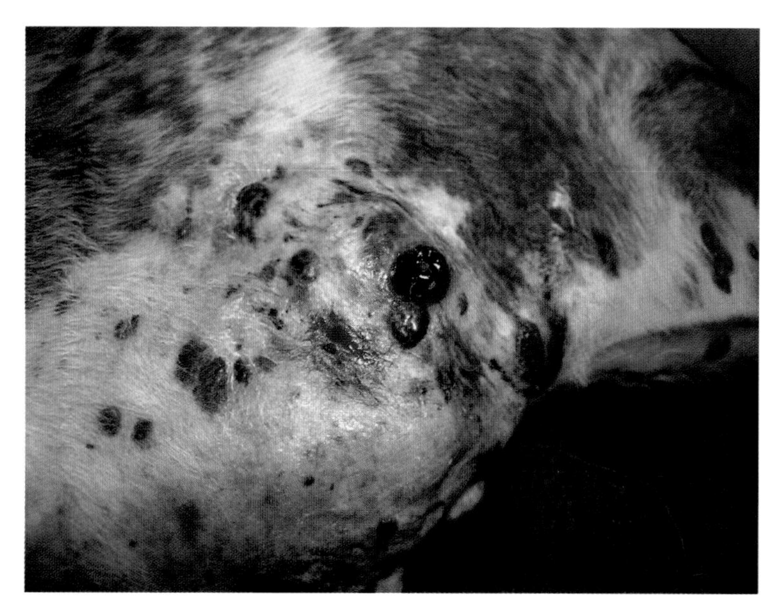

图32-6 出血性水泡，皮肤囊肿和结节

- 与其他慢性光化性皮肤病同时发生。
- 皮肤纤维化导致毛囊发炎和扩张，伴有干酪样碎片。
- 不以毛囊为中心的皮肤囊肿和结节。
- 黑头粉刺和囊肿破裂导致疖病（细菌）。
- 常见的后遗症是结痂，出血和疤痕。
- 慢性可发展为大的血疱。

- 光化性角化病（图32-7，图32-8）
  - 光化性角化病可能是鳞状细胞癌（SCC）的先兆，或代表原位性鳞状细胞癌。
  - 早期红疹样斑块表现轻度苔癣样变或粗糙。
  - 上皮斑块出现之前触诊坚硬增厚，可以和邻近未增厚（正常）的深色皮肤相区别。
  - 斑块结痂，坚硬和脱皮。
  - 严重的角化过度可表现为皮角。
  - 单个斑块和结节（通常与光化性粉刺有关）可融合成较大的病变。
  - 影响面较广；继发疖病可出现炎症和渗出。
  - 原发性部位是腋下，腹部腹面和大腿内侧，鼻背侧和眼睑边缘少见。
  - 猫：耳前区及耳廓边缘，鼻面，眼睑边缘；创伤性病变常出现疤痕和痂皮。
- 日光诱发的血管瘤和血管肉瘤（图32-9 ~ 图32-12）
  - 紫外线诱发的HA和HSA发生在表皮和真皮，其表现与非紫外线诱发的肿瘤不同。
  - HA比HSA更常见。
  - 早期病变类似于毛细血管扩张。
  - 病变界限分明，发红或呈现出暗色结节或肿块。
  - 常为多发性。

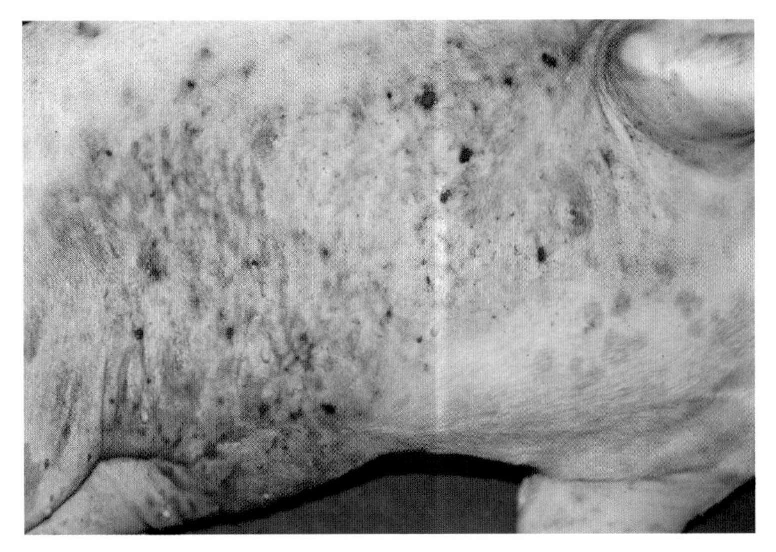

图32-7　光化性角化病，出现多处结痂、硬斑和鳞片样脱皮

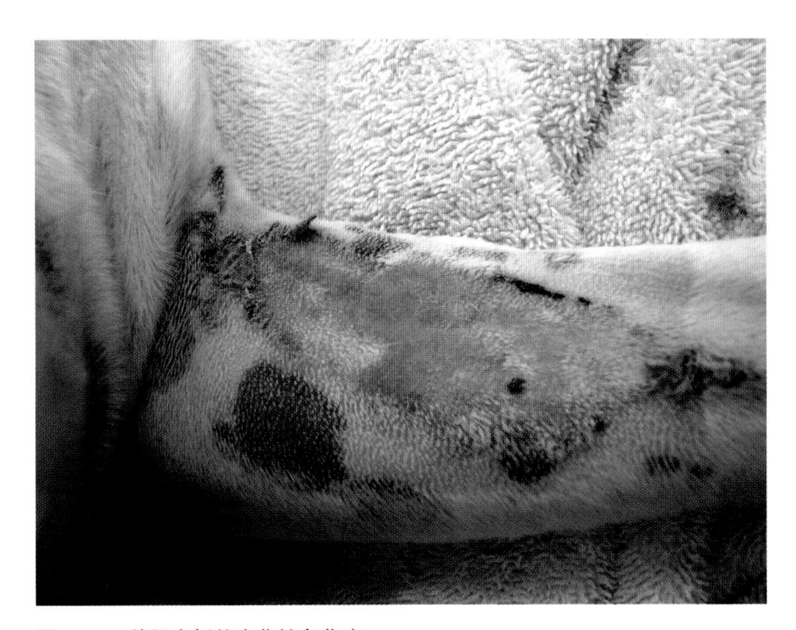

图32-8　前腿内侧的光化性角化病

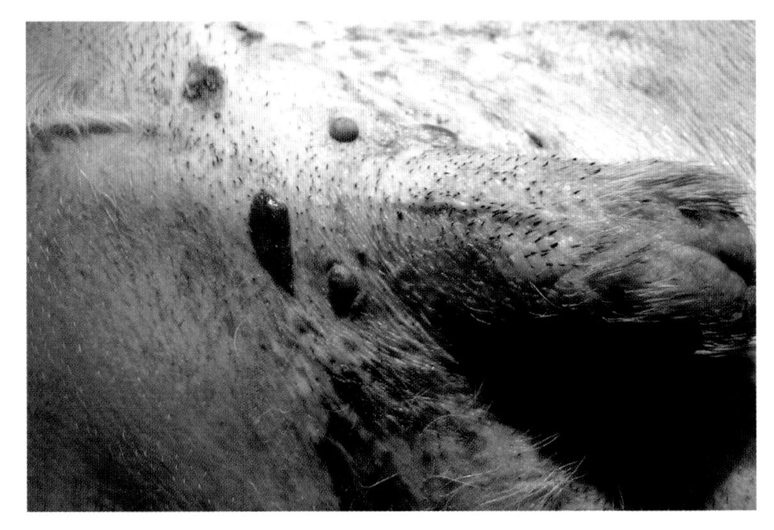

图32-9　腹部多个血管瘤

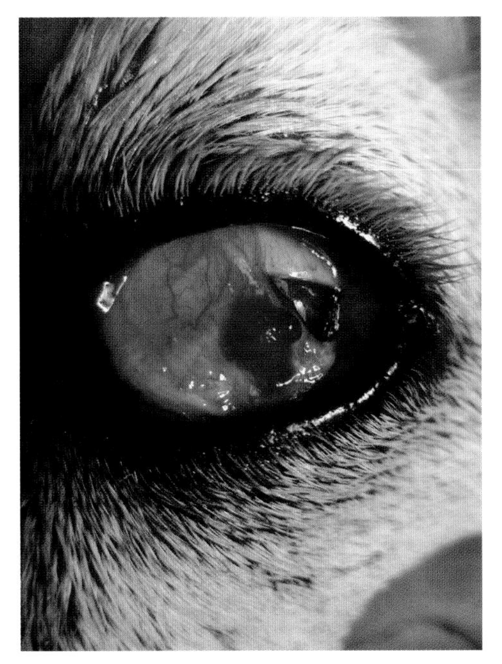

图32-10　眼部日光诱发的血管肉瘤

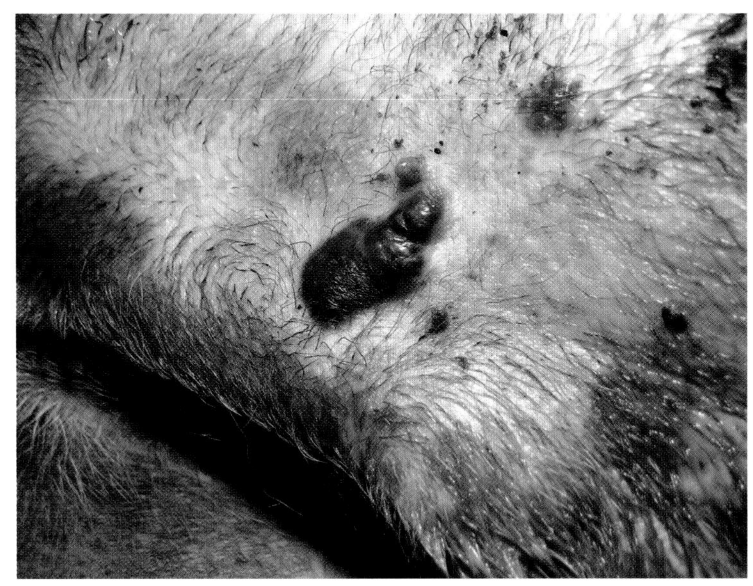

图32-11　日光诱发的血管肉瘤。结节界限明显，色红，充满血液

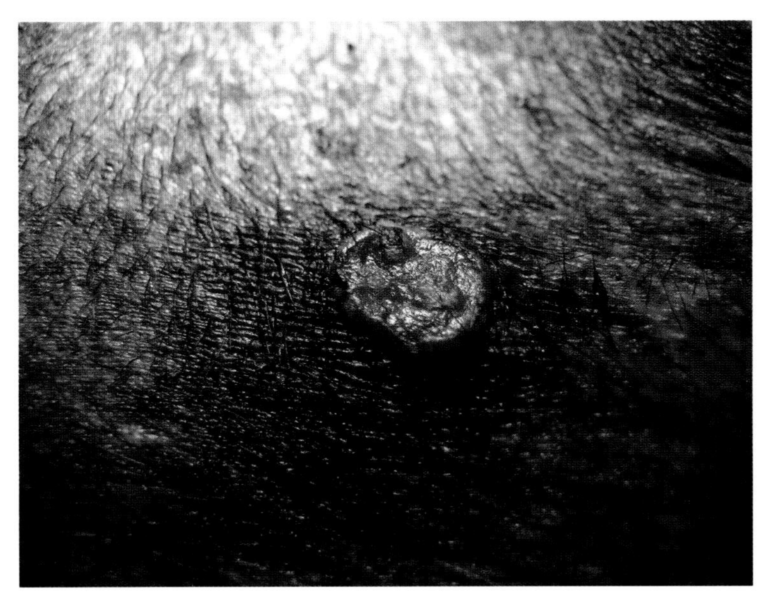

图32-12　日光诱发的血管肉瘤，肿块溃疡，散在

- 与其他光化性皮肤病有关。
- HA：表现良性。
- HSA：转移情况比浅层病例（日光性皮肤病）少20%。

- 鳞状细胞癌（图32-13～图32-19）
  - 80%的病例与AK有关。
  - 为猫最常见的皮肤恶性肿瘤（15%～49%），犬第二个最常见的皮肤恶性肿瘤（3%～20%)。
  - 单个或多个发生。
  - 最初病变：浅的结痂性溃疡，周围出现脱毛和红斑。

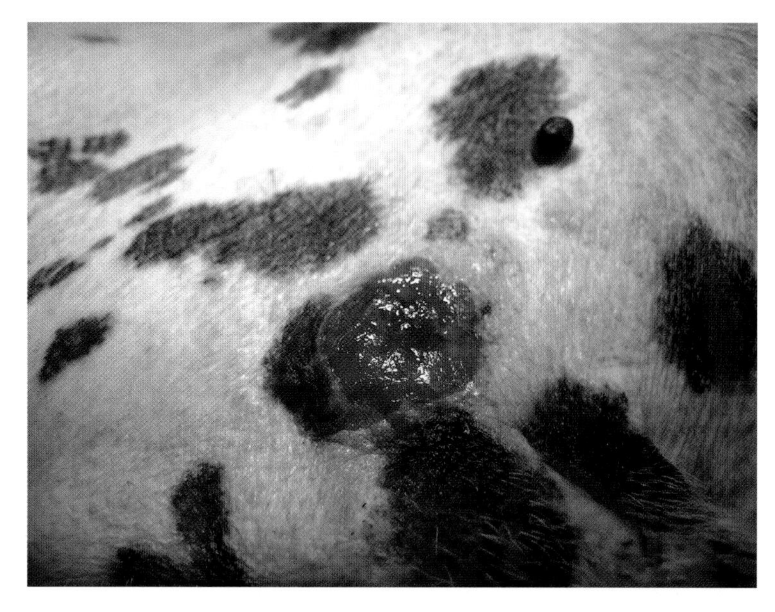

图32-13　鳞状细胞癌的侵蚀性斑块

图32-14　图32-13中患畜其他的鳞状细胞癌

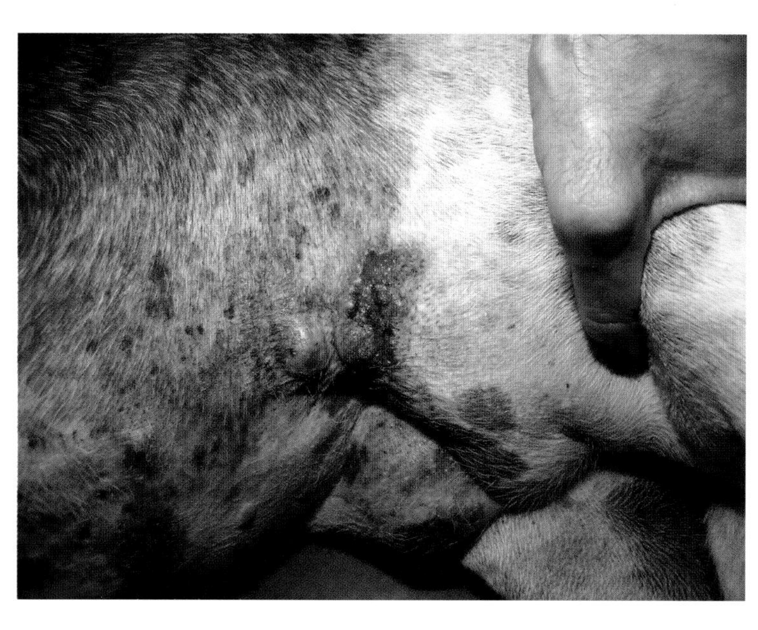

图32-15　腋下鳞状细胞癌的结节和溃疡性斑块

图32-16　猫的鳞状细胞癌。注意鼻孔外部和鼻背侧点状结痂

图32-17　鳞状细胞癌，鼻面和鼻背侧肿大

图32-18　图40-16中患猫的嘴部，鼻面肿胀和结痂

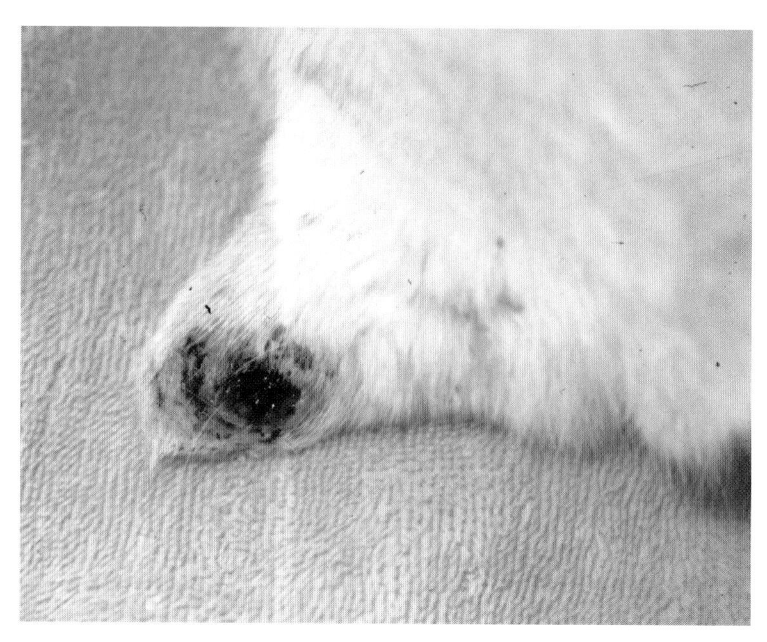

图32–19　耳廓鳞状细胞癌，结痂斑点

- 中期病变：斑块侵蚀和渗出，表面结痂。
- 晚期病变：漏斗状斑块，较深，质地坚硬。
- 皮角（罕见）。
- 猫：鼻孔外部可出现增生，疤痕或溃疡；耳廓常为创伤性病变。
- 局部高度侵蚀，组织损伤明显；肿瘤组织可超出边界。
- 侵蚀局部血管可导致严重出血。
- 很少转移。
- 继发细菌性感染可引起疼痛和全身症状。

鉴 别 诊 断

- 日光性皮炎：红斑性狼疮（盘状，皮肤，全身），红斑性天疱疮，皮肌炎，血管炎，热烧伤，肿瘤和细菌性毛囊炎。
- 光化性粉刺和疖病：深层细菌性、真菌性或分支杆菌性疖病，蠕形螨病，雪纳瑞粉刺综合征，内分泌失调和肿瘤。
- 光化性角化病：细菌性疖病，苔藓样角化病，鳞状细胞癌，局部药疹及严重的接触性皮炎。
- 血管瘤和血管肉瘤：细菌性疖病，其他血管异常和非日光诱发的血管瘤。
- 鳞状细胞癌：其他肿瘤，深血管血栓形成，血管炎，无菌肉芽肿性疾病，深层细菌性、真菌性或分支杆菌性疖病。

诊　断

- 穿刺样品的细胞学检查：证实传染性病原体。

- 引流物的细菌培养和敏感性试验（针对复发性感染）。
- 光化弹性纤维变性：浅层皮肤的胶原蛋白被嗜碱性纤维所取代；特征性紫外线损伤，可能与表皮纤维化有关。
- 代表性皮肤组织的组织病理学检查。
  - 日光性皮炎：黑色素细胞减少，表皮增生，表皮内水肿，角质细胞凋亡，表皮真皮交界处增厚或模糊不清，血管扩张，弹性纤维变性。
  - 光化性粉刺与疖病：表皮增生，毛囊导管堵塞引起毛囊内积聚角质碎片，毛囊周围纤维化，弹性纤维变性；粉刺破裂引起疖病，伴有皮肤炎症和中性粒细胞浸润（与细菌性疖病相类似）；与其他光化性皮肤病相关。
  - 光化性角化病：表皮增生和发育不良以及严重的角化过度和/或“成堆的”角化不全；角质细胞出现变形和/或凋亡；血管周及皮肤由于弹性纤维变性及纤维化而出现苔癣状浸润；表皮真皮连接处正常。
  - 血管瘤：血管扩张，充满血液，衬有内皮细胞；内皮细胞可以出现不同程度的畸形，代表着由HA到HSA的连续转变；与非紫外线诱发的HA相比，界限明显的很少；与皮肤弹性纤维变性和纤维化有关。
  - 血管肉瘤：侵入性血管扩张，内皮细胞分布不一致；内皮细胞呈现明显的多形性细胞和细胞核以及有丝分裂活动；与皮肤弹性纤维变性和纤维化有关。
  - 鳞状细胞癌：鳞状细胞的骨小梁侵入真皮；肿瘤细胞聚集；角蛋白堆积；角质细胞和细胞核呈多形性；犬的鳞状细胞的有丝分裂活动比猫要强；与皮肤弹性纤维变性和纤维化有关。

治　疗

- 避免接触紫外线，将动物关在室内，或使用防晒霜。
- 使用保护衣。
- 单个肿瘤应采用手术切除；大面积损害则需要广泛性治疗。
- 维生素E（体重小于10kg口服剂量为200mg，每天两次；体重大于10kg口服剂量为400mg，每天两次）；维生素C（500mg，每天两次）；β-胡萝卜素（30mg，每天1~2次）；维生素A（400 IU/kg，每天一次）；上述药物也许有保护效果。
- 局部使用皮质类固醇可以减轻局部炎症。
- 氢化波尼松（0.5mg/kg，剂量递减）：可明显地减轻炎症反应。
- 头孢氨苄（22mg/kg，每天两次）：继发性细菌性疖病；可根据细菌培养和敏感性试验结果选用抗菌素。
- 0.1%维甲酸：每天用于单个病变，连用14d；然后每周2~3次；可能引起刺激。
- 异维甲酸：1mg/kg，每天一次，连用30d；然后隔天一次或按需使用来控制病情。

注　释

- 定期检查是否有可疑病变的产生；单个肿瘤一旦确诊应立即切除。
- 对于有广泛性疾病的病例，预后一般，甚至要谨慎护理。
- 严重患畜可通过药物治疗来减小病灶，以便采取更有效的手术进行干预。
- 多数病例实行安乐死的原因，是由于开放式病变的继发性并发症，而非肿瘤转移。
- 异维甲酸：由于处方程序非常严格，口服的合成维生素A很难买到；该药可引起干燥性角膜结膜炎，有强烈致畸作用；由于该药有严重的可预见的致畸性及很长的停药期，禁用于性完整的雌性动物；应监测血清中化学物质包括甘油三酯和泪液的产生。

作者：Alexander H. Werner

李国清　译校

第 33 章

犬瘤前和副肿瘤性综合征

定义 / 概述

- 瘤前皮肤病：病变有恶性倾向，有可能发展为肿瘤。
- 副肿瘤性皮肤病：病变与内部恶性肿瘤有关，通常是特定肿瘤的标志。

瘤前与副肿瘤性皮肤病很难划分，从某一反应模式发展为明显肿瘤可能前后不一致。

病因学 / 病理生理学

- 瘤前皮肤病
  - 光化性角化病：紫外线（UVL）可通过自由基直接或间接地引起DNA的损伤；紫外线诱发的突变在抑癌基因*p53*中已得到证实，该基因可导致突变角质细胞的扩散（见32章）。
  - 皮肤淋巴细胞过多：持久性抗原刺激如药物或疫苗，可引起T细胞的扩散；克隆化重排可导致明显的淋巴瘤。
  - 结节性筋膜炎：良性反应性病变，可能由创伤所致；偶尔可用来描述增生过程，包括反应性组织细胞增生症。
  - 丘疹性肥大细胞增多：在肥大细胞内导致系统性肥大细胞增多的特定突变尚未确定；可能与人类癌基因*c-kit*的突变有关。
- 副肿瘤性皮肤病
  - 皮肤（原发性结节）淀粉样变：免疫球蛋白轻链通过浆细胞的增殖产生大量的淀粉样变性，与多发性骨髓瘤和髓外浆细胞瘤有关。
  - 皮肤黏蛋白增多（继发）：皮肤黏蛋白的过度积累，很少与肥大细胞瘤相关。
  - 副肿瘤性天疱疮：针对多个表皮血小板溶素的家族蛋白和桥粒，T细胞介导的角质细胞凋亡可能推进了病变的产生。
  - 皮肤纤维结节（犬）：局部TGF-β1细胞因子产生过多可导致胶原蛋白过剩，由于遗传缺陷和肾脏或子宫肌肉肿瘤所致。
  - 浅表坏死剥脱性皮炎：很少与分泌胰高血糖素的胰腺或胰腺外肿瘤有关；胰高血糖素血症诱发的糖原异生可导致血氨基酸过少，引起角质细胞变性。
  - 多形性红斑：往往针对药物或内部肿瘤产生免疫反应，角质细胞的MHCⅡ与ICAM-1蛋白表达的上调可引起T细胞的募集，导致角质细胞坏死。
- 由肾上腺皮质机能亢进引起的皮肤变化在第11章和第12章已讨论。

特征/病史

- 瘤前皮肤病
  - 光化性角化病
    - 病变发生在接触阳光的淡色或无色皮肤（自然或疤痕），该处未受到被毛充分的保护，在有毛与无毛皮肤的交界处也可发生。
    - 鼻面，口鼻背侧，腋下以及腹部腹面和大腿内侧的无毛区。
    - 无性别偏好。
    - 年龄：常为老龄动物；2岁龄动物的也有患病报道。
    - 品种偏好：达尔马西亚犬，惠比特犬，意大利灵缇，灵缇，美国斯塔福斗牛㹴，斗牛㹴，比格犬，德国短毛大猎犬，拳师犬，巴吉度猎犬。
  - 皮肤淋巴细胞增多
    - 非常少见；老龄母犬。
    - 金毛犬，喜乐蒂牧羊犬，中国冠毛犬，威尔士柯基犬。
  - 丘疹性肥大细胞增多
    - 少见；病例报道主要见于1岁龄以下的犬。
    - 纽芬兰犬，可卡犬，拉布拉多犬，杰克罗素㹴，其他品种。
  - 结节性筋膜炎
    - 非常少见；年轻大型犬有报道。
- 副肿瘤性皮肤病
  - 皮肤（原发性结节）淀粉样变
    - 非常少见；岁龄大的犬。
    - 可卡犬易感。
  - 皮肤黏蛋白增多（继发）
    - 少见；可能与肥大细胞瘤有关。
  - 皮肤纤维性结节（犬）
    - 少见；中年犬到老年犬。
    - 德国牧羊犬（常染色体显性遗传）；金毛猎犬，拳师犬，其他品种。
    - 与肾囊肿，囊腺瘤，囊腺癌，子宫肌瘤有关。
  - 副肿瘤性天疱疮
    - 非常少见；具体特征报道较少见。
  - 浅表坏死剥脱性皮炎
    - 罕见；主要见于老龄犬（平均年龄10岁）。
    - 公犬发病率较高。
    - 小型品种可能较多：西高地白色小猎犬，苏格兰㹴犬，美国可卡犬，喜乐蒂牧羊犬，中国拉萨犬，边境牧羊犬；大型品种也可发生。

- 病变常出现在全身症状之前。
- 多形性红斑
  - 作为肿瘤的反应模式非常罕见。

临床特点

- 瘤前皮肤病
  - 光化性角化病（图33–1）
    - 早期红斑性斑块呈现轻微的苔藓样变或较粗糙。
    - 上皮斑块显露之前可触诊到变硬、增厚，可以与邻近未增厚（正常）有色皮肤相区别。
    - 结痂，硬结和剥脱性斑块。
    - 严重角化过度可视为皮肤角。
    - 单个斑块和结节（常与光化性粉刺）可融合成较大的病灶。
    - 受损面广；继发疖病时可出现炎症和渗出。
    - 腋下、腹部腹面及大腿内侧为主要发病部位，在鼻背侧和眼睑边缘较少发病。
  - 皮肤淋巴细胞增多（图33–2）
    - 头部、颈部、胸部和腋下出现红斑或红斑性斑块。
  - 丘疹性肥大细胞增多（图33–3）
    - 犬的皮肤病灶类似人的色素性荨麻疹。
    - 在头部、颈部、躯干和腿部出现小的红斑性斑点、丘疹或斑块、水疱和出血性大泡。
    - 操作可诱发红斑和硬结。
    - 在良性条件下出现多个病灶的可能较大，单个散发的肿瘤较少见。

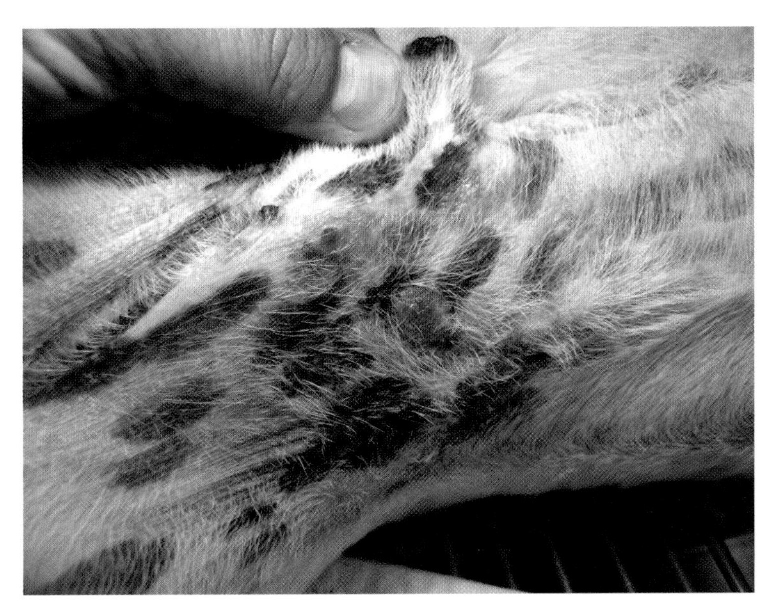

图33–1　光化性角化病，可见腹部腹面红斑和轻度苔藓样斑块

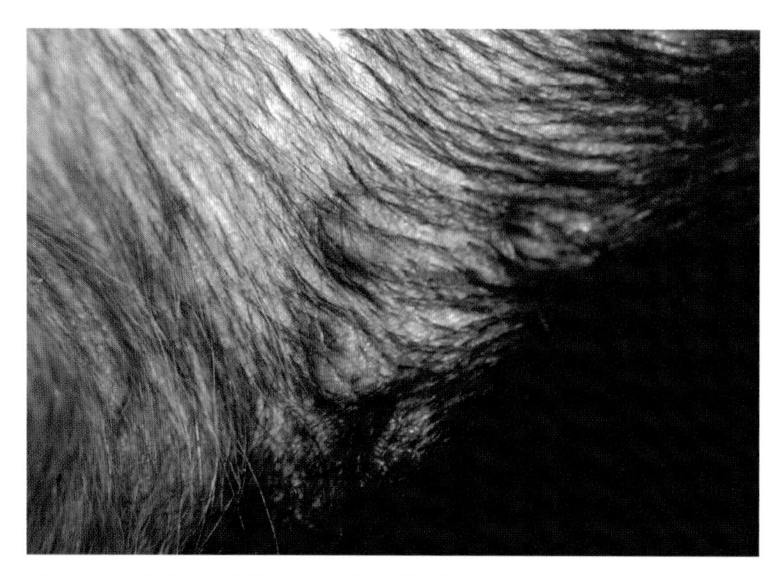

图33-2　皮肤淋巴细胞增多时腋下红斑性斑块

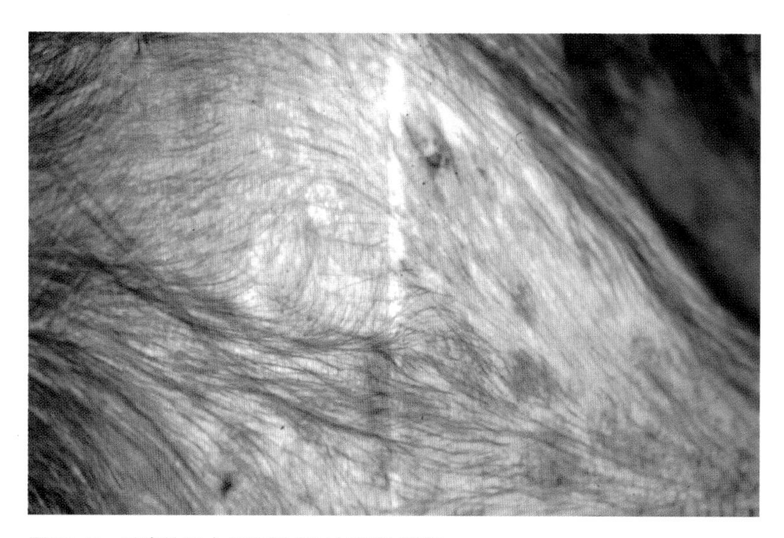

图33-3　丘疹性肥大细胞增多时红斑性斑疹

- 结节性筋膜炎
  - 单独的皮下肿块，直径往往小于2cm。
- 副肿瘤性皮肤病
  - 皮肤（原发性结节）淀粉样变
    - 耳廓，口腔黏膜、脚趾、腿部和躯干上出现单个坚硬的真皮或皮下结节；皮肤出血。
- 皮肤黏蛋白增多（继发）（图33-4）
  - 真皮黏蛋白积累过多，常无症状。
  - 丘疹性黏蛋白增多症报道很少，可见蓬松、增厚、带有水疱或大疱的非凹陷性斑块。
- 皮肤纤维性结节（犬）（图33-5，图33-6）
  - 在头部，腿部和耳朵出现多个坚硬的界限清楚的结节，大小不一，从很小到很大。创伤或摩擦部位可能出现脱毛和溃烂。

图33-4　皮肤黏蛋白增多，可见多个“蓬松”的水泡

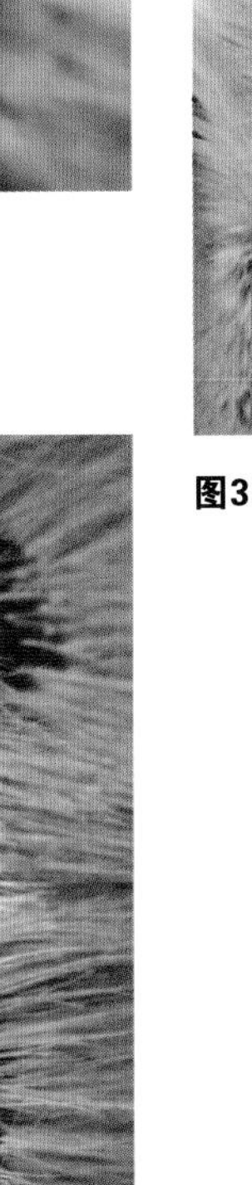

图33-5　皮肤纤维性结节，耳廓上多个坚硬的界限清楚的结节

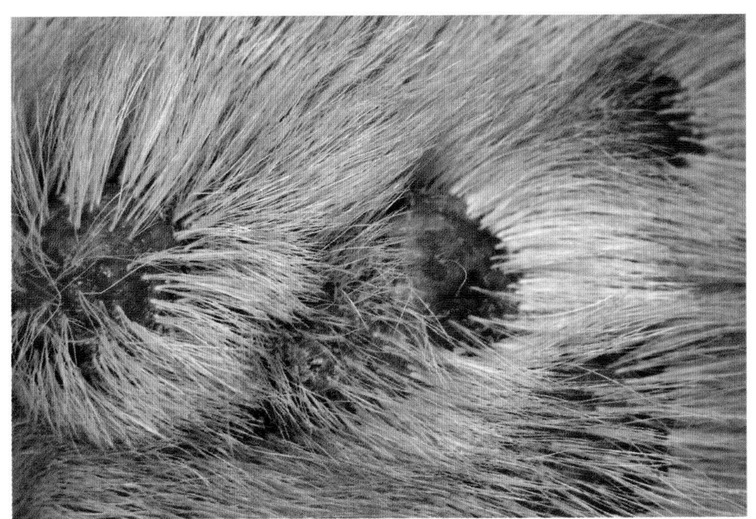

图33-6　皮肤纤维性结节，大的病灶

- 副肿瘤性天疱疮（图33-7）
  - 起疱性疾病，可影响黏膜和皮肤黏膜交界处。
  - 全身性症状与肿瘤和皮肤病变有关（体重减轻，嗜睡，脓性分泌物）。
- 浅表坏死剥脱性皮炎（图33-8，图33-9）
  - 脚垫边缘逐步发生红斑，角化过度和渗出。
  - 皮炎可能显著。
  - 病变影响皮肤黏膜交界处，最明显的部位是嘴唇，眼睛和肛门，与脚垫病变同时发生或紧随其后。
  - 糜烂和溃疡，往往由于表皮脱落。

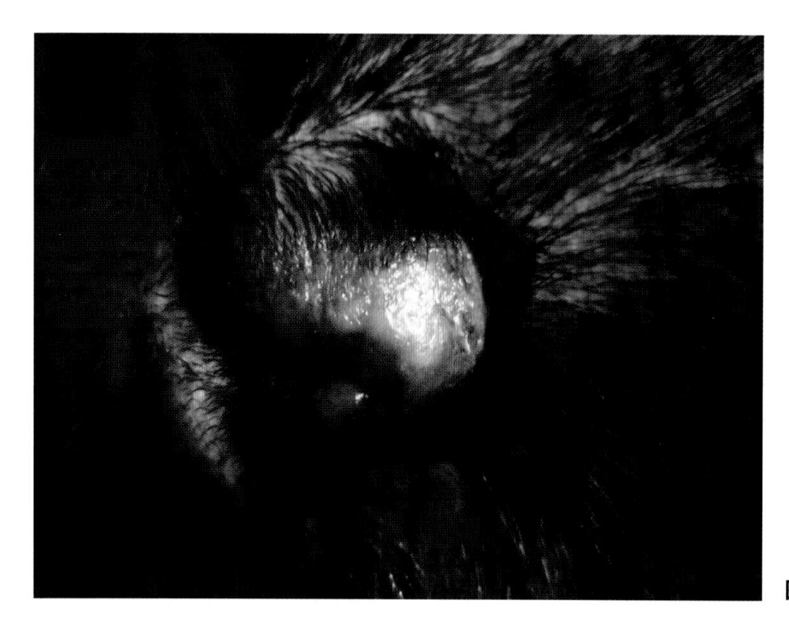

图33-7　副肿瘤性天疱疮导致外阴糜烂和结痂

图33-8　浅表坏死剥脱性皮炎，伴有结痂和脱屑的红斑

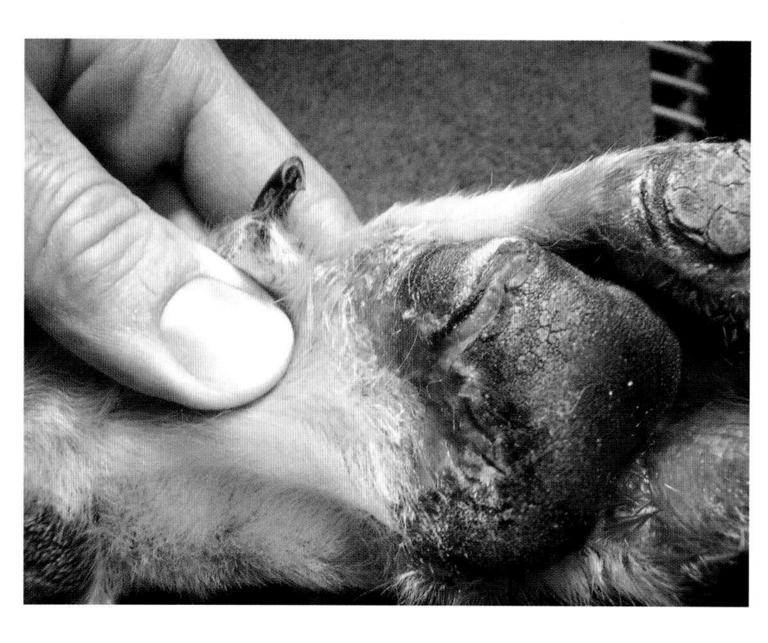

图33-9　浅表坏死剥脱性皮炎，脚垫边缘红皮病和结痂明显

- 脚垫龟裂导致瘙痒和疼痛。
- 慢性和持续性自我创伤常见色素沉着过多和苔藓化。
- 继发细菌性毛囊炎和马拉色菌性皮炎。
- 病变发生在耳廓和外生殖器的压觉点。
- 皮炎症状往往比全身症状早几周。
- 全身症状包括厌食，嗜睡，多尿，烦渴（与糖尿病相关时）和体重减轻。

- 多形性红斑（图33-10，图33-11）
  - 外观呈多形性，经典病变是红斑性斑点或斑块；可出现空心，糜烂或色素沉着过度的病灶（“靶病变”）。
  - 黏膜病变以水泡开始，最后发展为溃疡。
  - 全身症状与疼痛和继发感染有关，或存在潜在的病因。

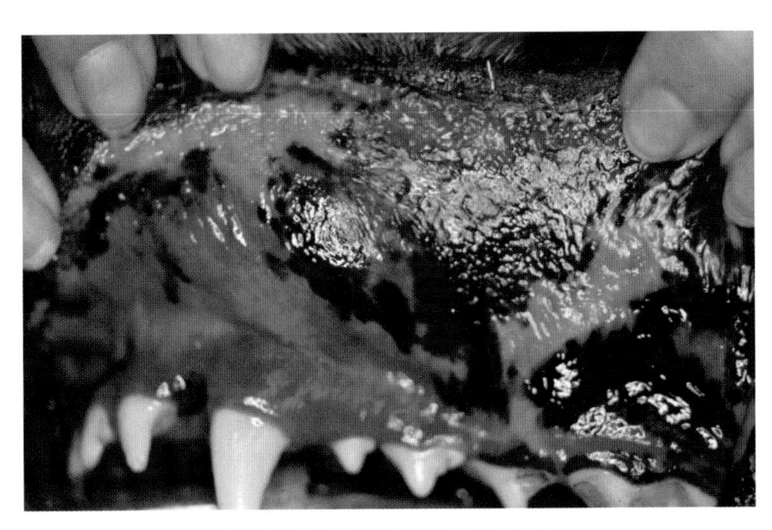

图33-10 转移性腺癌引起的多形性红斑，可见口腔溃疡

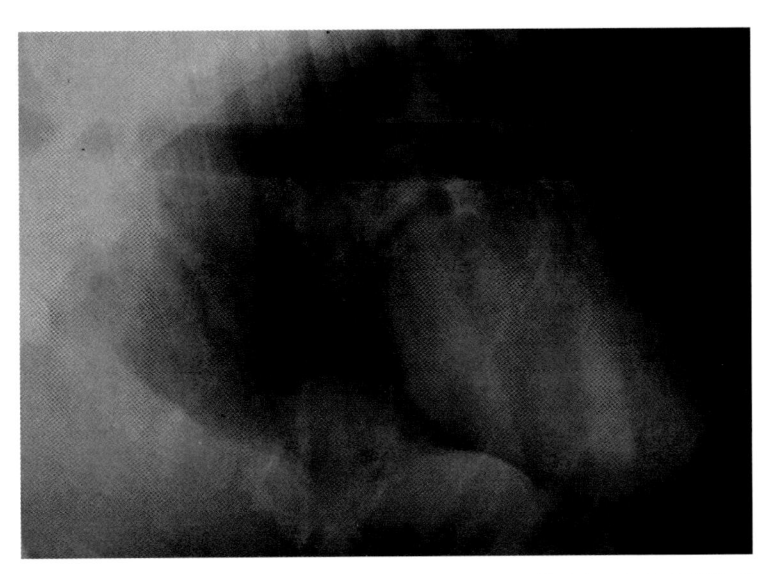

图33-11 图44-10中病畜胸部X线片，显示胸骨淋巴结肿大，细针穿刺诊断为转移性腺癌

鉴 别 诊 断

- 瘤前皮肤病
  - 光化性角化病
    - 细菌性疖病，苔癣样角化病，鳞状细胞癌，局部药疹，严重接触性皮炎。
  - 皮肤淋巴细胞增多
    - 亲上皮性淋巴瘤，涉及皮肤的淋巴细胞性白血病，过敏反应，药疹，细菌性毛囊炎。
  - 丘疹性肥大细胞增多
    - 过敏反应，药疹，细菌性毛囊炎，肥大细胞瘤。
  - 结节性筋膜炎
    - 感染性肉芽肿，无菌性肉芽肿，局部外伤，皮肤肿瘤，纤维瘤，纤维肉瘤，梭形细胞脂肪瘤。
- 副肿瘤性皮肤病
  - 皮肤（原发性结节）淀粉样变
    - 皮肤肿瘤，感染性肉芽肿，无菌性肉芽肿，脓性肉芽肿性皮炎。
  - 皮肤黏蛋白增多（继发）
    - 弥漫性皮肤水肿，水疱或大疱性皮炎的原因。
  - 皮肤纤维性结节（犬）
    - 皮肤肿瘤，感染性肉芽肿，无菌性肉芽肿，脓性肉芽肿性皮炎，纤维瘤，血肿，结节性瘢痕。
  - 副肿瘤性天疱疮
    - 寻常性天疱疮，大疱性类天疱疮，多形性红斑。
  - 浅表坏死剥脱性皮炎
    - 落叶型天疱疮，锌反应性皮肤病，系统性红斑狼疮，多形性红斑，药疹，通用犬粮皮肤病，刺激性接触性皮炎，蠕形螨病，皮肤真菌病，脉管炎，亲上皮性淋巴瘤，中毒性表皮坏死松解症。
  - 多形性红斑
    - 细菌性毛囊炎，皮肤过敏（荨麻疹），皮肤真菌病，蠕形螨病，落叶型天疱疮，大疱性类天疱疮。

诊 断

- 全血细胞计数/生物化学/尿液分析：取决于具体病情和涉及的器官系统。
- 病变细胞学检查：很少能确诊；细胞聚集模式对病因的确定非常重要。
- 影像学检查：取决于具体病情和涉及的器官系统。
- 皮肤组织病理学检查：为诊断所必须；需要进行组织的免疫组化研究，以区别良性与恶性细胞群。

皮肤组织病理学

- 瘤前皮肤病
  - 光化性角化病
    - 表皮增生和发育异常，伴发严重角化过度和/或“叠加”的角化不全；角质细胞出现变形和/或凋亡；血管周围皮肤出现苔藓样浸润，伴有日光性弹性纤维变性和纤维化；表皮真皮交界处未见浸润。
  - 皮肤淋巴细胞增多
    - 真皮浅层血管周围出现小淋巴细胞弥漫性浸润，带有非细胞区（跨界区）；免疫组化分析可证实为$CD3^+$ T细胞。
  - 丘疹性肥大细胞增多
    - 血管周围出现肥大细胞弥漫性浸润，该细胞分化良好。
  - 结节性筋膜炎
    - 边界模糊杂乱无章的梭形细胞附着于筋膜，血管丰富，免疫组化证实为纤维母细胞。
- 副肿瘤性皮肤病
  - 皮肤（原发性结节）淀粉样变
    - 无定形的嗜酸性沉积物以β–折叠结构（电子显微镜观察）积聚；该沉积物与浆细胞相关，可被巨噬细胞和巨细胞所包围；免疫组化证实淀粉样蛋白来自免疫球蛋白的轻链。
  - 皮肤黏蛋白增多（继发）
    - 表皮增生：白色物质（黏蛋白）在真皮浅层胶原纤维之间积聚，伴有散在的大量聚集；并发皮炎时可出现轻微的炎症。
  - 皮肤纤维性结节（犬）
    - 胶原纤维束增加和增厚；皮下病变可能会界限清楚，而不是模糊不清，胶原纤维束环绕附件结构。
  - 副肿瘤性天疱疮
    - 跨皮肤形成脓疱，基底层以上浅表皮肤棘层松解；角质细胞凋亡突出，皮肤或黏膜下出现淋巴细胞，巨噬细胞和浆细胞浸润，出现数量不等的中性粒细胞。
  - 浅表坏死剥脱性皮炎
    - 角化不全和中性结痂；由于细胞内和细胞间水肿，基底层以上的表皮颜色苍白；基底层细胞增生可产生独特的“红/白/蓝”模式；表皮内出现裂缝；浅表皮肤血管周围出现轻度中性粒细胞渗透；慢性病例出现明显角化不全，未见表皮颜色变白。
  - 多形性红斑
    - 角质细胞出现凋亡，淋巴细胞出现卫星现象；继发界面性皮炎和中性粒细胞浸润；更严重的病例可发生溃疡。

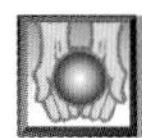

治　疗

- 瘤前皮肤病
  - 光化性角化病
    - 避免接触紫外线，患畜应保持在室内，可用防晒霜。
    - 维生素E（体重不足10kg，剂量为200mg，每天两次；体重大于10kg，剂量为400mg，每天两次）；维生素C（500mg，每天两次）；β-胡萝卜素（30mg，每天1～2次）；维生素A（400IU/kg，每天一次），上述维生素可能有保护作用。
    - 外用皮质类固醇：可减轻局部炎症。
    - 氢化波尼松（0.5mg/kg，剂量递减）：可显著减轻炎症。
    - 头孢氨苄（22mg/kg，每天两次）：继发性细菌性疖病；通过培养和药敏试验结果选择替代性抗生素。
    - 0.1%维甲酸（视色素A）：每天用于单个病变，连用14d，然后每周2～3次，可引起刺激性。
    - 异维A酸（维甲酸）1mg/kg，每天一次，连续30d；然后隔日或根据需要来控制病变。
  - 皮肤淋巴细胞增多
    - 未定，病例记载太少。
  - 丘疹性肥大细胞增多
    - 可自愈。
    - 抗组胺药（羟嗪1mg/kg，每天两次）。
    - 皮质类固醇（氢化泼尼松0.5mg/kg，剂量递减）。
  - 结节性筋膜炎
    - 手术切除可治愈。
- 副肿瘤性皮肤病
  - 皮肤（原发性结节）淀粉样变
    - 个别病变可手术切除。
    - 应用二甲基亚砜可抑制淀粉样蛋白的合成。
- 皮肤黏蛋白增多（继发）
  - 抗组胺药（苯海拉明，1mg/kg，每天两次；羟嗪，1mg/kg，每天两次）。
  - 皮质类固醇（氢化泼尼松0.5mg/kg，剂量递减）。
  - 皮肤纤维性结节（犬）
    - 内部肿瘤的手术切除。
    - 个别病灶的手术切除。
  - 副肿瘤性天疱疮
    - 治疗方法类似于落叶型天疱疮（第20章）。
    - 氢化泼尼松：开始时每天口服剂量为1.1～2.2mg/kg，分两次给药，然后药量逐渐减少至

0.5mg/kg，每隔48～72h一次。
- 一半以上的患畜需要添加其他免疫调节性药物。
- 硫唑嘌呤：2.2mg/kg，口服，每天一次，然后隔天一次。

- 浅表坏死剥脱性皮炎
  - 肿瘤的手术切除。
  - 病畜存活时间：肿瘤不切除可存活6个月；由于糖尿病危机或肝功能衰竭实行安乐死最为常见。
  - 继发细菌性毛囊炎和/或马拉色菌性皮炎可用适当的抗菌素治疗。
  - 氢化泼尼松（0.5mg/kg，每天一次；剂量递减，尽快停止）：暂时缓解瘙痒和炎症；但可加剧糖尿病；可使肝病加重。
  - 奥曲肽（2～3.2μg/kg，每天2～4次，皮下注射）：生长抑素类似物；可用于未切除的分泌胰高血糖素的胰腺肿瘤。
  - 氨基酸输液：静脉注射氨基酸以补充肝脏过度代谢的血清浓度。
    - 10%精制氨基酸溶液；25ml/kg，输液时间超过8h。
    - 3%的氨基酸和电解质溶液；25ml/kg，超过8h。
    - 开始替代疗法，每周两次，直到症状改善。
    - 维持输液7～14d，根据患畜反应来确定具体天数。
- 多形性红斑
  - 治疗和/或去除发病病因（如肿瘤）。

注　释

- 瘤前皮肤病需要定期监测，以便对发生的肿瘤进行早期检测。
- 副肿瘤性皮肤病需要对潜在的病因（如果确诊的话）进行治疗，以防止症状复发。
- 皮质类固醇：可引起多尿，多饮，多食，性情改变，糖尿病，胰腺炎和肝中毒。
- 硫唑嘌呤：可引起胰腺炎。
- 异维A酸：由于非常严格的处方程序，合成维生素A口服剂已难以获得；可引起干眼症；极度致畸；不能用于性完整的雌性动物，因为它具有可预见的严重致畸性和极长的停药期；育龄雌性动物不应使用这种药物；监测血清化学（包括甘油三酯）以及泪液分泌情况。

作者：Alexander H. Werner

刘田　译　李国清　校

第 34 章

常见的皮肤和毛囊肿瘤

定义 / 概述

上皮肿瘤和皮肤附属器肿瘤相当多，本章讨论的肿瘤是在临床实践中比较常见的一些肿瘤。这些肿瘤涉及表皮，真皮，毛囊及附属结构。本章列出皮肤及其附属器肿瘤。

病因学 / 病理生理学

- 鳞状细胞癌/鲍恩病
  - 角质细胞的恶性肿瘤。
  - 癌变前的良性表现形式称为鲍恩病，呈局灶性或多灶性，在猫较为常见；“原位”组织病理学变化是发育异常的细胞不会延伸到表皮的基底膜。
  - 可能有病毒病因；在人的头颈部鳞状细胞癌中发现乳头瘤病毒16型，在20%犬猫皮肤和黏膜鳞状细胞癌中检测到乳头状瘤病毒DNA。
  - 紫外线照射可引起肿瘤抑制基因（*p53*）的突变，该基因可能是鳞状细胞癌的一个发病因素。该基因可编码一种蛋白质，当检测到DNA损伤时可阻断细胞周期，使受损细胞得到修复。紫外光可引起*p53*基因的突变，从而使受损细胞继续复制，导致其他基因突变的积累，增加肿瘤发生的机会。*p53*的突变已在82%猫耳廓鳞状细胞癌中检测到。
- 黑色素瘤（皮肤/脚趾）
  - 黑色素细胞及成黑素细胞引起的良性或恶性肿瘤。
  - 大多数黑色素瘤发生于有毛的皮肤。
  - 紫外线照射似乎对确定病因方面不起作用。
  - 遗传易感性可能是一个发病因素，因为品种和家族聚集现象明显。
  - 已鉴定为MAB IBF9的抗原是一种细胞表面蛋白，在犬恶性黑色素瘤细胞系的细胞周期的所有阶段都能呈现。这种抗原可能有助于黑色素瘤病因的研究以及免疫治疗方案的选择。
- 基底细胞瘤
  - 基底细胞瘤可能呈良性（基底细胞上皮瘤）或恶性（基底细胞癌）。
  - 这些细胞来自表皮，毛囊上皮，皮脂腺或汗腺的基底细胞。
  - 这些肿瘤大部分呈良性，孤立性，生长缓慢。
- 皮脂腺肿瘤
  - 主要是皮脂腺的良性肿瘤（恶性罕见）。

  - 表现形式：结节性皮脂腺增生，皮脂腺上皮瘤，皮脂腺腺瘤，皮脂腺腺癌。
- 毛囊肿瘤
  - 生发毛囊细胞发生的肿瘤，通常为良性。
  - 根据附属结构的不同来划分。
  - 毛发上皮瘤，毛基质瘤，毛胚细胞瘤，毛根鞘瘤，毛囊上皮瘤，维纳毛孔扩张。

特征 / 病史

品种偏好

- 鳞状细胞癌/鲍恩病
  - 猫：未见报道，鳞状细胞癌患畜往往皮肤颜色淡或无色素，但黑猫易患鲍恩病。
  - 犬：苏格兰猎犬，狮子犬，拳师犬，贵宾犬，挪威猎鹿犬，斑点犬，比格犬，小灵犬，白英格兰斗牛犬可能易患；黑皮肤和黑被毛的大型品种可能易患脚趾多发性鳞状细胞癌。
- 黑色素瘤
  - 黑皮肤犬易患。
  - 品种有万能㹴犬，波士顿㹴犬，拳师犬，松狮，吉娃娃，可卡犬，杜宾犬，爱尔兰雪达犬，史宾格猎犬。
- 基底细胞瘤
  - 可卡猎犬，贵宾犬，喜乐蒂牧羊犬，凯利蓝㹴，西伯利亚哈士奇犬易患。
  - 暹罗猫，喜马拉雅猫和波斯猫易患。
- 皮脂腺肿瘤
  - 常见于老年犬。
  - 腺瘤/增生：贵宾犬，可卡犬，迷你雪纳瑞，㹴，狮子犬，拉萨狮子犬，西伯利亚哈士奇犬，灰白㹴，比格犬，腊肠犬。
  - 皮脂腺上皮瘤：爱尔兰雪达犬，北极犬，狮子犬。
  - 皮脂腺腺癌：罕见于可卡犬，骑士查理王猎犬，苏格兰猎犬，哈士奇犬。
  - 老年猫不常见，波斯猫易患。
- 毛囊肿瘤
  - 毛发上皮瘤：巴吉度猎犬，金毛猎犬，德国牧羊犬，迷你雪纳瑞，标准贵宾犬，西班牙猎犬，波斯猫。
  - 毛基质瘤：凯利蓝㹴，贵宾犬，英国古代牧羊犬。
  - 毛胚细胞瘤：贵宾犬，可卡犬。
  - 毛根鞘瘤：阿富汗犬。
  - 毛囊上皮瘤：无。
  - 维纳毛孔扩张：老年猫，无品种偏爱。

平均年龄和范围

- 鳞状细胞癌/鲍恩病
  - 9岁犬。
  - 9～12.4岁猫（鲍恩病见于老年猫）。
- 黑色素瘤
  - 平均9岁犬（常见）。
  - 8～14岁猫（罕见）。
- 基底细胞瘤
  - 老年猫易患。
  - 老年犬不常见。
- 皮脂腺肿瘤
  - 老年犬常见；8～11岁。
  - 老年猫不常见；10～13岁。
  - 腺癌，犬猫罕见。
- 毛囊肿瘤
  - 年龄在5～13岁；犬和猫。

病史

- 鳞状细胞癌/鲍恩病
  - 鳞状细胞癌在猫的所有皮肤肿瘤中占15%，在犬占4%～18%。
  - 在阳光明媚的气候和高海拔地区更为流行（强紫外线照射）。
  - 痂皮，溃疡或肿块，可能已经存在数月，保守治疗无效。
  - 鲍恩病（猫）：皮肤着色；中心形成溃疡；紧接着疼痛性结痂，可能会向周围扩散。
  - 累及嘴唇，鼻子，耳廓：开始可能是浅表结痂（图34–1），后来可发展为深层溃疡（图34–2）。
  - 累及面部皮肤（猫）。
  - 累及爪褶处（犬）。
- 黑色素瘤
  - 黑色素瘤在犬的所有皮肤肿瘤中占4%～20%，在猫占1%～7%。
  - 肿块生长缓慢或迅速。
  - 如果累及脚趾，患畜可能会出现跛行。
- 基底细胞瘤
  - 在猫的所有皮肤肿瘤中占15%～26%。
  - 在犬的皮肤瘤中占6%。
- 皮脂腺肿瘤
  - 往往在某些品种偶然发现，如可卡犬和贵宾犬。

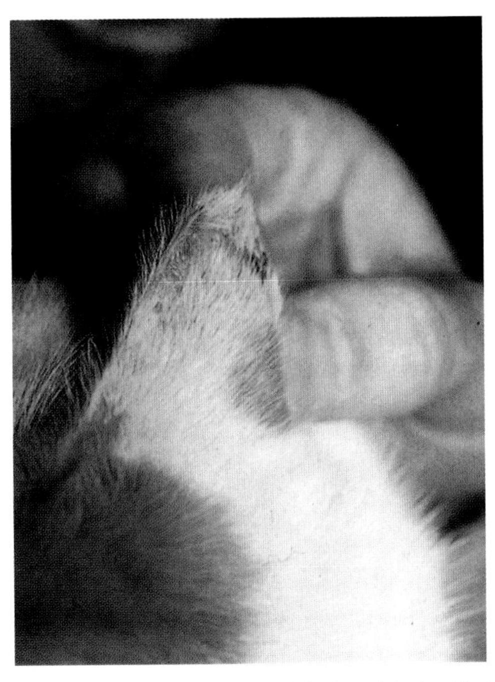

图34-1　耳尖早期鳞状细胞癌伴发细小红斑和结痂

图34-2　晚期鳞状细胞癌（SCC），已经侵蚀大部分耳廓

- 毛囊肿瘤
  - 毛发上皮瘤：犬常见，猫不常见。
  - 毛基质瘤：犬不常见，猫罕见（图34-3）。
  - 毛胚细胞瘤：在中年犬猫不常见。
  - 毛根鞘瘤：犬猫罕见。
  - 毛囊上皮瘤：犬猫罕见。
  - 维纳毛孔扩张：老年猫少见。

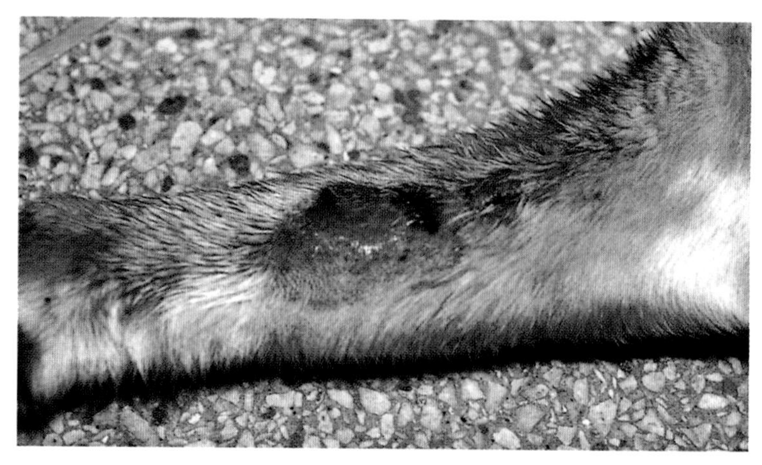

图34-3 前肢内侧单个突出的肿块，诊断为毛基质瘤

临 床 特 点

- 鳞状细胞癌/鲍恩病
  - 增生性肿瘤外观似菜花状，易脆，易出血。
  - 溃疡性肿瘤，可出现浅表糜烂，但可迅速发展为深层火山口样病变，出现组织重建。
  - 最常见的部位：猫鼻镜，眼睑，嘴唇，耳廓；犬的脚趾，阴囊，鼻子，腿和肛门。
  - 可累及侧腹及腹部。
  - 鲍恩病（猫）：在头，脚趾，颈，胸，肩，腹部腹面可见2至30多处病变；病变部位被毛容易脱落；痂皮粘着脱落的毛干。
  - 脚趾病变通常是肿胀和疼痛，并出现畸形爪或无爪现象。
  - 病变也可在口腔，角膜，肺，食道和膀胱发现。
- 黑色素瘤（图34-4 ~ 图34-6）
  - 85%的黑色素瘤为良性。
  - 良性，局部浸润或转移（骨，肺，局部淋巴结）。
  - 有或无色素沉着。
  - 良性肿块通常是褐色的斑疹、斑块或拱形结节，界限清楚，直径小于2cm。
  - 恶性黑色素瘤生长迅速，从无色素沉着变为黑色，出现溃疡或有蒂的肿块或结节，直径通常大于2cm。
  - 在头部、躯干、脚趾最常见，但在身体的任何部位均可发生（猫头部最常见）。
  - 公犬较为常见。
- 基底细胞瘤
  - 通常表现为孤立性界限清楚的从坚实到有波动的结节，直径1 ~ 10cm。
  - 通常脱毛，有色素沉着，也可出现溃疡。
  - 病变在头部（唇，颊，耳廓，眼周），颈部，胸部，躯干背部最常见。
  - 恶性形式可能是局部浸润，但很少转移（图34-7）。

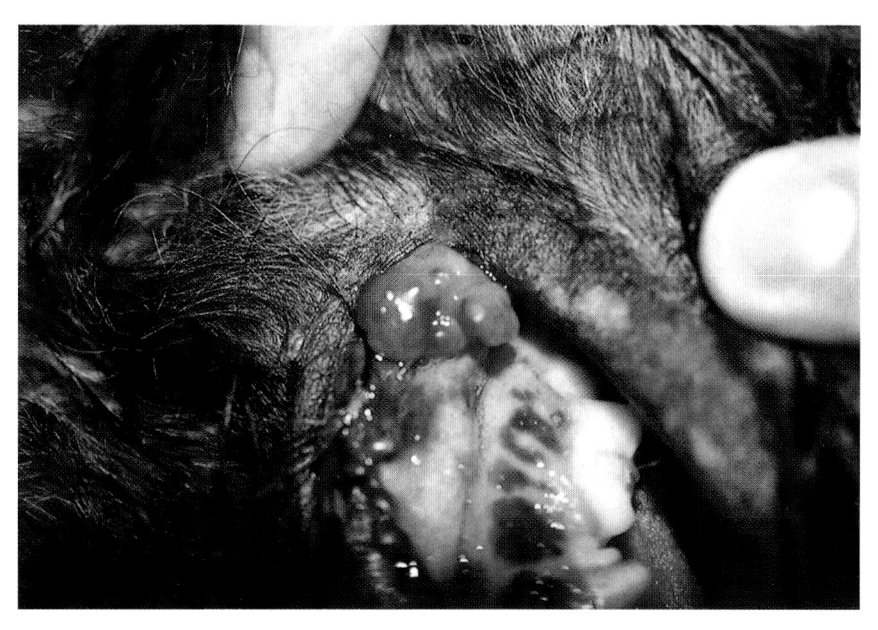

图34-4　口腔皮肤黏膜交界处孤立性未着色的黑色素瘤

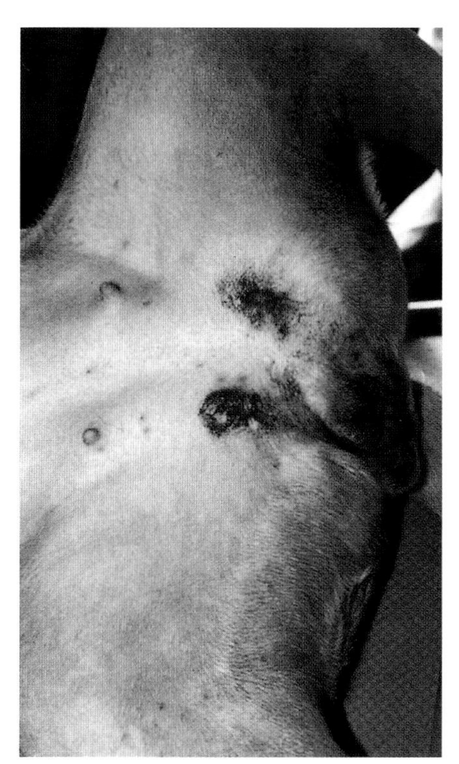

图34-5　犬腹股沟区黑色素瘤

图34-6　图34-5的近距离观察

- 皮脂腺肿瘤
  - 腺瘤/增生：多数情况下呈独特的疣状或菜花样外观。
  - 腺癌：坚实突出的溃疡性结节；可从原发部位支气管转移到脚趾；猫可因多个爪转移导致多个脚趾肿胀，犬的孤立性转移比多发性转移更为常见。
  - 常见于猫的头部、眼睑和四肢。

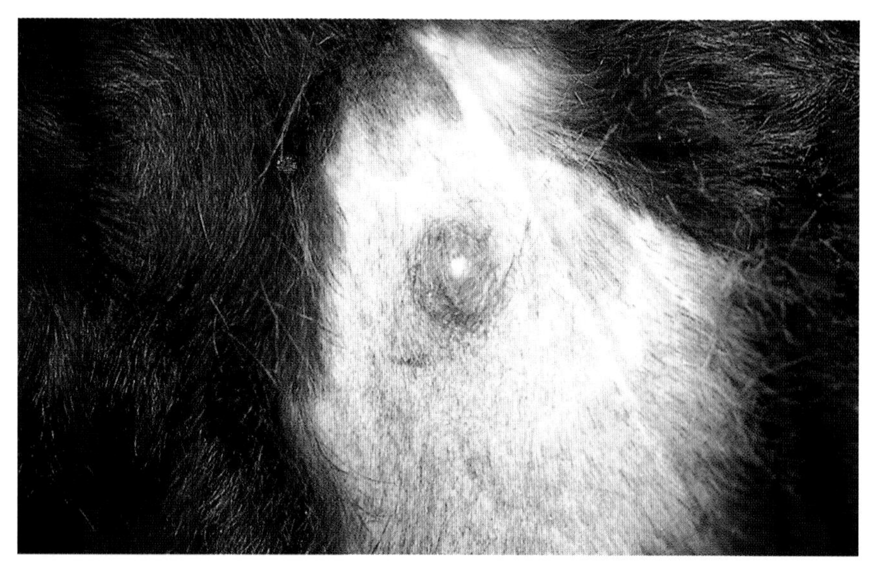

图34-7 基底细胞瘤，犬颈部皮肤单个坚实的细小结节

- 在犬的头部、颈部、躯干、腿和眼睑最常见。
- 直径为几毫米至几厘米，通常数目众多。
- 黄色，脱毛，油性；可出现溃烂。
- 腺癌通常孤立，脱毛，溃疡，或出现皮内红斑样结节（图34-8）。

- 毛囊肿瘤
  - 单个至多个，脱毛，坚实，白色至灰色的多叶型结节，可出现溃烂，通常界限清楚。
  - 部位：头，尾，躯干，四肢。
  - 一些肿瘤（毛囊上皮瘤和维纳毛孔扩张）往往有中央凹陷或开口，其中含有角蛋白，毛发或皮脂腺物质。
  - 维纳毛孔扩张可引起皮角的形成。

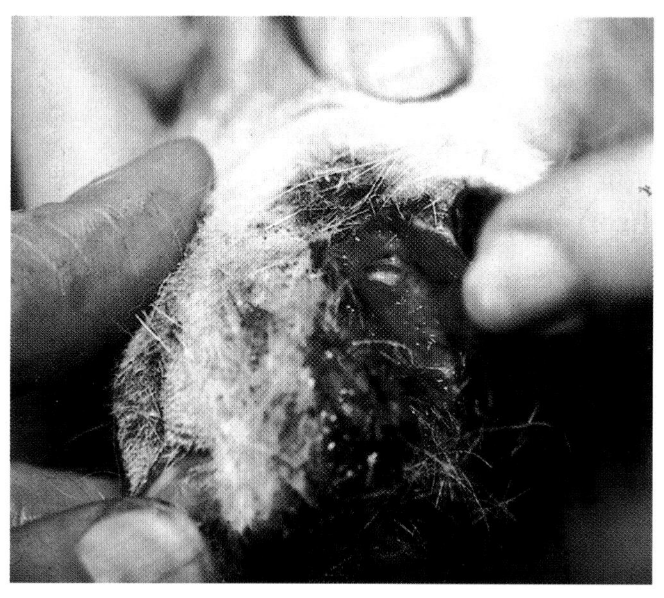

图34-8 影响犬脚趾的皮脂腺癌

鉴 别 诊 断

- 鳞状细胞癌/鲍恩病
  - 流脓或伤口感染。
  - 爪底感染/骨髓炎。
  - 其他肿瘤（淋巴瘤，肥大细胞瘤）。
  - 黑色素瘤（鲍恩病）
  - 嗜酸性斑块。
- 黑色素瘤
  - 无黑色素的黑色素瘤可能类似于未分化的肉瘤。
  - 其他肿瘤以及感染。
- 基底细胞瘤
  - 其他肿瘤：肥大细胞瘤，黑色素瘤，血管瘤，血管肉瘤，表皮囊肿。
- 皮脂腺腺瘤
  - 其他肿瘤，蜂窝组织炎。
  - 痣。
  - 大汗腺腺瘤，腺癌。
- 毛囊肿瘤
  - 囊肿，其他肿瘤。

诊　断

- 血常规：血象和血清化学。
- 尿液分析。
- 胸部X线照射：检测肺转移（三视图）。
- 腹部X线照射：评估和监测髂下淋巴结，若临床相关（三视图）。
- 四肢X线照射：脚趾肿瘤；确定骨的受损范围。
- 超声和CT/核磁共振检查，可能会有帮助（尤其是肿瘤侵入耳道，口腔，鼻窦腔）。
- 细胞学检查：肿块的细针穿刺；评估局部和/或大的淋巴结转移。
- 活检：确诊时需要。

组织病理学检查

- 鳞状细胞癌/鲍恩病：条索状或不规则的表皮细胞肿块浸润到真皮和皮下组织，在分化良好的肿瘤中出现大量珍珠样皮角（角蛋白），常见桥粒和有丝分裂相；鲍恩病，发育异常的角质细胞出现高度有序的增殖，替换正常的表皮，但不穿过基底膜进入周围的真皮组织。
- 黑色素瘤：肿瘤的黑色素细胞，可能是纺锤形上皮细胞，或外观呈圆形，出现不同程度的色素沉着；细胞呈簇状，索状或螺纹状排列；浸润的巨噬细胞充满色素；有丝分裂相多变且呈多形性，与恶性程度有关；有丝分裂指数预测肿瘤行为最为可靠，但是10%的组织良性肿瘤可能会表现为恶性形式。

- 基底细胞肿瘤：索状或巢状瘤变基底细胞在真皮至皮下组织形成非囊性肿块；可能是色素性包囊；中心部位可能有鳞状分化；核着色过度；常见有丝分裂相。
- 皮脂腺肿瘤
  - 增生：出现多个扩大的成熟皮脂腺小叶与单个周围基底样上皮细胞，无有丝分裂细胞。
  - 皮脂腺腺瘤：大量成熟的皮脂腺小叶，基底细胞样上皮细胞增多，有丝分裂活性低。
  - 上皮瘤：基底样上皮细胞小叶具有活性胶原蛋白，有丝分裂活性高。
  - 腺癌：上皮细胞大，出现不同程度的分化，小叶不明显，有丝分裂活性高。
- 毛囊肿瘤
  - 毛发上皮瘤：生发毛囊细胞倾向于分化为毛囊和毛干结构。
  - 毛基质瘤：生发细胞倾向于分化为毛球/基质。
  - 毛胚细胞瘤：生发细胞分化为毛球。
  - 毛囊上皮瘤：实际上可能是毛囊或毛囊皮脂的错构瘤，而不是真正的肿瘤。
  - 维纳毛孔扩张：良性毛囊肿瘤或囊肿。

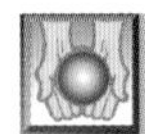

治　疗

- 鳞状细胞癌/鲍恩病
  - 浸润性肿瘤：需住院，需要手术切除或放射治疗。
  - 浅表肿瘤：手术，冷冻，光动力疗法，或辐照。
  - 扫面辐射疗法（局部照射，锶-90）。
  - 光动力疗法。
  - 外用合成维甲酸或莫特：可能对早期浅表性病变有效。
  - 宽手术切除：治疗的首选；有时需要皮肤移植和体壁重建。
  - 累及脚趾：截肢。
  - 累及耳廓：可能需要部分或全部切除。
  - 鼻孔侵袭性肿瘤：建议切除鼻面。
  - 放射治疗：建议用于不能手术的肿瘤或手术的辅助疗法。
  - 辅助性化疗：建议用于手术切除不完全，不能切除和转移的肿瘤。
  - 顺铂（犬，不用于猫），卡铂和米托蒽醌：据报道可使症状部分和完全缓解；一般持续时间短；用于少数患畜；患肾病时不能用。
  - 瘤内缓释性化疗凝胶植入法（犬）：含5-氟尿嘧啶或顺铂；有效。
  - 依曲替酯。
  - 环氧化酶-2（COX-2）抑制剂与化疗药物一起使用可能有帮助。
  - 维生素E可帮助稳定细胞膜，剂量为400-600IU，口服，每12h一次。

- 据报道西咪替丁作为生物反应调节剂，可通过扭转抑制性T细胞介导的免疫抑制对恶性黑色素瘤有部分效果。

注　释

畜主教育/预后

- 鳞状细胞癌/鲍恩病
  - 讨论与肿瘤发生有关的风险因素（紫外线照射）。
  - 监测患畜，治疗后1、3、6、9、12、18和24个月，或者如果畜主认为肿瘤复发时，可进行体检和X线照射。
  - 胸部和腹部透射：每次复查，如果病变是在患畜的尾部。
  - 限制晒太阳，尤其是上午10：00至下午2：00。
  - 防晒霜：通常被患畜舔掉，某些部位可能有用（例如耳廓）。
  - 预后：浅表病变若接受适当的治疗则预后良好；浸润性和爪褶或脚趾的病变预后谨慎。
- 黑色素瘤
  - 良性肿瘤预后良好，恶性肿瘤尤其是大型肿瘤，预后不良。
  - 品种预后：小型贵宾犬85%的黑色素瘤表现为恶性，杜宾犬和雪纳瑞犬75%以上的黑色素瘤为良性。
  - 部位预后：大部分口部、阴囊、皮肤黏膜处（眼睑除外）黑色素瘤呈恶性，50%爪褶黑色素瘤为恶性。
  - 据报道猫的黑色素瘤35%～50%为恶性。
- 基底细胞瘤
  - 没有问题，甚至恶性肿瘤也生长缓慢，恶性程度低，很少转移。
- 皮脂腺肿瘤
  - 预后良好。
  - 恶性肿瘤（腺癌）很少转移，只浸润到局部淋巴结。
- 毛囊肿瘤
  - 预后良好，手术或激光切除术可治愈。
  - 肿瘤不会局部浸润，也不会转移。
  - 很少报道毛发质瘤转移并发神经系统症状。

作者：Karen Helton Rhodes

任卲娜　译　李国清　校

第35章

亲上皮性淋巴瘤

定义/概述

- 一种不常见的皮肤肿瘤，可影响多种动物包括犬和猫。
- 其特征是表皮及其附属结构被恶性T淋巴细胞所浸润。

病因学/病理生理学

- “经典”蕈样肉芽肿（MF）：犬最常见的T淋巴细胞瘤。
- 70%的病例由亲上皮的γδ T细胞所引起。
- 一致表达T细胞特异性表面抗原CD3；80%的病例表达CD8。
- 与人类的疾病不同（主要由αβ T细胞表达CD4）。
- 其原因可能是过敏性皮肤病引起慢性T细胞活化和增殖，导致肿瘤细胞克隆化扩增；开始病变常发生于与特应性皮炎有关的部位。
- 在肿瘤后期，常见恶性细胞转移至淋巴结和其他器官。
- 塞扎里综合征：亲上皮性淋巴瘤的罕见类型；皮肤病变：肿瘤淋巴细胞入侵周围淋巴结；同时发生白血病。
- 帕哲样网状细胞增生症：亲上皮性淋巴瘤的罕见类型；发病初期淋巴细胞浸润仅限于表皮和附属结构，发病后期可延伸至真皮。

特征/病史

- 犬：发病年龄6～14岁，平均11岁。
- 猫：发病年龄为12～17岁。
- 没有明显的品种或性别倾向。

病史

- 慢性皮肤病：诊断前数月。
- 很少为急性。
- 类似于其他炎症性皮肤病。
- 瘙痒不常见，除了严重的塞扎里综合征。
- 早期症状包括红斑、脱屑、脱色、脱毛和结痂。
- 病变通常发生于与过敏性疾病有关的部位，皮肤黏膜交界处和口腔。

- 发展至结节和肿瘤阶段可能非常快；临床过程一般为3个月到4年。

临 床 特 点

- “经典”蕈样肉芽肿：临床上可分为4类。
  - 剥脱性红皮病：全身性红斑，脱屑，脱色，脱毛；病变主要从体部开始发生；常呈多形性，最初处于静态，随后缓慢发展（图35-1～图35-5）。
  - 皮肤黏膜型：在面部皮肤黏膜交界处出现红斑，糜烂和溃疡；可出现广泛性脱色，导致白斑病；出现单个，多个和两侧对称性斑点；其他皮肤黏膜交界处也可受到影响（图35-6，图35-7）。

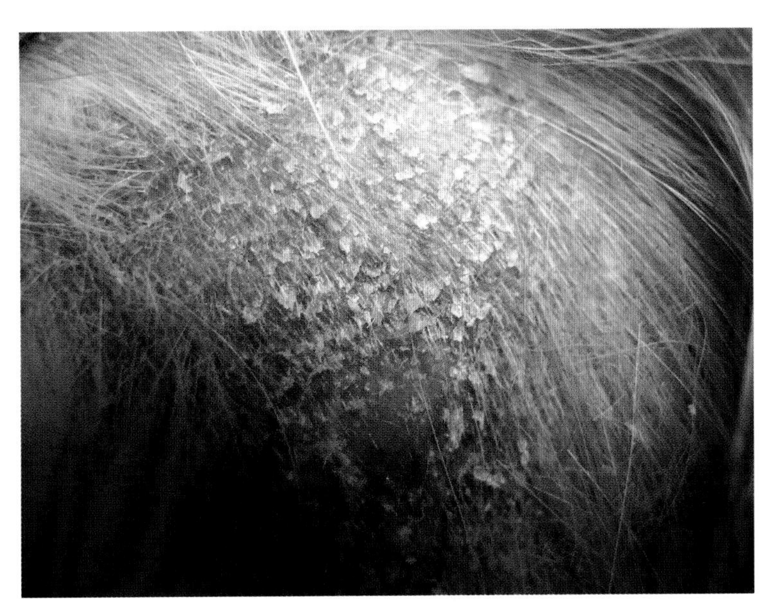

图35-1 喜乐蒂牧羊犬剥脱性红皮病，红斑和脱屑明显

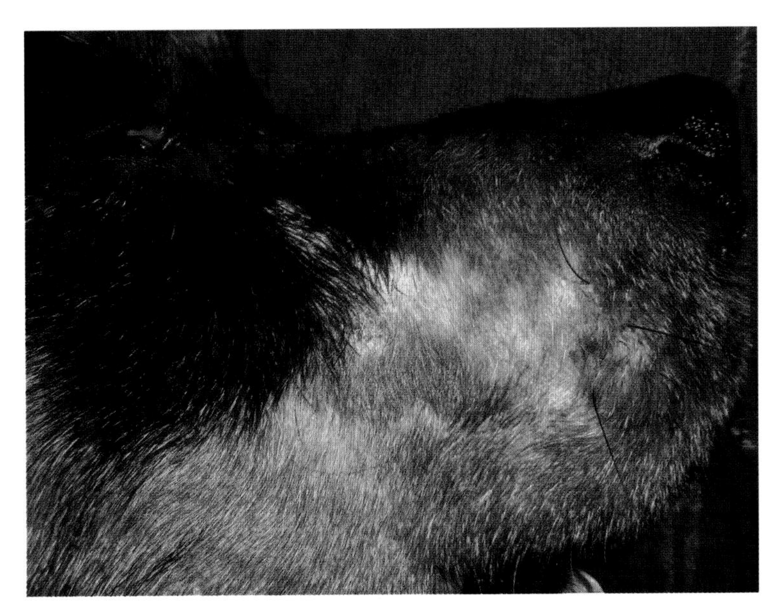

图35-2 剥脱性红皮病，斑点部位脱毛和脱屑

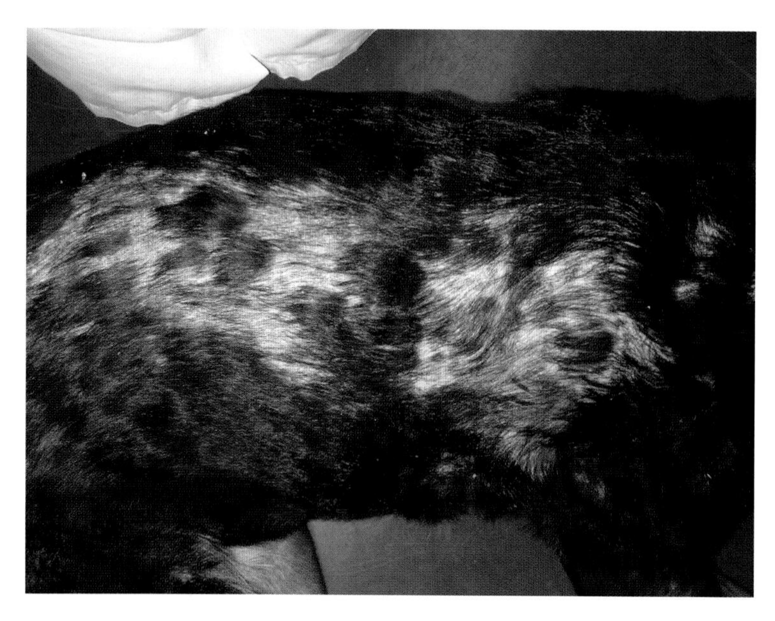

图35-3　图35-2中病犬广泛性脱毛和脱屑

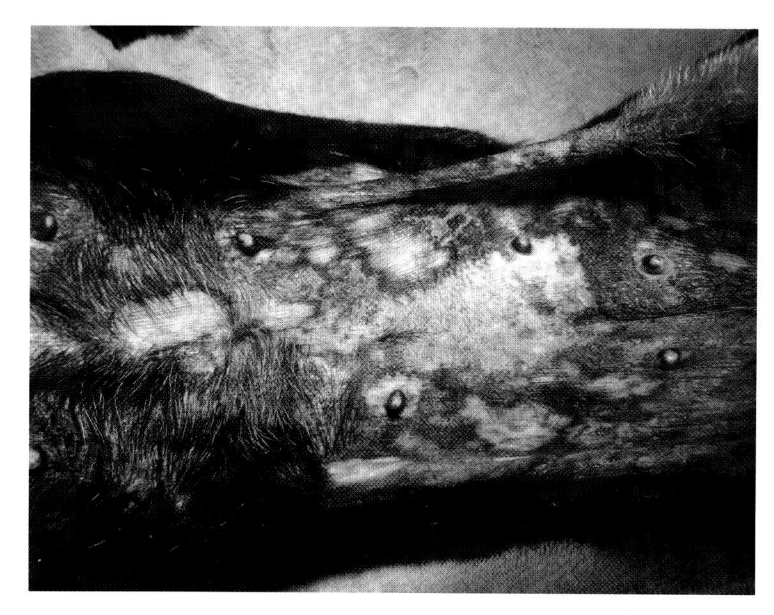

图35-4　前图中病犬的白癜风斑块

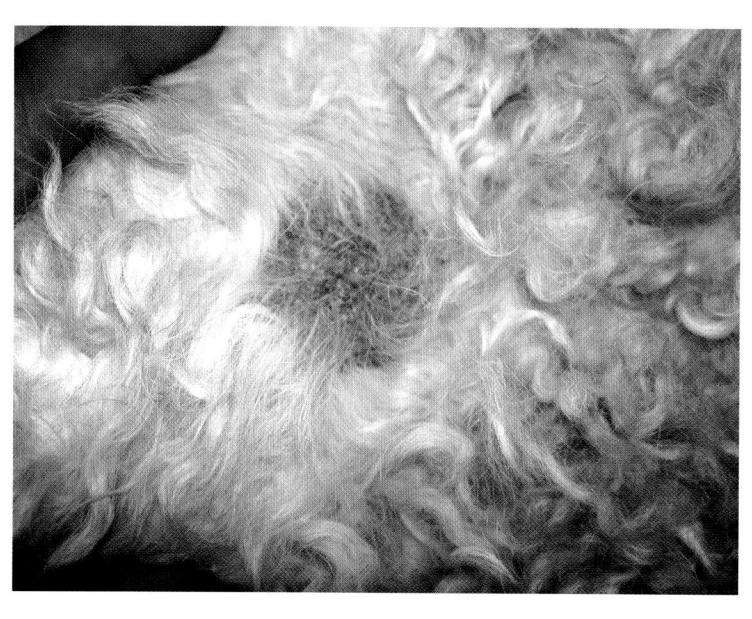

图35-5　散在性红斑和脱屑，提示发展为肿瘤阶段

图35-6　黏膜皮肤型蕈样肉芽肿，鼻面和唇缘之间皮肤增厚及脱色斑点

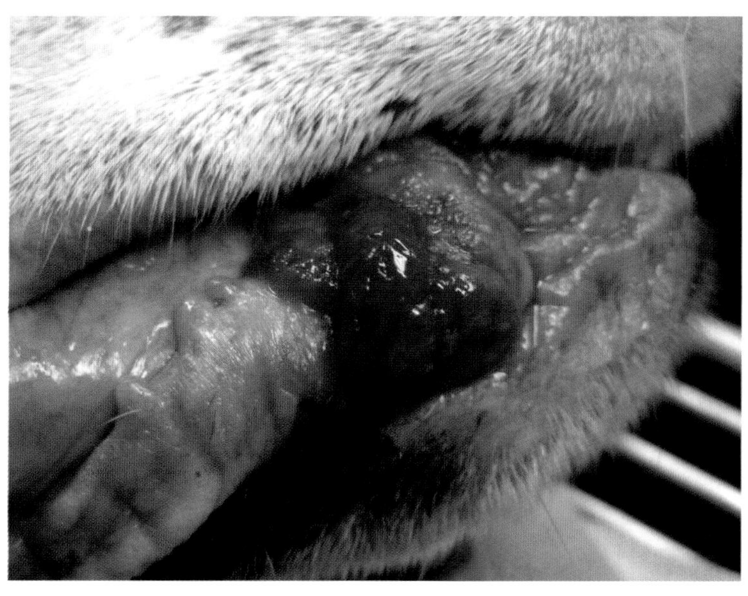

图35-7　唇缘病变发展为肿瘤阶段

- 肿瘤型：单独或多个红斑性斑块，结节和肿块；病变部位往往出现鳞屑或结痂，可能发生溃疡；病变可能很少循环发生（图35-8～图35-12）。
- 口腔溃疡：牙龈，腭和舌部严重溃疡（图35-13）。

- 病变：遍及整个皮肤；主要见于皮肤黏膜交界处（唇，眼睑，鼻面，肛门直肠交界处或外阴）或口腔（牙龈，腭，舌）；病变可限于皮肤黏膜交界处或口腔黏膜。
- 剥脱性红皮病；与人类相比，犬会很快发展到肿瘤阶段。
- 慢性时皮肤黏膜和口腔黏膜两种类型并存。
- 没有预先的斑点或斑块阶段很少发生结节类型。
- 结节阶段偶然可以随淋巴结转移，发展为白血病，其他器官很少。

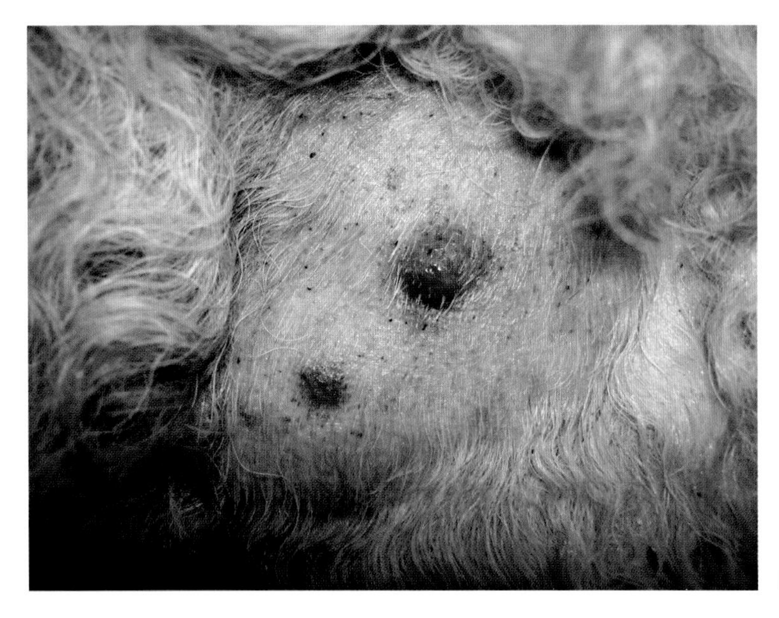

图35-8　蕈样肉芽肿，多个散在的斑块和结节

图35-9　肿瘤型蕈样肉芽肿，趾端肿大，有溃疡

图35-10　腹部腹面脱色的溃疡性斑块

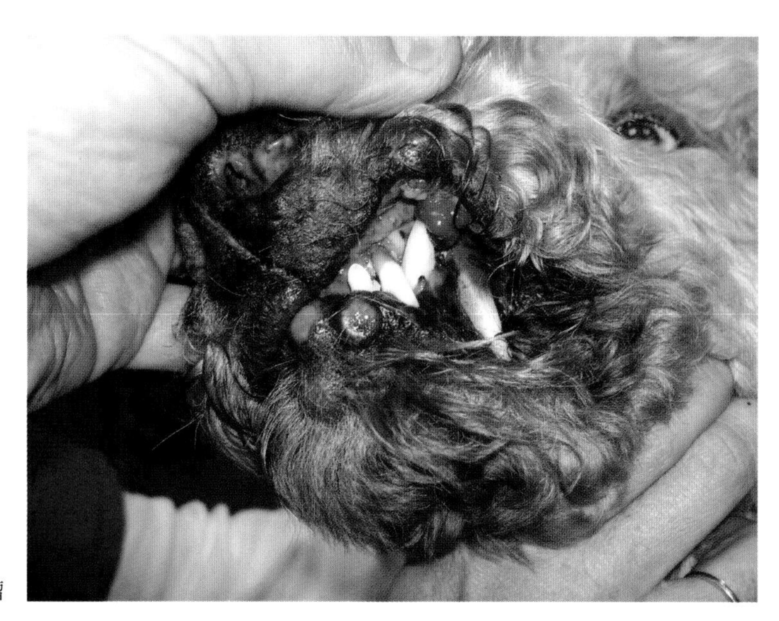

图35-11　蕈样肉芽肿，多个口腔肿瘤

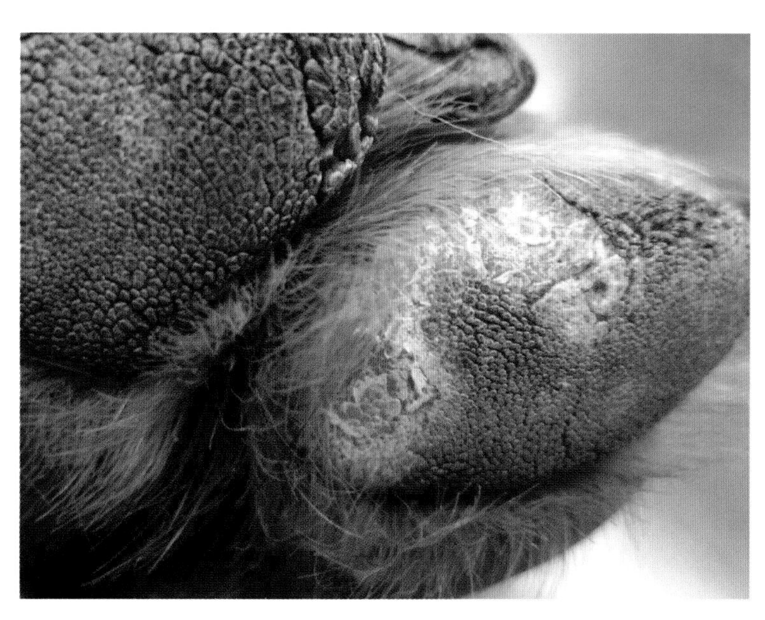

图35-12　图35-2～图35-4中病犬足垫不规则脱色斑块和脱屑

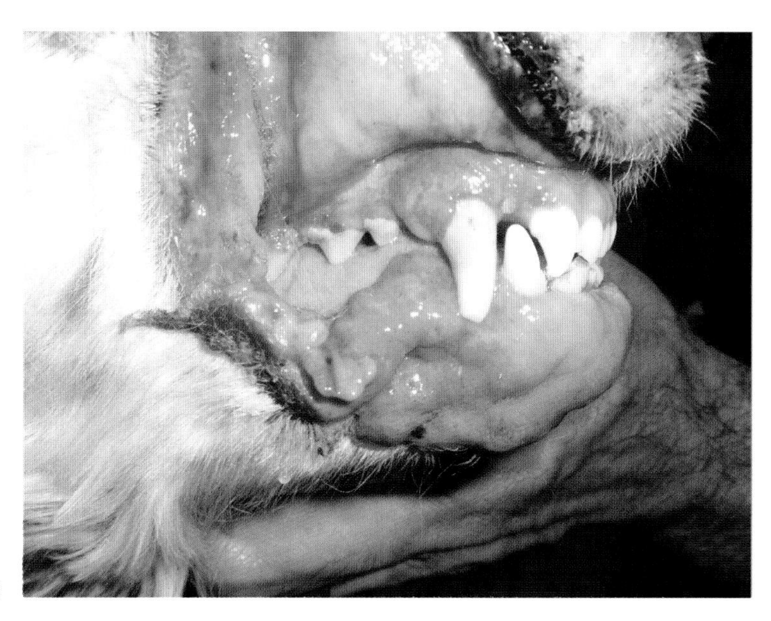

图35-13　蕈样肉芽肿导致口腔溃疡和斑块

- 塞扎里综合征：罕见；白血病的变异，伴有皮肤病变，肿瘤淋巴细胞以及循环性肿瘤细胞入侵周围淋巴结；已报道全身性严重的红皮症，脱屑，脱毛和严重的瘙痒；累及内脏可引起全身性疾病（图35-14，图35-15）。
- 帕哲样网状细胞增生症：罕见；早期阶段淋巴浸润仅限于表皮和附属结构，发病后期可延伸到真皮；无结节和肿块的剥脱性红皮病；主要影响皮肤黏膜交界处和脚垫；专门由 γδ T细胞引起。

图35-14 塞扎里综合征，注意全身性严重的红皮症

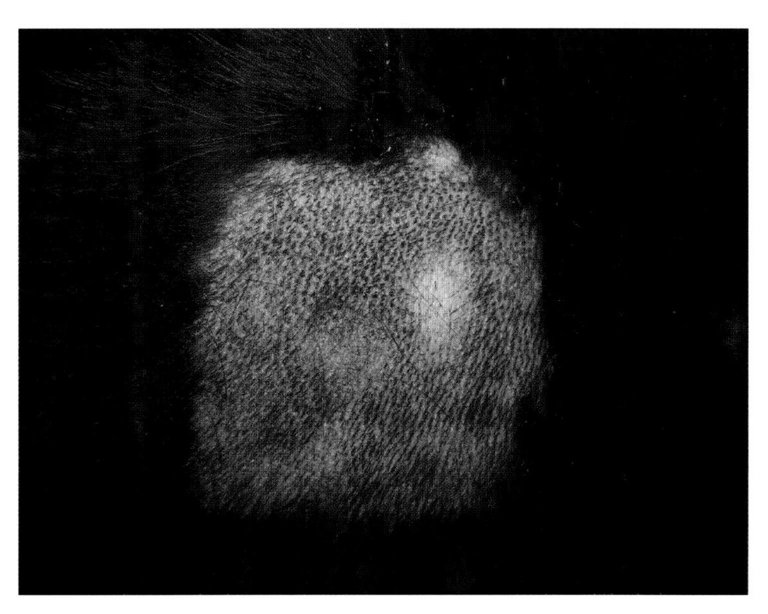

图35-15 塞扎里综合征，不规则的片状红皮症

鉴 别 诊 断

- 皮肤真菌病。
- 蠕形螨病。
- 猫胸腺瘤相关性脱毛。
- 过敏性皮炎。
- 外寄生虫寄生（尤其是疥螨）。
- 皮肤型红斑性狼疮。
- 多形性红斑。
- 血管炎。
- 非肿瘤性慢性口炎（感染性）。
- 其他皮肤肿瘤：组织细胞瘤，皮肤组织细胞增生，肥大细胞肿瘤。

诊 断

- 实验室异常：根据皮肤T淋巴细胞淋巴瘤的阶段和类型的不同以及肿瘤是否扩散而异。
- 塞扎里细胞：小型肿瘤淋巴细胞（8～20μm）；细胞核错综复杂，外观呈脑状；出现在塞扎里综合征患畜外周血中。
- 采用流式细胞仪检测血液中T细胞的谱系。
- 如果仅皮肤或黏膜受到影响，通常不明显。
- X线和超声：发病早期不常用；最终需要通过成像来确定全身性疾病和/或肿瘤阶段。

诊断程序

- 皮屑检查和真菌培养：如果采用的话，可排除蠕形螨病和皮肤真菌病。
- 细胞学检查：非典型淋巴细胞数量增多，具有大而内折的核（图35-16，图35-17）。

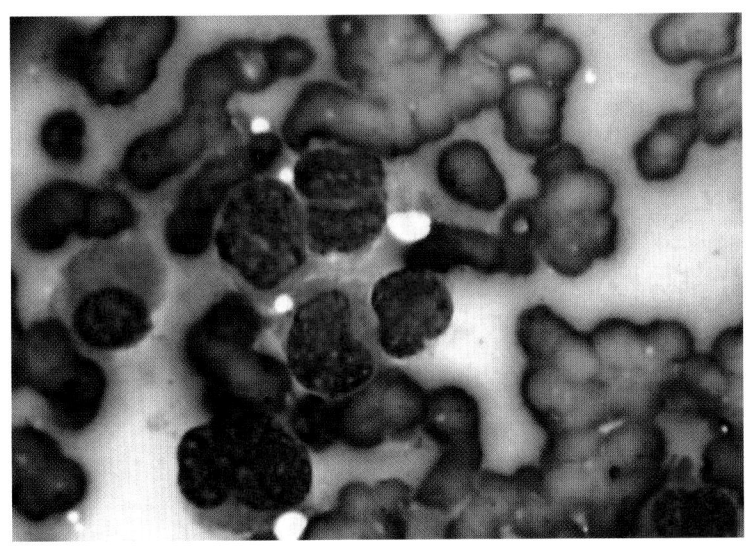

图35-16 蕈样肉芽肿中非典型淋巴细胞。异常细胞体积增大，细胞核深染，核内折

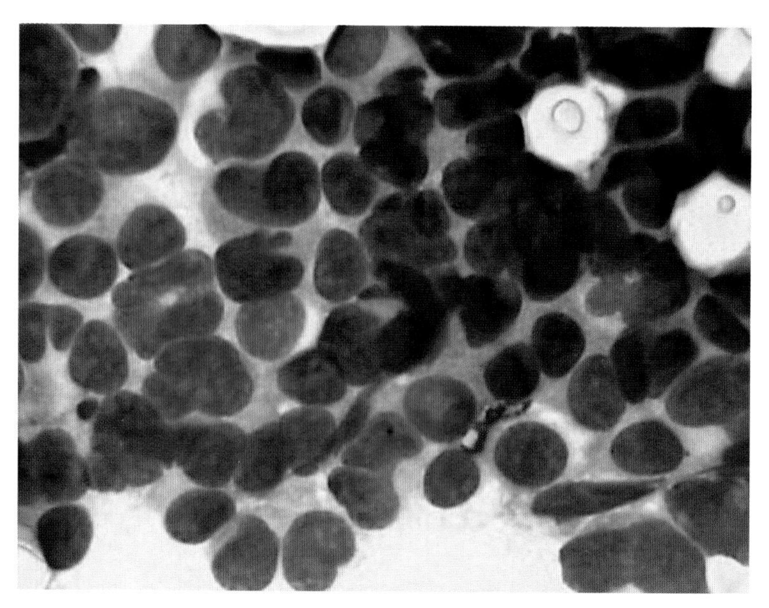

图35-17　大型非典型淋巴细胞，细胞核变白（400×）

- 皮肤活检：可以确诊；选择多个不同病变样品，避免糜烂或溃疡以及感染的病灶。

病变检查

- 标志性病变：肿瘤细胞对上皮的倾向性（表皮和黏膜）。
- 肿瘤淋巴细胞的浸润：侵入毛囊和附属结构的表皮和上皮；弥漫性分布在上皮细胞内或呈离散的微团分布在上皮细胞内。
- 毛囊和附属结构可能被浸润的微团所阻塞。
- 角质细胞凋亡从轻度到显著。
- 界面性皮炎类似于发病初期的炎症过程；在稍后阶段，真皮表皮交界处被肿瘤淋巴细胞所掩盖。
- 肿瘤细胞通常比正常细胞大，细胞核内折，且胞浆增多。
- 皮肤浸润：呈多形性；在斑点和斑块阶段，仅限于浅层真皮；在结节阶段，可延伸到深层真皮和皮下组织。
- 肿瘤淋巴细胞的亲上皮性：通常所有阶段都很明显。

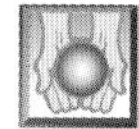

治　疗

药物选择

- 环己亚硝脲：许多发表在兽医学文献的研究表明，总有效率为80%，大约25%的病例完全治愈（口服剂量为60～70mg/m^2，每3～4周一次，平均治疗3～5次）。
- 高剂量的亚油酸（如葵花油）：口服剂量为3m L /kg，每周两次，通过两年的观察10只犬中7只有效。
- 局部化疗：二氯甲基二乙胺（氮芥）治疗早期病变部分有效；然而，长期化疗效果不好；对人类具有潜在的致癌性。
- 皮质类固醇：局部和全身性治疗可使症状减轻。

- 维甲酸：异维A酸（每天3mg/kg）或阿曲汀（每天2mg/kg）可能有效，但费用高可能限制其使用；致畸性极强；由于其严重的可预知的致畸性和很长的停药期，禁用于性完整的雌性动物，育龄雌性动物禁用此药。
- 咪喹莫特：作为一种局部免疫调节剂，具有抗肿瘤和抗病毒作用，可用于局灶性疾病，但在兽医文献中无相关报道。
- 如果你不熟悉细胞毒性药物和/或想了解最新的治疗方案，应在治疗前咨询肿瘤或皮肤科兽医专家。

注　释

- 预后谨慎护理，可出现死亡；治疗极不可能，除非早期单个病变可以采用手术切除。
- 目标是要尽量保持一个良好的生活质量。
- 放射治疗：全身皮肤电子束治疗或常电压放射疗法耐受性好，一些病例可能有效。
- 犬的平均存活时间取决于诊断时所处的发病阶段，治疗选择以及治疗反应，从几周到18个月不等；犬和猫诊断后可以存活2年以上（很少）。
- 死亡通常是采用安乐死。

同义词

- 趋上皮淋巴瘤
- 蕈样肉芽肿

作者：Alexander H. Werner

李结　译　李国清　校

第36章

猫的副肿瘤综合征

定义 / 概述

- 罕见的情况，以皮肤病变为特征，可作为内部肿瘤的标记，可预示潜在肿瘤的发生（例如：胰腺癌，肝癌，继发于胸腺瘤的副肿瘤剥脱性皮炎）。

病因学 / 病理生理学

- 多数患猫胸腺瘤转移到肝脏、肺部、胸膜和或腹膜；也有胆管癌和肝细胞癌的报道。
- 皮肤病变和内部恶性肿瘤之间的联系尚未明确；可能涉及胰腺副肿瘤综合征中引起毛囊萎缩的细胞因子；据推测胸腺瘤相关的剥脱性皮炎是由未成熟的自身反应性T细胞对角质细胞的攻击所引起的。
- 皮肤病变往往出现在全身性症状之前。

特征 / 病史

- 家养短毛猫。
- 平均年龄：13岁；发病年龄是7～16岁。
- 患有胸腺瘤相关的副肿瘤性剥脱性皮炎的猫主要是橙色或姜黄色猫。

风险因素和原因

- 胰腺/肝副肿瘤综合征：多数病例与潜在的胰腺癌有关；其他内部癌，如胆管癌和肝细胞癌也可能与此有关。
- 剥脱性皮炎与纵隔肿块有关：胸腺瘤。

病史

- 胰腺/肝副肿瘤综合征：
  - 食欲减退，接着很快出现厌食，体重减轻，嗜睡和大量脱毛，病程2～5周。
  - 瘙痒：情况不一；有时过分梳理。
  - 脱毛：突然发病，进展迅速，可导致受损部位毛发掉光。主要分布在腹侧（躯干腹侧和四肢内侧）。
  - 一些患猫由于脚垫裂纹疼痛而不愿走动。
- 与胸腺瘤有关的副肿瘤性剥脱性皮炎：
  - 脱屑性皮炎进展缓慢。

- 无瘙痒。
- 猫表现出皮肤病变而无肿瘤症状。
- 在病程晚期出现全身性症状：咳嗽，呼吸困难，食欲减退和嗜睡。

临 床 特 点

- 胰腺/肝副肿瘤综合征（图36–1～图36–3）。
  - 容易除毛。
  - 严重脱毛：颈部腹侧，腹部和大腿内侧。

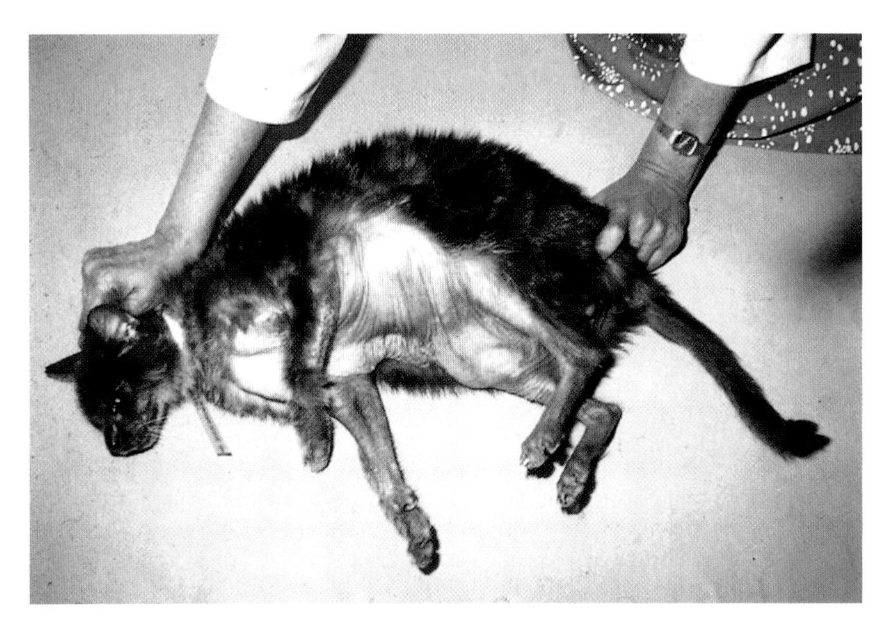

图36–1 12岁短毛家猫腹部严重脱毛，与胰腺癌有关（图片由Karen Campbell博士惠赠）

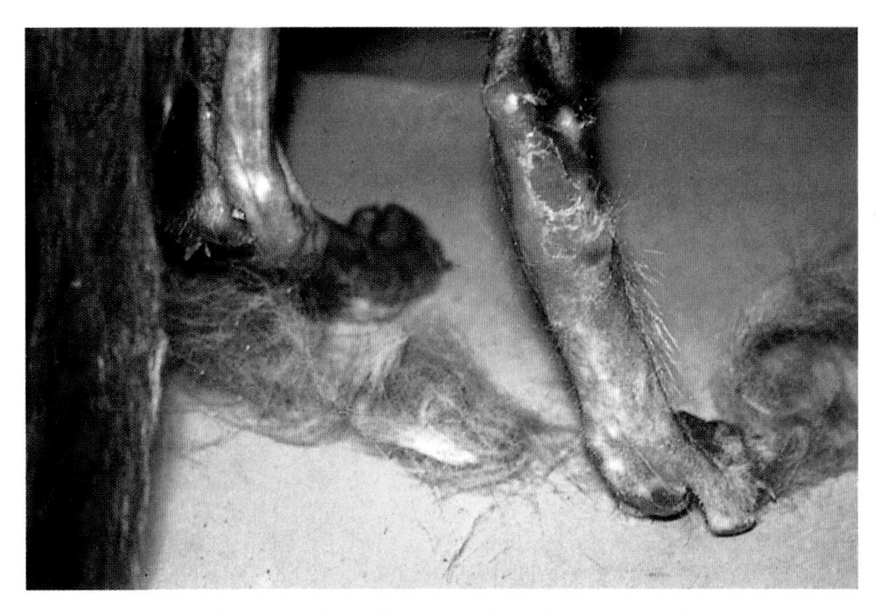

图36–2 图36–1中猫的后肢，被毛容易除掉，皮肤外观闪闪发光（图片由Karen Campbell博士惠赠）

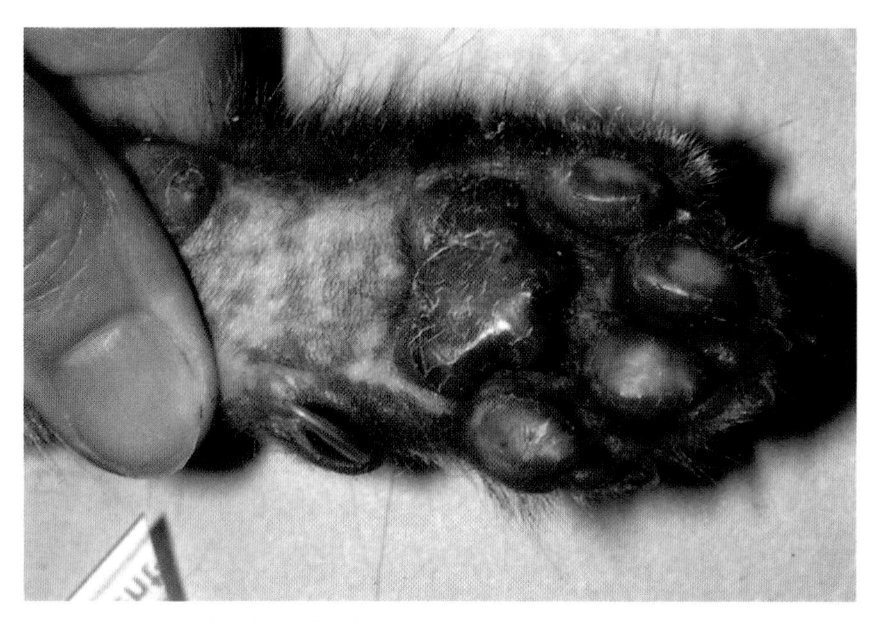

图36-3　图36-1中猫的脚垫变薄，外观闪闪发光（图片由Karen Campbell博士惠赠）

- 角质层可“剥”，导致皮肤闪闪发光。
- 脱毛皮肤光泽闪亮，无弹性，皮层薄，但不脆弱。
- 在秃发区可产生灰色小痣。脚垫可能出现裂缝和疤痕，时常疼痛。
- 可出现继发性马拉色菌过度生长。

- 由胸腺瘤引起的副肿瘤性剥脱性皮炎（图36-4，图36-5）
  - 无瘙痒；鳞屑细小，无黏性，白色。

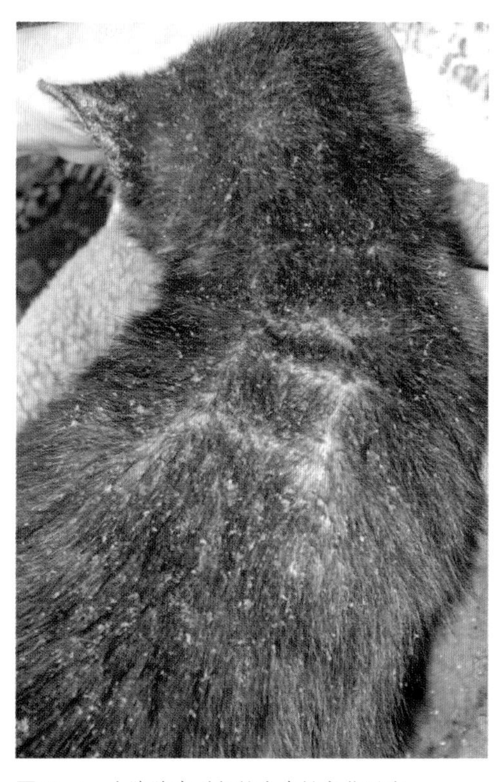

图36-4　由胸腺瘤引起的全身性角化过度

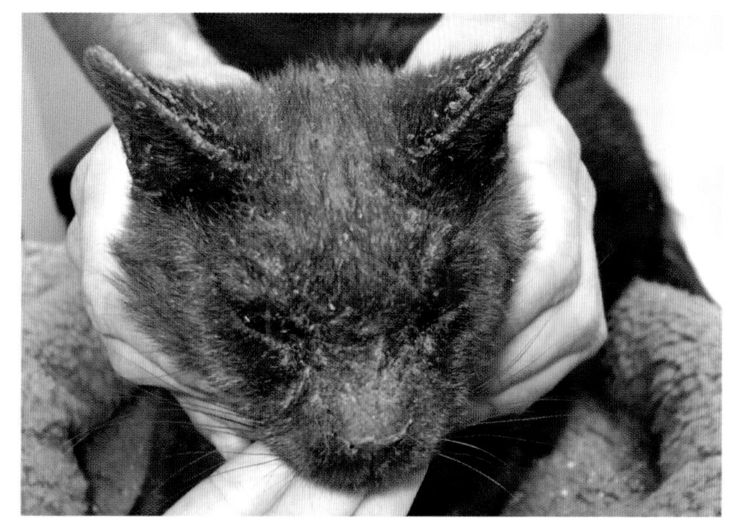

图36-5　猫胸腺瘤引起的剥脱性皮炎，局部脱毛与角化过度

- 主要发生在头部和颈部，但也可能遍及全身。
- 最初轻度红斑，然后变得严重。
- 褐色蜡状物黏附在眼睛，嘴唇以及耳道周围。
- 可出现继发性马拉色菌过度生长。

鉴别诊断

- 肾上腺皮质功能亢进：多尿，烦渴和皮肤脆弱。
- 甲状腺功能亢进：多食。
- 甲状腺功能减退：猫的自然发生情况很少见；与皮肤闪闪发光无关。
- 猫对称性脱毛：自行脱毛；与容易除毛无关。
- 蠕形螨病：螨与副肿瘤性脱毛无关。
- 皮肤真菌病：脱毛往往与破损有关，并非自动脱落；很少食欲不振和体重减轻。
- 斑秃：很少涉及整个腹面；食欲不振和体重减轻很少见。
- 休止期脱毛：与毛囊小型化无关。
- 皮肤脆性综合征：皮肤脆弱与副肿瘤性脱毛无关。
- 浅表坏死剥脱性皮炎：与明显剥脱的小型毛囊无关。
- 黏蛋白性脱毛。
- 亲上皮性淋巴瘤。
- 多形性红斑（原发性和疱疹病毒相关性）。
- 皮脂腺炎。

诊断

- 血象检查，血清化学检查，无明显变化。
- 超声检查：肝脏或腹腔内胰腺肿块和结节性病变；未检测到结节并不能排除诊断，因为检查时它们可能太小；在胸腺瘤病例可出现纵隔肿块。
- 胸部X线检查：适用于诊断胰腺癌/肝癌病例中肺脏或胸腔内转移性病变。
- CT扫描。
- 腹腔镜或剖腹检查：鉴定原发性和转移性肿瘤。
- 皮肤组织病理学检查：胰腺/肝脏-非疤痕性脱毛；毛囊和附属结构严重萎缩；毛球小型化；轻度棘皮症；角质层不同程度萎缩；浅表血管周围有中性粒细胞，嗜酸性粒细胞和单核细胞混合浸润。一些有继发性马拉色菌感染或原发性肿瘤——通常是胰腺癌，很少是原发性胆管癌或肝细胞癌；或转移性结节——常见于肝脏、肺脏、胸膜和腹膜。
- 皮肤的组织病理学检查：胸腺癌——界面性皮炎，细胞稀少，水肿，基底层角质细胞凋亡，出现袖套形卫星现象，真皮淋巴细胞浸润。

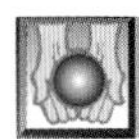

治　疗

- 胰脏/肝脏副肿瘤综合征
  - 经部分胰腺切除术切除肿瘤有一定疗效，然而预后要谨慎，因为多数病例可发生转移。
  - 化疗或其他疗法：疗效未见报道。
  - 患畜迅速恶化；建议实施安乐死作为人道干预。
  - 支持性疗法：只有主人拒绝考虑安乐死时才考虑此法；可饲喂特别美味的营养丰富的食物或管饲。
  - 预后不良——皮肤病变出现后2～20周内通常出现死亡。
- 剥脱性皮炎和胸腺瘤
  - 预后仍需谨慎，但胸腺瘤和胸部淋巴结手术完全切除数月内（平均4～5月）临床症状可以消除。

注　释

病程和预后

- 渐进性恶化。
- 支持性疗法：超声波检查和胸部X线透视可显示肿瘤的转移情况。

作者：Karen Helton Rhodes

李国清　译校

第 37 章

组织细胞增生症

定义 / 概述

- 由单核细胞/巨噬细胞系的细胞增殖引起的罕见疾病。
- 公认的三种主要类型：皮肤型，全身型，恶性型。
- 影响的器官系统包括皮肤，血液/淋巴管，神经系统，眼和呼吸系统。

病因学 / 病理生理学

- 皮肤组织细胞增生症：单个或多个肿块，可能多年反复发生，常常需要免疫治疗。
- 全身组织细胞增生症：主要发生在伯恩山犬的家族性、渐进性缓慢发展的非肿瘤性疾病，以多发性皮肤结节为特征，其他器官系统也可受到影响。
- 恶性组织细胞增生症：进展迅速，是影响伯恩山犬、猎犬、罗威纳犬和拉布拉多犬，以及光毛猎犬的多系统疾病；该病可影响皮肤（结节）和皮下组织，脾，淋巴结，肺，骨髓；通常导致动物几周内死亡。
- 所有类型可能是一个共同潜在缺陷的不同表现形式，也可能代表组织细胞增生症的一些阶段，虽然其中间阶段尚未确定。
- 伯恩山犬的家族性疾病：多基因遗传模式；遗传率为0.298；占该品种所有肿瘤的25%。
- 组织细胞瘤：幼龄犬单个孤立的皮肤肿块，可以自愈。
- 组织细胞肉瘤：局部少见的恶性肿瘤，伯恩山犬、猎犬、罗威纳犬有相关报道；发生在关节周围的单个或多个快速增长的结节。

特征 / 病史

- 皮肤型
  - 见于伯恩山地犬，比格犬，柯利犬，金毛猎犬和喜乐蒂牧羊犬。
  - 年龄范围2～13岁。
- 全身型
  - 从年轻犬到中年犬（平均发病年龄4岁）。
  - 通常是雄性。
  - 通常是伯恩山犬（图37-1）。
- 恶性型

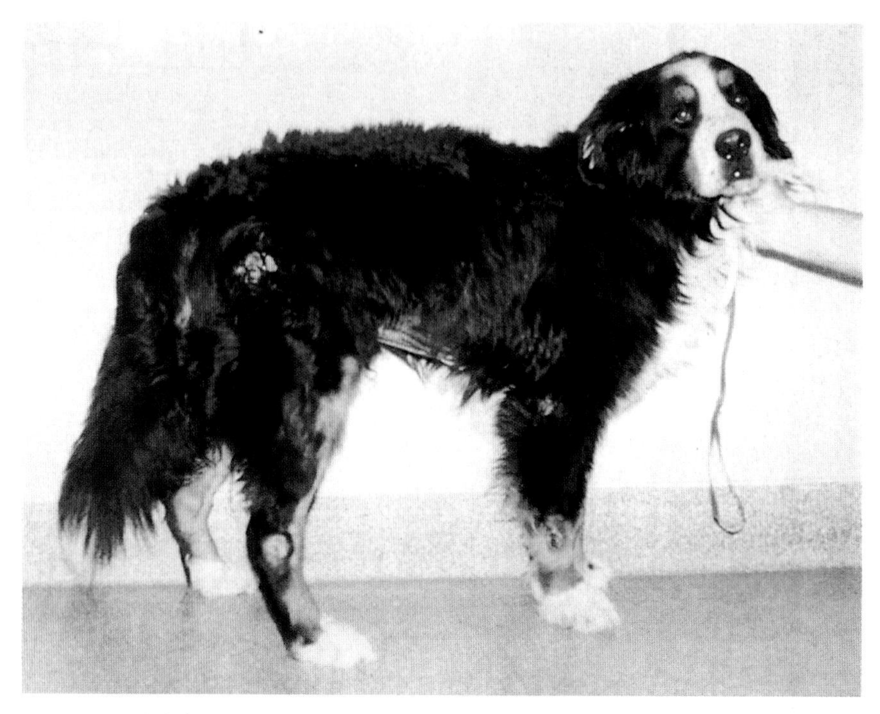

图37-1 患有全身性组织细胞增生症的伯恩山犬

- 老龄雄性犬（平均发病年龄7岁）。
- 伯恩山犬的报道最为普遍（也见于拉布拉多犬、罗威纳犬、金毛猎犬和光毛猎犬）。

临 床 特 点

- 皮肤组织细胞增生症
  - 多发生在真皮，少见于皮下的红斑性结节或斑块。
  - 结节、斑块可能出现脱毛或溃疡。
  - 结节大小在1～5cm。
  - 没有瘙痒或疼痛。
  - 病变的数目不等，可能有几个至几百个。
  - 病变最常发生在头部、颈部、会阴部、阴囊及四肢。
  - 病变往往反复出现。
  - 鼻黏膜也可发生。
  - 全身和淋巴结不会发生这种类型。
- 全身性组织细胞增生症
  - 昏睡。
  - 厌食。
  - 体重下降。
  - 呼吸伴有鼾声。
  - 咳嗽。

- 呼吸困难。
- 患全身性疾病的犬可能没有全身性疾病的症状。
- 发病部位明显倾向于皮肤和淋巴结。
- 皮肤肿块：多个；结节性；界限清楚；经常溃疡、结痂或脱毛；结节往往延伸到皮下组织，通常发生在鼻口部、眼睑、鼻面、侧腹和阴囊（图37-2，图37-3）；结节不痛不痒。
- 常常出现中度至重度的周围淋巴结肿大。
- 眼部表现：结膜炎，球结膜水肿，巩膜炎，表层巩膜炎，巩膜结节，角膜水肿，前、后葡萄膜炎，视网膜脱离，青光眼和突眼。

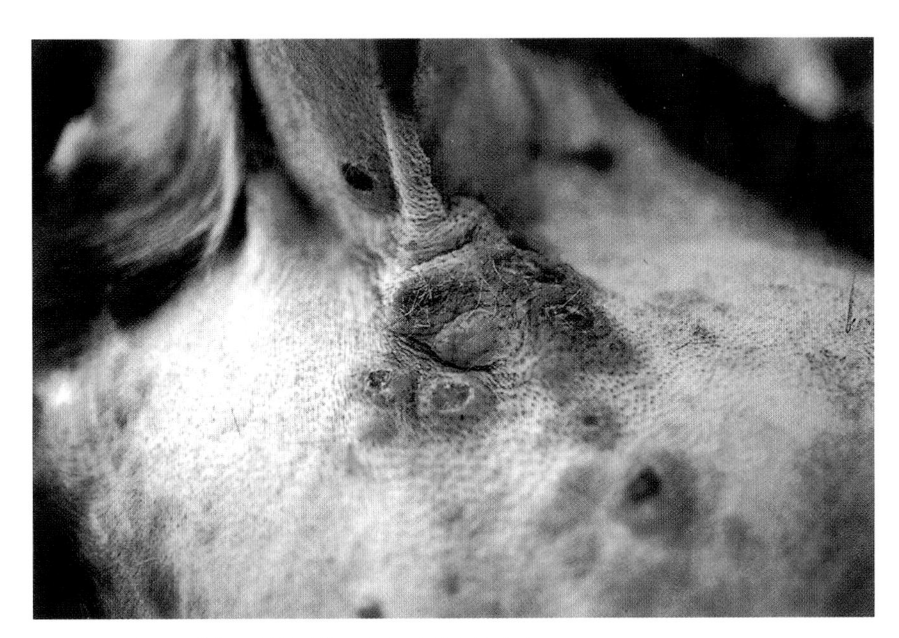

图37-2　腋下和胸部区域的晚期组织细胞增生性病变

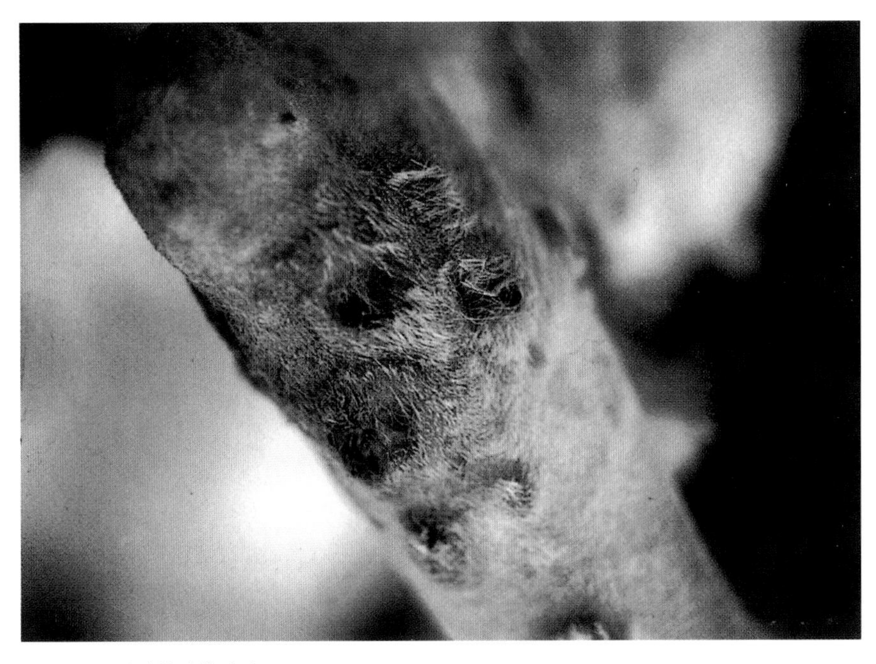

图37-3　下肢的晚期病变

- 呼吸音异常和/或鼻黏膜炎性浸润。
- 全身性的脏器肿大。
- 病变也可发生在肺、肝、脾、骨髓和鼻腔。
- 加重和缓解可能交替发生。

- 恶性组织细胞增多症
  - 苍白。
  - 虚弱。
  - 昏睡。
  - 体重减轻。
  - 呼吸困难，肺音异常。
  - 神经系统的症状（例如癫痫、中枢紊乱及后肢麻痹）。
  - 中度至重度淋巴结肿大。
  - 肝、脾、肾、肺共同受损。
  - 偶尔在肝脏和/或脾脏可触摸到肿块。
  - 眼睛和皮肤很少受到影响。
  - 多个坚硬的真皮到皮下的结节，可出现溃疡或脱毛；病变在身体的任何部位均可发生。

鉴别诊断

- 组织细胞型淋巴瘤：鉴别和确诊往往需要免疫组化标记的特殊染色。
- 淋巴瘤样肉芽肿：肺部大面积的淋巴细胞、浆细胞、组织细胞和非典型淋巴网状内皮细胞浸润；影响青年至中年的犬，主要有呼吸系统疾病的症状；不影响淋巴结，器官或骨髓。
- 皮肤附属结构周围多结节性肉芽肿性皮炎：良性皮肤结节，界限分明；通常发生在鼻口部并可能影响眼睛；组织学检查可见不同的肉芽肿和数量不等的炎性细胞；可能与皮肤组织细胞增生症无法区分。
- 皮肤组织细胞增生症：青年犬常见的良性皮肤肿瘤；孤立，脱毛，常有溃疡病变；不治疗也可消退。
- 肉芽肿性疾病：犬传染性疾病（如诺卡氏菌病、放线菌病、霉菌病）可能有肺结节性浊斑。
- 恶性纤维组织细胞瘤：由组织细胞和成纤维细胞构成的局部浸润性软组织肉瘤；没有品种倾向；远处转移较罕见。
- 纤维组织细胞瘤：病变累及眼部，一般在眼眶出现一个凸起的肿块；可累及角膜、结膜、瞬膜、眼睑及眼周区。
- 噬血细胞综合征（组织细胞增生症）：由感染、肿瘤或代谢性疾病引起的良性组织细胞增生；可影响骨髓、淋巴结、肝和脾；导致至少两个细胞系的血细胞减少。
- 未分化癌或肉瘤：犬组织细胞增生症的组织病理学检查可显示肿瘤分化不良；采用组织特异性标记的免疫染色可将其区分。

诊 断

- 常见轻度至重度贫血（再生性或非再生性）和血小板减少。
- 生物化学检查结果可反映器官受损的程度。
- 血清铁蛋白：可能是恶性组织细胞增生症的一个肿瘤性标志；患此病的犬血清铁蛋白的浓度非常高，表明其由肿瘤的单核吞噬细胞所分泌。
- 胸部X线片：界限清楚，结节性肺浊斑（单个或多个），胸腔积液，肺叶固结，弥漫性间质细胞浸润，纵膈肿块，胸部和支气管淋巴结肿大。
- 腹部X线片：肝肿大，脾肿大，腹腔积液。
- 活检受损的器官和/或淋巴结。
- 免疫组化法：组织细胞增生症的诊断可能比较困难，因为细胞学/组织学检查的结果并不总是很明确；细胞化学染色也许有助于确定组织增生的细胞来源。

组织病理学检查

- 皮肤型
  - 弥漫性或皮肤附属结构/血管周围积累大泡状组织细胞；有丝分裂相较多；可能发生血管受损或血栓形成。
- 全身型
  - 与皮肤型的表现类似，但可累及其他器官系统。
  - 组织细胞浸润未能表现出恶性肿瘤特有的单核细胞奇异的细胞学特征。
  - 组织细胞似乎总是在小血管出现。
  - 多核巨细胞很少见。
  - 免疫组织化学检查：确诊也许需要组织细胞标志如溶菌酶或cr-1-抗胰蛋白酶的特殊染色。
- 恶性型
  - 细胞的异型性是患犬的标志性特征。
  - 组织细胞大、呈多形性，未分化，胞浆呈泡沫状。
  - 有丝分裂指数通常很高，可能出现异常的有丝分裂相。
  - 往往出现多核巨细胞。
  - 典型病例肿瘤细胞吞噬红细胞的作用比较明显。
  - 偶尔可见白细胞吞噬作用和血栓的吞噬作用较为明显。

治 疗

- 可能需要输液或输血治疗，根据临床症状确定。
- 没有确切的治疗方法。
- 采用人类白血病T-细胞系的免疫疗法正在研究中。
- 50%的皮肤型对皮质类固醇有效，持续时间4～18个月。

- 牛胸腺提取物的应答趣闻已见报道。
- 可选用环孢素，每天口服剂量5mg/kg；有时可增加到每天10mg/kg；随时间推移剂量可缓慢减少；通常需要维持治疗；必须监测肝脏的酶以便了解肝毒性；最常见的不良反应是呕吐。
- 来氟米特（商品名阿拉瓦），口服剂量为每天2～4mg/kg；低谷水平为20μg/mL也许效果最佳；犬对该药的代谢不同，因而必须监测低谷水平，其不良反应是淋巴细胞减少和贫血，比较罕见，必须监测；最常见的不良反应是呕吐。
- 轻症病例可能对四环素和烟酰胺联合使用有效果，小型犬的口服剂量为250mg，每8h一次；大型犬的口服剂量是每只500mg，每8h一次。
- 恶性组织细胞增生症通常无反应，病情发展迅速，可致死；治疗无效，但常常尝试化疗，如类固醇、环磷酰胺、长春新碱和基于阿霉素的疗法。

注　　释

- 疗效的确定是根据重复体检、血象检查、生化检查和影像诊断的结果。
- 全身性疾病患畜可出现波动性体衰的症状，可能以多次临床发作为特征。
- 恶性疾病的预后极差；通常在诊断后几个月内死亡。

作者：Karen Helton Rhodes

李雅文　译　李国清　校

第 38 章

肥大细胞瘤

定义 / 概述

- 真皮组织肥大细胞引起的肿瘤。

病因学 / 病理生理学

- 肥大细胞瘤释放的组胺及其他血管活性物质可引起红疹及水肿；组胺亦可引起胃及十二指肠溃疡。
- 肝素的释放：可增加出血的可能性。
- 皮肤及皮下组织是犬猫最常见的肿瘤发生部位。
- 血液/淋巴/免疫–脾脏：为猫常见的原发部位，不是犬的原发部位；这些部位是皮肤及皮下肿瘤转移的常见部位。
- 胃肠道：猫患肠道肥大细胞瘤并不常见，犬患肠道肥大细胞瘤非常罕见；胃及十二指肠溃疡可能会发生。
- 病因尚不清楚：部分研究者对病毒病因表示怀疑；目前认为主要与肿瘤抑制因子*p53*及干细胞因子受体c–kit的遗传突变有关，它们可能是诱发犬肥大细胞瘤的主要原因；并非所有肥大细胞瘤患犬都发生基因突变；但基因突变在等级较高的肥大细胞瘤中更为常见。
- 组织病理学分级系统很有价值，然而犬的分级系统尚有争议，该系统对于猫的意义并不大。
- 患犬病理分级系统：Ⅰ级 – 高度分化；Ⅱ级 – 中等分化；Ⅲ级 – 未分化。
- 分级系统被认为是确定犬预后情况的最好的参考因素。

特征 / 病史

- 犬最常见的皮肤肿瘤；占犬的所有皮肤及皮下组织肿瘤的20% ~ 25%。
- 猫的第二个最常见的皮肤肿瘤（发生在皮肤常为良性）。
- 拳师犬及波士顿㹴易感。
- 暹罗猫：倾向于患皮肤肥大细胞瘤（幼猫）。
- 喜玛拉雅猫倾向于患色素性荨麻疹（良性增生性肥大细胞瘤，可见于幼猫）。
- 犬：平均年龄8岁。
- 猫：平均年龄10岁，除了色素性荨麻疹和皮肤肥大细胞瘤见于幼猫以外。
- 曾报道过患畜小于1岁，患猫年龄高达18岁。

犬

- 病犬在接受检查的时候，可能患皮肤或皮下组织肿瘤已有数天甚至数月。
- 肿瘤大小可能出现波动。
- 通常静止数月后出现快速增长。
- 等级高的皮肤和皮下组织肿瘤，初期可出现红疹与水肿。

猫

- 通常无全身性症状。
- 厌食：通常当作脾肿瘤投诉。
- 呕吐：可继发于脾及十二指肠肿瘤。

临 床 特 点

- 机械作用或者体温的急剧变化可导致肥大细胞脱颗粒，随后引起红疹、水疱以及胃肠道溃疡，导致厌食、呕吐、黑粪症（图38-1，图38-2）。

犬

- 分化好的肿瘤通常生长缓慢，直径通常小于3～4cm，包裹的皮肤未见溃疡，通常出现不同程度的脱毛，长达六个月以上。
- 分化差的肥大细胞瘤生长速度快，包裹的皮肤出现不同程度的溃疡，肿瘤周围发炎及水肿，通常不到2～3个月就能观察到。
- 极端变化：可能与其他类型的皮肤或皮下组织肿瘤（良性和恶性）相似；可能与昆虫叮咬或者过敏反应相似，皮下肿瘤触诊柔软可被误诊为脂肪瘤。
- 主要在皮肤或者皮下组织出现单个肿块，但也可能出现多个肿块。
- 50%的病例发生在躯干及会阴部；40%的病例发生在四肢；10%发生在头部和颈部（通常认为会

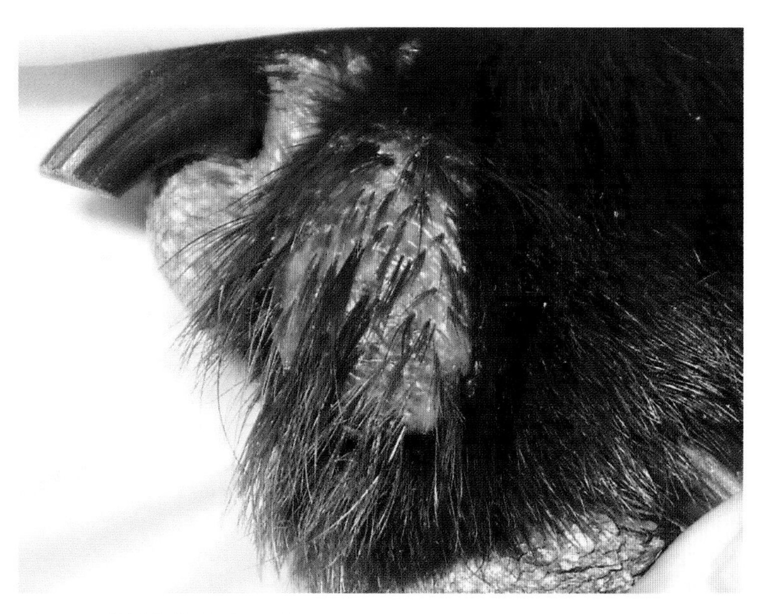

图38-1　肥大细胞瘤（MCT）

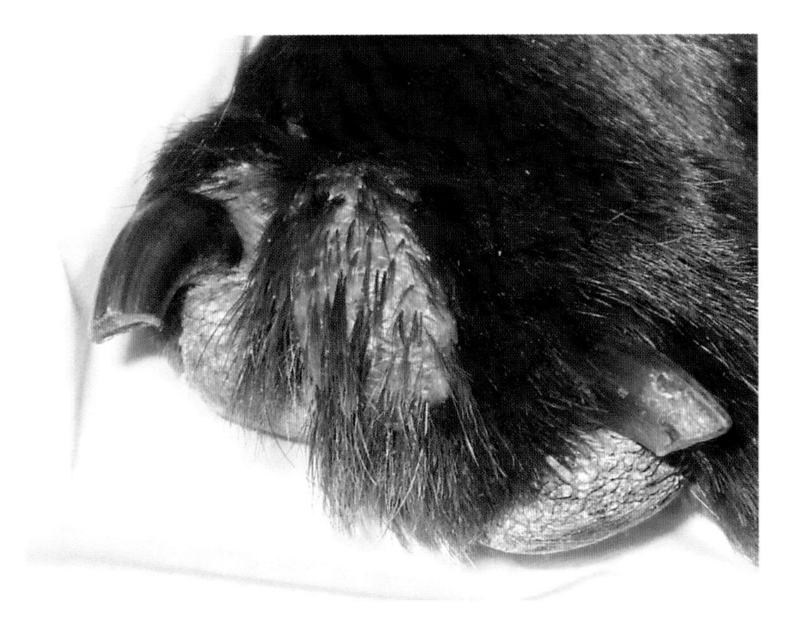

图38-2　Ⅱ级肥大细胞瘤，趾部海绵状肿块，被毛呈针状

阴、包皮、阴囊、腹股沟、腋下及趾部发生肿瘤，预后不良）。

- 局部淋巴结肿大：当高度分化的肿瘤转移至过滤淋巴结时则可发生。
- 肝肿大及脾肿大：肥大细胞瘤扩散的特征。

猫

- 皮肤：主要发生在皮下组织或真皮；可能为丘疹样或结节状，单个或多个，有毛或无毛，或表面有溃疡；更易出现在头部和颈部（图38-3～图38-6）。

图38-3　猫耳廓的多灶性肥大细胞瘤，表现为良性肿瘤

图38-4　图38-3中患猫另一个耳廓的肥大细胞瘤

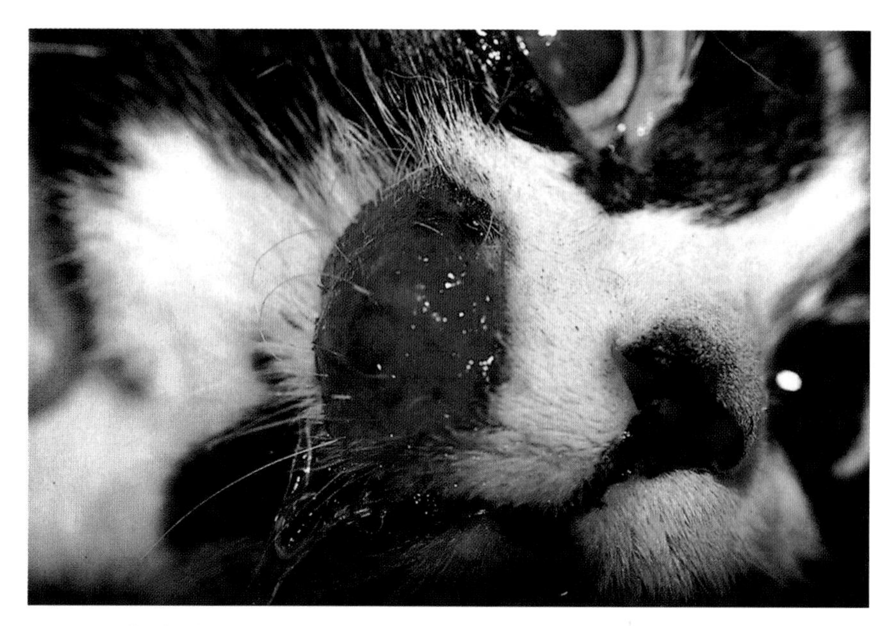

图38–5　猫面部溃疡性肥大细胞瘤，由原发性胃肠道肥大细胞瘤引起的转移病变

图38–6　猫面部非溃疡性肥大细胞瘤

- 出现在面部和耳部的结节群可自行消退。
- 多数猫的肿瘤都是分化好的良性肿瘤。
- 色素性荨麻疹以色素斑和/或红斑形式出现于嘴、下巴、颈部、眼部周围（自动消退）。
- 肠肥大细胞瘤：可见小肠肠壁坚固，分段性增厚；直径1～7cm；可转移至肠系膜淋巴结、脾脏、肝脏和肺脏（少见）。

鉴别诊断

- 其他任何皮肤及皮下组织瘤，良性或恶性，包括脂肪瘤。

- 昆虫叮咬或过敏性反应。

诊　断

- 细针穿刺的细胞学检查：为最重要的初步诊断试验；可见圆形细胞，胞浆内有嗜碱性颗粒，不呈片状或块状；恶性肥大细胞常常无颗粒，若有大型嗜酸性细胞浸润则可预示肥大细胞瘤；采用Diff快速染色，颗粒难以着色，除非玻片在常规染色前在甲醇液中至少放置2min（如果不能“在家”观察的话，最好将未染色的玻片送至实验室检查）。
- 白细胞层分析法和肝/脾细针穿刺法检查尚有争议，在疾病的临床分期上常常认为不重要。
- 组织活检：对于确诊及疾病分级是必须的。
- 临床分期：用来确定疾病的程度及合适的治疗方法；包括全部的体检、血检/尿检，即使触诊不到，也要对局部淋巴结进行穿刺检查，以及腹部超声检查。
- 补充试验以便得到完整的临床分期：局部过滤淋巴结的活检或细胞学检查；骨髓穿刺的细胞学检查尚有争议；胸部放射学和腹部超声波检查。
- 病理组织学检查（犬）：肿瘤分级用于预测生物学行为；Ⅰ～Ⅲ级（Ⅲ级最为严重）。
- 消极的临床预后因素包括肿瘤晚期，位于后半躯体的肿瘤，肿瘤生长迅速，异倍性生长，出现全身症状。
- 消极分子：潜在的预后因素包括AgNOR（银核仁组织区）增加，PCNA/Ki67免疫组化表达（增生标记）增加，血管供应和/或有丝分裂指数增加，c-kit表达增加；以上因素对于肿瘤的复发及转移具有重要的预测作用，所以强烈推荐使用这些肿瘤标记。
- 猫：分级系统并不十分有用；因为猫皮肤肿瘤的组织病理学变化与预后之间并没有相关性。

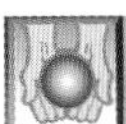

治　疗

犬

- 手术切除：是治疗的选择。
- 手术切除组织的病理学评价：对于确定切除的完整性及预测生物学行为是必须的；如果肿瘤细胞扩散到切口边缘，要尽快进行第二次手术——推荐切除部位距离肿瘤侧缘3cm，深度为一个绷带宽。
- 累及淋巴结但尚未发生全身性转移：建议将原发性肿瘤及牵连的淋巴结全部切除；后续化疗对于阻止肿瘤的进一步转移有帮助。
- 原发性肿瘤和/或牵连的淋巴结无法切除：化疗可能有极小的帮助。
- 全身性转移：切除原发性肿瘤及累及的淋巴结并进行后续化疗对于延长存活期有极小帮助。
- 放射疗法：对于局部不宜手术切除的皮肤肿瘤，外部射线照射是一种很好的治疗选择；如果可能的话，在放射治疗前进行手术使肿瘤减至显微体积；位于肢体的肿瘤比位于躯干的肿瘤疗效更好。

猫

- 手术：为治疗皮肤瘤的一种选择。
- 一些类型可自行康复。
- 需要对猫进行临床分期，以确保脾脏的原发性肥大细胞瘤没有扩散至皮肤及其他部位。

药物选择

- 化疗法一般比手术切除法及放射疗法效果稍差。
- 强的松：是治疗该病的主要药物；近期证据显示，单独使用该药，仅能短暂地缓解症状。
- 近期研究显示环己亚硝脲、长春花碱及环磷酰胺对于抗肥大细胞瘤作用有局限性，不过该药仍旧是治疗的一种选择。
- 帕拉底奥（辉瑞制药公司）有治疗希望：为一种激酶抑制剂，通过抑制KIT，血管内皮生长因子受体2及β-FDGFR而发挥抗癌及抗血管形成作用。
- 一些药物（如长春花碱及环磷酰胺）：补充延长强的松敏感性肿瘤的缓解作用。
- 手术及放射疗法不能控制的皮肤肿瘤：适当的药物治疗；以笔者的经验，强的松及其化疗对猫的恶性肿瘤无效。
- 强的松耐受性肿瘤：化疗似乎不起作用。
- 肠肿瘤及脾切除后的全身性转移（猫）：推荐使用强的松及其化疗。
- 可测量的肿瘤（犬）：单独使用长春新碱可使21%的患犬部分症状缓解。
- 强的松：按1mg/kg的剂量口服给药，每24h一次；4个月后逐渐减少剂量；7个月后停药。
- 长春花碱：按2～3mg/m L的剂量静脉注射；第1天开始，每21d注射一次；开始时使用2mg/mL的剂量；然后依据药物的耐受性和药物反应（如给药一周后检查全血细胞计数），每个循环剂量增加10%～30%；每次给药前进行全血细胞计数；持续给药6个月。
- 环磷酰胺：口服剂量为250～300mg/mL，分4d给药；每21d为一个循环，第8、9、10、11天给药；开始按250mg/mL的剂量两个循环；如果药物耐受性好，在第3个循环，药量增加至300mg/mL；持续给药6个月。
- 洛莫司汀（CCNU）：口服剂量为90mg/mL，每4周一次，治疗4～5次；治疗前和治疗后一周进行全血细胞计数；如果治疗一周后的全血细胞计数过低，将下一次给药周期延迟一个星期；监测血清化学以了解肝毒性。
- 组胺阻滞剂（如甲氰咪胍）：有用，特别是当发生肿瘤全身性转移或发现有大量组胺释放时；有助于阻止胃肠道溃疡以及在创伤修复过程中组胺对纤维素增生的不良影响。
- 胃溃宁有助于胃肠道溃疡的治疗：该药可靶向治疗溃疡部位。

注　释

客户教育/患畜监控

- 告戒畜主如果病畜患有两个以上的皮肤肿瘤，则容易产生新的肥大细胞瘤。
- 建议畜主对新发现的肿块要尽快进行细针穿刺及细胞学检查。

- 提醒畜主尽可能早地进行适当的手术切除。
- 应对新发现的肿块进行细胞学或组织学评估。
- 定期对局部淋巴结进行检查，确定Ⅱ级或Ⅲ级肿瘤是否发生转移。

病程与预后

- 犬
  - 腹股沟区肿瘤：相比其他部位，更倾向于恶性肿瘤；常被认为有可能转移。
  - 手术6个月后的存活率（博斯托克）：Ⅰ级，存活率为77%；Ⅱ级，存活率为45%；Ⅲ级，存活率为13%。
  - 淋巴结转移：在原发性肿瘤及相关淋巴结切除后，如果使用了强的松及其化疗，存活时间可延长。
  - 强的松单独治疗：可有效地缓解20%的Ⅱ级或Ⅲ级肿瘤患畜的临床症状并延长其存活时间；据记载使用强的松后，5个患畜中只有1个发生淋巴结转移。
- 猫
  - 单个皮肤瘤：预后良好；尽管是不完全切除，复发率也比较低（16%～36%）；<20%的患畜发生转移。
  - 脾肿瘤切除后的存活期：据报道大于1年。
  - 并发肥大细胞瘤：预后不良；强的松及其化疗可短期缓解症状。
  - 肠肿瘤：预后不良；术后存活时间很少超过4个月。

作者：Saren Helton Rhodes

刘远佳　译　李国清　校

第七部分

寄生虫病

Parasitic Disorders

第39章 昆虫叮咬与螫刺

定义/概述

- 昆虫通过叮咬、螫伤皮肤，经皮肤吸收过敏原而引起皮肤炎症。
- 过敏原广泛存在于唾液，排泄物，躯体及毒液中。
- 过敏患畜通常对昆虫过敏原体外反应呈阳性。
- 各种昆虫过敏原之间及螨与昆虫过敏原之间有明显的交叉反应。
- （机体）对于这些过敏原产生的反应可能源于直接刺激，和/或组织损伤（非免疫介导的反应），或超敏反应（免疫介导的反应）。
- 对于小动物而言最重要的是对蚤、蜘蛛、苍蝇、蚊子和膜翅目昆虫所产生的过敏反应。

病因学/病理生理学

蚤

- 蚤叮咬性皮炎（FBD）与蚤叮咬性过敏症（FBH）是犬猫皮肤瘙痒症最为常见的病因。
- 蚤是一种体小、无翅的外寄生虫，繁殖时须吸食血液；成虫期寄生于宿主，而生活史其他阶段均生活于环境中。
- 寄生于犬猫的蚤超过90%是猫栉首蚤，而其他蚤感染通常与周围的环境有关。
- 蚤叮咬性皮炎：由叮咬处直接刺激所引起。
- 蚤叮咬性过敏症：由速发型（Ⅰ型），迟发型（Ⅳ型）及皮肤嗜碱性粒细胞超敏反应所引起。
- 蚤唾液中含有类组胺化合物，多种完整过敏原及参与形成过敏原的半抗原物质。

蜘蛛

- 医学上重要的蜘蛛种类包括常见的棕色蜘蛛（*Loxosceles unicolor*），褐皮花蛛（*Loxosceles reclusa*），黑寡妇蛛（*Latrodectus mactans*）和红腿寡妇蛛（*Latrodectus bishopi*）。
- 斜蛛属（*Loxosceles* spp.）蜘蛛叮咬可引起局部组织坏死。
- 毒蛛属（*Latrodectus* spp.）蜘蛛叮咬很可能引起全身性反应。
- 蜘蛛常叮咬面部和前腿。

苍蝇

- 苍蝇除了作为多种疾病的传播媒介以外，还可通过直接损伤和刺激皮肤引起明显的皮炎。
- 厩蝇（*Stomoxys calcitrans*）和黑蝇（*Simulium* spp.）是引起皮炎最为常见的蝇类。
- 虻和斑虻（*Chrysops* spp.）也可引起皮炎。

- 蝇蛆病是由双翅目蝇类在温暖潮湿的皮肤上产卵，随后幼虫（蛆）侵入组织所引起的一种特殊性皮炎。

蚊叮咬性过敏症

- 犬猫的被毛通常可以保护犬猫免遭蚊和库蠓的叮咬。
- 有资料记载猫发生过典型的蚊叮咬性过敏综合征。

膜翅目

- 膜翅目昆虫包括蚂蚁、蜜蜂、黄蜂、黄胡蜂和大胡蜂。
- 仅有少数几种蚂蚁可引起毒性反应。
- 蜜蜂、一些黄蜂螫刺动物一次后随即死亡，而其他膜翅目昆虫则可以多次螫刺动物。
- 释放进入皮肤的毒素可引起急性炎症、剧痛。
- 超敏反应可导致全身性症状，包括速发型过敏反应和死亡。

特征 / 病史

蚤

- 蚤叮咬性皮炎
  - 无年龄、性别或品种偏向。
  - 与叮咬蚤的数量有关。
- 叮咬性过敏症：犬
  - 发病年龄通常介于3～5岁。
  - 相对于蚤的持续性叮咬而言，间歇性叮咬更易发生叮咬性过敏症。
- 叮咬性过敏症：猫
  - 无年龄、品种或性别偏向。

蜘蛛/蝇/蚊叮咬性过敏症/膜翅目

- 除昆虫以外无年龄、品种或性别偏向。

临 床 特 点

蚤

- 犬、猫蚤叮咬性皮炎：
  - 根据感染程度和患病动物自我梳理行为的不同，蚤的出现或有或无。
  - 轻度丘疹性皮炎和轻度拔毛。
  - 因对被毛的慢性咀嚼，切齿可能被磨掉（图39-1）。
  - 幼龄或体弱的动物可出现贫血。
  - 绦虫感染。
  - 蚤粪。
- 犬叮咬性过敏症：

- 尾侧腰骶部、尾根部、尾侧大腿部和腹股沟明显瘙痒（图39–2，图39–3）。
- 脓性创伤性皮炎（急性湿性皮炎或“热点”）（图39–4）。
- 金毛猎犬幼犬和圣伯纳幼犬头颈部的脓性创伤性毛囊炎（深部“热点”）（图39–5）。
- 纤维瘙痒性结节（图39–6）。

- 猫叮咬性过敏症：
  - 全身性或背侧腰骶部、头颈部丘疹痂皮性皮炎（粟粒性皮炎）（图39–7）。
  - 腹部、尾侧大腿部被毛脱落。
  - 嗜酸性粒细胞肉芽肿的复合性病变。

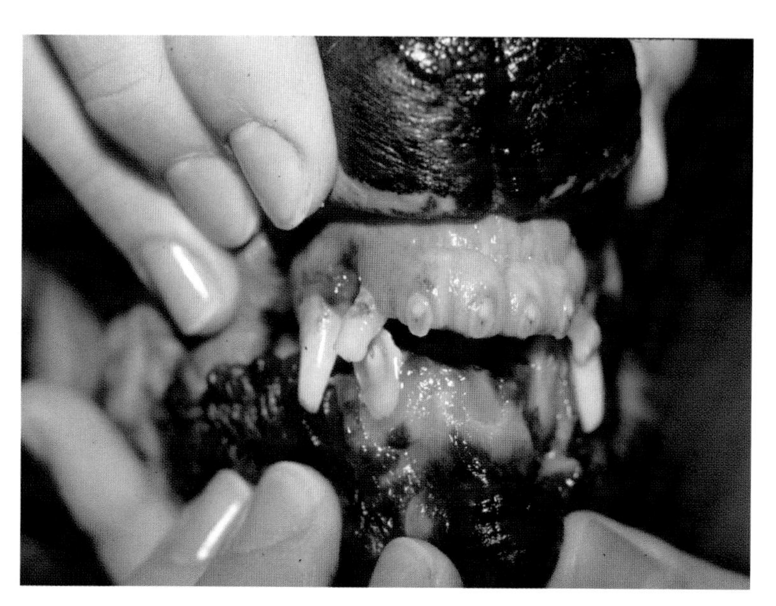

图39–1　慢性咀嚼被毛所引起的切齿磨损

图39–2　蚤过敏性皮炎伴随背侧腰骶部、尾侧大腿部脱毛

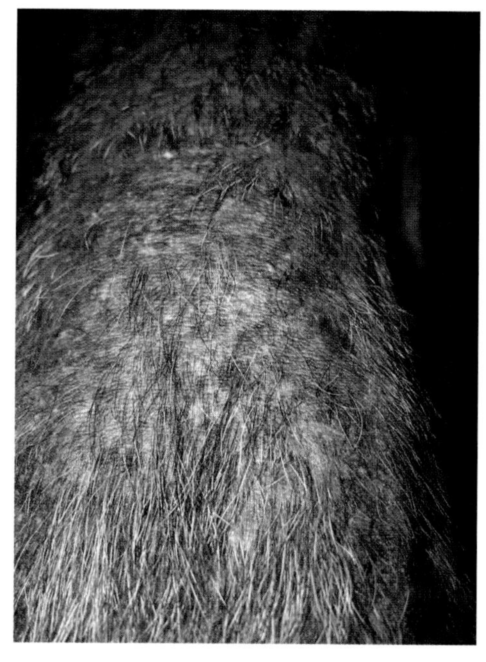

图39–3　蚤过敏性皮炎，背侧腰骶部明显脱发与苔藓样变

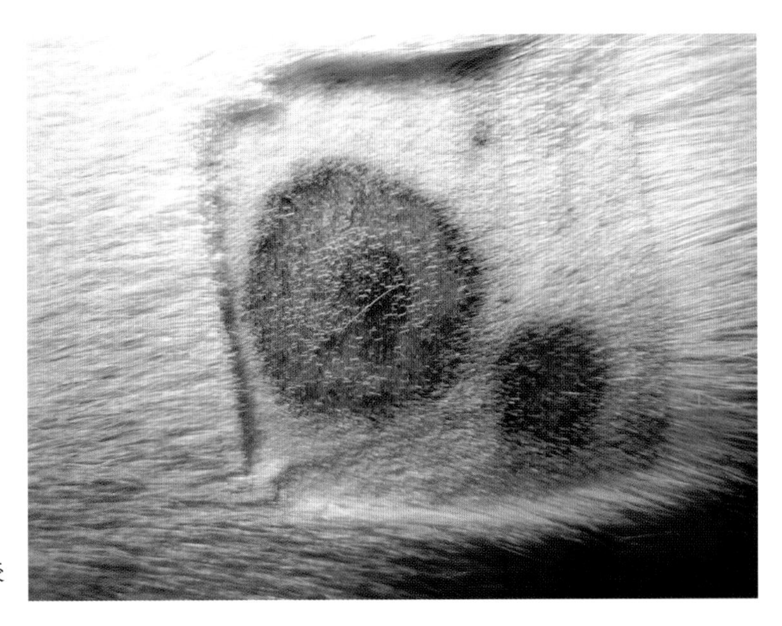

图39-4　创伤性皮炎

图39-5　金毛猎犬颈部“深度”创伤性毛囊炎病变

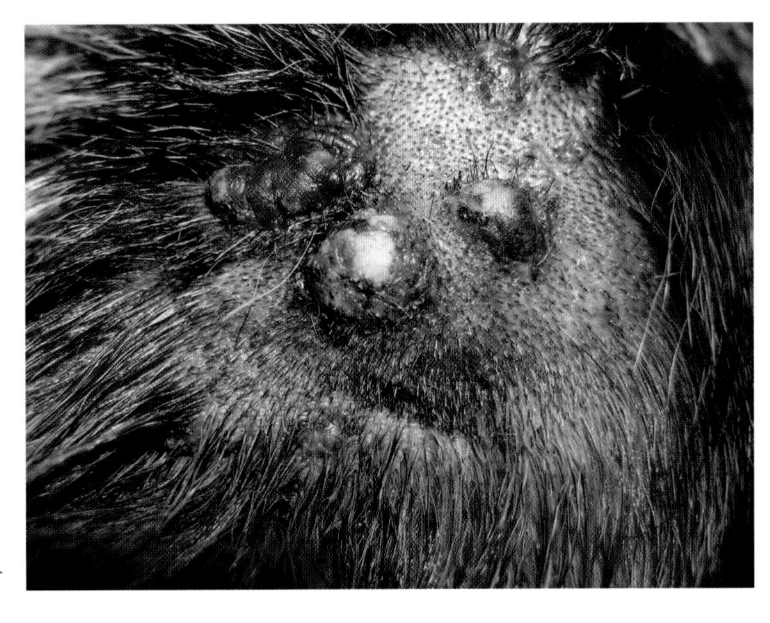

图39-6　纤维瘙痒性结节

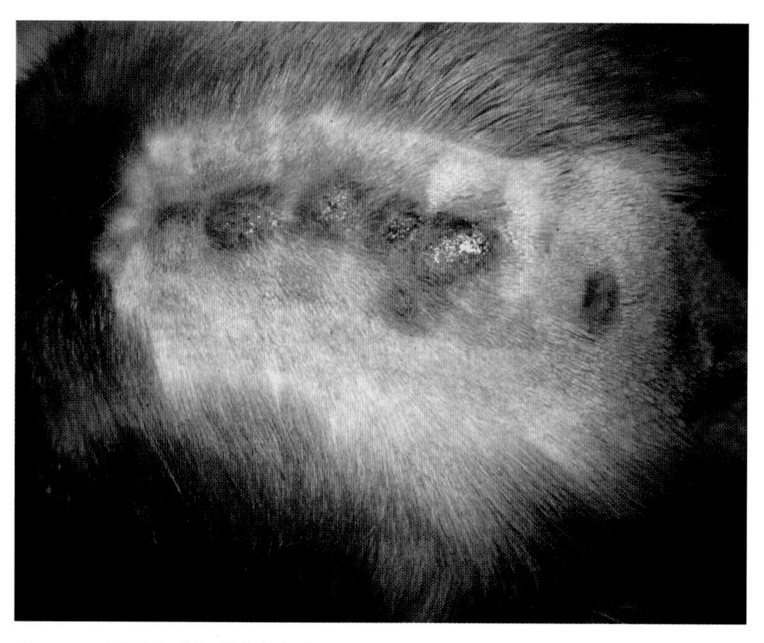

图39-7　蚤叮咬引起猫背部红斑

蜘蛛

- 犬、猫（图39-8，图39-9）
  - 斜蛛属：叮咬点周围最初产生局部红斑，随后引起组织坏死和脱落；病变疼痛。
  - 毒蛛属：叮咬点周围最初产生局部红斑，随后引起肉芽肿性结节；由于神经毒素的释放可出现全身症状。
  - 全身症状包括流涎，呕吐，惊厥和死亡。

苍蝇

- 犬
  - 暴露于室外，特别是较温暖的天气。
  - 面部、耳部最易被叮咬。
  - 叮咬部位常为犬竖立的耳尖，或者耳褶的皮肤暴露处。
  - 严重的红斑，溃疡和瘢痕。
  - 病变常伴有疼痛感。

蚊叮咬性过敏症

- 猫
  - 暴露于室外，特别是在蚊出没的季节。
  - 倾向于较深的被毛和肤色。
  - 瘙痒性丘疹、表皮增厚导致糜烂、结痂。
  - 病变常发生在被毛较少的区域，如鼻背侧、耳廓内侧，唇边缘部（图39-11，图39-12）。
  - 病变处常界限清楚，结构对称。
  - 耳廓内侧可出现丘疹、结节。

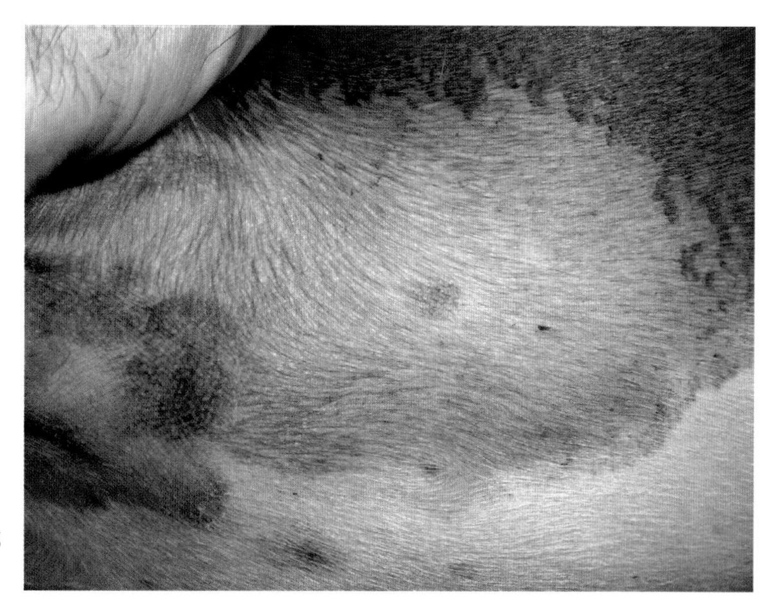

图39-8　蜘蛛叮咬致腹中部一处疤痕，以及尾部至腋下疤痕周围褪色

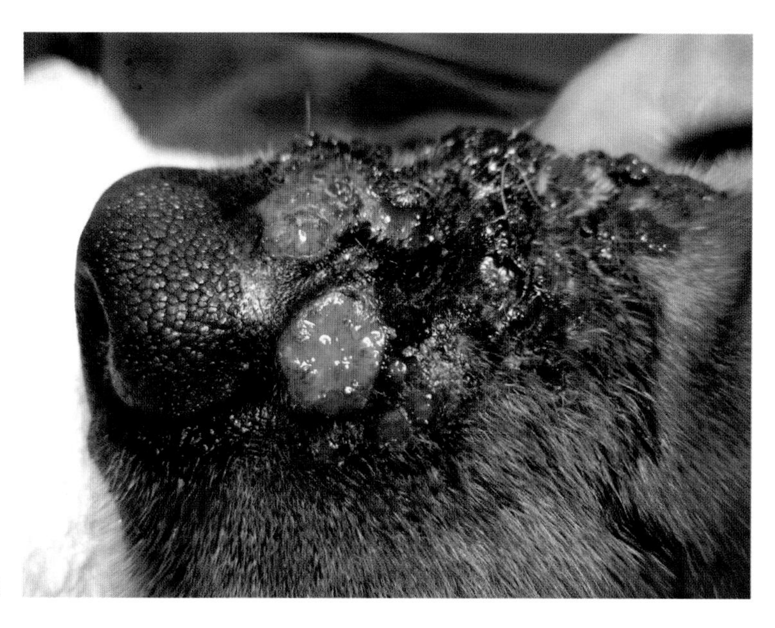

图39-9　蜘蛛叮咬引起犬鼻背部渗出性坏疽性斑块

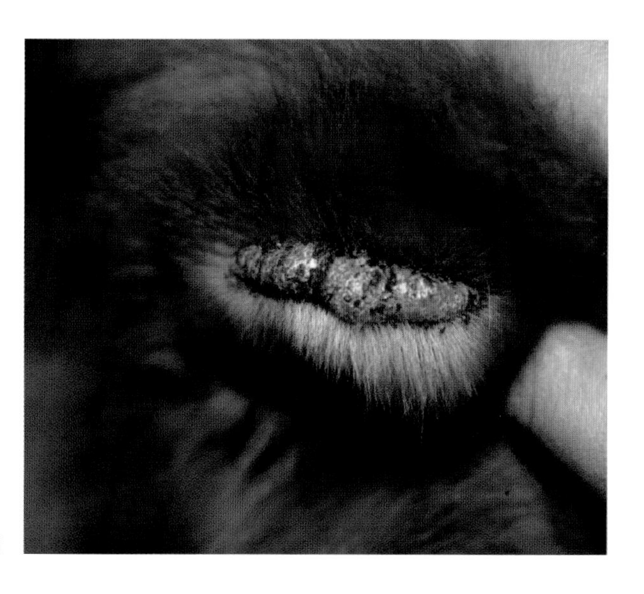

图39-10　苍蝇叮咬引起耳廓边缘脱毛与结痂

图39-11 蚊叮咬性过敏症引起的面部损伤

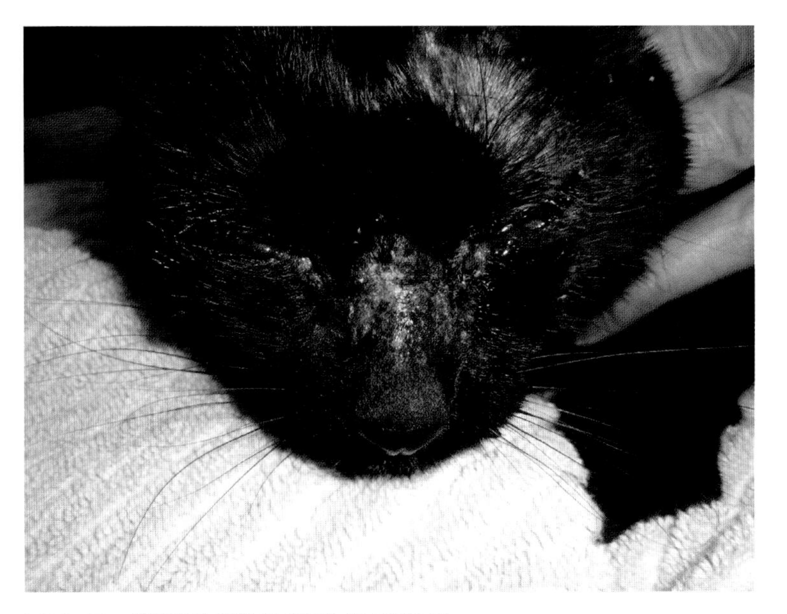

图39-12 蚊叮咬性过敏症引起的鼻面部结痂

- 偶尔出现脚底结痂。
- 当限制或者保护猫免受蚊虫叮咬时，病变就会康复。

膜翅目

- 蚂蚁：犬、猫
  - 蚁穴受到侵扰时，火蚁（*Solenopsis* spp.）会大举进攻。
  - 蚂蚁通过下巴附着皮肤，可叮咬十次以上，一次袭击可发生上百次叮咬。
  - 开始叮咬可能无痛感。
  - 多次叮咬可导致瘙痒、红斑性荨麻疹、丘疹，随后引起无菌小泡/白色脓包；接着可能会导致局灶性坏死（图39-13）。

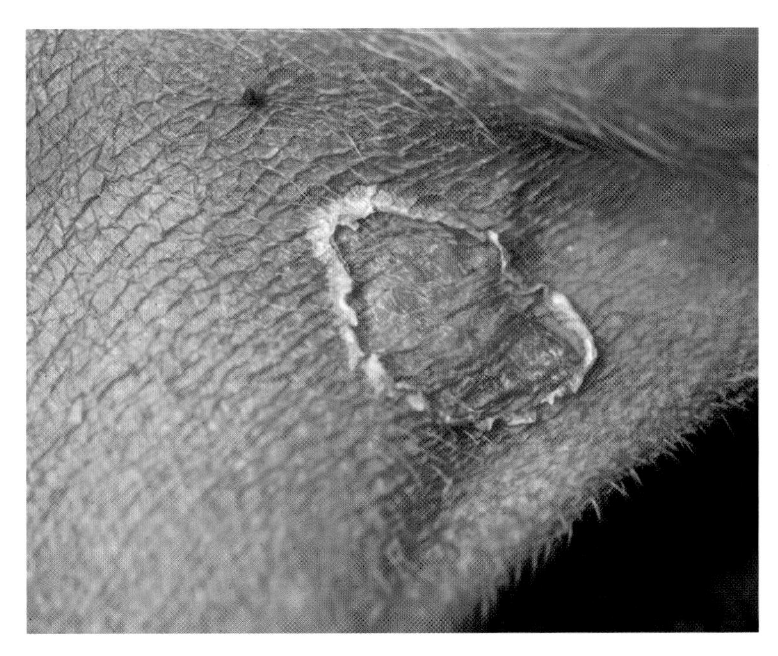

图39-13　蚂蚁叮咬引起的面部损伤

- 病灶非泡状，趋向于分组排列。
- 可发生过敏性休克。
- 毒素中含有Solenopsin D，一种哌啶生物碱衍生物。
- 报道发生过针对蚂蚁过敏原（类似于住房尘螨）的超敏反应（图39-14，图39-15，图39-16）。

- 犬猫的蜜蜂、黄蜂、黄胡蜂、大胡蜂：
  - 动物的敏感性、螯刺的次数决定反应的严重程度。
  - 一次螯刺可导致局部疼痛、红疹、严重水肿。
  - 可引起过敏性休克。

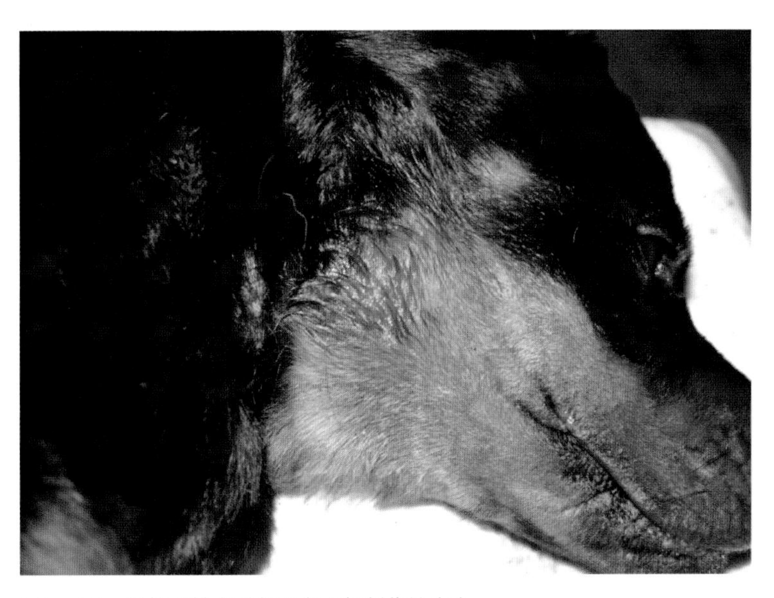

图39-14　黑蚁过敏症引起的犬面部创伤性皮炎

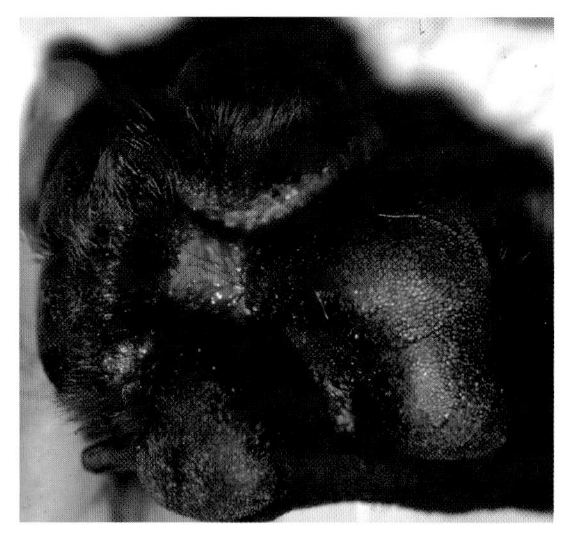

图39-15 黑蚁过敏症引起的指间渗出性炎症

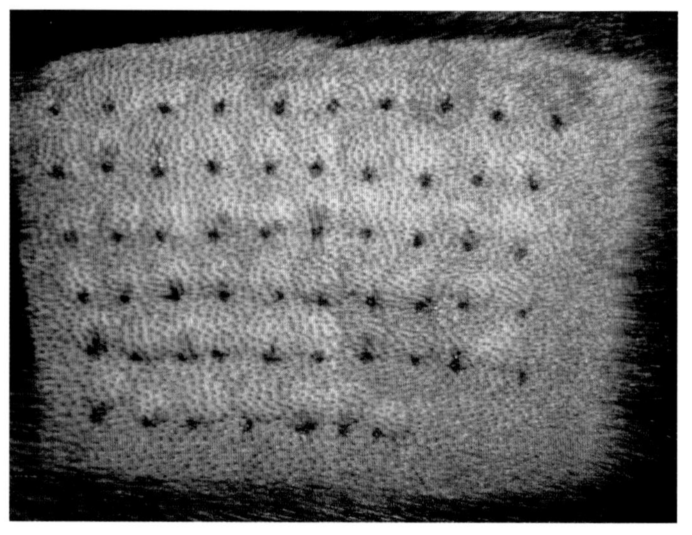

图39-16 图39-14，图39-15中犬的皮内试验。注意犬对多种昆虫抗原包括黑蚁抗原（一排右侧）呈现强烈的阳性反应

- 常见的螫刺部位是鼻口，四肢；如果发生在鼻口部，血管性水肿可能导致呼吸不畅（图39-17）。
- 一些黄蜂，黄胡蜂，大胡蜂可以多次螫刺动物。
- 非洲蜜蜂、大黄蜂向犬进攻时，如果犬表现激动，可能会刺激进一步的反应。
- 严重袭击可导致由毒液直接引起的死亡。
- 毒液包含蜂毒素和磷脂酶A，作用于细胞膜引起溶血、横纹肌溶解、肾小管坏死。

图39-17 蜜蜂螫刺引起的面部肿胀

鉴 别 诊 断

蚤

- 食物过敏；
- 异位性皮炎；
- 疥螨病；
- 姬螯螨病；
- 蠕形螨病；
- 虱病；
- 皮肤真菌病；
- 细菌性毛囊炎；
- 霉菌性皮炎；
- 嗜酸性肉芽肿综合征（猫）。

蜘蛛

- 蛇咬伤；
- 局部物理性，电击或雷击性，烫伤性或化学性创伤；
- 局限性脓肿；
- 局部血管炎。

苍蝇

- 疥螨病；
- 姬螯螨病；
- 蠕形螨病；
- 虱病；
- 落叶型天疱疮/狼疮；
- 麻风样肉芽肿；
- 肿瘤。

蚊叮咬性过敏症

- 食物过敏；
- 异位性皮炎；
- 蠕形螨病；
- 皮肤真菌病；
- 落叶型天疱疮；
- 疱疹病毒溃疡性皮炎；
- 浆细胞性腐蹄病；
- 鳞状细胞癌；

- 嗜酸性肉芽肿综合征。

膜翅目

- 疥螨病；
- 姬螯螨病；
- 细菌性毛囊炎；
- 蠕形螨病；
- 落叶型天疱疮。

诊 断

蚤

- 活组织检查：表皮血管周围弥散性炎症，伴有嗜酸性粒细胞和肥大细胞。
- 蚤过敏原皮内或血清试验：若呈阳性可作鉴别依据，但不一定可靠，特别是阴性结果。
- 排除瘙痒症的其他病因。
- 粪检时发现犬复孔绦虫的节片。
- 观察蚤适当控制后的反应。

蜘蛛

- 活组织检查：表皮和真皮坏死，炎症蔓延至皮下组织；血管病变以及混合性炎性浸润。
- 可见叮咬痕迹。
- 接触过蜘蛛类动物。

苍蝇

- 活组织检查：皮肤角化过度伴有糜烂、结痂；皮肤纤维化，伴有间质性血管周围浆细胞和嗜酸性粒细胞浸润。
- 排除其他损伤原因。
- 对苍蝇采取适当控制后见明显好转。

蚊叮咬性过敏症

- 活组织检查：表层皮肤、深部皮肤严重的嗜酸性粒细胞浸润；嗜酸性粒细胞聚集性脱粒，并产生淡红色轮廓以及嗜酸性粒细胞性毛囊炎。
- 皮肤和（或）血清对库蠓抗原过敏试验：若呈阳性，不能说明蚊叮咬性过敏症，阴性更不可靠。
- 使用驱虫剂，或者将动物置于无蚊虫的环境中，症状好转。

膜翅目

- 活组织检查：皮内中性粒细胞性脓包，伴随表层和深层皮肤间质中性粒细胞皮炎及胶原变性。
- 存在螫刺和附着的蚂蚁。
- 暴露于膜翅目昆虫环境中。
- 皮内过敏测试显示膜翅目抗原阳性。

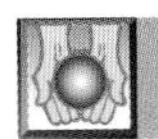

治　疗

蚤

- 蚤的控制
  - 所有家养犬和猫必须采取蚤防治措施。
  - 蚤防治措施应当依据动物个体情况而定。
  - 可采用多种有效药物。
  - 主人教育对于宠物以及环境中蚤的成功控制最为重要。
- 局部类固醇喷雾剂（含或不含抗生素）对于单个病变有效。
- 氢化波尼松（剂量：2～4mg/kg，每24h一次，剂量递减）。
- 可用抗生素治疗深部细菌性毛囊炎（见24章）。
- 抗组胺对于症状的控制基本上无效。

蜘蛛

- 早期损伤，可在损伤处局部灌注皮质类固醇，利多卡因。
- 可用抗生素，抗炎药，止痛药作为全身性支持治疗。
- 伤口处理。
- 环境清理（清除户外蜘蛛滋生点，喷洒杀虫剂）。

苍蝇

- 驱除苍蝇。
- 耳廓使用驱虫剂。
- 伤口处理。
- 清除环境中苍蝇滋生的源头。

蚊叮咬性过敏症

- 驱除蚊虫。
- 在面部和耳廓使用驱虫药。
- 局部喷洒类固醇对于单个损伤有效。
- 氢化波尼松（2～4mg/kg，每24h一次，剂量渐减）或地塞米松（剂量0.1mg/kg，每24h一次，剂量渐减）。
- 清除环境中蚊虫滋生的源头。

膜翅目

- 除掉毒刺。
- 使用抗组胺（见附录A）。
- 使用皮质类固醇。
- 局部喷洒类固醇对于单个损伤有效。
- 氢化波尼松（2～4mg/kg，每24h一次，剂量渐减）。

- 减少与膜翅目昆虫的接触。
- 全身性支持疗法。
- 对于早期过敏症病人采取减敏作用十分有效。
- 当暴露于膜翅目昆虫不可避免时，使用便携式肾上腺素给药装置会有效。

注　释

- 防止复发的主要手段，应加强避虫与驱虫。
- 由于昆虫种群的不同，症状也会出现季节性与地区性差异。
- 在无法做到完全避虫的情况下，减少动物与相应昆虫的接触，可以有效控制症状，降低和简化药物的使用。

作者：Alexander H. Werner

刘远佳　译　李国清　校

第 40 章

犬猫蠕形螨病

定义 / 概述

- 蠕形螨病是犬和猫（不常见）的一种炎性寄生虫病，常以毛囊，附腺及皮肤表面螨虫数量增多为特征，常导致毛囊炎，疖病和脱毛症。
- 可能为局部或全身性感染。
- 可见于部分正常动物的皮肤；一般是少量存在。
- 当螨虫数量超过免疫系统的耐受时，机体就会产生病理反应，螨虫最初的增值可能是由于遗传缺陷或者免疫障碍所致。
- 在非皮肤组织（如：淋巴结，肠壁，脾脏，肝脏，肾脏，膀胱，肺脏，甲状腺，血液，尿液，粪便）可以发现死螨或退化螨，因此认为可通过血液和/或淋巴排泄到这些地方。

病因学 / 病理生理学

犬

- 犬蠕形螨：最常见的螨虫。一般少量存在；常寄生在毛囊，偶尔也寄居在皮脂腺内（图40–1，图40–2）。

图40–1 犬蠕形螨。皮肤刮取物中可观察到螨的不同发育阶段，包括虫卵

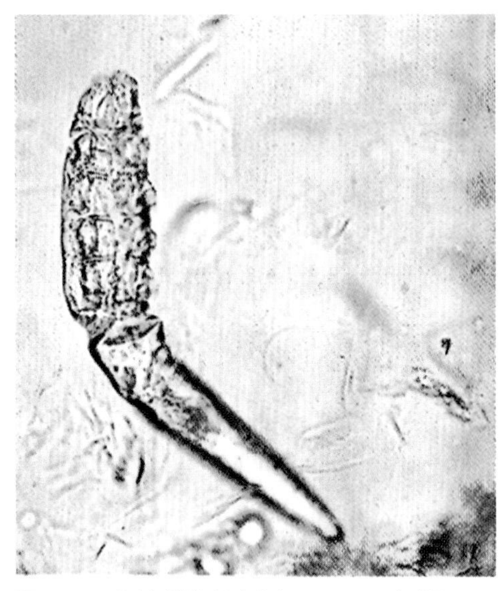

图40-2　犬蠕形螨（图片由Katy Tater惠赠）

■ 印加氏蠕形螨：体型较大的蠕形螨，一般寄居在皮脂腺，常与背中线的脂溢性皮炎有关，常见于西部高地白㹴和刚毛猎狐㹴（图40-3）。

■ 角质层蠕形螨：体型较短的蠕形螨，常寄居在表皮浅层，临床表现与犬蠕形螨相似（图40-4）。

猫

■ 猫蠕形螨：形态与犬蠕形螨相似；寄居在毛囊（图40-5）。

■ 伽图氏蠕形螨：形态与角质层蠕形螨相似，寄居在皮肤角质层；对其他猫有潜在的接触感染力（图40-6）。

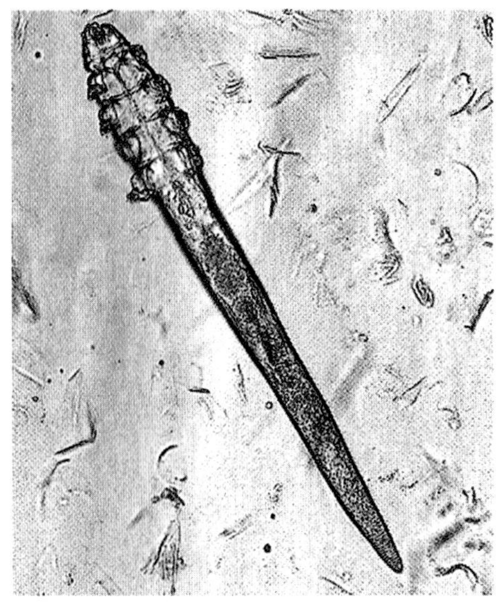

图40-3　印加氏蠕形螨（*Demodex injai*）（图片由Katy Tater惠赠）

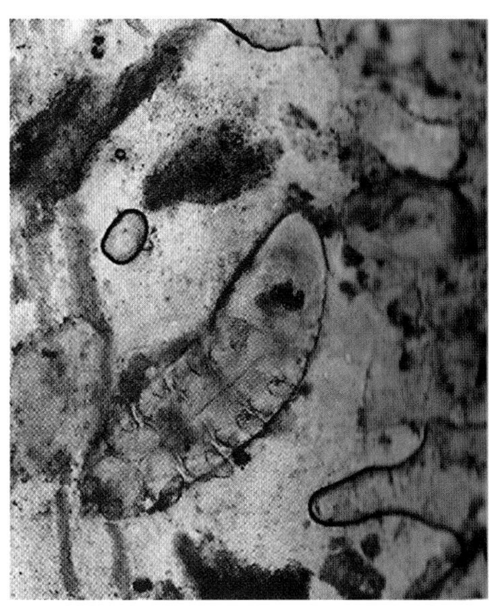

图40-4　角质层蠕形螨（*Demodex cornei*）（图片由Katy Tater惠赠）

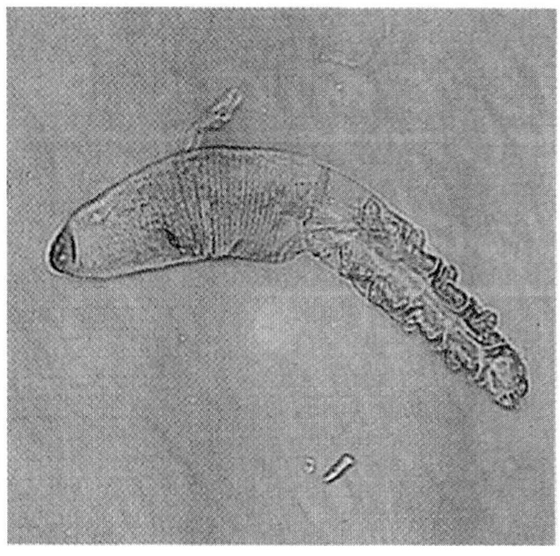

图40-5　猫蠕形螨（*Demodex cati*）（图片由Katy Tater惠赠）

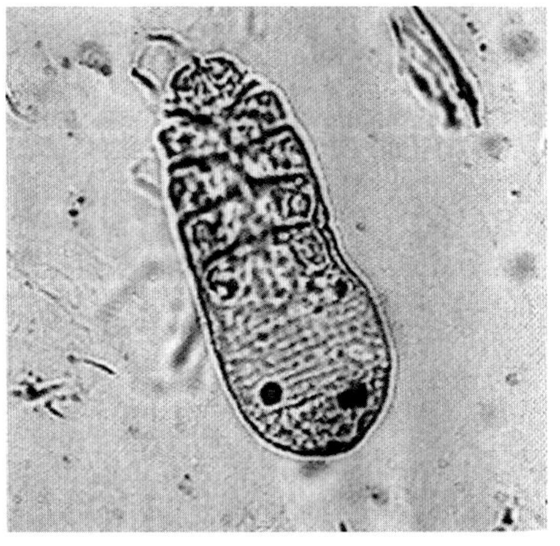

图40-6　伽图氏蠕形螨（*Demodex gatoi*）（图片由Katy Tater惠赠）

特征 / 病史

- 常发生于犬，猫较少见。
- 暹罗猫和缅甸猫较为易感。
- 可分为幼年和成年蠕形螨病以及局部和全身性蠕形螨病。
- 幼年型蠕形螨病发病年龄小于18个月。
- 局部性蠕形螨病：通常发生于幼犬；平均年龄为3～6个月。
- 全身性蠕形螨病：幼龄和老龄动物均可感染，常在脚部、整个躯体、或者多个远端部位发生感染，或为持久性或为渐进性发生。

犬

- 准确的免疫病理学机理尚不清楚。
- 研究表明患全身性蠕形螨病的犬淋巴细胞上IL–2受体以及IL–2的产生均低于正常。
- 遗传因素、免疫抑制和/或代谢病可使动物易患此病。

猫

- 通常与代谢性疾病（如：猫免疫缺陷病，系统性红斑狼疮，糖尿病）有关。
- 局部或全身的免疫抑制性治疗均可诱发蠕形螨病。
- 代谢病很少由伽图氏蠕形螨感染所引起；有报道显示在同一个家庭中，该蠕形螨可以在猫之间传播。

临　床　特　点

- 脱毛，脱屑，毛囊管型（角质化皮脂黏附在毛干），结痂，红疹，色素沉着过多，苔藓样硬化斑。
- 严重的犬蠕形螨病常继发细菌性毛囊炎和疖病，并伴有嗜睡、发热、淋巴结肿大、疼痛等症状。
- 角质层蠕形螨与伽图氏蠕形螨感染可引起瘙痒症。
- 已报道外耳炎与犬猫蠕形螨感染有关。

犬

- 局部感染
  - 病变：通常较轻；由红斑和鳞片组成。
  - 斑块：可见到多处斑块，常位于面部，特别是眼周和口周，躯干和腿也可见到。
- 全身性感染
  - 从一开始就很普遍，出现多个界限不清的红斑、脱毛和鳞屑（图40–7）。
  - 当毛囊中大量螨虫繁殖而膨胀时，常发生继发性细菌感染，引起毛囊破裂（疖病）（图40–8）。
  - 随着病情发展，皮肤会严重发炎、渗出，产生肉芽肿（图40–9～图4–12）。印加氏蠕形螨常引起背中线皮肤脂溢性脱落。

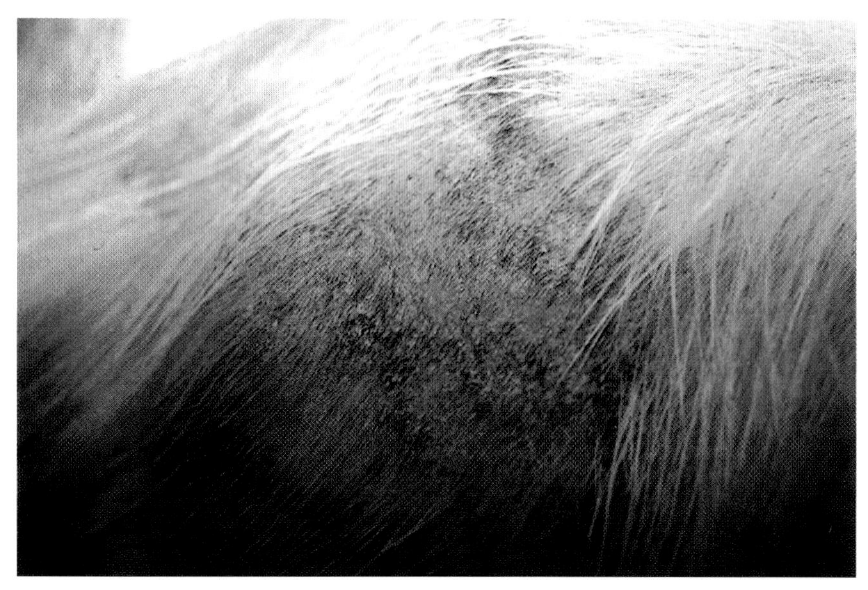

图40-7 蠕形螨病引起的块状脱毛，伴有红疹、脱屑

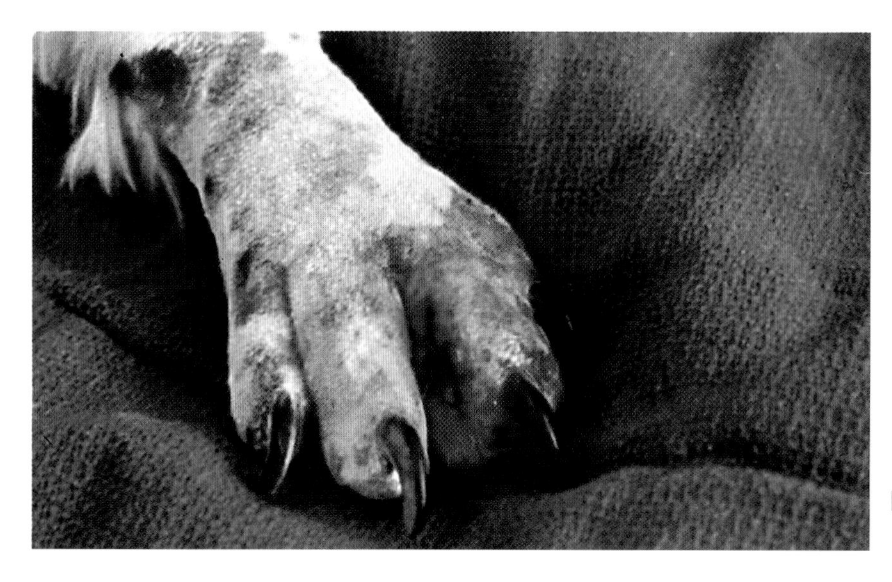

图40-8 蠕形螨病继发疖病引起的足趾肿大

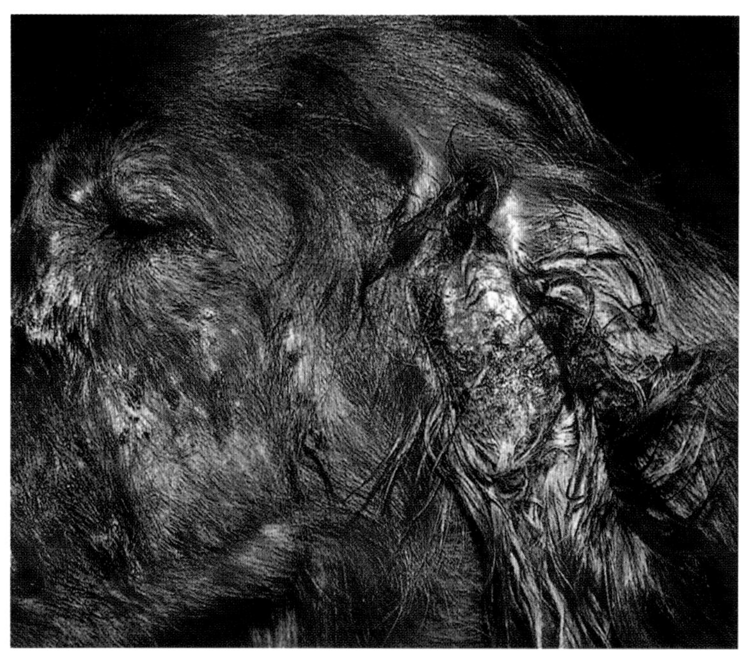

图40-9 面部、耳周区蠕形螨病继发严重的细菌感染

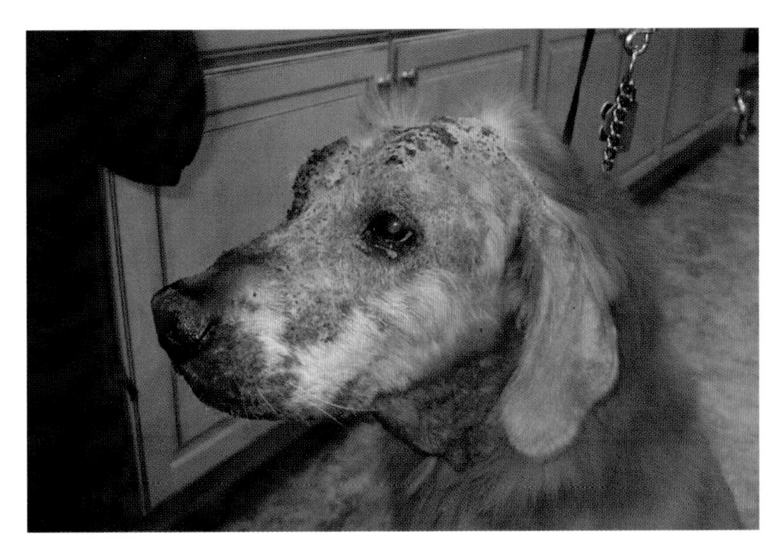

图40-10　面部蠕形螨病

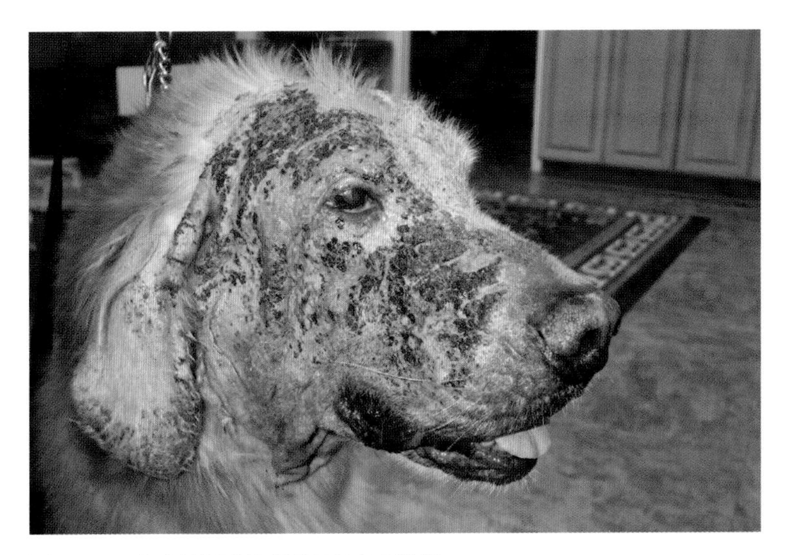

图40-11　全身性蠕形螨病引起的表皮脱落

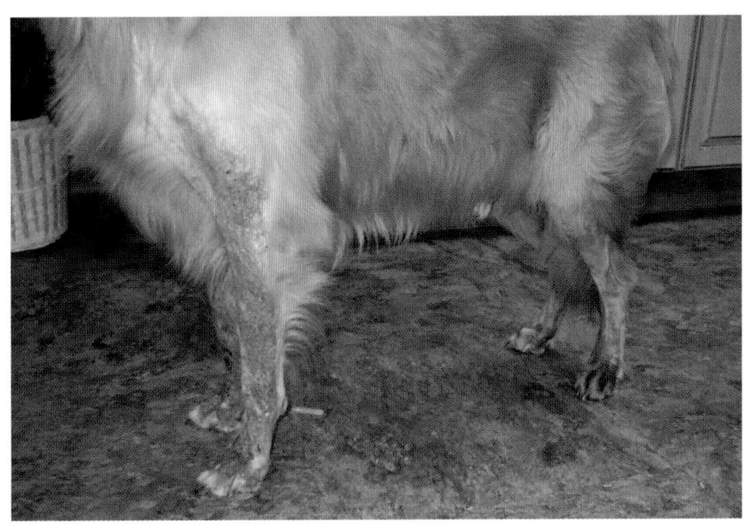

图40-12　严重扩散的全身性蠕形螨病

猫

- 通常以眼皮、耳周、头部、前肢、背部、腹部、颈部多灶性脱毛为特征；也可全身脱毛。
- 伽图氏蠕形螨感染与过敏性皮炎以及心因性皮肤病通常很难区分，家庭内多个猫可以受到感染。

鉴 别 诊 断

犬

- 细菌性毛囊炎/疖病；
- 皮肤真菌病；
- 接触性皮炎；
- 复合型天疱疮；
- 皮肌炎；
- 系统性红斑狼疮。

猫

- 过敏性皮炎；
- 心因性皮肤病。

诊　断

- 对鉴别犬和猫潜在的代谢疾病可能有用。
- 猫白血病病毒、猫免疫缺陷病病毒血清学检查：可鉴别猫的潜在性代谢疾病。
- 皮屑和/或拔毛检查：多数病例发现大量螨虫即可诊断。猫的肩胛内侧由于毛发难以梳理最容易滋生螨虫。
- 浅层刮屑对于角质层蠕形螨（犬）、伽图氏蠕形螨（猫）的诊断效果最好，深部刮屑或拔毛对于犬蠕形螨、印加氏蠕形螨（犬）、猫蠕形螨的诊断效果最好。
- 醋酸胶带粘贴法可以用于鉴别角质层蠕形螨和伽图氏蠕形螨。
- 耳拭子可以用来鉴别诊断外耳炎是否由螨虫引起。
- 粪检可以用于猫蠕形螨病的诊断，因为猫有梳理毛发的习惯。
- 皮肤活检：当病变为慢性、肉芽肿性和纤维素性（特别在爪部）时，有必要进行皮肤活检。

治　疗

- 局部：保守性治疗；大多数病例（90%）不用治疗便可自愈。
- 评估犬和猫的全身健康状况（血清化学，全血细胞计数，猫白血病病毒/猫免疫缺陷病病毒检查，尿检，犬恶丝虫测试）。
- 全身性（成年犬）：加强日常管理；该病为慢性疾病，治疗昂贵并且效果不理想；许多病例可用药物控制，但不能治愈。
- 抗生素治疗辅以局部疗法（抗菌洗液或喷雾剂）常可控制继发性感染。

- 切记在临床治愈及皮屑检查结果呈阴性后继续治疗一个月。

药物选择：犬

- 双甲脒（Mitaban；Taktic-EC）
  - 甲脒类药物，可以抑制单胺氧化酶和前列腺素合成酶；为一种α-2-肾上腺素激动剂。
  - 经食品及药物管理局（FDA）批准可以用于4月龄以上犬的治疗。
  - 幼犬使用该药12～24h后可出现明显的昏睡，患有呼吸疾病或者糖尿病的病犬忌用。
  - 以每加仑水半瓶（5mL）的剂量每周使用一次，直到临床症状得以控制，皮屑中未见螨虫为止。不要冲洗毛发，应让其晾干。
  - 皮屑检查结果呈阴性后继续治疗一个月。
  - 使用该药浸泡之前用过氧化苯甲酰洗发水作为杀菌疗法，对毛囊进行冲洗以增加螨虫与药物的接触。
  - 该药的效果与使用的频率和浸泡的浓度成正比。
  - 用于局部治疗如足蠕形螨病，该药可与矿物油混合使用（3mL双甲脒配30mL矿物油）。
  - 用9%双甲脒药物研制的项圈已有报道，但该项圈在驱螨方面尚未成功，一般不推荐使用。
  - 11%～30%的病例不能治愈，需要试用其他疗法，或采用维持浸泡来控制，每2～8周浸泡一次。
  - Promerris（富道动物保健开发的包含双甲脒和氰氟虫腙的浇泼剂）：一般是每2周用一次，治疗6～8次；该产品的疗效不一，治疗似乎并不十分有效；使用该药物会出现天疱疮样不良反应。
- 伊维菌素（害获灭；Eqvalan溶液）
  - 除了选择品种，该药物被认为是目前最好的治疗选择。
  - 该药是一种具有γ-氨基丁酸激动作用的大环内酯类药物，可与螨的神经系统氯化物通道结合，引起螨的麻痹死亡。而哺乳类动物之所以安全，是因为周围神经系统缺乏谷氨酸门控氯离子通道，以及中枢神经系统γ-氨基丁酸门控通道受到限制（被血脑屏障所保护）。
  - 每天口服注射型的伊维菌素0.3～0.6mg/kg，十分有效，甚至在双甲脒无效时也有效。
  - 开始第1周使用半剂量，然后改为全剂量完成整个疗程，以便鉴别有药敏反应的犬只。
  - 皮屑中未发现螨虫后继续治疗60d（平均3～8个月）。
  - 柯利牧羊犬，喜乐蒂牧羊犬，英国古代牧羊犬，白色德国牧羊犬，其他牧羊犬以及与这些品种杂交的品种禁止使用伊维菌素；上述敏感品种似乎可以耐受美倍霉素的杀螨剂量。伊维菌素敏感性源于多药物抗药基因（MDR1或ABCB1）的缺失性突变，产生了一种被删节的非功能性蛋白称之为P-糖蛋白。P-糖蛋白将大脑内伊维菌素泵入血液中。突变检测与药敏试验可参考华盛顿州立大学兽医临床药理实验室（www.vetmed.wsu.edu.vcpl）。
  - 蠕形螨耳炎可以用0.01%的伊维菌素药剂（Acarexx-Idexx）治疗。
- 美倍霉素（Interceptor，诺华动物保健）
  - 一种具有γ-氨基丁酸激动作用的大环内酯类药物。

    - 口服剂量为1mg/kg，每天一次，50%病例可治愈；口服剂量2mg/kg，每天一次，85%病例可治愈；口服推荐剂量为每天1.5～3.1mg/kg。
    - 多次皮屑检查呈阴性后继续治疗60d。
    - 对于伊维菌素敏感的品种通常可以使用美倍霉素。
    - 不良反应与伊维菌素相似（抑郁，麻木，昏迷，共济失调，痉挛）。
    - 该药主要限制是价格较昂贵。
    - 蠕形螨耳炎可外用0.1%的米尔比霉素肟来治疗。
- 莫西菌素（Cydectin injectable，富道公司产品）
    - 关于该药药效的研究非常少见。
    - 每天口服注射剂，剂量为400μg/kg。
    - 对伊维菌素敏感的品种禁用该药。
    - 近期研究发现吡虫啉与莫西菌素浇泼剂（拜耳公司），按照0.1mL/kg的推荐剂量，每月治疗一次，犬蠕形螨病治愈率达87%。这项研究中犬接受了2～4次治疗。进一步研究发现除了轻症病例以外应限制使用。
- 多拉菌素
    - 新型可注射的阿维菌素类药物，剂量为600μg/kg，每周一次，皮下注射。
    - 对于伊维菌素敏感的品种禁用此药。

药物选择：猫

- 石硫软膏
    - 为目前治疗的首选药物。
    - 2%的石硫软膏局部擦拭是最安全有效的方法。
    - 每周使用一次，至少4～6周，在临床痊愈及皮屑中未检出螨虫之后，继续治疗1～2个月。
    - 在伽图氏蠕形螨感染情况下，所有接触过的猫都应当进行治疗。
    - 为避免猫摄入软膏产生刺激反应，在软膏晾干前，应当给猫佩戴伊丽莎白项圈。
- 双甲脒
    - 使用双甲脒溶液，每周一次，治疗4次，临床症状可得到有效控制，但存在中毒风险。
- 多拉菌素
    - 有病例记载，3只感染猫蠕形螨的病猫，采用多拉菌素治疗，剂量为600μg/kg，皮下注射，每周一次，注射3次，病情好转。
- 伊维菌素
    - 口服剂量为300～600μg/kg，每天1次或隔天一次，有治愈病例的报道。
    - 存在神经中毒和丙二醇过敏的风险。
    - 目前不提倡使用伊维菌素。

药物毒性

- 双甲脒和伊维菌素联合使用，由于存在潜在的毒性，应强烈禁止联合用药。

- 双甲脒
  - 最常见的不良反应：30%的患畜治疗后12～36h出现嗜睡，昏睡，抑郁和厌食。
  - 其他不良反应：包括呕吐，腹泻，瘙痒，多尿，瞳孔放大，心动过缓，肺换气不足，低血压，低热，共济失调，肠梗阻，胃气胀，高血糖症，抽搐和死亡。
  - 不良反应的发生率与严重程度似乎与药物使用的剂量及频率并不成正比。
  - 人接触后可产生皮炎、头疼和呼吸困难。
  - 使用α_2-肾上腺素能受体颉颃剂可缓解中毒症状。10min内肌内注射阿替美唑，剂量为0.05mg/kg，可减少不良反应，每隔4～8h可重复注射。
  - 育亨宾可以作为解毒药，剂量为0.11mg/kg，静脉缓慢注射，每隔4～8h重复注射一次。
  - 犬使用双甲脒治疗时，应避免使用抗抑郁药和单胺氧化酶抑制剂，如司来吉兰。
  - 使用洗发精和温和香皂进行局部清洗（浸泡或浇泼）。
- 伊维菌素和美倍霉素
  - 品种：相关毒性见上述。
  - 中毒表现：流涎，呕吐，瞳孔放大，骚动不安，共济失调，对声音高度敏感，虚弱，斜靠着休息，昏迷和死亡。
  - 伊维菌素不能与P-糖蛋白抑制剂联合使用：如抗抑郁剂（氟苯氧丙胺，帕罗西汀，圣约翰草），抗菌药（红霉素，伊曲康唑，酮康唑），阿片类药（美沙酮，戊唑辛），强心剂（胺碘酮，卡维地洛，尼卡地平，奎尼丁，戊脉安），免疫抑制剂（环孢霉素，他克莫司）以及其他药物（溴麦角环肽，氯丙嗪，西柚汁，三苯氧胺，多杀菌素）。
  - 中毒解救：支持疗法和对症治疗；阿托品或甘罗溴铵是治疗心动过缓的必备药；应避免使用其他刺激γ-氨基丁酸受体的药品（如苯二氮镇定剂）。

注　释

病程与预后

- 预后（犬）：主要取决于犬的遗传特性，免疫功能以及潜在的疾病。
- 局部蠕形螨病：多数病例（90%）不用治疗即可自愈，少于10%的病例会发展为全身性蠕形螨病。
- 成年患病（犬）：通常病情较严重，难以治疗。
- 成年发病：突然发病往往与内科疾病、恶性肿瘤、免疫抑制性疾病有关；经1～2年的随访，大约25%病例为先天性。
- 避免用全身性蠕形螨病的患犬配种。

作者：Karen Helton Rhodes

刘远佳　译　李国清　校

第41章

疥螨病

定义 / 概述

- 疥螨病是由犬疥螨（犬疥螨病），猫背肛螨（猫背肛螨病），牙氏姬螯螨（犬“步行的头皮屑”），布氏姬螯螨（猫“步行的头皮屑”）和犬耳痒螨（犬猫耳螨）感染犬猫引起的一种高度传染性的皮肤寄生虫病，无季节性，可出现强烈瘙痒。

病因学 / 病理生理学

- 疥螨钻入角质层，通过机械刺激，产生刺激性产物，释放过敏性物质引起超敏反应，而导致宿主剧烈瘙痒。疥螨除了通过直接接触感染特异性宿主（犬、猫、兔、人类）以外，还可短暂感染其他动物。
- 疥螨对于特异性宿主具有高度接触传染性。

特征 / 病史

- 所有年龄及品种的动物（均可感染）。
- 与疥螨携带者接触2～6周后可产生症状。
- 猫舍和多猫家庭。
- 户外生活。
- 在犬舍寄宿。
- 带去过兽医院。
- 做过宠物美容。
- 居住在动物收养所。
- 无季节性剧烈瘙痒。
- 属于人畜共患病。

临 床 特 点

- 疥螨感染
  - 脱毛和红疹：耳廓、肘部、跗关节部、腹部和胸部（图41–1）。
  - 耳边缘病变：轻重不一，从几乎察觉不到的脱屑发展为脱毛或结痂；但耳道一般不会感染（图41–2）。

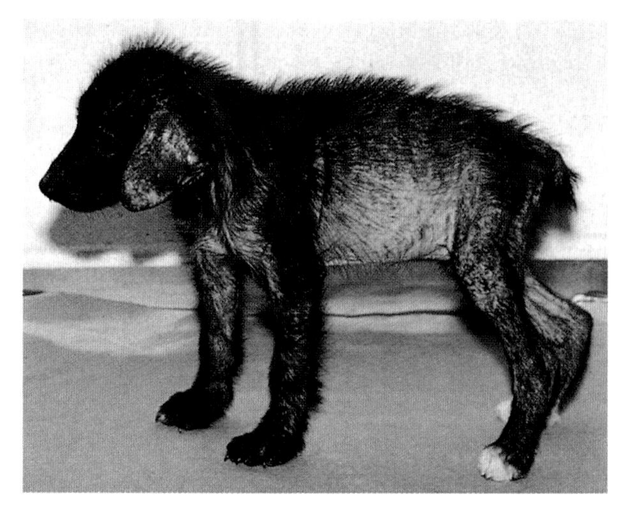

图41-1 幼龄杂交犬由于疥螨感染出现典型的全身性皮肤病变，脱毛、红斑、丘疹、结痂和鳞片明显

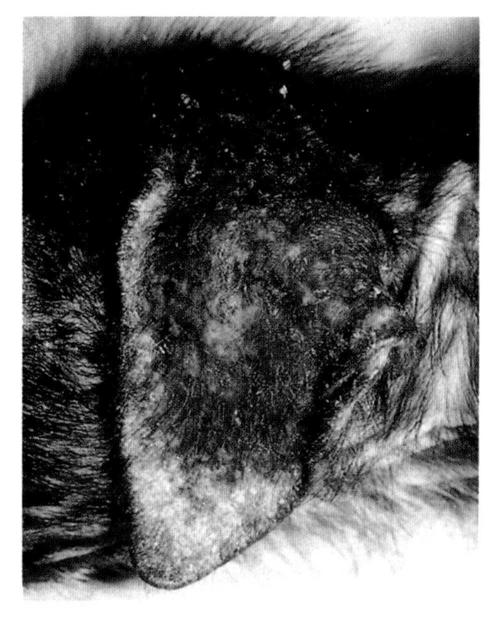

图41-2 图41-1中同一犬，耳边缘出现结痂和脱屑

- 慢性症状：表现为眼周和躯干脱毛，继发结痂，表皮脱落，脓皮病；或弥漫性丘疹。
- 可引起外周淋巴结肿大。
- 经常沐浴的犬常患慢性瘙痒，皮肤病变较轻（“隐身疥疮”）。
- 犬通常对类固醇类抗炎药反应差或无反应。
- 多犬家庭：通常2个以上犬出现症状。

■ 猫背肛螨感染
- 强烈瘙痒，伴有附着性结痂性皮炎。
- 感染部位主要为耳廓、头、面部、颈部，但可发展为全身性感染。
- 常见周围淋巴结肿大。感染猫如果不治疗则出现厌食和消瘦。

■ 姬螯螨感染
- 以大量脱屑以及不同程度的瘙痒为特征。
- 姬螯螨体型较大，有时肉眼能够见到，也被称为“步行的头皮屑”。
- 可卡犬、贵宾犬、长毛型猫和家庭中的兔子可以成为无症状的携带者。
- 幼龄动物对姬螯螨更易感。
- 背部的病变（鳞片，小红斑）最为常见。
- 一些猫可表现两侧对称性脱毛（图41-3）。

■ 耳痒螨感染
- 瘙痒及皮肤脱落的部位常发生在耳部、头部、颈部，也可发展为全身性感染。
- 在耳道及其附近出现粗大的、红棕色或黑色的结痂。

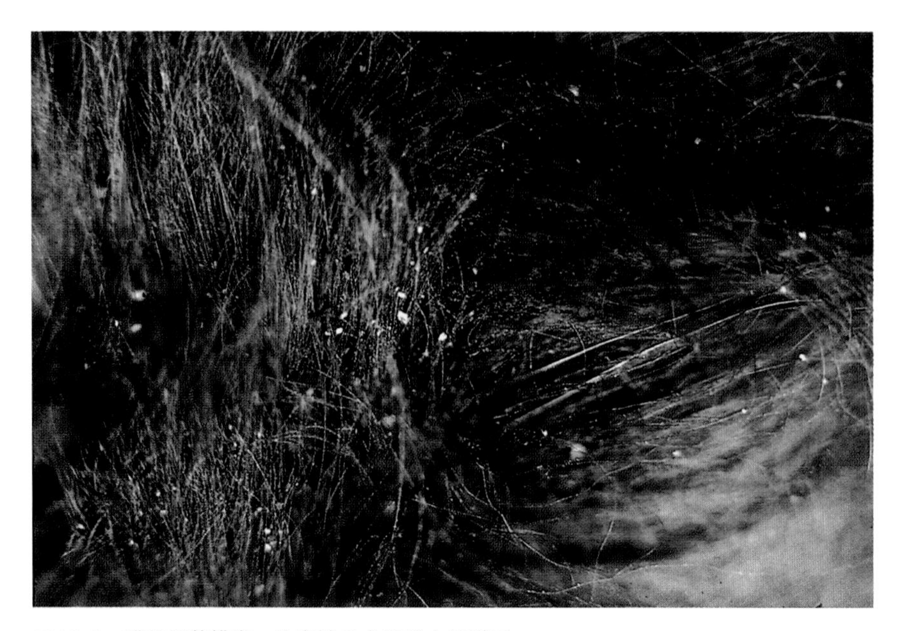

图41-3 猫的姬螯螨病。注意被毛内出现大量脱屑

鉴别诊断

- 食物过敏；
- 特异性反应；
- 马拉色菌性皮炎；
- 跳蚤过敏性皮炎；
- 皮肤真菌病；
- 脓皮病；
- 蠕形螨病；
- 接触性过敏；
- 泥皮性皮炎；
- 瘙痒性脓疱病；
- 外耳炎/中耳炎；
- 虱病；
- 皮脂溢。

诊 断

- ELISA技术：可用于鉴定感染疥螨的犬；可检测抗疥螨抗原的循环抗体，然而该方法检测成功治愈的疥螨患犬有很高的假阳性，幼犬和接受类固醇治疗的犬可出现假阴性；因此没有被广泛使用。
- 耳廓-足底反射阳性：用拇指和食指摩擦耳缘应能诱发动物挠抓同侧的后腿；75%～90%的疥疮、背肛螨、耳痒螨患犬可产生该反射，因此无诊断意义。

- 浅表皮屑检查：可用于疥疮和背肛螨（图41–4）。
- 胶带粘贴和“跳蚤梳理”法：可用于姬螯螨（图41–5）。
- 矿物油耳拭子：耳痒螨（图41–6）。
- 粪便漂浮法：偶尔检到螨虫或卵。
- 杀螨治疗效果良好：通常是试探性诊断疥螨感染的一种有效方法。
- 任何对类固醇药物反应较差并患有非季节性瘙痒症的犬（即使刮屑检查结果呈阴性），都必须用杀螨药来治疗以便明确排除疥螨病。通过皮屑镜检，猫的背肛螨比犬疥螨更易发现，因此很少需要治疗来排除诊断。

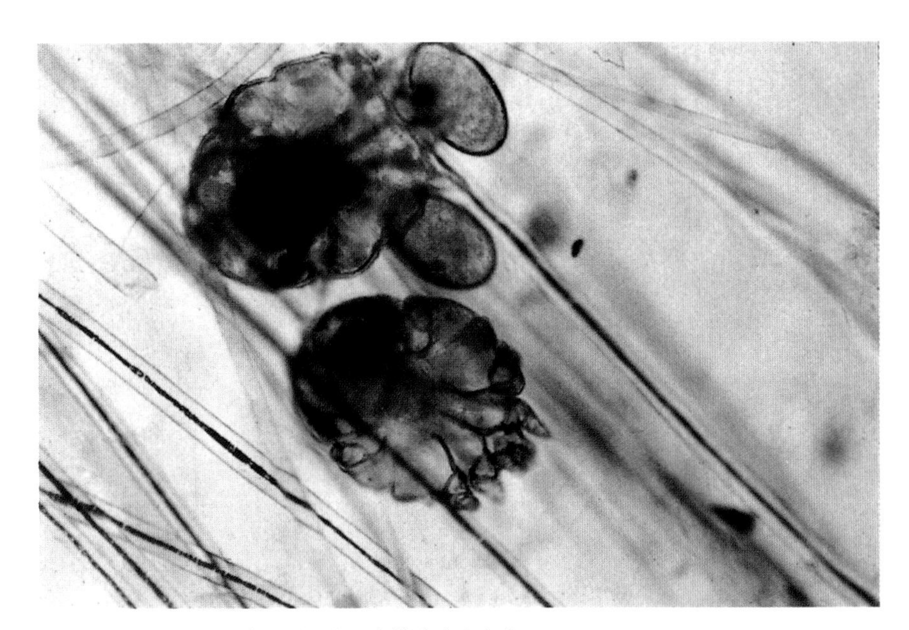

图41–4　耳缘浅表皮肤刮屑可发现疥螨幼虫和虫卵

图41–5　牙氏姬螯螨（犬）

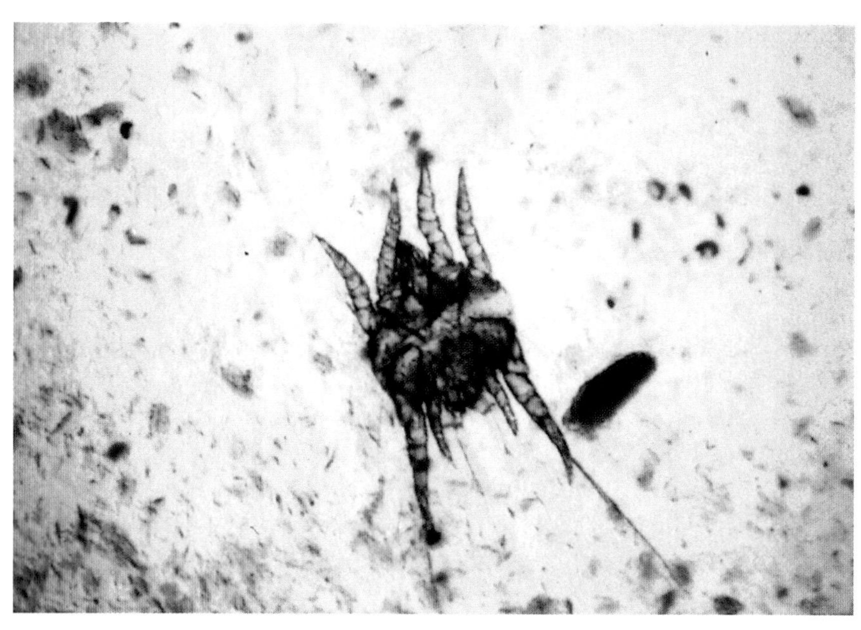

图41-6 来自耳拭子的耳痒螨

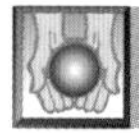

治 疗

- 杀螨药浸泡：患犬全身都需要处理；治疗失败通常是由于主人不愿将犬的脸部和耳朵浸泡在药液内；不让患犬在治疗期间将身体弄湿。
- 所有接触的犬，猫，兔：即使它们没有临床症状都需接受治疗，因为可能是无症状的携带者。
- 环境彻底清洁；螨虫离开宿主动物可以存活3周以上。
- 类固醇药物可以与杀螨药同时使用。

药物选择

- 伊维菌素：非常有效；每隔1～2周皮下注射0.2～0.4mg/kg，治疗4次；对伊维菌素敏感的品种（柯利牧羊犬、喜乐蒂牧羊犬、白色德国牧羊犬、澳洲牧羊犬、英国古代牧羊犬）不能使用；对犬疥螨感染有效。
- 外用伊维菌素（Acrexx，德国勃林格公司）：对耳痒螨有效。
- 塞拉菌素（Rvolution，辉瑞公司）：是治疗犬疥疮唯一获得治疗许可的药物；犬、猫按照6～12mg/kg剂量局部用药，每2周一次，治疗3～4次，可取得最好效果。
- 莫西菌素（Cydectin，惠氏公司）：以200μg/kg的剂量口服或皮下注射，每2周一次，治疗两次。对于疥螨或痒螨感染较少使用。
- 美倍霉素（interceptor）：按照0.75mg/kg的剂量口服，每24h一次，有效；犬每周按照2mg/kg的剂量口服，使用3周可能有效。
- 双甲脒（Mitaban）浸泡：使用浓度为250μg/mL，每隔1～2周治疗一次，连续使用3次可能有效，使用时确保整个身体都能被浸泡，包括面部和耳朵（犬）。
- 全身冲洗液：用2%～3%石硫合剂冲洗液冲洗5～6周；确保整个身体都被冲洗，包括面部和耳朵（为猫最佳治疗选择；已批准用于犬和猫）。

- 氟虫腈喷洒：按照3mL/kg的剂量，使用泵式喷雾器喷洒全身，间隔2周，喷洒3次，或者按照6mL/kg的剂量用海绵擦拭的方式用药，每周一次，连用4～6周（犬疥螨）。
- 局部抗脂溢性治疗结合抗疥螨治疗，有助于加快临床病变的缓解。
- 全身性抗生素治疗：可能需要21d或更长，以便防止继发性脓皮病。
- 如果鉴定为螨虫感染，可使用抗组胺或低剂量糖皮质激素（0.5mg/kg，每12h一次，治疗 1 周）；可以使瘙痒尽快减退。

注　释

- 草垫应当得到处理，犬舍等环境应当彻底清理，并使用抗寄生虫喷雾剂、烟雾剂对犬舍进行处理（杀蚤剂对环境有效）。
- 伊维菌素：对于柯利牧羊犬、喜乐蒂牧羊犬、白色德国牧羊犬、澳洲牧羊犬、英国古代牧羊犬及他们的杂交品种一定要谨慎使用，因为该药对于牧羊品种更容易发生中毒。
- 由于机体的超敏反应，消除极度瘙痒及临床症状可能需要4～6周时间。
- 治疗不彻底容易导致外用治疗方法的失败。
- 如果与感染动物继续接触，可引起动物的再次感染。
- 当过敏犬对于类固醇的治疗没有反应时，要考虑螨虫可能是瘙痒症的原因。
- 约有30%的疥螨病患犬对尘螨抗原会产生反应。人类与感染疥螨病的患犬亲密接触可引起手臂、胸部或者腹部瘙痒、丘疹样皮疹；人类的病变通常较为短暂，在患犬治疗后便会自动恢复；如果病变持续不好，患者应当咨询皮肤科医生的意见。

作者：Karen Helton Rhodes

刘远佳　译　李国清　校

第八部分

精选的专题

Selected Topics

第42章

犬猫痤疮

定义 / 概述

- 幼畜下巴和唇的慢性炎症性疾病。
- 以毛囊炎和疖病为特征。除了猫之外，痤疮并不一定与粉刺形成有关，所以可能不是真正的痤疮。
- 一般认为几乎所有病例均发生于犬的短毛品种。
- 以前认为激素（雄激素增加）可促进该病的发生；现在推测遗传因素起着更为重要的作用。
- 机械性刺激可使表皮下短毛断裂和毛囊破坏，从而加速病变的发生。随后显露的角蛋白可引发异物性炎性反应。通常还会继发细菌感染。

特征 / 病史

- 犬的易感短毛品种：拳师犬，杜宾犬，英国斗牛犬、大丹犬，魏玛犬，藏獒，罗威纳犬，德国短毛指示犬，比特斗牛㹴。
- 猫：无品种易感性。
- 青年犬：1岁以内；猫：各种年龄均可发生，通常与变态反应同时发生。
- 初期阶段：在下颌前端出现毛囊口增大、粉刺、轻度结痂和红斑。
- 该区域可因大量丘疹和脓疱表现不同程度的肿胀（毛囊炎）；如果猫出现下颌肿胀，要注意与嗜酸性肉芽肿进行鉴别诊断。
- 晚期阶段：可出现渗出性病变，表明深部继发细菌感染，出现疖病。
- 病变部位触诊时可能会有疼痛反应，但大多情况下表现为不痛不痒。
- 病变愈合后可留下瘢痕，皮肤增厚，呈苔藓样。
- 慢性病变可引起反复感染。

鉴 别 诊 断

- 皮肤真菌病。
- 蠕形螨病。
- 异物反应。
- 接触性皮炎。
- 嗜酸性肉芽肿症候群。
- 幼年型蜂窝组织炎。

■ 马拉色菌性皮炎。

诊　断

■ 皮肤刮屑：蠕形螨。
■ 真菌培养：真菌性皮肤病。
■ 细菌培养和药敏试验：用于患有化脓性毛囊炎和疖病且对最初选用的抗生素不敏感的动物。
■ 抹片检查可用于马拉色菌的过度生长。
■ 活组织检查：组织病理学检查适用于一些不能确诊的病例，如：毛囊内角蛋白膨胀，毛囊周炎，毛囊炎和疖病；慢性病例的纤维变性。
■ 初期病变：无毛的毛囊出现丘疹；组织病理学上以毛囊角化、堵塞、肿胀和毛囊周围炎为特征。
■ 细菌：发病早期不能从病变部位检查到和分离出细菌。
■ 随着病情发展，丘疹逐渐扩大并破溃，促发化脓性毛囊炎和疖病。

治　疗

■ 根据病情的轻重缓急而定。
■ 减少对下颌造成创伤的行为（如在地毯上乱蹭，咀嚼骨头以增加唾液分泌）。
■ 经常用过氧化苯甲酰香波或凝胶清洗以减少皮肤表面的细菌数量。
■ 可将莫匹罗星软膏用于受损部位和口唇皱褶处（如果有细菌定植）。
■ 告诉主人不要按压病变部位，以免引起丘疹内部破裂和大范围炎症。局部使用其他抗生素（克林霉素，甲硝唑）。
■ 异维A酸，他佐洛尔；维甲酸（维A酸，维甲酸凝胶）：可减少毛囊的角化，但也可能具有刺激性。
■ 皮质激素：可能是减少炎症反应所必须的。
■ 适合于深部细菌感染的抗生素：特别是克林霉素，按照每天11mg/kg，至少连用4～6周，或者用头孢菌素类（头孢氨苄，按照22mg/kg口服，每8h一次，连用6～8周）。
■ 可能需要进行细菌培养和药敏试验。

注意事项

■ 过氧化苯甲酰：可能会使地毯和化纤物褪色；也可能具有刺激性。
■ 莫匹罗星软膏：油性药品。
■ 外用类视黄醇：可使皮肤干燥且刺激性较大。
■ 外用类固醇：反复使用可引起肾上腺抑制。

作者：Karen Helton Rhodes
董海聚　译　张龙现　校

第43章

肛门囊疾病 / 会阴瘘

肛周瘘

定义 / 概述

- 肛周瘘是一种肛周区形成多个瘘管或溃疡性窦道的慢性炎症性疾病。
- 这些瘘管可能涉及深层组织，而且实际上肛门已经发生穿孔。
- 发病部位极为恶臭，出现溃疡、化脓和疼痛。

病因学 / 病理生理学

- 病因尚不清楚；顶泌腺炎症（化脓性汗腺炎）、肛窦和肛隐窝的嵌入和感染、肛门腺和毛囊的感染及肛隐窝炎症均可引起该病的发生。
- 有人推测该病与德国牧羊犬大肠炎的关系类似于与人肛周瘘和克罗恩氏病（节段性回肠炎）的关系。通常被认为是一种免疫缺陷病。
- 当肛门周围有过多瘢痕组织形成时，可引起里急后重、大便困难或其他与排便有关的症状，此时胃肠功能也会受到一定影响。
- 自残可能是该病引起的主要后果。
- 有人将尾根宽大，尾下垂这种解剖特点视为发病的危险因素，由于通风不良，粪便、湿气和分泌物的积聚容易引起犬的炎症和感染。然而，其他一些具有类似尾下垂的品种未见易发倾向。
- 另一种解释是德国牧羊犬肛管表皮区顶泌汗腺密度过高，但此理论已失去其重要性。
- 化脓性汗腺炎可能与免疫或内分泌紊乱、遗传因素和不良的卫生条件有关。

特征 / 病史

- 犬
- 德国牧羊犬和爱尔兰长毛猎犬是最易发品种。
- 平均年龄7岁；发病年龄段为7月龄到12岁之间。
- 发病无性别差异；性完整的犬发病率较高。
- 该病的发生可能具有遗传性，但尚未得到证实。

临 床 特 点

- 根据严重程度及波及范围不同症状表现也不同。
- 排便困难。
- 里急后重。
- 便血。
- 便秘。
- 腹泻。
- 肛周有恶臭的黏脓性分泌物。
- 尾巴运动疼痛。
- 舔舐肛周及自残。
- 不愿坐下，坐姿困难，个性发生变化。
- 大便失禁。
- 食欲减退。
- 体重减轻。
- 肛周形成瘘管。

鉴 别 诊 断

- 慢性肛门囊脓肿。
- 伴有溃疡和渗出的肛周腺瘤或腺癌。
- 直肠瘘。

诊　断

- 初步诊断：根据临床表现和体检结果判定。
- 确诊：可根据患病部位活组织检查结果而定。
- 采用结肠镜做活组织检查可查出伴发的结肠炎。

治　疗

- 剪除患部被毛。
- 每天用抗菌药物冲洗患部。
- 全身和局部应用抗生素。
- 水疗。
- 抬高尾巴。
- 使用镇痛药。
- 改变饮食状况：如有疼痛或出现里急后重可使用软便剂；如伴发结肠炎或直肠炎可增加食物中的

纤维含量或摄入低致敏性食物。

- 患部热敷。

手术疗法

- 以前认为手术是最有效的治疗方法，但药物治疗已显得更为有效。
- 选用何种手术方法尚有争议；目前没有哪种手术可以解决所有的问题。
- 手术疗法包括电外科、冷冻手术、利用化学灼烧进行的外科清创术、外置术和电烙术、手术切除术、直肠环根治性切除术、尾调整术、断尾术和激光术。
- 可用以上手术进行肛门囊全切除术。
- 每种手术都有其优缺点，选择时必须权衡其利与弊。
- 手术的主要目的是完全切除或破坏患病的组织，同时保留正常组织及其功能。术后并发症包括直肠狭窄、大便失禁，复发率高。
- 使用多种手术方法对该病的治疗可能是必须的。

药物疗法

- 环孢菌素A（2～5mg/kg，口服，每天一次）对大多数患犬有效，高达50%的患病动物可完全治愈；一些动物因瘘管不能完全清除或肛门狭窄可能仍需手术治疗；如果发现反应较差，可对其血清水平进行评估；正常水平为200～300ng/mL（口服12h后的水平），如超过1000ng/mL可视为中毒，超过3000ng/mL可能引起肝肾损伤。环孢菌素A的改良产品（Neoral或Atopica，诺华公司）效果良好；不能使用山地明；环孢菌素A的主要缺点是价格昂贵；通常需要维持疗法（尽可能低剂量使用）。因此，建议要根据环孢菌素A所需的维持剂量或使用频率，每隔3～6个月要监测血清中环孢菌素的水平；要监测临床副作用，如齿龈出血、病毒性乳头状瘤、呕吐/腹泻。
- 酮康唑配合环孢菌素A使用可降低该病的治疗成本，但是必须减少环孢菌素A的使用剂量。酮康唑和环孢菌素A可分别按每天2.5～5mg/kg和2～5mg/kg的剂量配合使用。试验证明酮康唑可通过抑制肝脏细胞色素P450微粒体酶的活性来延缓环孢菌素A的清除，而且还能使环孢菌素A的半衰期翻倍。
- 有些病例也可使用抗生素和镇痛药。克林霉素是目前首选的抗生素，使用剂量为11mg/kg，每天一次；有时每天两次，使用更高的治疗剂量。
- 皮质激素（2mg/kg，口服，每天两次），很少有效。
- 连续6周低过敏性饮食对本病部分（大约33%的病例）或完全有效；大多数犬未见改善。
- 可尝试局部应用他克莫司（免疫抑制剂），但价格比较昂贵且难以使用。

治疗可能引起的并发症

- 复发。
- 不能治愈。
- 手术部位裂开。
- 里急后重。
- 大便失禁。

- 肛门狭窄。
- 胃肠臌气。
- 术后并发症的发生率与疾病的严重程度直接相关。

注 释

病程和预后

- 除了轻度感染病例外，彻底治愈较困难。
- 如果最终得不到治愈，客户常常感到沮丧。

肛门囊疾病：阻塞，感染，肿瘤

定义 / 概述

- 肛门囊疾病包括阻塞、囊炎、脓肿、瘘管和肿瘤。
- 犬的炎性肛门囊疾病比猫多见，尤其是小型犬。肛门囊不能排空时可发生阻塞并导致肛门囊扩张，引起不适或疼痛。肛门囊炎是引起脓肿和继发细菌感染的炎症，以囊内有血斑的脓性物为特征，常可导致肛门囊破裂和瘘管。
- 肛门囊腺瘤是由肛门囊顶泌腺细胞的恶性增生所引起。从外面通常看不到肿块。

病因学 / 病理生理学

- 确切原因尚不明确。
- 通常与慢性腹泻、便秘、肛门括约肌松弛有关。
- 可能与肛门腺分泌过多和肛门囊阻塞有关。
- 有人认为肛门囊炎与食物过敏有关。

特征 / 病史

- 排便疼痛，便秘，疾走，恶臭，里急后重或便秘，可能由单纯的肛门囊炎症所引起，或是肿瘤转移到腰下或髂淋巴结所致。
- 肛门囊腺癌可分泌甲状旁腺激素样物质，引起假性甲状旁腺机能亢进，伴发高钙血症，表现为多尿、烦渴、体弱、嗜睡或胃肠道症状。肾脏钙化可引起肾衰症状。

鉴 别 诊 断

- 变态反应：食物过敏，吸入/经皮性过敏，跳蚤叮咬过敏。
- 寄生虫：绦虫，尾褶脓皮症引起的不适。
- 肿瘤。
- 肛周瘘。

诊 断

- 直肠检查。
- 肛门囊挤压：肛门囊阻塞时内容物呈棕黄色浓稠的糊状；肛门囊炎时内容物呈黄色/绿色奶油状，有血斑。
- 内容物的细胞学检查。
- 内容物或引流物的细菌培养和药敏试验；通常为革兰氏阴性菌。
- 血象检查，血清生化检查：发生腺癌时伴有氮质血症，高钙血症和高磷血症。
- 尿液分析和尿沉渣检查：高钙尿，尿相对密度增加。
- 放射学检查：发生腺癌时可向肺部转移并出现骨的营养不良性钙化。
- 活组织检查可排除腺癌。

治 疗

- 挤压后向囊内注入消炎药可治疗肛门囊阻塞；通常推荐使用高纤维食物。
- 肛门囊炎用抗生素治疗；通常选用克林霉素，按每天11mg/kg的剂量至少连用4周；肛门囊挤压，冲洗并向患部注入抗生素软膏。
- 如果药物治疗无效，可选用肛门囊切除术；术后并发症为大便失禁。
- 腺癌：手术切除，放射疗法，化疗，电化学疗法；预后不良。

作者：Karen Helton Rhodes

刘芳 译 张龙现 校

第 44 章

行为性或自残性皮肤病

定义 / 概述

- 自残行为或强迫症是指任何引起自我损伤的自愿行为。
- 强迫性障碍是指超出正常功能所需要的过度的重复行为，尤其是这种行为过度时可干扰其正常的生理功能。
- 皮肤强迫症（精神性皮肤病）通常有潜在性的器官病变或有其自身形成的诱因。
- 诊断和治疗包括鉴定潜在的诱因，治疗继发性皮肤病，并通过改变其行为防止复发；如果焦虑已经影响到动物正常的生活，药物治疗可有助于恢复。

病因学 / 病理生理学

- 精神性皮肤病可作为排除法诊断。
- 皮肤是调节焦虑的信息通道之一。
- 压力攻击通道激发神经肽的释放，介导一些行为（如抓、咬、舔）的发生，并且通过组胺的释放增强某些感觉（疼痛、瘙痒）、降低瘙痒阈值，使得血管扩张并发生免疫反应。
- 表皮脱落可释放一些炎性介质和内源性阿片类物质，并且可成为一种条件性应答。
- 5-羟色胺被认为是引起强迫性障碍的一种特异性效应物。
- 引起精神性皮肤病的因素包括品种（情绪上或神经上），生活方式（紧张，无聊，孤独）和个性（焦虑，恐惧）。
- 有时主人可以将某个具体的身体受伤或精神方面的问题与症状表现联系在一起。
- 精神性皮肤病主要包括肢端舔舐性皮炎、猫对称性脱毛、吸吮侧身、咬尾或追尾、咬肛。
- 身体因素还是心理因素占主导仍有很大争议，尤其对于肢端舔舐性皮炎。

特征 / 病史

- 肢端舔舐性皮炎：老龄犬发病年龄不定；无性别差异；大型犬多发，如拉布拉多猎犬和金毛猎犬、英国和爱尔兰长毛猎犬、大麦町犬、德国短毛猎犬、大丹犬、秋田犬、沙皮犬、拳师犬、德国魏玛犬；大丹犬和德国短毛猎犬主要是精神性因素所引起。
- 猫对称性脱毛：发病年龄不定；无性别差异；暹罗猫和东方短毛猫可能更多见。
- 吸吮侧身：发病年龄不定；无性别差异；主要见于德国短毛猎犬。
- 咬尾或追尾：青年犬猫（性成熟）；去势雄性犬猫；长尾或牧羊品种，主要是德国牧羊犬、澳大利亚牧牛犬、斯塔福斗牛犬和英国斗牛犬。

- 咬肛：青年犬（性成熟）；主要见于贵宾犬。

临 床 特 点

- 肢端舔舐性皮炎
  - 肢体远端的强迫性舔舐：通常舔舐腕部或掌部；很少舔舐桡骨、胫骨、跗骨或跖骨部。
  - 通常为单个损伤；多部位损伤大多难以痊愈。
  - 早期病变：边界清楚的脱毛和红斑（图44-1）。
  - 典型病变：局部增生、侵蚀、结痂，斑块坚实；随着新的创伤的产生，旧的病变愈合后可触及到瘢痕（图44-2～图44-5）。
  - 严重病变：大面积溃疡和渗出；增厚和增生的组织可包围一个中央呈火山口样的溃疡（图44-6～图44-8）。
  - 严重病变可引起跛行。
  - 通常伴发过敏性皮炎、局部创伤、关节病、内分泌病、神经病变和肿瘤。
  - 持续存在继发性深层细菌感染、继发性关节炎和/或骨髓炎、瘢痕组织内的感觉改变和习得性行为。
- 猫对称性脱毛
  - 皮肤通常完好无损；如果伴有明显的皮炎症状，应怀疑其他问题（图44-9）。

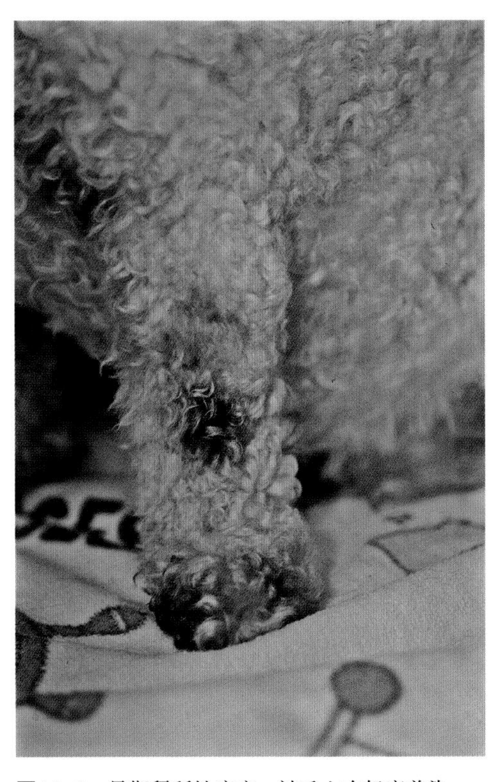

图44-1 早期舔舐性病变，被毛上有轻度着染

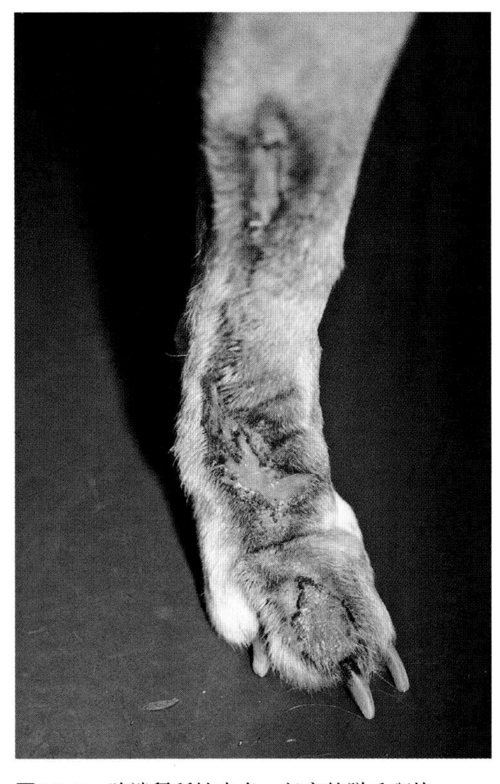

图44-2 肢端舔舐性皮炎，坚实的脱毛斑块

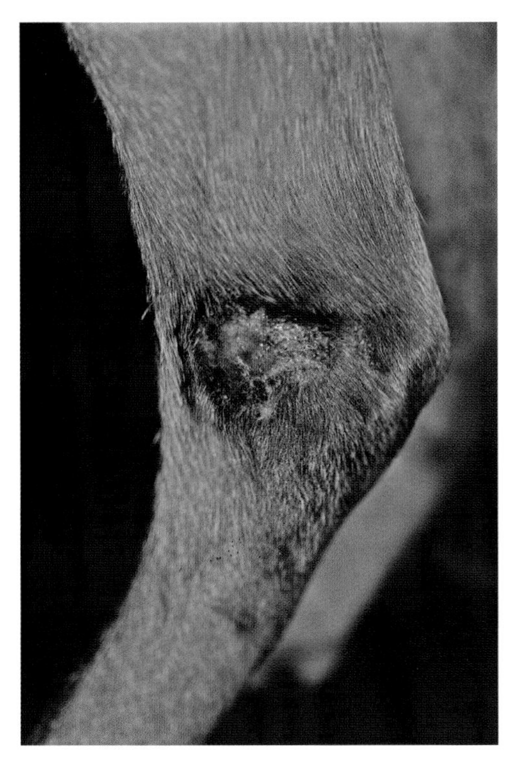

图44-3　跗关节上方侵蚀性脱毛的斑块

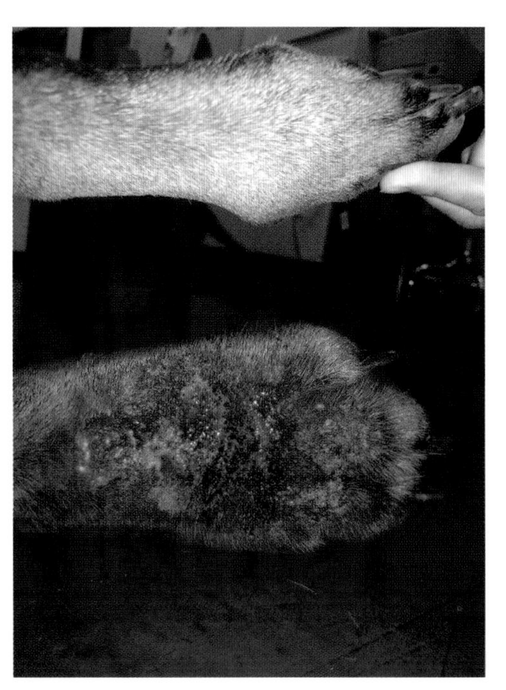

图44-4　发生于一侧趾部大面积肢端舔舐性病变（健康趾部作为对照）

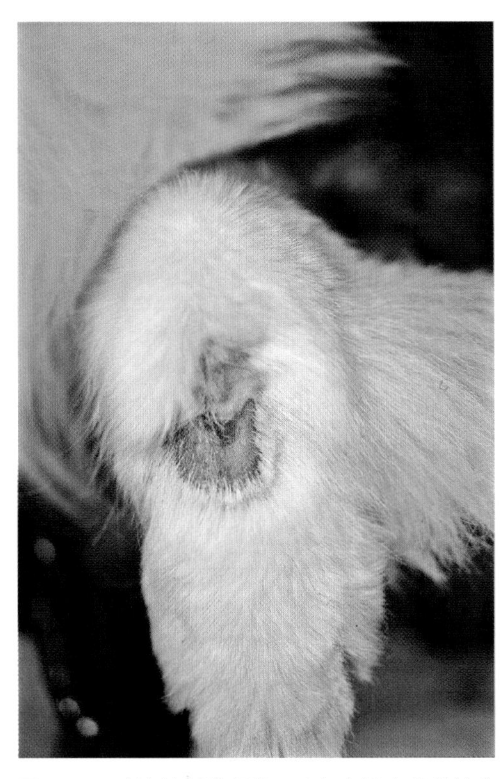

图44-5　肢端舔舐性皮炎，腕部有结痂腐烂的病变

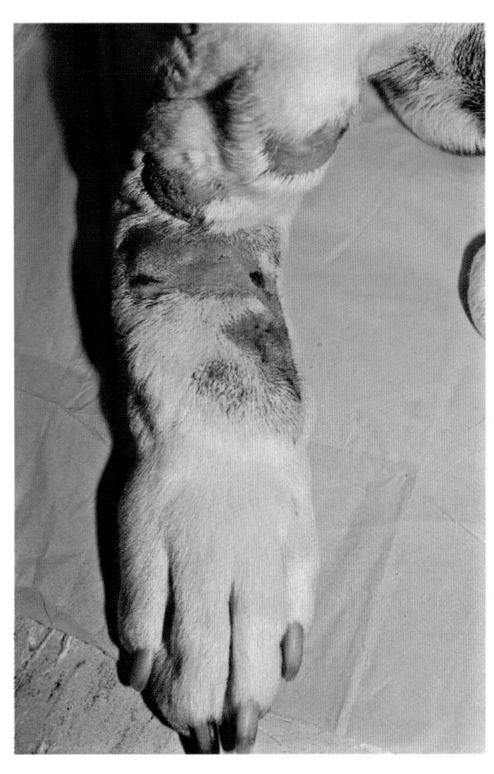

图44-6　肢端舔舐性皮炎引起多处大面积腐烂性斑块

图44-7　肢端舔舐性皮炎，火山口样溃疡，周围伴有炎性增生

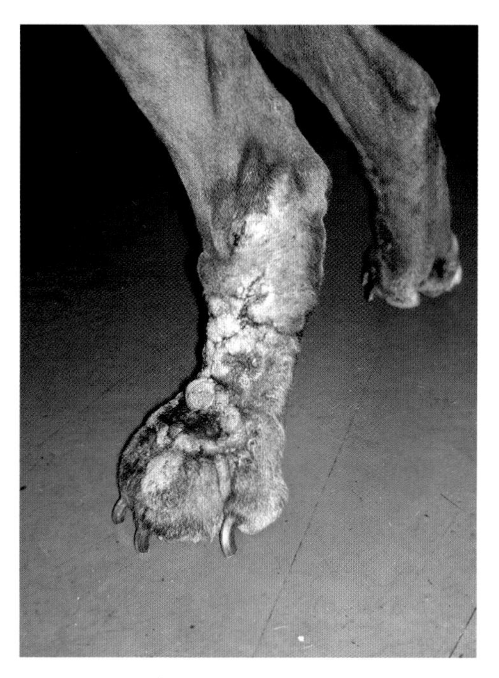

图44-8　一肢体末端多处出现自损性病变，表现为增生和渗出

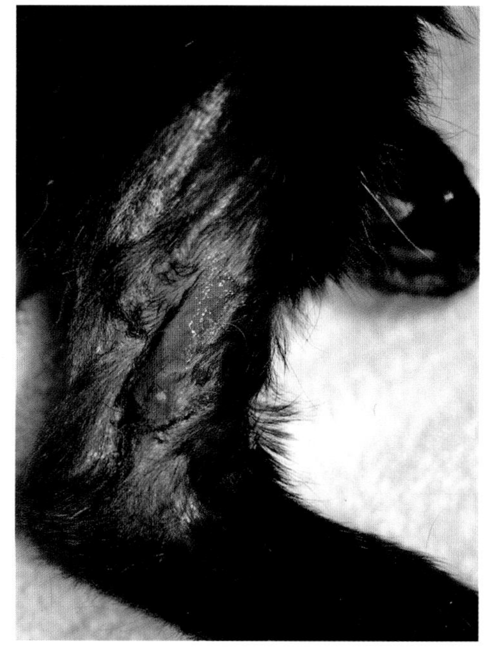

图44-9　被误诊为心因性脱毛的亲上皮性淋巴瘤

- 脱毛主要与过度的自我梳理有关，很少见到撕咬或拉扯被毛的情况。
- 梳理行为可能比较明显或者比较隐蔽，但仍可发现；如过于隐蔽，主人可能会认为无毛的原因不是掉毛，而是没有长毛。
- 反复吐出毛球、粪便中含有大量毛发以及在脱毛区发现短的毛发可证实猫有自我梳理的行为。
- 在易发部位出现界限明显的脱毛斑块；最初斑块可能不对称（图44-10）。
- 对于皮肤上有暗斑的品种，再生的毛发可能更暗（图44-11）。
- 常发部位：腹下，大腿（内侧、外侧和尾侧），躯干腹侧，前肢背侧（图44-12，图44-13）。

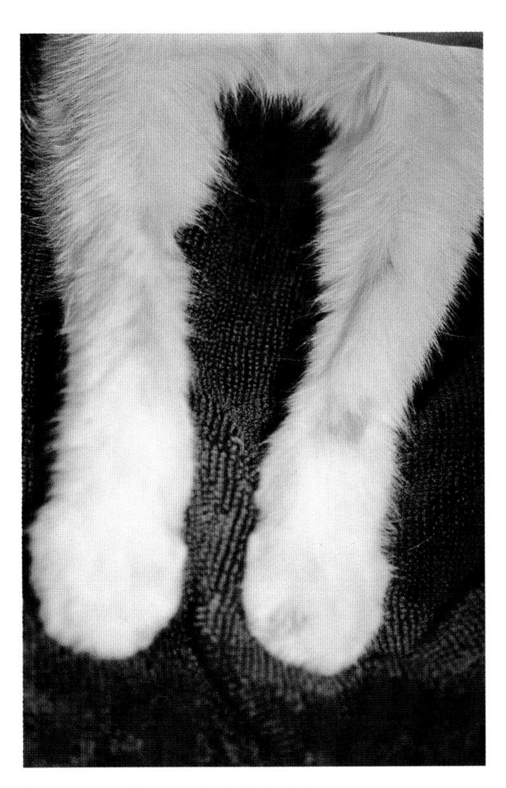

图44-10　前肢轻度自损性病变

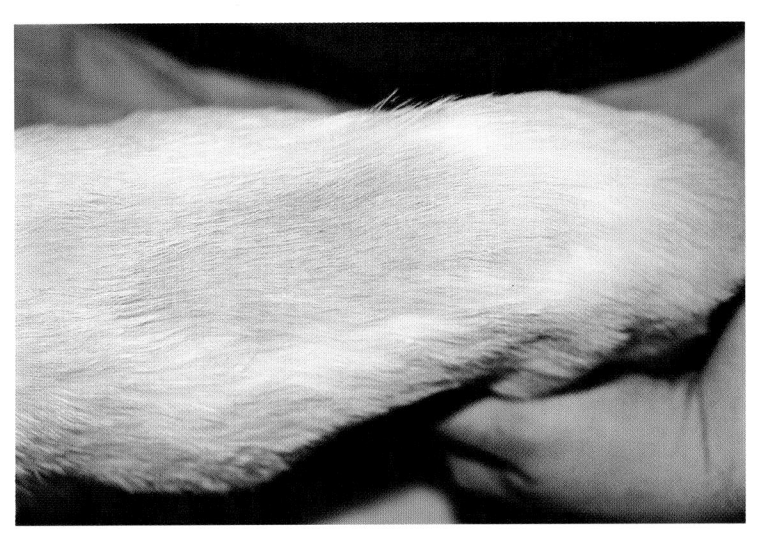

图44-11　在过度梳理的部位出现较暗的毛发再生

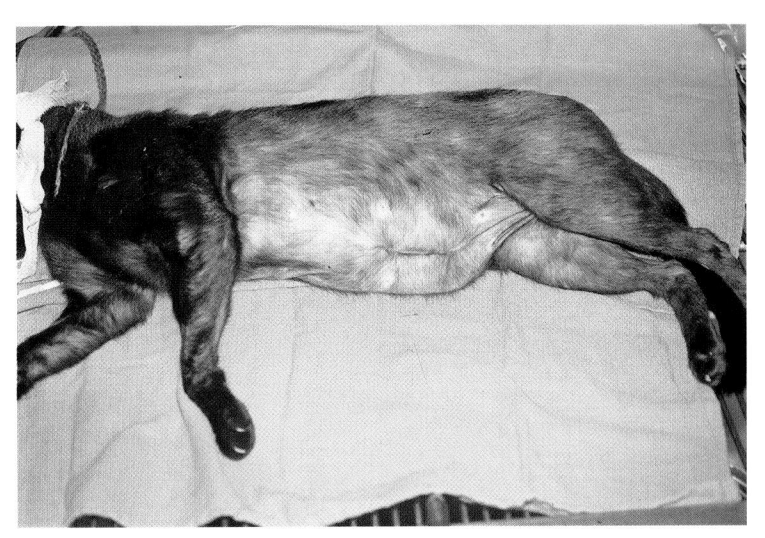

图44-12　整个躯干和前肢出现自损性脱毛

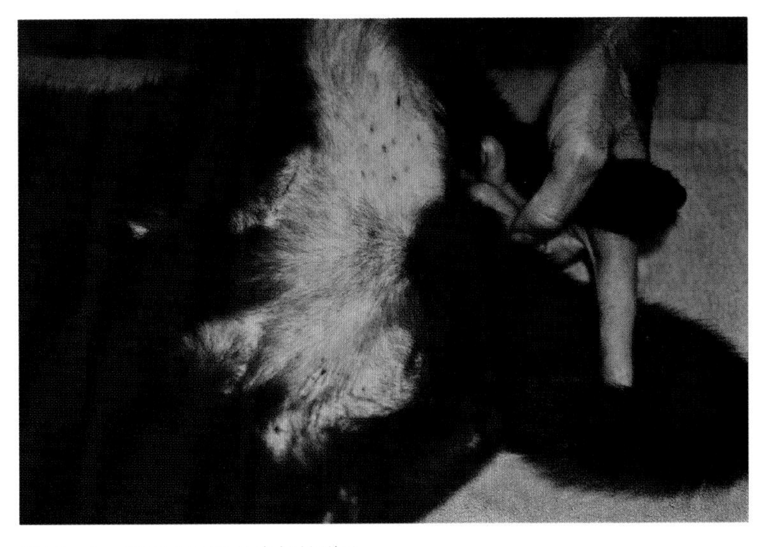

图44-13　腹下和后腿处自损性脱毛

- 通常伴发过敏性皮炎；行为因素作为主因的情况并不常见。
- 心因性皮炎的诊断需要排除其他因素；重要的病史包括使用伊丽莎白项圈或类固醇类激素后出现被毛再生。

- 吸吮侧身
  - 可能是对特殊刺激物的一种反应，也可能是一种全身性反应。
  - 犬吸吮或护理侧身皱褶处（图44–14）。
  - 皮肤通常保持完好无损；脱毛和苔藓化可能是由慢性行为所致。
  - 继发性细菌毛囊炎和对局部治疗的反应可能会持续整个病程。
- 咬尾癖或追尾癖
  - 大部分犬追尾巴，但不抓尾巴。
  - 有些病例尾部创伤可能很严重（图44–15）。
  - 继发性细菌毛囊炎和疼痛可能持续整个病程。
  - 尾巴任何部位均可受损；损伤发生的部位（尾皱褶、尾腺区和尾尖）可能有助于确定发病原因（图44–16）。
  - 这种行为可能很难中断，特别是主人在场或不在场时均可发生。
  - 病变部位常见结痂或渗出性斑块；尾尖广泛性出血；触诊极为敏感。
- 肛周舔舐症
  - 尾部皱褶和肛周处出现脱毛和红斑（图44–17）。
  - 慢性病例出现苔藓化和色素沉着过多。
  - 继发细菌性毛囊炎和/或马拉色菌性皮炎后出现炎性渗出和痂皮。
  - 舔舐行为可能难以制止。

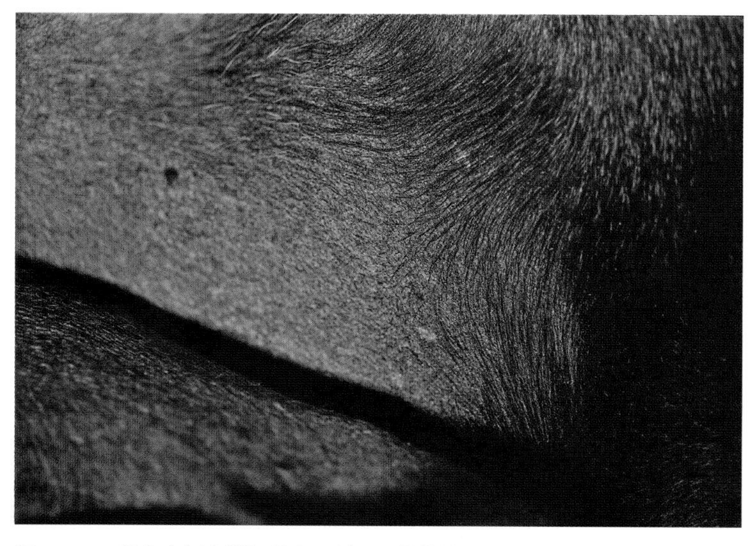

图44–14　杜宾犬侧身皱褶处出现脱毛和苔藓样变

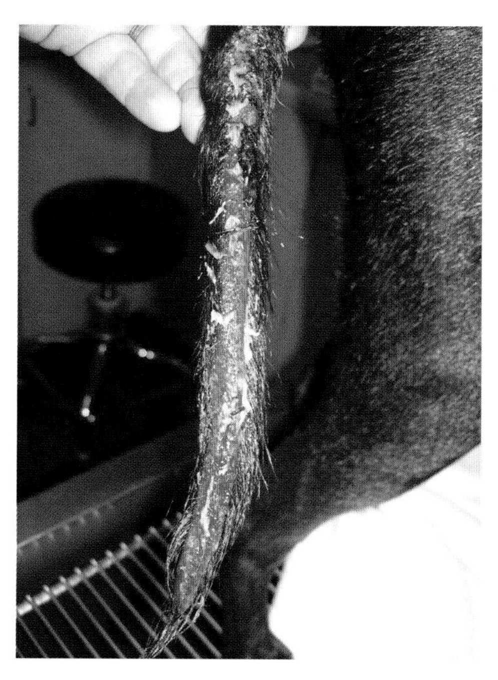

图44–15　尾部严重的损伤

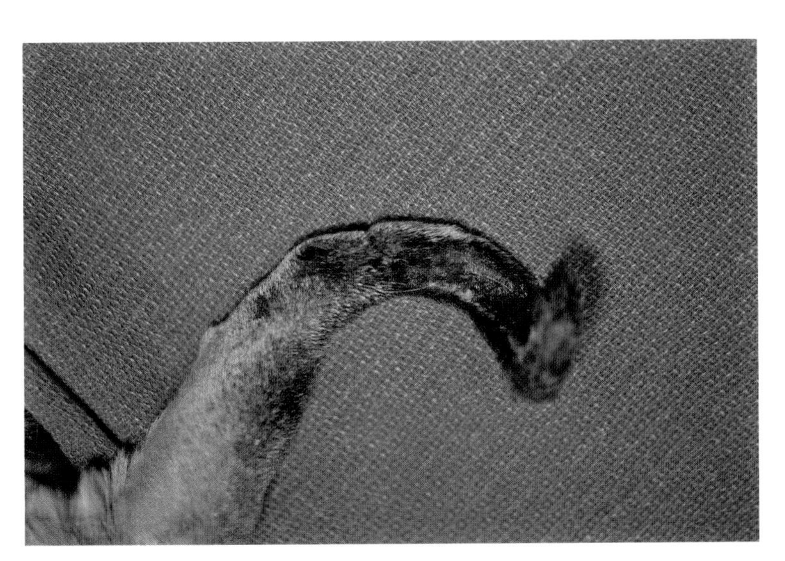

图44-16　自我损伤引起的尾巴永久性畸形

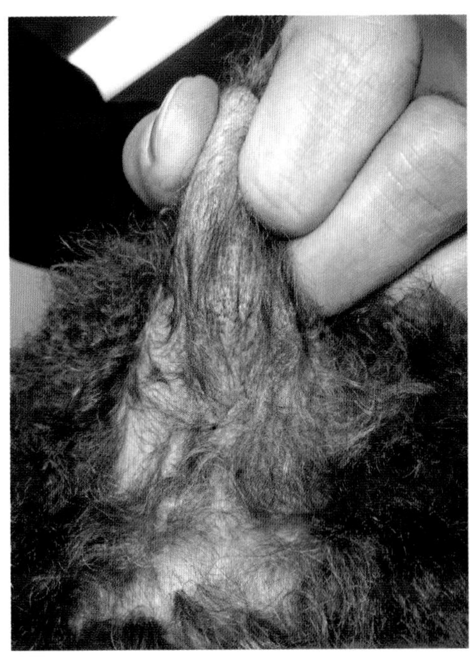

图44-17　舔舐形成的肛周红斑（玩具贵宾犬）

鉴 别 诊 断

- 肛门舔舐性皮炎
  - 过敏性皮炎；
  - 细菌性毛囊炎/疖病；
  - 皮肤真菌病；
  - 压力性胼胝（适当的位置）；
  - 潜在的骨髓炎或关节炎；
  - 神经病变或牵涉性疼痛；
  - 局灶性，外伤性肿瘤（皮脂腺腺瘤，肥大细胞瘤，组织细胞瘤，鳞状细胞癌）；
  - 异物反应；
  - 内分泌性疾病（甲状腺机能减退症）；
  - 局部蠕形螨病。
- 猫对称性脱毛
  - 过敏性皮炎；
  - 外寄生虫寄生（姬螯螨属，蠕形螨属）；
  - 皮肤真菌病；
  - 马拉色菌性皮炎；
  - 内分泌性疾病（肾上腺皮质机能亢进症，甲状腺机能亢进症）；
  - 肿瘤（副肿瘤性脱毛）。

- 侧身吸吮
  - 接触性皮炎（尤其是局部用药时）；
  - 创伤；
  - 神经性疾病；
  - 皮肤真菌病；
  - 细菌性毛囊炎；
  - 精神运动性癫痫/中枢神经系统紊乱。
- 咬尾癖/追尾癖
  - 过敏性皮炎；
  - 神经性疾病（中枢性或外周性）；
  - 创伤；
  - 肛门囊疾病；
  - 退行性疾病（关节炎，椎间盘疾病）；
  - 尾腺感染；
  - 血管炎/血管病变。
- 肛周舔舐症
  - 肛门囊疾病；
  - 马拉色菌性皮炎；
  - 过敏性皮炎；
  - 肠道寄生虫病；
  - 结肠炎/胃肠道疾病；
  - 退行性疾病（关节炎，椎间盘疾病）。

诊　断

- 血象检查/生化检查/尿液检查：除了特殊原因外（如甲状腺机能减退症），通常处于正常水平；猫偶尔可发生嗜酸性粒细胞增多症。
- 其他实验室检查
  - 血清甲状腺素测定。
  - 猫白血病病毒/猫艾滋病病毒（猫对称性脱毛）。
  - ACTH刺激试验或低剂量地塞米松抑制试验。
- 影像学检查
  - 放射学检查：可判断骨髓炎或关节病（肢端舔舐性皮炎）；退行性疾病（咬尾癖或追尾癖；肛周舔舐症）。
- 行为方面的病史
  - 家庭组成（动物和人）；包括近期的变化。

  - 患病动物与其他动物之间关系的描述。
  - 患病动物性情的描述。
  - 日常习惯（饲喂，运动和交流）。
  - 病畜的日常反应（如隔离后焦虑）。
  - 症状的发生和发展；行为的准确描述（发生频率，持续时间，当时情况和触发因素）。
  - 以前的皮肤病病史。
  - 治疗的病史及效果。
  - 主人对动物行为的处置。
- 诊断过程
  - 肢端舔舐性皮炎
    - 过敏性检查：充分控制跳蚤；皮内变应原试验；限制性食物试验。
    - 细菌培养和药敏试验：来自体表和组织培养的结果通常不一致；体表培养结果的重要性尚有争议。
    - 真菌培养。
    - 皮肤刮屑。
    - 神经性或牵涉性疼痛的电诊断法：很少采用；其可用性尚未确定。
    - 皮肤组织病理学检查：排除肿瘤和/或感染性肉芽肿；伴有致密过度角化症的严重表皮增生；真皮纤维化（垂直条纹）、毛囊增厚并延长；混合型皮炎（尤其是血管周围）。
  - 猫对称性脱毛
    - 过敏性检查：充分控制跳蚤；皮内变应原试验；限制性食物试验。
    - 毛发检查：存在破损的毛发（自伤）；生长期毛囊（毛发生长活跃）；真菌菌丝（真菌性皮肤病）；蠕形螨。
    - 皮肤刮屑：浅层和深层。
    - 真菌培养。
    - 皮肤细胞学检查：发现酵母菌和/或细菌。
    - 皮肤组织病理学检查：大多数正常；毛干轻度软化；有炎症可提示其潜在病因。
  - 吸吮侧身
    - 与局部治疗相关。
    - 真菌培养。
    - 细菌培养/药敏试验。
    - 神经学评估。
  - 咬尾癖或追尾癖
    - 过敏性检查：充分控制跳蚤；皮内变应原试验；限制性食物试验。
    - 细菌培养及药敏试验（特别是尾腺受损时）。
    - 神经学评估。

- 矫形评估。
- 肛门囊触诊和内容物检查（细胞学检查、培养和药敏试验）。
- 肛周舔舐症
  - 肛门囊触诊和内容物检查（细胞学检查、培养和药敏试验）。
  - 皮肤细胞学检查：有酵母菌和/或细菌的存在。
  - 过敏性检查：充分控制跳蚤；皮内变应原试验；食物成分限制性试验。
  - 粪便寄生虫和虫卵检查。
  - 胃肠道检查：排除大肠炎或结肠肿瘤。
  - 神经学评估。
  - 矫形评估。

治 疗

- 为能有效地控制症状，首先要找到并去除潜在的病因。
- 糖皮质激素和抗组胺药对于过敏患畜可能有帮助；对于肢端舔舐性皮炎不推荐使用；有关这些药物的使用可参考具体章节。
- 该病需要较长的疗程才可见效。
- 此类疾病容易复发；必须采用维持疗法。
- 可选用行为矫正药物进行辅助治疗；下面将要讨论。
- 肢端舔舐性皮炎的其他疗法将分别列出。

行为矫正

- 确定并去除诱因。
- 用玩具对其进行锻炼和刺激。
- 增加其与主人之间平静的交流。
- 避免由于该行为对其进行惩罚或警告。
- 加强监管减少该行为发生的机会；如果发生的话，应分散其注意力，而不是进行惩罚。

药物选择

- 肢端舔舐性皮炎
  - 局部用药
    - 单独使用很少有效。
    - 二甲亚砜-氟轻松与氟尼辛葡甲胺或抗生素联合使用。
    - 辣椒辣素：可降低增强的敏感性，并可阻止其舔舐。
    - 莫匹罗星软膏（百多邦）。
  - 全身性治疗
    - 根据细菌培养和药敏试验结果长期应用抗生素（如头孢氨苄22mg/kg，每天两次）
    - 可能需要几个月。

    - 脉冲式疗法可能是必须的。
  - 可供选择的方法
    - 病变内注射：不推荐使用。
    - 在最初介入治疗期间采用机械保定可能有助于减少组织损伤；但并非是长久之计。
    - 手术切除：去掉过度增生的组织，这种方法只有在确定并去除原发病的基础上才起作用；可能有严重的术后并发症。
- 行为矫正药物
  - 选择性5-羟色胺再吸收抑制剂
    - 盐酸氟西汀：犬按0.5～2.0mg/kg，每天一次；猫按0.5～1.0mg/kg，每天一次。
    - 帕罗西汀：犬按0.5～1.0mg/kg，每天一次；猫按0.5～1.0mg/kg，每天一次。
    - 舍曲林：犬按1.0～3.0mg/kg，每天一次；猫按0.5～1.0mg/kg，每天一次。
  - 三环抗抑郁药
    - 阿米替林：犬按2.2～4.4mg/kg，12～24h用药一次；猫按0.5～1.0mg/kg，12～24h用药一次。
    - 氯米帕明：犬按1.0～3.0mg/kg，12～24h用药一次；猫按0.5～1.0mg/kg，每天一次。
    - 多塞平：3.0～5.0mg/kg，每12h用药一次，两次最大剂量不能超过150mg。

注　释

- 5-羟色胺增强剂：长效抗焦虑药。
- 在治疗器官疾患和/或矫正其行为时要中断条件性反射。
- 使用其他精神性药物成功的报道很少（如氢可酮）。
- 这些药物当中很少是经食品与药物管理局批准用于动物的。
- 禁用于有癫痫病史的动物。
- 不能与单胺氧化酶抑制药（如阿米曲士、司来吉兰）同时使用。
- 找到一个最小剂量以确保患畜代谢和排泄药物的能力（尤其是肝脏疾患）。
- 在治疗过程中要经常检测患畜的情况。
- 避免多种5-羟色胺增强剂同时使用，以免发生包括致死性血清素综合征在内的不良反应。
- 小心与其他易与蛋白质结合的药物（抗惊厥药，甲状腺药物，非类固醇类抗炎药）、全身性麻醉药、抗胆碱能药、抗组胺药和抗凝血药一起使用。
- 对于有心脏传导异常或青光眼患畜，禁用三环类抗抑郁药。
- 禁止突然改变药物使用剂量；建议逐渐增加或减少剂量。
- 常见的副作用包括食欲减退和抑郁，少见过度兴奋。
- 连续用药4～8周可能起效。
- 用药过量可引起行为改变（兴奋、抑郁）、震颤、共济失调、癫痫、发热和腹泻；也有出现致命性血清素综合征的报道。
- 中毒的解救主要采用支持疗法和对症治疗；盐酸赛庚啶（口服1.1mg/kg）是一种非特异性的5-羟

色胺颉颃剂。

缩写词

- CBC=全细胞计数
- FeLV=猫白血病病毒
- FIV=猫免疫缺陷病毒（猫艾滋病病毒）
- ACTH=促肾上腺皮质激素
- LDDS=低剂量地塞米松抑制试验
- CNS=中枢神经系统
- DMSO=二甲基亚砜
- MAO=单胺氧化酶

作者：Alexander H.Werner

刘芳 译 张龙现 校

第 45 章

角质化障碍

定义 / 概述

- 表皮形成、成熟和脱落的改变造成在皮肤上出现明显可见的异常。
- 通常指皮脂溢，是一种非特异性的疾病，表现为大量鳞屑和痂皮，伴有油脂或无油脂。
- 表皮细胞过度或异常脱落引起皮肤脱屑的临床表现。
- 表皮脂质异常可引起皮肤过度油腻或干燥、破坏皮肤屏障并可促进继发性感染。
- 角质化障碍可由获得性或先天性因素所引起。
- 治疗包括控制继发感染的潜在病因（如果不是原发病）、减少表皮更新、控制炎症、修复表皮屏障功能以及去除过度的表皮沉积物。

病因学 / 病理生理学

- 角质化障碍包括大量的综合征。基底细胞层角化细胞的分裂、成熟、死亡以及最后脱落是一个正常有序的过程，此过程一旦被中断，即可引起此类皮肤病。
- 角化障碍包括角质化障碍（角化细胞分化异常）和表皮屏障形成缺陷（如脂质形成）；然而，这些术语经常互用。
- 表皮生成增加，脱皮增加或减少，和/或角化细胞凝集减少可导致上皮细胞个别（小鳞屑）或大片（粗鳞屑）的异常脱落。
- 犬的正常表皮更新时间为21d；原发性皮脂溢时可减少为7d。
- 水分经表皮丢失增加和表皮含水量减少可引起皮肤干燥；正常皮肤的含水量为20%～35%。
- 继发（细菌或真菌）感染可引起炎症和瘙痒症，伴发表皮脱落和进一步的表皮损伤。
- 皮脂腺和顶泌腺功能异常可改变细胞间脂质，并破坏表皮屏障功能。
- 原发性障碍：角质化缺陷，是因为表皮细胞增殖、成熟和/或表皮屏障形成的遗传控制出现异常。
- 继发性障碍：疾病的影响改变了表皮细胞的正常成熟和增殖；大部分角质化障碍是由潜在的病因所造成的。

特征 / 病史

- 原发性：2岁以内多见；具有品种特异性；无性别差异。
- 继发性：任何年龄任何品种的犬或猫均可发生；任何有损皮肤的疾病均可出现“皮脂溢”的症

状。

原发性角质化障碍

- 鱼鳞病
  - 分娩或邻近分娩时出现。
  - 非表皮松解和表皮松解型；非表皮松解型最常见，与表皮不同成分的缺损有关；表皮松解由角质素合成缺陷所引起（图45-1，图45-2）。
  - 非表皮松解型：可见于西高地白㹴、金毛猎犬、杜宾犬、爱尔兰长毛猎犬、柯利犬、美国斗牛犬、美国斯塔福㹴、波斯顿㹴、拉布拉多猎犬、杰克罗素㹴、曼彻斯特㹴、澳大利亚㹴、凯恩㹴、诺福克㹴、约克夏㹴、爱尔兰软毛㹴。
  - 表皮松解型：可见于罗得西亚脊背犬、拉布拉多猎犬、诺福克㹴。
  - 表皮松解型：局部或全身受损；大量鳞屑黏附于表皮上，呈鳞状；底层表皮增厚，有明显的皱褶和不规则的横纹（苔藓化）；通常有红斑和渗出；表皮裂开，尤其是继发感

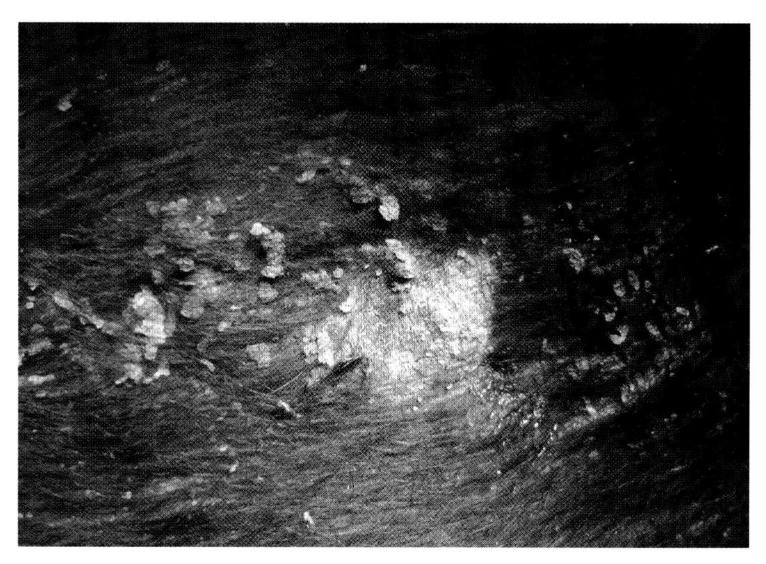

图45-1　鱼鳞病产生大量黏着性鳞屑

图45-2　表皮松解型鱼鳞病，表现为鱼鳞样黏性表皮鳞屑和红皮症

染时；陷入被毛中的碎屑造成严重的全身性鳞屑；在受损严重的区域可能出现进行性脱毛；脚垫和鼻面有厚厚的结痂；角蛋白叶片可产生角状突起。

- 仅在埃塞俄比亚小猫中报道过1例。

- 原发性皮脂溢（原发性角质化障碍；先天性皮脂溢和脂溢性皮炎）
  - 因细胞缺陷而引起的表皮生成加快以及表皮、毛囊漏斗部和皮脂腺的过度增殖（图45-3 ~ 图45-6）。
  - 可见于美国可卡犬、英国史宾格犬、西高地白㹴、巴吉度猎犬、英国斗牛犬、德国牧羊

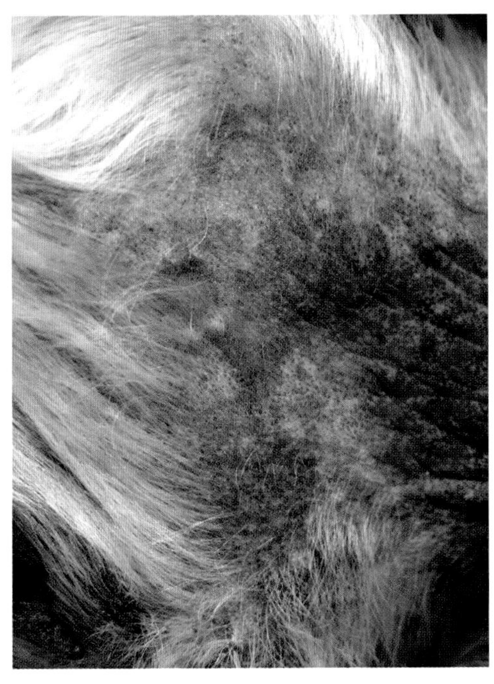

图45-3　原发性皮脂溢，表现为鳞屑和油脂样分泌物蓄积（可卡犬）

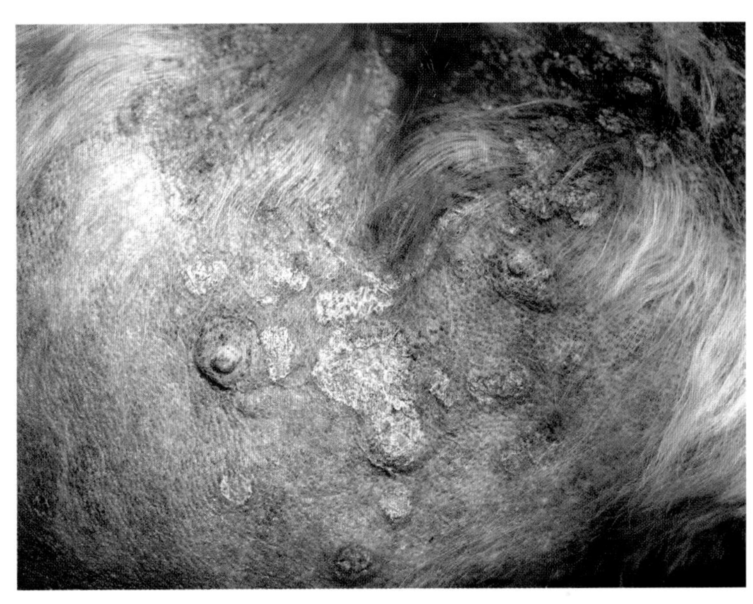

图45-4　原发性皮脂溢，表现为散在和局部结痂性斑块（可卡犬）

图45-5　原发性皮脂溢，颈部腹侧皱褶处受损（可卡犬）

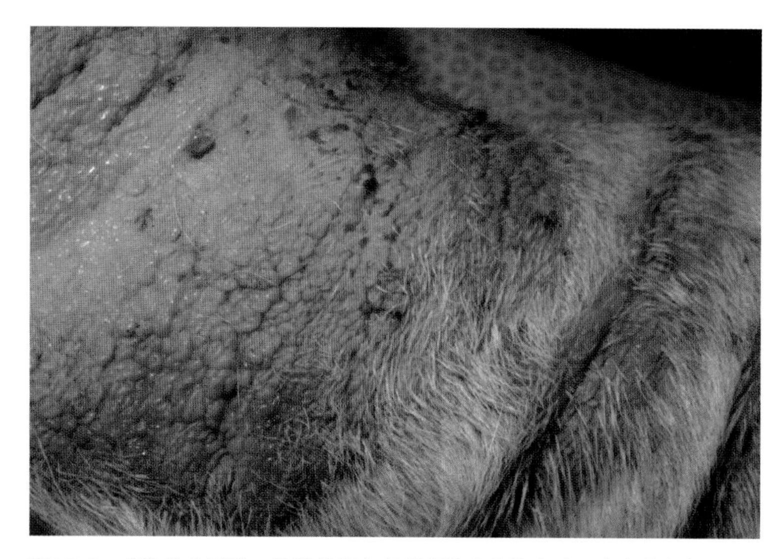

图45-6　原发性皮脂溢，前腿前部出现苔藓化变和渗出（巴吉度猎犬）

犬、杜宾犬、爱尔兰长毛猎犬、中国沙皮犬、迷你雪纳瑞、骑士查理士王小猎犬、腊肠犬、拉布拉多猎犬。

- 轻度到重度鳞屑、痂皮和油脂的沉积；病变可散在或局部发生，出现厚厚的痂皮团块和红斑，也可呈弥散性或全身性发生。
- 耵聍性外耳炎。
- 脱毛和红斑，伴有苔藓化、色素过度沉着和油性渗出。
- 病变主要在躯干。
- 继发性细菌性毛囊炎和马拉色菌性皮炎比较常见，尤其在颈部腹侧、腋窝和腹股沟；对这些感染的治疗可减少不适和恶臭，但不能减轻病变。

- 维生素A应答性皮肤病：很少见；可卡犬发病率最高；临床症状类似于严重的先天性皮脂溢，但通常发生于成年动物；通过口服补充维生素A的反应可进行确诊。
- 西高地白狸表皮发育不良（增生性皮肤病）：通常与马拉色菌感染和皮肤过敏有关；可能只是一种因果关系，而不是一种明显的症候群；症状发生于1岁以内；全身性严重脱毛、红斑、苔藓化和色素沉着过多，同时伴有油腻、恶臭和瘙痒；病变发生于躯干和皮肤皱褶；多见外耳炎（图45-7～图45-9）。
- 耳缘皮肤病：通常继发于甲状腺机能减退；是腊肠犬的一种原发性疾病；在耳廓的内侧和外侧缘形成厚的黏性痂皮；有毛囊管型，去除管型很费力，而且会出现腐烂、疼痛和龟裂；常继发细菌性毛囊炎（图45-10，图45-11）。
- 黑棘皮症：腊肠犬多发；多发于2岁以内；出现对称性脱毛、严重的色素沉着和苔藓化，从腋窝开始，通常蔓延至颈腹侧和腹股沟；病变可进一步向全身发展；常继发细菌性毛囊炎和马拉色菌性皮炎（图45-12）。
- 特发性鼻指（趾）过度角化症：在鼻面和脚垫边缘积聚大量的鳞屑和痂皮；可能是可卡犬、比格犬、英国斗牛犬、巴吉度猎犬的一种衰老现象；通常无症状；病变裂开和继发细菌感染可引起严

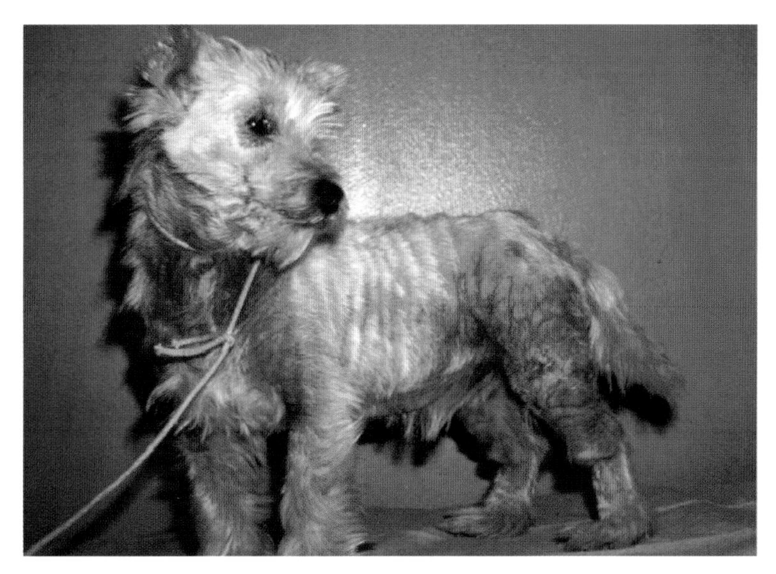

图45-7　西高地白㹴的表皮发育不良。注意全身性严重脱毛、红斑、苔藓化和渗出

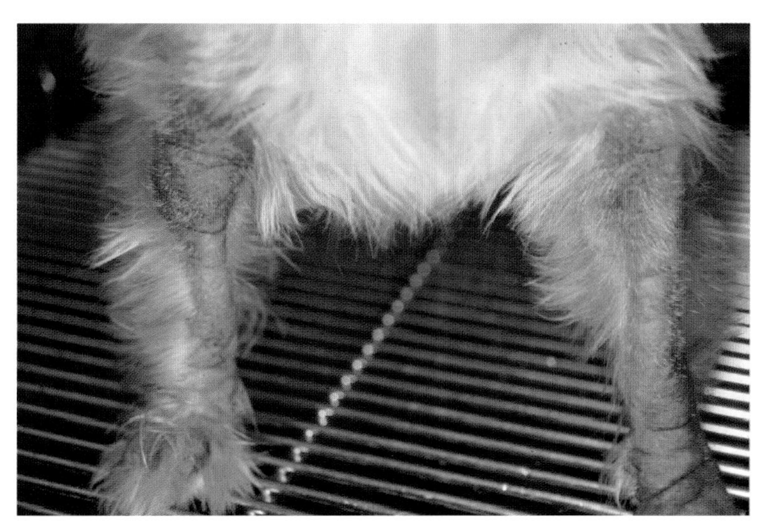

图45-8　西高地白㹴的表皮发育不良，表现为前肢脱毛和苔藓样变

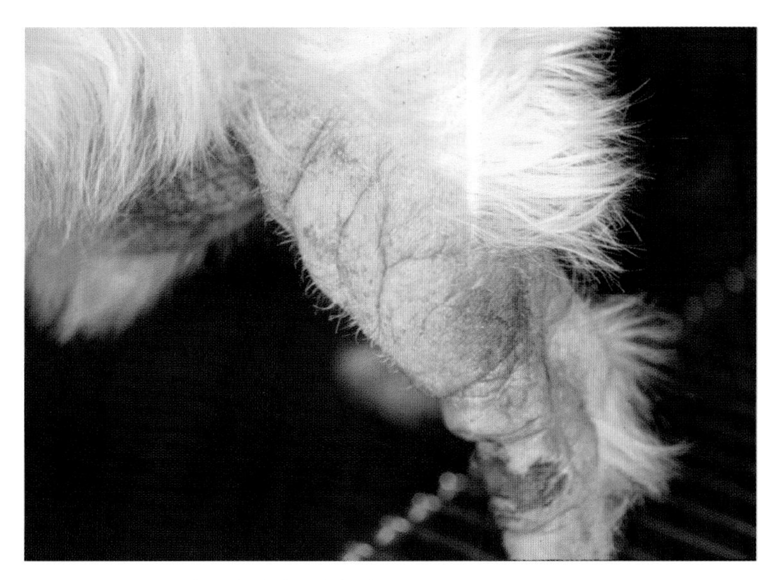

图45-9　图45-8中患犬后肢的类似表现

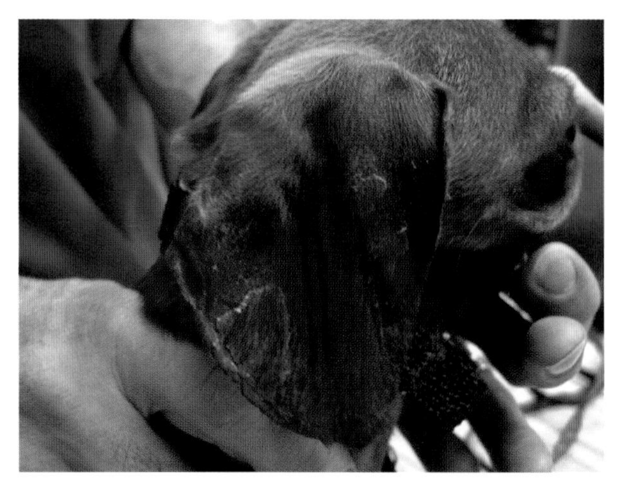

图45-10　耳缘皮肤病，在耳廓处出现厚的黏性痂皮和脱毛（腊肠犬）

重的疼痛；该病外观上与拉布拉多猎犬的鼻端角化不全类似，但又明显不同（发生于1岁以内；通常更严重）（图45-13，图45-14）。

- 脚垫角化过度症：所有脚垫出现严重的角质素增殖；龟裂可引起继发感染；发生于6月龄以内的爱尔兰㹴、波尔多犬、凯利蓝㹴、拉布拉多猎犬和金毛猎犬（图45-15）。
- 锌应答性皮肤病：补充锌后症状减轻；在眼、耳、足、嘴唇和其他天然孔周围出现脱毛、干性脱屑、痂皮和红斑；有两种症候群：一种发生于年轻的成年犬（主要是西伯利亚哈士奇犬和阿拉斯加雪橇犬）；另一种发生于快速生长的大型犬的幼犬（图45-16 ~ 图45-19）。
- 色素稀释性脱毛：毛干的黑化异常和结构性毛发生长异常；大型黑色体破坏毛干和毛球的结构；理论上说角质化缺陷是多种综合征的成因；多发于蓝色和黄褐色杜宾犬、爱尔兰长毛猎犬、约克夏㹴、贵宾犬、大丹犬、惠比特犬、萨路基犬、意大利灵缇犬；蓝色或黄褐色毛发不能再生，而是长出“点状”毛发、出现过多鳞屑、粉刺以及继发性脓皮病（图45-20 ~ 图45-22）。
- 皮脂腺炎：影响皮脂腺和腺管的炎性疾病。
  - 标准贵宾犬和萨摩耶犬：片状或弥散性脱毛和过度脱屑；黏性强的毛囊管型；通常开始于口鼻部和头颈背侧；大部分犬身体健康且无临床症状（图45-23 ~ 图45-25）。
  - 秋田犬：开始病变类似于贵宾犬，但多为全身性；严重脱毛；常见严重的深部细菌性脓皮病和全身性症状（图45-26，图45-27）。
  - 维兹拉犬：与其他犬症状明显不同，表现为肉芽肿；细小的黏性鳞屑形成牢固的融合性斑块；病变主要见于躯干，也可见于耳廓和面部（图45-28，图45-29）。
- 雪纳瑞犬粉刺综合征：发生于迷你雪纳瑞；在脊背处出现小的粉刺；病变可发生融合并出现大片的色素沉着；继发细菌性毛囊炎时可出现脱毛和痂皮（图45-30）。
- 牛皮癣样苔藓样皮肤病：主要发生于史宾格犬；也可见于英国指示犬、爱尔兰长毛猎犬和贵宾犬；融合性、结痂性和红斑性丘疹形成带有黏性鳞屑的斑块（图45-31）。
- 斗牛犬肢皮炎：罕见；只发生于白色犬；通常危及生命；与血清中的铜和锌浓度降低有关；病

图45-11　耳缘皮肤病，耳廓边缘出现痂皮（腊肠犬）

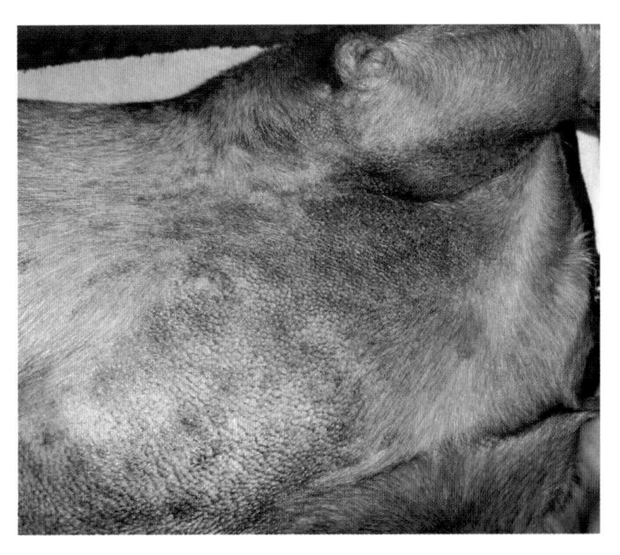

图45-12　黑棘皮症，一腊肠犬腋窝和胸骨处出现苔藓样变、色素沉着过多和渗出

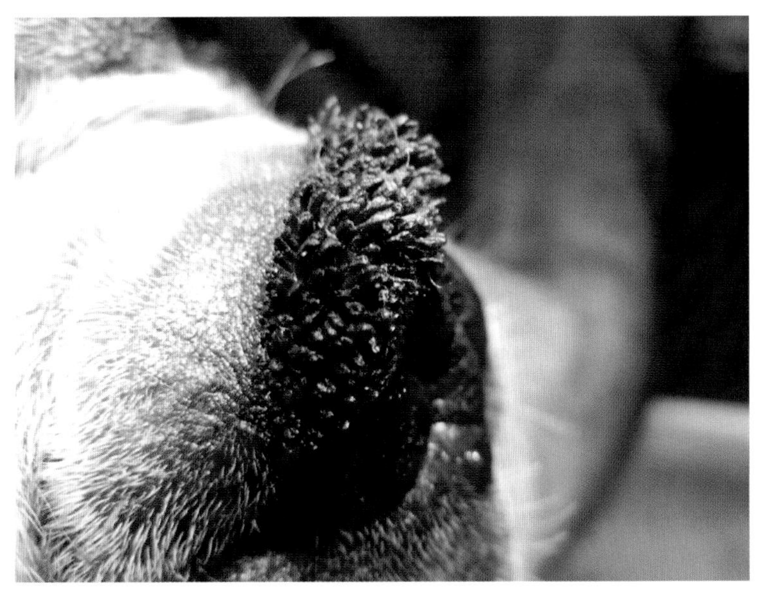

图45-13　鼻角质过度，在鼻端出现叶状鳞屑积聚

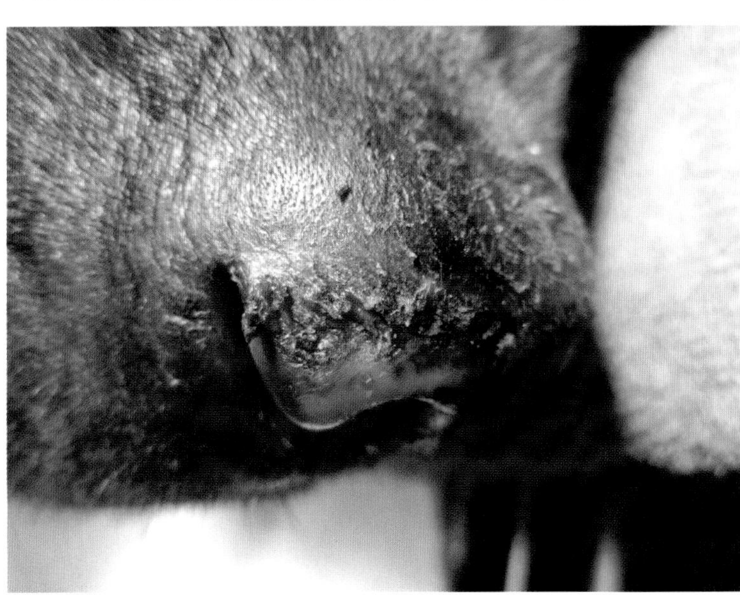

图45-14　拉布拉多猎犬的鼻角化过度，表现为痂皮形成并伴发炎症

图45-15　趾角化过度，表现为大型叶状角质素增殖

图45-16　7月龄雪橇犬锌应答性皮肤病，在面部和唇边缘出现类似落叶型天疱疮的鳞屑

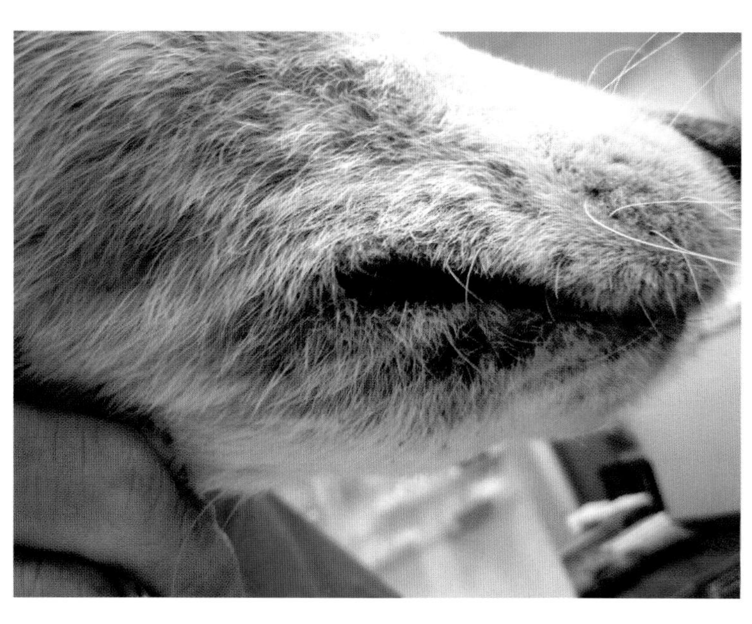

图45-17　锌应答性皮肤病：表现为红斑和脱毛

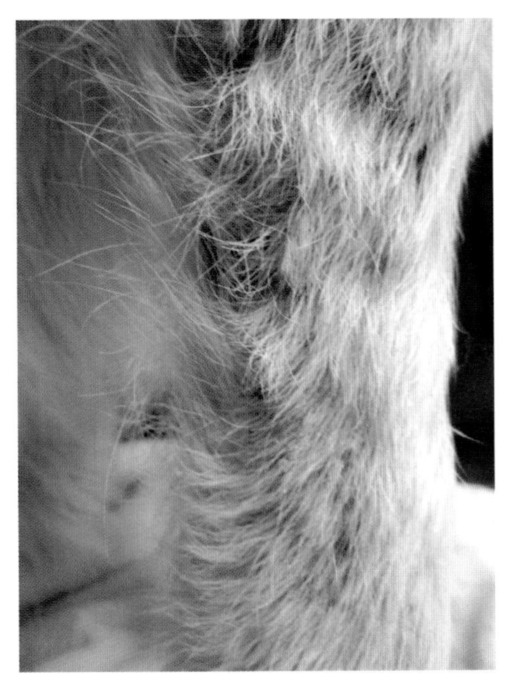

图45-18　锌应答性皮肤病：前肢出现类似病变

图45-19　锌应答性皮肤病：耳廓出现结痂和红斑

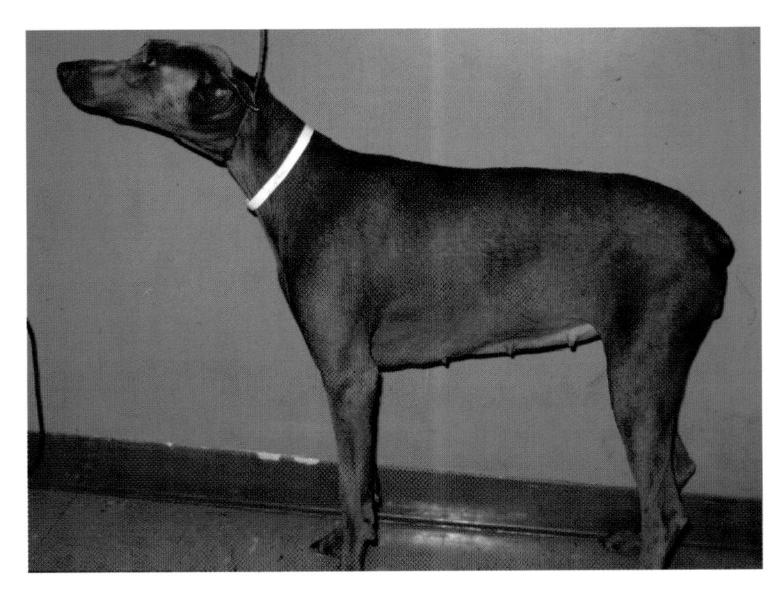

图45-20　色素稀释性脱毛，表现“蓝色”被毛稀疏（杜宾犬）

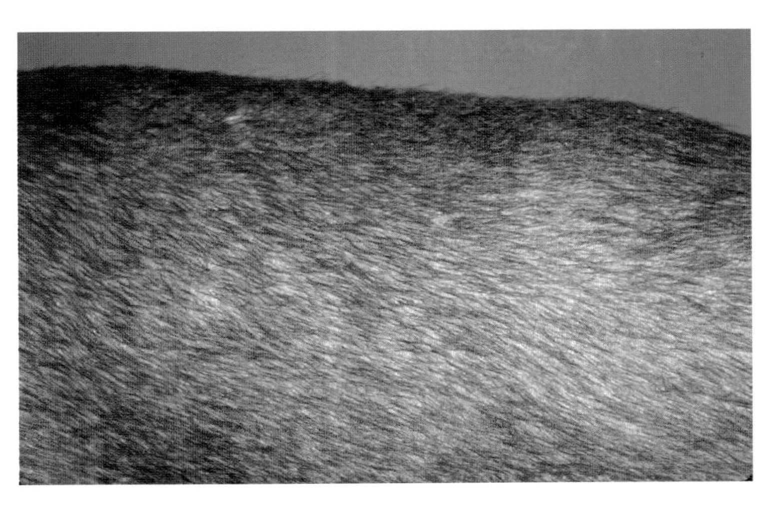

图45-21　图45-19中同一病例，出现易脆和稀疏的被毛

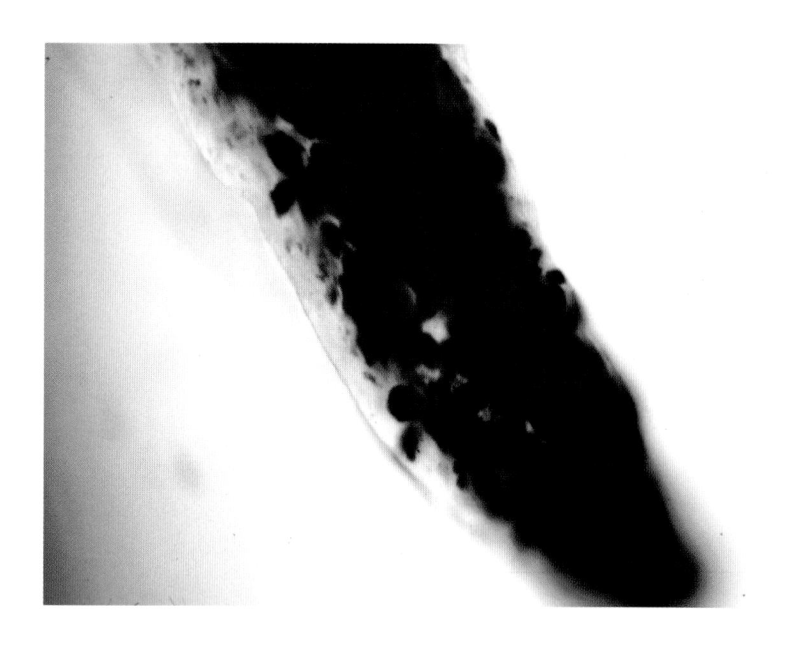

图45-22　色素稀释性脱毛，发干上有大量黑色体（色素成簇积聚）

图45-23　皮脂腺炎，标准贵宾犬头部被毛稀疏

图45-24　标准贵宾犬躯干被毛脱落并伴有黏性痂皮

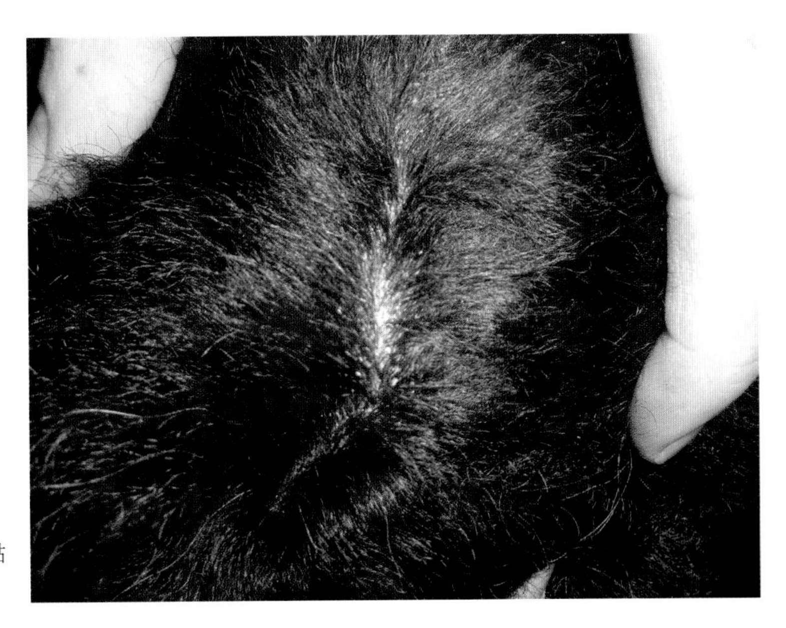

图45-25　毛干角蛋白环形脱屑，毛干基部周围黏附有鳞屑（标准贵宾犬）

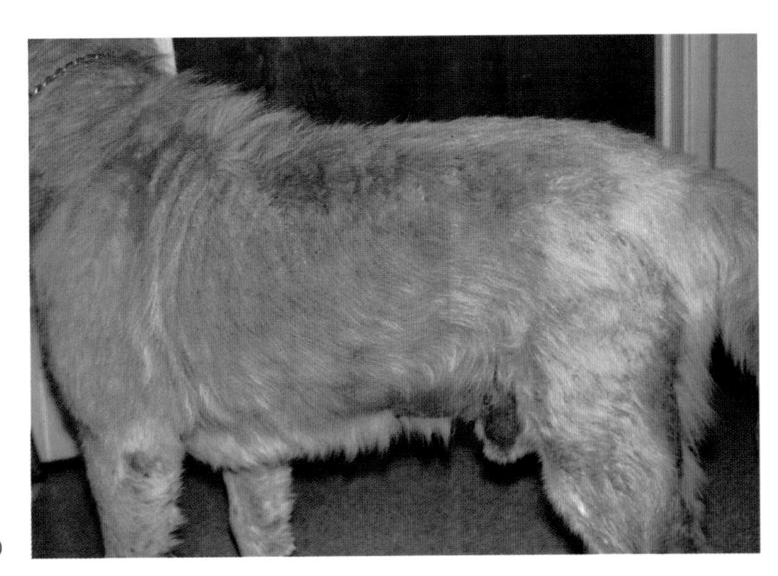

图45-26　厚厚的痂皮和鳞屑弥散性沉积（秋田犬）

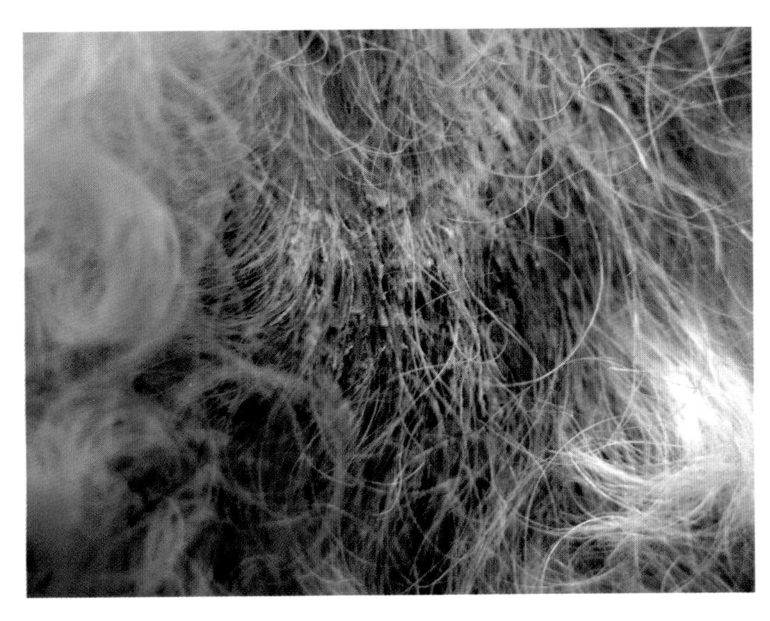

图45-27　毛干出现厚厚的角蛋白环形脱屑（秋田犬）

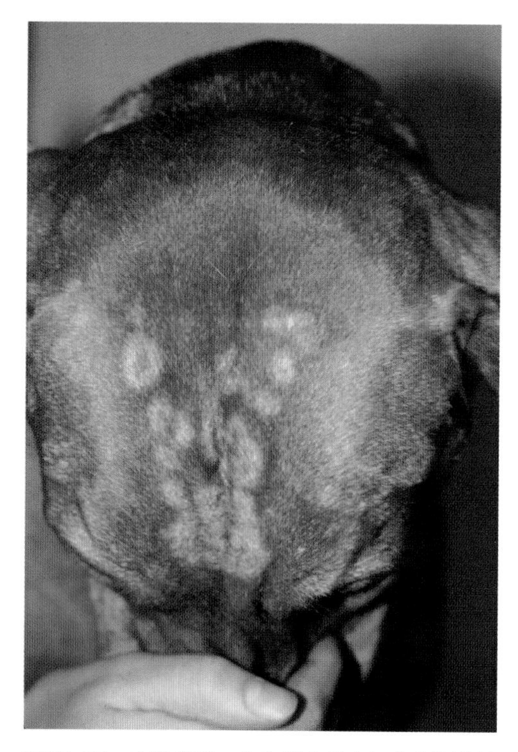

图45-28　皮脂腺炎：在头部出现由细小黏性鳞屑形成的融合性斑块（维兹拉犬）

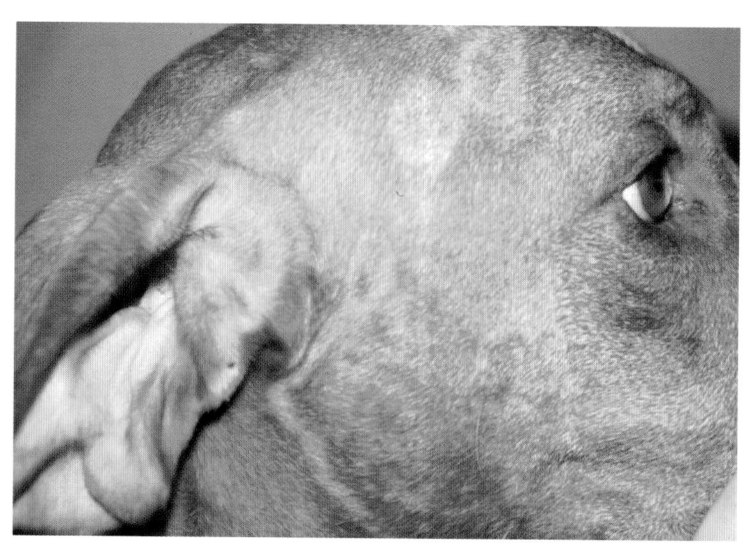

图45-29　皮脂腺炎：细小黏性鳞屑形成融合性斑块（维兹拉犬）

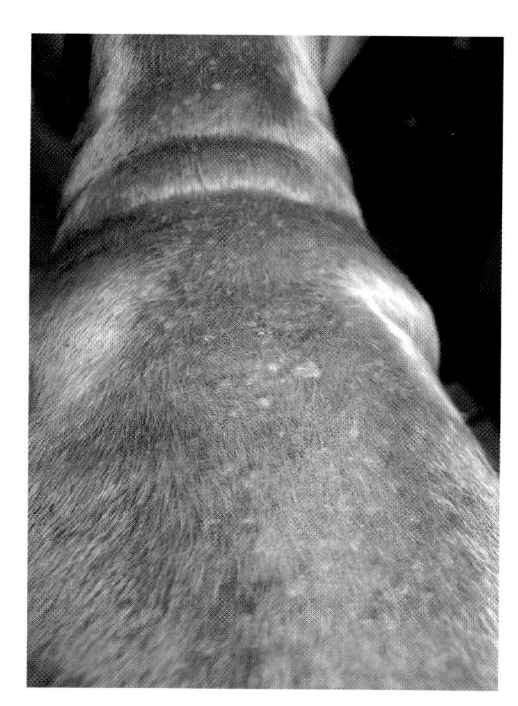

图45-30　雪纳瑞犬粉刺综合征，可见多处红斑性丘疹与继发性毛囊炎

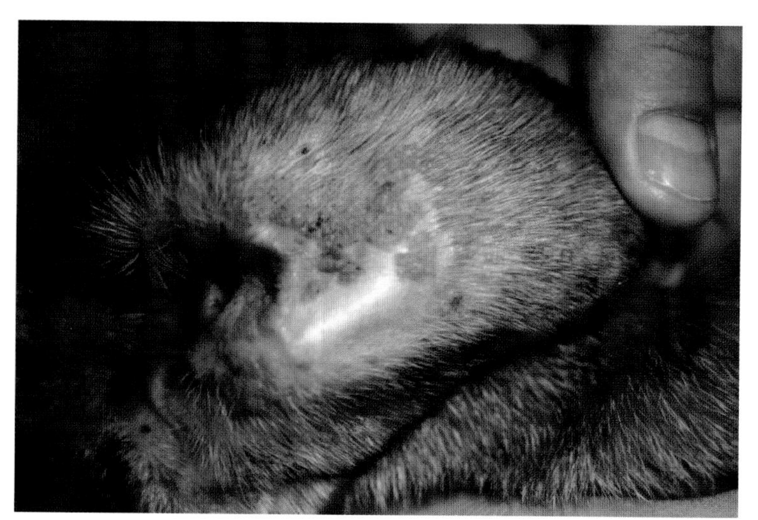

图45-31　牛皮癣样苔藓样皮炎，耳廓出现结痂性红斑性斑块

变类似于其他代谢性和营养性皮肤病（如锌应答性皮肤病和浅表性坏死松解性皮炎），但更为严重；在四肢末端和黏膜与皮肤交界处出现厚厚的痂皮、丘疹、脓疱、红斑和糜烂；伴发精神迟钝、行为异常、腹泻、支气管肺炎、硬腭呈弓形、继发性细菌性毛囊炎和马拉色菌性皮炎；可见

耳廓病变和外耳炎。

- 波斯猫和喜马拉雅猫面部皮炎：在面部和鼻部皱褶处出现油性黏性碎屑沉积；耵聍性外耳炎、继发性细菌性毛囊炎和马拉色菌性皮炎、严重瘙痒症；发病年龄在10月龄到6岁之间（图45-32）。
- 新生波斯猫的原发性皮脂溢。

继发性角质化障碍

- 皮肤过敏性：遗传性过敏症、跳蚤过敏性皮炎、食物过敏和接触性皮炎；瘙痒症，继发皮肤损伤和不安（图45-33）。
- 外寄生虫寄生：疥螨病、蠕形螨病和姬螯螨病；表现为炎症和表皮脱落（图45-34）。
- 细菌性毛囊炎：在释放致病性病原体过程中细菌酶的黏附作用消失，同时角质化细胞脱落增加（图45-35）。

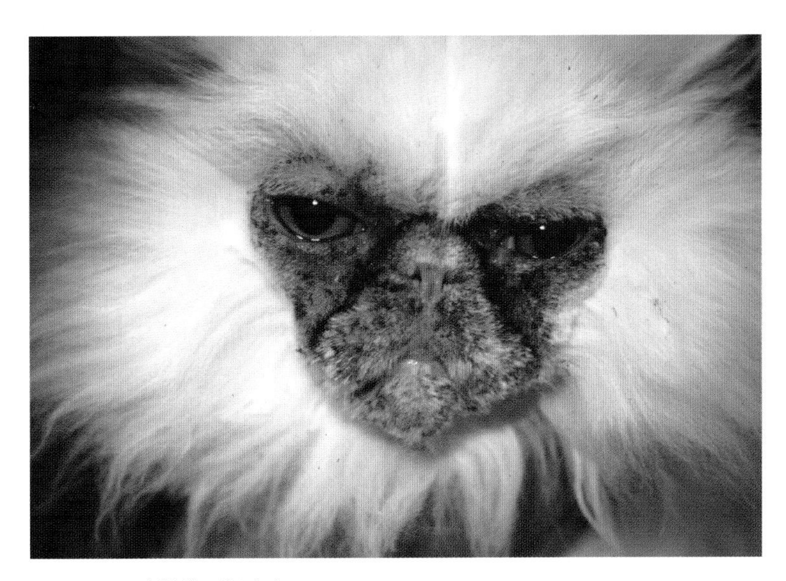

图45-32 波斯猫面部皮炎

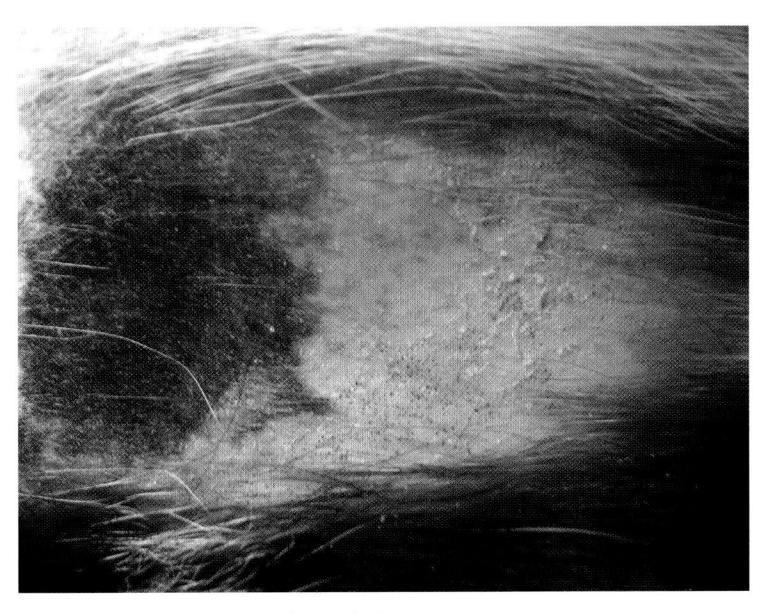

图45-33 食物过敏后出现脱毛和脱屑

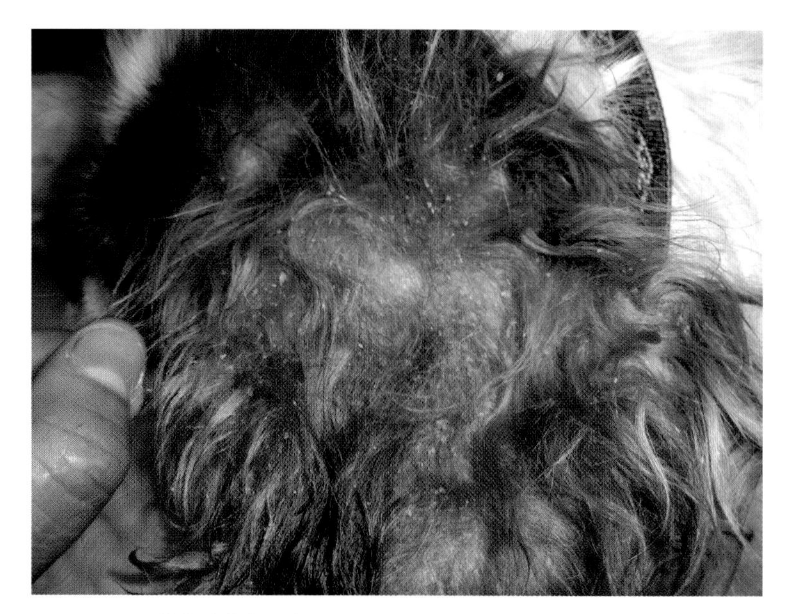

图45-34　姬螯螨感染产生大量鳞屑

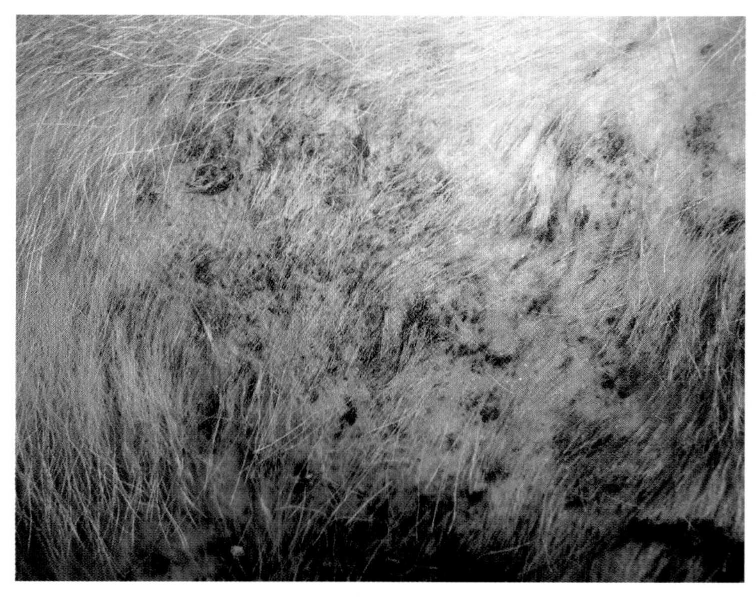

图45-35　细菌性毛囊炎

- 真菌性皮肤病：通常有表皮脱落；受损的角质化细胞脱落增加，是解决真菌感染的主要皮肤机制（图45-36）。
- 内分泌病
  - 甲状腺机能减退症：异常的角质化引起鳞屑积聚，对称性脱毛斑块，皮脂生产过多；色素沉着过多；继发性细菌性毛囊炎和马拉色菌性皮炎（图45-37）。
  - 肾上腺皮质机能亢进：角质化异常及毛囊活动减少；过度脱屑和继发性细菌性毛囊炎；皮肤钙化，最初表现为坚实的白色鳞屑斑块（图45-38）。
  - 其他激素异常（如性激素紊乱、甲状腺机能亢进症和糖尿病），与代谢异常产生的过多鳞屑有关（图45-39）。

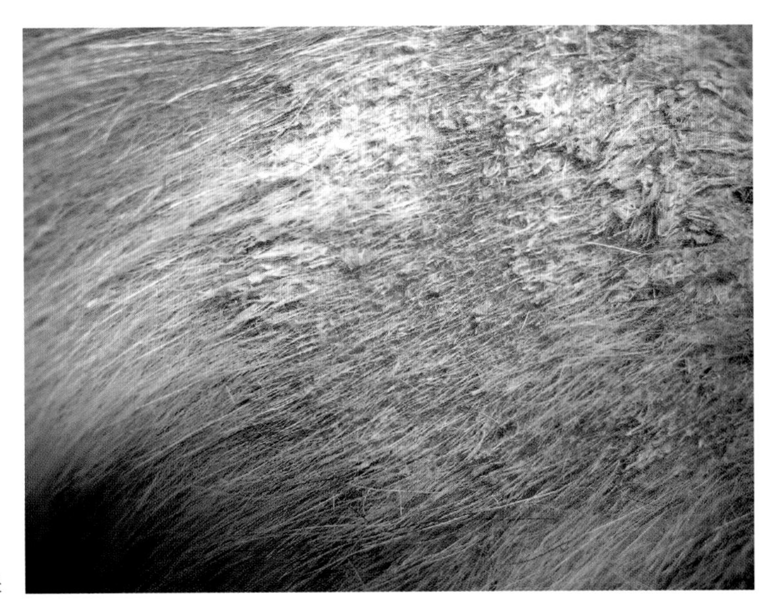

图45-36 真菌性皮肤病，表现为痂皮和脱毛斑块

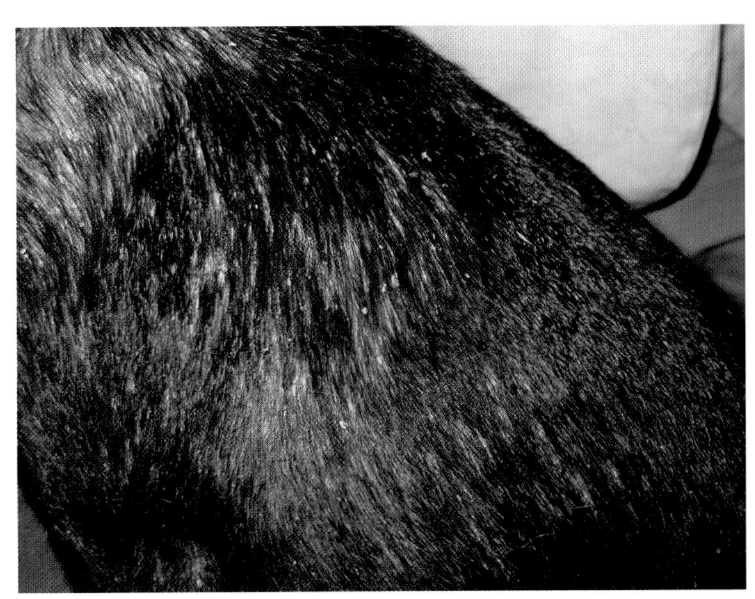

图45-37 由甲状腺机能减退引起的被毛稀疏和大量鳞屑

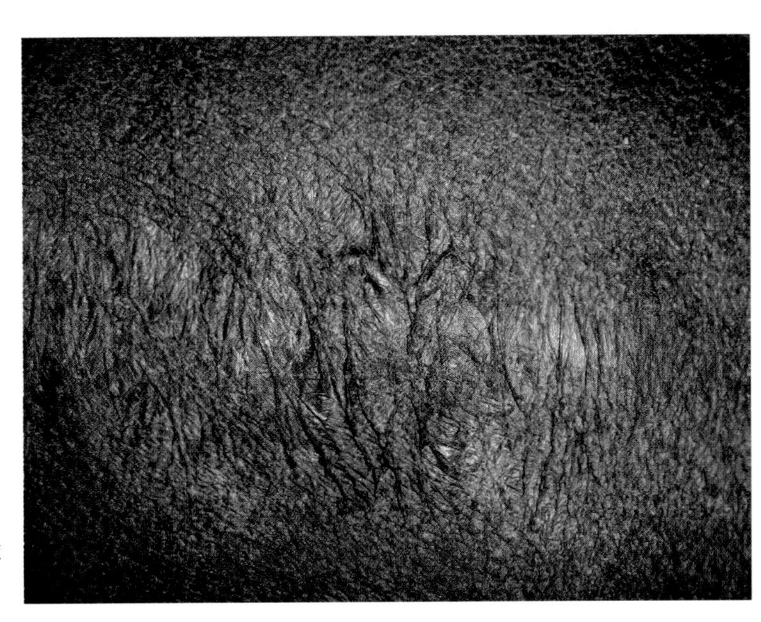

图45-38 由肾上腺皮质机能亢进引起的表皮变薄和苔藓样变，出现黏性鳞屑

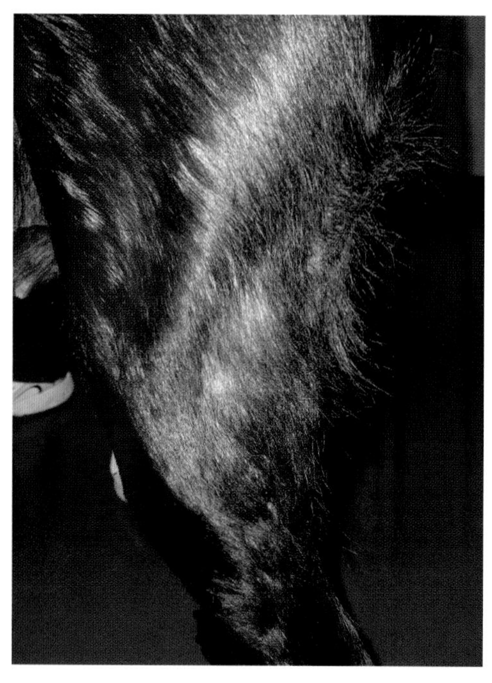

图45-39 拉布拉多犬卵巢子宫切除术应答性脱毛（手术前）

■ 年龄：老龄动物可能被毛暗淡无光、脆性大、鳞屑多；皮肤代谢机能的自然变化引起的改变与年龄有关；没有可鉴定的特异性缺陷。

■ 营养失调：营养不良和一般犬的食源性皮肤病；因角质化异常而产生鳞屑。

■ 自身免疫性皮肤病：天疱疮综合征可以出现鳞片样蜕皮，囊泡可变成鳞屑和痂皮；皮肤和系统性红斑狼疮：皮肤症状常表现为脱毛和脱屑（图45-40）。

■ 肿瘤：原发性表皮肿瘤（亲上皮性淋巴瘤）；表皮结构被浸润的淋巴细胞破坏而出现脱毛和脱屑；肿瘤发生前（光化性角化病）先出现鳞状表皮脱落（图45-41）。

■ 其他因素：任何疾病过程均可因代谢异常或皮肤炎症而形成大量鳞屑。

■ 表皮脱落性疾病：猫罕见；可见于尾腺增生、与胸腺瘤相关的剥脱性皮炎。

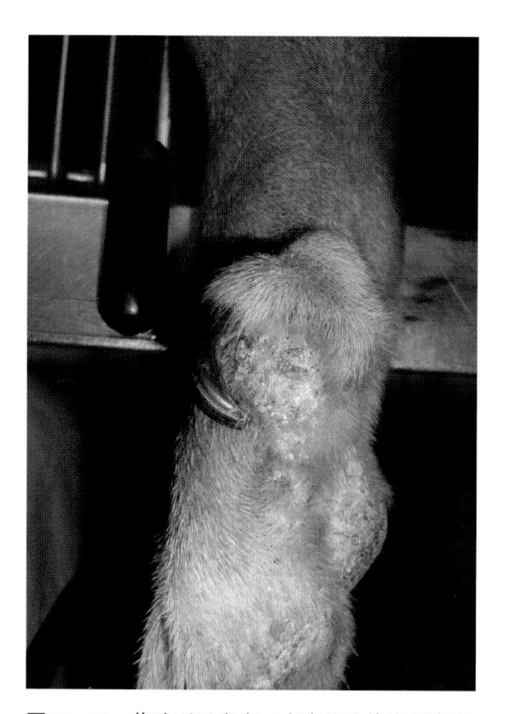

图45-40 落叶型天疱疮，在脚垫边缘出现痂皮

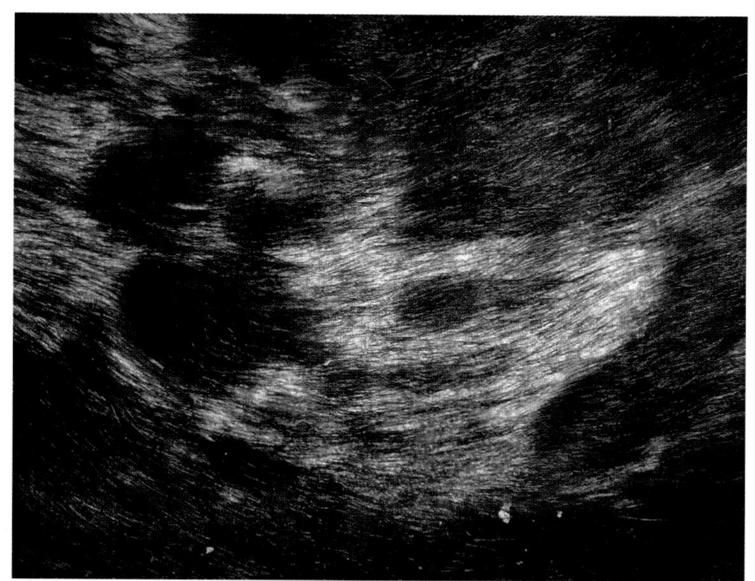

图45-41 亲上皮性淋巴瘤，表现为结痂和斑块状脱毛

临 床 特 点

■ 综合征可用肉眼区别或显得十分相似。

■ 可见局部或全身性表皮碎屑沉积。

- 细小鳞屑或大块角质。
- 油脂过多。
- 慢性病表现为苔藓样变和色素沉着过多。
- 脚垫或鼻端增厚。
- 黏性角质皮屑下出现糜烂。
- 厚痂皮内出现裂痕。
- 耵聍性外耳炎。
- 毛囊管型。
- 粉刺。
- 恶臭。
- 不同程度的瘙痒引起表皮脱落。
- 继发细菌性毛囊炎或马拉色菌性皮炎。
- 非皮肤病症状，根据病因而定。

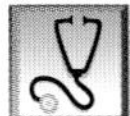

鉴别诊断

- 通常依据以下标准：
  - 特征和病史：对于鉴别角质化障碍的可能原因至关重要。
  - 有无瘙痒：皮肤过敏时有；原发性角质化障碍时通常无，除非发生继发性细菌性毛囊炎或马拉色菌性皮炎。
  - 并发症状：嗜睡、体重增加、多尿/多饮、繁殖障碍、体型改变和毛发再生不足。
  - 对治疗的反应：抗生素、抗真菌药、补充甲状腺素。
- 鉴别原发性和继发性角质化障碍是根据去除潜在病因和皮肤组织病理学检查的结果。

诊　断

- 血象检查/血液生化检查/尿液检查：原发性角质化障碍通常正常；非再生性贫血和高胆固醇血症（甲状腺机能减退症）轻度变化；可见中性白细胞增多、单核细胞增多、嗜酸性粒细胞减少、淋巴细胞减少、血清碱性磷酸酶升高、血胆固醇升高和低渗尿（肾上腺皮质机能亢进）。
- 甲状腺素水平和肾上腺功能检测：见有关章节的推荐方法。
- 皮肤刮屑：检查外寄生虫寄生。
- 皮内变态反应：遗传性过敏症。
- 限制性食物试验：食物过敏。
- 皮肤表面细胞学检查：细菌性毛囊炎和/或马拉色菌性皮炎。
- 拔毛检查：毛囊发育不良和色素稀释性脱毛病例可出现巨大黑素体和结构异常。
- 皮肤病理组织学检查：强烈推荐用于诊断。

治　　疗

- 经常充足的局部治疗是适当治疗的基础。
- 常见的错误是洗澡少，而不是洗澡过多。
- 诊断和控制所有可治疗的原发性和继发性疾病。
- 继发性感染的复发可能需要重复治疗和进一步诊断。
- 通常需要终身保持控制。
- 当前治疗方法强调保持表皮屏障的完整性及其功能。

局部治疗

- 香波：
  - 接触时间：5-15min；超过15min会令人不适：可引起上皮发软、屏障功能丧失、上皮过度干燥和刺激。
  - 低致敏性：仅用于轻症干鳞屑病例，且在控制原发性疾病后可控制继发性脱落。
  - 硫磺/水杨酸：角质软化剂、角质促成剂和细菌抑制剂；对于中度鳞屑患畜是首选；使用后皮肤不会过于干燥。
  - 苯甲酰过氧化物：强力角质软化剂；抗菌剂；可引起刺激并使皮肤过于干燥；最好用于并发性细菌感染和/或油性过大的患病动物。
  - 乳酸乙酯：抗菌剂；不像苯甲酰过氧化物那样刺激性强或易使皮肤干燥；适用于中度细菌性毛囊炎和干皮屑患病动物。
  - 洗必泰：抗菌剂；使皮肤轻度干燥；用于中度细菌性毛囊炎和马拉色菌性皮炎；通常与抗真菌药同时使用（如咪康唑和酮康唑）。
- 润肤霜
  - 对于恢复皮肤含水量（频繁的使用香波可引起皮肤过度干燥和瘙痒），增加随后的洗澡效果非常重要。
  - 保湿剂：可通过吸收真皮层水分来增强角质层的水合作用；高浓度保湿剂具有角质软化作用。
  - 频繁使用丙二醇喷雾剂（50%～70%水溶液）。
  - 软化剂：涂在皮肤上；使过多鳞屑所产生的粗糙面变得光滑；通常与促进表皮水合作用的闭塞性复合物联合使用。
- 神经酰胺（如植物鞘氨醇）和脂肪酸：正常上皮细胞间质的成分；抗菌剂；对于保持角质层的水合作用是必须的；也有一些异常情况的报道；这些药物可修复上皮的屏障功能。

全身性治疗

- 特定的病因需要进行特定的治疗（如用L-甲状腺素治疗甲状腺机能减退；补充锌治疗锌应答性皮肤病）。
- 全身使用抗生素：继发性细菌性毛囊炎。
- 酮康唑（10mg/kg，每天一次）：马拉色菌性皮炎。

- 泼尼松龙（如有可能，按照0.5mg/kg，每天一次，逐渐减量到停止使用）：炎症或过敏性因素。
- 维生素A类药物：对于特发性或原发性皮脂溢效果不一；对于顽固性病例有单独使用类视黄醇的报道：异维甲酸（口服剂量1mg/kg，每12～24h一次）；如果有效，逐渐减量（按照1mg/kg，48h一次或0.5mg/kg，每天一次）；由于开处方流程非常严格，很难获取合成的类视黄醇。
- 环孢霉素A（按照5mg/kg，每天一次，直到控制症状为止，然后减少至最小有效维持剂量）：用于与超敏反应、皮脂炎、表皮发育不良、鱼鳞病和/或马拉色菌性皮炎相关的角质化障碍。
- 补充必需脂肪酸。

注　释

- 皮质类固醇：可小心用来控制炎症；可掩盖细菌性毛囊炎的症状，影响原发性疾病的确诊。
- 维生素A和维生素D类似物：副作用可能比较严重；患畜应根据皮肤病专家的建议进行治疗。
- 抗生素和局部用药：每3周检测一次反应；患畜可能会对不同的局部治疗表现不同的反应。
- 季节性变化、发生其他疾病（如皮肤过敏）和细菌性毛囊炎的复发：可能使以前已得到控制的病情恶化；重新评价对于确定是否有其他因素介入和是否需要改变治疗方法至关重要。
- 内分泌病：投药后4～6h常规监测甲状腺功能或进行肾上腺功能测试；参见具体章节。
- 选择性自身免疫性疾病：在诱导的最初阶段要经常进行评估；症状缓解后可减少评估，需要进行临床评估和实验室检查。
- 免疫抑制疗法：监测血象、血清生化并结合培养对尿液进行分析。
- 视黄醇类药物：检测血清生化包括甘油三酯和泪液的分泌。
- 酮康唑：监测血清生化。
- 皮肤老化可以加重角质化障碍或增加复发率。
- 真菌性皮肤病和几种外寄生虫具有人兽共患的潜在威胁或能够对人类产生病变。
- 治疗剂量的全身性类视黄醇和维生素A：具有严重的致畸作用；由于其严重的致畸作用和极长的停药期，禁用于性完整的雌性动物；育龄雌性动物不能接触此药。

同义名

- 角质化障碍=皮脂溢、先天性皮脂溢、角质化缺陷、角化不良症和不恰当的人医术语（湿疹、牛皮鲜、皮屑症、头皮屑）；皮肤鳞屑病：是用来描述一些人和犬角质化缺陷相似性的一个比较恰当的术语。

作者：Alexander H.Werner

董海聚　译　张龙现　校

第 46 章

外耳炎、中耳炎和内耳炎

定义 / 概述

- 外耳炎：外耳道的炎症；外耳道包括耳廓、水平耳道和垂直耳道以及鼓膜外壁。
- 中耳炎：中耳的炎症；中耳包括鼓膜内壁、鼓泡（鼓室腔）、听小骨和耳咽管。
- 内耳炎：内耳的炎症；内耳包括耳蜗、半规管和相关神经（第7、8对脑神经）。
- 这些术语只是描述临床症状而不是诊断结果。
- 耳毒性：指内耳和/或第8对脑神经的损伤以及第8对脑神经的神经毒性损害（特别是外耳炎/内耳炎治疗期间）。

病因学 / 病理生理学

- 外耳道：耳的锥状软骨构成了耳廓和垂直耳道的基部；环状软骨与耳廓软骨有部分重叠，并延伸至鼓膜的外壁；皮脂腺和改良的顶泌腺（耵聍腺）沿耳道排列，并分泌不同量的液体（外耳炎病犬液体较多）。
- 鼓膜：分松弛部和紧张部两部分；松弛部（又叫背侧膜）为外耳道骨环背侧的一小部分；可能会因为中耳的炎症或压力增加而出现肿胀；紧张部为紧贴着外耳道骨环的薄层坚固结构；内侧面的锤骨柄向嘴侧弯曲。
- 外耳炎：慢性炎症会引起耳道内的正常环境发生改变；随着炎症的发生，腺体增大，并产生大量的蜡状物；表皮和真皮增厚并发生纤维化；增厚的耳道皱襞大大地缩小了耳道腔隙；最后耳廓软骨发生钙化。
- 中耳道：位于鼓膜、鼓泡（鼓室腔正常情况下充满空气）和听小骨的内侧面；犬有不完全的隔膜（鼓泡脊）和突起（包括耳蜗并通过卵圆形和圆形孔道与鼓泡相通）；猫鼓泡被完整的隔膜分开（与节后交感神经相关）；三块听小骨将振动从鼓室传到内耳；鼓泡通过耳咽管与鼻咽相连。
- 中耳炎：通常是外耳炎通过破裂的鼓膜蔓延而来；鼓膜未破裂也可发生中耳炎；也可由中耳或耳咽管内息肉或肿瘤引起。
- 内耳：包括耳蜗、半规管和相关神经（第7、8对脑神经）。
- 内耳炎：中耳炎的进一步发展或由感染的血源传播所引起；也可由周围组织肿瘤的扩散引起。
- 外耳炎发生的原因通常可分为诱发性、原发性或永久性三种。
    - 诱发性原因是改变耳道的环境，促使炎症的发生和继发感染。
    - 原发性原因是耳道直接发炎或引起耳道炎症。

- 永久性因素可阻止耳道炎症和/或感染的控制。

特征 / 病史

易发品种

- 垂耳犬：可卡犬、寻回犬和猎犬（图46-1）。
- 耳道多毛犬：㹴犬和贵宾犬。
- 耳道狭窄犬：沙皮犬。
- 原发性分泌性中耳炎：查理士王小猎犬。

病史

- 疼痛（害怕触碰头部或拒绝张开嘴巴）。
- 摇头。
- 挠抓耳廓。
- 恶臭。
- 周围性前庭缺损。
- 面神经缺损和/或霍纳氏综合征。

危险因素/诱因

- 外耳道异常或品种相关性结构（如狭窄、多毛、耳廓下垂）限制了正常气流进入耳道。
- 过度潮湿（如游泳、环境潮湿或频繁洗澡）可引起感染；在清洗耳道和/或药液使用上过于听信别人的建议也可引起感染。
- 局部药物反应和刺激或清洁耳道时摩擦引起的创伤。
- 潜在的全身性疾病可引起耳道微环境以及免疫反应方面的异常。
- 中耳炎是慢性外耳炎的常见后遗症。
- 鼻咽息肉和内耳、中耳或外耳道肿瘤。

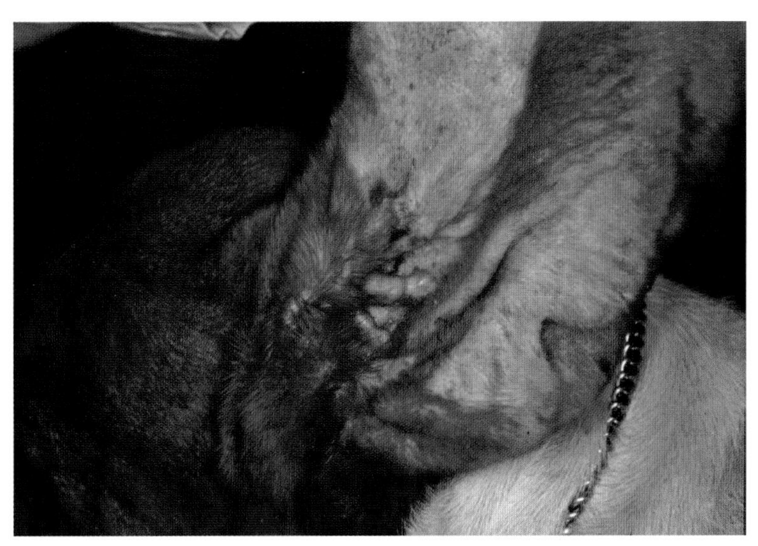

图46-1　耳廓下垂（巴赛特犬）

■ 吸入性麻醉可能会改变中耳的压力。

临 床 特 点

外耳炎

■ 耳聋。

■ 脓性恶臭分泌物。

■ 耳廓和外耳道出现炎症、疼痛、瘙痒和红斑。

■ 耳血肿。

■ 耳道因肿胀而变得狭窄。

■ 耳廓软骨出现瘢痕和钙化，耳道触诊坚实增厚。

■ 耳廓下垂和/或头斜向患侧（如果是单侧性的）。

■ 犬慢性外耳炎可导致鼓膜破裂（71%）和内耳炎（82%）。

■ 过敏性皮炎：犬外耳炎最常见的原因。

■ 息肉和外寄生虫：猫复发性外耳炎最常见的原因。

中耳炎

■ 鼓膜完整：因鼓膜后方有液体和/或气体存在而膨胀；鼓膜可能浑浊，液体可能是脓性或血性分泌物。

■ 松弛部肿胀：可能提示中耳压力增高；通常见于查理士王小猎犬的原发性分泌性内耳炎。

■ 鼓膜破裂：液体进入充满碎屑的耳道或耳泡。

■ 耳聋。

■ 触诊耳泡或张口时疼痛。

■ 咽炎、扁桃体炎或液体进入鼻咽管。

■ 如果是严重或慢性中耳炎的话可引起淋巴结肿大。

内耳炎

■ 耳聋

■ 神经表现

  ■ 前庭（第8对脑神经）缺损：眼球震颤、头倾斜（向着患侧）、共济失调、厌食或呕吐及不愿移动头部。

  ■ 面神经缺损：眼睑、唇、舌和鼻孔轻瘫/麻痹；泪液产生减少；瞳孔缩小、上睑下垂、第三眼睑腺脱出和眼球内陷（霍纳氏综合征）。

鉴 别 诊 断

外耳炎和中耳炎

■ 原发性因素

  ■ 寄生虫：犬耳螨、蠕形螨、疥螨和猫背肛螨、耳扁虱（图46-2～图46-5）。

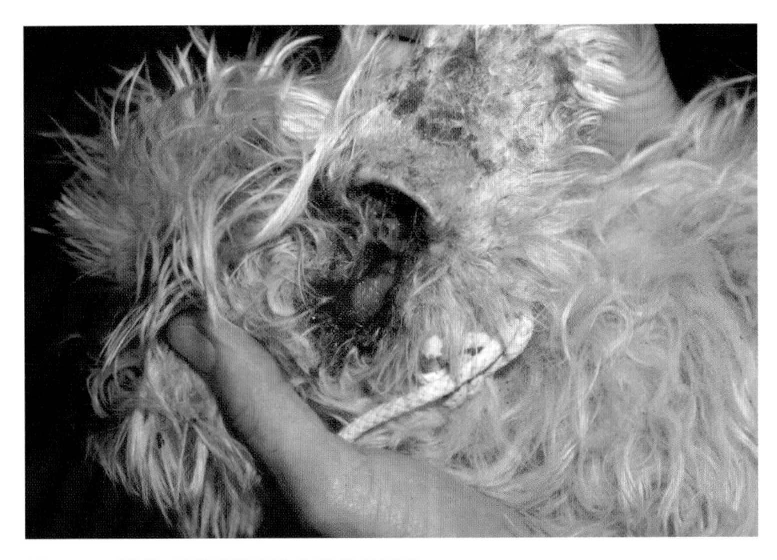

图46-2　继发于蠕形螨病的化脓性外耳炎

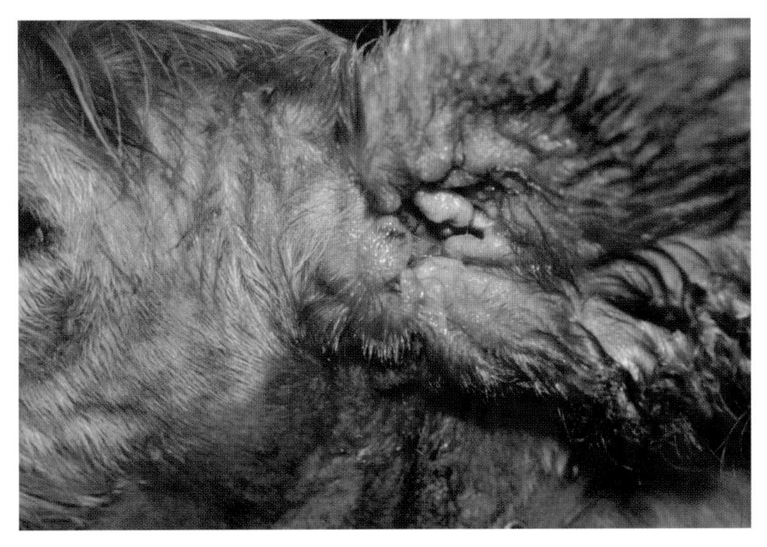

图46-3　继发于蠕形螨病的外耳炎

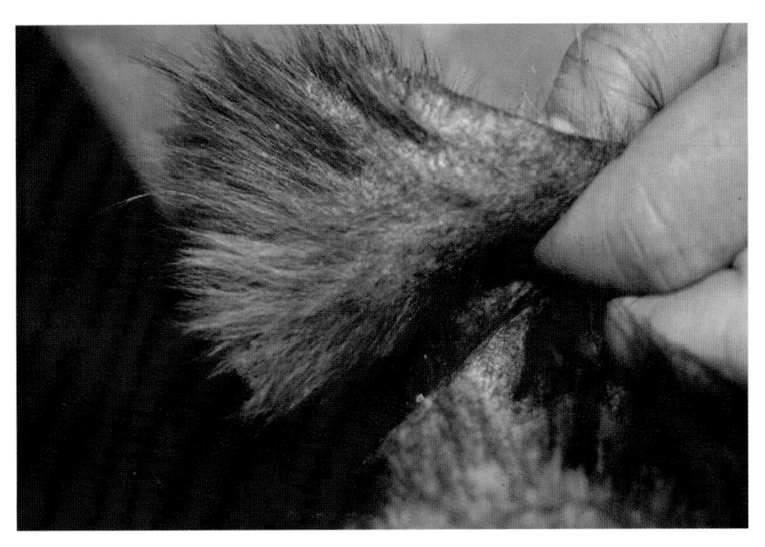

图46-4　继发于疥螨病的耳廓结痂和外耳炎

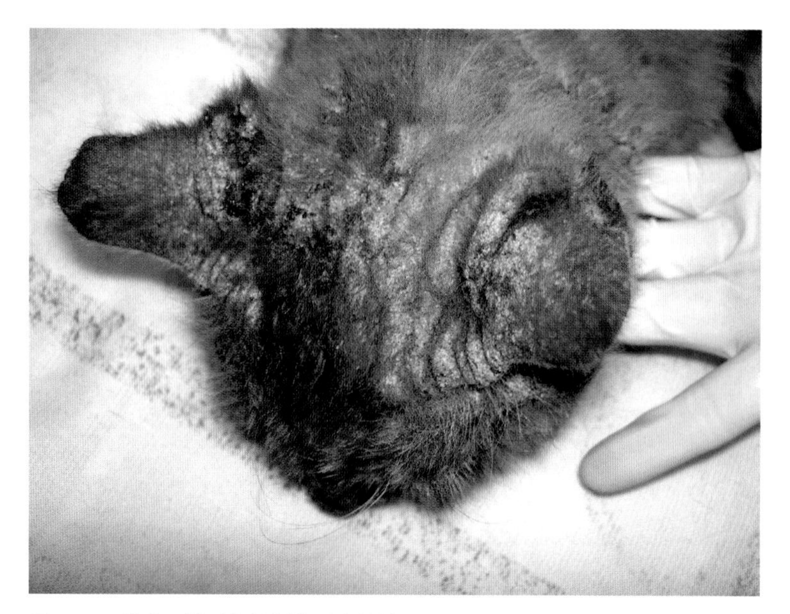

图46-5　猫背肛螨引起的创伤诱发性外耳炎

- 超敏反应：特应性、食物过敏、接触过敏和全身或局部药物反应（图46-6～图46-11）。
- 异物：植物、堆积的毛发、药物。
- 阻塞：肿瘤、息肉、耵聍腺增生、毛发堆积（图46-12～图46-14）。
- 角化异常：耵聍量的增加引起耳道功能性阻塞，内分泌病（图46-15，图46-16）。
- 自身免疫性疾病：经常影响耳廓，但较少影响外耳道（图46-17，图46-18）。

- 永久性因素
  - 细菌感染：金黄色葡萄球菌、绿脓杆菌、肠球菌、变形杆菌、链球菌、棒状杆菌和大肠杆菌（图46-19）。
  - 绿脓杆菌常见于中耳炎的培养物中。
  - 真菌感染：常见厚皮病马拉色菌、白色念珠菌，其他真菌（申克孢子丝菌、新型隐球菌）少见。
  - 慢性变化：因耵聍腺增生和息肉形成出现耳道狭窄，因炎症、瘢痕和钙化引起耳道肿胀（图46-20，图46-21）。
  - 慢性变化可使耵聍产生增多，耳道上皮移动减弱及物理性阻塞，引起耳道内碎屑的残留增多（图46-22，图46-23）。
  - 中耳炎（图46-24～图46-26）。

内耳炎

- 外耳炎/中耳炎感染的蔓延（图46-27，图46-28）。
- 中央前庭疾病：须与脑干的症状如麻木和昏睡相区别。
- 肿瘤和鼻咽息肉：可通过影像学进行诊断。
- 内分泌病：多神经病和霍纳氏综合征，与甲状腺机能减退有关。
- 甲硝唑毒性。

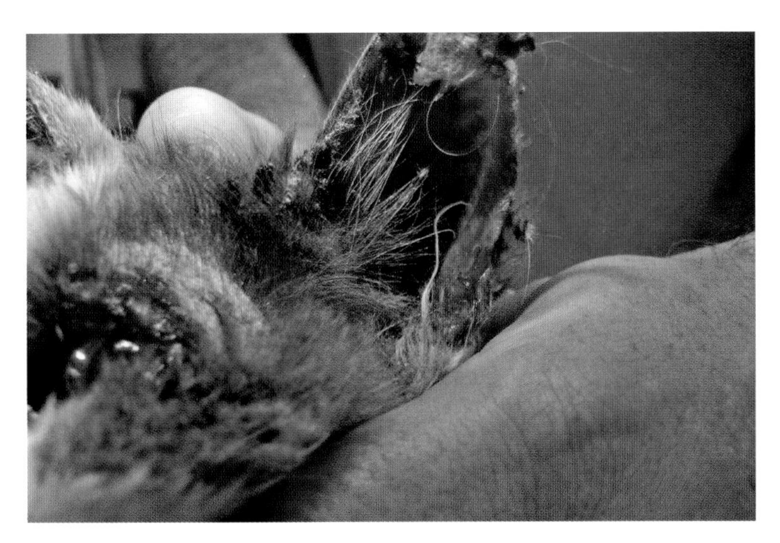

图46-6　食物过敏诱发的创伤

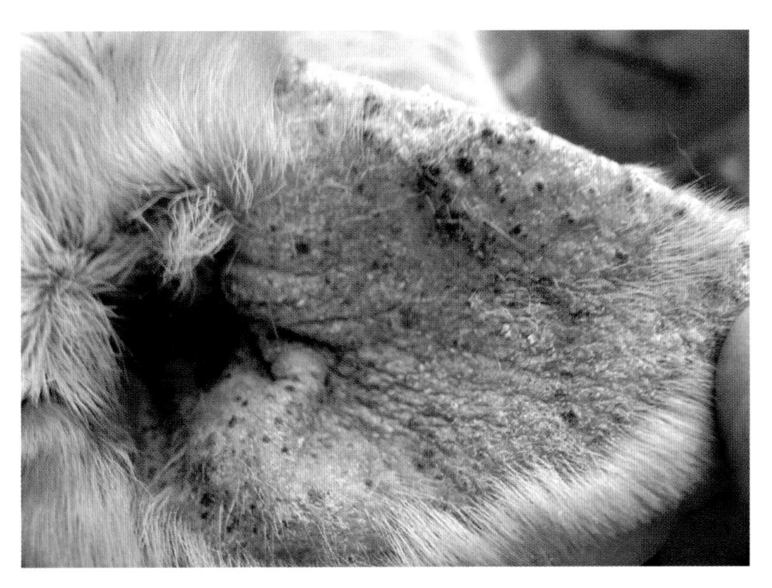

图46-7　食物过敏和继发性马拉色菌性外耳炎

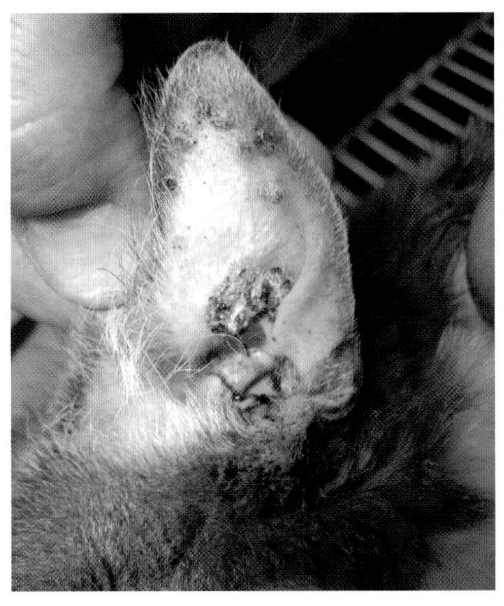

图46-8　甲硫咪唑反应引起的耳廓荨麻疹和结痂

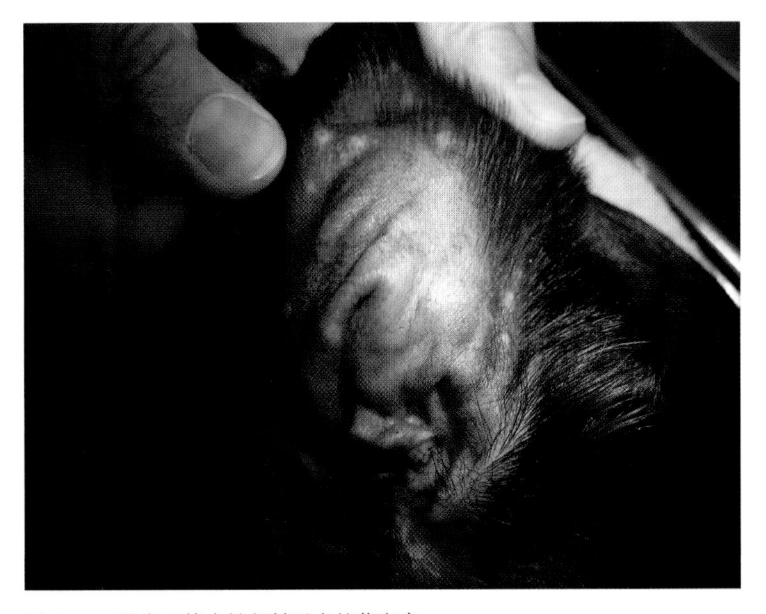

图46-9　继发于特应性超敏反应的荨麻疹

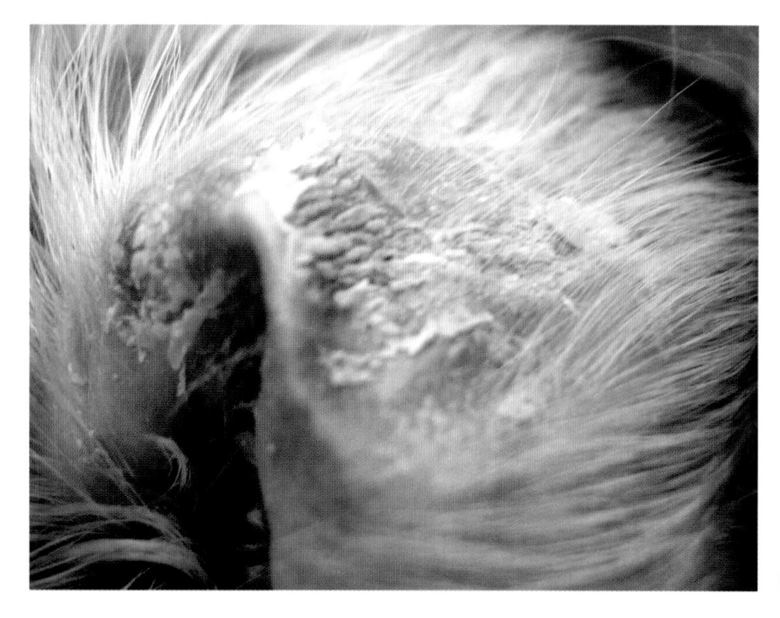

图46-10　多形性红斑引起的耳廓结痂

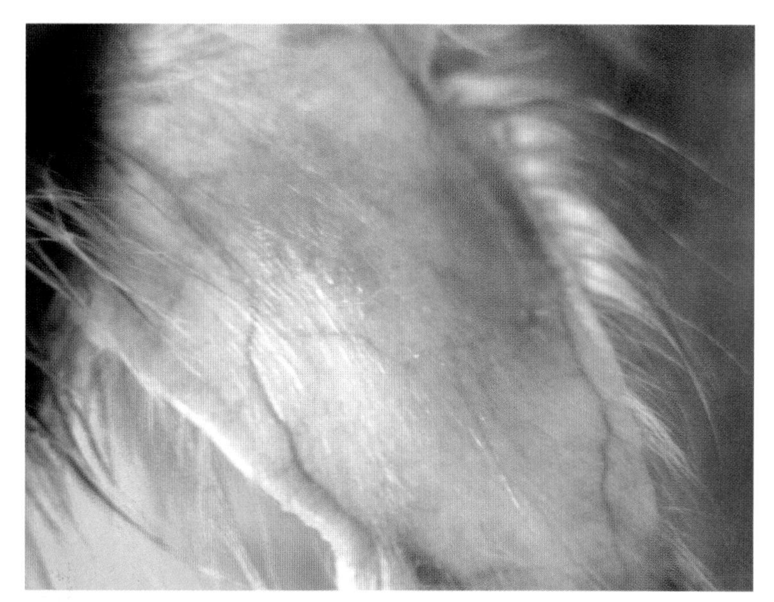

图46-11　长期使用皮质醇软膏引起的耳廓萎缩

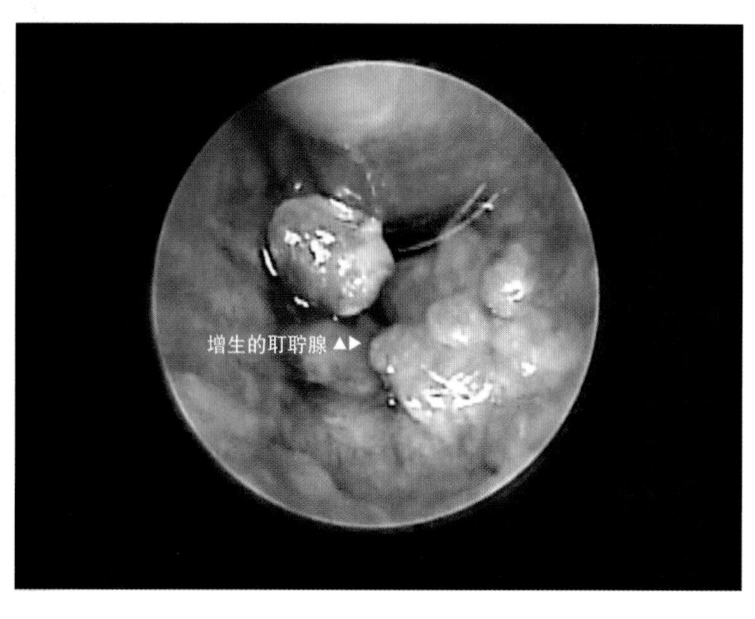

图46-12　耵聍腺增生（可卡犬）

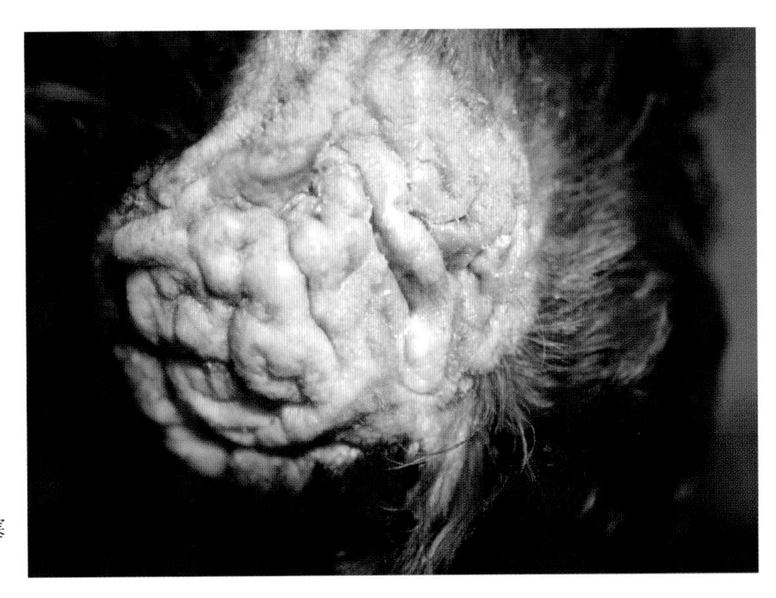

图46-13　耳廓软骨增生和钙化引起的耳道阻塞（可卡犬）

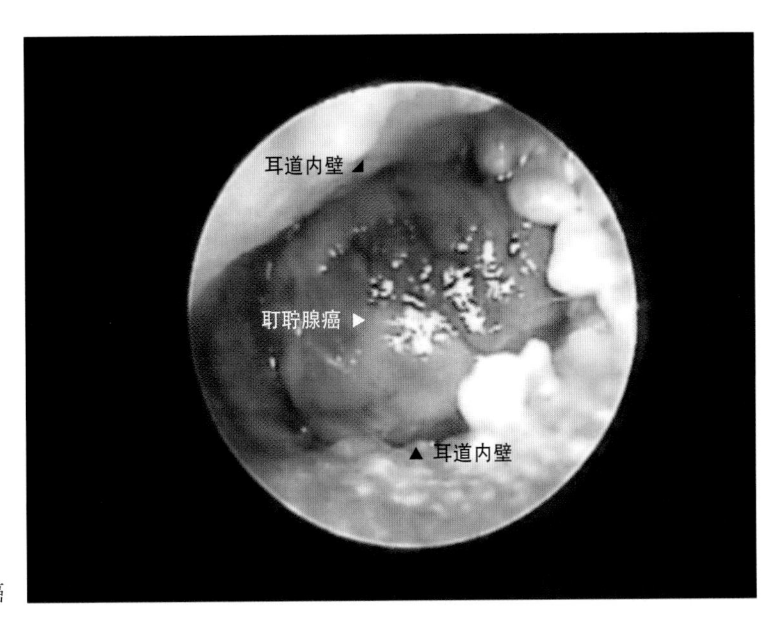

图46-14　耵聍腺癌

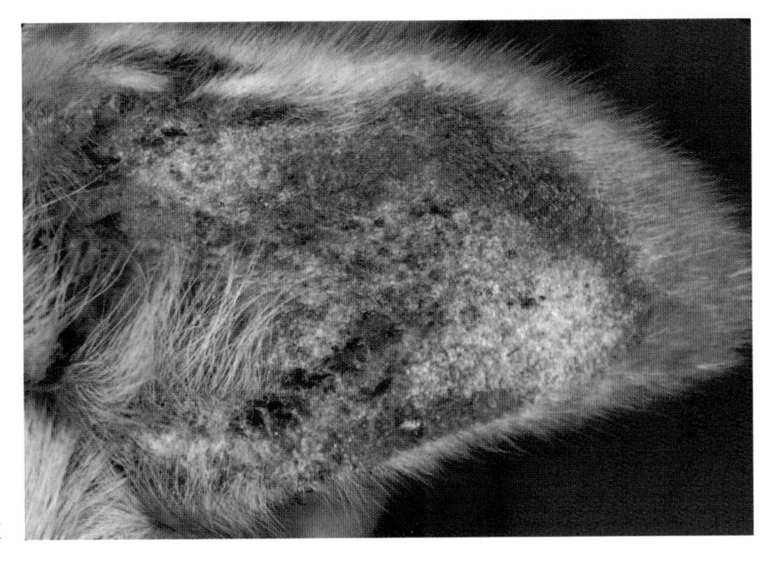

图46-15　角化异常引起耳廓出现厚厚的黏性痂皮

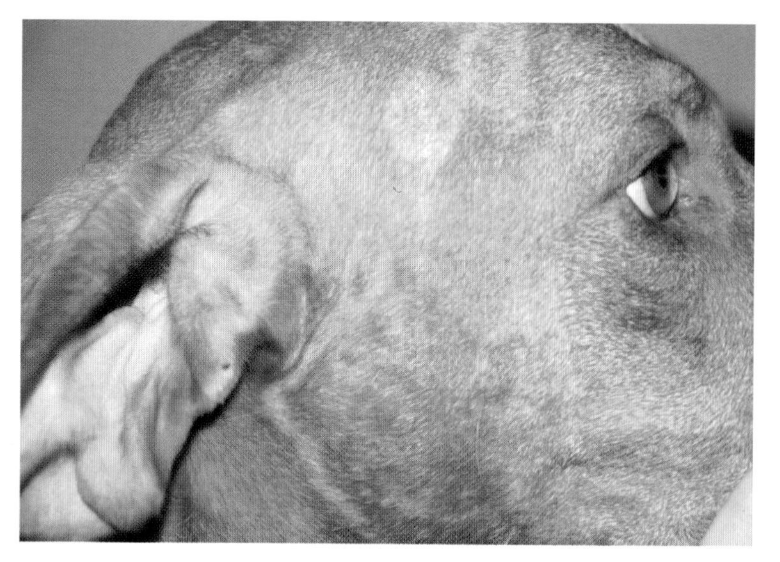

图46-16 头部和耳廓的皮脂腺炎，表现为融合性斑块（维兹拉犬）

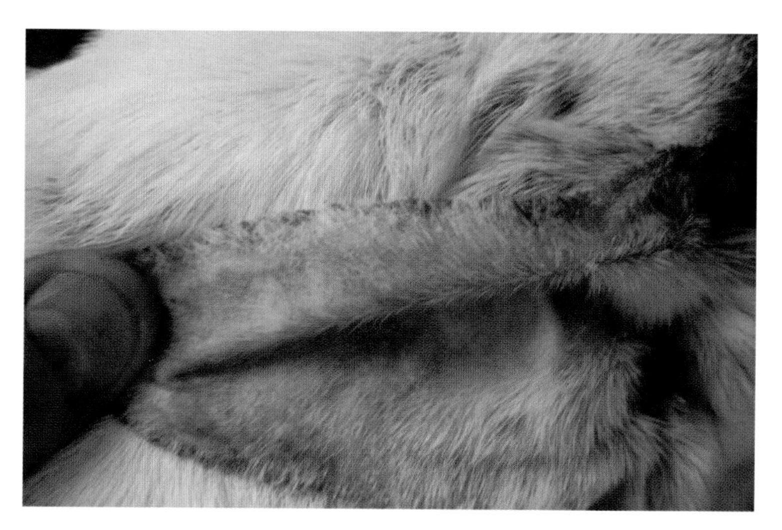

图46-17 落叶型天疱疮引起的耳廓边缘结痂

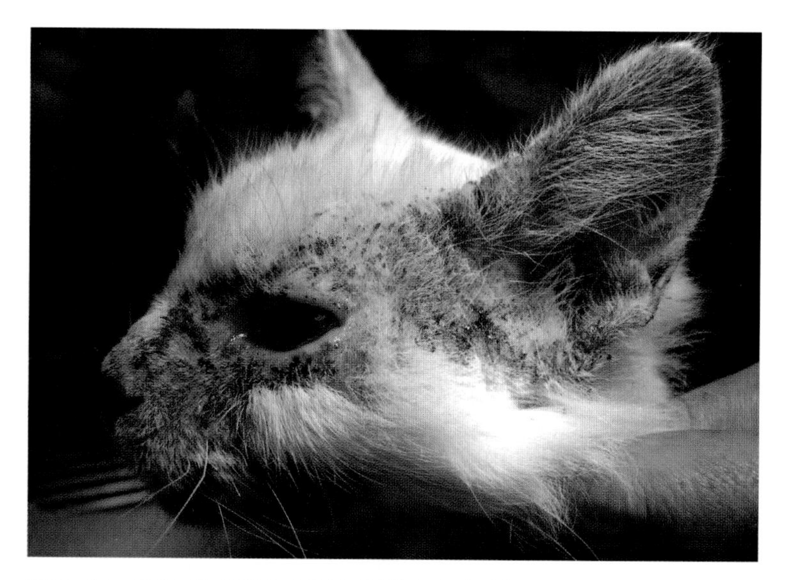

图46-18 继发于落叶型天疱疮的面部结痂和外耳炎

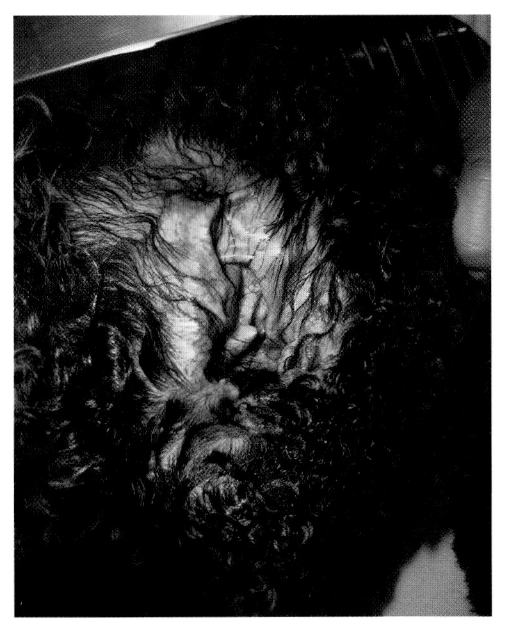

图46-19　继发假单胞菌感染引起的外耳炎

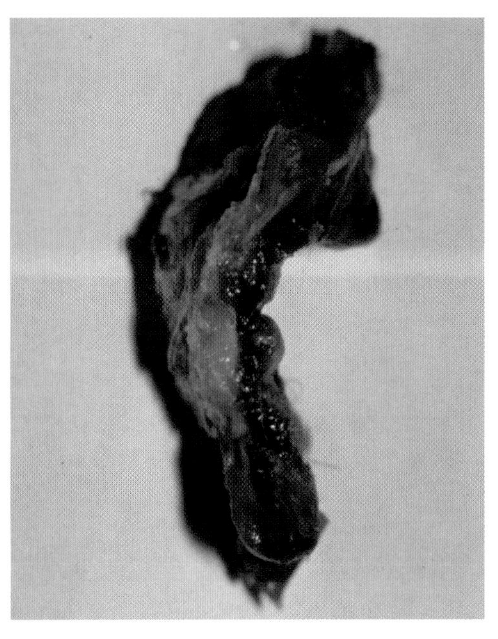

图46-20　从外耳道内取出的钙化软骨（切除的组织）

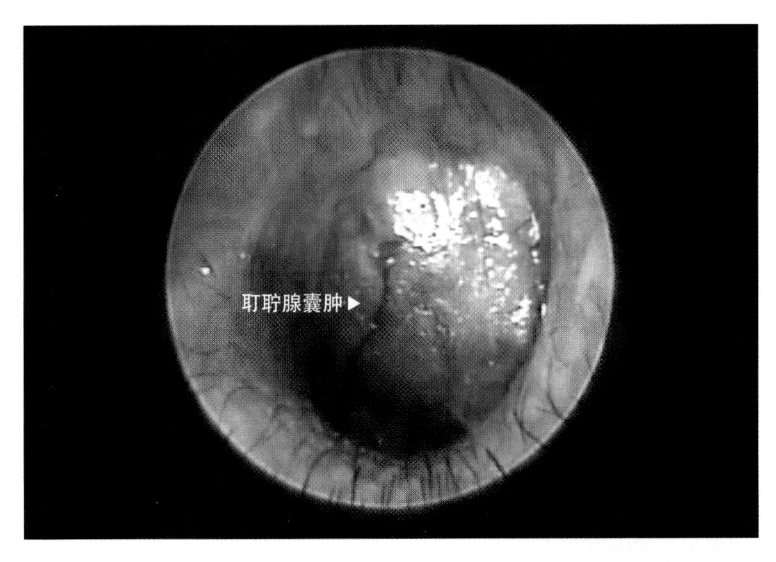

图46-21　耵聍腺囊肿造成的外耳道阻塞

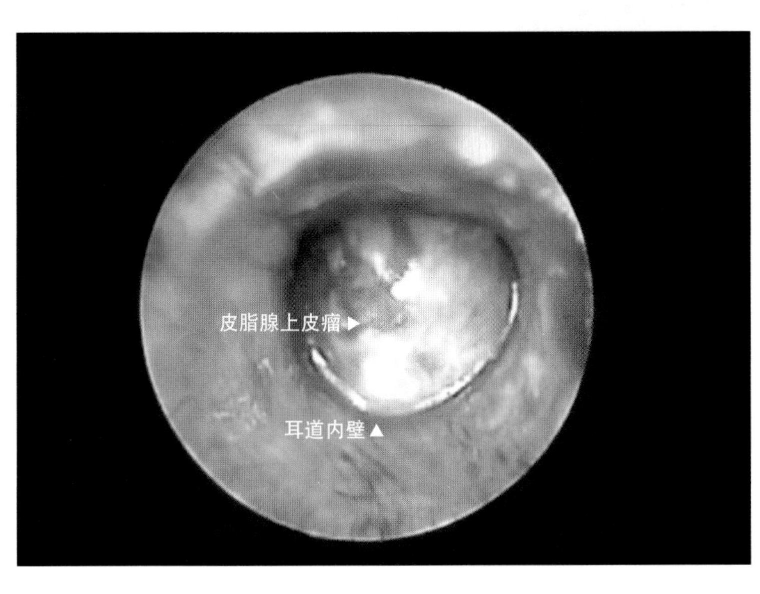

图46-22　皮脂腺上皮瘤引起外耳道阻塞（史宾格猎犬）

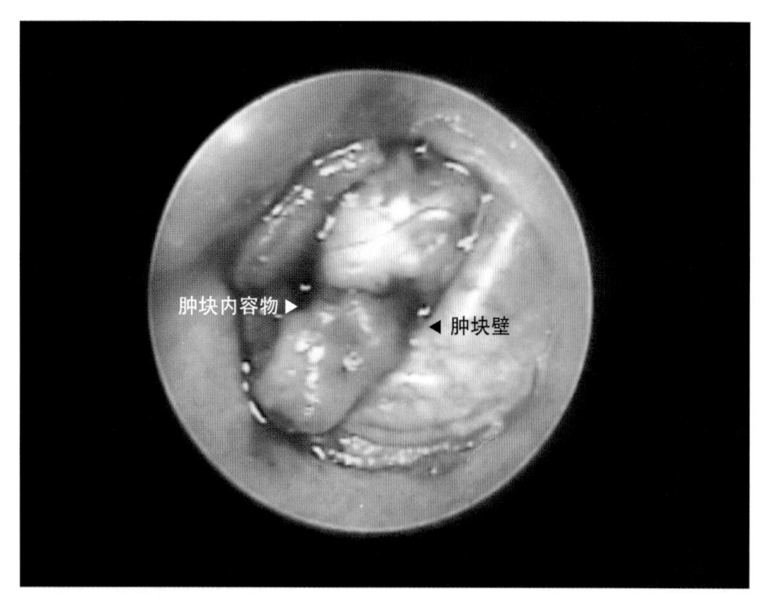

图46-23　破溃的皮脂腺上皮瘤，与图46-22为同一患畜

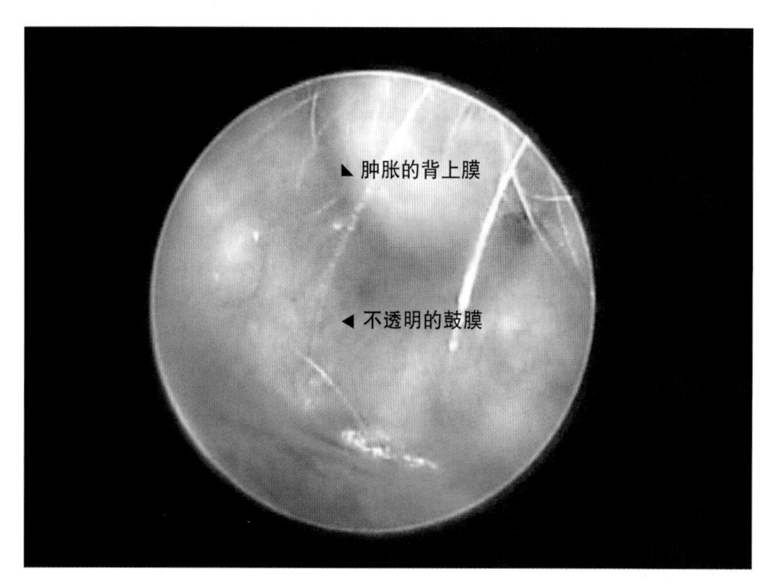

图46-24　透过鼓膜看到的耳泡内脓液

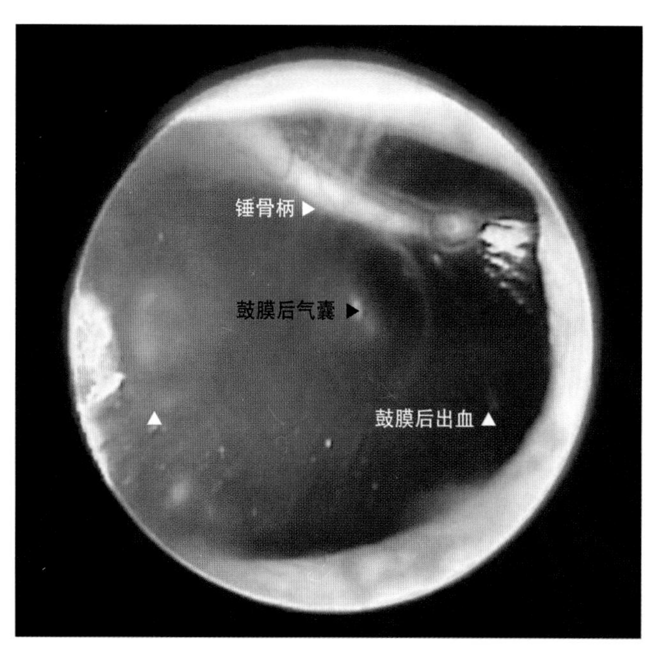

图46-25　透过鼓膜看到的含有血性液体的中耳炎

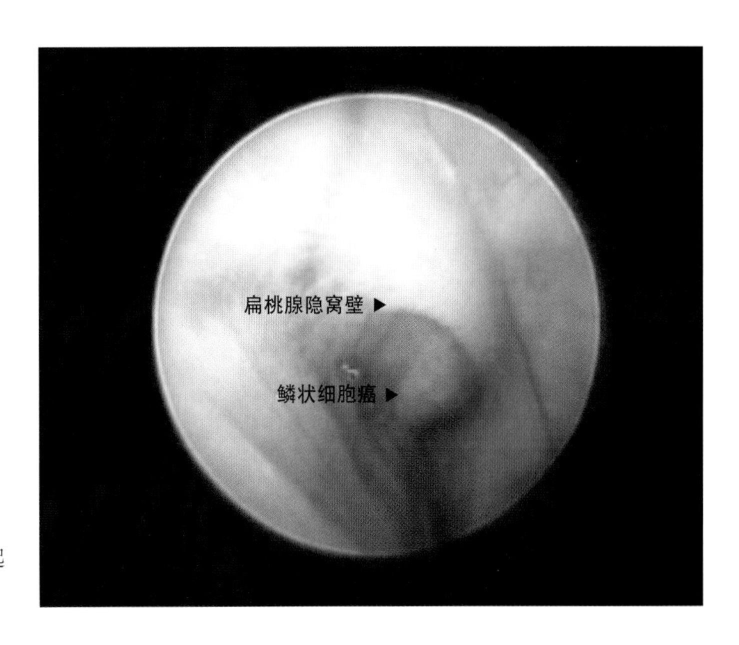

图46-26　扁桃腺隐窝鳞状细胞癌阻塞耳咽管引起的出血性中耳炎（图46-25）

图46-27　内耳炎引起的头倾斜与霍纳氏综合征，患犬不愿意保持头部正常姿势

图46-28　内耳炎引起的头倾斜与霍纳氏综合征

- 硫胺素缺乏症（猫）。
- 创伤。
- 特发性前庭疾病（老龄犬和中年猫）：可通过排除其他病因后做出诊断。

诊 断

- 血象检查/生化检查/尿液检查：一般为正常；可提示原发性潜在性疾病（如甲状腺机能减退、感染的血源性传播）。
- 过敏性试验：采用限制性食物成分试验诊断食物过敏；对特应性过敏症采用皮内过敏试验。
- 神经学检查：可提示内耳炎。
- 影像学检查：
  - 耳泡X线检查：对中耳炎的诊断无高度敏感性；有利于慢性变化的评估；如充满渗出物，耳泡可能出现混浊；可检查外耳道狭窄；可诊断因矿化作用引起的耳泡增厚和颞骨坚硬；可诊断因骨髓炎或肿瘤疾病引起的骨溶解。
  - CT或核磁共振：可获得耳泡、相邻组织或咽鼓管内液体或组织密度的详细信息；CT更适合于骨组织变化的检查；核磁共振更适合于鼓膜和软组织的评估，同时也有助于中央与末梢前庭疾病的区分。
- 直接耳镜检查：可看到外耳道、鼓膜和耳泡（如鼓膜破裂）。
- 可视耳镜检查：可放大耳道的影像，且更易控制样品的采集（图46–29 ~ 图46–31）。
- 耳廓皮屑检查：检查外寄生虫。
- 皮肤组织病理学检查：可用于自身免疫性疾病、肿瘤、耵聍腺增生；耳廓难以进行活组织检查；检查时要避免损伤耳廓软骨。
- 分泌物的显微镜检查：耳道检查完毕后简单且最重要的诊断方法。
- 分泌物性状：真菌感染一般产生黄褐色浓稠的分泌物；细菌感染通常产生棕黑色稀薄的分泌物；根据分泌物的眼观变化不能准确区分感染的类型；必要时需进行显微镜检查（图46–32）。
- 分泌物的培养鉴定与药敏试验：有利于持续性感染的诊断；多用于分泌物中棒状杆菌的检查。
- 来自外耳道近端和远端，以及中耳的样品通常不同；提交每个部位的样品并进行细胞学检查对外耳炎和内耳炎的准确评估十分必要。
- 每个耳道内的分泌物和感染情况可能不同；应该分别采集不同耳道的样品进行检查；如细胞学检查发现有不同的微生物，可能需要将样品分成不同部分分别进行培养和药敏试验。
- 耳道内感染情况会随着长期或反复的治疗而发生改变；慢性病例需要重复进行分泌物检查。
- 鼓膜切开术：通过锤骨柄尾侧紧张部腹面插入脊髓穿刺针或消毒的导管采集耳泡内的液体进行细胞学检查、培养和药敏试验（图46–33 ~ 图46–35）。
- 对从外耳道和中耳获取的活组织样品进行组织病理学检查。
- 脑干听觉应答性反应：检查听力丧失。
- 脑脊液分析：检查中枢神经系统累及情况。

显微镜检查

- 准备工作：从两个耳道进行，每个耳道的内容物可能不同；将样品薄薄地涂在载玻片上。
- 对未染色和经改良瑞氏染色的样品分别进行检查。

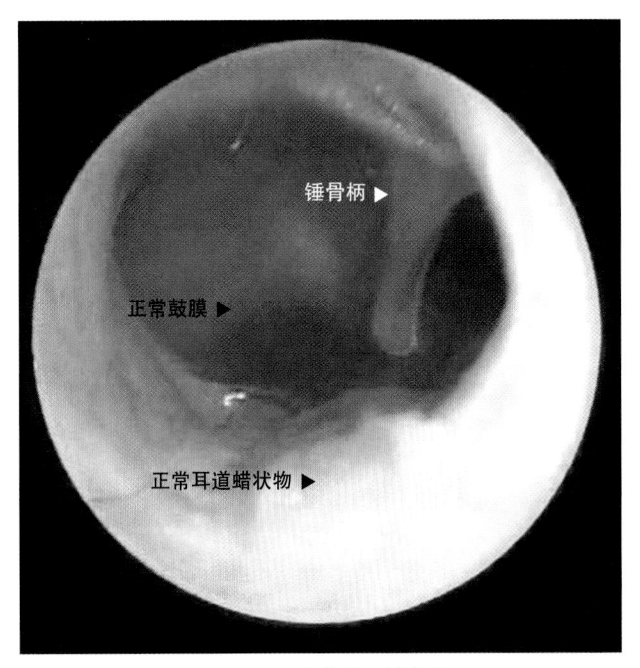

图46-29　通过耳镜看到的正常鼓膜和蜡状物

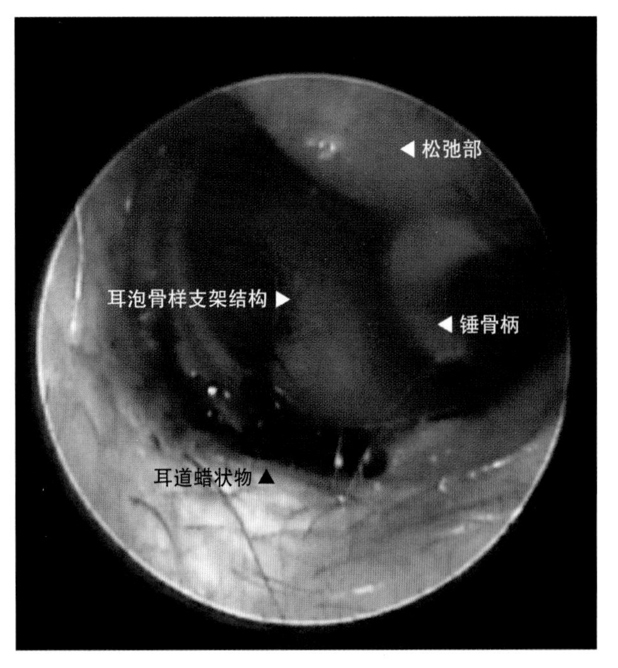

图46-30　正常的鼓膜。透过鼓膜锤骨柄右上方看到的耳泡骨样支架结构

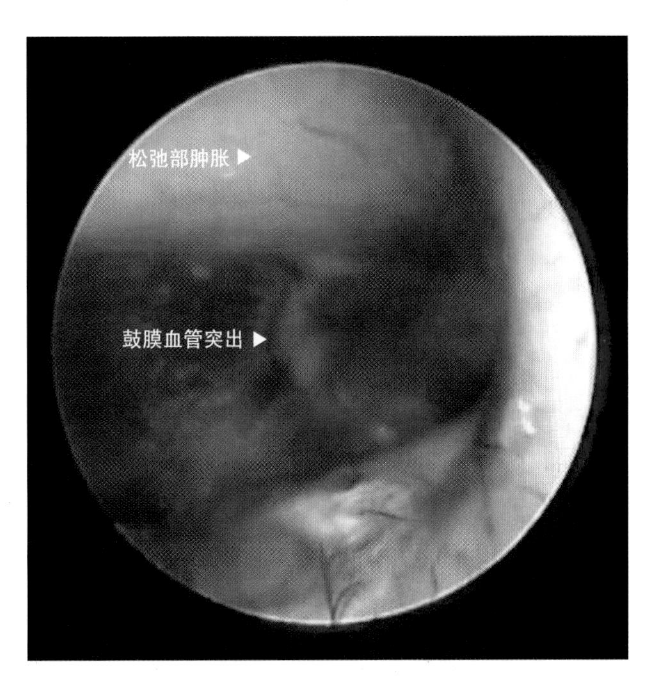

图46-31　炎症引起的鼓膜松弛部肿胀和紧张部血管突出

- 加热固定可能有助于蜡样分泌物的检查。
- 螨虫：推定诊断。

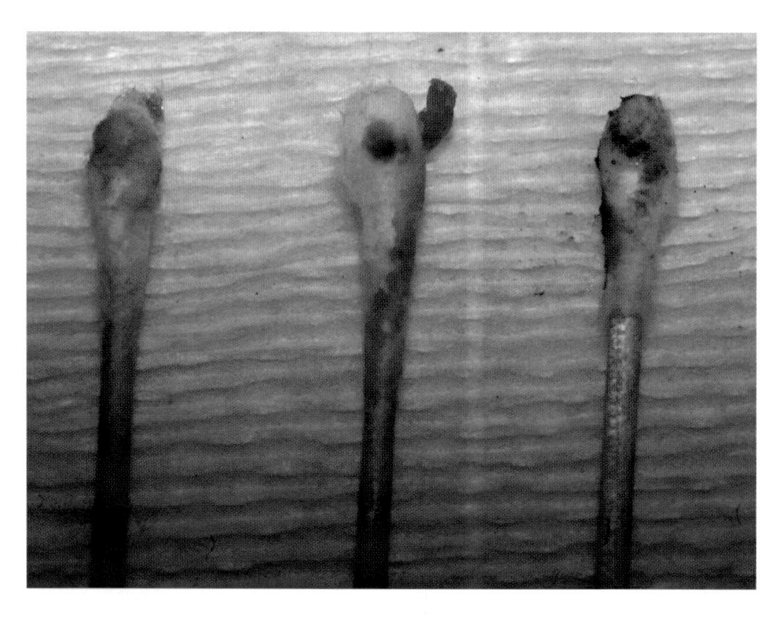

图46-32　外耳炎的耳内分泌物。肉眼不能区分细菌性和真菌性分泌物

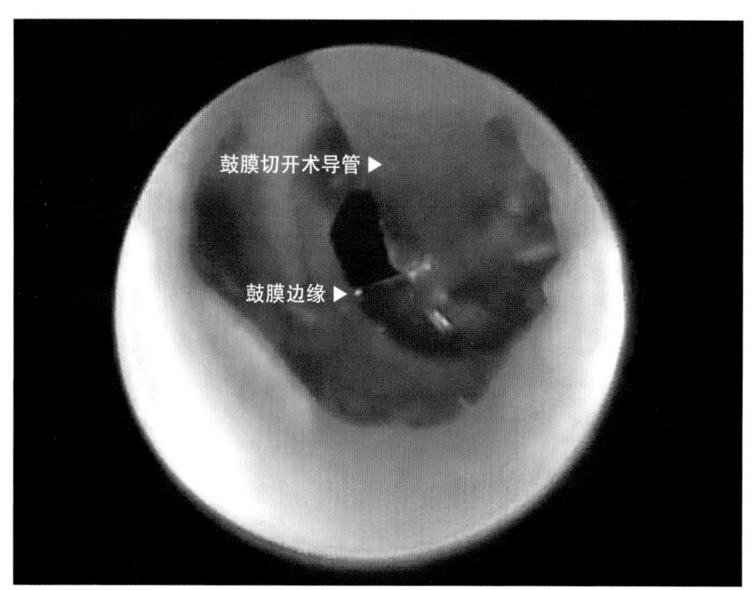

图46-33　鼓膜切开术。留有导管口的锤骨柄；插入紧张部腹侧的导管

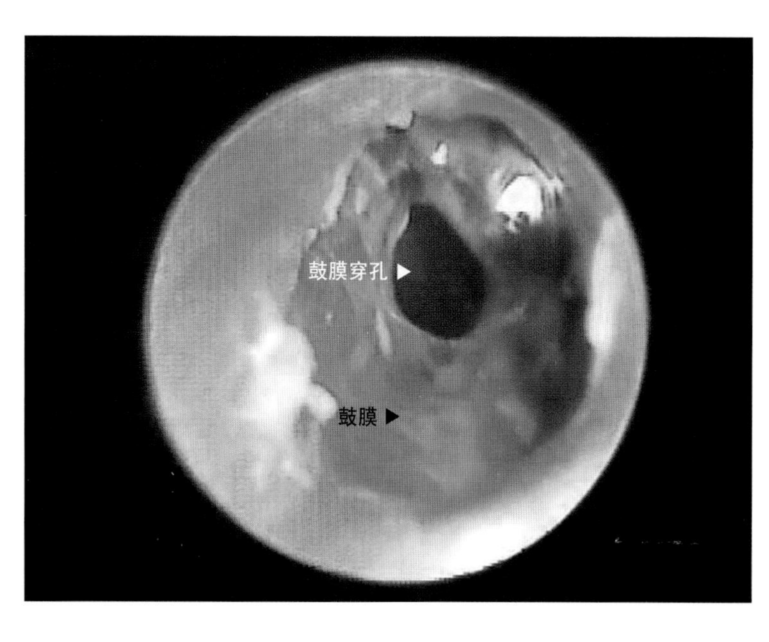

图46-34　鼓膜切开术之后。图示被导管穿破的鼓膜

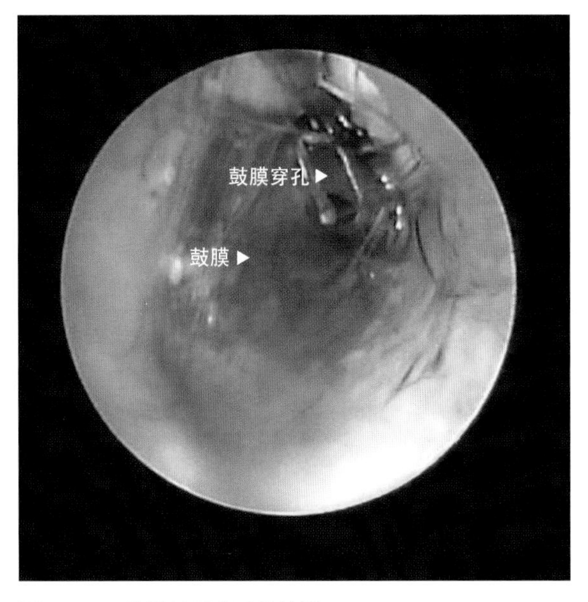

图46-35　鼓膜切开术后的鼓膜

- 细菌或真菌的类型：有助于选择治疗方法并确定是否需要进行培养（图46-38 ~ 图46-42）。
- 在报告上记下检查结果（如微生物类型；出现的细胞类型）；根据衡量标准（如0 ~ 4级）对微生物数量和细胞类型进行分级，以便监测治疗效果。
- 分泌液中发现白细胞表示感染活跃，可采取全身性治疗。

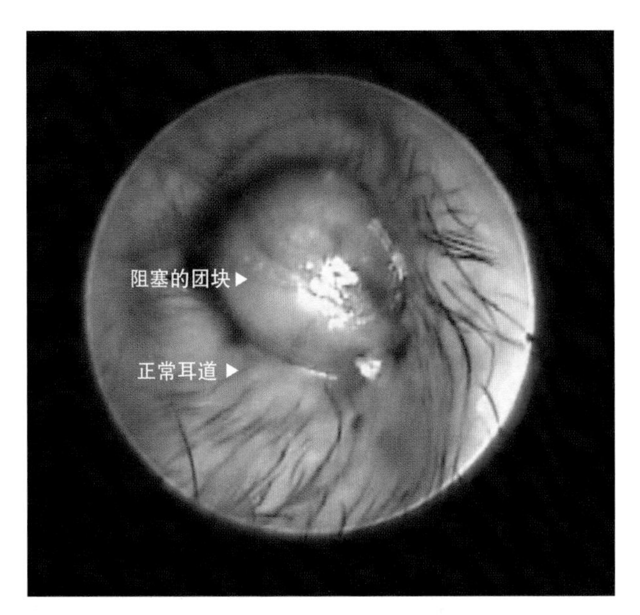

图46-36　阻塞外耳道的团块

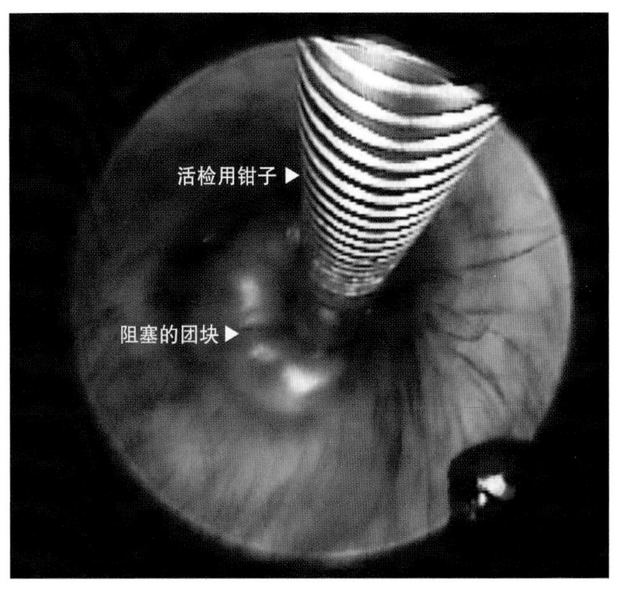

图46-37　图46-36中团块的活组织检查

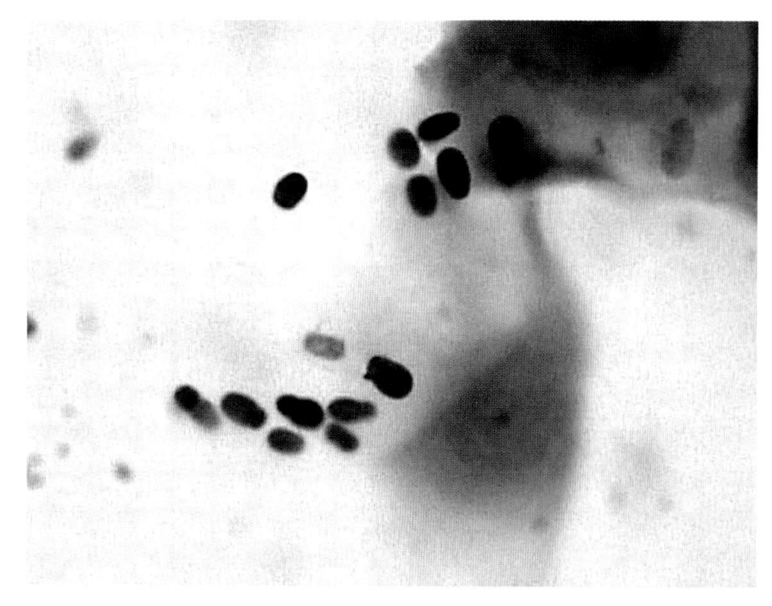

图46-38　耳内分泌物中马拉色菌

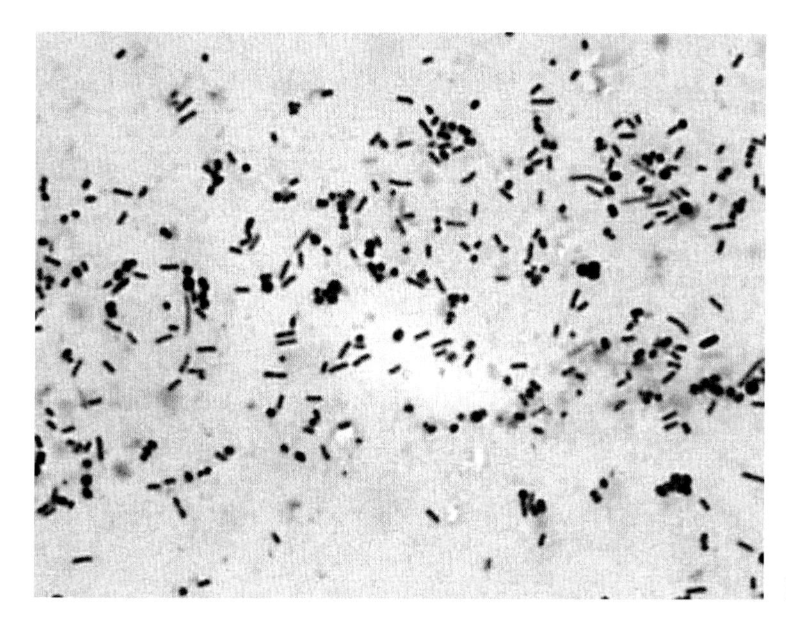

图46-39　耳分泌物中球菌和棒状杆菌

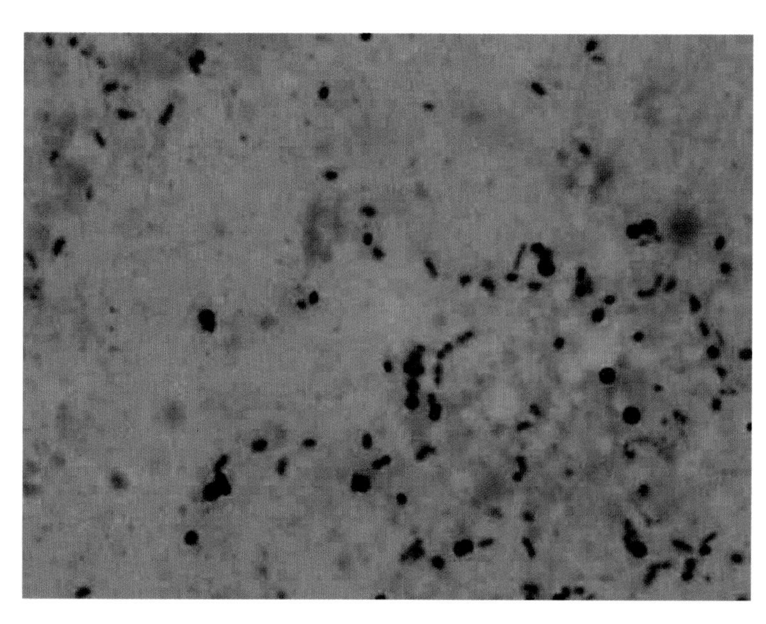

图46-40　耳分泌物中球菌

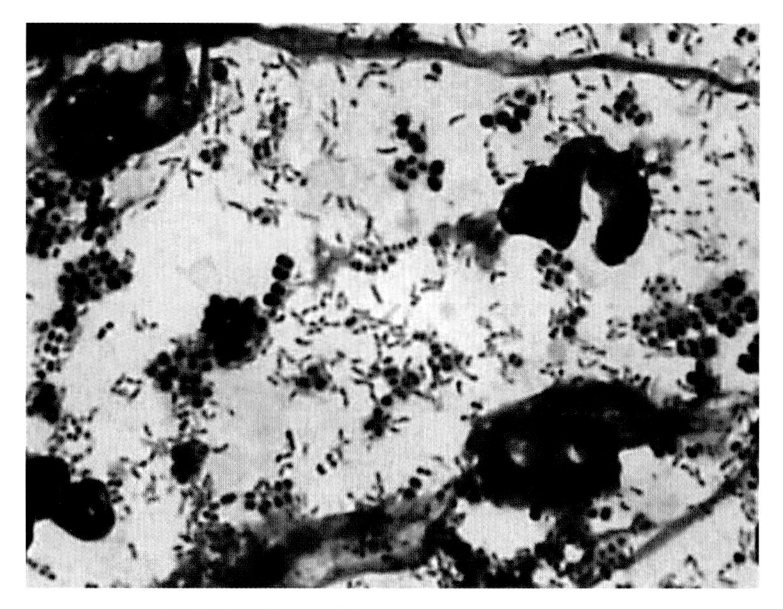

图46-41　耳分泌物中细菌混合感染

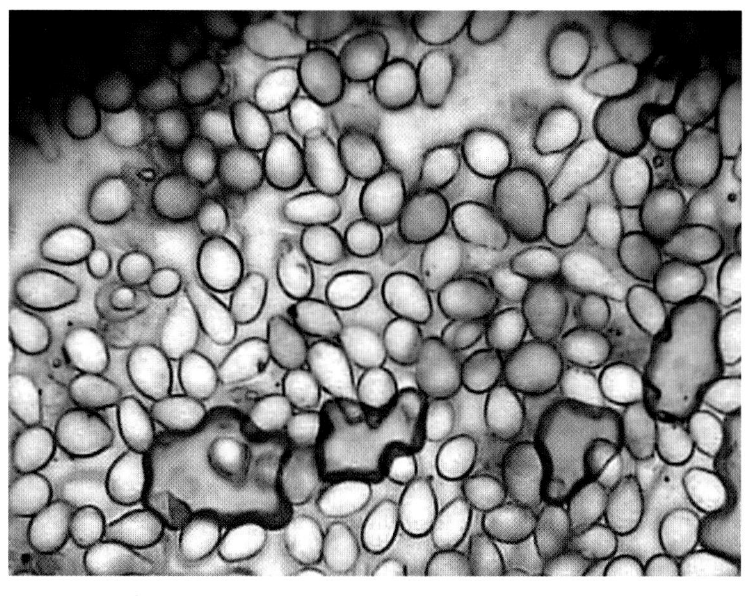

图46-42　耳分泌物中念珠菌

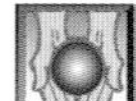

治　疗

- 饲喂：除非怀疑有食物过敏，一般不限制饮食。
- 客户教育：通过示范向客户讲解清洗和治疗耳部的正确方法（特别是向耳内灌药）。
- 手术适应证
  - 耳道严重狭窄或阻塞，或诊断耳道内有肿瘤或息肉时可进行手术治疗。
  - 严重的和保守治疗无效的中耳炎需要进行耳泡切除术。
  - 耳道阻塞或肿瘤可行侧耳道切除术或全耳道切除术（图46-43）。
- 慢性外耳炎通常可引起鼓膜破裂和中耳炎。

- 猫在外耳道术后常见耳道充血潮红（前庭症状）；应告诉主人可能出现的不良后果。
- 使用皮质类固醇药物治疗中耳炎/内耳炎尚有一定争议。
- 禁止对中耳炎/内耳炎患耳进行强力冲洗。
- 颞骨和耳泡的骨髓炎需要使用抗生素治疗6～8周。
- 未得到控制的外耳炎和内耳炎以及治疗并发症均可引起耳聋、前庭病、蜂窝织炎、面神经麻痹，可发展成内耳炎和罕见的脑膜脑炎。
- 前庭症状通常在2～6周内好转。
- 在外耳道使用溶液和/或药物处理前应该对鼓膜的完整性进行评估。
- 耳清洗液成分
  - 鼓膜不完整。生理盐水和2.5%醋酸（醋：水=1：1）溶液冲洗；如果醋酸溶液不是缓冲液的话可能刺激性较大。
  - 鼓膜完整。可用溶耵聍剂：多库酯钠、鲨烯、丙二醇；防腐剂：醋酸或0.2%葡萄糖酸氯己定；三氨基甲烷乙二胺四乙酸（Tris-EDTA）有抗菌作用，与某些抗菌药具有协同作用。
  - 收敛药：异丙醇、硼酸和水杨酸。
  - 抗感染/杀寄生虫药：针对确定的病原而定。
- 耳冲洗
  - 冲洗前可能有必要采用抗炎疗法来减轻肿胀。
  - 疼痛病例可能需要镇静，以便防止耳道的进一步损伤。
  - 最初应选择使用温和的溶液。
  - 可用冲洗球或比较合适的法式红色橡皮导管冲洗耳道并除去碎屑（图46-44）。

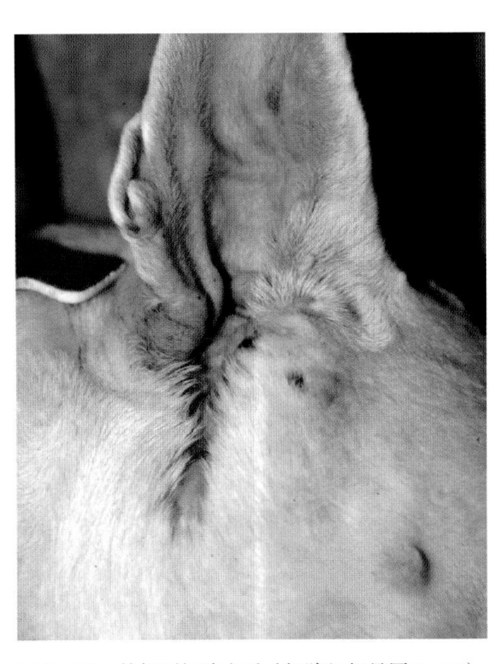

图46-43　外侧耳切除之后（切除组织见图46-20）

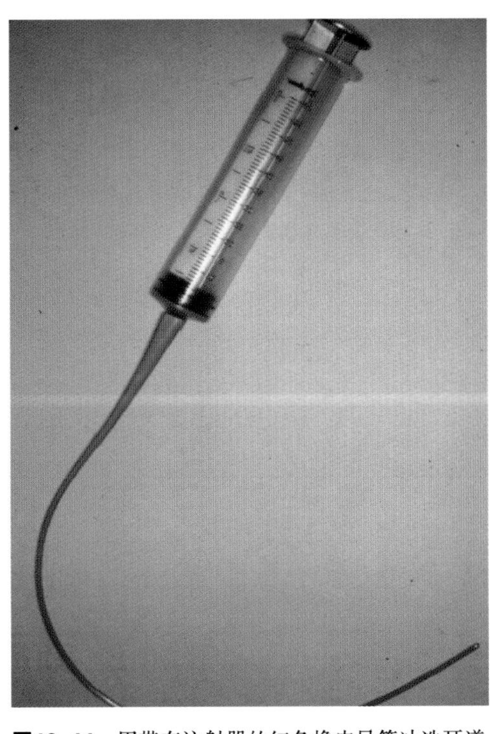

图46-44　用带有注射器的红色橡皮导管冲洗耳道

  - 可将导管引入耳泡对中耳进行冲洗；如果采用深度镇静或全身麻醉，建议进行插管冲洗。
  - 治疗期间应进行重复冲洗，但冲洗频率应逐渐减少。
  - 原发性分泌性中耳炎的治疗应对中耳进行彻底冲洗；可能需要反复冲洗。

药物选择

- 局部用药
  - 对鼓膜不完整病例使用时应慎重。
  - 软膏和洗剂可能造成耳道阻塞并引起持久性疾病，因此使用时应慎重。
  - 抗菌素：根据细胞学评估、培养和药敏试验、以及经验来选择；常用的药品包括庆大霉素、新霉素、马波沙星、恩氟沙星或磺胺嘧啶银。
  - 其他局部用抗生素：阿米卡星、替卡西林和妥布霉素。
  - 抗真菌药：咪唑类有克霉唑、酮康唑、咪康唑、噻苯达唑；也可用制霉菌素、特比萘芬。
  - 抗炎药：皮质类固醇有地塞米松、肤轻松、倍他米松、曲安西龙、氢化可的松和莫米松；也可用二甲亚砜（DMSO）。
  - 抗寄生虫药：伊维菌素、阿米曲士和噻苯达唑。
- 全身用药
  - 分泌物的细胞学检查有助于确定全身用药所需的类型。
  - 长期炎症性疾病需要抗炎治疗。
  - 内耳炎、中耳炎和慢性/严重的外耳炎可能需要全身用药至少4～6周。
  - 抗菌素的选择应根据反复感染病例分泌物的培养/药敏试验结果而定。
  - 葡萄球菌：头孢氨苄（22mg/kg，每天两次），阿莫西林（10～15mg/kg，每天两次）；克林霉素（如累及骨组织，11mg/kg，每天1～2次）；氯霉素（一般按照55mg/kg，每天3次，除非有培养和药敏试验结果）。
  - 棒状杆菌：氟喹诺酮：恩氟沙星（犬，每天10～20mg/kg；猫，每天最大用量为5mg/kg）；环丙沙星（10～25mg/kg，每天两次）；奥比沙星（2.5～7.5mg/kg，每天一次）；马波沙星（5.5mg/kg，每天一次）；对于假单菌感染推荐更高剂量。
  - 其他抗菌素的选择：阿米卡星（20mg/kg，每天一次）；β-内酰胺：替卡西林（10～25mg/kg，每天2～3次）、亚胺培南（10mg/kg，每天3次）、头孢他啶（30mg/kg，每天3～4次）。
  - 抗真菌药：可与局部治疗药一起使用；酮康唑（5mg/kg，每天1～2次）、氟康唑（5mg/kg，每天1～2次）、伊曲康唑（每天5mg/kg）；口服抗真菌药的有效性尚存争议。
  - 抗炎药：逐渐减量使用；泼尼松龙（0.5～1mg/kg，每天一次）、地塞米松（0.1mg/kg，每天一次）、曲安西龙（0.1mg/kg，每天一次）；曲安西龙病灶内注射（0.1mg/kg，分多点注射）。
  - 抗寄生虫药：伊维菌素（300μg/kg，口服，每1～2周一次，治疗4次）、司拉克丁（按标签说明使用）、莫昔克丁（按标签说明使用）。

维持疗法目标

- 每周或每隔一周进行常规清洗，保持耳道内无碎屑。

- 使用清洗液或慎用局部药物以便减少耳道内细菌和真菌的定植。
- 局部使用皮质类固醇并消除耳道疾病的潜在病因以减少炎症和蜡样物的产生。
- 在出现临床症状之前应对耳道进行常规检查以检测其变化。

注　释

- 对于心丝虫阳性犬或柯利犬、喜乐蒂牧羊犬、英国古代牧羊犬、澳大利亚牧羊犬及它们的杂交品种不能使用伊维菌素；牧羊犬的阿维菌素中毒风险增加；对牧羊犬及其杂交品种（可能存在ABCB1（耐药基因）的基因突变），要防止摄入局部使用的阿维菌素。
- 大量局部用药及其成分的耳毒性已有报道；如鼓膜不完整，建议避免使用（如果可能）；通常报道具有耳毒性的药物包括：氨基糖苷类和大环内酯类抗生素、抗肿瘤药（含铂的）和髓袢利尿剂。

作者：Alexander H. Werner

刘芳　译　张龙现　校

第 47 章

足部和爪部疾病

定义 / 概述

- 甲沟炎：爪周周软组织炎症。
- 甲沟脓炎：从爪部流出脓性渗出物。
- 爪部皱褶：围绕爪部近端的新月形组织。
- 冠状带和背脊：可产生多爪。
- 甲癣：爪部真菌感染。
- 脆甲症：脆弱的爪部容易裂开或折断。
- 甲分裂：爪裂开和/或分层，通常从远端开始。
- 脱甲病：爪部的脱落。
- 指（趾）甲营养不良：因异常生长而变形；通常是一种疾病的后遗症。
- 甲软化：爪变软。
- 甲折断：爪断开。
- 嵌甲：甲长入肉内。

病因学 / 病理生理学

- 爪部、爪部皱褶、脚垫：可因创伤、感染、血管功能不全、免疫介导性疾病、肿瘤、角质化缺陷和先天性畸形等而发病。
- 某种特殊的畸形可能由多种疾病所引起。
- 单个疾病可能出现不同的爪部病变。
- 有时原因不明，且对治疗没有反应。

特征 / 病史

- 柯利犬和喜乐蒂牧羊犬：皮肌炎。
- 腊肠犬：脆甲症。
- 德国牧羊犬、罗威纳犬、有可能巨型雪纳瑞和杜宾犬：对称性狼疮样指（趾）甲营养不良。
- 西伯利亚哈士奇犬、腊肠犬、罗得西亚脊背犬、洛特维勒牧羊犬、可卡犬：先天性指（趾）甲营养不良（角质化缺陷）。
- 斗牛犬：肢皮炎。

- 爱尔兰㹴、法国獒犬、凯利蓝㹴犬、拉布拉多寻回猎犬、金毛猎犬：家族性脚垫角化过度。
- 英国斗牛犬、大丹犬、腊肠犬：先天性无菌性肉芽肿。
- 德国牧羊犬、惠比特犬、英国史宾格犬：先天性脱甲病。
- 德文力克斯猫：马拉色菌性甲沟炎。
- 德国牧羊犬：结节性皮肤纤维组织增生。

风险因素

- 甲沟炎（感染性）：免疫抑制（内源性或外源性）、猫白血病病毒感染（浆细胞性足部皮炎）、创伤和糖尿病。
- 细菌性脱甲病：据推测趾甲修剪过短易于感染。
- 犬的挖掘或猎杀同伴行为。
- 形态异常和肥胖的犬由于体重分布不均和摩擦增加，发病风险亦加大。
- 并发症增加风险：过敏症、免疫介导性疾病、角化异常、寄生虫病（蠕形螨、利什曼原虫、钩虫等）、代谢性疾病（肝皮肤综合征）、肿瘤（趋上皮淋巴瘤、转移性支气管腺癌、鳞状上皮细胞癌、角化棘皮瘤、内翻性乳头状瘤、黑素瘤、肥大细胞瘤）。

临 床 特 点

- 舔舐足部和/或爪部/爪部皱褶；咬甲癖。
- 跛行。
- 疼痛。
- 爪部/爪部皱褶/足垫肿胀、红斑和渗出。
- 爪部或足垫变形或脱落。
- 爪部变色（马拉色菌感染后变为红棕色）。
- 爪部或脱爪处出血。
- 以前描述为“嫩足”。
- 脚垫或爪部皱褶出现过度角化、结痂、溃疡和龟裂。

甲沟炎

- 感染：细菌、皮肤真菌、酵母菌（念珠菌、马拉色菌）、蠕形螨和利什曼原虫。
- 免疫介导性疾病：天疱疮、大疱性类天疱疮、全身性红斑狼疮、药疹、对称性类狼疮指（趾）甲营养不良。
- 肿瘤：指（趾）甲下鳞状细胞癌、黑素瘤、小汗腺癌、骨肉瘤、甲下角化棘皮瘤和内翻性鳞状细胞乳头状瘤。
- 动静脉瘘。

甲癣

- 犬：须发癣菌——通常为全身性感染。
- 猫：犬小孢子菌。

脆甲症

- 特发性：尤其是腊肠犬；多个指（趾）甲。
- 创伤。
- 感染：皮肤癣菌病和利什曼原虫病。

脱甲症

- 创伤。
- 感染。
- 免疫介导性疾病：天疱疮、大疱性类天疱疮、全身性红斑狼疮、药疹、对称性类狼疮指（趾）甲营养不良。
- 血管功能不全：血管炎和冷凝集素病。
- 肿瘤：见上。
- 特发性。

甲营养不良

- 肢端肥大症。
- 猫甲状腺机能亢进。
- 锌应答性皮肤病。
- 先天性畸形。

鉴 别 诊 断

- 根据临床表现分类可能对医生有用。
- 指（趾）间红斑和瘙痒
  - 异位性皮炎；
  - 食物过敏；
  - 蠕形螨病；
  - 细菌过度繁殖。
- 非瘙痒性脱毛
  - 蠕形螨病；
  - 细菌过度繁殖；
  - 真菌性皮肤病；
  - 局部缺血性毛囊炎（皮肌炎、接种疫苗后）。
- 脚垫结痂/过度角化/龟裂
  - 落叶性天疱疮；
  - 锌-应答性皮肤病；
  - 浅表坏死松解性皮炎（肝皮肤综合征）；
  - 多形性红斑；

  - 猫副肿瘤性胰腺癌；
  - 猫胸腺瘤相关剥脱性皮炎；
  - 特发性/遗传性过度角化；
  - 真菌性皮肤病；
  - 药疹；
  - 浆细胞性爪部皮炎（猫）；
  - 病毒（犬瘟热）。
- 脚垫脱落/溃疡
  - 趋上皮淋巴瘤；
  - 缺血性血管病变；
  - 多形性红斑；
  - 药疹；
  - 浆细胞性爪部皮炎（猫）。
- 结节性病变
  - 无菌性肉芽肿综合征；
  - 脓皮症；
  - 蠕形螨病；
  - 真菌性皮肤病（脓癣）；
  - 德国牧羊犬结节性皮肤纤维组织增生；
  - 皮肤钙化；
  - 黄瘤病。
- 非对称性爪部疾病
  - 细菌性甲沟炎/甲沟脓炎；
  - 甲癣；
  - 创伤：机械性、化学性和修爪；
  - 动静脉瘘（去爪术后或创伤）；
  - 肿瘤（鳞状细胞癌、黑素瘤、肥大细胞瘤、转移性支气管腺癌、角化棘皮瘤）。
- 对称性爪部疾病
  - 细菌感染；
  - 代谢性疾病；
  - 对称性狼疮样指（趾）甲营养不良；
  - 自身免疫性疾病（尤其是猫落叶型天疱疮）；
  - 角质化障碍；
  - 病毒病；
  - 利什曼病；

- 严重的蛔虫感染，钩虫病；
- 营养缺乏（锌）；
- 毒素（铊）；
- 特发性（与品种相关和衰老的变化）。

诊　断

- 利用抗核抗体（ANA）检测全身性红斑狼疮。
- 血象检查和尿液分析。
- 血清生化检查用于评估糖尿病、甲状腺功能、肝脏功能或其他全身性疾病。
- 猫白血病病毒和猫艾滋病病毒。
- 放射学检查：第三指（趾）骨骨髓炎，肿瘤变化。
- 活组织检查：通常涉及第三指（趾）骨截断术；大部分疾病的诊断需要包含冠状带。
- 从甲部和/或皱褶处取分泌物进行细胞学检查。
- 皮肤刮屑。
- 细菌和真菌培养
  - 粪便检查；
  - 限制性变应原饲喂试验；
  - 真皮内皮试/血清学检查；
  - 如果怀疑皮肤纤维组织增生/囊性肾脏腺瘤/腺癌综合征时，可进行肾脏的超声检查（图47-1～图47-14）。

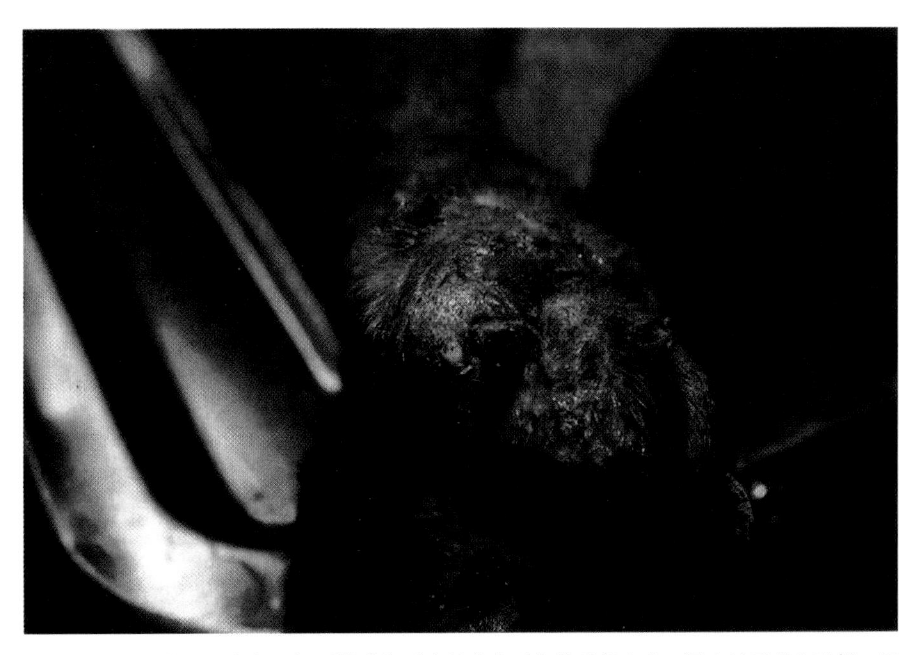

图47-1　由细菌性毛囊炎和蠕形螨感染形成的疖病引起的足部皮炎。图中显示整个趾部、甲床和趾间隙出现组织水肿、脱毛、过度角化及局部糜烂和溃疡

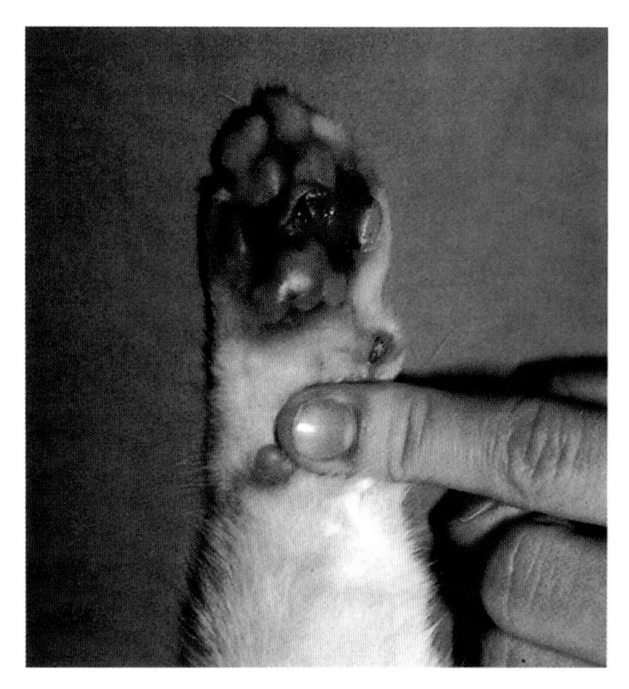

图47-2　嗜酸性斑块（猫嗜酸性细胞肉芽肿综合征）从趾部和掌部肉垫一直延伸至甲部

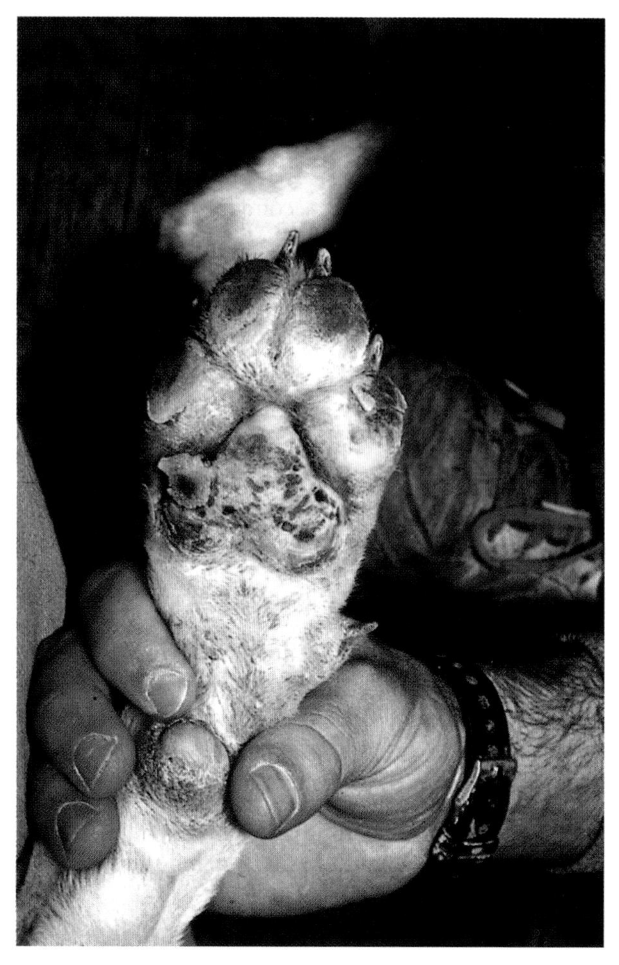

图47-3　3岁大麦町犬的落叶型天疱疮，病变出现在临床症状开始3周内。图示肉垫糜烂和表层分离，以及轻度至中度红斑

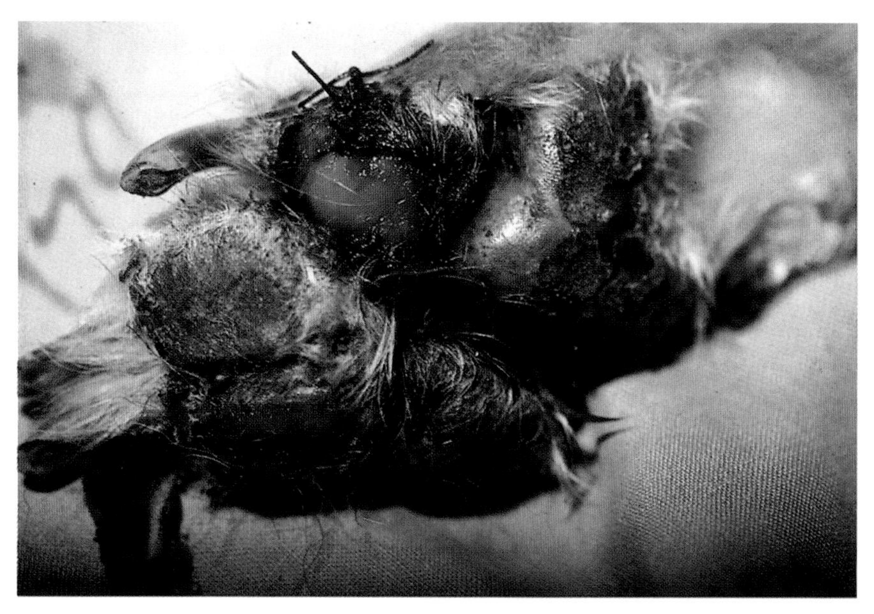

图47-4　9岁杂交犬的寻常型天疱疮。图示脚垫明显溃疡，周围角化过度和结痂

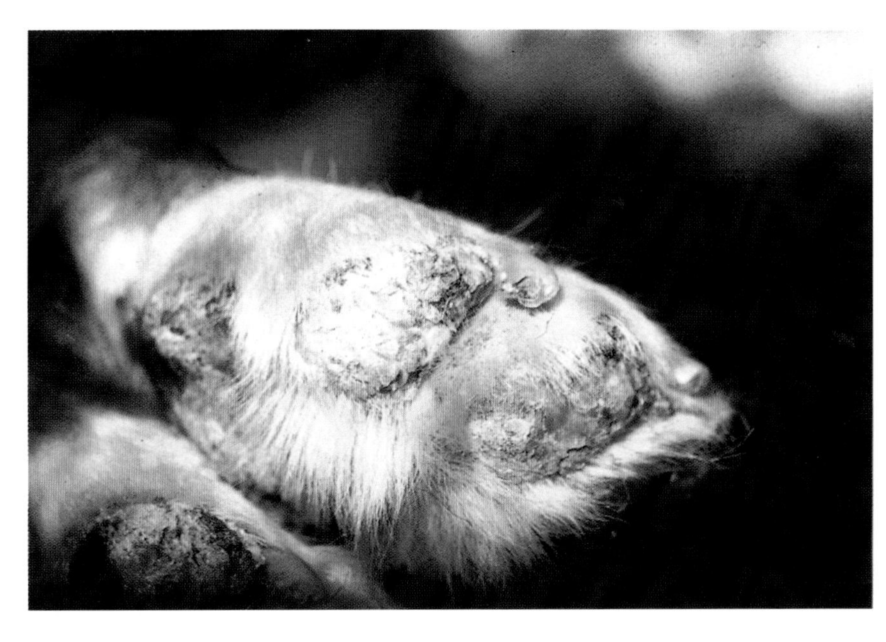

图47-5　犬的肝皮肤综合征。图示脚垫融合性过度角化非常明显

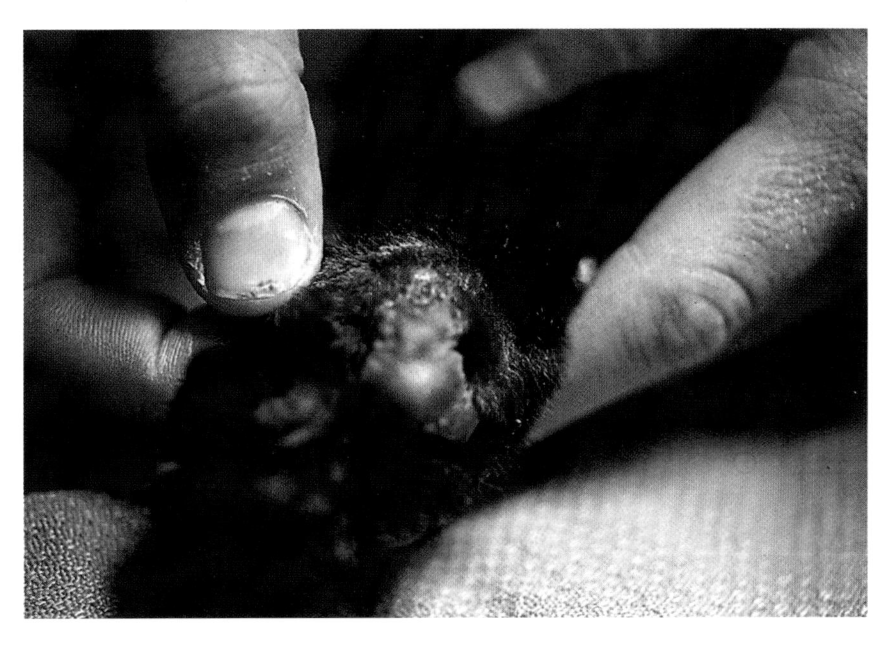

图47-6　猫的脚垫皮肤黄瘤病，与特发性高脂血症有关。图示沿脚垫边缘出现黄-粉红色斑块

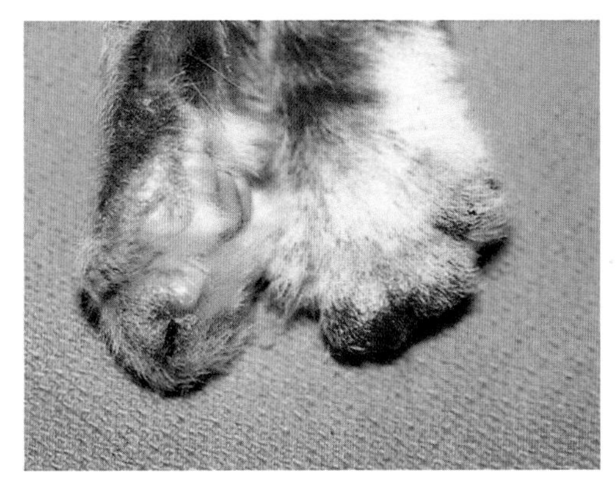

图47-7　猫趾部的皮肤淋巴细胞瘤，身体其他部位未见病变

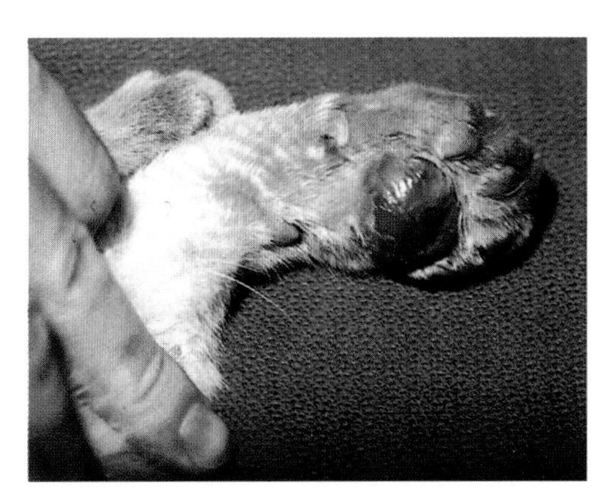

图47-8　浆细胞性足部皮炎，主要侵害掌部和跖部肉垫，趾部肉垫正常。受损肉垫肿胀呈海绵状，局部糜烂和溃疡有或无

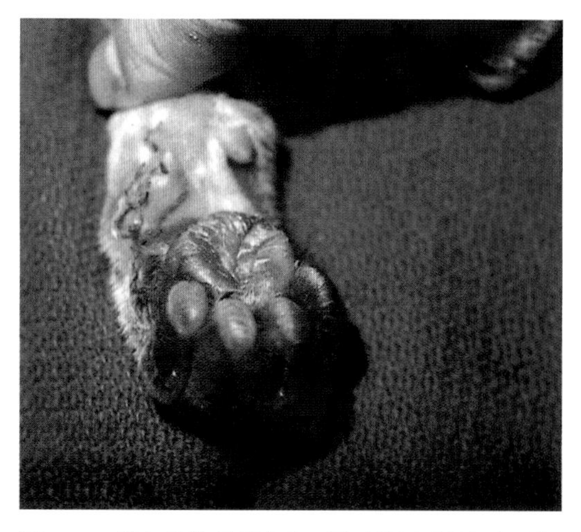

图47-9　浆细胞性足部皮炎。图示按压受损部多么轻松

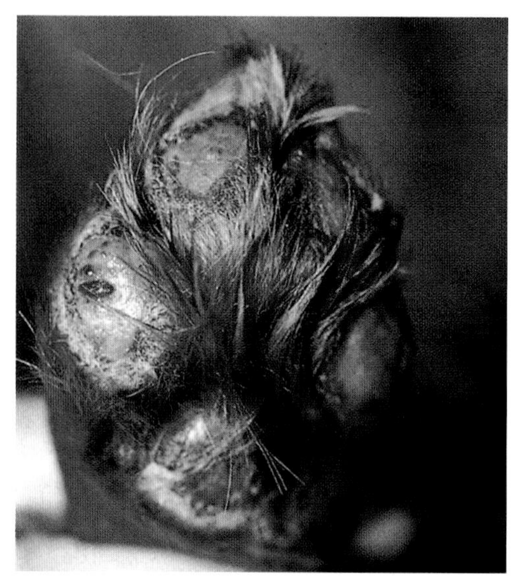

图47-10　暴风雪后沿纽约街道铺食盐路面走过后出现的脚垫糜烂和溃疡

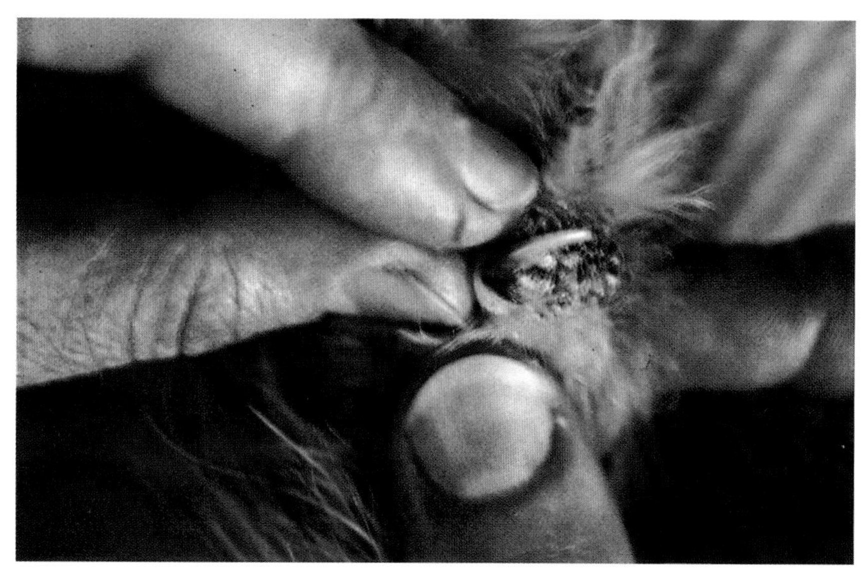

图47-11　患有落叶型天疱疮猫的甲沟炎/甲沟脓炎。猫的落叶型天疱疮通常在趾甲拔出时可看到干酪样渗出物

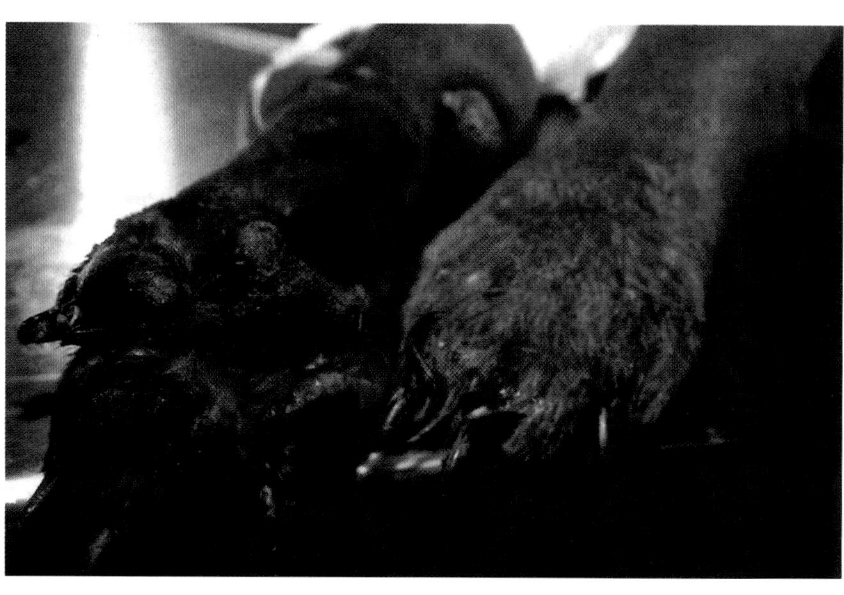

图47-12　过敏性皮炎引起的趾间皮炎，特征是红斑和继发细菌感染

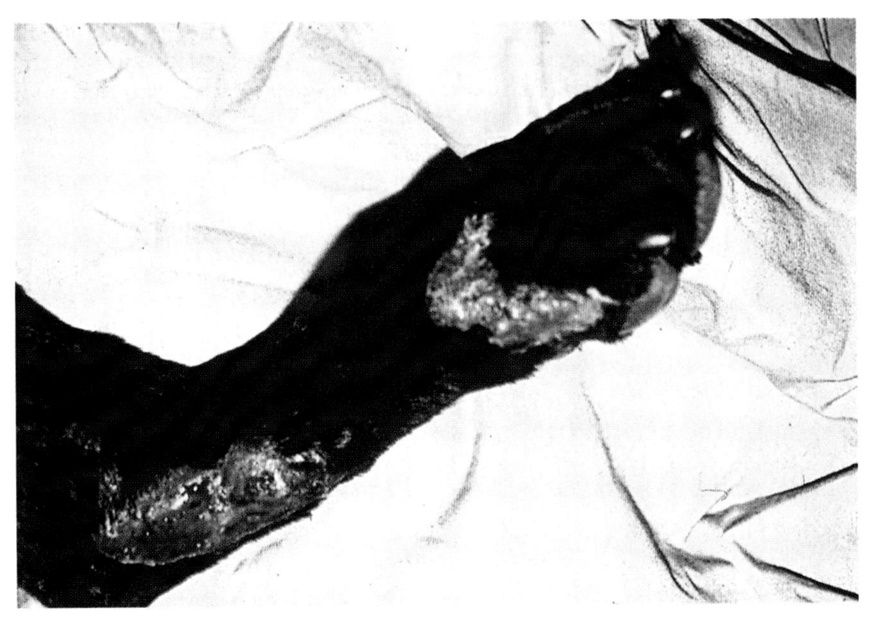

图47-13 深层葡萄球菌感染的青年犬出现毛囊炎和疖病，伴发肢端脱毛

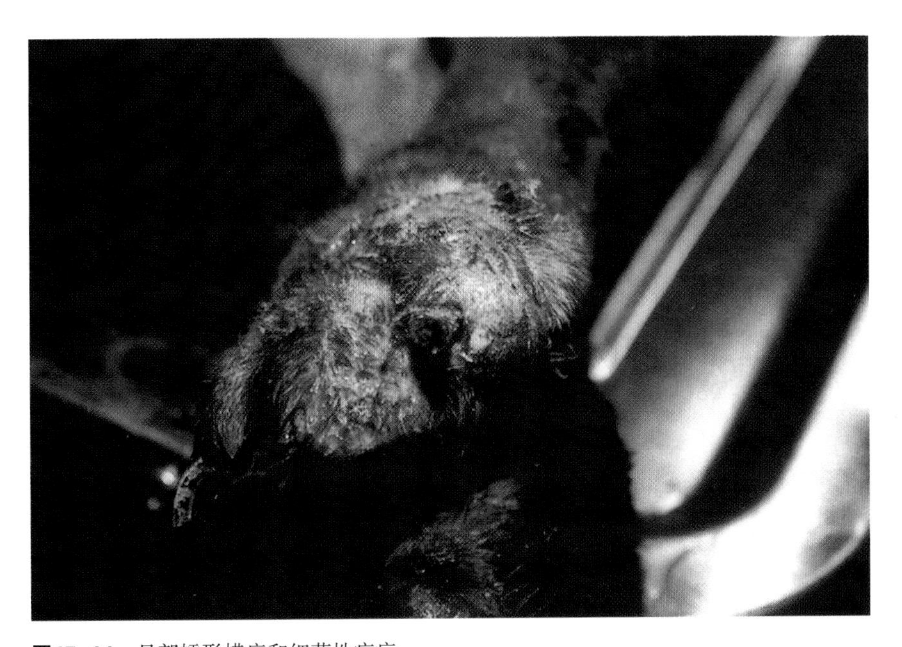

图47-14 足部蠕形螨病和细菌性疖病

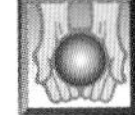

治 疗

- 甲沟炎
  - 手术去除指（趾）甲板（外壳）。
  - 抗菌药浸泡。
  - 鉴定潜在的病情并进行特别处理。

- 甲癣
  - 抗真菌药浸泡：洗必泰、聚乙烯比咯烷酮、石灰硫磺。
  - 手术去除指（趾）甲板：可以提高全身治疗的效果。
  - 第三指（趾）骨截断术。
- 脆甲症
  - 用指甲胶修补（可用医用假指甲胶粘补）。
  - 移除甲碎片。
  - 第三指（趾）骨截断术。
  - 处理潜在病因。
- 脱甲病
  - 抗菌药浸泡。
  - 处理潜在病因。
- 肿瘤
  - 根据具体肿瘤的生物学特性而定。
  - 手术切除。
  - 截指（趾）术或截肢术。
  - 化疗和/或放射疗法。
- 甲营养不良
  - 处理潜在病因。

药物选择

- 细菌性甲沟炎：根据细菌培养和药敏试验结果应用全身性抗生素。
- 真菌性甲沟炎：念珠菌或马拉色菌性甲沟炎——酮康唑（5 ~ 10mg/kg，口服，每12 ~ 24h一次）；局部应用制霉菌素、咪康唑和特比萘芬。
- 甲癣：酮康唑（5 ~ 10mg/kg，口服，每12h一次）连用6 ~ 12月，直到培养阴性为止；伊曲康唑（5 ~ 10mg/kg，口服，每24h一次）连用3周，然后进行脉冲疗法，每周两次直到康复。
- 脱甲症：根据病因选择药物；对于免疫介导性疾病采用免疫调节疗法；治疗药物包括环孢菌素A，四环素配合烟酰胺，己酮可可碱，维生素E，补充必需脂肪酸和化疗药（如硫唑嘌呤、苯丁酸氮芥）。
- 对称性狼疮样指（趾）甲营养不良：治疗方法包括补充必需脂肪酸，四环素配合烟酰胺（体重小于10kg的犬口服250mg，每天3次，10kg以上的犬每次为500mg），己酮可可碱（10 ~ 15mg/kg口服，每天2 ~ 3次），皮质激素和环孢菌素A（每天口服一次，每次5mg/kg）。

注 释

病程和预后

- 细菌或真菌性甲沟炎和甲癣：治疗时间可能较长，且治疗效果可能会受到潜在因素的影响。

- 脆甲症：可能需要截断第三指（趾）骨进行治疗。
- 脱甲症：预后由潜在病因来决定；免疫介导性疾病和血管疾病比创伤或感染性病因的预后更谨慎。
- 甲营养不良：当潜在病因控制后，预后良好。
- 肿瘤：切断患指（趾）；在诊断过程中恶性肿瘤可发生转移。

作者：Karen Helton Rhodes

刘芳　译　张龙现　校

第48章

浅表坏死松解性皮炎（肝皮肤综合征）

定义/概述

- 坏死性皮炎的发生是由皮肤营养的丧失所致。
- 主要与肝脏疾病有关；很少与胰高血糖素瘤有关。
- 可一致检测到血氨基酸过少。
- 可根据皮肤组织病理学检查来确诊。
- 预后不良，甚至死亡。
- 支持疗法包括补充氨基酸。

病因学/病理生理学

- 患病动物血浆氨基酸的浓度明显降低。
- 一般认为肝脏代谢性疾病可造成氨基酸分解代谢的增加。
- 主要与严重的空泡性肝病有关；超声检查通常有特征性病变。
- 很少与使用苯巴比妥或苯妥英药物有关。
- 很少与严重的肝损伤有关。
- 很少与分泌胰高血糖素的胰腺或胰腺外肿瘤有关；这些疾病不表现出肝病的症状。
- 可与糖尿病同时发生，也可单独发生；糖尿病的发生可能是疾病发展和预后不良的一个指标。
- 血氨基酸过少可导致角化细胞变性，其中可能涉及锌、必需脂肪酸或其他营养物质的缺乏，也可能不涉及。
- 有报道切除分泌胰高血糖素的胰腺肿瘤后症状消失。
- 静脉注射氨基酸溶液可暂时缓解临床症状，与发病机理相符。
- 该病与继发性细菌性毛囊炎和马拉色菌性皮炎有关。
- 猫极少发病；通常大多与肿瘤（胰腺癌和肠淋巴瘤）和肝病有关。

特征/病史

- 罕见的皮肤病。
- 主要发生于老龄犬；平均年龄10岁。
- 雄性可能多发。
- 小型品种可能多发：如西高地白㹴、苏格兰㹴、美国可卡犬、喜乐蒂牧羊犬、拉萨犬、边境牧羊犬；大型犬也有发生。

- 病变通常在全身性症状之前出现。

临 床 特 点

- 在脚垫边缘先后出现红斑、过度角化和渗出（图48-1 ~ 图48-3）。
- 皮炎可能非常严重。
- 病变出现在口唇、眼和肛门黏膜皮肤交界处；在脚垫病变发生的同时或即刻出现（图48-4，图48-5）。
- 通常在表皮脱落处出现糜烂和溃疡。

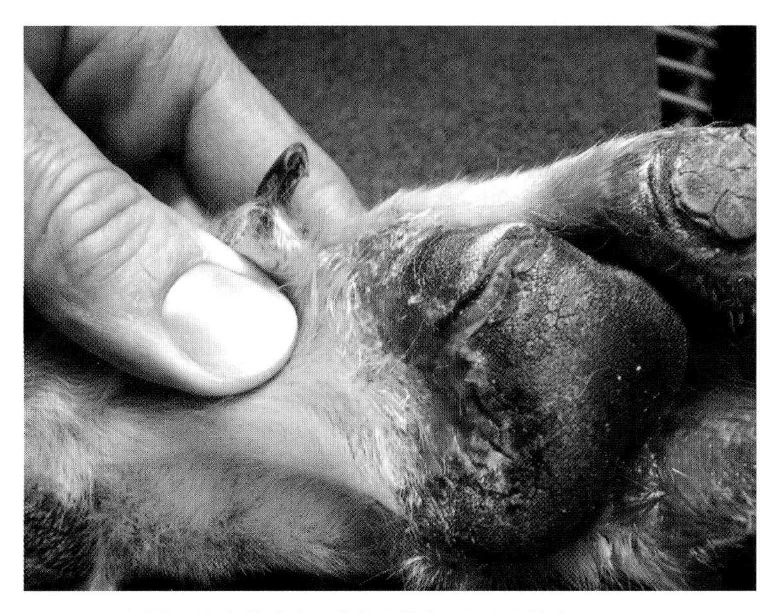

图48-1　浅表坏死松解性皮炎，脚垫边缘出现红斑和结痂

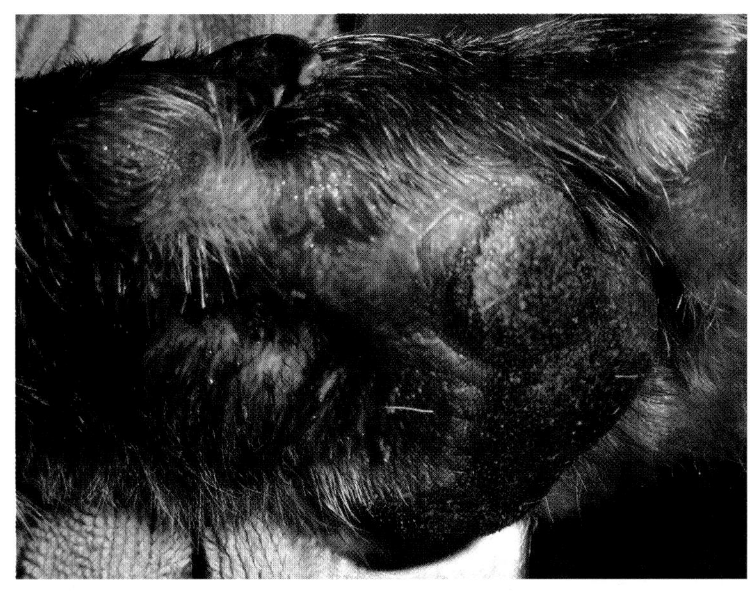

图48-2　浅表坏死松解性皮炎，在脚垫边缘诱发自残，引起渗出和出血

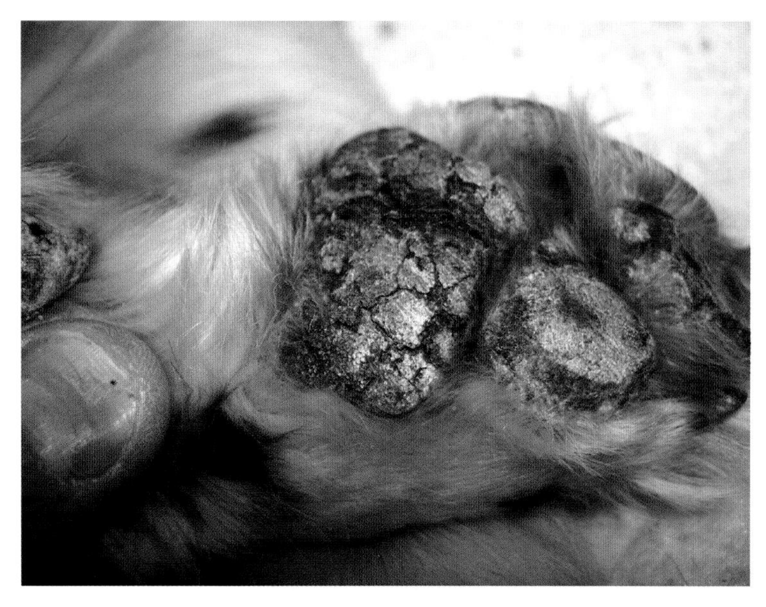

图48-3　浅表坏死松解性皮炎引起脚垫出现厚厚的痂皮，类似于落叶型天疱疮的症状

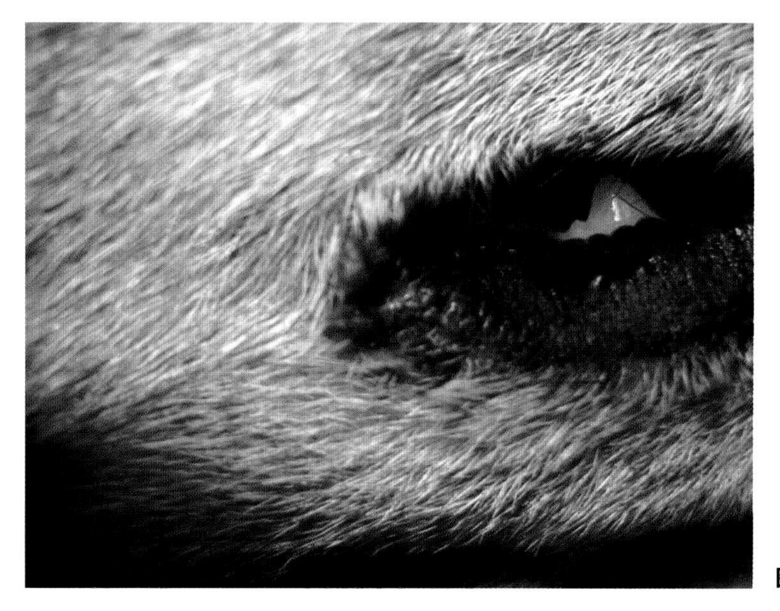

图48-4　浅表坏死松解性皮炎，唇边缘结痂和渗出

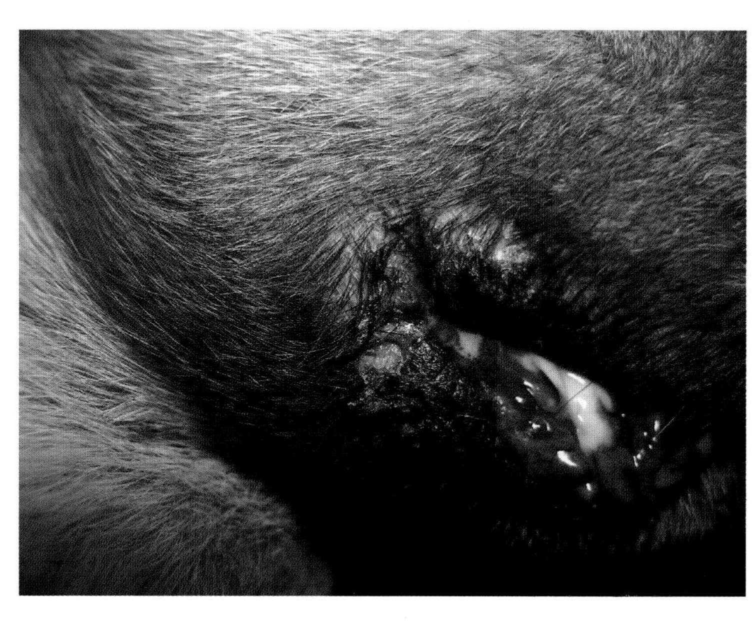

图48-5　浅表坏死松解性皮炎，唇边缘结痂和渗出

- 脚垫龟裂引起瘙痒和疼痛（图48–6）。
- 慢性和持续性自残病例可出现色素沉着过多和苔藓样变。
- 常见继发性细菌性毛囊炎和马拉色菌性皮炎（图48–7）。
- 病变发生于压觉点（如肘部）、耳廓和外生殖器（图48–8）。
- 通常在皮炎后几周内出现全身症状。
- 全身症状包括嗜睡、多尿、多饮（当与糖尿病有关时）、厌食和体重减轻。

图48–6　严重的浅表坏死松解性皮炎，脚垫糜烂

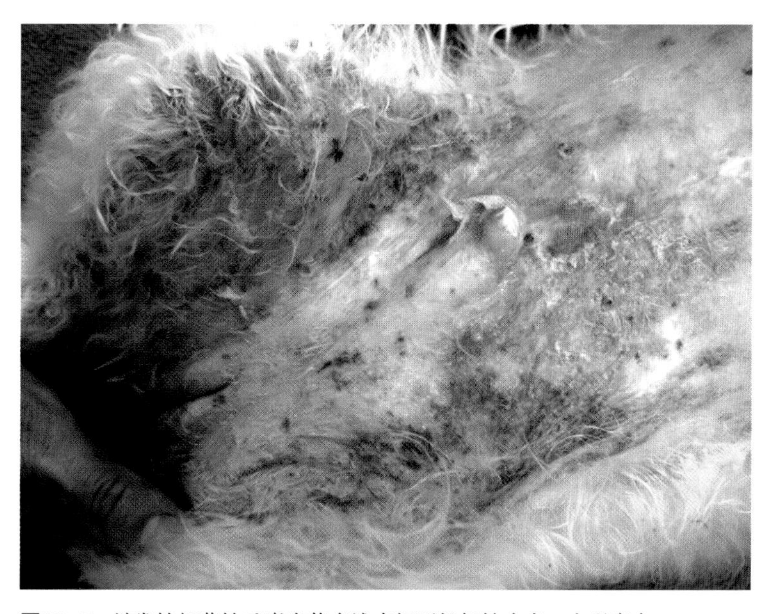

图48–7　继发性细菌性毛囊炎伴有浅表坏死松解性皮炎，出现痂皮

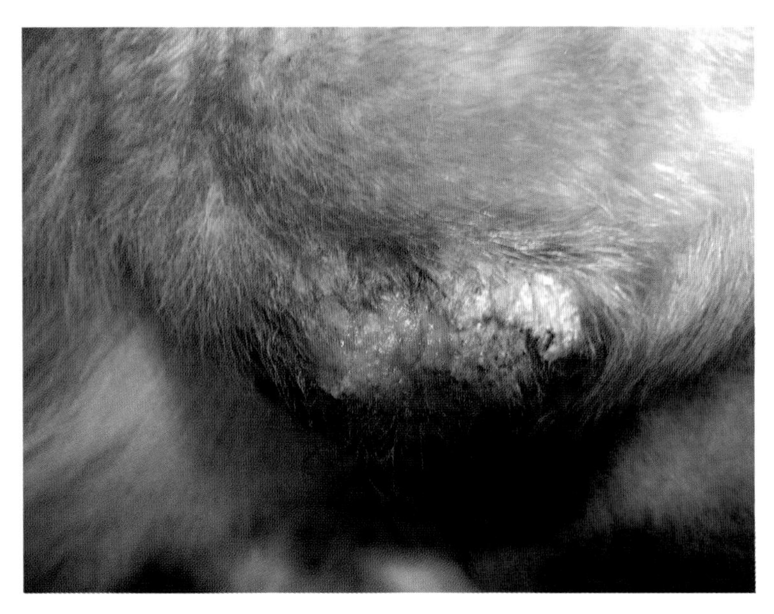

图48-8　浅表坏死松解性皮炎，压点处（肘外侧）出现结痂和糜烂

鉴 别 诊 断

- 落叶型天疱疮。
- 锌应答性皮肤病。
- 全身性红斑狼疮。
- 多形性红斑。
- 药疹。
- 一般的犬食物性皮肤病。
- 刺激性接触性皮炎。
- 蠕形螨病。
- 真菌性皮肤病。
- 血管炎。
- 趋上皮淋巴瘤。
- 中毒性表皮坏死松解症。
- 猫：剥脱性皮炎（与胸腺瘤有关）、趋上皮淋巴瘤、多形性红斑、落叶型天疱疮。

诊　断

- 血象检查：偶见色素正常、红细胞正常的非再生障碍性贫血。
- 生化检查：
  - 肝功能检测：血清碱性磷酸酶、丙氨酸转氨酶和天冬氨酸转氨酶升高。
  - 高血糖。
  - 总胆红素和胆酸升高。

- 低白蛋白血症。
- 血浆胰高血糖素水平升高：见于所有分泌胰高血糖素的胰腺或胰腺外肿瘤；很少见于肝病。
- 血氨基酸过少。
- 腹部超声检查：肝部出现“蜂窝”状特征性病变；一致出现肝实质崩溃、空泡性肝病和结节性增生；胰腺或胰腺外肿瘤比较罕见（图48-9，图48-10）。

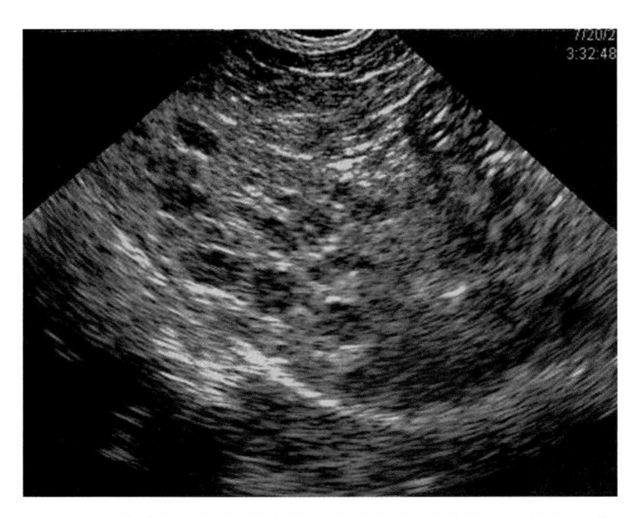

图48-9　浅表坏死松解性皮炎，超声检查肝脏出现“蜂窝”状

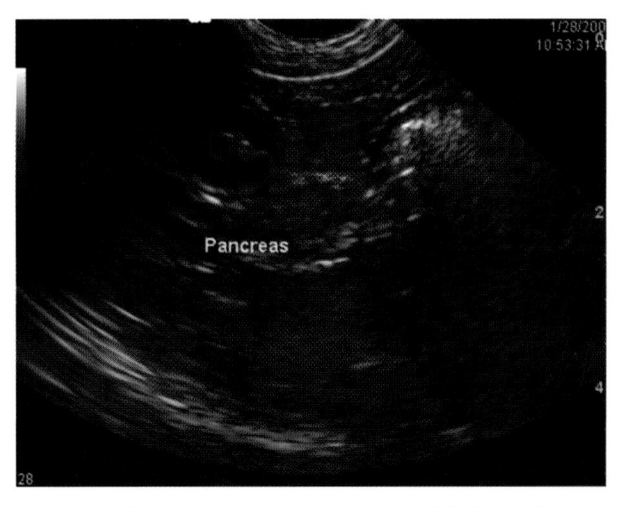

图48-10　浅表坏死松解性皮炎，超声检查胰脏出现结节

- 皮肤组织病理学
  - 典型的“红/白/蓝”结构。
    - 角化不全和嗜中性痂皮
    - 因细胞内和细胞间水肿在基底层上表皮苍白。
    - 基底细胞层增生。
  - 表皮内出现裂缝。
  - 浅表皮肤及血管周围出现轻度中性粒细胞浸润。
  - 明显角化不全，没有慢性病例所见的表皮苍白。
- 肝脏组织病理学
  - 空泡性肝病（胰腺肿瘤病例未见）。
  - 肝细胞变性。
  - 肝实质崩溃。
  - 结节性增生。

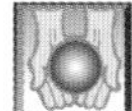

治　疗

- 切除胰腺或胰腺外肿瘤。
- 对全身性症状采用支持疗法。

- 预后不良；如伴有糖尿病预后更差。
- 合理地治疗糖尿病（如果存在）。
- 营养支持：补充高质量蛋白；煮鸡蛋或蛋黄。
- 饮食中添加锌（按10mg/kg补充硫酸锌，每天一次；按 5 mg/kg补充葡萄糖酸锌，每天一次），必需脂肪酸和维生素E（每天两次，每次200～400IU）。
- S–腺苷甲硫氨酸（18～22mg/kg，每天一次）。
- 益肝灵（1～2mg/kg，每天一次）。
- 经常洗澡和水疗以去除痂皮和减少瘙痒。

药物选择

- 选择合适的抗菌剂治疗继发性毛囊炎和/或马拉色菌性皮炎。
- 泼尼松龙（0.5mg/kg，每天一次；尽可能逐渐减少剂量并停止使用）。可暂时性减轻瘙痒和炎症；可能会加重糖尿病病情；可使肝病恶化。
- 奥曲肽（2～3μg/kg，皮下注射，每天2～3次）：生长抑素类似物；可用于非切除性分泌胰高血糖素的胰腺或胰腺外肿瘤。
- 补充氨基酸：静脉注射氨基酸补充因肝脏过度分解代谢所引起的血清氨基酸不足。
    - 10%结晶氨基酸溶液或3%氨基酸电解质溶液：25mL/kg，8h以上使用一次。
    - 开始替代疗法，每周两次，直到症状缓解。
    - 维持输液，每7～14d一次，根据患畜的反应而定。

注　释

- 需要经常进行血清生化检查以监测肝衰竭和/或糖尿病的发展情况。
- 继发感染要反复治疗。
- 患畜存活情况：6个月（平均）到2年（肝病患畜）；通常安乐死多是由于糖尿病危险期或肝衰竭。

同义名

- 肝皮肤综合征
- 坏死松解性游走性红斑
- 代谢性表皮坏死症

作者：Alexander H. Werner

董海聚　译　张龙现　校

第九部分

外来宠物皮肤病学

Exotic Pet Dermatology

第49章

雪　貂

疥　螨　病

定义/概述

- 在美国，宠物雪貂的疥螨病并不常见。能感染犬和猫的疥螨，也可感染雪貂。疥螨感染有两种情况，既可引起全身性感染，也可引起足部的局部感染。

病因学/病理生理学

- 疥螨的局部感染比全身性感染更为常见。
- 两种感染都是由疥螨引起的。
- 疥螨全身性感染可能是继发感染的结果，应该调查原发病。

特征/病史

- 局部感染的病例，只有足部表现出疾病的症状。
  - 足部出现肿胀和红斑，当雪貂行走时可能会感到疼痛。
  - 脚垫可能会破裂和出血。
  - 甲床可能会严重肿胀并有可能失去趾甲。
- 全身感染的病例，可见脱毛斑块，雪貂会表现剧烈的瘙痒；由于严重的瘙痒，皮肤可出现红斑和溃烂。

诊　断

- 通常情况下，除了嗜酸性粒细胞外，全血细胞计数和血液生化指标不受该病的影响。
- 如果出现继发性细菌性皮炎，白细胞数可稍微升高。
- 如果出现全身性感染，原发病可能会引起血液学和/或生化指标的改变。
- 通过刮皮屑检查发现疥螨或其虫卵来确诊该病。
- 在慢性病例中，很难在刮取的皮屑中发现疥螨。
- 皮肤活组织检查时，可发现疥螨和/或有严重的炎症。
- 局部感染时，足部刮屑很难找到疥螨。
- 通常不采用治疗应答性试验作为疥螨的诊断性试验。

治 疗

- 皮下注射伊维菌素可以治疗雪貂疥螨病，一次剂量为0.2～0.4mg/kg，7～10d内重复一次。有些临床医生推荐塞拉菌素，剂量为6～18mg/kg，28d后重复一次。
- 家庭内其他动物也需要治疗，包括其他雪貂、犬和猫。
- 雪貂生活的环境应彻底清理。
- 如果存在原发病，必须先行处理才能成功治疗疥螨病。

注 释

病程与预后

- 局部感染，预后良好。
- 全身感染，除非原发病被消除，否则预后要谨慎。

肥大细胞瘤

定义/概述

- 皮肤肥大细胞瘤是雪貂皮肤肿块的常见原因。
- 雪貂皮肤肥大细胞瘤几乎总是呈良性，很少发生转移（图49-1）。
- 患皮肤肥大细胞瘤的雪貂无其他临床症状。

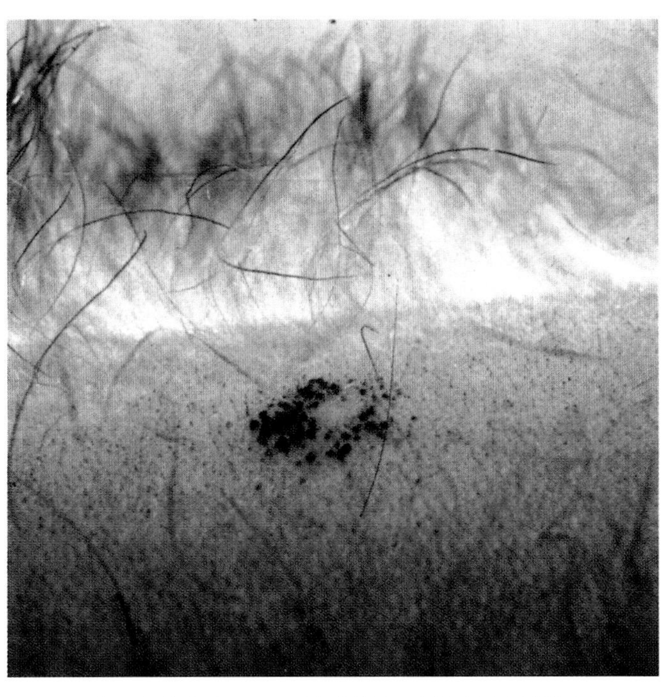

图49-1 肥大细胞瘤（MCT）：注意轻微红斑处有干血黏附于表面

病因学 / 病理生理学

- 雪貂肥大细胞瘤与其他动物的肥大细胞瘤具有相同的病理组织学特点。
- 肥大细胞分化良好，呈圆形或椭圆形，常排列成薄片状。
- 由于通常是良性疾病，有丝分裂相罕见。

特征 / 病史

- 肥大细胞瘤以单个皮肤结节出现。
- 雪貂皮肤的不同部位可出现一个或多个结节。最常出现结节的部位是背部，尤其是肩部附近。
- 结节的大小从几毫米到3厘米不等。
- 尽管肥大细胞瘤以结节的形式出现，但常为红色的肿块。
- 常在结节上或结节周围出现干血（图49–1）。
- 肥大细胞瘤可以呈扁平或凸起状，两种形状在同一只雪貂身上可同时出现。有时肥大细胞瘤病变区域会出现瘙痒。
- 发生肥大细胞瘤的区域很少出现脱毛。

诊　断

- 皮肤肥大细胞瘤对全血细胞计数和血液生化指标没有影响。
- 诊断该病首选的方法是肥大细胞瘤的活组织检查。雪貂被镇静或麻醉后，将采样板放置在皮肤上，采取活检标本。
- 涂片法也可用于诊断该病，但是组织病理学检查要好于细胞学检查。

治　疗

- 切除皮肤肿瘤是治疗该病的首选方法。
- 该肿瘤不需要进行化学治疗和放射治疗。
- 某些病例，皮肤肿瘤不经治疗可自行消散。

注　释

病程与预后

- 雪貂的皮肤肥大细胞瘤预后良好。
- 即使没有手术治疗，该皮肤肿瘤也不会发生转移。
- 肿瘤切除仍然可以进行。如果结节出现瘙痒，切除后可改善生活质量。尽管没有发现肿瘤会从皮肤转移到全身，但切除肿瘤可以达到预防的目的（图49–2）。

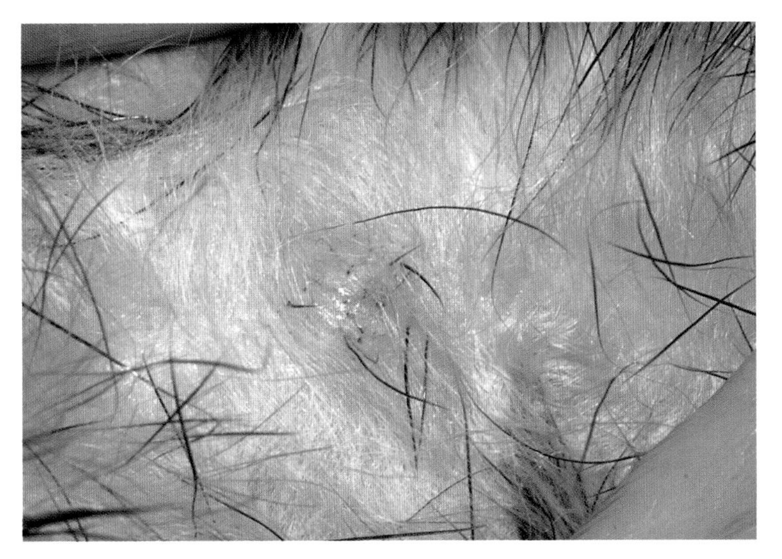

图49-2　肥大细胞瘤（MCT）：注意轻微红斑处有干血黏附于表面。肥大细胞瘤引起的少量脱毛

肾上腺疾病

定义 / 概述

- 肾上腺疾病常见于3岁以上的宠物雪貂。
- 一侧或两侧肾上腺发病。
- 雌雄性雪貂中最常见的症状是脱毛（图49-3）。

病因学 / 病理生理学

- 脱毛是由肾上腺疾病造成肾上腺的雄激素分泌过多所引起的。
- 已知雪貂患肾上腺疾病时可出现一种或多种化合物浓度升高：雌激素、雄烯二酮 、17-羟孕酮、脱氢表雄酮。

特征 / 病史

- 患有这种疾病的雪貂最常见的症状是脱毛。
- 脱毛一般起始于尾根或者尾巴上，数周或数月后，进一步以对称方式发展至臀部、大腿区、胸腹部，最后沿着背部向肩胛区发展。
- 在极其严重的病例，整个身体只剩下针毛没有脱落（图49-3）。
- 对于雌性动物，阴门肿大也是一种常见症状。
- 雌雄性雪貂都可出现瘙痒症状，没有出现脱毛症状的雪貂也会表现瘙痒。

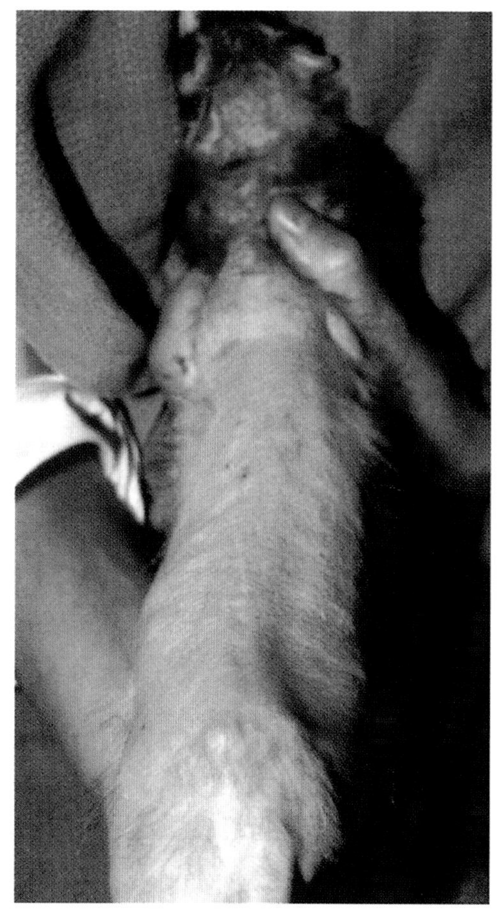

图49-3　注意患有晚期肾上腺疾病的雪貂出现全身性部分或完全脱毛

诊　断

- 该病对全血细胞计数和血液生化指标没有影响。
- 肾上腺疾病的典型试验如促肾上腺皮质激素刺激和尿皮质醇试验：肌酸酐比值不能诊断此病。
- 在很多病例中，腹部超声波可检出肾上腺肿大，但并不是所有病例都会出现肾上腺肿大。
- 患有肾上腺疾病的雪貂肾上腺分泌的雄激素明显高于正常范围，所以检测雄激素浓度是诊断肾上腺疾病比较常用的一种方法。
- 可以用皮肤活组织检查来排除其他疾病，此外，年龄、病史、阴门肿大，超声波和肾上腺雄激素检测均可用于该病的诊断。

治　疗

- 手术和药物疗法都可以治疗该病，并且这两种治疗方法都能使毛发再生。
- 手术切除患病的肾上腺是目前该病唯一能够治愈的方法。
- 如果两侧肾上腺都患病的话，临床上可以选择同时切除两个肾上腺，或者一个肾上腺全部切除，另一个肾上腺部分切除。

- 如果两个肾上腺完全切除的话，则需要补充糖皮质激素。
- 有些雪貂当两个肾上腺完全切除时，可能还需要同时补充盐皮质激素。
- 如果只是切除一个肾上腺和另一个肾上腺的一部分，则不需要补充盐皮质激素。然而，在这种情况下如果患病肾上腺部分保留的话，病症就不会完全消除，毛发也可能不会再生。
- 目前不再推荐米托坦疗法，因为有其他毒性相对较小的疗法。
- 治疗肾上腺疾病有口服、注射以及长效治疗的方法。
- 一些疗法可能比另一些更有效，每个雪貂治疗的效果可能有所不同。
- 药物治疗的目的是促进毛发再生，并能缓解瘙痒症状（如果有瘙痒的话）。
- 药物治疗并不能治愈，但为了雪貂的生命必须继续采用。
- 并非所有的药物治疗都能使毛发再生。

注　释

病程与预后

- 该病一般预后良好。
- 一旦患病肾上腺被全部切除，其临床症状就会随之消失；如果肾上腺不能完全切除，则由于患病肾上腺保留的多少，症状可能会完全或部分消除。
- 对有些雪貂而言，药物治疗足以消除所有或者大部分临床症状。
- 但也有一些雪貂药物治疗难以治愈，脱毛和瘙痒症状会反复出现；在这种情况下，只有采用手术疗法才能消除症状。

图49-4　注意这只雪貂患有晚期肾上腺疾病，出现全身性脱毛，乳腺明显肿大，这在患肾上腺疾病的雌性雪貂中非常罕见

犬瘟热

定义 / 概述

- 犬瘟热病毒对雪貂来说是致命的。
- 该病的早期临床表现是下颌和足部的皮肤病变。
- 考虑到这种疾病的严重性，尽管皮肤病的症状非常轻微，但是这些变化对于诊断来说非常重要。

病因学 / 病理生理学

- 犬瘟热是由麻疹病毒引起的。
- 犬瘟热病毒可引起雪貂呼吸道、皮肤、胃肠道及神经系统的疾病。
- 雪貂会死于神经系统的病毒感染或者死于严重的继发性细菌性肺炎。
- 死后剖检可以在所有组织中发现包涵体，但是在胃肠道、膀胱、皮肤等上皮细胞最为常见。

特征 / 病史

- 犬瘟热病毒皮肤病的临床表现主要发生在下颌和脚垫。
- 该病最初的症状是轻度上呼吸道感染，包括流泪和流鼻涕。
- 典型的犬瘟热病毒感染，在上呼吸道症状之后会出现皮肤病变。
- 皮肤病变表现为：
  - 首先发生下颌皮疹包括红斑和脱发。
  - 接着病变皮肤出现肿胀和结痂，并且表现出黄色外观。
- 随着病程的发展，脚垫出现角化过度，脚垫变得坚硬、肿胀和结痂。
- 在大多数病例中，伴随着脚垫的角化过度还会出现其他临床症状，如神经系统症状以及严重的下呼吸道疾病。

诊　断

- 犬瘟热病毒感染继发细菌性肺炎时，全血细胞计数可能会升高。
- 病程发展到一定时期，静脉穿刺可以见到各种生化异常，包括肝酶升高。
- 犬瘟热病毒感染的确诊通常是死后剖检。
- 组织病理学检查，在上皮细胞内可发现包涵体。
- 在未接种疫苗的雪貂中常见有接触该病毒的病史。
- 血清抗体试验和荧光抗原试验有助于诊断。
- 病变皮肤的活组织检查通常没有实际意义，因为雪貂通常在组织病理学检查结果报告之前就已经死于该病。
- 雪貂出现非典型犬瘟热病毒感染的情况非常少见。发生这种情况通常是由于免疫接种程序不合理所造成的，这些雪貂的唯一症状就是出现皮肤病变。

- 在犬瘟热病毒感染早期，轻度上呼吸道症状与那些不太严重的疾病相似，如流感病毒感染；而流感病毒感染则不出现皮肤疾病。
- 如果雪貂有轻度上呼吸道感染同时伴有下颌皮疹症状，这就很有可能是犬瘟热病毒感染而不是良性的流感病毒感染。

治　　疗

- 犬瘟热病毒感染目前还没有有效的治疗方法，几乎总是引起死亡。
- 抗生素可以用来治疗继发性细菌感染。

注　　释

病程与预后

- 该病预后不良。

作者：Karen Rosenthal

林青　译　李国清　校

第50章 豚鼠

卵巢卵泡囊肿

定义 / 概述

- 卵泡囊肿在中、老年雌性豚鼠中比较常见。
- 该病唯一的临床症状可能是脱毛。

病因学 / 病理生理学

- 卵巢卵泡囊肿是由于前期卵泡无法排卵所造成的。
- 一侧或两侧卵巢都可以发生卵泡囊肿。
- 一些发生囊肿的卵泡可以分泌激素，引起内分泌紊乱，使雌性豚鼠脱毛。
- 并非所有的卵泡囊肿都有分泌功能，有些豚鼠不出现脱毛。
- 豚鼠可患卵巢相关性疾病——卵巢膜囊肿，但患该病的豚鼠并不一定出现脱毛。

特征 / 病史

- 该病早期症状是尾根部和双侧腹部的毛发稀疏。
- 脱毛可从侧面和背部发展到颈部（图50–1）。
- 腹部触诊可在卵巢附近触摸到坚实的圆形肿块。
  - 肿块的大小可随病程的长短而变化。起初肿块只有豌豆大小，但如果不治疗，可以发展到高尔夫球那么大甚至更大。
  - 肿块可在单侧或双侧卵巢出现。
  - 豚鼠通常对肿块的触诊表现敏感。
- 对于种用豚鼠，卵泡囊肿通常会扰乱生殖周期。

诊　断

- 该病对全血细胞计数及血液生化指标没有影响。
- 如果囊肿足够大，可在X线片中看见。
- 腹部超声检查是诊断该病最有效的方法。
- 可对囊肿进行盲目穿刺，也可借助于腹部超声进行穿刺检查。

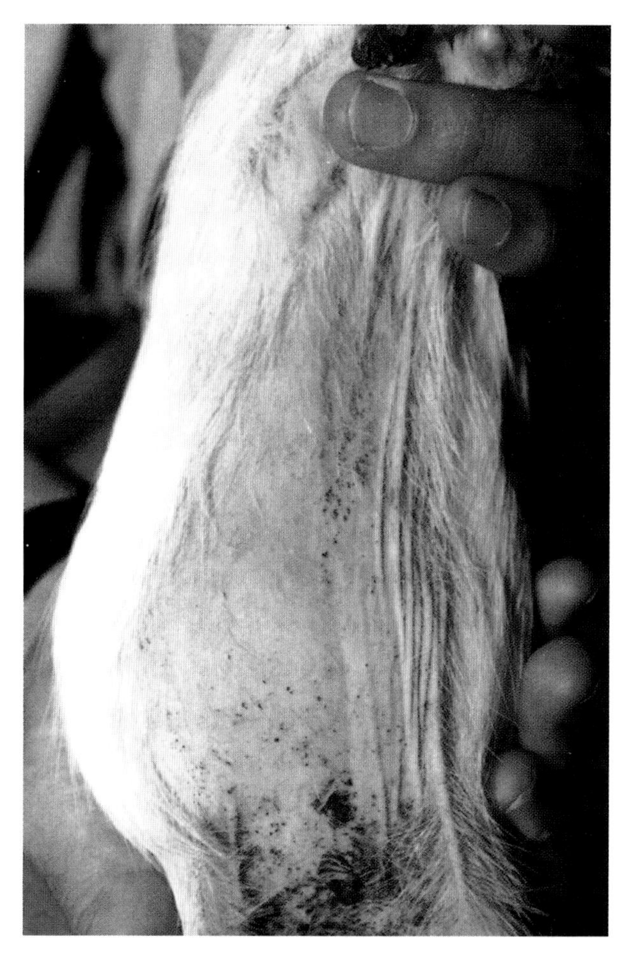

图50-1　卵巢囊肿（晚期）。注意腹部脱毛应结合体液的细胞学检查。X线及腹部超声检查可发现囊肿。对药物治疗的反应（毛发再生）也是确诊该病的一种方法。皮肤活组织检查可见激素性脱毛的组织病理学变化

- 细胞学检查显示囊肿样液体中可能无细胞或只有少量细胞。
- 应排除卵巢膜囊肿，但该病与脱毛不一定相关。
- 卵巢肿瘤可能出现囊肿样结构，脱毛现象有或无。但超声检查显示，它不仅是一个囊肿，而且结构类型多不均匀。
- 细胞学检查有助于确诊是否存在肿瘤。

治　疗

- 腹部手术切除卵巢囊肿和子宫可治愈该病。
- 非手术疗法包括经皮肤穿刺抽取尽可能多的囊液和化学疗法。除去囊液可使豚鼠暂时减轻痛苦，但不能阻止囊肿的复发或疾病的症状。
- 药物治疗的目的是促使囊肿消失，导致毛发再生。
- 每只豚鼠肌内注射人绒毛膜促性腺激素（HcG）1 000 IU，7～10d内重复注射一次或两次。这种疗法并不是对每只豚鼠都有效。

- 如果HcG治疗无效，建议使用促性腺激素释放激素（Cystorelin），按每只豚鼠25 μ g的剂量每两周注射一次，共注射两次。

注　　释

病程与预后

- 手术切除囊肿，预后良好。
- 如果使用药物治疗，即使症状消除，该病也可能复发。
- 手术是治愈该病的唯一方法（图50–2）。

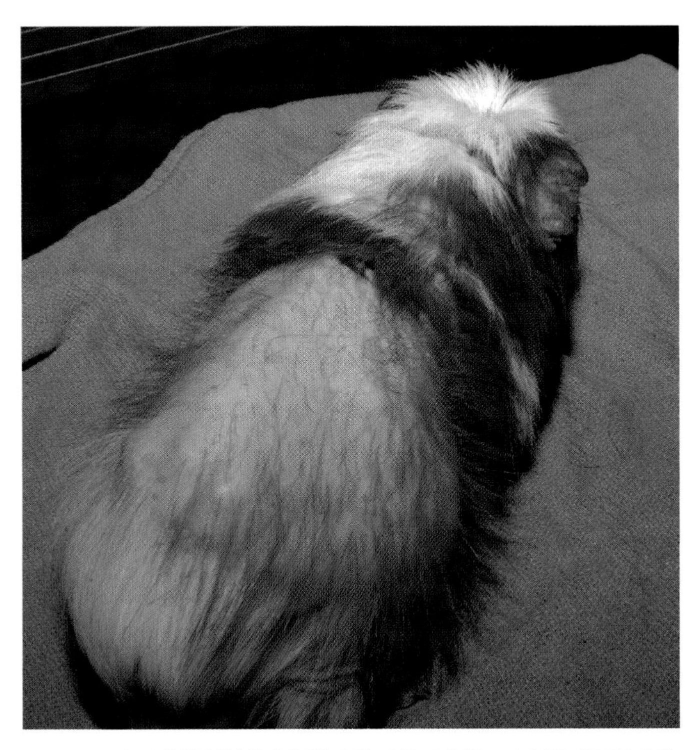

图50–2　这只雌性豚鼠沿腹侧脱毛并延伸至背部。右侧腹壁可见卵泡囊肿的凸起，是脱毛的原因所在

外寄生虫

定义 / 概述

- 最常见的引起豚鼠疾病的外寄生虫是疥螨——豚鼠疥螨（*Trixacarus caviae*），可在皮内挖掘隧道，常可引起豚鼠无症状感染或严重的疾病（图50–3）。

病因学 / 病理生理学

- 豚鼠疥螨可引起单个或一群豚鼠发病。
- 豚鼠疥螨在一个群体内很容易扩散。

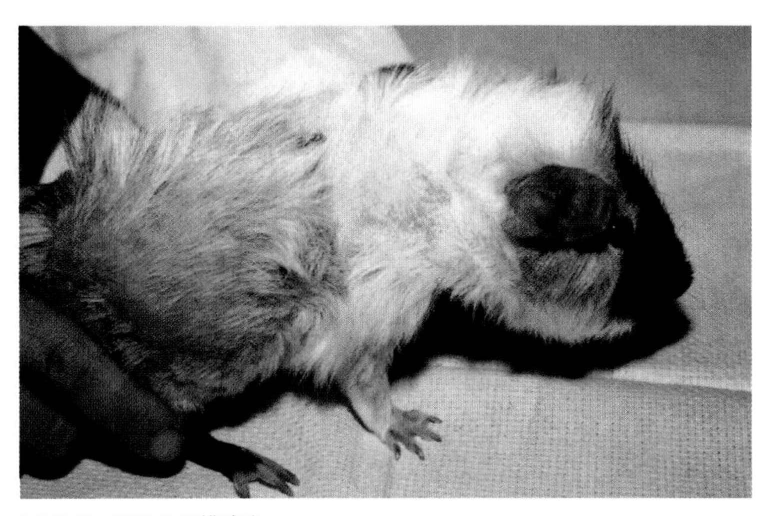

图50-3 豚鼠的疥螨感染

- 单个老年豚鼠被疥螨感染并表现出明显的临床症状时，应考虑原发病。
- 可在豚鼠身上发现并能引起疾病的其他外寄生虫，包括豚鼠背毛螨（*Chirodiscoides caviae*）、豚鼠长虱（*Gliricola porcelli*）和豚鼠圆羽虱（*Gyropus ovalis*）。

特征 / 病史

- 豚鼠可感染豚鼠疥螨，但不表现临床症状。
- 轻度感染的病例，被毛稀疏和产生皮屑，通常出现在背部，也可出现于腹侧及颈部。
- 重度感染的病例，可出现剧烈瘙痒，并引起表皮脱落和红斑（图50–4）。
- 随着病情的发展，皮肤深部出现溃烂并有脓性分泌物。
- 一些临床医生报道，由疥螨引起的严重瘙痒可导致豚鼠癫痫样运动，这种现象发生在剧烈瘙痒发作之前。

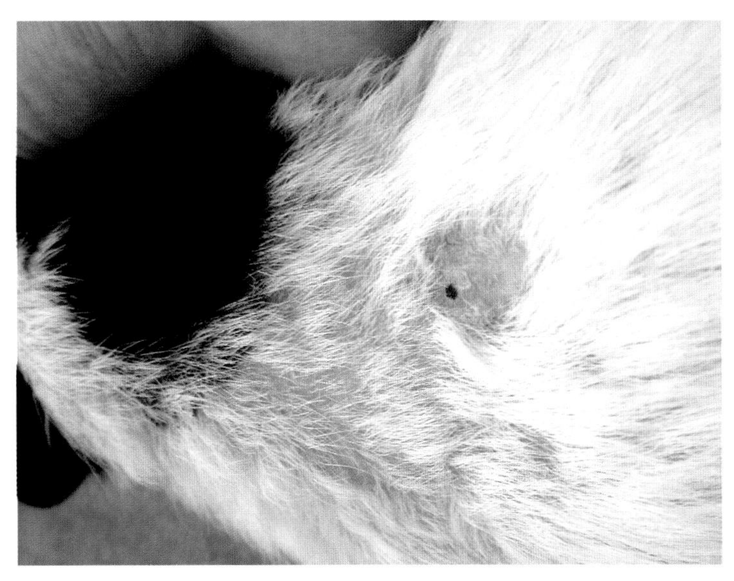

图50–4 豚鼠的疥螨感染，可引起脱毛并由于瘙痒导致轻度脱皮

诊　断

- 该病对全血细胞计数及血液生化指标通常无影响。
- 如果瘙痒引起继发性细菌性皮炎，一些豚鼠可出现白细胞增多甚至嗜酸性粒细胞增多。对于感染外寄生虫的单只老年豚鼠，由于原发病的发展血象会发生变化。
- 通过刮取皮屑或用胶带粘取皮屑，在显微镜下观察，发现豚鼠疥螨或其虫卵，可以确诊该病。
- 某些病例，无法查到螨虫，可用对药物的治疗反应来诊断该病。
- 对于不挖掘隧道的虱类，只要检查毛干就可以确诊，而不用刮取深层皮屑。

治　疗

- 多种局部杀虫剂可用来治疗豚鼠外寄生虫病，但由于豚鼠对其中一些杀虫剂的副作用非常敏感，所以使用时应当慎重。
- 治疗该病最安全的方法是皮下注射伊维菌素。每7 ~ 10d注射一次，每次剂量为0.2 ~ 0.4 mg/kg，连用4次。
- 由于螨虫对伊维菌素出现耐药性，临床上已将治疗剂量提高到1mg/kg。
- 可使用塞拉菌素，每次剂量为6mg/kg，在28d内重复一次。
- 同一圈舍内所有豚鼠都应该接受治疗，即使临床症状不明显。
- 如果发生继发性细菌性皮炎，可局部使用抗生素进行治疗。
- 严重感染时，需要全身使用抗生素。
- 禁止给豚鼠使用类固醇来治疗继发性皮炎。豚鼠和兔子一样，对类固醇药物免疫抑制的副作用很敏感，这会增加豚鼠的发病率和死亡率。
- 环境应该彻底清理，所有消耗性用品应全部更换，笼子及圈舍要用杀虫剂消毒。再次引入豚鼠之前，应注意净化所有使用过杀虫剂的地方。
- 如果老年豚鼠患急性疥螨感染，应在治愈豚鼠疥螨感染之前确定原发病。

注　释

病程与预后

- 如果没有原发病，该病预后良好。

作者：Karen Rosenthal

林青　译　李国清　校

第 51 章

仓　鼠

库 欣 氏 病

定义 / 概述

- 宠物仓鼠中很少发生库欣氏病。尽管这种病可能比我们想象的更为常见，但是美国的宠物仓鼠并不是像常规那样由兽医治疗（图51-1）。

病因学 / 病理生理学

- 患库欣氏病的仓鼠两侧肾上腺肿大，可能是由脑垂体异常所引起的。
- 患该病的仓鼠都会出现皮质醇浓度升高。

特征 / 病史

- 患有该病的仓鼠会发生双侧非瘙痒性脱毛，最后将会脱掉除胡须之外的所有刚毛。
- 皮肤可能变成薄片状，伴有色素沉着过多现象。
- 该病还会出现其他症状，如多尿和多饮。

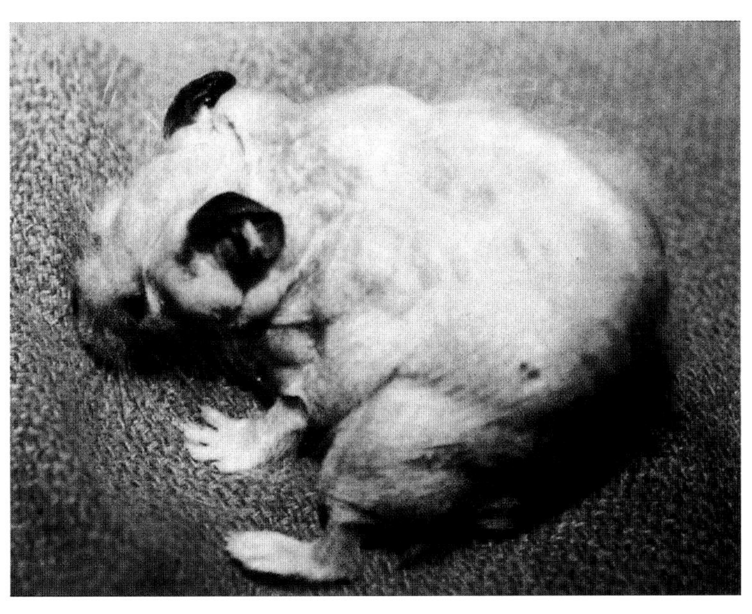

图51-1　晚期库欣氏病，部分至完全脱毛

■ 也可能出现多食症。

诊 断

■ 据报道，在患该病的仓鼠中可出现皮质醇和碱性磷酸酶浓度升高。

■ 由于仓鼠体型小以及能够获得的血量有限，诸如ACTH刺激试验之类的诊断试验并不一定实用。

■ 腹部超声检查可见两侧的肾上腺肿大。

治 疗

■ 可以尝试用米托坦治疗，但是这种药物在仓鼠体内的药代动力学还不明确。

注 释

病程与预后

■ 患有该病的仓鼠，预后情况不明。

作者：Karen Rosenthal

林青 译 李国清 校

第52章

刺　　猬

刚毛缺失

 定义 / 概述

- 非洲侏儒刺猬最近才刚刚进入宠物市场。因此，有关宠物刺猬的很多疾病都缺乏相关的资料。
- 关于刺猬病例的报道，常见问题是刚毛缺失（图52–1），刚毛缺失最常见的原因是外寄生虫感染。

病因学 / 病理生理学

- 在刺猬身上最常见的螨虫种类还不确定。以前认为和足痒螨属的种类有关，但是宠物刺猬最常见的感染似乎是特波利斯螨（*Caparinia tripolis*）。
- 最常见的表现是一只新近从宠物店购买的幼龄刺猬，一到家刚毛便开始脱落。
- 如果刺猬饲养过于密集，这种外寄生虫就很容易感染整个群体或者污染宠物店。
- 在很多情况下，该病的传播与被污染的垫料有关。
- 如果一只单独饲养的老年刺猬患上这种病，应该考虑原发病的问题。

图52–1　注意沿躯干内侧刚毛缺失

特征 / 病史

- 螨虫感染后可不表现症状，或出现轻度或严重症状。
- 轻度感染的病例，刺猬的皮肤掉屑并有少许刚毛脱落，但一般无瘙痒表现。
- 随着病情的发展，瘙痒变得越来越严重，并且身体上很多刚毛呈斑块状脱落。
- 由于表皮严重脱落，皮肤可出现溃疡。

诊　断

- 目前，该病是否会引起全血细胞计数和生化指标的变化还不清楚。
- 在刮取的皮屑中或者显微镜检查刚毛时，通常可以发现螨虫。
- 如果检查时未见螨虫，可采用特效药治疗进行诊断性试验。

治　疗

- 治疗首选药可能是伊维菌素，一次皮下注射0.2～0.4mg/kg，间隔7～10d重复给药1～2次。
- 治疗同一圈舍中所有刺猬的同时应彻底净化环境，这对于治愈这种感染至关重要。

图52–2　非洲侏儒刺猬由于感染特波利斯螨（*Caparinia tripolis*）而出现背部刚毛脱落

注　释

病程与预后

- 该病预后良好。
- 如果单独饲养的老年刺猬出现了急性螨虫感染的症状，应考虑原发病的问题（图52–2）。

作者：Karen Rosenthal

林青　译　李国清　校

第53章

小鼠 / 大鼠

小鼠外寄生虫

定义 / 概述

- 宠物小鼠可感染毛皮螨。小鼠常见有三种螨：鼠肉螨（*Myobia musculi*）、鼠癣螨（*Myocoptes musculinus*）和相似拉德佛螨（*Radfordia affinis*）。
- 临床上可能出现2种以上螨类同时感染并可引起疾病。

病因学 / 病理生理学

- 在新购进的幼龄小鼠中常见有螨的感染。
- 由于通常在鼠间和笼间发生传播，所以在小鼠群体内相互感染可能是一个非常严重的问题。
- 污染的垫料是常见的传播因素。
- 单独饲养的老年小鼠感染螨虫，通常暗示可能存在免疫抑制性原发病。

特征 / 病史

- 和其他外寄生虫一样，毛皮螨感染后可不表现症状，或表现轻度或严重的症状。
- 轻度感染的特征性表现有：轻度瘙痒，毛发稀薄，皮肤上有白色鳞屑。这种现象在头部和躯干部最常见。
- 重度感染的症状有：脱毛，剧烈瘙痒导致的表皮脱落和皮肤溃烂。
- 如果继发细菌性皮炎，则患部皮肤可能有黏液脓性分泌物排出。

诊　断

- 该病对全血细胞计数和血液生化指标通常无影响。
- 在严重感染的病例中，白细胞数可能会升高，并且会出现嗜酸性粒细胞增多。
- 发现螨虫及其虫卵即可确诊。通过刮取皮屑或者采用“透明胶带”法，该法用透明胶带粘贴皮肤，蘸取皮屑，在显微镜下观察。
- 在某些病例，无法鉴定螨虫时，可以采用对药物治疗反应来诊断该病。

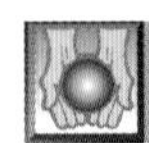

治 疗

- 多种外用抗寄生虫药物都可用来治疗小鼠的外寄生虫病。由于小鼠对这些药物的副作用非常敏感，使用时需留心观察。
- 治疗该病最安全的方法是皮下注射伊维菌素。一次剂量为0.2 ~ 0.4 mg/kg，每隔7 ~ 10d注射一次，治疗4次。
- 关于伊维菌素的耐药性已有报道，有些临床兽医已将使用剂量提高到1 mg/kg。
- 即使没有出现临床症状，同一舍内所有小鼠都应该治疗。
- 如果出现继发性细菌性皮炎，可使用局部抗生素制剂进行处理。
- 如果病情严重，可以使用全身性抗生素。如果瘙痒引起严重的炎症，有些临床兽医推荐使用速效类固醇制剂，直至炎症消退。
- 环境应该净化。所有一次性材料都应该替换。鼠笼和饲养舍都要用杀虫剂处理。但是，再次引入小鼠之前要确保清除所有的杀虫剂。
- 如果是老年小鼠患上该病且病情严重，在成功治疗螨病之前应该调查原发病。

注 释

病程与预后

- 只要患鼠和环境都能处理得当，该病一般预后良好。
- 如果是老年鼠发病，需要治疗原发病。

作者：Karen Rosenthal

林青 译 李国清 校

第54章

家　兔

皮肤真菌病

定义／概述

- 皮肤真菌病（癣）在兔子身上并不常见。
- 兔子的鉴别诊断中最常见的症状是脱毛，与其他引起脱毛的原因相比，皮肤真菌病引起的脱毛现象更少见。

病因学／病理生理学

- 须毛癣菌是兔子比较常见的一种皮肤真菌。
- 小孢子菌比较少见。

特征／病史

- 一般认为，自限性和亚临床型患畜可能是无症状的携带者。
- 在表现临床症状的患兔中，其诱因可能是营养不良和原发病。
- 幼龄兔比老年兔更容易出现皮肤真菌病的症状。
- 症状包括脱毛、鳞状皮屑，偶尔出现瘙痒。
- 脱毛可以呈环状，但片状脱毛更易发生。身体的任何部位都可以发生脱毛，但最常见的部位是头部、脚部、腿部及甲床。
- 如果剧烈瘙痒，则可出现继发性细菌性皮炎。

诊　断

- 该病对全血细胞计数和血液生化指标无影响。
- 通过毛发或皮肤样品的培养，或者用10%氢氧化钾处理皮肤碎屑，从中鉴定出病原，可以诊断兔的皮肤真菌病。

治　疗

- 该病最安全的治疗方法是局部使用抗真菌制剂。
- 如果皮肤的感染区域较小，治疗选择是：

- 小心修剪感染区边缘的毛发，然后局部使用克霉唑或咪康唑，每天两次。
- 在临床症状消退后，还要继续治疗至少两周。
- 摄入这些药物，不会引起兔子的胃肠疾病。
- 如果发生广泛的全身性感染，可以使用灰黄霉素。
- 如果使用没有被临床认可的药物，应该告知主人药物的潜在不良反应。
- 推荐使用灰黄霉素，按25mg/kg剂量经口服用，每隔24 h用药一次。
- 兔子还可使用的其他口服药有：伊曲康唑，剂量为5～10mg/kg，每天一次；或者特比萘芬，剂量为8～20mg/kg，每天一次。
- 禁止使用类固醇类药物，因为兔子对该类药物的免疫抑制效应非常敏感。
- 饲养环境应该彻底净化。

注　释

病程与预后

- 如果没有原发病，该病预后良好。
- 如果原发病没有消除，则治疗之后预后更需要谨慎。

毛　皮　螨

定义 / 概述

- 寄食姬螯螨（*Cheyletiella parasitovorax*）是宠物兔最常见的皮肤病病原之一。
- 在兔体上也可以发现其他外寄生虫，但皮毛螨最为常见。
- 本病可能无症状或出现轻度或严重的临床症状，重症者可能继发细菌性皮炎。
- 兔子主人也许将本病视为“会走路的头皮屑”。

病因学 / 病理生理学

- 寄食姬螯螨是兔子身上最常见的外寄生虫。
- 其他种类还有*Leporacarus gibbus*。
- 兔子的皮毛螨可引起兔子单独发病，也可引起群发。
- 在兔场，本病可在笼与笼之间快速传播。
- 如果毛皮螨引起单独饲养的老年兔急性发病，可能会存在引起免疫抑制的原发病。

特征 / 病史

- 兔子感染毛皮螨后可能会无症状。
- 当出现临床症状时，主人通常会看到皮屑。
- 患部皮肤变白并有鳞状皮屑。

- 脱毛斑很常见，在脱毛区可看到断毛（图54-1）。
- 患兔可出现瘙痒，也可能无瘙痒症状。
- 患兔毛发易于脱落。
- 脱毛可发生于身体的任何部位，但常见于体侧和背部。

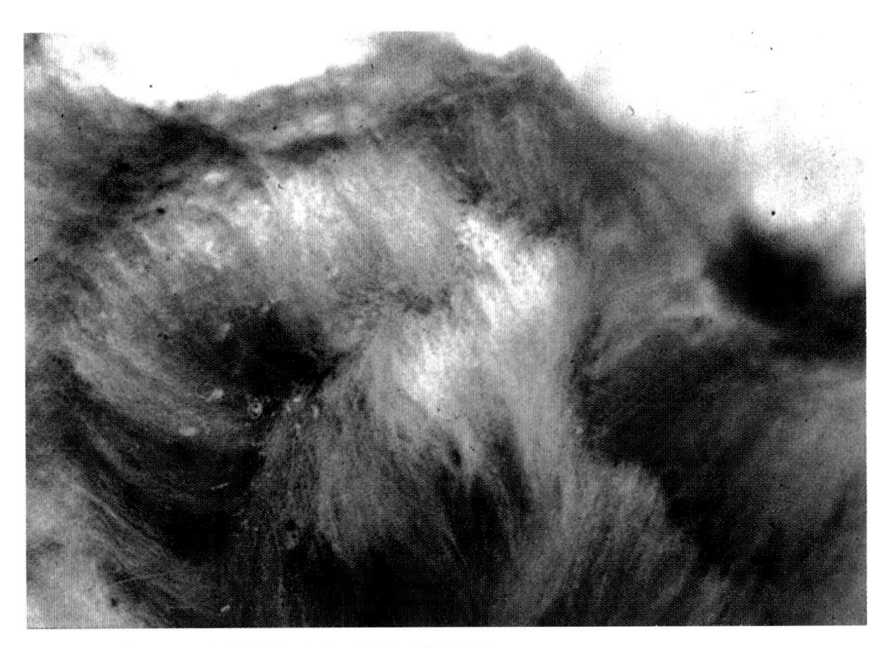

图54-1　兔子被姬螯螨感染后出现大鳞片样皮屑

诊　断

- 该病对全血细胞计数和血液生化指标通常无影响。
- 通过发现寄食姬螯螨或其虫卵来诊断该病。
- 可以通过皮肤的刮取物或者“透明胶带”法——用透明胶带粘贴皮肤，蘸取皮屑，并在显微镜下观察。
- 对于重症感染者，可将梳下的皮屑置于黑纸上，可能会看到螨虫的移动。
- 在某些病例中，如果不能检出螨虫，可以通过对药物治疗的反应来诊断该病。

治　疗

- 有多种局部杀虫药可用来治疗兔子的皮毛螨病。由于兔子对这些药物的副作用非常敏感，使用时需留心观察。
- 治疗该病最安全的方法是皮下注射伊维菌素。一次剂量为0.2 ~ 0.4mg/kg，每隔7 ~ 10d注射一次，治疗4次。
- 由于有伊维菌素的耐药性的报道，有些临床兽医已将使用剂量提高到1mg/kg。
- 据报道，塞拉菌素按6 ~ 18mg/kg剂量，间隔28d使用两次，对于治疗该病有很好的疗效。
- 圈舍内所有兔子都应该接受治疗，包括临床症状不明显的兔子。

- 圈舍环境应该彻底净化。
- 如果是一只老年兔患急性皮毛螨病，在治疗寄食姬螯螨病之前应该对原发病进行调查。

注　释

病程与预后

- 该病预后良好。如果存在原发病，应首先治疗原发病，才能治愈兔子的毛皮螨病（图54-2）。

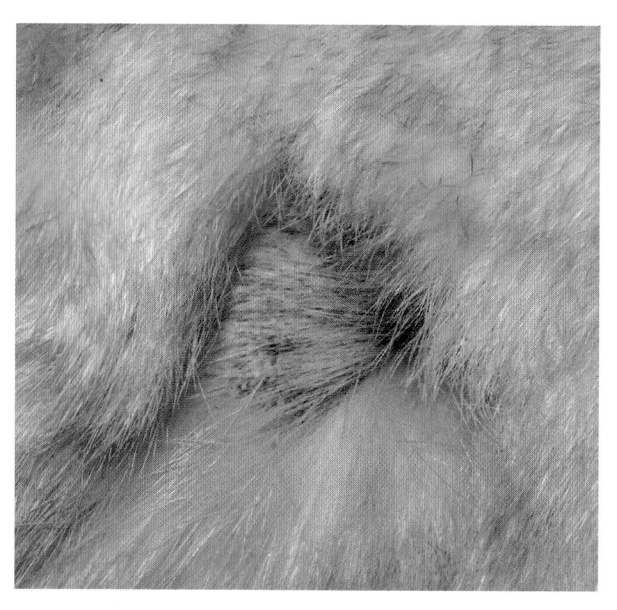

图54-2　兔子感染寄食姬螯螨后出现脱毛、毛干断裂以及由于瘙痒引起明显的皮炎

尿液灼伤（溃疡性皮炎）

定义 / 概述

- 当兔子的皮肤长期接触尿液时，可能会发生皮肤的炎症而继发细菌性皮炎（图54-3）。

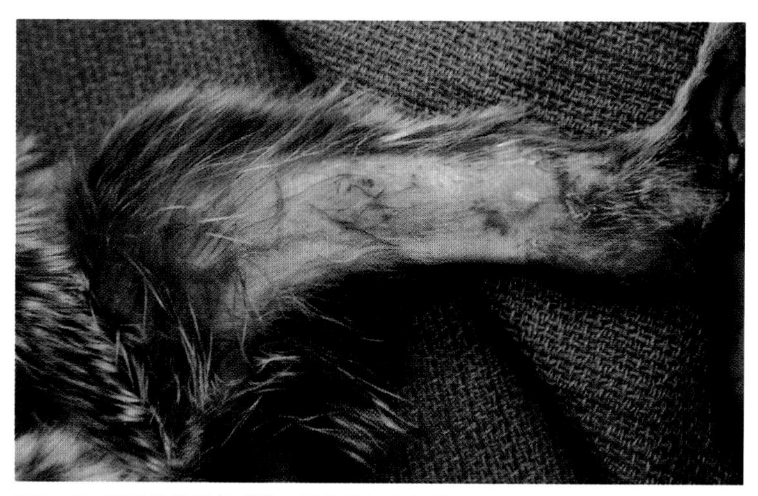

图54-3　尿液灼伤引起后肢内侧出现红斑和脱毛

病因学 / 病理生理学

- 任何全身性疾病或骨病都可导致兔子长时间蜷缩的蹲伏姿势，使其皮肤与尿液接触。
- 在某些笼养的环境中，兔子的会阴部和腹部皮肤长期浸泡在尿液中，永远不会干燥。
- 患有膀胱炎、尿路结石和“膀胱污泥综合征”的兔子也容易发生尿液灼伤。
- 尿道疾病、胃部堵塞、脂肪肝等一些常见全身性疾病都可能是尿液灼伤的原发病。
- 骨病如后肢关节炎或者严重的脊椎病也是该病的原发病。
- 这些疾病会限制兔子的活动使之久坐不动，使得兔子长期与尿液接触而导致尿液灼伤。

特征 / 病史

- 患兔会散发出尿臭味。
- 会阴部和腹部皮肤可出现红斑和溃疡。
- 患部触诊疼痛敏感并可能有脓性分泌物流出。
- 多数情况下，被尿液灼伤的区域会有明显的脱毛现象。

诊　断

- 多数情况下，该病对全血细胞计数和血液生化指标通常无影响。
- 如果发生严重的继发性细菌性皮炎，可能会出现白细胞增多。
- 尿液灼伤多是由其他原发病引起的，这些原发病可能会导致生化指标异常。
- 通过观察病变即可做出诊断。
- 皮肤活组织检查可以发现炎症，并可能会发现病灶内的细菌。

治　疗

- 治疗应包括对于原发病的治疗，否则该病不能治愈。
- 皮肤病变的严重程度将决定治疗的强度。
- 对于轻症病例，可采用干燥剂以及外用抗菌制剂进行治疗。
- 对于较为严重的病例，治疗方案中需补充全身性抗生素疗法。
- 如果炎症严重，可采用湿敷法来治疗。然而，动物主人必须明白如果原发病没有消除，该病将无法治愈。

注　释

病程与预后

- 如果消除原发病，该病预后良好。

兔子拔毛

定义 / 概述

- 引起兔子拔毛的原因很多，最常见的原因是怀孕或者假孕。
- 在兔群中，居于优势地位的兔子会对处于劣势的兔子拔毛。
- 偶尔，某些兔子因位置改变也会出现拔毛现象。

病因学 / 病理生理学

- 妊娠期间兔子拔毛是为了筑窝。
- 在兔群中，居于优势地位的兔子会对处于劣势的兔子进行拔毛。
- 兔子也可以自己拔毛。

特征 / 病史

- 该病的唯一症状就是脱毛。
- 皮肤不受影响。
- 妊娠兔常常从肉垂、前腿、腹部等处拔毛。
- 如果兔子拔其他兔子的毛，脱毛会发生在身体上任何部位（图54–4）。

诊　断

- 该病对全血细胞计数和血液生化指标无影响。
- 该病无特异性诊断方法。
- 移除兔群中一只兔子，拔毛现象即终止，表明是优势拔毛。

图54–4　该兔被同群中更有优势的兔拔毛后的情况

■ 对于妊娠兔而言，产仔后拔毛现象就会停止。
■ 皮肤活组织检查可见其组织学特征正常，对于某些兔子而言，这是一种排除性诊断。

治　疗

■ 该病无特异性治疗方法。
■ 分笼饲养可阻止相互打斗而引起的脱毛。
■ 如果没有其他原因，应改善包括饮食在内的饲养条件。

注　释

病程与预后

■ 搞清原发病病因并将之消除，该病预后良好（图54-5）。

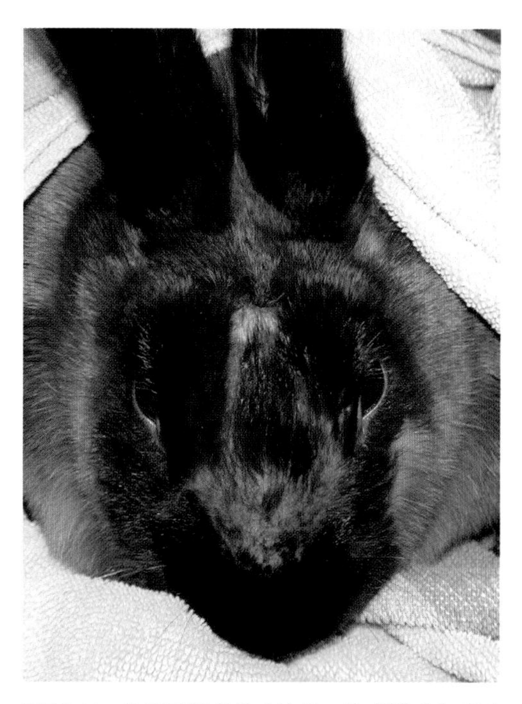

图54-5　兔子面部有拔毛迹象。注意脱毛和毛干破损，但皮肤正常。主人观察到同伴在梳理这只兔子的面部

作者：Karen Rosenthal

林青　译　李国清　校

附录 1

瘙痒性皮肤病的临床管理

患瘙痒症动物是兽医常见的一个难题，许多疾病引起的瘙痒症是不可治愈的，因此必须长时间地加以控制。考虑长期止痒治疗之前必须确定潜在的致病原。皮质类固醇是兽医最常用的止痒药物，不过在确定病原或试过其他药物之前不应该作为一种维持治疗的方式。

犬、猫的过敏性皮炎是兽医瘙痒性疾病的标志，将作为下面讨论的模型。探讨药物治疗并不意味着取代合适的“诊断”程序（如食物脱敏食谱试验，皮内试验等），而是为每个病畜增加治疗管理方案。

在患瘙痒动物的管理中，许多疑惑主要源于这一事实，即对瘙痒的确切病因和病理生理学尚不知晓。在兽医文献中关于犬、猫瘙痒的资料非常有限，因此选择合适的药物是相当困难的，常常依赖于治疗试验。这种试验和错误的用药对动物主人来说既昂贵又令人沮丧。

瘙痒的病理生理学

瘙痒是许多皮肤病极为常见的一种特征。瘙痒的产生是由皮肤表层的刺激物所引起，这些刺激物可诱导炎性介质的释放并刺激神经受体。引起瘙痒的介质很多，包括组胺、肽链内切酶（胰蛋白酶，木瓜蛋白酶）、5-羟色胺、缓激肽、神经递质（肽物质，血管活性肠肽）、鸦片、前列腺素等。

皮肤的炎症可能与各种细胞（包括角质化细胞）的细胞膜成分花生四烯酸转变为各种各样的促炎性脂肪酸有关，包括前列腺素、中性粒细胞化学引诱物羟基脂肪酸和白三烯。前列腺素主要是PgE1，通过降低游离神经末梢受体对组胺和蛋白酶作用的阈值来扩大药理学上诱发的瘙痒。促炎性介质还包括十二碳四烯酸，五碳四烯酸，白三烯C4，白三烯D4及白三烯E4。皮内注射羟色胺可引起瘙痒症。

皮肤温度对瘙痒的影响仍然不清楚。经验告诉我们当皮肤温暖时瘙痒会加重（微温或温水沐浴的情况下如此）。瘙痒还可以受到机体昼夜节律的影响，主要归因于昼夜皮肤温度的波动和肾上腺素的波动。UVA和UVB可以通过钝化致痒原而影响瘙痒。UVB已被报道能够改变维生素D代谢，引起离子改变，从而减轻瘙痒。

瘙痒症免疫学方面也了解的很少，与动物过敏性皮炎有关的免疫缺陷正在研究之中。抗瘙痒药物疗法可以针对患病动物免疫系统上特殊的改变。疑似改变有内皮细胞异常表达黏附因子，辅助型T细胞与高度刺激性表皮朗格罕氏细胞增多，B细胞过度表达IgE，提高真皮嗜酸性粒细胞衍生物MBP水平，血清IgA的改变，局部刺激表皮朗格罕氏细胞，增加磷酸二酯酶活性，降低血浆甘油三酯的水平等。

在我们选择多种治疗方法去控制动物瘙痒病之后，这些有限的知识就构成了治疗的基础。关于瘙痒病的发病机理，甚至特异的病原和过敏性皮炎的发病机理仍然不明。

控制瘙痒的药物

糖皮质激素

毫无疑问糖皮质激素是控制瘙痒病最有效的药物。由于有潜在的不良反应，糖皮质激素不能作为首选药物，除非瘙痒程度严重。长期使用类固醇药物，会引起许多不良反应：PU/PD，多食症，肌无力/肌萎缩，呼吸急促，易感性增强，表皮或皮肤萎缩，胰腺炎，皮肤钙化病，消化道出血，肺血栓，创口愈合迟缓，运动障碍。类固醇最常用于急性情况，使用时间要尽可能短。

同时采用辅助疗法（抗组胺，必需脂肪酸，局部治疗等）可以减少类固醇的必需治疗剂量。

类固醇的抗炎效果包括以下几点：

1. 减少中性粒细胞向组织转移；
2. 抑制巨噬细胞释放炎性细胞因子（IL1，TNF-α，前列腺素）；
3. 抑制巨噬细胞的吞噬作用；
4. 抑制嗜酸性粒细胞向组织转移；
5. 减少血循环中淋巴细胞数量；
6. 减少淋巴细胞的激活；
7. 减少淋巴细胞细胞因子的表达；
8. 对T细胞影响大于B细胞；
9. 通过颉颃血管活性胺来增强血管完整性；
10. 减少炎性介质的合成；
11. 抑制环氧酶的合成和磷酯酶A2的活性，降低前列腺素，环前列腺素，凝血噁烷和白三烯的浓度（附表1-1）。

附表1-1　类固醇成分（常用疗法）

药物（口服）	起始剂量/犬	起始剂量/猫
强的松	0.5 ~ 1mg/kg，q24h	1 ~ 2mg/kg，q24h
甲基强的松龙	0.4 ~ 0.8mg/kg，q24h	0.5 ~ 1.5mg/kg
地塞米松	0.05 ~ 0.1mg/kg，q48h	0.05 ~ 0.1mg/kg，q48h
去炎松	0.05 ~ 0.1mg/kg，q48h	0.05 ~ 0.1mg/kg，q48h
二甲哌替啶（异丁嗪-P，辉瑞产品）	（0.1 ~ 0.2mg/kg），PO	（0.1 ~ 0.2mg/kg，IM/PO）

孕酮化合物

甲地孕酮和醋酸甲羟孕酮已用来控制猫的瘙痒病，但是由于潜在严重的不良反应，目前还没有被推荐使用。其作用机制还不清楚，但是可能产生类似糖皮质激素的潜在影响。

剂　量

每只猫5mg/d，持续一周，接着每只猫隔天使用2.5 ~ 5mg，持续一周；然后逐渐减少到5mg，每周一次或两次；最后降到每只2.5 ~ 5.0mg，7 ~ 14d一次。

不良反应包括：

1. PU/PD，肾上腺抑制；

2. 情绪改变；

3. 糖尿病；

4. 子宫积脓；

5. 被毛颜色改变；

6. 腹泻。

影响花生四烯酸（AA）的生物合成和代谢的药物和补品

非甾体抗炎药和脂肪氧合酶抑制剂（影响AA代谢）

非类固醇抗炎药物（如阿司匹林）似乎在抗瘙痒中已被限制使用。一项研究报道给犬服用阿司匹林缓释片，剂量为25mg/kg，每8h一次，成功率为2%。非类固醇通过抑制环氧酶途径来阻断花生四烯酸循环。

脂肪氧合酶抑制剂（如苯恶洛芬）可阻断脂肪氧合酶途径，5-脂肪氧合酶抑制剂在犬体上使用非常有限，效果很差。

必需脂肪酸代谢

必需脂肪酸代谢同样影响花生四烯酸（AA）的生物合成。补充EFA可引起表皮脂质屏障的改变，并试图将炎性介质的产生从促炎性介质转为低炎性介质（PGE2变为PGE1，LTB4变为LTB5）。在患病动物之间以及各种公开的报道中，瘙痒管理的成功率变化很大。犬的必需脂肪酸是亚麻油酸和亚麻酸。对于猫来说，包括亚麻油酸，亚麻酸及花生四烯酸的脂肪酸来源：GLA（γ—亚麻酸），一种包含在月见草油中的ω6脂肪酸；EPA（十二碳五烯酸），一种包含在海洋鱼油中的ω3脂肪酸；ALA（α-亚麻酸），一种包含在植物油中的ω3脂肪酸（大豆，菜籽，亚麻籽）。多数必需脂肪酸补品包含EPA与GLA的两种成分。理论上讲，增加EPA和GLA的量，通过改变类花生酸（PG和LT）的量和效能来减轻瘙痒和炎症。EPA能够取代细胞膜上的AA，当炎症期间细胞被激活时，EPA通过环氧酶和脂肪氧合酶途径代谢多于AA，EPA分解产物比AA分解产物炎性刺激小。

EPA-3系列的前列腺素和5系列的白三烯（炎性刺激小）。

AA-前列腺素2，十二碳四烯酸，白三烯4（炎性刺激大）。

GLA代谢后生成DGLA（亚麻酸），进一步代谢生成PGE1（消炎药）。ALA可被代谢产生EPA。

EFA补品的临床实验结果多种多样，最好是与其他药物联合使用。抗组胺药能够与EFA产生协同作用。

不良反应包括以下几点：

1. 使用3个月后可短暂减少血小板聚集（无临床疗效）；

2. 增加胰腺炎的风险；

3. 呼吸有鱼腥味。

抗组胺药

抗组胺药可分为两类：H1受体颉颃剂和H2受体颉颃剂。常常在一些严重病例，为了有助于控制瘙痒，会同时使用H1和H2受体阻断剂。抗组胺药被推荐为一种辅助疗法来减少或取消对类固醇的需求

（附表1–2）。

不良反应：

1. 镇静作用；

2. 口干；

3. 视力模糊；

4. 尿滞留；

5. 刺激食欲；

6. 兴奋。

附表1–2　抗组胺药分为两类：H1受体颉颃剂和H2受体颉颃剂

药物	剂量	犬 / 猫
H1受体颉颃剂（第一代）		
氯苯吡胺	2 ~ 12mg/只，q8 ~ 12h	犬
氯苯吡胺	2 ~ 4mg/只，q12h	猫
苯海拉明/苯那君	2 ~ 4mg/kg，q8 ~ 12h	犬
羟嗪	1 ~ 2mg/kg，q6 ~ 8h	犬
克立马丁	0.5 ~ 1.0mg/kg，q12	犬
赛庚啶	2 ~ 8mg/kg，q8 ~ 12h	犬和猫
多虑平	2.2mg/kg，q12h	犬
H1受体颉颃剂（第二代）*		
阿司咪唑	1mg/kg，q12h	犬
氯雷他定	5 ~ 20mg/d	犬
	2.5mg	猫
西替利嗪	5 ~ 20mg/kg，q12h	犬
	5.0mg/kg，q12h	猫
H2受体颉颃剂		
甲氰咪胍/西咪替丁	6 ~ 10mg/kg，q8h	犬（与苯那君联合使用）

注： *低镇静作用，因为缺乏抗毒蕈碱的性能，很难穿过血脑屏障。H2受体常用于抑制分泌，但一些证据表明对皮肤病有利。西咪替丁和苯那君联合使用可以治疗瘙痒病，甲氰咪胍和雷尼替丁有助于减轻瘙痒和难以治愈的荨麻疹病例水疱的形成。如果联合给药，H2受体颉颃剂会抑制H1受体颉颃剂的代谢，因此必须增加血浆中H1受体颉颃剂的水平。类固醇与皮质类固醇具有协同作用，因此可降低其需求量（30%以下）。

精神类药物

精神类药物主要用于强迫性神经官能症（OCD）。许多瘙痒病例也许有OCD症状。其中一些药物像羟色胺受体一样也能与组胺结合，因此也具有强烈的抗组胺作用（如阿米替林）。这些药物效力多样化，不应该作为首选药，应避免使用单胺氧化酶抑制剂（附表1–3）。

附表1–3　治疗强迫症的精神类药物

药物	剂量	犬/猫	效果
阿米替林/盐酸阿密替林	1 ~ 2mg/（kg・d）	犬，猫	口干，便秘，尿潴留（有癫痫史和心脏疾病患畜禁忌）
丁螺环酮	2 ~ 4mg/kg，每12h一次	猫	
氟苯氧丙胺	1 ~ 2mg/kg，每12h一次	犬	少有成功，无尿
氯米帕明	1 ~ 2mg/（kg・d）	犬	少有成功，无尿

其他药物

1. 精神类药物
   - 这类药物主要是用来帮助控制与慢性瘙痒有关的强迫症。
2. 米索前列醇（前列腺素E1类似物）
   - 剂量：6μg/kg，每天两次（犬）；
   - 不良反应轻微；
   - PGE1已经被证明可以抑制过敏性疾病的后期反应；
   - 抑制粒细胞的活性，淋巴细胞的增殖和细胞因子的产生（IL1和TNF-α）；
   - 证明与抗组胺药有协同作用，抑制直接阶段；
   - 一项研究显示在61%的病例（18只犬）中效果极好。
3. 红霉素/抗生素
   - 剂量：10mg/kg，每天3次；
   - 犬；
   - 抗炎性能涉及抑制中性粒细胞的趋化性；
   - 肥大细胞分泌的中性粒细胞趋化因子出现在一些过敏性疾病且中性粒细胞频繁发现于遗传性过敏性皮肤。
4. 酮康唑/抗真菌剂
   - 剂量：10mg/kg，每天两次；
   - 犬；
   - 主要用于犬的瘙痒性酵母皮炎病例（酵母过敏/过度生长）；
   - 与人相关的文献已经报道了局部使用酮康唑具有与氢化可的松相似的抗炎性能；
   - 抑制5-脂肪氧合酶活性和全反式维甲酸。
5. 己酮/己酮可可碱
   - 剂量：10～15mg/kg，每天两次；
   - 接触性皮炎最有效，常与维生素E结合使用。
6. 加巴喷丁
   - 剂量：15mg/kg，口服，每8h一次（犬和猫）；
   - 避免人工液体制剂，由于木糖醇成分（潜在毒性）；可以通过兽医合成制药合成液体制剂。
7. 右美沙芬（阿片类颉颃剂）
   - 可能是有用的辅助疗法；
   - 剂量：2mg/kg，口服，每12h一次；
   - 2周内有明显效果。
8. 环孢霉素/Atopica
   - 剂量：5mg/（kg·d），犬；25mg/d，猫（在猫上无标签）；
   - 昂贵但效果很好；

- 如果以2.5 ~ 5mg/（kg·d）使用酮康唑可以降低使用剂量（环孢霉素剂量可降低到3mg/（kg·d）；
- 不良反应：肝中毒，牙龈增生，病毒性乳头状瘤。

9. 局部：洗发剂，漂洗液，洗液，凝胶剂，喷雾剂，面霜
   - 所有全身给药应与局部给药同时进行，以帮助控制瘙痒。
   - 局部治疗计划根据初诊来制订，可能是治疗程序最重要的部分。
   - 动物主人承诺极为重要。

10. 中草药治疗
    - 双盲安慰剂对照研究未能证实良好效果，但也有成功的病例报道。

作者：Karen Helton Rhodes

孟祥龙　译　李国清　校

附录 2

犬遗传性皮肤病 / 品种易感性皮肤病

下面所列的是某些品种犬常见的一些皮肤病（或与皮肤相关的疾病），其中一些具有遗传病因，另一些似乎具有品种易感性。随着犬皮肤病的研究进展，许多疾病准确的病因或发病机理正在发生改变。

常见品种犬常见的皮肤病

品种	皮肤病
猴面犬	肾上腺皮质机能亢进
阿富汗猎犬	甲状腺功能减退 蠕形螨病
万能㹴犬	淋巴瘤 原发性甲状腺功能减退 周期性躯干脱毛症
秋田犬	幼龄多发性关节炎 沃格特小柳原田综合征（VKH）/眼色素层皮肤综合征 落叶型天疱疮 耳聋 甲状腺疾病 肉芽肿性皮脂腺炎
阿拉斯加雪橇犬	贫血并发软骨发育异常 侏儒症
美国猎狐犬	耳聋 血小板减少 小眼
美国斯塔福德郡犬	皮肤肥大细胞肿瘤 蠕形螨病 耳聋 周期性躯干脱毛症
美国水猎犬	两性畸形
澳大利亚牧牛犬	耳聋 角化异常
澳大利亚护羊犬	小眼 脆皮病（埃勒斯－当洛二氏综合征）
澳大利亚牧羊犬	小眼 耳聋 侏儒症 鼻日光性皮肤病 ABCB1基因缺陷/药物过敏
澳洲㹴	糖尿病
巴辛吉犬	免疫增生性肠病（秃头症，角化过度，耳廓坏死）
巴吉度猎犬	血小板疾病 软骨发育不全 先天性毛发稀少症 黑毛毛囊发育不良

（续）

品种	皮肤病
比格犬	淋巴细胞性甲状腺炎 蠕形螨病 脆皮病 先天性毛发稀少症 过敏性皮炎 淀粉样变性 耳聋 溶血性贫血 系统性坏死性血管炎
古代长须牧羊犬	色素减少 落叶型天疱疮 黑毛毛囊发育不良
法国狼犬	表皮松解不全 皮肌炎 系统性红斑狼疮
贝灵顿㹴厚毛犬	泪管闭锁 毛黑变 老年毛囊周矿化
比利时牧羊犬	肉芽肿性皮脂腺炎
比利时坦比连犬	先天性白斑病/白发病 甲状腺功能减退
伯尔尼兹山地犬	色素稀释性脱毛 组织细胞增多症：皮肤型，全身型，恶性型
卷毛比雄犬	天疱疮 先天性毛发稀少症
寻血猎犬	马拉色氏霉菌过敏症 异位性皮炎 外耳炎/中耳炎
边境牧羊犬	耳聋 黑毛毛囊发育不良 ABCB1基因缺陷/药物过敏
边境㹴	肥大细胞瘤 垂体瘤
苏俄牧羊犬	水囊瘤 局限性钙质沉着 甲状腺功能减退
波士顿犬	异位性皮炎 蠕形螨病 肥大细胞瘤 垂体瘤 耳聋 淋巴球减少症/嗜曙红细胞减少 鼻孔狭窄 斑秃
设兰德斯牧牛犬	周期性躯干脱毛症 淋巴肉瘤
拳狮犬	过敏性皮炎 犬痤疮 脆皮病 蠕形螨病 肥大细胞瘤 组织细胞瘤 牙龈增生

（续）

品种	皮肤病
拳狮犬	皮样囊肿 阴道增生 肾上腺皮质机能亢进 甲状腺功能减退 耳聋 纤维肉瘤 黑素瘤 周期性躯干脱毛症
伯瑞犬	甲状腺功能减退
布列塔尼猎犬	唇折叠皮炎 隐睾病 补体缺陷（C3免疫缺陷） 皮肤型红斑狼疮
牛头㹴	耳聋 致死性肢皮炎 鼻疔 华尔登布尔氏综合征（无黑色素皮肤，蓝眼，耳聋）
斗牛犬	蠕形螨病 阴道增生 犬痤疮 睑炎 过敏性皮炎 马拉色氏霉菌过敏症 细菌性毛囊炎 淋巴瘤 肥大细胞瘤 甲状腺功能减退 耳聋 皱褶性皮炎 周期性躯干脱毛症 淋巴水肿
牛头獒	先天性白斑病/白发病
凯恩犬	过敏性皮炎
迦南犬	糖尿病 甲状腺功能减退
卡迪根威尔士柯基犬	脆皮病
骑士查理王猎犬	糖尿病 卷毛综合征并发角膜结膜炎 持久分泌性中耳炎 脊髓空洞症 黑毛毛囊发育不良 犬嗜酸性粒细胞肉芽肿
乞沙比克猎犬	睑内翻 毛囊发育不良
吉娃娃	色素稀释性脱毛（毛囊发育不良） 斑秃 蠕形螨病
中国冠毛犬	过敏性皮炎 黑头粉刺
中国沙皮犬	皮肤黏蛋白增多症 肾脏淀粉样变性（地中海热） 细菌性毛囊炎 过敏性皮炎 蠕形螨病 马拉色氏霉菌过敏症

（续）

品种	皮肤病
松狮犬	落叶型天疱疮 色素稀释性脱毛（毛囊发育不良） 甲状腺功能减退 小眼 眼色素层皮肤症候群 剪毛后秃毛症 酪氨酸酶缺乏症（脱色）
可卡犬	雌雄同体性 过敏性皮炎 增生性外耳道炎 角化异常（皮脂溢） 马拉色氏霉菌过敏症 唇折叠性皮炎 皮脂腺腺瘤 先天性面神经麻痹（可能与耳炎有关） 原发性甲状腺功能减退 耳聋 周期性造血（免疫缺陷） 黑毛毛囊发育不良 维生素A反应性皮肤病
牧羊犬	皮肌炎 溃疡性皮炎（囊状皮肤红斑狼疮） DLE（皮肤型红斑狼疮） 耳聋 蠕形螨病 类天疱疮 系统性红斑狼疮 隐性遗传细胞减少症 侏儒症 周期性血球生成（免疫缺陷）/被毛苍白 华尔登布尔氏综合征（蓝眼，无黑色素皮肤，耳聋） ABCB1基因缺陷/药物过敏
卷毛寻回猎犬	肾上腺皮质机能亢进 甲状腺功能减退 斑秃 周期性躯干脱毛症
腊肠犬	糖尿病 甲状腺功能减退 耳聋 皮样囊肿 特发无菌结节性脂膜炎 黑棘皮症 色素稀释性脱毛 脆皮病 蠕形螨病 斑秃 感觉神经病变 肾上腺皮质机能亢进 落叶型天疱疮 线性IgA脓疱皮肤病 血管炎 斑秃 黑毛毛囊发育不良 幼龄蜂窝织炎 耳廓皮肤病 特发性肿瘤

（续）

品种	皮肤病
达尔马西亚犬	“青铜色综合征” 耳聋 球形细胞样脑白质营养不良 过敏性皮炎 华尔登布尔氏综合征（无黑色素皮肤，蓝眼，耳聋）
丹迪丁蒙㹴	肾上腺皮质机能亢进 淋巴瘤
杜宾犬	甲状腺功能减退 吸吮侧身 免疫复合物病 药物敏感（硫代甲氧苄氨嘧啶抗生素） 毛囊发育不良 耳聋 先天性白斑病/白发病 颗粒细胞病变（免疫缺陷） 选择性IgM缺陷 落叶型天疱疮 犬家族性慢性良性天疱疮 鱼鳞癣
法国波尔多犬	足垫过度角化
英国猎狐犬	耳聋
英国雪达犬	耳聋 口鼻腔癌症和淋巴瘤 犬家族性慢性良性天疱疮
英国史宾格犬	角化异常 耳炎 史宾格犬牛皮癣样苔藓样皮肤病 肢端损伤综合征（感觉神经病变）
芬兰猎犬	落叶型天疱疮
平滑毛寻回犬	组织肉瘤 对称性狼疮样肿瘤
猎狐犬	耳聋 过敏性皮炎
法国斗牛犬	过敏性皮炎 先天性毛发稀少症 毛囊发育不良 周期性躯干脱毛症
德国牧羊犬	对称性狼疮样肿瘤 皮肤红斑狼疮 会阴瘘管 掌骨/跖骨瘘管 过敏性皮炎 垂体性侏儒症 甲状腺功能减退 结节性皮肤纤维变性并发肾囊腺癌 局限性钙质沉着 脓皮病 耳聋 鼻疔 德国牧羊犬毛囊炎/疖病 血管炎 淋巴水肿 ABCB1基因缺陷/药物过敏（白色德国牧羊犬）

（续）

品种	皮肤病
德国短毛指示犬	淋巴水肿 德国短毛指示犬遗传性狼疮样皮肤病 纤维肉瘤 黑色素瘤 肢端损伤综合征（感觉神经病变）
巨型雪纳瑞犬	角化异常 甲状腺功能减退 维生素A反应性皮肤病
金毛猎犬	淋巴瘤 过敏性皮炎/耳炎 甲状腺功能减退 鱼鳞病 足垫过度角化 幼龄蜂窝性组织炎
戈登赛特犬	甲状腺功能减退 黑毛毛囊发育不良 幼龄蜂窝性组织炎
大丹犬	肢端舔舐性皮炎 耳聋 局限性钙质沉着 色素稀释性脱毛 淋巴水肿 大疱性表皮松解症
大白熊犬	耳聋
灵猩	低甲状腺值 斑秃 皮肤和肾脏肾小球血管病变 腹面粉刺综合征
爱尔兰狼猎犬	过敏性皮炎 颗粒细胞病变（免疫缺陷）
爱尔兰㹴	足垫过度角化
爱尔兰水猎犬	毛囊发育不良
杰克罗素㹴	家族性血管病变 过敏性皮炎 黑毛毛囊发育不良 血管炎
荷兰狮毛犬	黑素瘤 甲状腺功能减退 皮脂囊肿 角化棘皮瘤
凯利蓝㹴	毛囊肿瘤 针状体毛发增多症 足垫过度角化
哥威斯犬	耳聋
拉布拉多猎犬	色素稀释性脱毛（银色拉布拉多） 过敏性皮炎/耳炎 甲状腺功能减退 糖尿病 黑素瘤 特发性白斑病/白发病 肥大细胞瘤 先天性稀毛症 角质化障碍

（续）

品种	皮肤病
拉布拉多猎犬	鼻趾过度角化症 淋巴水肿 维生素A反应性皮肤病 威尔氏综合征（嗜酸性皮炎和水肿）
湖畔㹴	皮肌炎
拉萨狮子犬	过敏性皮炎 马拉色菌过敏 毛发缺少
爱斯基摩犬	毛囊发育不良（毛色变红）
马尔他犬	耳聋 过敏性皮炎 疫苗诱发性血管炎
曼彻斯特㹴	脆皮病 毛囊发育不良 斑秃
獒犬	细菌性毛囊炎 阴道增生
小鹿犬	白斑病/白发病
迷你雪纳瑞犬	雪纳瑞犬粉刺综合征 过敏性皮炎 支持细胞瘤 镀金色被毛（被毛呈金黄色） 角层下脓疱性皮肤病 病毒性色素斑
纽芬兰犬	创伤性皮炎 过敏性皮炎 落叶型天疱疮 特异性白斑病/白发病
挪威猎鹿犬	皮下囊肿 角化异常 角化棘皮瘤
诺里奇㹴	过敏性皮炎
英国古代牧羊犬	免疫性溶血性贫血 ABCB1 基因缺陷/药物过敏 淋巴水肿 特异性白斑病/白发病
水獭猎犬	皮脂囊肿
蝴蝶犬	耳聋 小眼畸形并发泪道闭锁
京巴犬	疫苗诱发性血管炎
彭布罗克威尔士柯基犬	脆皮病 皮样囊肿
指示犬	局限性钙质沉着 耳聋 侏儒症 鼻泪管闭锁 感觉神经病变（肢端损伤综合征） 黑毛毛囊发育不良
博美犬	脱毛 周期性造血（免疫缺陷）

（续）

品种	皮肤病
贵宾犬，微型和玩具型贵宾犬	狂犬病疫苗诱发性血管炎 过敏性皮炎 耳聋 泪道闭锁 斑秃 成年生长激素缺乏症 肾上腺皮质机能亢进 淋巴水肿 老年毛囊周围矿化 先天性毛发稀少症 假性软骨发育不全 大疱性表皮松解症
标准型贵宾犬	过敏性皮炎 外耳炎/中耳炎 肉芽肿性皮脂腺炎 泪管闭锁 小眼 色素稀释性脱毛 甲状腺功能减退 成犬生长激素缺乏症/脱发X
葡萄牙水猎犬	毛囊发育不良
巴哥犬	蠕形螨病 甲状腺功能减退 过敏性皮炎 病毒性色素斑
波利犬	耳聋
罗得西亚脊背犬	皮样窦 甲状腺功能减退 耳聋 与小脑退化有关的色素稀释性毛囊发育不良
罗威纳犬	特异性白斑病/白发病 甲状腺功能减退 对称性狼疮样肿瘤 糖尿病 血管炎 毛囊脂肪沉积（红点稀毛症） 毛囊角化症
圣伯纳犬	阴道增生 唇折叠性皮炎 耳聋 鼻动脉炎 淋巴瘤 眼色素层皮肤症候群 糖尿病 肢端肥大症 肘关节水囊瘤
萨卢基犬	色素稀释性脱毛
萨摩耶犬	眼色素层皮肤症候群 皮脂腺囊肿 侏儒症 脱毛 糖尿病 肉芽肿性皮脂炎
哈士奇犬	落叶状天疱疮 甲状腺功能减退

（续）

品种	皮肤病
苏格兰㹴	黑色素瘤 耳聋 过敏性皮炎 组织细胞瘤 肾上腺皮质机能亢进 血管炎 周期性躯干脱毛症 家族性血管病变
西里汉㹴	耳聋 过敏性皮炎 华尔登布尔氏综合征（耳聋，蓝眼，无黑色素皮肤）
喜乐蒂牧羊犬	皮肌炎 溃疡性皮炎（急性囊状皮肤型红斑狼疮） 系统性皮肤红斑狼疮 大疱性表皮松解症 甲状腺功能减退 ABCB1基因缺陷/药物敏感
狮子犬	皮脂腺瘤 过敏性皮炎 马拉色氏霉菌过敏症
西伯利亚雪橇犬	眼色素层皮肤症候群 锌反应性皮肤病 皮肤红斑狼疮 剃毛后脱毛 毛囊发育不良（被毛变红） 犬嗜酸性肉芽肿 自发性甲变形
丝毛㹴	色素稀释性脱毛 糖尿病 疫苗诱发性血管炎 短毛综合征——毛囊发育不良
斯凯犬	自身免疫性甲状腺炎
斯皮诺犬	甲状腺功能减退
斯塔福郡㹴	过敏性皮炎 光化性皮肤病 毛囊发育不良 周期性躯干脱毛症
标准型雪纳瑞犬	鼻泪孔闭锁 肛周腺瘤 甲状腺功能减退
西藏㹴	甲状腺功能减退
维兹拉犬	脂肪性腺炎 面神经麻痹 过敏性皮炎
魏玛犬	脊髓空洞症 黑素瘤 纤维肉瘤 肥大细胞瘤 侏儒症 颗粒细胞病变（免疫缺陷）

（续）

品种	皮肤病
威尔士史宾格犬	甲状腺功能减退
威尔士㹴	脚爪营养不良
西部高地白㹴	过敏性皮炎和马拉色菌过敏 表皮发育不良/鱼鳞癣 角化异常 蠕形螨病
惠灵顿㹴	脆皮病 过敏性皮炎 鱼鳞癣
小灵犬	斑秃 ABCB1 基因缺陷/药物过敏（长毛小灵犬）
约克夏㹴	黑皮病 疫苗诱发性血管炎 短毛综合征——毛囊发育不良

孟祥龙　译　李国清　校

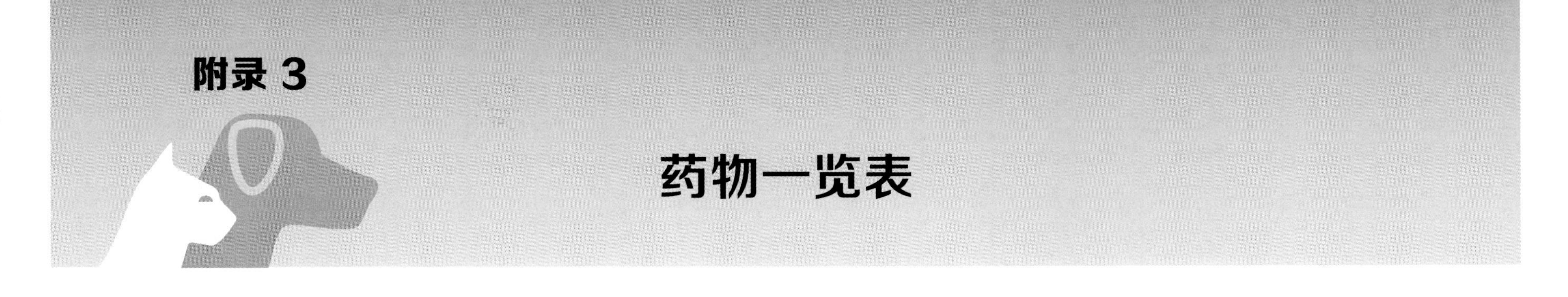

附录 3

药物一览表

药品名称（商品名或通用名）	药理学及适应证	不良反应和注意事项	剂量与说明	剂　型	用　量（如无特别说明，犬、猫用量相同）
乙酰丙嗪（PromAce）	吩噻嗪类镇静药，对神经递质多巴胺有抑制作用，可用于镇静和麻醉前给药	常见不良反应是引起镇静。可引起α肾上腺素能神经阻断，有些个体可产生锥体束外的不良反应	常作为前驱麻醉药与其他药物一起使用，麻醉前给药时，剂量一般为0.02～0.2mg/kg，肌内注射（IM），皮下注射（SC），静脉注射（IV）	片剂：5mg、10mg、25mg 注射剂：10mg/mL	犬：0.5～2.2mg/kg，口服，每6～8h一次；或0.02～0.1mg/kg，IV、IM、SC，总用量不超过3mg 猫：1.13～2.25mg/kg，口服，每6～8h一次；或0.02～0.1 mg/kg，IM，SC，IV
扑热息痛（Acetaminophen，泰诺）	镇痛药，非前列腺素合成抑制剂，其确切的作用尚不清楚	犬对推荐剂量有很好的耐受性。高剂量会导致肝脏毒性。禁用于猫	可供选用的非处方药剂很多。含可待因的扑热息痛对一些动物有协同止痛效果	片剂：120mg、160 mg、325mg、500mg	犬：15mg/kg，口服，每8h一次 猫：不推荐使用
含可待因的扑热息痛（含可待因的泰诺）	同上，只不过是添加了可待因，可增强镇痛效果	见可待因和扑热息痛	见可待因和扑热息痛	口服液和片剂。有多种制剂，如扑热息痛300mg添加15mg、30mg或60mg的可待因	按可待因的推荐量给药
乙酰水杨酸	见阿司匹林				
促肾上腺皮质激素	见促肾上腺皮质激素				
别嘌呤醇（Lopurin，Zyloprim）	通过抑制尿酸合成酶，减少尿酸的产生	可引起皮肤超敏反应	主要用于治疗人的痛风，在动物上可用于减少尿酸结石的形成	片剂：100mg、300mg	10mg/kg，口服，开始每8h一次，然后减少到每24h一次 对利什曼原虫病，按10mg/kg，每12h口服一次，至少连用4个月

（续）

药品名称（商品名或通用名）	药理学及适应证	不良反应和注意事项	剂量与说明	剂　型	用　量（如无特别说明，犬、猫用量相同）
阿米卡星（Amiglyde-V [兽用]和Amikin[人用]）	氨基糖苷类抗菌药（抑制蛋白质合成），其作用机制与其他氨基糖苷类药物相似（见硫酸庆大霉素），但比庆大霉素的抗菌活性更强	高剂量或长期治疗可引起肾毒性，也可引起耳毒性和前庭毒性（见硫酸庆大霉素）	每天一次的剂量可达到最低抑菌浓度（MIC）的最大峰值。为治疗性药物，长期治疗需监测（见硫酸庆大霉素）	注射剂：50mg/mL、250 mg/mL	犬和猫：6.5mg/kg，每8h一次，IV、IM、SC。或 犬按15～30mg/kg，每24h一次，IV、IM、SC； 猫按10～14 mg/kg，每24h一次，IV、IM、SC
双甲脒（Mitaban）	针对外寄生虫的杀虫剂，可用于治疗螨病，包括蠕形螨。可抑制螨的单胺氧化酶活性	对犬有镇静作用（α_2-激动剂），但这种作用可被育亨宾和阿替美唑逆转。高剂量使用时其不良反应包括瘙痒、多尿、烦渴、心动过缓、低体温、高血糖和抽搐（少见）	首次使用应按厂家推荐的剂量，但对顽固病例，需要适当增加剂量以便提高疗效	10.6mL的浓缩浸泡剂（19.9%）	每7.5L水中加10.6mL药液（0.025%溶液），可局部治疗3～6次，每14d一次；对顽固性病例，需要适当增加剂量以提高疗效。已使用的浓度为0.025%、0.05%和0.1%，每周两次；或配成 0.125%的溶液，每天给1/2的体表用药，连用4周到5个月
盐酸阿米替林（Elavil）	三环类抗抑郁药，对突触前神经末梢5-羟色胺和其他递质的摄取具有抑制作用。可用于治疗动物的多种行为异常（如焦虑）。也可用于治疗猫的慢性先天性膀胱炎	该药有很多不良反应，如抗毒蕈碱作用（口腔干燥、心动过速）和抗组胺作用（镇静）。高剂量可产生心脏毒性而危及生命。猫可减少梳理和增重，引起镇静	由于在动物上缺乏药效对比试验，用量主要根据临床经验。有证据表明可成功治疗猫先天性膀胱炎，而氯丙咪嗪更适合治疗动物行为异常	片剂：10mg、25mg、50mg、75mg、100mg、150mg 注射剂：10mg/mL	犬：1～2mg/kg，口服，每12～24h一次； 猫：每只每天2～4mg，口服；对猫膀胱炎，每天按2mg/kg的剂量用药（每只猫每天2.5～7.5mg）
阿莫西林	β－内酰胺类抗生素。可抑制细菌细胞壁的合成，具有广谱的抗菌活性，可用于各种类型的感染	动物对本品通常具有很好的耐受性。有时可出现过敏反应，口服此药有可能引起腹泻	推荐剂量取决于细菌的敏感性和感染部位。一般对革兰氏阴性菌感染需要高剂量多次用药	片剂：50mg、100mg、150mg、200mg、400mg 胶囊：250mg和500mg；口服混悬剂：50mg/mL（人用）	6.6～20mg/kg，每8～12h一次，口服
阿莫西林-克拉维酸钾（Clavamox）	β－内酰胺类抗生素＋β－内酰胺酶抑制剂（克拉维酸）	同阿莫西林	同阿莫西林	片剂：62.5mg、125mg、250mg、375mg 混悬剂：62.5mg/mL	犬：12.5～25mg/kg，每12h一次，口服 猫：每只62.5mg，每12h一次，口服 对革兰氏阴性菌感染，可按上述剂量每8h给药一次

（续）

药品名称（商品名或通用名）	药理学及适应证	不良反应和注意事项	剂量与说明	剂　　型	用　　量（如无特别说明，犬、猫用量相同）
两性霉素B（Fungizone）	抗真菌药，通过损害真菌的细胞膜而发挥作用，用于治疗全身性真菌感染	本品引起的肾毒症与用药量相关，也可引起动物发热、静脉炎和震颤	静脉注射前用水稀释、注射要缓慢并密切注视肾功能。配制静脉注射液时不能与电解质溶液（如用D-5-W）混合。治疗前可用氯化钠溶液稀释	注射粉针：50mg	按0.5mg/kg，IV（缓慢静脉注射）每48h用药一次，累计用量为4～8mg/kg
两性霉素B脂质体制剂（ABLC，Abelcet）	适应证与常规两性霉素B相同，脂质体制剂可以加大药物用量和安全范围，但价格比常规制剂要高的多	肾毒性是剂量受限的重要原因	与两性霉素B常规制剂相比，本品用量更高。可用5%的葡萄糖水溶液稀释至1mg/mL，静脉给药，1～2h用完	脂质体制剂：100mg/20mL	犬：按2～3mg/kg，IV，每周3次，治疗9～12次，累积用量为24～27 mg/kg 猫：按1mg/kg，IV，每周3次，连续治疗12次
氨苄青霉素	β-内酰胺类抗生素，可抑制细菌细胞壁的合成	对青霉素类药物过敏的动物，使用要谨慎	用药量的变化取决于细菌的敏感性，与阿莫西林比较，口服吸收大约少50%。针对革兰氏阴性菌感染一般需要高剂量多次用药	胶囊：250mg、500 mg； 氨苄青霉素钠粉针：125mg、250mg、500mg；注射用氨苄青霉素粉针（氨苄青霉素三水合物）10g、25g	氨苄青霉素钠：10～20 mg/kg，每6～8h一次，IV、IM、SC；或20～40 mg/kg，每8h一次，口服 氨苄青霉素三水合物：犬按10～50mg/kg，每12～24h一次，IM、SC；猫按10～20mg/kg，每12～24h一次，IM、SC
氨苄青霉素-舒巴坦（Unasyn）	氨苄青霉素+舒巴坦（β-内酰胺酶抑制剂）。舒巴坦和克拉维酸的活性相似	同氨苄青霉素	同阿莫西林+克拉维酸	按2：1比例配成的注射剂 粉针有1.5g和3g	10～20mg/kg，IV、IM，每8h一次
抗酸药	见氢氧化铝、氢氧化镁、碳酸钙				
盐酸阿朴吗啡	催吐药，通过释放多巴胺或直接作用于延髓催吐化学感受器触发区导致呕吐发生	在严重的不良反应发生之前引发呕吐，对阿片类药物敏感的猫慎用	使用时要咨询当地中毒解救中心或药剂师，猫的使用不及犬有效	片剂：6mg	0.02～0.04mg/kg，IV或IM；0.1mg/kg，SC；或将0.25mg药液滴入眼结膜（将6mg的药片溶解在1～2mL生理盐水中）
左旋门冬酰胺酶（Elspar）	抗癌药。从埃希氏大肠杆菌中提纯的酶，可用于治疗淋巴瘤，可损耗癌细胞中的天冬酰胺并干扰蛋白质的合成	超敏、过敏反应	在癌症的化疗方案中常与其他药物联合使用	注射剂： 每瓶10 000 U	犬：400U/kg，IM，每周一次；或10 000 U/mL，每周一次，连用3周 猫：400U/kg，SC，每周一次

（续）

药品名称（商品名或通用名）	药理学及适应证	不良反应和注意事项	剂量与说明	剂　型	用　量（如无特别说明，犬、猫用量相同）
阿司匹林（Bufferin，Ascriptin）	非甾体类抗炎药，主要通过抑制前列腺素合成而发挥抗炎活性，可用于镇痛、抗炎和作为抗血小板药	治疗指数狭窄，高剂量频繁给药可引起呕吐，其他不良反应包括胃肠道溃疡和出血。在猫体内可水解为水杨酸，因其排泄慢而致猫中毒。该药对血小板有抑制作用，对血凝障碍患畜应慎用	镇痛和抗炎的用量主要根据临床经验。由于阿司匹林对血小板有持续性作用，抗血小板的用量可减少。给予缓冲剂型或与食物一起服用可减少药物对胃的刺激。犬、猫不推荐使用肠衣制剂	片剂：81mg、325mg	轻度镇痛：（犬）10mg/kg，每12h一次 抗炎：犬按20～25mg/kg，每12h一次；猫按10～20mg/kg，每48h一次 抗血小板凝集：犬按5～10mg/kg，每24～48h一次；猫每只81mg，每48h一次
阿替美唑（Antisedan）	α_2-颉颃剂，用于逆转α_2-激动剂如美托咪定和赛拉嗪的作用	本品安全，但有些动物用药后会出现短暂的兴奋	当用于逆转美托咪定的作用时，可注射等量的美托咪定	注射剂：5mg/mL	与美托咪定的注射量相同
阿托品	抗胆碱药（在毒蕈碱受体处阻断乙酰胆碱的作用），抗副交感药。主要作为麻醉前的辅助用药或用于其他方面，以增强心率，减少呼吸道和胃肠道的分泌，也可用于有机磷中毒的解救	本品为强抗胆碱药，不能用于青光眼、肠梗阻、胃轻瘫和心动过速的患畜。治疗不良反应包括口腔干燥、肠梗阻、便秘、心动过速、尿潴留等	通常用做麻醉的辅助用药或其他给药程序，不能与碱性溶液混合	注射剂：400μg/mL、500μg/mL、540μg/mL；或15mg/mL	0.02～0.04mg/kg，每6～8h一次，IV、IM、SC；根据需要可按0.2～0.5mg/kg的剂量用于有机磷和氨基甲酸酯类药物中毒
金诺芬（Ridaura）	用做金疗法，其作用机制尚不清楚，但也许与该药对淋巴细胞的免疫抑制作用有关，主要用于免疫介导性疾病	不良反应包括皮炎、肾毒性和血质不调	本品在兽医上的使用尚未评价，没有任何临床对照试验可用来确定动物的疗效。有人认为，本品口服的效果不及注射剂如金硫葡糖	胶囊：3mg	0.1～0.2mg/kg，每12h一次，口服
金硫葡糖（Solganol）	用作金疗法，作用机制尚不清楚，但也许与该药对淋巴细胞的免疫抑制作用有关，主要用于免疫介导性疾病（如皮肤病）	不良反应包括皮炎、肾毒性和血质不调	本品的使用在兽医上尚未评价，在动物上还没有进行药效评价的临床试验。该药常与其他免疫抑制性药物联合使用，如皮质类固醇	注射剂：50mg/mL	小于10kg的犬：第一周按1mg，IM；第二周按2mg，IM，维持剂量每周按1mg/kg 大于10kg的犬：第一周按5mg，IM；第二周按10mg，IM；维持剂量每周按1mg/kg 猫：每只0.5～1mg，IM，每7天一次

（续）

药品名称（商品名或通用名）	药理学及适应证	不良反应和注意事项	剂量与说明	剂　型	用　量（如无特别说明，犬、猫用量相同）
硫唑嘌呤（Imuran）	硫代嘌呤免疫抑制剂，具有抑制T淋巴细胞的功效。该药在体内可转变为6-巯基嘌呤而发挥免疫抑制作用。用于治疗多种免疫介导性疾病	最严重的不良反应是骨髓抑制，猫尤其敏感。当与皮质类固醇合用时有可能引起胰腺炎	本品常与其他免疫抑制剂联合使用（如皮质类固醇），可用于治疗免疫介导性疾病。猫按2.2mg/kg的剂量使用会出现中毒	片剂：50mg 注射剂：10mg/mL	犬：首次按2mg/kg口服，每24h一次；随后按0.5～1mg/kg，每48h一次 猫（慎用）：首次按0.3mg/kg，口服，每24h一次，随后每48h一次，并密切观察给药后的反应
阿奇霉素（Zithromax）	氮杂内酯类（Azilide）抗生素，与大环内脂类（红霉素）作用机制相似，通过对核糖体的抑制作用来干扰细菌蛋白质合成，主要抗革兰氏阴性菌	高剂量可能会引起呕吐，有些患畜可出现腹泻	阿奇霉素也许比红霉素具有更高的耐药性，与其他抗生素的主要差别是该药在细胞内可达到较高的药物浓度	胶囊：250mg 片剂：250mg和600mg 口服混悬剂：20mg/mL或40mg/mL 注射粉针：500mg	犬：10mg/kg，口服，每5d一次；或3.3mg/kg，每24h一次，连用3d 猫：5～10mg/kg，口服，每48h一次
新诺明（磺胺甲恶唑＋甲氧苄氨嘧啶）	见甲氧苄氨嘧啶-磺胺类药的复方制剂				
倍他米松（Celestone）	强效、长效皮质类固醇药，抗炎和免疫抑制效果是可的松的30倍，通过抑制炎症细胞和炎性介质的表达发挥抗炎作用，可用于治疗炎症和免疫介导性疾病	皮质类固醇类药的不良反应较多，包括贪食、多尿、烦渴和抑制下丘脑-垂体-肾上腺（HPA）轴，表现为胃肠溃疡、肝病、糖尿病、高血脂、甲状腺素分泌减少，影响蛋白质合成和伤口愈合以及产生免疫抑制	发挥抗炎作用的剂量为0.1～0.2mg/kg；产生免疫抑制的剂量为0.2～0.5mg/kg	片剂：0.6mg； 倍他米松磷酸钠注射液：3mg/mL	抗炎作用：0.1～0.2mg/kg，每12～24h一次，口服 免疫抑制作用：0.2～0.5mg/kg，每天1～2次，口服
布地奈德（Enterocort）	布地奈德为局部发挥作用的皮质类固醇药，口服后在肠道局部释放，只有少部分被全身吸收。可用于治疗肠炎	未见严重不良反应的报道，但有时被全身吸收后可导致糖皮质激素样作用（如肾上腺抑制）	有供人用的胶囊。如果用于动物，药物的包衣不要破坏，否则药物在肠道的释放就会受到影响	胶囊：3mg	0.125mg/kg，每6～8h一次，口服。如病情改善，用药的间隔可以调整为每12h一次

（续）

药品名称（商品名或通用名）	药理学及适应证	不良反应和注意事项	剂量与说明	剂　型	用　量（如无特别说明，犬、猫用量相同）
盐酸布比卡因（Marcaine）	局部麻醉药，通过阻断钠离子通道而抑制神经传导。麻醉效果比利多卡因和其他局麻药更强、持续时间更长	局部浸润麻醉很少有不良反应，高剂量全身吸收可引起神经系统症状（如震颤和抽搐）。高剂量硬膜外给药后，可出现呼吸麻痹	用于局部浸润麻醉或硬膜外腔注射。每10mL溶液加入0.1mEq碳酸氢钠以提高pH，减少注射疼痛和提高初始效果。与碳酸氢钠混合后要立即使用	注射液：2.5mg/mL和5mg/mL	硬膜外用：每10cm 0.5%溶液1mL
盐酸丁丙诺啡（Buprenex）	阿片类镇痛剂，部分为μ-受体激动剂、κ-受体颉颃剂，其效力比吗啡强25～50倍，与其他阿片类比较，丁丙诺啡对呼吸的抑制作用更小	除了丁丙诺啡对呼吸的抑制作用更小外，本品的不良反应与其他阿片类激动剂相似	用于镇痛，经常与其他镇痛剂或全身麻醉剂联合使用。本品的活性比吗啡长，其作用可部分被纳洛酮逆转	溶液剂：0.3mg/mL	犬：0.006～0.02mg/kg，IV、IM、SC，每4～8h一次 猫：0.005～0.01mg/kg，IV、IM，每4～8h一次 猫的颊部给药： 0.01～0.02mg/kg，每12h一次
丁螺环酮（BuSpar）	抗焦虑药，通过与5-羟色胺受体结合而发挥作用，在兽医上主要用于猫喷尿的治疗	有些猫会表现出攻击性增强，有些会表现出对主人的感情增强	药效试验证明本品对猫喷尿有效，与其他药物相比，治疗后复发率较低	片剂：5mg、10mg	犬：按每只2.5～10mg，每12～24h一次，口服；或1mg/kg，口服，每12h一次 猫：每只2.5～5mg，口服，每24h一次（有些猫可提高到每只5～7.5mg，每天两次）
卡洛芬（Rimadyl;Novox）	非甾体类抗炎药，用于治疗疼痛和炎症，尤其是骨关节炎引发的疼痛和炎症。不论是注射还是口服，对围术期的手术疼痛安全有效。卡洛芬通过抑制环氧化酶而发挥作用，使环氧化酶-1相对匮乏。对本品的作用机制也有其他解释	最常见的不良反应是胃肠道反应（呕吐、恶心，腹泻），其他不良反应包括异质性肝中毒，但很少发生。一旦发生，一般在药物治疗后2～3周才出现肝中毒的症状，围术期用药对肾功能和出血时间无影响。避免与其他非甾体类抗炎药或皮质类固醇药合用	剂量是基于厂家的田间试验和在美国的注册信息，临床试验是在骨关节炎和手术患犬中进行的。卡洛芬对猫的安全性还缺乏有价值的资料。对手术犬注射卡洛芬，可在手术前2h进行	片剂：25mg、75mg、100mg（咀嚼片） 注射液：50mg/mL	犬：每天4.4mg/kg，口服，每天一次；或按2.2mg/kg，每12h一次 每天4.4mg/kg，SC，每天一次；或按2.2mg/kg，每12h一次。为减少围术期疼痛，需在手术前用药 猫：未推荐使用
头孢羟氨苄（Cefa-Tabs，Cefa-Drops）	头孢羟氨苄为第一代头孢菌素，具有广谱的抗菌活性	犬口服头孢羟氨苄后会出现呕吐	头孢羟氨苄的抗菌谱与其他第一代头孢菌素类药物相似。常用头孢噻吩作为实验药进行药敏实验	口服混悬剂：50mg/mL 片剂：50mg、100 mg、200mg、1000mg 有些口服剂的药效值得怀疑	犬：按22mg/kg，每12h一次，也可提高到30mg/kg，每12h一次，口服 猫：22mg/kg，每24h一次，口服

（续）

药品名称（商品名或通用名）	药理学及适应证	不良反应和注意事项	剂量与说明	剂　　型	用　　量（如无特别说明，犬、猫用量相同）
头孢唑啉钠（Ancef，Kefzol）	头孢唑啉为第一代头孢菌素	对头孢唑啉，可用头孢噻吩做敏感性试验	本品为常用的第一代头孢菌素类药物，作为注射药用于严重感染的急性治疗和手术后预防感染	注射剂：1mg/mL、2mg/mL	20～35mg/kg，每8h一次，IV、IM 在围术期使用按22mg/kg，手术期间每2h一次
头孢地尼（Omnicef）	本品为口服的第三代头孢菌素，对葡萄球菌和许多革兰氏阴性菌均有抗菌活性	与其他头孢菌素相似	在兽医上未见使用报道，用法和剂量从人医推算而来	胶囊：300mg 口服混悬剂：25mg/mL	动物用量尚未确定。人的剂量为7mg/kg，每12h一次，口服
头孢克肟（Suprax）	头孢克肟为第三代头孢菌素	与其他头孢菌素相似	尽管本品未获批在兽医上使用，但犬的药动学研究提供了推荐剂量	口服混悬剂：20mg/mL 片剂：200mg、400mg	10mg/kg，每12h一次，口服 治疗膀胱炎：5mg/kg，每12～24h一次，口服
头孢噻肟钠（Claforan）	头孢噻肟为第三代头孢菌素，当中枢神经系统感染或对其他抗生素有耐药性时使用	与其他头孢菌素相似	本品为第三代头孢菌素，当对第一代和第二代头孢菌素有耐药性时使用	注射剂：每瓶500mg、1g、2g、10g	犬：50mg/kg，每12h一次，IV、IM、SC 猫：20～80mg/kg，每6h一次，IV、IM
头孢替坦二钠（Cefotan）	头孢替坦为第二代头孢菌素	与其他头孢菌素相似	为第二代头孢菌素，与头孢羟氨苄相似，但本品在犬体内有更长的半衰期	注射剂：每瓶1g、2g、10g	30mg/kg，每8h一次，IV、SC
头孢西丁钠（Mefoxin）	头孢西丁为第二代头孢菌素，对厌氧菌的抗菌活性更强	与其他头孢菌素相似	为第二代头孢菌素，常用于治疗厌氧菌感染	注射剂：每瓶1g、2g、10g	30mg/kg，每6～8h一次，IV
头孢泊肟酯（Simplicef）	本品为口服的第三代头孢菌素，对革兰氏阴性菌和葡萄球菌均有活性	常见的不良反应为呕吐和腹泻	获准用于治疗犬的皮肤和软组织感染	片剂：100mg、200mg	犬：5～10mg/kg，口服，每24h一次 猫：剂量未确定
头孢他啶（Ceptaz，Tazicef）	为第三代头孢菌素，对铜绿假单胞菌抗菌活性比其他头孢菌素更强	与其他头孢菌素相似	为第三代头孢菌素，可用1%利多卡因配成肌内注射剂	将每瓶粉针（0.5g、1g、2g、6g）配成280mg/mL的剂量使用	犬和猫：30mg/kg，每6h一次，IV、IM 犬：30mg/kg，每4～6h一次，SC
头孢噻呋（Naxcel; Excenel）	头孢噻呋的抗菌谱与其他第三代头孢菌素相同	与其他头孢菌素相似	注射前为粉剂，使用时要重新配制，配制后的稳定性，冰箱内为7天，室温下为12h，冻存为8周	注射剂：50mg/mL	2.2～4.4mg/kg，SC，每24h一次（用于泌尿道感染）

（续）

药品名称（商品名或通用名）	药理学及适应证	不良反应和注意事项	剂量与说明	剂　型	用　量（如无特别说明，犬、猫用量相同）
头孢氨苄（Keflex）	头孢氨苄为第一代头孢菌素	与其他头孢菌素相似	尽管没有获准在兽医上使用，但实验结果显示对犬的脓皮病有效	胶囊：250mg、500mg 片剂：250mg、500mg 口服混悬剂：100mg/mL或25 mg/mL、50mg/mL	10～30mg/kg，每6～12h一次，口服 犬脓皮病：22～35mg/kg，每12h一次，口服
西替利嗪（Zyrtec）	抗组胺药（H1受体阻断药），通过阻断组胺与受体的结合和抑制由组胺引起的炎症反应而发挥作用。H1受体阻断药已用于控制瘙痒症、皮炎、流鼻涕和气管炎。西替利嗪是第二代抗组胺药，对中枢的抑制作用比其他老药要小	在犬、猫未见不良反应的报道	犬、猫使用后的临床效果未见报道，临床用药主要根据动物实验的资料	口服糖浆：1mg/mL 片剂：5mg、10mg	每只动物2.5～5mg，每天一次，口服
活性炭	吸附剂，主要用于吸附肠道内药物和毒物，以防止被机体吸收	不被全身吸收，用药安全	有多种制剂供选用，常用于中毒的治疗。许多制剂中含有山梨醇，它们不仅可作为增味剂，而且能促进肠道净化	口服混悬剂	1～4g/kg，口服（颗粒剂） 6～12mL/kg（混悬剂）
苯丁酸氮芥（瘤可宁）	细胞毒性烷化剂，与环磷酰胺的作用方式相似。用于各种肿瘤和免疫抑制性治疗	可引起骨髓抑制，使用本品像环磷酰胺一样，不会引起膀胱炎	具体用药方案可参照抗癌药	片剂：2mg	犬：首次按2～6mg/mL，每24h一次，随后每48h一次，口服 猫：首次按0.1～0.2mg/kg，每24h一次，随后每48h一次，口服
氯霉素和棕榈酸氯霉素	抗菌药，作用机制是通过与核糖体结合而抑制细菌蛋白质合成，抗菌谱广	高剂量或长期用药（尤其是猫）可引起骨髓抑制；禁用于妊娠和新生动物 药物相互作用：可与其他药如巴比妥类发生反应，因为氯霉素能抑制肝微粒体酶的活性	棕榈酸氯霉素需要活性酶并且不能用于绝食（或食欲不佳）的动物 注意：在美国有些氯霉素制剂被禁用	口服混悬剂：30mg/mL（棕榈酸） 胶囊：250mg 片剂：100mg、250mg、500mg	犬：40～50mg/kg，每8h一次，口服 猫：每只50mg，每12h一次，口服；或12.5～20 mg/kg，每12h一次，口服

（续）

药品名称（商品名或通用名）	药理学及适应证	不良反应和注意事项	剂量与说明	剂　型	用　量（如无特别说明，犬、猫用量相同）
扑尔敏	抗组胺药（H1受体阻断药），可阻断组胺与受体的结合，也具有直接的抗炎活性。最常用于预防过敏反应，也用于治疗犬、猫瘙痒	最常见的不良反应是对中枢的抑制作用，也可见到抗毒蕈碱的作用（阿托品样作用）	扑尔敏常作为许多非处方药的组分，可用于治疗咳嗽、感冒和过敏	片剂：4mg、8mg	犬：每只4～8mg，每12h一次，口服（最大剂量为0.5mg/kg，每12h一次） 猫：每只2mg，每12h一次，口服
氯丙嗪	吩噻嗪类镇静、止吐药。对神经递质多巴胺有抑制作用。本品为最常用的中枢止吐药，也用于镇静和麻醉前给药	对中枢神经系统有抑制作用，会阻断α-肾上腺素能受体，对有些个体产生锥体束外不良反应	用于治疗毒素、药物或胃肠道疾病引起的呕吐，在癌症化疗中使用比推荐剂量更高的剂量（2mg/kg，每3h一次，SC）	注射液：25mg/mL	犬：0.5mg/kg，每6～8h一次，IM、SC 猫：0.2～0.4mg/kg，每6～8h一次，IM、SC
西咪替丁	为H-2受体颉颃剂（H2阻断剂），能阻断胃壁细胞与组胺的结合，降低胃酸分泌。用于胃肠溃疡和胃炎的治疗	常见不良反应仅为肾脏清除能力降低。高剂量可引起人的中枢神经系统症状 药物相互作用：本品对肝酶有抑制作用，与其他药物（如茶碱）合用时可提高其血药浓度	治疗胃肠溃疡的准确用量还未确定	片剂：100mg、200mg、300mg、400mg、800mg 口服液：60mg/mL 注射剂：6mg/mL	10mg/kg，每6～8h一次，IV、IM，口服（肾衰竭时，按2.5～5mg/kg，每12h一次，IV，口服）
环丙沙星	氟喹诺酮类抗菌药，通过抑制DNA旋转酶和抑制细菌DNA和RNA合成而发挥作用。杀菌、具有广谱的抗菌活性	避免用于4周到7月龄的犬。高浓度可引起中枢神经系统中毒，尤其是肾衰竭动物。癫痫患畜慎用。偶尔可引发呕吐，静脉注射需要缓慢给药（超过30min）	用药量与药物的血药浓度有关，其发挥抗菌作用需要达到足够的血药浓度并高于最小抑菌浓度。尚未进行犬和猫的药效试验。该药的口服吸收不及恩诺沙星	片剂：250mg、500mg、750mg 注射剂：2mg/mL	10～20mg/kg，每24h一次，口服，IV
顺铂	抗癌药，用于各种实体瘤的治疗，如骨肉瘤。其作用方式与双功能烷化剂相似，通过阻断肿瘤细胞DNA的复制而发挥作用	用顺铂治疗最受限制的因素是肾毒性。在猫可导致与剂量相关的种特异性原发性肺中毒。用药后，犬会发生呕吐，也可导致一过性血小板减少	为了避免中毒或不良反应，需要将药物用氯化钠溶液稀释后使用。为减少呕吐，常在用药前给予止吐剂	注射剂：1mg/mL	犬：60～70mg/mL，每3～4周用药一次，IV（治疗时可给予利尿剂） 猫：禁用

（续）

药品名称（商品名或通用名）	药理学及适应证	不良反应和注意事项	剂量与说明	剂　型	用　量（如无特别说明，犬、猫用量相同）
克拉霉素	具有抑菌活性的大环内酯类抗生素，对大多数革兰氏阳性菌具有抗菌活性。大部分革兰氏阴性菌对本品有耐药性。在动物上未进行药效试验。常用于人的螺杆菌性胃炎和呼吸道感染	动物有很好的耐受性。常见的不良反应是呕吐、恶心和腹泻	由于缺乏临床试验，动物的用药量尚未确定。一般是根据人的情况来估算或根据临床经验来确定	片剂：250mg、500mg 口服混悬剂：25mg/mL和50mg/mL	7.5mg/kg，每12h一次，口服
复方阿莫西林 Clavamox	见阿莫西林或克拉维酸钾				
克拉维酸	见阿莫西林或克拉维酸钾				
克立马丁 （Tavist）	抗组胺药（H1受体阻断剂），可阻断组胺对组织的作用。主要用于治疗过敏。有证据表明，与其他抗组胺药比较，本品对犬瘙痒的疗效更好	最常见的不良反应是中枢抑制	用于犬瘙痒的短期治疗。与其他抗炎药联合使用更有效。Tavist糖浆含有5.5%的酒精	片剂：1.34mg（非处方药），2.64mg（处方药） 糖浆：0.134mg/mL	犬：0.05～0.1mg/kg，每12h一次，口服
克林霉素 （Cleocin）	林可酰胺类抗菌药（作用与大环内酯类相似）。通过与细菌核糖体的结合来抑制细菌蛋白质的合成，主要有抑菌活性，主要针对革兰氏阳性菌和厌氧菌	犬、猫对该药有很好的耐受性。口服液对猫的适口性差。林可霉素和克拉霉素均能改变肠道菌群并引起腹泻。为此，该药禁用于啮齿动物和兔	用量主要根据厂家的药物资料和药效试验。不同感染的具体用药方案参见用量一栏	口服液：25mg/mL； 胶囊：25mg、75mg、150mg和300mg 注射剂：150mg/mL（Cleocin）	犬：11～33mg/kg，每12h一次，口服。对牙周炎和软组织感染，5.5～33mg/kg，每12h一次，口服 猫：11～33mg/kg，每24h一次，口服。对皮肤和厌氧菌感染，11mg/kg，每12h一次，口服。对弓形虫病12.5～25mg/kg，口服，每12h一次
氯苯吩嗪	抗微生物药，用于治疗猫麻风病，对麻风杆菌有慢杀效果	猫的不良反应未见报道。人最严重的不良反应是胃肠反应	用药量主要根据临床经验或人的用量来推算	胶囊：50mg和100mg	猫：按1mg/kg，每天一次，口服，最大用量为4mg/kg

（续）

药品名称（商品名或通用名）	药理学及适应证	不良反应和注意事项	剂量与说明	剂　型	用　量（如无特别说明，犬、猫用量相同）
氯咪帕明（Clomipramine）	三环类抗抑郁药（TCA），用于治疗人的焦虑和抑郁症。可用于治疗动物的各种行为障碍，包括强迫症和分离性焦虑，通过突触前神经末梢抑制5-羟色胺的摄取而发挥作用	已报道的不良反应包括中枢抑制、食欲减退。与TCA类药有关的其他不良反应为抗毒蕈碱效应（口腔干燥、心动过速）和抗组胺效应（中枢抑制），用量过大会引起心脏毒性而危及生命	剂量调整时，初次用低剂量，以后逐渐增加。治疗后需要2～4周才能见到治疗效果	片剂：5mg、20mg、80mg（兽用）；10mg、25mg、50mg（人用）	犬：1～2mg/kg，每12h一次，口服 猫：每只1～5mg，每12～24h一次，口服
氯硝安定	苯二氮䓬类药物，通过增强中枢神经系统γ-氨基丁酸的抑制作用而发挥效力，用于癫痫、镇静和某些行为障碍的治疗	不良反应包括中枢抑制和贪食，有些动物会出现异常兴奋	用量主要根据人医的报道、经验或实验研究。犬和猫尚未进行临床药效试验	片剂：0.5mg、1mg和2mg	犬：0.5mg/kg，每8～12h一次，口服 猫：0.1～0.2mg/kg，每12～24h一次，口服
氯唑西林钠	β-内酰胺类抗生素，抑制细菌细胞壁的合成。仅限于革兰氏阳性菌，尤其是葡萄球菌	对青霉素类药物过敏的动物慎用	用药量主要根据经验和人的用量来推算。在犬和猫没有进行临床药效研究。口服吸收差，如可能的话，可空腹给药	胶囊：250mg、500mg 口服液：25mg/mL	20～40mg/kg，每8h一次，口服
秋水仙素	抗炎药，主要用于治疗痛风。可用于减少动物的纤维变性和肝功能衰竭（可通过抑制胶原蛋白的形成而发挥作用）	怀孕动物禁用，动物的不良反应未见报道。秋水仙素可引起人的皮炎	用药量主要凭经验，在兽医上尚未进行可控的药效试验	片剂：500μg、600μg；注射用安瓿：500μg/mL	0.01～0.03mg/kg，每24h一次，口服
集落刺激因子；沙格司亭（Leukine）和非格司亭（Neupogen）	刺激骨髓粒细胞的发育。主要用于癌症化疗或其他治疗后血细胞的再生	注射有疼痛感	用量主要凭借犬的有限实验数据。沙格司亭：用1mL无菌水配成250μg/mL或500μg/mL溶液，轻微旋动，勿震动；然后用0.9%的灭菌生理盐水稀释成小于10μg/mL的浓度，静脉注射	非格司亭300μg/mL，沙格司亭250～500μg/mL	沙格司亭：0.25mg/mL，每12h一次，SC或IV 非格司亭：0.005 mg/kg，每24h一次，SC，连用两周

（续）

药品名称（商品名或通用名）	药理学及适应证	不良反应和注意事项	剂量与说明	剂　　型	用　　量（如无特别说明，犬、猫用量相同）
促肾上腺皮质激素（ACTH，Acthar）	以诊断为目的，用来评价肾上腺的功能。能刺激肾上腺皮质激素的正常合成	当以诊断为目的进行单独注射时，未见任何不良反应	通过测定动物肾上腺的正常应答来确定用量	胶体：80U/mL	应答试验：采集ATCH使用前的样品，然后按2.2IU/kg，IM，犬在注射ACTH后2h采样，猫在注射后1h、2h分别采样
替可克肽（Cortrosyn）	替可克肽是人工合成的ACTH，仅用于诊断。由于其过敏反应较少，在人医上，与ACTH比较，更偏爱替可克肽	同促肾上腺素皮质激素	仅用于诊断目的，不用于肾上腺皮质功能减退的治疗。犬的最大用量为250μg	每小瓶250μg	应答试验：采集ATCH使用前的样品，然后按5μg/kg，IV、IM（犬）或125μg（0.125mg）IM（猫） 猫：静脉注射后60min和90min，或肌内注射后30min和60min采样 犬：注射后30min和60min采样
环磷酰胺（Cytoxan，Neosar）	细胞毒类药，双功能的烷化剂。能阻断碱基配对并抑制DNA和RNA的合成。对肿瘤细胞和其他快速分裂细胞有细胞毒作用。主要用于肿瘤化疗的辅助用药和作为免疫抑制剂	最常见的不良反应是骨髓抑制，能导致严重的嗜中性白细胞减少（通常可逆转），有些患畜会出现呕吐和腹泻。犬易发生膀胱毒性（无菌性出血性膀胱炎）。某些化疗中，用药后可导致脱发	当用于免疫抑制性治疗时，环磷酰胺常与其他药物（癌症化疗方案中的其他抗癌药或皮质类固醇药）联合使用。具体用药方案要查询具体的抗癌化疗协议	注射剂：25mg/mL 片剂：25mg、50mg	犬：抗癌按50mg/mL，每天一次，每周4d，口服，或150～300mg/mL，IV，在21d重复一次；免疫抑制性治疗50mg/mL（大约2.2mg/kg），每48h一次，口服；或2.2mg/kg，每天一次，口服，每周连用4天 猫：每只按6.25～12.5mg，每天一次，每周连用4天
环孢菌素（Neoral[人用]，Atopica[兽用]，Optimmune[眼药]，环孢菌素也称为环孢菌素A）	免疫抑制剂，抑制T淋巴细胞的诱导作用。用于犬过敏性皮炎和免疫介导性疾病的治疗	能引起呕吐、腹泻和厌食。与其他免疫抑制剂比较，该药不引起骨髓抑制 药物相互作用：与红霉素或酮康唑同时使用时，能提高环孢菌素的浓度	建议最低血药浓度的范围在300～400μg/mL。人和动物的口服剂型相同。环孢菌素外用可成功地治疗干性角膜结膜炎	胶囊：10mg、25mg、50mg和100mg	犬：每天按3～7mg/kg，口服；对某些过敏性皮炎犬可按5mg/kg，每48h一次 猫：每天按3～5mg/kg，口服
盐酸赛庚啶（Periactin）	具有抗组胺和抗5-羟色胺作用的吩噻嗪类药。用于刺激食欲（通过改变食欲中枢5-羟色胺的活性而发挥作用）	可导致食欲增加和体重增加	在兽医上尚未进行临床试验。用量主要根据经验和人的用量来推算。糖浆中含有5%的酒精	片剂：4mg 糖浆：2mg/5mL	抗组胺作用：0.5～1.1mg/kg，每8～12h一次，口服 刺激食欲：每只猫2mg，口服 猫哮喘：每只1～2mg，每12h一次，口服

（续）

药品名称 （商品名或通用名）	药理学及适应证	不良反应和注意事项	剂量与说明	剂　型	用　量 （如无特别说明，犬、猫用量相同）
阿糖胞苷 （Cytosar）	抗肿瘤药，其确切作用机制尚不清楚。可抑制DNA的合成。用于淋巴瘤和白血病的治疗	骨髓抑制，也可致呕吐和恶心	精确的用量可查询抗癌药	每小瓶100mg	犬（白血病）：按100mg/mL，每天一次，或50mg/mL，每天2次，连用4d，IV、SC 猫：按100mg/mL，每天一次，连用2d
达卡巴嗪 （DTIC）	抗肿瘤药，单功能烷化剂，用于治疗黑色素瘤	可引起白细胞减少、恶心、呕吐和腹泻。猫禁用	具体用药方案可查询抗癌药化疗协议	200mg注射剂	犬：按200mg/mL，IV，连用5d，每3周重复一次。或按800～1000 mg/mL，每3周一次，IV
达那唑 （Danocrine）	促性腺激素抑制剂。可抑制黄体生成激素（LH）、卵泡刺激素（FSH）和雌激素的合成，在人医上用于治疗子宫内膜异位症，在免疫介导性疾病中可减少红细胞和血小板的破坏	可引起与其他雄激素类药物相似的症状，动物的不良反应尚未报道。为促性腺激素抑制剂	治疗自身免疫性疾病时，常与其他药物（皮质类固醇）联合使用	胶囊：50mg、100mg、200mg	5～10mg/kg，每12h一次，口服
丹曲林钠 （Dantrium）	肌肉松弛剂，通过抑制肌浆网钙离子的释放而发挥作用，除具有肌肉松弛作用外，还用于治疗恶性高热，也被用于松弛猫的尿道肌	本品对有些动物可引起肌无力	用药量主要从实验研究或人的研究来推算。兽医上未进行临床试验。本品用于松弛猫尿道肌的研究，按1mg / kg的剂量静脉注射	胶囊：100mg 注射剂：0.33mg/mL	预防恶性高热：2～3mg/kg，IV 肌肉松弛：犬1～5mg/kg，每8 h一次，口服；猫0.5～2mg/kg，每12h一次，口服
氨苯砜	抗微生物药，主要用于麻风杆菌。该药也有一定的免疫抑制作用和对炎性细胞的抑制功能，主要用于治疗犬和猫的皮肤病	可见肝炎和血质不调，在人可见皮肤中毒性反应。药物相互作用：不应与甲氧苄啶（可提高血药浓度）同时使用，猫禁用	用药量根据人的用量和经验来推算。在兽医上尚未进行严谨的临床研究	片剂：25mg和100mg	犬：1.1mg/kg，每8～12h一次，口服 猫：禁用
丙炔苯丙胺 （L–deprenyl）	见司米吉兰				

（续）

药品名称（商品名或通用名）	药理学及适应证	不良反应和注意事项	剂量与说明	剂型	用量（如无特别说明，犬、猫用量相同）
德拉昔布（Deramaxx）	昔布类非甾体类抗炎药，对cox-1：cox-2的体外抑制率高，表明该药可控制手术后疼痛、骨科手术相关的炎症以及与骨性关节炎相关的疼痛和炎症	临床试验最常见的不良反应是对胃肠的影响（呕吐和腹泻）。在安全性试验中，剂量达到25mg/kg以上时，可发生体重减轻、黑便和呕吐	推荐剂量是针对体重大于1.8kg（4磅）的犬。本品对4月龄以下犬、种犬、怀孕犬、哺乳犬以及猫的安全性还不确定	片剂、咀嚼片：25mg、100mg	犬（手术后疼痛）：3.0～4.0mg/kg，每24h一次，口服，必要时连用7天 犬（骨性关节炎）：1～2mg/kg，每24h一次，口服，连用7d以上 猫：安全剂量尚未确定
乙烯雌酚	见乙烯雌酚				
去氧皮质酮新戊酸酯（Percorten-V，DOCP，or DOCA pivalate）	盐皮质激素，用于肾上腺皮质功能不全（肾上腺皮质功能减退），本品无糖皮质激素活性	高剂量可致盐皮质激素反应过度	首次用量根据临床患畜的试验。单独用量可通过对患畜电解质的监测来确定。每次用药间隔在14～35d	注射剂：25mg/mL	1.5～2.2mg/kg，每25d一次，IM
地塞米松（Azium，Decaject SP，Dexavet，Dexasone，Decadron）	皮质类固醇类药物，地塞米松药效是可的松的近30倍，具有多种抗炎作用	皮质类固醇类药物可引起多种全身性不良反应和长期治疗的不良反应	剂量取决于潜在疾病的严重程度，地塞米松可用于肾上腺皮质机能亢进的测试。低剂量地塞米松抑制试验：犬0.01mg/kg，IV，猫0.1mg/kg，IV，并在用药后0h、4h、8h采样；高剂量地塞米松抑制试验：犬0.1mg/kg，猫1.0mg/kg	液体制剂（Azium solution）为2mg/mL 磷酸钠制剂为3.33mg/mL 片剂有0.25mg、0.5mg、0.75mg、1mg、1.5mg、2mg、4mg、6mg	抗炎：0.07～0.15mg/kg，每12～24 h一次，IV、IM、口服；地塞米松-21-异烟酸酯按0.03～0.05mg/kg，IM
右旋糖酐（Dextran 70，Gentran 70）	用于扩容的人工合成胶体，为高分子量液体的替代品，主要用于急性血容量过低或休克	仅用于兽医，其不良反应未见报道，由于可致人的血小板功能降低，可能会出现凝血障碍，也可能发生过敏性休克	需在特别护理情况下用药，静脉滴注的速度要缓慢，用药期间要仔细监测患畜的心肺功能	注射液：250mL、500mL、1000mL	10～20mL/kg，IV
5%的葡萄糖溶液（D-5-W）	加有葡萄糖的等渗溶液	高剂量会引起肺水肿	常用注射液可通过恒定速率静脉滴注，本品非维持液	静脉注射液	40～50mL/kg，每24h一次，IV

（续）

药品名称（商品名或通用名）	药理学及适应证	不良反应和注意事项	剂量与说明	剂型	用量（如无特别说明，犬、猫用量相同）
安定（Valium）	苯二氮䓬类药，为中枢神经系统抑制剂。其作用机制似乎是增强γ-氨基丁酸受体介导的影响而发挥作用。用于镇痛、辅助麻醉、抗惊厥、行为障碍等。安定可代谢为去甲安定和去甲羟基安定	最常见的不良反应为中枢抑制。该药可导致犬的异常兴奋，引起贪食，也有引起猫的特发性、致死性肝坏死的报道	该药在犬体内的清除比人快好几倍（在犬的半衰期不超过1h），需要频繁用药。治疗癫痫，可采取静脉注射或直肠给药，避免肌内注射	片剂：2.5mg 注射液：5mg/mL	麻醉前给药：0.5mg/kg，IV；癫痫：0.5mg/kg，IV；1mg/kg，直肠给药，必要时反复给药 刺激食欲（猫）：0.2mg/kg，IV 猫行为障碍：每只1～4mg，每12～24h一次，口服
双氯青霉素钠（Dynapen）	β-内酰胺抗生素。抑制细菌细胞壁的合成。抗菌谱仅限于革兰氏阳性菌，尤其是葡萄球菌	对青霉素类药物过敏的动物慎用	犬和猫未进行临床药效研究。犬的口服吸收很差，不宜治疗。如可能的话，可空腹给药	胶囊：125mg、250mg、500mg 口服混悬剂：12.5mg/mL	11～55mg/kg，每8h一次，口服
乙烯雌酚（DES）	人工合成的雌激素，可作为动物雌激素的替代品，常用于治疗犬的雌激素应答紊乱，也用来诱导犬流产	过量使用雌激素可导致一些不良反应。雌激素治疗可增加子宫积脓和雌激素敏感性肿瘤发生的风险	表中所列为治疗尿失禁的用量，但因个体应答的差异，用药量也不同。可用滴定法测量不同患畜用药量。尽管使用后可诱发流产，但有研究指出，按75μg/kg用药无效	片剂：1.5mg 注射剂：50mg/mL（美国已不再生产，如需要可由药剂师来配制）	犬：每只按0.1～1.0mg给药，每24h一次，口服 猫：每只按0.05～0.1mg给药，每24h一次，口服
盐酸二氟沙星（Dicural）	氟喹诺酮类抗菌药，通过抑制细菌DNA旋转酶来抑制DNA和RNA的合成。具有广谱的杀菌活性，用于皮肤感染、伤口感染、肺部感染等各种感染	不良反应包括癫痫动物的抽搐、幼畜的关节病。高剂量会引起呕吐 药物相互作用：如果与茶碱联合使用，会提高血药浓度。与二价或三价阳离子（如硫糖铝）同时使用，会降低吸收。对猫眼睛的安全性尚未确定	可根据感染的严重程度和细菌药物敏感性调整用药剂量。二氟沙星主要从粪便排出，而不是尿（尿的排出低于5%）。沙拉沙星为其活性去甲基代谢产物	片剂：11.4mg、45.4mg和136mg	犬：5～10mg/kg，每24h一次，口服 猫：安全用量尚未确定
茶苯海明（晕海宁）	抗组胺药，在体内可转化为有活性的苯海拉明，用于治疗呕吐	主要不良反应为中枢抑制	本品缺乏临床应用研究，主要凭经验用于治疗呕吐	片剂：50mg 注射剂：50mg/mL	犬：4～8mg/kg，每8h一次，口服、IM、IV 猫：每只12.5mg，每8h一次，IV、IM或口服

（续）

药品名称（商品名或通用名）	药理学及适应证	不良反应和注意事项	剂量与说明	剂　型	用　量（如无特别说明，犬、猫用量相同）
盐酸苯海拉明（Benadryl）	抗组胺药，用于治疗过敏和止吐	主要不良反应为中枢抑制	抗组胺药，主要用于动物的过敏性疾病	可供选用的非处方药包括：2.5mg/mL酏剂；25mg、50mg胶囊和片剂 注射剂：50mg/mL	犬：每只25～50mg，每8h一次，IM、IV、口服 猫：2～4mg/kg，每6～8h一次，口服；或1mg/kg，每6～8h一次，IM、IV
地芬诺酯（Lomotil）	阿片类激动剂，可刺激肠道平滑肌分段性收缩和肠内电解质的吸收。用于非特异性腹泻的紧急治疗	该药的不良反应在兽医上未见报道。本品的全身性吸收较差，几乎不产生全身性不良反应。过量使用会引起便秘	用药量主要凭经验或由人的剂量推算。动物上未进行临床研究。制剂中含有阿托品，但不会产生明显的全身性效应	片剂：2.5mg	犬：0.1～0.2mg/kg，每8～12h一次，口服 猫：0.05～0.1mg/kg，每12h一次，口服
盐酸多巴胺（Intropin）	肾上腺素能激动剂，主要通过刺激心肌，作用于心脏的β-受体而发挥作用。尽管缺乏有价值的临床数据，一些研究仍认为，多巴胺可通过作用于肾脏的多巴胺能受体，增加肾脏的血流量	敏感个体或高剂量时可引起动物的心动过速和室性心率失常。高剂量也可作用于α-受体，使外周血管收缩	多巴胺的半衰期只有几分钟，在体内可很快被清除，因此，给药时需要仔细检查输液速度。配药时避免用碱性溶液，可用5%葡萄糖溶液或乳酸林格氏溶液，将200～400mg药物与250～500mL的溶液混合后使用	40 mg/mL、80 mg/mL或160 mg/mL	按每分钟2～10μg/kg的剂量，静脉滴注
盐酸多沙普仑（Dopram，Respiram）	呼吸兴奋剂，通过作用于颈动脉化学感受器和刺激呼吸中枢而发挥作用，用于治疗呼吸抑制或麻醉后刺激呼吸，也可增加心脏排血量	动物的不良反应未见报道。人用高剂量会出现心血管反应和惊厥。本品含苯甲醇溶剂	仅用于短期治疗，厂家不再供应	注射剂：20mg/mL	5～10mg/kg，IV 新生动物：1～5mg，SC、舌下含服或脐静脉给药
阿霉素（Adriamycin）	抗癌药，本品可插入DNA的碱基间而发挥作用，干扰肿瘤细胞DNA和RNA的合成。阿霉素也可作用于肿瘤细胞膜。用于治疗淋巴瘤等各种肿瘤	常见急性不良反应是厌食、呕吐和腹泻，也可产生剂量依赖性毒性，如骨髓抑制、脱毛（某些品种）和心脏毒性。心脏毒性限制了该药的用药总量（通常不超过200mg/m^2）	不同的肿瘤，给药方案也不同。具体用药方案可查阅抗癌药。该药必须静脉滴注（超过20～30min）。治疗前，需先用止吐药和抗组胺药（苯海拉明），治疗期间要进行心电图监测。小型犬按体重给药可能更有效	注射剂：2 mg/mL	犬：30mg/mL，IV，每21d一次。或体重大于20kg，按30mg/mL用药，体重小于20kg，按1mg/kg用药 猫：20mg/mL，IV（或大约1～1.25mg/kg），每3周一次

（续）

药品名称（商品名或通用名）	药理学及适应证	不良反应和注意事项	剂量与说明	剂　　型	用　　量（如无特别说明，犬、猫用量相同）
多西环素（Vibramycin）	四环素类抗生素，其作用机制是与细菌核糖体30S亚基结合，抑制蛋白质合成。常作为抑菌剂，具有广谱的活性，如细菌、某些原虫、立克次氏体、埃立克体	多西环素严重的不良反应尚未报道。高剂量四环素类药一般会引起肾小管坏死。另外，四环素类药可影响幼年动物骨骼和牙齿的形成，但多西环素的影响较小	在小动物上进行了许多药动学和实验研究，但缺乏临床研究。通常作为犬立克次氏体和埃立克体感染的首选药物。多西环素静脉滴注液在室温下只能存放12h或冷藏条件下可存放72h	口服混悬剂：10mg/mL 注射粉针：100mg 盐酸多西环素片或胶囊：50mg、100mg 多西环素单水化物片剂和胶囊：50mg、100mg	3～5mg/kg，每12h一次，口服、IV；或10mg/kg，每24h一次，口服 治疗犬的立克次氏体：5 mg/kg，每12h一次
恩康唑（Imaverol，Clinafarm EC）	仅外用的唑类抗真菌药，像其他唑类药物一样，该药能抑制真菌膜的合成（麦角甾醇），对皮肤真菌疗效高	局部外用，不良反应未见报道	在加拿大使用10%的Imaverol乳剂，在美国家禽场使用13.8%的Clinafarm EC溶液，稀释液至少为50：1，每隔3～4天使用一次，连用2～3周。恩康唑也可按1：1的比例慢慢滴入鼻窦，用于治疗鼻窦真菌病	10%或13.8%的乳剂	鼻窦真菌病：按10mg/kg，每12h一次，滴鼻，连用14d（10%的溶液按50/50用水稀释） 皮肤真菌病：将10%的溶液稀释至0.2%，清洗受损皮肤，连用4次，每次间隔3～4d
恩诺沙星（拜有利）	氟喹诺酮类抗菌药，通过抑制细菌的DNA旋转酶来抑制DNA和RNA的合成。具有广谱的杀菌活性	不良反应包括癫痫动物的抽搐、4～28周龄犬的关节病。高剂量可引起犬猫呕吐。有报道称该药可致猫失明 药物相互作用：若与茶碱联合使用，会提高茶碱的血药浓度。与二价或三价阳离子（如硫糖铝）同时使用，会降低药物吸收	该药未获批用作静脉注射，但如果缓慢静脉注射也是安全的。静脉注射时，不要与含阳离子（如Mg^{2+}，Ca^{2+}）的溶液混合	片剂：22.7mg、68mg 味片：22.7mg、68mg和136mg 注射剂：22.7mg/mL	犬：5～20mg/kg，每24h一次，口服、IV、IM 猫：5mg/kg，每24h一次，口服。猫的用药量不要超过5mg/kg，猫不能静脉注射给药
麦角钙化醇（维生素D_2）（Calciferol，Drisdol）	维生素D类似物，用于维生素D缺乏和低钙血症的治疗，尤其是与甲状腺功能减退相关的低钙血症。维生素D能促进钙的吸收和利用	过量使用会引起高钙血症。由于可致胎儿畸形，应避免用于怀孕动物。慎用含钙量过高的维生素D制剂	禁用于肾甲状旁腺机能减退，因为不能转化为活性成分。有口服液、片剂、胶囊和注射剂。应通过监测血钙浓度来调整不同个体的用量	片剂：400U（非处方药）和50 000U（1.25mg） 注射剂：500 000 U/mL（12.5mg/mL）	每天按500～2 000U/kg，口服

（续）

药品名称（商品名或通用名）	药理学及适应证	不良反应和注意事项	剂量与说明	剂　型	用　量（如无特别说明，犬、猫用量相同）
红霉素	大环内酯类抗生素，可与核糖体50S亚基结合而发挥抑菌作用，抑制细菌蛋白质的合成。主要对革兰氏阳性需氧菌有抗菌活性，用于皮肤和呼吸道感染的治疗	最常见的不良反应是呕吐（可能是由胆碱能样效应或胃动素诱发的呕吐）。有些动物会发生腹泻。啮齿动物和兔不宜口服	红霉素有几种，如琥乙红霉素、依托红霉素和硬脂酸红霉素，可供口服，尚无有力证据说明一种红霉素比另一种的吸收更好，也没有证据说明各种红霉素都可用同一剂量	胶囊和片剂：250mg、500mg	10～20mg/kg，每8～12h一次，口服 按0.5～1mg/kg，每8～12h一次，口服，具有促进胃动力的作用
环戊丙酸雌二醇（ECP，Depo-Estradiol Cypionate）	半合成的雌激素，主要用于诱导动物流产	使用本品后动物发生子宫内膜增生和子宫积脓的风险增高。高剂量会引起白细胞减少、血小板减少和致死性再生障碍性贫血	一般按22μg/kg的剂量在发情的3～5d内或交配后3d内进行一次肌内注射。有研究认为，在发情期或间情期按44μg/kg一次剂量比22μg/kg更有效	注射剂：2mg/mL	犬：22～44μg/kg，IM（总量不超过1.0mg） 猫：按每只250μg，IM，交配后40h到5d内肌内注射
依托度酸（兽用EtoGesic；人用Lodine）	一种非甾体类吡喃羧基酸类抗炎药，在炎症部位对前列腺素生物合成有抑制作用	非甾体类抗炎药可引起胃肠道溃疡，并导致血小板功能降低和肾脏损伤等不良反应。据报道本品可引起犬的干性角膜结膜炎。在临床试验中，按推荐剂量给药，有些犬出现体重减轻、粪便稀软或腹泻。高剂量依托度酸可引起犬的胃肠道溃疡	研究表明，依托度酸在治疗犬的关节炎方面比安慰剂更有效	片剂：150mg、300mg	犬：10～15mg/kg，每24h一次，口服 猫：尚未确定
法莫替丁（Pepcid）	组胺H2受体颉颃剂，能抑制胃酸的分泌，对消化道溃疡具有预防和治疗作用	在动物上未见报道	有关法莫替丁临床研究尚未进行，因此，预防和治疗溃疡的最佳用量还不清楚	片剂：10mg 注射剂：10mg/mL	犬：0.1～0.2mg/kg，每12h一次，口服、IV、SC、IM 猫：0.2～0.25mg/kg，每12～24h一次，IM、IV、SC、口服
枸橼酸芬太尼（Sublimaze）	人工合成的阿片类镇痛药，镇痛作用大约是吗啡的80～100倍	不良反应与吗啡相似	用药量基于经验和试验研究，未见临床研究的报道。除芬太尼注射剂外，也可用芬太尼透皮剂（见下栏）	注射剂：250mg/5mL	麻醉：0.02～0.04mg/kg，IV、每2h一次，IM、SC；或0.01mg/kg，IV、IM、SC（与乙酰丙嗪或安定联用） 镇痛：犬按0.002～0.01mg/kg，猫按0.001～0.005mg/kg，每2h一次，IV、IM、SC

（续）

药品名称（商品名或通用名）	药理学及适应证	不良反应和注意事项	剂量与说明	剂　型	用　量（如无特别说明，犬、猫用量相同）
芬太尼透皮剂（多瑞吉）	同芬太尼，将芬太尼和黏贴剂配合制成芬太尼透皮贴剂，用于犬、猫的皮肤。研究证明，透皮贴剂在犬、猫身上可持续释放芬太尼达72～108h，一个100μg/h透皮贴相当于每4h肌内注射10mg/kg一次吗啡	不良反应未见报道。如果观察到不良反应（如猫的呼吸抑制、中枢抑制过度、兴奋），可去掉透皮贴；如有必要，可给予吗啡颉颃药纳洛酮	规格有25μg/h、50μg/h、75μg/h和100μg/h的贴剂供选用，贴剂的大小与芬太尼的释放率有关。试验证明，25μg/h的贴剂适用于猫，50μg/h的贴剂适用于10～20kg的犬。使用贴剂时，要严格遵循厂家的建议	贴剂：25μg/h、50μg/h、75μg/h和100μg/h	犬：10～20kg犬，用50μg/h的贴剂，每72h更换一次 猫：用25μg/h的贴剂，每118h更换一次
非罗考昔（Previcox）	非罗考昔为非类固醇类抗炎药（非甾体类抗炎药），像该类其他药一样，非罗考昔通过抑制前列腺素的合成而发挥镇痛和抗炎作用。该药对COX-2具有高度选择性	胃肠道问题是非甾体类抗炎药最常见的不良反应，如呕吐、腹泻、恶心、溃疡以及胃肠道糜烂	仅有一个试验报道了猫的用药量。本品未注册用于猫	片剂：57mg或277mg	犬：5mg/kg，每24h一次，口服 猫：1.5mg/kg，一次给药。长期用药对猫的安全性还未确定
氟苯尼考（纽弗罗）	氯霉素衍生物，作用机制与氯霉素相同（抑制蛋白质的合成）和广谱的抗菌活性，但小动物少用	在犬猫上限用，因此未见不良反应的报道。一般认为氯霉素具有剂量依赖性骨髓抑制作用，氟苯尼考也可能有类似反应。但氯霉素在小动物上尚未发生再生障碍性贫血的风险	获批的制剂仅用于牛。这些用量在小动物上未进行全面的评价。表中所列的用药量源自药动学的研究	注射液：300mg/mL	犬：20mg/kg，每6h一次，口服、IM 猫：22mg/kg，每8h一次，IM、口服
氟康唑（Diflucan）	唑类抗真菌药物，其作用机制与其他唑类抗真菌药相似。能抑制真菌细胞膜麦角甾醇的合成，对皮肤真菌和各种全身性真菌有抑制作用，但对曲霉菌无效	氟康唑的不良反应未见报道。与酮康唑比较，对内分泌功能的影响更小，但本品能提高血浆中肝酶水平，可引起肝病。与其他口服唑类抗真菌药比较，氟康唑的口服吸收更彻底，即便是空腹亦如此	氟康唑的用量主要根据猫隐球菌病治疗的研究。其他感染的治疗效果还未报道。氟康唑和其他唑类抗真菌药的主要差别在于氟康唑到达中枢神经系统的药物浓度更高	片剂：50mg、100mg、150mg、200mg 口服混悬剂：10mg/mL或40mg/mL 静脉注射剂：2mg/mL	犬：10～12mg/kg，每24h一次，口服。治疗马拉色菌按5mg/kg，每12h一次，口服给药 猫：每只50mg，每12～24h一次，口服

（续）

药品名称（商品名或通用名）	药理学及适应证	不良反应和注意事项	剂量与说明	剂　型	用　量（如无特别说明，犬、猫用量相同）
氟胞嘧啶（Ancobon）	抗真菌药，与其他抗真菌药联合使用以治疗隐球菌病。该药能透过真菌细胞并转化为氟尿嘧啶，作为抗代谢药而发挥作用	有可能出现贫血和血小板减少	本品主要用于治疗动物的隐球菌病。药效取决于氟胞嘧啶到达脑脊髓液中的药物浓度。氟胞嘧啶与两性霉素B有协同作用	胶囊：250mg 口服混悬剂：75mg/mL	25～50 mg/kg，每6～8h一次，口服（最大用量为100mg/kg，每12h一次，口服）
醋酸氟氢可的松（Florinef）	盐皮质激素，用于肾上腺萎缩或肾上腺皮质机能不全动物的替代治疗。与糖皮质激素的活性比较，盐皮质激素活性更高	不良反应主要与高剂量糖皮质激素作用有关。用本品长期治疗肾上腺皮质功能减退可引起糖皮质激素的不良反应	通过监测患畜反应（如监测电解质浓度）来调整药物用量。对有些患畜，可同时给予糖皮质激素并补充钠	片剂：100μg（0.1mg）	犬：每只0.2～0.8 mg或按0.02 mg/kg，每24h一次，口服（15～30 μg/kg） 猫：每只0.1～0.2 mg，每24h一次，口服
氟米松（Flucort）	强效糖皮质激素抗炎药，其效力是氢化可的松15倍左右，用于需强效抗炎药治疗的炎症性疾病	皮质类固醇药物可产生多种全身性的不良反应，这些不良反应通常与长期治疗有关	用药量取决于潜在疾病的严重程度	注射剂：0.5mg/mL	用于抗炎：0.15～0.3mg/kg，每12～24h一次，IV、IM、SC
氟尼辛葡甲铵（Banamine）	非甾体类抗炎药，通过抑制合成前列腺素的环氧化酶（COX）而发挥作用，也可通过其他方式发挥抗炎作用（例如，对白细胞的作用），但不是其主要作用方式。本品用于中等程度疼痛和炎症的短期治疗	最严重的不良反应是对胃肠道的影响，高剂量或长期使用会导致胃炎、胃肠溃疡，也可引起肾缺血。犬连续用药不要超过4d。禁用于怀孕初期动物 药物相互作用：与皮质类固醇一起使用可增加溃疡的发生率	在小动物上未获批使用。但实验研究表明该药是一种有效的前列腺素合成抑制剂	颗粒剂：250mg 注射剂：10mg/mL、50mg/mL	1.1mg/kg，用药一次，IV、IM、SC；或每天1.1mg/kg，口服，每周用3天 治疗眼炎：0.5mg/kg，用药一次，IV
5-氟尿嘧啶（Fluorouracil）	抗癌药，抗代谢药，通过抑制核酸的合成而发挥作用	可引起轻度白细胞减少、血小板减少和中枢神经系统毒性。禁用于猫	用于抗癌用药方案中，准确用量和用法可查询抗癌治疗协议	粉针：50mg/mL	犬：150mg/mL，每周一次，IV 猫：禁用
氟西汀（Reconcile[兽用]，Prozac[人用]）	抗抑郁药，用于治疗行为异常，如强迫性精神障碍、攻击欲和主导欲强等。作用机制是通过选择性抑制5-羟色胺的再摄取和下调5-HT1受体来发挥效应	田间试验最常见的不良反应是昏睡、食欲减少、震颤、腹泻、坐立不安、攻击性和鸣叫等。猫可出现神经过敏和极度焦虑	由于该药半衰期长，因此在血液中可蓄积几天到几周	人用制剂：10mg和20mg胶囊；4mg/mL口服混悬液 兽用制剂：8mg、16 mg、32mg、64mg咀嚼片	犬：1～2mg/kg，每天一次，口服 猫：每只0.5～4mg，每24h一次，口服

（续）

药品名称 （商品名或通用名）	药理学及适应证	不良反应和注意事项	剂量与说明	剂　　型	用　　量 （如无特别说明，犬、猫用量相同）
呋塞米 （Lasix）	利尿剂，作用于肾脏亨利氏袢的升支，通过抑制水和钠离子的转运而产生利尿作用。也具有舒张血管特性，能提高肾血流灌注量，降低肾负荷	不良反应主要与利尿剂的作用有关（体液和电解质的大量流失）。动物适当给予血管紧张素转换酶抑制剂可降低氮血症的风险	呋塞米可与其他心血管药物一起使用，如匹莫苯	片剂：12.5mg、20mg、50mg 口服混悬剂：10mg/mL 注射剂：50mg/mL	犬：2～6mg/kg，每8～12h一次（或按需要用药），IV、IM、SC或口服 猫：1～4mg/kg，每8～24h一次，IV、IM、SC或口服
加巴喷丁 （Neurontin）	抗惊厥和镇痛药。加巴喷丁是抑制性神经递质γ－氨基丁酸（GABA）的类似物。其抗惊厥和镇痛的作用机制还不清楚	提示：口服液中含有木糖醇，对犬可能有毒性	加巴喷丁用于治疗顽固性癫痫，也可作为镇痛的辅助药（与其他药物一起使用）	胶囊：100mg、300mg、400mg 刻痕片：100mg、300mg、400mg、600mg、800mg 口服液：50mg/mL	抗惊厥剂量：2.5～10mg/kg，每8～12h一次，口服 镇痛剂量：10～15mg/kg，每8h一次，口服
硫酸庆大霉素 （Gentocin）	氨基糖苷类抗生素，通过与核糖体30S亚基结合，抑制蛋白质的合成。本品为杀菌剂，除链球菌和厌氧菌外，对其他细菌具有广谱的杀菌活性	肾毒性为最常见的剂量限制的毒性，治疗期间患畜要适当补液并保持电解质的平衡。本品也可引起耳毒性，尤其是前庭毒性 药物相互作用：如与麻醉剂同时使用，可发生神经肌肉阻断作用。不要在小瓶或注射器中与其他药物混合	给药方案根据药敏试验结果来定，研究表明，每天一次用药治疗（多次给药量合为每天一次量）和多次治疗具有同样的疗效。当与β－内酰胺类药联合使用时可增强对某些细菌（如假单胞菌）的抗菌活性。高剂量连续给药会增加该药肾毒性	注射剂：50mg/mL和100mg/mL	犬：2～4mg/kg，每8h一次，或9～14mg/kg，每24h一次，IV、IM、SC 猫：3mg/kg，每8h一次；或5～8mg/kg，每24h一次，IV、IM、SC
葡萄糖胺和硫酸软骨素 （Cosequin）	康仕健为其商品名，其成分包括盐酸葡萄糖胺和硫酸软骨素，根据厂家介绍，该药能刺激关节液的合成，抑制关节退化和促进关节软骨的愈合。主要用于退行性关节病的治疗	尽管该药可能会出现过敏反应，但未见不良反应的报道	根据经验或厂家的推荐剂量使用。本品可与非甾体类抗炎药联合使用，治疗犬的关节炎	常规（RS）和双倍（DS）的胶囊	犬：每天1～2个常规胶囊（大型犬2～4个双倍胶囊） 猫：每天1个常规胶囊

（续）

药品名称 （商品名或通用名）	药理学及适应证	不良反应和注意事项	剂量与说明	剂　　型	用　　量 （如无特别说明，犬、猫用量相同）
硫代苹果酸金钠 （Myochrysine）	金疗法（作用机制见金硫葡糖）	见金硫葡糖	动物的临床研究尚未进行。本品对动物的药效和安全性尚未研究。一般情况下，金硫葡糖比本品的使用更普遍	注射剂：10 mg/mL、25 mg/mL和50mg/mL	犬：第一周按1～5mg，IM；第二周按2～10mg，IM；维持剂量按1mg/kg，每周一次，IM
金疗法	见金硫葡糖、硫代苹果酸金钠或金诺芬				
灰黄霉素（微小尺寸） （Fulvicin U/F）	抗真菌药，能被皮肤表层吸收并抑制真菌的有丝分裂。本品仅有抗皮肤真菌的活性	动物的不良反应包括对猫的致畸性、贫血和白细胞减少、厌食、抑郁、呕吐和腹泻。该药禁用于怀孕猫	已报道的剂量范围宽。表中所列的剂量仅代表当前的用量。灰黄霉素应与食物一起服用以增加吸收	片剂：125mg、250mg、500mg 口服混悬剂：25mg/mL 口服糖浆：125mg/mL	50mg/kg，每24h一次，口服（最大剂量为每天110～132mg/kg，分几次给药）
灰黄霉素（超微尺寸） （Fulvicin P/G，Gris-PEG）	同上	同上	同上。本品能最大程度地被机体吸收，因此，超微粉剂的用量应低于微粉制剂	片剂：100mg、125mg、165mg、250mg、330mg	按每天30mg/kg的剂量，分几次口服
氟烷 （Fluothane）	吸入性麻醉药	不良反应与其麻醉效果有关（如对心血管和呼吸的抑制）。据报道本品可致人的肝脏毒性	吸入麻醉时要细心监护，使用剂量与麻醉深度有关	每瓶250mL	诱导麻醉：3% 维持麻醉：0.5%～1.5%
羟乙基淀粉 （Hydroxyethyl starch，HES）	见HES。本品为人工合成的胶质血浆容量扩张剂（与葡萄糖的使用方式相同） 主要用于治疗急性血容量不足和休克	仅用于兽医临床，不良反应未见报道。可能会引起过敏反应。常用剂量很少引起血凝障碍	在严格监护下使用。静脉滴注的速度要恒定。HES似乎比葡萄糖效果更好，不良反应更少，但滴注要缓慢	注射剂	犬：10～20mL/kg，每天一次，IV 猫：5～10mL/kg，每天一次，IV
海可丹 （Hycodan）	见重酒石酸氢可酮				

（续）

药品名称（商品名或通用名）	药理学及适应证	不良反应和注意事项	剂量与说明	剂　　型	用　　量（如无特别说明，犬、猫用量相同）
重酒石酸氢可酮（Hycodan）	阿片激动剂，主要用做镇咳。海可丹含有后马托品，其他制剂中含愈创甘油醚和醋氨酚	口服类阿片药。可引起全身性阿片效应	本品是由氢可酮和阿托品配合而成。阿托品可减少呼吸道的分泌，但该制剂中所用的阿托品剂量（每5mg药片含1.5mg后马托品）可能不会有明显的临床效果	片剂：5mg 糖浆：1mg/mL	犬：0.22 mg/kg，每4～8h一次，口服 猫：无可用剂量
氢化可的松（Cortef）	糖皮质激素类抗炎药。与地塞米松和泼尼松龙比较，氢化可的松抗炎作用较弱但盐皮质激素作用较强，本品也常用作替补疗法	不良反应是由糖皮质激素反应过度所致	药物用量与疾病的严重程度相关	片剂：5mg、10mg、20mg	替代治疗：1～2mg/kg，每12h一次，口服 抗炎：2.5～5 mg/kg，每12h一次，口服
氢化可的松琥珀酸钠（Solu-Cortef）	同氢化可的松。该药供注射用，作用迅速	与氢化可的松相同	与氢化可的松相同。按厂家小药瓶上的说明使用	各种规格的注射粉针	休克：50～150 mg/kg，IV，每8h一次，连用2d 抗炎：5 mg/kg，IV，每12h一次
氢吗啡酮（Dilaudid，Hydrostat）	阿片样镇痛药，像其他阿片类药物一样，与μ、κ阿片受体结合。氢吗啡酮的药效是吗啡的6～7倍	氢吗啡酮是阿片类激动剂，其作用与吗啡相似，但其功效比吗啡强，应低剂量使用	氢吗啡酮可与吗啡交替使用，可根据药效的差异调整用量	注射剂：1 mg/mL、2 mg/mL、4 mg/mL、10mg/mL	0.22 mg/kg，IM或每4～6h重复一次，或根据止痛需要给药。也可用0.1mg/kg的剂量与乙酰丙嗪口服剂联合使用，但犬口服后不能确保其全部吸收
羟基脲（Hydrea）	抗肿瘤药，可与其他抗癌药物联合用于治疗某些癌症。该药已用于红细胞增多症的治疗	该药仅限于兽医使用，未见不良反应的报道。羟基脲可引起人的白细胞减少，贫血和血小板减少	仅限兽医使用	胶囊：500mg	犬：50mg/kg，口服，每24h一次，每周用3d 猫：25mg/kg，口服，每24h一次，每周用3d
安泰乐（Atarax）	哌嗪类抗组胺药，主要用于治疗动物皮肤瘙痒	用药后的不良反应主要与抗组胺作用有关。有些动物会发生中枢抑制	临床试验证明，安泰乐对犬皮肤瘙痒有一定的疗效	片剂：10mg、25mg、50mg 口服液：2mg/mL	犬：1～2 mg/kg，每6～8h一次，IM，口服 猫：安全剂量尚未确定
布洛芬（Motrin，Advil，Nuprin）	非甾体类抗炎药，通过对前列腺素的抑制而发挥抗炎作用	犬、猫的安全剂量还未确定。已报道可引起犬呕吐、严重的胃肠道溃疡和出血	尤其是犬，要避免使用	片剂：200mg、400mg、600mg、800mg	安全剂量尚未确定

（续）

药品名称（商品名或通用名）	药理学及适应证	不良反应和注意事项	剂量与说明	剂　　型	用　　量（如无特别说明，犬、猫用量相同）
亚胺培南（Primaxin）	β－内酰胺类抗生素，具有广谱的抗菌活性。与其他β－内酰胺类作用相似，但比其他β－内酰胺药更有活性。主要用于治疗严重的多重抗药菌感染	使用β－内酰胺类抗生素会发生过敏反应。快速滴注或肾功能不全患畜用药时可发生神经毒性（抽搐），也有可能出现恶心和呕吐。肌内或皮下注射可引起犬的疼痛	该药为储备药，仅在有耐药菌和顽固性感染时使用。要仔细阅读厂家说明书，恰当地使用该药。静脉注射需加入静脉注射液。肌内注射需加入2mL 1%的利多卡因。本品混悬后稳定性仅为1h	注射粉针：250mg或500mg	3～10mg/kg，每6～8h一次，IV，SC或IM。通常按5mg/kg，每6～8h一次，IV，IM或SC
干扰素（interferon-α，HuIFN-α，Roferon）	人用干扰素，用于刺激患畜的免疫系统	动物的不良反应未见报道	动物的用药量和适应证主要根据人的用药量推算或有限的试验研究。配制时，3百万单位用1L无菌生理盐水稀释，等量分装后冻存。按需要融解为30U/mL的溶液	每小瓶5百万和10百万单位	犬：2.5百万单位/kg，IV，每天一次，连用3d 猫：1百万单位/kg，IV，每天一次，连用5d。治疗后第0天、14天和60天按上述方案用药
铁	见硫酸亚铁				
异氟烷（AErrane）	吸入性麻醉药			每瓶100mL	诱导麻醉：5% 维持麻醉：1.5%～2.5%
异维甲酸（Accutane）	角质化稳定性药物，该药可减少皮脂腺的体积、抑制皮脂腺的活性，减少皮脂分泌。主要用于治疗人的痤疮，也可用于治疗动物的皮脂腺炎	怀孕动物严禁使用。尽管实验证实该药可引起局部钙化（如在心肌和血管），但动物的不良反应未见报道	由于该药在兽医上临床经验有限，其用量可根据人的报道来推算	胶囊：10mg、20mg、40mg	犬：每天1～3mg/kg（最大推荐剂量为每天3～4mg/kg，口服） 猫：用量尚未确定

（续）

药品名称（商品名或通用名）	药理学及适应证	不良反应和注意事项	剂量与说明	剂　　型	用　　量（如无特别说明，犬、猫用量相同）
伊他康唑（Sporanox）	唑类（三唑）抗真菌药，具有抗皮肤真菌和全身真菌的作用，如芽生菌、组织胞浆菌、球孢子菌等。也用于马拉色菌性皮炎的治疗	与酮康唑比较，动物对伊他康唑具有更好的耐受性，但高剂量可能会引起呕吐和肝中毒。有研究认为，高剂量更容易发生肝中毒，而且10%～15%的犬会出现肝脏酶水平升高。高剂量也可引起猫的呕吐和厌食	动物用量是根据依他康酮治疗犬芽生菌病的研究。低剂量治疗猫的皮肤真菌病有效（见剂量栏），其他方面的应用和用量主要根据临床经验和医学资料	100mg的胶囊和10mg/mL的口服液。复方制剂可能没有单方剂型吸收效果好	犬：2.5mg/kg，每12h一次，或5mg/kg，每24h一次，口服。治疗马拉色菌性皮炎：5mg/kg，每24h一次，口服，连用2d，每周重复一次，连用3周。针对皮肤真菌：每天3mg/kg，口服，连用15d 猫：5mg/kg，每12h一次，口服。治疗猫的皮肤真菌感染：1.5～3.0mg/kg（最高剂量5mg/kg），每24h一次，口服，连用15d
伊维菌素（犬心宝，Ivomec，Eqvalan liquid）	抗寄生虫药，通过加强对神经递质γ-氨基丁酸的抑制，对寄生虫产生神经毒性而发挥杀虫作用	高剂量或药物能通过血脑屏障的动物可产生毒性，犬敏感的品种包括柯利犬、澳大利亚牧羊犬、喜乐蒂牧羊犬、古英国牧羊犬。常表现为神经毒性，其症状包括精神抑郁、运动失调、视力障碍、昏迷和死亡。伊维菌素似乎对怀孕动物安全。该药禁用于6周龄以内的动物。高微丝蚴血症犬对高剂量会产生不良反应	用药量根据用途来定。预防心丝虫病可用最低剂量，其他寄生虫病需要更高剂量。犬心宝是唯一获批用于小动物的制剂。大动物的注射产品常用于小动物的口服、肌内注射或皮下注射。治疗蠕形螨病，建议开始每天按100μg/kg用药，随后提高到每天600μg/kg	1%（10mg/mL）注射液；10mg/mL的口服液；18.7mg/mL的口服糊剂；68μg、136μg、和272μg的片剂	心丝虫病的预防：犬按6μg/kg，每30d一次，口服；猫按24μg/kg，每30d一次，口服 杀微丝蚴：杀成虫药物治疗后，按50μg/kg口服2周 外寄生虫病治疗（犬和猫）：200～300μg/kg，IM、SC或口服 内寄生虫病治疗（犬和猫）：200～400μg/kg，每周一次，SC或口服 蠕形螨的治疗：开始每天按100μg/kg的剂量用药，随后提高到每天600μg/kg，口服，连用60～120d
卡那霉素（Kantrim）	氨基糖苷类抗生素，具有广谱抗菌活性	具有其他氨基糖苷类药物同样的特性（见阿米卡星、庆大霉素）	见庆大霉素	注射液：200 mg/mL、500mg/mL	10 mg/kg，每12h一次，或20mg/kg，每24h一次，IV、IM、SC
高岭土-果胶制剂（Kaopectate）	止泻药，高岭土为内毒素的吸附剂，而果胶具有保护肠黏膜的作用	不良反应不常见，制剂中含有水杨酸盐	对动物腹泻的治疗效果尚未确定	口服混悬剂：340g	1～2mL/kg，每2～6h一次，口服

（续）

药品名称（商品名或通用名）	药理学及适应证	不良反应和注意事项	剂量与说明	剂型	用量（如无特别说明，犬、猫用量相同）
氯胺酮（Ketalar，Ketavet，Vetablar）	麻醉药，为门冬氨酸受体颉颃剂。本品为分离麻醉药，其确切作用机制还不清楚。该药在多数动物体内可被迅速代谢和清除	肌内注射可引起疼痛。据报道可出现颤抖、痉挛和惊厥发作。与其他麻醉剂比较，该药能增加心排血量。因该药能提高脑脊髓压，因此禁用于头部损伤的动物	常与其他麻醉药或麻醉辅助剂联合使用，例如，甲苯噻嗪、乙酰丙嗪或安定。静脉注射的用量一般低于肌内注射用量	注射液：100mg/mL	犬：5.5～22mg/kg，IV，IM（建议辅以止痛或镇静剂）。 猫：2～25mg/kg，IV，IM（建议辅以止痛或镇静剂） 犬和猫：按恒速滴注，用量为0.5mg/kg，IV，按10μg/（kg·min）的速率滴注。可与其他镇痛药联合使用
酮康唑（Nizoral）	咪唑类抗真菌药，与其他唑类抗真菌药的作用机制相似，可抑制真菌细胞膜麦角固醇的合成。能有效抑杀皮肤真菌和各种全身性真菌，如组织胞浆菌、芽生菌、球孢子菌等，也具有抗马拉色菌活性	动物不良反应包括剂量相关性呕吐、腹泻和肝损伤。常见肝脏酶的升高。禁用于怀孕动物。酮康唑可引起内分泌异常，具体是抑制皮质醇的合成。 药物相互作用：本品可抑制其他药物的代谢（如抗惊厥药、环孢菌素、西沙必利）	口服吸收有赖于胃中的酸度。不要与抗分泌药或抗酸药联合使用。由于酮康唑对内分泌的作用，可用于肾上腺皮质机能亢进的短期治疗	片剂：200mg 口服混悬剂（仅在加拿大使用）：100mg/mL	犬：10～15mg/kg，每8～12h一次，口服 犬马拉色菌感染：5mg/kg，每24h一次，口服 肾上腺皮质机能亢进：15mg/kg，每12h一次，口服 猫：5～10mg/kg，每8～12h一次，口服
酮洛芬（Orudis KT【人用非处方片剂】，Ketofen【兽用注射剂】）	非甾体类抗炎药，用于治疗关节炎和其他炎性疾病	所有非甾体类抗炎药都有类似的胃肠毒性。但犬连续使用酮洛芬5d后未出现严重不良反应。最常见的不良反应是呕吐，有些动物可发生胃肠道溃疡	尽管该药没有获批在美国使用，但在其他国家已获准用于小动物。栏中所列用量是其他国家的使用剂量。在美国可作为人的非处方药	12.5mg的片剂（非处方药）；25mg、50mg、75mg的人用处方药。100mg/mL的马用注射剂	1mg/kg，每24 h一次，口服，连用5d。首次可采用注射给药，药量可提高到2mg/kg，SC、IM、IV
酮咯酸氨丁三醇（Toradol）	非甾体类抗炎药，用于短期减轻疼痛和炎症。通过抑制环氧合酶而发挥作用。酮咯酸已进行了犬的临床疗效评价，但在猫尚未进行	非甾体类抗炎药可引起胃肠道溃疡。如果给药频率多于每8h一次，本品可引起胃肠道损伤。给药剂量不要超过2倍	可供使用的有10mg的片剂和静脉注射或肌内注射的注射剂。犬的临床研究表明该药安全有效。为避免胃肠道问题建议每12h给药一次	片剂：10mg 10%乙醇注射剂：15mg/mL和30mg/mL	犬：0.5 mg/kg，每8～12h一次，口服、IM、IV 猫：安全用量尚未确定

（续）

药品名称 （商品名或通用名）	药理学及适应证	不良反应和注意事项	剂量与说明	剂　　型	用　　量 （如无特别说明，犬、猫用量相同）
盐酸左旋咪唑 （Levasole，Tramisol，Ergamisol）	咪唑并噻唑类抗寄生虫药，其作用机制是通过对寄生虫产生神经肌肉毒性而发挥作用。左旋咪唑可用于驱杀犬的内寄生虫和微丝蚴；也可用作免疫增强剂。然而，目前还没有关于左旋咪唑药效的临床报道	可产生胆碱能毒性，引起有些犬呕吐	在心丝虫阳性犬，左旋咪唑可使心丝虫的成熟雌虫失去繁殖能力	0.184g丸剂；每13g小包中含11.7g 50mg片剂（Ergamisol）	犬：驱钩虫按5～8 mg/kg，一次口服（可提高到10 mg/kg，连续2d口服）；杀微丝蚴按10 mg/kg，每24h一次，口服，连用6～10d。免疫增强作用按0.5～2 mg/kg，每周3次，口服 猫：驱内寄生虫按4.4 mg/kg，一次口服；驱肺线虫按20～40 mg/kg，每48h一次，口服，连用5次
左旋甲状腺素钠 （Soloxine，Thyro-Tabs，Synthroid）	用于甲状腺机能减退患畜的替代治疗，左旋甲状腺素为T4，在大多数患畜体内可转化为有活性的T3	高剂量可引起甲状腺机能亢进，比较少见（与人比较） 药物相互作用：患畜使用皮质类固醇类药物后可降低由T4转化为T3的能力	甲状腺素的添加量应通过确诊和用药效果的监测来调整	0.1～0.8mg的片剂（按0.1mg递增）	犬：18～22μg /kg，每12h一次，口服（经监测后调整用量） 猫：每天按10～20μg /kg，口服（经监测后调整用量）
利多卡因 （Xylocaine）	局部麻醉药，利多卡因也常用于心律失常的急性治疗。为抗1类心律失常药，可减轻0期去极化但不影响传导	高剂量可产生中枢神经系统影响（震颤、抽搐和癫痫样发作），利多卡因可引起心律失常，但与正常心组织比较，该药对异常心组织的作用更强。猫对该药的不良反应更敏感，应低剂量使用	当用于局部浸润麻醉时，许多制剂中含有肾上腺素，可延长注射部位的药物活性。对心律失常患畜避免用肾上腺素。要注意人用制剂中含有肾上腺素，但兽用制剂中不含肾上腺素。为了提高pH，增强药物的初始作用，减轻注射疼痛，可在10mL的利多卡因中加入1mEq（毫当量）的碳酸氢钠（混合后立即使用）	注射剂：5mg/mL、10mg/mL、15mg/mL、20mg/mL	犬（抗心律失常）：2～4 mg/kg，IV（最大剂量为8 mg/kg，超过10min）；或按25～75μg /（kg・min），IV；按6 mg/kg，每1.5h一次，IM 猫（抗心律失常）：0.25～0.75mg/kg，缓慢IV；或按10～40μg /（kg・min）的速率滴注 硬膜外麻醉（犬和猫）：用2%的溶液按4.4 mg/kg的剂量使用
林可霉素 （Lincocin）	林可胺类抗生素，作用机制与克林霉素和红霉素相似。主要作用于革兰氏阳性菌，可用于脓皮病和其他软组织感染	不良反应很少。林可霉素能引起动物的呕吐和腹泻。不要给啮齿动物和兔子口服	由于林可霉素和克林霉素的作用十分相似，所以克林霉素可以替代林可霉素	片剂：100mg、200 mg、500mg	15～25 mg/kg，每12h一次，口服 治疗脓皮病：用药量可低止10 mg/kg，每12h用药一次。

（续）

药品名称（商品名或通用名）	药理学及适应证	不良反应和注意事项	剂量与说明	剂　型	用　量（如无特别说明，犬、猫用量相同）
利奈唑胺（Zyvox）	唑烷酮类抗生素，抗革兰氏阳性菌，包括肠球菌和葡萄球菌属的一些耐药菌株。由于该药价格昂贵，限制了日常使用	不良反应包括腹泻和恶心。人很少但也可能出现贫血和白细胞减少。该药与单胺氧化酶抑制剂和血清素类药物同时使用时需谨慎	作为储备药，仅用于对其他抗生素治疗无效的耐药菌感染（如耐甲氧西林金黄色葡萄球菌）	400mg和600mg片剂；20mg/mL口服混悬剂；2mg/mL注射剂	10mg/kg，每8～12h一次，口服或IV
碘甲腺氨酸钠（Liothyronine，Cytomel）	甲状腺素补充剂，碘甲腺氨酸钠相当于T3	不良反应未见报道（参见左旋甲状腺素钠）	碘甲腺氨酸钠的用量应根据患畜体内T3浓度的监测结果来调整	片剂：600μg	4.4μg/kg，每8h一次，口服。猫T3抑制试验：采集给药前样品测定T4和T3，按25μg给药，每8h一次，连服7次，然后再采集最后一次用药后的样品测定T3和T4。
环已亚硝脲（CCNU，CeeNU）	抗癌药——亚硝脲类烷化剂。本品为化学治疗剂，具有很强的脂溶性和穿过血脑屏障的特性，用于淋巴瘤和脑瘤	骨髓抑制、肝脏毒性和呕吐	空腹给药可减少恶心。可通过监测血象的变化了解骨髓抑制的征兆	胶囊：10mg、40mg、100mg	犬：70～90 mg/m^2，每4周口服一次。治疗脑瘤：60～80mg/m^2，每6～8周口服一次 猫：50～60 mg/m^2，每3～6周口服一次，或每只猫10 mg，每3周口服一次
鲁芬奴隆（Lufenuron）	抗寄生虫药，用于防治动物的跳蚤。抑制跳蚤的孵化和发育。也可用于犬、猫皮肤真菌病的治疗，但有些专家对其疗效存有质疑	不良反应未见报道。该药对怀孕动物和幼年动物较安全	动物每30d给药一次可控制跳蚤的发育	45mg、90mg、135mg、204.9mg、409.8mg的片剂 每个包装有135mg和270mg的混悬剂	犬：10mg/kg，每30d口服一次 猫：30mg/kg，每30d口服一次。猫注射用：10mg/kg，SC，每6个月一次 抗真菌：犬80mg/kg，猫100mg/kg。在流行区（如同一猫舍内）猫要每月治疗一次
鲁芬奴隆-美贝霉素肟（片剂和香味片为Sentinel）	由两种抗寄生虫药组成的复方制剂。参见鲁芬奴隆或美贝霉素肟。用于驱除动物的跳蚤、心丝虫、蛔虫、钩虫和鞭虫	见鲁芬奴隆或美贝霉素肟	见鲁芬奴隆或美贝霉素肟	美贝霉素肟和鲁芬奴隆的比例如下：片剂：2.3/46mg；香味片：5.75/115mg、11.5/230mg、23/460 mg	犬：每30d给药一片。根据犬的体型大小选择匹配的片剂 猫：该产品尚未注册
赖氨酸（I-Lysine，Enisyl-F）	本品为治疗疱疹病毒感染的氨基酸，对猫疱疹病毒-1型（FHV-1）感染猫经口给予一定量的赖氨酸可减少病毒释放	猫对本品有很好的耐受性	表中所列剂量可以减少病毒的释放。粉剂可与食物混合给药，糊剂可直接给予	糊剂：250mg/mL	猫：每天口服400mg 糊剂在成年猫服用1～2mL，幼猫1mL

（续）

药品名称（商品名或通用名）	药理学及适应证	不良反应和注意事项	剂量与说明	剂　型	用　量（如无特别说明，犬、猫用量相同）
麻保沙星（Zeniquin）	氟喹诺酮类抗菌药，抗菌谱广，对葡萄球菌、革兰氏阴性杆菌和某些假单胞菌均有效	高剂量可引起某些动物恶心和呕吐。避免用于幼龄动物，按推荐剂量使用对猫安全（眼安全）	用药敏试验来指导治疗	片剂：25mg、50mg、100mg和200mg	2.75～5.55mg/kg，每24h一次，口服
马罗匹坦（Cerenia）	止吐药，神经激肽（NK）1型抑制剂，主要用于防止由化学治疗和晕动病所致的呕吐，也对中枢和外周刺激所引起的呕吐有效	在临床试验中，该药对犬很少有不良反应。有些动物会出现流涎和肌肉震颤	研究显示，神经激肽1型抑制剂是一种有效的止吐剂，可防止各种刺激引发的呕吐	注射剂：10mg/mL 片剂：16mg、24mg、60mg和160mg	犬：1mg/kg，SC，每24h一次，最多用5d；或2mg/kg，每24h一次，口服，最多用5d 治疗晕动病：8mg/kg，每24h一次，口服，可连用2d 猫：剂量尚未确定
氯苯甲嗪（Antivert）	止吐和抗组胺药，用于晕动病的治疗。通过中枢的抗胆碱能作用而发挥活性，也可抑制呕吐的化学感受器触发区	动物的不良反应未见报道。抗胆碱能（阿托品样）作用可能引起不良反应	动物临床研究结果未见报道。动物的用量主要根据人的经验或动物的零星经验	片剂：12.5mg、25mg、50mg	犬：25mg，每24h一次，口服（治疗晕动病要在出行前1h给药） 猫：12.5mg，每24h一次，口服
甲氯芬那酸钠（Arquel，Meclofen）	非甾体类抗炎药，用于治疗关节炎和其他炎性疾病	动物不良反应未见报道，但可能出现其他非甾体类抗炎药的常见不良反应	动物临床研究结果未见报道。动物的使用主要根据人的经验或动物的零星经验。可随食物给药	胶囊：50mg、100mg；很少有用于犬的制剂	犬：1mg/kg，每24h一次，口服，最多连用5d 猫：未推荐使用
美托咪定（Domitor）	α_2-肾上腺素激动剂，主要用于镇静、辅助性麻醉和止痛	α_2-激动剂能减弱交感活性的输出，对心血管产生抑制作用。美托咪定可导致原发性心动过缓和高血压	可用于镇静、镇痛和小型外科手术。本品的药效可被等体积的阿替美唑逆转	注射剂：1.0mg/mL	750μg/m^2，IV或1000μg/m^2，IM 低剂量可用于短期镇静和止痛
醋酸甲羟孕酮（注射剂为Depo-Provera；片剂为Provera）	孕激素，为乙酰氧孕酮衍生物。乙酰氧孕酮在动物可作为黄体酮使用，可控制动物的发情周期。本品也可用于治疗某些动物的行为异常和皮肤病（如猫喷尿和脱毛症）	不良反应包括贪食、烦渴、肾上腺抑制（猫）。本品可加大糖尿病、子宫积脓和腹泻的风险，也可提高肿瘤发生的风险	动物的临床研究主要集中在生殖和行为影响方面。醋酸甲羟孕酮比醋酸甲地孕酮的不良反应更小	混悬注射剂：150mg/mL、400mg/mL 片剂：2.5mg、5mg、10mg	1.1～2.2mg/kg，每7d一次，IM。 治疗行为异常：10～20mg/kg，SC 犬前列腺疾病：3～5mg/kg，IM、SC

（续）

药品名称（商品名或通用名）	药理学及适应证	不良反应和注意事项	剂量与说明	剂　　型	用　　量（如无特别说明，犬、猫用量相同）
醋酸甲地孕酮（Ovaban）	孕激素	长期服用可产生不良反应，加大糖尿病和肿瘤发生的风险	避免长期使用，不鼓励用于控制动物的行为异常	片剂：5mg	犬发情前期：2mg/kg，每24h口服一次，连用8d；乏情期：0.5mg/kg，每24h口服一次，连用30d；行为异常：2～4mg/kg，每24h口服一次，连用8d（维持疗法可降低剂量） 猫治疗皮肤病或喷尿：每只2.5～5mg，每24h口服一次，连用1周；随后减至5mg，每周1～2次；抑制发情：每天每只5mg，连用3d，然后2.5～5mg，每周一次，连用10周
美洛昔康（人用Mobic；兽用Metacam）	昔康类非甾体类抗炎药。美洛昔康抑制COX-1的作用较弱，可形成较高的COX-1:COX-2比值。该药已用于犬和猫的疼痛和骨关节炎	不良反应主要在胃肠道，可引起呕吐、腹泻和溃疡	犬的研究发现，高剂量（高达0.5 mg/kg）比低剂量更加有效，但胃肠道不良反应的发生率较高。口服混悬剂味美可口，适于加在宠物的食物中	人用片剂：7.5 mg 兽用口服混悬剂：1.5mg/mL 注射剂：5mg/mL	犬：首次剂量为0.2mg/kg，然后按0.1 mg/kg，每24h口服一次。注射剂为0.2 mg/kg，IV或SC 猫：一次退热剂量为0.3 mg/kg；长期用药剂量为0.05 mg/kg，每48～72h口服一次。注射剂为0.2 mg/kg，一次SC
美法仑（Alkeran）	抗癌药，烷化剂。作用机制与环磷酰胺相似	不良反应与药物的抗癌作用有关，可引起骨髓抑制	用于治疗多发性骨髓瘤和某些癌症	片剂：2mg	$1.5mg/m^2$（或0.1～0.2 mg/kg），每24h口服一次，连用7～10d（每3周重复一次）
哌替啶（Demerol）	人工合成的阿片激动剂，主要对μ-阿片受体有活性。本品的作用机制与吗啡相似，但其镇痛效力仅为吗啡的1/7。哌替啶70mg肌内注射或300mg口服，其效果与给予10mg吗啡相似	不良反应与其他阿片类药物相似	尽管动物的临床对比研究尚未进行，但本品仍然被认为是犬猫的一种有效的镇痛药，不过药效可能持续较短	片剂：50mg、100mg 糖浆：10mg/mL 注射剂：25mg/mL、50mg/mL、75mg/mL、100mg/mL	犬：5～10mg/kg，IV、IM，通常每2～3h用药一次（或根据需要给药） 猫：3～5mg/kg；IV、IM，每2～4h给药一次（或根据需要给药）
甲哌卡因（Carbocaine-V）	氨基类局部麻醉剂。与布比卡因比较，本品的效力和作用期处于中等；与利多卡因比较，虽效力相当，但其作用相对较长	甲哌卡因对组织的刺激性比利多卡因更小	用于硬膜外麻醉，总用量不超过8mg/kg，硬膜外麻醉持续期为2.5～3h	注射剂： 2%（20mg/mL）	局部浸润麻醉应根据情况改变。硬膜外麻醉：每30s给予2%的药液0.5mL，直到丧失反射能力为止

（续）

药品名称（商品名或通用名）	药理学及适应证	不良反应和注意事项	剂量与说明	剂　型	用　量（如无特别说明，犬、猫用量相同）
6-巯嘌呤（6-Mercaptopurine，Puiniethol）	抗癌药，是一种能抑制癌细胞内嘌呤合成的抗代谢剂	可出现多种不良反应，在抗癌治疗中常见有（有些不可避免）骨髓抑制和贫血。禁用于猫	用于各种癌症，包括白血病和淋巴瘤。具体用药方案应查询抗癌治疗协议	片剂：50mg	犬：50mg/m^2，每24h口服一次 猫：禁用
美罗培南（Merrem IV）	为广谱碳青霉烯类抗生素，主要用于对其他药物耐药的细菌所导致的感染。该药比亚胺培南和厄他培南的杀菌活性更强	用药风险与其他β-内酰胺类抗生素相似，美罗培南引起的抽搐不及亚胺培南频繁。皮下注射会引起注射部位轻微的脱毛	指导用量是由动物的药代动力学研究推断而来，但未进行动物药效试验。美罗培南的溶解性比亚胺培南好，可以注射给药	注射粉针：500mg/20mL或1g/30mL	8.5mg/kg，每12h一次，SC；可升至12mg/kg，每8h一次，SC；或24mg/kg，每12h一次，IV 假单胞菌：12mg/kg，每8h一次，SC；或25mg/kg，每8h一次，IV
甲巯咪唑（Tapazole）	抗甲状腺药，主要用于治疗猫的甲状腺机能亢进。本品为甲状腺过氧化物酶的底物并通过减少碘与酪氨酸分子的结合而发挥作用	该药可导致人的粒细胞缺乏症和白细胞减少症。在猫可引起狼疮样反应，如血管炎和骨髓变化。犬对本品的耐受性好	根据甲状腺机能亢进猫的实验研究来确定猫的用量。在猫的使用上，多半情况下，甲巯咪唑已经替代了丙基硫氧嘧啶。通过检测T4的水平来调整维持药量。猫的研究表明，每日剂量分两次服用比一次更加有效	片剂：5mg和10mg	猫：每只2.5mg，每24h口服一次，连用7～14d。然后每只5～10mg，每12h口服一次，并监测T4的浓度
美索巴莫（Robaxin-V）	骨骼肌松弛药。本品能抑制多突触反射，用于治疗骨骼肌痉挛	有些动物可出现抑郁和中枢神经系统抑制	动物的临床研究未见报道。动物的使用及用量可根据人的经验或动物的零星经验	片剂：500mg、750mg 注射剂：100mg/mL	第一天按44mg/kg，每8h口服一次，然后按22～44mg/kg，每8h口服一次
甲氨蝶呤（MTX；Mexate；Folex；Rheumatrex）	抗癌药，用于各种癌症，如白血病和淋巴瘤。通过抗代谢物功能发挥作用。本品为叶酸类似物，可与二氢叶酸还原酶结合，抑制DNA、RNA和蛋白质的合成。甲氨蝶呤还常用于人的自身免疫性疾病，如类风湿性关节炎的治疗	抗癌药可引起预期的（有时不可避免）不良反应，包括骨髓抑制、白细胞减少和免疫抑制。据报道，经甲氨蝶呤治疗的人会发生肝脏毒性 药物相互作用：与非甾体抗炎药同时使用可引起严重的甲氨蝶呤中毒。本品不能与乙胺嘧啶、甲氧苄氨嘧啶或磺胺类药物合用	动物的使用一般根据实验研究情况。但实用性临床资料很有限。该药准确的剂量和用药方案需要查询具体的抗癌治疗协议	片剂：2.5mg 注射剂：2.5mg/mL或25mg/mL	2.5～5mg/m^2，每48h口服一次（用量根据具体方案确定） 犬：0.3～0.5mg/kg，每周一次，IV 猫：0.8mg/kg，IV，每2～3周一次

（续）

药品名称（商品名或通用名）	药理学及适应证	不良反应和注意事项	剂量与说明	剂　型	用　量（如无特别说明，犬、猫用量相同）
甲氧氟烷（Metofane）	吸入性麻醉剂	据报道，本品可引起动物的肝损伤 药物相互作用：一些国家的药物标签建议，接受甲氧氟烷麻醉的动物不应服用氟尼辛	在日常吸入麻醉中，甲氧氟烷已被其他吸入麻醉剂如异氟烷、七氟烷所取代	吸入剂：每瓶113.4g	诱导麻醉：3% 维持麻醉：0.5%～1.5%
0.1% 亚甲蓝（new methylene blue）	解毒药，用于治疗高铁血红蛋白症。亚甲蓝作为一种还原剂能将高铁血红蛋白还原为血红蛋白	亚甲蓝可导致猫的亨氏小体溶血性贫血，但按照表中所列的治疗量使用比较安全	仅在实验研究中进行了本品对中毒解救效果的比较。研究证实，乙酰半胱氨酸的解救效果最好，亚甲蓝对一些猫有帮助	1%的溶液（10mg/mL）	按1.5mg/kg，IV，缓慢注射，仅用药一次
甲基泼尼松龙（Medrol）	糖皮质激素抗炎药，与泼尼松龙相比，甲基泼尼松龙抗炎效果要强1.25倍	与其他糖皮质激素类药物相似。厂家认为，甲基泼尼松龙比泼尼松龙较少引起动物多尿和烦渴	本品的用途与其他皮质激素相似。可根据药效的差异适当调整用药量（见剂量栏）	片剂：1mg、2mg、4mg、8mg、18mg、32mg	0.22～0.44mg/kg，每12～24h口服一次
甲基泼尼松龙醋酸酯（Depo-Medrol）	甲基泼尼松龙的长效剂型。肌内注射吸收缓慢，有些动物可持续产生3～4周的糖皮质激素效果。可用于病灶内治疗、关节内治疗和炎症治疗	使用皮质类固醇药物可产生许多不良反应，猫的心血管疾病（充血性心力衰竭）与这类药物的使用有关。长期使用本品可导致长期的不良反应	一次注射可产生数天至数周持续效应，因此，使用甲基泼尼松龙醋酸酯应仔细评估	混悬注射剂：20mg/mL或40mg/mL	犬：1mg/kg（或每只20～40mg），每1～3周1次，IM 猫：每只10～20mg，每1～3周1次，IM
甲基泼尼松龙琥珀酸钠（Solu-Medrol）	同甲基泼尼松龙。但本品是用于急性治疗的一种水溶性制剂，高剂量静脉注射见效快。可用于治疗休克和中枢神经系统创伤	使用一次不会出现不良反应，但反复使用，可能会引起某些不良反应	动物临床研究结果未见报道。动物的使用与剂量是基于人的经验或动物的经验	注射粉针：1g和2g或125mg和500mg	急诊时：30mg/kg，IV，2～6h后按15mg/kg重复一次，IV

（续）

药品名称（商品名或通用名）	药理学及适应证	不良反应和注意事项	剂量与说明	剂　型	用　量（如无特别说明，犬、猫用量相同）
甲睾酮（Android）	雄激素。用于同化作用或睾酮替代治疗（雄激素缺乏症），睾酮也可用于刺激红细胞生成	睾酮的雄激素作用过度会引起不良反应。例如可引起雄性犬的前列腺增生，母犬的雄性化。口服甲睾酮更易引起肝病	参见环戊丙酸睾酮、丙酸睾酮。睾酮还未进行兽医临床评价。其用途主要根据实验证据或人医的经验	片剂：10mg、25mg	犬：每只5～25mg，每24～48h口服一次 猫：每只2.5～5mg，每24～48h口服一次
甲氧氯普胺（Reglan，Maxolon）	促胃肠动力药，主要作用是止吐。该药可刺激胃肠道前段的蠕动，通过抑制多巴胺受体和增强胃肠道乙酰胆碱功效而发挥作用。主要用于胃轻瘫和呕吐的治疗。该药对犬的胃扩张无效	不良反应主要与阻断中枢多巴胺受体有关。除可引起行为改变以外，与已报道的吩噻嗪类药物（例如，乙酰丙嗪）的不良反应相似。该药禁用于癫痫患畜或因胃肠阻塞而引发的疾病	动物临床研究结果未见报道。动物的使用（和剂量）是基于人医经验或动物的零星报道。常用来止吐，但剂量高达2mg/kg可用来防止在癌症化疗期间出现呕吐	片剂：10mg、5mg； 口服液：1mg/mL 注射剂：5mg/mL	0.2～0.5mg/kg，每6～8h一次，IV、IM、口服 定速静脉注射（CRI）：按0.4mg/kg剂量IV；随后按每小时0.3mg/kg的速率静脉注射。对病情顽固患畜，静脉注射速率可提高到每小时1.0mg/kg
甲硝唑和苯酰甲硝唑（Metronidazole，Flagyl and Metronidazole benzoate）	抗菌和抗原虫药，通过与细胞内代谢物的相互作用来干扰病原体DNA的合成。本品对厌氧菌有特效，耐药性较少。对贾第虫等原虫有效，但芬苯达唑等药物也可用于贾第虫	最严重的不良反应是导致中枢神经系统毒性，高剂量会导致嗜睡、中枢抑制、共济失调、呕吐和虚弱。甲硝唑可致突变，在动物上按推荐剂量使用未见胎儿异常，但妊娠期间应慎用。破碎的药片对猫的适口性差	甲硝唑是治疗厌氧菌感染最常用的药物之一，该药对贾第虫病有效，其他药如阿苯达唑、芬苯达唑和奎纳克林也用于贾第虫病。甲硝唑对中枢神经系统的毒性与剂量相关。任何动物每天的最大用药量应为50～65mg/kg。该药的片剂需要压碎后给猫口服，但适口性差。当适口性成为猫的问题时，可考虑用苯酰甲硝唑	片剂：250mg、500mg 混悬剂：50mg/mL 注射剂：5mg/mL；苯酰甲硝唑在市场上买不到，可从配药房获得。20mg苯酰甲硝唑=12.4mg甲硝唑	抗犬厌氧菌：15mg/kg，每12h一次，或12mg/kg，每8h一次，口服；猫：10～25mg/kg，每24h一次，口服 治疗犬贾第虫：12～15mg/kg，每12h口服一次，连用8d；猫：17mg/kg（每只1/3片），每24h一次，连用8d
米勃酮（Cheque Drops）	雄激素类固醇，用于抑制发情	本品不要用于贝得灵顿厚毛犬，不要给患肛周腺瘤或癌症的犬使用。许多母犬治疗后可出现阴蒂肿大或排液。禁用于猫	常规治疗从发情前30d开始。超过2岁的犬不推荐使用	口服液：55μg/mL	犬：（每天按2.6～5μg/kg口服）体重0.45～11.3kg，30μg；体重11.8～22.7kg，60μg；体重23～45.3kg，120μg；体重大于45.8kg，180μg 猫：安全剂量尚未确定

（续）

药品名称（商品名或通用名）	药理学及适应证	不良反应和注意事项	剂量与说明	剂型	用量（如无特别说明，犬、猫用量相同）
美贝霉素肟（Interceptor，Interceptor Flavor Tabs，and SafeHeart）	抗寄生虫药，药理作用与伊维菌素相似，作为寄生虫神经系统γ-氨基丁酸激动剂而发挥作用。用作心丝虫病的预防，杀螨剂和杀微丝蚴药。也用于控制钩虫、蛔虫和鞭虫的感染。高剂量可用于治疗犬的蠕形螨感染	在敏感犬（柯利牧羊犬），美贝霉素可穿过血脑屏障并引起中枢神经系统中毒（抑郁、嗜睡、昏迷）。按照预防犬心丝虫的剂量给药，出现上述不良反应的可能性很小	剂量根据所驱杀寄生虫的不同而不同，具体用量可查询剂量栏。对犬蠕形螨的治疗需要每天高剂量用药，也可参见鲁芬奴隆-美贝霉素肟	片剂：2.3mg、5.75mg、11.5mg和23mg	犬：杀微丝蚴：0.5mg/kg；治疗蠕形螨：2mg/kg，每24h口服一次，连用60～120d。预防犬心丝虫和控制内寄生虫：0.5mg/kg，每30d一次，口服 猫：控制心丝虫和内寄生虫：2.0mg/kg，每30d一次，口服
盐酸米诺环素（Minocin，Solodyn）	四环素类抗生素，作用与多西环素相似	与其他四环素类药（多西环素）相似。米诺环素的不良反应尚未报道。像其他四环素类药物一样，该药口服吸收不受钙制剂的影响	米诺环素在北美的临床使用很少受到关注，未见临床应用的报道。本品的特性与多西环素相似	片剂或胶囊：50mg、75mg和100mg 口服混悬剂：10mg/mL	5～12.5mg/kg，每12h口服一次
米托坦（*o,p'*-DDD，Lysodren）	肾上腺皮质细胞毒性剂。本品可导致肾上腺皮质抑制，用于治疗肾上腺肿瘤和垂体依赖性肾上腺皮质机能亢进（PDH）	该药的不良反应，特别是诱导期常表现为昏睡、厌食、共济失调、抑郁、呕吐。可通过补充皮质类固醇激素（如氢化可的松或泼尼松龙）来最大程度地减轻这种不良反应	用药量和用药次数常取决于患畜的反应。不良反应常出现在治疗初期。拌食给药能增加药物的口服吸收。应根据皮质醇定期测量的结果和促肾上腺皮质激素刺激试验来调整维持剂量。猫通常对米托坦治疗无反应	片剂：500mg	犬垂体依赖性肾上腺皮质机能亢进（PDH）治疗：每天按50mg/kg，（分服）口服，连用5～10d。然后按每周50～70mg/kg，口服 治疗肾上腺肿瘤：每天按50～75mg/kg，连用10d，然后按每周75～100mg/kg的剂量口服
盐酸米托蒽醌（Novantrone）	抗癌抗生素，作用方式与阿霉素相似。用于白血病、淋巴瘤和其他癌症的治疗	与所有抗癌药一样，其不良反应与药物作用有关，并且可以预见，不可避免。米托蒽醌可引起骨髓抑制、呕吐、厌食和胃肠不适，但该药的心脏毒性可能比阿霉素轻	按具体的抗癌治疗协议正确使用米托蒽醌。可查询用药方案中具体协议	注射剂：2mg/mL	犬：6mg/m^2，IV，每21d一次 猫：6.5mg/m^2，IV，每21d一次

（续）

药品名称（商品名或通用名）	药理学及适应证	不良反应和注意事项	剂量与说明	剂型	用量（如无特别说明，犬、猫用量相同）
硫酸吗啡（Morphine sulfate）	阿片受体激动剂和镇痛药为其他阿片激动剂的原型物质。吗啡与神经中μ和κ-阿片受体结合，对参与疼痛传导（如P物质）的神经递质释放有抑制作用。吗啡也可抑制一些炎性介质的释放，其产生的镇静和欣快感与大脑中μ-受体作用有关	像所有阿片类药一样，吗啡所产生的不良反应可以预见，并且不可避免。吗啡的不良反应包括镇静、便秘和心动过缓。高剂量会发生呼吸抑制。长期给药会出现耐受性和成瘾性。猫比其他动物对吗啡更敏感	吗啡作用效果为剂量依耐性，低剂量（0.1～0.25mg/kg）具有轻度镇痛作用，高剂量（高达1 mg/kg）可产生更大的镇痛和镇静作用。吗啡一般经肌内注射、静脉注射或皮下注射给药。口服吸收的效果不可靠。在外科手术中可通过硬膜外给药	注射剂：1mg/mL和15mg/mL 缓释片：30mg、60mg	犬：0.1～1mg/kg，IV、IM、SC（可根据止痛需要逐步增加药量），每4～6h一次。0.5mg/kg，每2h一次，用于持续性止痛。CRI：0.2mg/kg，随后按每小时0.1mg/kg的剂量IV。硬膜外给药：0.1mg/kg 猫：0.1mg/kg，IM、SC，每3～6h一次（或根据需要给药）
莫西菌素（犬用ProHeart；马用Quest；牛用Cydectin）	抗寄生虫药，通过增强抑制性神经递质γ-氨基丁酸的作用，对寄生虫产生神经毒性。用于驱杀动物的内外寄生虫，也用来预防心丝虫感染	高剂量和那些能通过血脑屏障的犬（如柯利牧羊犬）可引起神经毒性。其症状包括抑郁、共济失调、视力困难、昏迷甚至死亡	用法与伊维菌素相似。若将马的制剂用在小动物身上需特别谨慎，因为马的制剂浓度很高，很可能引起小动物用药过量而中毒	犬用片剂：30μg、68μg、136μg；马用口服胶：20mg/mL；和牛用浇泼剂：5mg/mL	预防犬心丝虫：3μg/kg，每30d口服一次；内寄生虫：25～300μg/kg 蠕形螨：每天按400μg/kg，口服，剂量可提高到每天500μg/kg，连用21～22周
莫西沙星（Avelox）	第四代氟喹诺酮类抗生素。与其他氟喹诺酮类药物相似，但本品对革兰氏阳性菌和厌氧菌具有更强的活性	不良反应与其他氟喹诺酮类药物相似，由于本品对厌氧菌的作用较强，因此，口服给药会出现明显的胃肠不适	剂量和用法主要根据有限的临床经验以及人医的研究来推断	片剂：400mg	10mg/kg，每24 h口服一次
霉酚酸酯（Cell Cept）	霉酚酸酯可代谢为霉酚酸，该药可用于抑制器官移植时的免疫排斥和治疗免疫介导性疾病	据报道，胃肠道问题（腹泻、呕吐）是犬最常见的不良反应。该药在兽医上较少使用	霉酚酸酯用于一些不能忍受硫唑嘌呤、环磷酰胺等免疫抑制性药物的患畜	胶囊：250mg	犬：10mg/kg，每8h口服一次 猫：用量未确定
金硫苹果酸钠（Myochrysine）	见硫代苹果酸金钠				
纳洛酮（Narcan）	阿片受体颉颃剂，用于颉颃阿片受体激动剂（如吗啡）的作用。纳洛酮可用来逆转由阿片类药物引起的镇静、麻醉和其他不良反应	动物的不良反应尚未报道，有报道本品会引起人的心动过速和高血压	不同患畜对药物的反应有差异，用药量要根据患畜的具体情况而定。纳洛酮在动物的持续作用时间很短（60min），需要重复给药	注射剂：20μg/mL或400μg/mL	0.1～0.04mg/kg，IV、IM、SC，可根据需要调整药量，用来逆转阿片类药物的作用

（续）

药品名称 （商品名或通用名）	药理学及适应证	不良反应和注意事项	剂量与说明	剂　型	用　量 （如无特别说明，犬、猫用量相同）
纳曲酮 （Trexan）	阿片受体颉颃剂。与纳诺酮相似，但本品的作用期长，并可口服给药。用于治疗阿片依赖性病人，也可用于治疗动物某些强迫性行为障碍	动物的不良反应未见报道	据报道，本品可与纳诺酮配合使用治疗动物的强迫性行为障碍，但复发率可能较高	片剂：50mg	犬：治疗行为异常按2.2 mg/kg，每12h一次，口服
癸酸诺龙 （Deca-Durabolin）	人工合成的类固醇药，为睾酮的衍生物。合成代谢类药物旨在使合成代谢作用最大化，同时使雄激素作用最小化。此类药物可用于逆转分解代谢、增加体重、强壮肌肉和刺激红细胞生成	本品不良反应是由这些类固醇的药理作用引起的，常见雄性特征增强。据报道，该药可增加人的某些肿瘤的发生率	动物临床研究结果未见报道。动物的用法和剂量根据人的使用经验或动物的经验	注射剂：50mg/mL、100mg/mL、200mg/mL	犬：按每周1～1.5mg/kg的剂量，IM 猫：按每周1mg/kg的剂量，IM
萘普生 （Naprosyn；Naxen；Aleve）	非甾体类抗炎药，通过抑制前列腺素而发挥作用，用于治疗某些炎症性疾病（如关节炎）	萘普生是一种高效非甾体类抗炎药。胃肠毒性是所有非甾体类抗炎药常见的不良反应。因为萘普生在犬体内消除速度要比人或马慢数倍，所以该药可导致犬的严重溃疡	动物临床研究结果未见报道。动物的用法和剂量源自实验动物的药代动力学研究。当使用人的非处方制剂时需要谨慎，因为人用片剂的药量远远大于犬的安全剂量。220mg萘普生钠相当于200mg萘普生	片剂（非处方药）：220mg 口服混悬剂：25mg/mL 片剂（处方药）：250mg、375mg、500mg	犬：开始按5mg用药，然后按2mg/kg的剂量，每48h一次，口服 猫：未推荐使用
新霉素 （Biosol）	氨基糖苷类抗生素。与其他氨基糖苷类药物不同之处在于新霉素仅局部或口服给药。本品口服给药后全身性吸收很少	虽然该药的口服吸收很少，以致不可能出现全身性不良反应，但已证明幼畜（犊牛）口服后有部分被吸收，治疗后肠道菌群的改变可引起腹泻	新霉素主要用于治疗腹泻。这方面的疗效（尤其是非特异性腹泻）值得商榷。也可用于肝性脑病的治疗	药丸：500mg 口服液：200mg/mL	10～20mg/kg，每6～12h一次，口服
烯啶虫胺 （Capstar）	抗寄生虫药，能快速杀死跳蚤	不良反应未见报道。犬和猫的研究证明，按推荐剂量10倍用药也很安全	体重小于1kg（2磅）的犬或猫禁用。小于4周龄的犬和猫禁用	片剂：11.4mg或57mg	1mg/kg，口服，每天一次，或按灭蚤的需要使用

（续）

药品名称（商品名或通用名）	药理学及适应证	不良反应和注意事项	剂量与说明	剂　　型	用　　量（如无特别说明，犬、猫用量相同）
呋喃妥因（Macrodantin，Furalan，Furatoin，Furadantin）	抗菌药，尿道防腐剂，通过反应性代谢产物引起DNA损伤来发挥作用。该药只有在尿道才能达到治疗浓度，不用于治疗全身性感染	不良反应包括恶心、呕吐和腹泻。可使尿液的颜色变为黄棕色（铁锈色）。动物怀孕期间禁用	有微晶和粗晶两种制剂，微晶制剂吸收迅速而完全，粗晶制剂（硝基呋喃妥因）吸收缓慢并对胃肠刺激较轻。尿液pH酸性情况下药效最大。与食物拌服可增加药物的吸收	粗晶制剂：25mg、50mg、100mg的胶囊 Furalan，Furatoin：50mg、100mg的片剂 Furadantin：5mg/mL口服混悬剂	每天按10mg/kg，分4次给药，晚上一次按1mg/kg的剂量口服
尼扎替丁（Axid）	组胺H2受体的阻断剂。本品与西咪替丁相同，但药效比西咪替丁强10倍。本品可抑制胃酸的分泌，常用于胃肠溃疡和胃炎的治疗	动物尼扎替丁的不良反应未见报道	动物的临床研究结果未见报道。动物的用法（和剂量）根据人或动物的经验。已证明，尼扎替丁和雷尼替丁通过发挥抗胆碱酯酶的活性来刺激胃排空和结肠蠕动	胶囊：150mg、300mg	犬：2.5～5mg/kg，每24h一次，口服
诺氟沙星（Noroxin）	氟喹诺酮类抗菌药，作用机制与环丙沙星相同，但抗菌谱不及恩诺沙星或环丙沙星广	动物不良反应尚未报道。本品对动物的不良反应可能和环丙沙星或恩诺沙星相似	动物的用法（和剂量）根据实验动物的药代动力学研究以及人或动物的用药经验	片剂：400mg	22mg/kg，每12h一次，口服
奥美拉唑（Prilosec）	质子泵抑制剂，奥美拉唑通过对K^+/H^+泵的抑制来抑制胃酸的分泌。奥美拉唑比大多数抗分泌药的药效更强，作用更持久。可用于防治胃肠溃疡	动物的不良反应尚未报道。药物相互作用：不要与那些依赖胃酸吸收的药物（如酮康唑）一起使用	由于奥美拉唑的效力强并可在胃壁细胞中蓄积，所以给药次数不宜太频繁	20mg胶囊和马用糊剂	犬：每只20mg，每24h一次，口服（或0.7mg/kg，每24h一次） 猫：0.5～0.7mg/kg，每24h一次，口服
邻对滴滴滴（*o*，*p*'-DDD）	见米托坦				
奥比沙星（Orbax）	氟喹诺酮类抗菌药，与恩诺沙星和环丙沙星具有相同的抗菌机制，对葡萄球菌、革兰氏阴性菌和某些假单胞菌等有抗菌活性	高剂量可导致某些动物的恶心和呕吐。避免用于幼畜。按照每天小于15 mg/kg的剂量给药未见引起猫失明的报道	由于本品对不同细菌的敏感性差异，所以剂量范围较宽。具体用药量应根据药敏试验来确定	片剂：5.7mg、22.7mg和68mg	2.5～7.5mg/kg，每24h一次，口服

（续）

药品名称（商品名或通用名）	药理学及适应证	不良反应和注意事项	剂量与说明	剂　型	用　量（如无特别说明，犬、猫用量相同）
奥美普林-磺胺地索辛	甲氧苄氨嘧啶类药物，与磺胺地索辛联合使用（见Primor）				
苯唑西林（Prostaphlin）	β－内酰胺类抗生素，能抑制细菌细胞壁合成。本品仅对革兰氏阳性菌，特别是葡萄球菌有抗菌活性	对青霉素类药物过敏的动物需谨慎使用	用药量基于使用经验或从人的研究推断而来。犬、猫缺乏有价值的临床疗效研究。用药时动物尽可能空腹	胶囊：250mg、500mg 口服液：50mg/mL	22～40mg/kg，每8h一次，口服
羟甲睾丸素（Anadrol）	人工合成的类固醇药。见癸酸诺龙（合成的类固醇药物之间没有疗效差异）	本品可产生雄激素的不良反应，可能会导致肝损伤	本品的用法主要来自零星的经验	片剂：50mg	1～5 mg/kg，每24h一次，口服
盐酸羟吗啡酮（Numorphan）	阿片受体激动剂，其作用与吗啡相似，但羟吗啡酮比吗啡具有更强的亲脂性，比吗啡的药效强10～15倍	不良反应和注意事项与吗啡相同	有证据表明，羟吗啡酮对心血管的影响比吗啡小。由于羟吗啡酮具有很强的亲脂性，所以硬膜外注射容易被吸收	注射剂：1.5mg/mL和1mg/mL	止痛：0.1～0.2 mg/kg，IV、SC、IM（按需要进行），再次给药按0.05～0.1 mg/kg，每1～2h一次 麻醉前给药：0.025～0.05 mg/kg，IM或SC 镇静：0.05～0.02 mg/kg（与乙酰丙嗪合用或不用），IM、SC
土霉素（Terramycin）	四环素类抗生素。作用机制和抗菌谱与四环素相同，但土霉素的吸收更好	通常很安全，幼小动物慎用。注意事项可参见四环素	口服剂供大动物使用。小动物长效注射剂的使用方面尚未研究	片剂：250mg 注射剂：100mg/mL、200 mg/mL	7.5～10 mg/kg，IV，每12h一次；20mg/kg，每12h一次，口服
解磷定（2-PAM）	见氯解磷定				
帕罗西汀（Paxil）	5-羟色胺再吸收的选择性抑制剂（SSRI），与氟西汀（百忧解）的作用非常相似。用于强迫性精神障碍、攻击行为和其他行为异常的治疗	其不良反应与氟西汀相同，但有些动物对帕罗西汀具有较好的耐受性	推荐用量来自临床经验	片剂：10mg、20mg、30mg、40mg	犬：0.5mg/kg，每24h一次，口服 猫：每次用10mg药片的1/8～1/4，每24h口服一次

（续）

药品名称（商品名或通用名）	药理学及适应证	不良反应和注意事项	剂量与说明	剂　　型	用　　量（如无特别说明，犬、猫用量相同）
苄星青霉素G（Benza-Pen）	所有苄星青霉素G都是与普鲁卡因青霉素G联合制成的商品化复方制剂	与其他青霉素相同	苄星青霉素不推荐用于治疗，因为其血药浓度太低，达不到治疗剂量	150 000 U/mL的苄星青霉素G与150 000 U/mL普鲁卡因青霉素G配合而成	24 000 U/kg，每48h一次，IM
青霉素G钾；青霉素G钠	β-内酰胺类抗生素，其作用机制类似于其他青霉素。抗菌谱仅限于革兰阳性菌和厌氧菌	与其他青霉素相同	参见其他青霉素，青霉素G对小动物的大多数病原体没有良好的活性	5～20百万单位的小瓶	20 000～40 000 U/kg，每6～8h一次，IV或IM
普鲁卡因青霉素G	与青霉素G的其他制剂相同，但普鲁卡因青霉素吸收缓慢，注射后药物浓度可持续12～24h	与其他青霉素相同（见阿莫西林）	与其他青霉素（阿莫西林）相同，避免用本品皮下注射	300 000 U/mL混悬剂	20000～40000U/kg，每12～24h一次，IM
青霉素V（Pen-Vee）	口服的青霉素，与其他青霉素相同，但与其他青霉素衍生物比较，青霉素V的吸收率不高，抗菌谱较窄	与其他青霉素相同（见阿莫西林）	与其他青霉素（阿莫西林）相同。青霉素V应空腹给药才能最大程度被吸收（250mg = 400 000 U）	片剂：250mg，500mg	10mg/kg，每8h一次，口服
戊巴比妥（Nembutal）	短效巴比妥酸盐麻醉剂，通过对中枢神经系统非选择性抑制而发挥作用。戊巴比妥常被用做静脉注射麻醉剂，用来控制动物的剧烈惊厥。其作用可持续3～4h	不良反应与麻醉作用有关，常见心脏和呼吸受到抑制	戊巴比妥具有狭窄的治疗指数，静脉注射时，先注射总剂量的一半，然后逐步给予剩余的药量，直到达到麻醉效果	50mg/mL	按25～30 mg/kg的剂量IV。CRI：按2～15 mg/kg的剂量IV，至发挥作用，随后按每小时0.2～1.0 mg/kg的速率静脉给药
己酮可可碱（Trental）	甲基黄嘌呤，己酮可可碱主要用做人的流变剂（加大狭窄血管的血液流动）。该药可抑制细胞因子合成，因而具有抗炎作用。用于犬的某些皮肤病（皮肌炎）和血管炎的治疗	可引起与其他甲基黄嘌呤类药物相似的症状。已报道可引起人的恶心和呕吐。当给猫服用破碎的药片时，其味道会引起猫的严重不适	动物临床研究的结果未见报道。动物的使用（和剂量）是基于人或动物的治疗经验	片剂：400mg	犬：10mg/kg，每12h一次，可提高到15mg/kg，每8h一次，口服；或对大多数犬按每只400mg用药 猫：给予400mg片剂的1/4（100mg），每8～12h一次，口服

（续）

药品名称（商品名或通用名）	药理学及适应证	不良反应和注意事项	剂量与说明	剂　型	用　量（如无特别说明，犬、猫用量相同）
苯巴比妥（Luminal）	长效巴比妥酸盐。苯巴比妥主要作为抗惊厥药使用，它能增强对γ-氨基丁酸的抑制作用	不良反应与剂量相关。苯巴比妥可导致动物贪食、镇静、共济失调和昏睡。有些耐受动物开始治疗后可产生不良反应。已报道某些接受高剂量治疗的犬可出现肝脏毒性	苯巴比妥剂量应通过监测血清/血浆中的药物浓度仔细调整。达到治疗效果的剂量范围是15～40μg/mL	片剂：15mg、30mg、60mg、100mg 注射剂：30mg/mL、60mg/mL、65mg/mL和130mg/mL 口服酏剂：4mg/mL	犬：按2～8mg/kg，每12h一次，口服 猫：按2～4mg/kg，每12h一次，口服 惊厥：按10～20mg/kg，IV，持续增加药量直到药物起效
苯基丁氮酮（保泰松）	非甾体类抗炎药，抑制前列腺素的合成。保泰松主要用于关节炎和各种肌肉骨骼疼痛和炎症的治疗	一般来讲，犬对保泰松有很好的耐受性，但猫缺乏这方面的资料。不良反应可能是胃肠道毒性。禁止肌内注射。本品可导致人的骨髓抑制，犬也可能发生	用量主要根据厂家推荐和临床经验	片剂：100mg、200mg、400mg和1g 注射剂：200mg/mL	犬：按15～22mg/kg，每8～12h一次（每天44mg/kg），口服或IV（每只犬最大用量为800mg） 猫：6～8mg/kg，每12h一次，IV或口服
苯丙醇胺（PPA；Proin PPA；Propalin syrup）	肾上腺素能激动剂。用做解充血药、轻度支气管扩张药，并可增强尿道括约肌的张力	不良反应是因为对肾上腺素能受体（α和β）的过度刺激而引起。不良反应包括心动过速、影响心脏、中枢神经系统兴奋、坐立不安和食欲抑制	苯丙醇胺已被取缔作为人的解充血药，可供使用的只有兽用复方制剂	25mg、50mg、75mg的香味片和25mg/mL的香草味口服液	犬：按1mg/kg，每12h一次，口服；如需要可增加至1.5～2.0mg/kg，每8h口服一次
苯妥英（Dilantin）	抗惊厥药，通过阻断钠离子通道来抑制神经传导，也被划分为Ⅰ类抗心律失常药。常作为人的抗惊厥药使用，但对犬无抗惊厥作用，猫不使用该药	不良反应包括镇静、牙龈增生、皮肤反应、中枢神经系统毒性等。禁用于怀孕动物	由于本品半衰期短、犬的疗效差以及猫的安全问题，所以其他抗惊厥药物应作为首选药	胶囊：30mg、100mg 注射剂：50mg/mL 口服混悬液：25 mg/mL	犬：（抗癫痫）按20～30mg/kg，每8h一次；按30mg/kg（抗心律失常），每8h口服一次；或10mg/kg，IV，注射时间超过5min
哌拉西林（Pipracil）	氨脲苄青霉素类β-内酰胺抗生素。与其他青霉素类相似，但本品对铜绿假单胞菌具有很强的活性，对链球菌的抗菌活性也很好	注意事项与其他注射用青霉素相同	新配制的溶液应在24h（冷藏时7d）内使用。治星（Zosyn）是哌拉西林和他唑巴坦（β-内酰胺酶抑制剂）配合而成的复方药	注射粉针：2g、3g、4g、40g	40mg/kg，每6h一次，IV或IM

（续）

药品名称（商品名或通用名）	药理学及适应证	不良反应和注意事项	剂量与说明	剂　型	用　量（如无特别说明，犬、猫用量相同）
吡罗昔康（Feldene）	昔康类非甾体类抗炎药，前列腺素合成抑制剂。临床效果与其他非甾体类抗炎药相似。吡罗昔康常用于治疗犬的移行细胞癌	吡罗昔康体内清除缓慢，故犬应谨慎使用。不良反应主要是胃肠道毒性（溃疡）。见氟尼辛葡甲胺	吡罗昔康主要用于治疗关节炎和其他肌肉骨骼病。但有报道称该药对某些肿瘤（如膀胱的移行细胞癌）有治疗效果	10mg胶囊	犬：0.3mg/kg，每48h口服一次 猫：0.3mg/kg，每24h口服一次
必压生（ADH）	见加压素和醋酸去氨加压素				
普卡霉素（mithramycin，Mithracin）	抗癌剂，在有二价阳离子的情况下通过与DNA结合，抑制DNA和RNA合成来发挥作用。该药具有降血钙作用，可直接作用于破骨细胞而减少血钙，用于癌症和高钙血症的治疗	动物的不良反应未见报道。已报道可引起人的低钙血症和胃肠道毒性，可导致出血 药物相互作用：不要与可增加出血风险的药物同时使用（如非甾体类抗炎药、肝素或抗凝剂）	动物的临床研究结果未见报道。动物的使用（和剂量）是基于人医的经验或动物的零星经验	2.5mg的注射剂	治疗高血钙症（犬或猫）：25μg/kg，每24h一次；IV，超过4 h（缓慢注射）；抗肿瘤（犬）：25～30μg/kg，每24h一次，IV（缓慢注射），连用8～10d
聚硫酸粘多糖（PSGAG；Adequan Canine）	类似正常关节化学成分的大分子化合物，通过抑制降解关节软骨的酶而发挥保护软骨的作用，主要用来治疗和预防退化性关节疾病	不良反应较罕见，有可能引起过敏反应。聚硫酸黏多糖具有肝素样作用，可能会引起某些动物的出血	剂量源自犬的用药经验、实验和临床研究。尽管该药对急性关节炎有效，但对慢性关节病不见得同样有效	注射剂：5mL小瓶，含量为100mg/mL（专供马用的小瓶含量为250mg/mL）	按4.4mg/kg，IM，每周2次，连用4周以上
氯解磷定（2-PAM；Protopam）	用于治疗有机磷类药物中毒	不良反应未见报道	当进行中毒解救时，可咨询毒物控制中心的精确指导	注射剂：50mg/mL	按20mg/kg的剂量，每8～12h一次，开始时需要缓慢IV或IM

（续）

药品名称（商品名或通用名）	药理学及适应证	不良反应和注意事项	剂量与说明	剂　型	用　量（如无特别说明，犬、猫用量相同）
吡喹酮（Droncit）	抗寄生虫药，对寄生虫的作用是通过改变对钙离子的通透性而使虫体产生神经肌肉毒性和麻痹。主要用于绦虫感染的治疗	高剂量可引发呕吐。已报道可引起动物厌食和一过性腹泻。该药对怀孕动物安全	推荐用量根据厂家提供的标签剂量	片剂：23mg、34mg 注射剂：56.8mg/mL	犬（口服剂）：体重小于6.8kg，7.5mg/kg，一次口服；大于6.8kg，5mg/kg，一次口服。犬（注射剂）：体重小于2.3kg，7.5mg/kg，一次IM或SC；2.7～4.5kg，6.3mg/kg，一次IM或SC；等于5kg，5mg/kg，一次IM或SC 猫（口服剂）：体重小于1.8kg，6.3mg/kg，一次口服；大于1.8kg：5mg/kg，一次口服。治疗并殖吸虫感染：25mg/kg，每8h口服一次，连用2～3d 猫（注射剂）：5mg/kg，IM或SC
泼尼松龙（Delta-Cortef）	糖皮质激素类抗炎药。其功效大约是氢化可的松的4倍	所有糖皮质激素均可产生预期的（有时不可避免的）不良反应。长期治疗可能会导致一些不良反应	泼尼松龙的用量根据疾病的严重程度来定	5mg和20mg片剂	犬（猫常需犬剂量的2倍）：抗炎，首次按0.5～1mg/kg，每12～24h一次，IV、IM或口服，随后减少为每48h给药一次 免疫抑制：首次按每天2.2～6.6mg/kg，IV、IM或口服，随后减少为2～4mg/kg，每48h一次 替代疗法：按每天0.2～0.3mg/kg，口服
泼尼松龙琥珀酸钠（Solu-Delta-Cortef）	同泼尼松龙，但本品为水溶性制剂，可进行高剂量静脉注射，用做急性治疗，见效快；常用于休克和中枢神经系统创伤的治疗	一次给药不会出现不良反应。然而，重复使用，可出现某些不良反应	尽管列出了治疗休克的剂量，但本品抗休克的疗效尚存疑义	注射粉针：100mg、200mg（10mg/mL和50 mg/mL）	抗休克：15～30mg/kg，IV（4～6h重复一次） 治疗中枢神经系统创伤：15～30mg/kg，IV，逐渐减到1～2mg/kg，每12h用药一次

（续）

药品名称（商品名或通用名）	药理学及适应证	不良反应和注意事项	剂量与说明	剂　　型	用　　量（如无特别说明，犬、猫用量相同）
泼尼松（Deltasone；注射用 Meticorten）	同泼尼松龙。泼尼松进入体内后可转化为泼尼松龙而起作用	不良反应与泼尼松龙相同	与泼尼松龙相同。猫使用泼尼松龙	1mg、2.5mg、5mg、10mg、20mg、25mg和50mg片剂 1mg/mL糖浆（含5%酒精的泼尼松溶液）和1mg/mL口服液（5%酒精）	犬可将泼尼松转化为泼尼松龙，并且用量相似。但在猫体内，泼尼松不能充分转化为泼尼松龙
奥美普林-磺胺地索辛（Primor，ormetoprim+sulfadimethoxine）	抗菌药物。奥美普林能抑制细菌的二氢叶酸还原酶，磺胺药能与对氨基苯甲酸（PABA）竞争二氢叶酸合成酶，最终使核酸合成受阻。该药具有杀菌/抑菌活性，抗菌谱广，并具有抗球虫活性	磺胺类药有一些不良反应的报道，奥美普林与中枢神经系统的不良反应有关	所列剂量基于厂家的推荐。对照试验证明按每日一次的用药方案对脓皮病治疗有效	复方片剂（奥美普林-磺胺地索辛）	首日用量为27mg/kg，随后按13.5mg/kg，每24h口服一次
孕酮（repositol）	见醋酸甲羟孕酮				
异丙嗪（Phenergan）	异丙嗪具有很强的抗组织胺作用。用于过敏症的治疗和作为止吐剂使用（晕动病）	不良反应包括镇静和抗毒蕈碱（阿托品样）作用。有些患畜可能同时出现异丙嗪作用和抗胆碱能作用	动物的临床研究结果尚未报道。动物的使用（和剂量）基于人的经验或动物的零星经验	1.25mg/mL和5mg/mL糖浆 12.5mg、25mg、50mg片剂 25mg/mL、50 mg/mL注射剂	按0.2～0.4mg/kg，每6～8h一次，IV、IM或口服（最大使用剂量为1mg/kg）
丙硫氧嘧啶（PTU; Propyl -Thyracil）	抗甲状腺药物。与甲巯咪唑相比，丙硫氧嘧啶能抑制T4转化为T3	猫的不良反应包括溶血性贫血、血小板减少和其他免疫介导性疾病的症状	多数情况下，猫的丙硫氧嘧啶使用已被甲巯咪唑替代	50mg和100mg片剂	11mg/kg，每12h一次，口服
盐酸雷尼替丁（Zantac）	组胺H_2受体的颉颃剂。与西咪替丁相同，但本品的功效是西咪替丁的4～10倍，而且作用更长	与西咪替丁相比，雷尼替丁对内分泌功能的影响和药物的相互作用更小	犬的药代动力学资料表明，服用比西咪替丁更少的雷尼替丁，也可达到持续抑制胃酸分泌的效果。雷尼替丁的抗胆碱酯酶作用可刺激胃排空和结肠运动	片剂：75mg、150mg、300mg 胶囊：150mg、300mg 注射剂：25mg/mL	犬：2mg/kg，每8h一次，IV、口服 猫：2.5mg/kg，每12h一次，IV；3.5mg/kg，每12h一次，口服

（续）

药品名称（商品名或通用名）	药理学及适应证	不良反应和注意事项	剂量与说明	剂型	用量（如无特别说明，犬、猫用量相同）
类维生素A	见异维甲酸和维生素A				
视黄醇	见维生素A				
利福平（Rifadin）	抗菌药，通过抑制细菌RNA的合成而发挥作用。抗菌谱包括葡萄球菌、分支杆菌以及链球菌等其他敏感菌。主要用于治疗人的结核病	动物的不良反应未见报道。但已报道可引起人的过敏症和类似感冒样症状 药物相互作用：可与多种药物发生相互作用，如细胞色素P-450酶；可与巴比妥类药物、氯霉素和皮质类固醇等药物产生相互影响	动物的临床研究结果未见报道。动物的使用（和剂量）基于人的经验或动物的零星经验。利福平为高脂溶性药物，常被用来治疗胞内感染	胶囊：150mg、300mg 注射液：600mg Rifadin供静脉注射	5mg/kg，每12～24h口服一次；或5～15mg/kg，每24h口服一次
水杨酸盐	见阿司匹林				
西拉菌素（Revolution）	外用杀虫剂和心丝虫的预防	在691只治疗过的猫中，约1%的猫在用药部位或周围出现暂时性脱毛，脱毛部位有或无炎症。其他如胃肠道症状、厌食、昏睡、流涎、呼吸急促和肌肉震颤等比较罕见	该药推荐用于6周龄以上的犬和8周龄以上的猫	有6个单独的剂量可供使用	6～12 mg/kg，每30d一次，局部使用
司来吉兰（Anipryl；人用Eldepryl）	单胺氧化酶（MAO-B型）特异性抑制剂，能抑制中枢神经系统多巴胺的降解，主要用来治疗人的帕金森氏症和其他神经退行性疾病（与左旋多巴合用）。该药获批用于控制犬的垂体依赖性肾上腺皮质机能亢进（库欣氏病）的临床症状，也可用于老年犬认知功能障碍的治疗	犬的不良反应未见报道。然而，实验动物会出现安非他明样症状。犬高剂量使用后，可出现多动症（剂量>3mg/kg）。本品不能与其他MAO-抑制剂或阻碍5-羟色胺再吸收的药物合用	在由司来吉兰动物保健公司进行的实验中，本品可控制70%以上肾上腺皮质机能亢进患犬的临床症状。然而，其他研究者报道的药效低至20%	片剂：2mg、5mg、10mg、15mg和30mg	犬：开始按1mg/kg，每24h口服一次。如果给药2个月内症状没有改善，可增至最大剂量，按2mg/kg，每24h口服一次 猫：0.25～0.5 mg/kg，每12～24h口服一次

（续）

药品名称（商品名或通用名）	药理学及适应证	不良反应和注意事项	剂量与说明	剂　型	用　量（如无特别说明，犬、猫用量相同）
七氟烷	吸入性麻醉剂	作用和不良反应与其他吸入麻醉剂相似		每瓶100mL	诱导麻醉：8% 维持麻醉：3%～6%至见效
水飞蓟素（Silybin，Marin，“milk thistle”）	水飞蓟素所含的主要活性成分为水飞蓟宾。本品也称为牛奶蓟，并由此演化而来。水飞蓟素是一种抗肝毒的黄酮木脂素（源自水飞蓟植物）的混合物	不良反应未见报道	水飞蓟素可用于某些膳食的补充剂，在各种产品中，其含量和吸收有所不同	水飞蓟素片为随处可见的非处方药。兽用商品化制剂为水飞蓟素片（Marin），在卵磷脂复合物中还含有锌和维生素E，可供犬猫使用	每天按30mg/kg，口服
司坦唑醇（Winstrol-V）	人工合成的类固醇药。司坦唑醇可用于降低慢性肾功能衰竭动物的负氮平衡	长期使用司坦唑醇可产生蛋白同化效应，同时肝毒性的风险增加，猫的风险更高	对治疗动物应监测肝脏酶水平	注射剂：50mg/mL 片剂：2mg	犬：每只2mg（或每只给药范围为1～4mg），每12h口服一次；每只每周按25～50mg，IM 猫：每只按1mg给药，每12h口服一次；或每只每周按25mg，IM
硫糖铝（Carafate，加拿大为Sulcrate）	胃黏膜保护剂，抗溃疡药。硫糖铝通过与胃肠道的溃疡组织结合来帮助溃疡愈合。有证据表明硫糖铝可作为细胞保护剂（通过前列腺素合成）而发挥作用	不良反应尚未报道。本品不能被全身吸收。 药物相互作用：硫糖铝通过铝的螯合作用可降低对其他口服药（如氟喹诺酮类药和四环素）的吸收	推荐剂量主要根据临床经验。动物尚未进行临床疗效试验。硫糖铝可与组胺2型抑制剂（如西咪替丁）同时使用	片剂：1g 口服混悬液：200 mg/mL	犬：0.5～1g，每8～12h口服一次 猫：0.25g，每8～12h口服一次
磺胺嘧啶（在Tribrissen中与trimethoprim合用）	磺胺药能与细菌的二氢叶酸合成酶竞争对氨基苯甲酸（PABA），甲氧苄氨嘧啶可发挥协同作用。该药具有抑菌作用，抗菌谱广，对某些原虫也有效	与磺胺类药相关的不良反应包括变态反应、Ⅱ型和Ⅲ型超敏反应、甲状腺功能减退（长期给药）、干眼症和皮肤反应等	通常情况下，磺胺类药物与甲氧苄氨嘧啶或奥美普林按5：1的比例联合使用可产生协同作用	500mg片剂和甲氧苄氨嘧啶-磺胺嘧啶片剂有30mg、120mg、240mg、480mg和960mg（尽管实用性有限）	按100mg/kg，IV、口服（首次剂量）。随后按50mg/kg，IV、口服，每12h一次。（补充剂量见甲氧苄氨嘧啶-磺胺嘧啶）
柳氮磺吡啶（磺胺嘧啶+氨水杨酸；Azulfidine，加拿大为Salazopyrin）	磺胺药+抗炎药，用于治疗结肠炎，磺胺药的作用小，水杨酸（氨水杨酸）有抗炎作用	不良反应都归因于复方中的磺胺药，已报道可引起干眼症	常用于治疗自发性结肠炎，常与饮食疗法联合使用	500mg片剂	犬：按10～30mg/kg，每8～12h口服一次（参见氨水杨酸、奥美拉嗪） 猫：按20mg/kg，每12h口服一次

（续）

药品名称（商品名或通用名）	药理学及适应证	不良反应和注意事项	剂量与说明	剂　型	用　量（如无特别说明，犬、猫用量相同）
枸橼酸他莫昔芬（Nolvadex）	非固醇类雌激素受体阻断剂，也有微弱的雌激素效应。他莫西芬也可增加促性腺激素释放激素（Gn-RH）的释放。用做某些肿瘤的辅助性治疗	动物的不良反应缺乏全面描述。然而，已报道可增强人的肿瘤疼痛感。禁用于怀孕动物 药物相互作用：可与抗溃疡药发生反应	剂量和用药方法可查询具体的抗癌治疗方案	片剂：10mg（枸橼酸他莫昔芬）	动物用量尚未确定。人的用量为10mg，每12 h口服一次
替泊沙林（Zubrin）	镇痛药和非甾体类抗炎药。用于治疗犬的疼痛和炎症，尤其是骨关节炎。替泊沙林具有抑制脂氧合酶作用（降低白三烯），同时，其活性代谢物具有抑制环氧合酶的作用（减少前列腺素），且这种作用较为持久	临床试验最常见的不良反应发生在胃肠道，表现为恶心、呕吐和腹泻	当动物需要从其他非甾体类抗炎药或皮质类固醇转换为替泊沙林时，需给予7天药物清除期。替泊沙林长期使用对猫的安全问题还不能确定	片剂：50mg、100mg和200mg（冻干速溶片）	犬：首次按10～20mg/kg的剂量口服，随后按10mg/kg的剂量，每24h口服一次 猫：安全剂量尚未确定
盐酸特比萘芬（Lamisil）	抗真菌药，对皮肤真菌和马拉色菌有效	呕吐和食欲不振。该药可能会引起肝脏毒性，但动物未见报道	犬和猫的用量明显高于人的用量	250mg片剂 1%的外用液 1%的外用膏	犬：按30 mg/kg，口服（拌食），每24h一次，连用3周 猫：按30～40 mg/kg，口服，每24h一次，至少连用2周
环戊丙酸睾酮酯和丙酸睾酮酯（Andro-Cyp，Andronate，Testex，加拿大为Malogen）	睾酮酯的作用与甲基睾丸素类似。睾酮酯肌内注射给药避免了药物的首过效应。肌内注射油酯吸收更加缓慢，睾酮酯随之被水解为游离睾酮而发挥作用	不良反应与其作为雄激素和促蛋白合成作用有关，本品也可引起肝毒性	小动物慢性病的临床疗效尚未评估	100mg/mL、200mg/mL环戊丙酸睾酮注射剂和100 mg/mL丙酸睾酮注射剂	环戊丙酸睾酮按1～2 mg/kg，每2～4周一次，IM（见甲基睾丸素） 丙酸睾酮注射剂按0.5～1 mg/kg，每周2～3次，IM

（续）

药品名称（商品名或通用名）	药理学及适应证	不良反应和注意事项	剂量与说明	剂　型	用　量（如无特别说明，犬、猫用量相同）
四环素（Panmycin）	四环素类抗生素。四环素的作用机制是与细菌核糖体30S亚基结合，抑制蛋白质的生物合成，使细菌的繁殖迅速受到抑制。该药的活性谱广，对细菌、某些原虫、立克次氏体和埃立克体等均有效	高剂量使用四环素可能会导致肾小管坏死。四环素可影响幼畜的骨骼和牙齿形成。四环素与猫的药物热有关。对于敏感个体，高剂量可能发生肝毒性 药物相互作用：四环素与含钙化合物结合，可降低口服吸收	在小动物上已经开展了四环素的药动学和实验研究，但仍缺乏临床研究。禁用过期的药液	胶囊：250mg、500 mg 混悬液：100mg/mL	15～20mg/kg，每8h口服一次；或4.4～11mg/kg，每8h一次，IV、IM
硫代苹果酸钠	见硫代苹果酸金钠				
甲状腺激素	见左旋甲状腺素钠和碘塞罗宁				
促甲状腺激素释放激素（TRH）	当T4没有升高时，可用来检测甲状腺机能亢进	不良反应少见	常用于诊断	注射剂	先了解T4基础值，随后按0.1mg/kg，IV，注射TRH后4h采集T4样品
促甲状腺激素（TSH；Thytropar；Thyrogen）	促甲状腺激素可用于诊断试验，能刺激甲状腺激素的正常分泌	不良反应少见，在人可发生过敏反应	Thytropar溶液的配制：在10U的小瓶中加入2mL NaCl，溶液配制后在2～8℃保持效力达2周。甲状腺测试具体方案可向测试实验室咨询。Thyrogen溶液的配制是在小瓶中加入6mL的无菌水即可	老产品（Thytropar）很难获得，人用基因工程重组制品（rh TSH）（Thyrogen）含量为1 000μg/瓶	犬：先收集基础样品，随后按0.1U/kg，IV（最大剂量为5U）；注射TSH后6h采集样品。人用基因工程重组制品：每只犬50～100μg
替卡西林+克拉维酸（Timentin）	同替卡西林，添加克拉维酸可抑制细菌的β-内酰胺酶并增加抗菌谱。而克拉维酸不能提高抗假单胞菌的活性	同替卡西林	同替卡西林	注射剂：每小瓶3g	根据替卡西林的比例确定剂量

（续）

药品名称（商品名或通用名）	药理学及适应证	不良反应和注意事项	剂量与说明	剂　型	用　量（如无特别说明，犬、猫用量相同）
替卡西林钠（Ticar，Ticillin）	β－内酰胺类抗生素。其作用与氨苄西林/阿莫西林相似，抗菌谱与羧苄西林相似。替卡西林主要用于革兰氏阴性菌感染的治疗，尤其是假单胞菌感染	不良反应很少见，但有可能发生过敏反应。高剂量可引起癫痫发作和降低血小板功能 药物相互作用：不要将本品混入含有氨基糖甙类药物的注射器或小瓶内	替卡西林通常与氨基糖甙类药物（如阿米卡星、庆大霉素）有协同作用。本品与1%利多卡因复配后可以减轻肌内注射的疼痛	注射粉针有1g、3g、6g、20g和30g	按33～50mg/kg，IV、IM，每4～6h一次
硫酸妥布霉素（Nebcin）	氨基糖苷类抗菌药，其作用机制和抗菌谱与阿米卡星和庆大霉素相似	不良反应与阿米卡星和庆大霉素相似	用药量取决于细菌的敏感性，可参照庆大霉素和阿米卡星的用量	注射剂：40mg/mL	犬：按2～4mg/kg，每8h一次，IV、IM、SC；或9～14mg/kg，每24h一次，IV、IM、SC 猫：按3mg/kg，每8h一次，IV、IM、SC；或按5～8mg/kg，每24h一次，IV、IM、SC
盐酸曲马朵（曲马多）	镇痛药，曲马多具有一定程度的μ-阿片受体作用，也可抑制去甲肾上腺素（NE）和5-羟色胺（5-HT）的重吸收。其代谢产物（desmethyltramadol）可能比母体药物具有更强的镇静作用	对某些动物可能会引发镇静作用，尤其是高剂量使用。高剂量时，有些猫会出现呕吐、行为改变和瞳孔放大等。在极高剂量下，犬可发生癫痫	用量资料源自犬的实验研究和临床经验。本品的各种缓释片含量不等	可供使用的速释型曲马多片剂为50mg	犬：按5mg/kg，每6～8h口服一次 猫：安全剂量尚未确定
曲安奈德和醋酸曲安奈德（Vetalog；Triamtabs；Aristocort）	糖皮质激素类抗炎药物。曲安奈德的功效大致相当于甲基强的松龙（约为氢化可的松的5倍和泼尼松龙的1.25倍），但一些皮肤科医生认为其药效更高。注射用混悬液在肌内注射部位或病变注射部位吸收缓慢，可用于病灶内治疗	不良反应与其他糖皮质激素相似。当用于眼部注射时，有人担心在注射部位可能会发生肉芽肿	注意，猫可能需要比犬更高的剂量（有时是犬的2倍）	兽用制剂（Vetalog）有0.5mg和1.5mg片剂，2mg/mL或6 mg/mL的混悬注射剂。人用制剂有1mg、2mg、4mg、8mg、16mg片剂，10mg/mL注射剂	抗炎：按0.5～1mg/kg，每12～24h口服一次，然后逐渐减少到0.5～1mg/kg，每48h口服一次（厂家推荐用量为每天0.11～0.22mg/kg） 醋酸曲安奈德注射剂：按0.1～0.2mg/kg，IM、SC，7～10d重复一次；病灶内注射：用量为1.2～1.8mg；或每个直径1cm的肿块1mg，每2周注射一次

（续）

药品名称（商品名或通用名）	药理学及适应证	不良反应和注意事项	剂量与说明	剂　型	用　量（如无特别说明，犬、猫用量相同）
复方磺胺嘧啶（Tribrissen）	见甲氧苄胺嘧啶+磺胺嘧啶				
三碘甲状腺氨酸	见碘塞罗宁				
曲洛司坦（Vetoryl）	用于治疗犬的高皮质醇血症（库欣氏综合征）。本品为β-羟基类固醇脱氢酶的抑制剂，对犬的垂体依赖性肾上腺皮质机能亢进（PDH）有治疗作用	在一项研究中发现不良反应，包括1只犬出现短暂的昏睡，1只犬出现厌食。其他动物对本品的耐受性好。由于曲洛司坦具有降低醛固酮的作用，因此应检查患畜的电解质水平	曲洛司坦是治疗犬PDH的一种安全有效的药物。本品在欧洲已注册用于治疗PDH，但在美国市场上买不到。获美国食品和药物管理局许可后，兽医师可以进口此药。单个患畜的使用剂量需根据皮质醇的测定来调整	60mg胶囊。在美国没有获批的制剂	犬：中等剂量为每天6.1mg/kg，但用量范围为每天3.9～9.2mg/kg，口服。用量的调整要根据皮质醇的测定 体重小于5kg犬，总用量为30mg，每24h口服一次；体重等于5kg的犬，用量为60mg，每24h口服一次；体重大于20kg犬，用量为120mg
异丁嗪酒石酸盐（Temaril；加拿大为Panectyl）	具有抗组织胺活性的吩噻嗪类药（类似于异丙嗪），用于治疗过敏和晕动病	不良反应与异丙嗪相似	有证据表明，当异丁嗪和泼尼松联合使用时，对瘙痒症的治疗效果更好，其复方制剂为Temaril-P	0.5mg/mL糖浆 2.5mg片剂	0.5mg/kg，每12h口服一次
甲氧苄胺嘧啶-磺胺嘧啶（Tribrissen；Tucoprim）	结合了甲氧苄胺嘧啶和磺胺药的抗菌活性，具有协同作用，抗菌谱广	不良反应主要由复方中磺胺药所引起	推荐用量有一定的变化。有证据表明，每天按30mg/kg对脓皮病有效，而对于其他感染，推荐剂量按30mg/kg，每天2次。	片剂：30mg、120mg、240mg、480mg、960mg（所有片剂中磺胺药和甲氧苄胺嘧啶比例均为5：1）。在美国有些制剂已不再使用	15mg/kg，每12h口服一次；或30mg/kg，每12～24h口服一次（对弓形虫：按30mg/kg，每12h口服一次）
甲氧苄胺嘧啶-磺胺甲恶唑（Bactrim；Septra）	结合了甲氧苄胺嘧啶和磺胺药的抗菌活性，这种结合具有协同作用，抗菌谱广	不良反应主要由复方中磺胺药所引起	推荐用量有一定的变化。有证据表明，每天按30mg/kg给药对脓皮病有效，而对于其他感染，推荐剂量为30mg/kg，每天给药2次	片剂：480mg、960mg 口服混悬液：240mg/5mL（所有制剂中磺胺药和甲氧苄胺嘧啶比例均为5：1）	15mg/kg，每12h口服一次；或30mg/kg，每12～24h口服一次
枸橼酸曲吡那敏（Pelamine；PBZ）	组胺（H1）受体阻断剂，其作用与其他抗组胺药相似，用于过敏性疾病的治疗	不良反应与其他抗组胺药相似，这类（乙醇胺类）抗组胺药比其他抗组胺药具有更强的抗毒蕈碱作用	没有兽医使用的临床报告，也没有证据表明本品比同类的其他药更有效	片剂：25mg、50mg 注射剂：20mg/mL	1mg/kg，每12h口服一次

（续）

药品名称（商品名或通用名）	药理学及适应证	不良反应和注意事项	剂量与说明	剂　型	用　量（如无特别说明，犬、猫用量相同）
促甲状腺激素（TSH）	见促甲状腺素				
泰乐菌素（Tylocine；Tylan；Tylosin tartrate）	大环内酯类抗菌素。泰乐菌素不能全身使用，但一直用于治疗犬的慢性腹泻	有些动物可能会出现腹泻，本品不能用于啮齿动物或兔子的口服	泰乐菌素很少用于小动物，该药粉剂（酒石酸泰乐菌素）可添加在食物中用于控制犬结肠炎的症状。本品片剂在加拿大获准用于治疗结肠炎	可溶性粉每一茶匙3g（加拿大有犬用片剂）	犬和猫：7～15mg/kg，每12～24h口服一次 犬（治疗结肠炎）：10～20mg/kg，每8h一次，拌入食物中服用，如果犬有反应，用药间隔可加大为每12～24h一次
尿促卵泡素（FSH；Metrodin）	促进排卵，含有卵泡刺激素（FSH）。在人医上，本品可与人绒毛膜促性腺激素（HCG）联合使用刺激排卵和诱导妊娠	动物的不良反应未见报道。已报道可引起人的血栓性栓塞或严重卵巢过度刺激综合征	动物的临床研究结果未见报道。动物的使用基于人的用药经验	注射剂为每小瓶75U	剂量未确定。（人的使用剂量为每天75U，IM，连用7d）
熊去氧胆酸（ursodeoxycholate；Actigall）	亲水性胆汁酸，抗胆结石药。用于治疗肝脏疾病，增加胆汁流量。可改变犬的胆汁酸循环流量，替代更多的疏水性胆汁酸。本品用来预防或治疗人的胆结石	动物的不良反应未见报道。本品可能会引起腹泻	动物的临床研究结果未见报道。动物的使用（和剂量）基于人的经验或动物的零星经验。本品可随餐服用	胶囊：300mg 片剂：250mg	10～15mg/kg，每24h口服一次
丙戊酸（Depakene，valproic acid；Depakote，divalproex；加拿大为Epival）	抗惊厥药。通常与苯巴比妥合用，用于治疗动物的顽固性癫痫。本品作用机制尚不清楚，但可能是通过增加中枢神经系统γ-氨基丁酸含量而发挥作用	动物的不良反应未见报道，但有报道可引起人的肝功能衰竭。有些动物可出现中枢抑制。本品禁用于怀孕动物。 药物相互作用：如果与抑制血小板的药物合用可能引起出血	此表列出丙戊酸和双丙戊酸。双丙戊酸由丙戊酸和丙戊酸钠组成。口服剂量相同的双丙戊酸钠和丙戊酸会产生等量的丙戊酸离子	125mg、250mg、500mg片剂（双丙戊酸）；250mg胶囊；50mg/mL糖浆（丙戊酸）	犬：60～200mg/kg，每8h口服一次；或与苯巴比妥合用时，按25～105mg/kg，每24h口服一次

（续）

药品名称 （商品名或通用名）	药理学及适应证	不良反应和注意事项	剂量与说明	剂　型	用　量 （如无特别说明，犬、猫用量相同）
万古霉素 （Vancocin；Vancoled）	抗菌药。其作用机制是抑制细菌细胞壁，引起细菌细胞溶解，但与β-内酰胺药的作用不同。抗菌谱包括葡萄球菌、链球菌和肠球菌（但非革兰氏阴性菌）。主要用于治疗耐药性葡萄球菌和肠球菌感染	动物的不良反应未见报道。可通过静脉注射给药，若肌内或皮下注射可导致极度疼痛和组织损伤。给药不能太快，如有可能应缓慢输注（滴注时间超过30min）。人的不良反应包括肾损伤（纯度差的老产品更常见）和释放组胺	万古霉素很少用于动物，但对其他抗生素耐药的葡萄球菌和肠球菌的治疗很有价值。用量来自犬的药动学研究结果。为保证药物用量合理，建议监测血药谷浓度，维持血药谷浓度高于5μg/mL。输液剂可用0.9%生理盐水或5%葡萄糖配制，但不要用碱性溶液	注射用小瓶（0.5～10g）	犬：15mg/kg，每6～8 h一次，IV 猫：按12～15mg/kg，每8h一次，IV
硫酸长春碱 （Velban）	与长春新碱相似，有时用来取代长春新碱。本品不能用来增加血小板数量（实际上可能导致血小板减少）	按照长春新碱的剂量使用不会产生神经病变，但骨髓抑制的发生率可能较高。注射时如果漏出静脉之外会致组织坏死	长春碱已用于各种肿瘤的抗癌化疗方案中。可根据情况查阅具体的化疗用药方案	1mg/mL注射剂	按2 mg/m^2的剂量，IV（缓慢输注），每周一次
硫酸长春新碱 （Oncovin；Vincasar）	抗癌药，长春新碱通过与微管结合，抑制细胞有丝分裂，从而阻止癌细胞分裂。本品与其他药物配合，用于癌症化疗。长春新碱能增加功能性循环血小板的数量，可用于治疗血小板减少症	动物对本品有很好的耐受性。与其他抗癌药比较，本品对骨髓抑制更小。已报道可致神经病变，但极少见，也会引起便秘。由于本品对组织的刺激性很强，因此给药时要避免药液溢出静脉之外	长春新碱已用于各种肿瘤的抗癌化疗方案中。可根据情况查阅具体的化疗用药方案	1mg/mL注射剂	抗癌：0.5～0.7mg/m^2，IV（或0.025～0.05mg/kg），每周一次 治疗血小板减少症：0.02mg/kg，IV，每周一次
维生素A （Aquasol A）	维生素A补充剂，参见异维甲酸	过量使用会导致骨骼或关节痛、皮炎	维生素剂量单位为U或视黄醇当量（RE）、或视黄醇μg 1 RE=1 μg视黄醇。1 RE维生素A=3.33U视黄醇	口服液：5 000U（1 500 RE）/0.1mL 片剂：1 0000U、25 000 U和50 000U	625～800U/kg，每24h口服一次（见用量部分）

（续）

药品名称（商品名或通用名）	药理学及适应证	不良反应和注意事项	剂量与说明	剂　型	用　量（如无特别说明，犬、猫用量相同）
维生素D	见双氢速甾醇或麦角钙化醇				
维生素E（alpha tocopherol；Aquasol E）	本品为维生素类抗氧化剂。用于补充维生素E和治疗某些免疫介导性皮肤病	不良反应未见报道	维生素E已被广泛用于治疗人的多种疾病，但对动物的疗效缺乏有效证据	有各种胶囊、片剂和口服液可供使用（如1 000U的胶囊）	100～400U，每12h口服一次（针对免疫介导性皮肤病用400～600U，每12h口服一次）
盐酸赛拉嗪（Rompun）	α_2-肾上腺素能受体激动剂，主要用于短期麻醉与镇痛	可引起镇静和共济失调。高剂量可能出现心动过缓、心肌梗死和血压过低等。尤其是猫，静脉注射后可发生呕吐	常与其他药物如氯胺酮等联合使用	20mg/mL和100mg/mL注射剂	犬：1.1mg/kg，IV；2.2 mg/kg，IM 猫：1.1 mg/kg，IM（仅用于催吐的剂量为0.4～0.5 mg/kg，IV）
育亨宾（Yobine）	α_2-肾上腺素能受体颉颃剂。主要用于逆转赛拉嗪或地托咪啶的作用，而阿替美唑作为逆转药更特效	高剂量会导致颤抖和癫痫样发作	可逆转由α_2-激动剂所致的镇静和麻醉症状	2mg/mL注射剂	0.11mg/kg，IV；或0.25～0.5mg/kg，SC、IM
齐多夫定（AZT；Retrovir）	抗病毒药，用于治疗人的艾滋病。在动物上，已用于试验性治疗猫的白血病病毒（FeLV）和免疫缺陷病毒（FIV）感染。齐多夫定通过抑制病毒逆转录酶而起作用，可阻止病毒的RNA转化为DNA	本品的不良反应是贫血和白细胞减少。对治疗猫，需要定期进行血细胞压积测定和全血细胞计数	用齐多夫定治疗动物病毒性疾病主要根据实验结果或零星的经验。具体使用时可查阅更详细的资料，该药有助于FIV患猫病情好转并可阻止FeLV持续感染	糖浆：10mg/mL 注射剂：10mg/mL	猫：15mg/kg，每12h口服一次，或提高到20mg/kg，每8h口服一次（剂量也可用到每天30mg/kg）

表中缩写词注解

英文缩写	英文全称	中文注解
ACE	angiotensin-converting enzyme	血管紧张素转换酶
CHF	congestive heart failure	充血性心力衰竭
CNS	central nervous system	中枢神经系统
COX	cyclooxygenase	环氧化酶
CSF	cerebrospinal fluid	脑脊髓液
g	gram	克
GABA	gamma amino butyric acid	γ-氨基丁酸
GI	gastrointestinal	胃肠道
IM	intramuscular	肌内注射
INR	international normalization ratio	国际标准化比率
IV	intravenous	静脉注射
μg	micrograms	微克
mg	milligram	毫克
MIC	minimun inhibitory concentration	最小抑菌浓度
mL	milliliter	毫升
NSAID	nonsteroid anti-inflammatory drug	非甾体类抗炎药
OTC	over the counter（without prescription）	非处方药
po	per os（oral）	口服
PU/PD	polyuria and polydipsia	多尿/烦渴
q	every，as in q8h=every 8 hours	每隔……
Rx	Prescription only	处方药
SC	subcutaneous	皮下注射
U	units	单位

关于药物剂量表的免责声明：

注意：表中所列的为犬、猫的剂量，除非另有说明。表中出现的许多用量超出了标签所列的用量，或药物是人用的，尚未获批用于动物，在某种程度上超出了标签上的使用范围。所列剂量是根据制表时所能获得的最好资料，按照表中的推荐剂量使用，不能确保疗效和所用药物的绝对安全。此表所列的有关药物可能出现的不良反应，作者制表时对此还缺乏了解。兽医师在使用此表时，鼓励去查阅最新的文献、产品标签、药物的使用说明以及厂家所标注的有关药物的不良反应、相互作用和功效等方面的信息，而这些信息在该表准备期间尚未确认。

本资料是根据Blackwell出版社发行的《5分钟兽医顾问：犬和猫》修订而来，犬和猫部分由Mark Papich提供。

张浩吉　译　李国清　校

附录 4

小动物皮肤病专科常用资料

犬猫过敏性皮炎

疫苗过敏与脱敏的基本知识

抗组胺与止痒疗法

细菌感染

血液监测

化学疗法与免疫抑制疗法

接触性皮炎

蠕形螨

皮肤真菌病（皮癣）

食物排除试验

肉芽肿性皮脂腺炎

尘螨的接触控制

马拉色菌性皮炎（真菌）

霉菌过敏的接触控制

耳炎（耳病）

落叶性天疱疮

疥螨病

洗发香波疗法的说明

外科手术步骤和出院指导

库欣氏综合征的症状

垂体性库欣氏综合征的治疗

中耳炎和慢性外耳炎手术治疗的耳镜视频检查

犬猫过敏性皮炎

过敏反应是兽医实践中常见且不宜根治的难题。很多品种均可患过敏性皮炎和耳炎。通常发病年龄是2～6岁。纯种犬常在更早的年龄出现临床症状。

过敏反应是如何发生的?

1. 身体时常暴露于环境过敏原（霉菌，花粉，尘螨，跳蚤）之中，健康犬和过敏犬都将产生抗体（IgE，IgG，IgM）来战胜这些外源蛋白。

2. 一般认为过敏犬产生的IgE抗体（在产生过敏症状时，被认为是最重要的抗体）水平明显高于临床上正常的犬。

3. 产生瘙痒并没有一个特定的IgE水平，每只犬都有各自的阈值（通常认为过敏犬的阈值或耐受性较低，使之更易感）。

4. 过敏的典型临床症状：咬，嚼，抓，舔。

- 足、脸、腋下、腹股沟区更明显。
- 慢性耳感染/炎症。
- 瘙痒的慢性刺激可导致苔藓样变（皮肤增厚或色斑）。
- 跳蚤过敏：常见于尾部和臀部。

5. 临床上，我们无法辨别食物过敏和吸入/经皮过敏。（注：对于食物过敏，任何实验室都没有有效的血清学检测方法，必须做食物排除饮食实验。）

6. 过敏反应的途径：过敏原暴露，机体产生该过敏原特异性的IgE抗体。

- IgE与皮肤的肥大细胞结合，包裹“细胞”。
- 重新暴露于过敏原。
- 过敏原与过敏原特异性IgE结合。
- 过敏原：IgE，肥大细胞结合引起肥大细胞脱颗粒（破裂）。
- 肥大细胞含有致痒化合物：组胺、白三烯、前列腺素等。

过敏原检测类型

1. 体外（血清/血浆）：放射性过敏原吸收试验（RAST）——采用放射性标记；酶联免疫吸附实验（ELISA）——采用酶标记。

2. 体外（皮内测试）：

- 保持宠物安静，在胸侧剃去被毛。
- 皮内（皮下）注射50～80个过敏原。
- IDST是公认的过敏原检测的“金标准”。

试验准备（IDST）

某些药物可能干扰检测结果，在检测日到来之前应停止用药（指南见下表）。

药物	检测前大概停药时间
类固醇类（口，耳，眼，外用）	3 ~ 4周
类固醇类（注射–甲基泼尼松龙）	6 ~ 8周
抗组胺类	1 ~ 2周
苯巴比妥	大于3周
乙酰丙嗪	1周

作者：Karen Helton Rhodes， DVM， Dip. ACVD

孟祥龙　译　李国清　校

疫苗过敏与脱敏的基本知识

注射技巧：皮下注射

1. 保持疫苗冷藏状态。

2. 注射器和针头是一次性用品，只能使用一次。请将使用过的注射器和针头作为医疗废物安全处理。

3. 将针头插入颈部、肩膀或者背部皮下。一旦插入就推动活塞，将内容物注入皮下，然后拔下针头并丢弃。为了避免疼痛请变换注射部位。

过敏原怎样发挥作用?

1. 脱敏作用（过敏性疫苗）是试图对当前引起过敏症状的过敏原诱发免疫耐受。

2. 动物对过敏性疫苗的反应速度差异很大，为了消除过敏症状可能需要六个月甚至一年的时间来建立足够的保护性抗体。

3. 脱敏作用并不能治愈过敏，为了宠物的生命必须不断注射疫苗。每个动物免疫间隔时间有所不同，但是要想取得良好的临床效果一般需要一个月时间。直到宠物不受脱敏作用影响才停止使用疫苗。

4. 坚持免疫程序的建议。

不 良 反 应

1. 疫苗过敏反应比较少见。

2. 注射后几分钟，注射部位可能有轻度瘙痒或刺激。

3. 注射后通常要看管宠物至少一个小时。

4. 在脱敏早期，注射后一两天常见瘙痒增加。如果这对你的宠物是个问题的话，可以使用局部治疗或者抗组胺药物来控制临床症状。

5. 最严重的反应是过敏性休克。缓慢给宠物注入少量过敏原来防止这种情况的发生。如果发生速发型过敏反应，将在注射后30min到1h内出现。其严重反应表现为呕吐、腹泻、荨麻疹、颜面肿胀或者呼吸困难和虚弱。应带着宠物立刻就医，这种反应极为罕见。

与其他药物和疫苗的相互作用

1. 过敏性疫苗不会与其他常规疫苗（犬瘟热、细小病毒、狂犬病等）相互干扰。

2. 高剂量的强的松和类固醇可降低或者阻止疫苗的效果，因此必须尽可能避免。低剂量当然是可以接受的。

细菌感染

1. 浅表脓皮病（毛囊炎）是皮肤和毛囊的感染，临床表现有皮疹、丘疹、脓疱、疥癣和“热点”。

2. 在某些短毛品种，这些感染可能仅出现圆形脱毛斑块。

3. 伪中间葡萄球菌（葡萄球菌感染）常引起此类情况，常见与过敏原相关。

4. 葡萄球菌是皮肤的正常菌群之一，因此并不认为可传染给家庭成员或其他宠物。

5. 需要香波治疗，常常要口服抗生素以便控制过敏病畜的浅表脓皮病。

6. 细菌感染可能会导致宠物发痒。

蚤的控制

1. 蚤的控制对于过敏宠物极为重要。

2. 蚤是导致宠物瘙痒的重要影响因素，最好彻底消灭。

3. 蚤过敏的宠物一般不会有严重的蚤感染，而是对蚤的唾液有较大的反应。

真菌感染

1. 厚皮马拉色菌（真菌）过度生长是过敏病畜常见的病因。

2. 该真菌常在皮肤和/或耳孔繁殖。

3. 过敏病畜在耳孔中产生大量蜡状物，给酵母和细菌增殖提供了一个良好的微环境。

4. 该真菌可引起极度瘙痒和皮肤炎症。

5. 这些真菌不会传染给家庭成员或其他宠物。

牢记

1. 脱敏作用只是控制宠物过敏症状的一部分或者主要部分。

2. 香波治疗应该是常规治疗的一部分。

3. 抗组胺药或其他药物可能是必需的。

4. 所有检测的病畜中，脱敏作用大约75%有效，在作出评价结果之前，需要至少持续一年的疫苗治疗。

5. 如果您的宠物有任何问题或难题请联系兽医或皮肤学专家。一般推荐在使用疫苗2～3个月后进行复查。

所有疫苗要冷藏，勿解冻

室温保存几天，对疫苗无影响；但请注意应避免高温和过冷。

作者：Karen Helton Rhodes，DVM，Dip. ACVD

孟祥龙　译　李国清　校

抗组胺或止痒疗法

处　方　药

1. 羟嗪（ATARAX）。
2. 异丁嗪-强的松（TEMARIL-P）：可与低剂量可的松联合使用。
3. 多虑平（SINEQUAN）。
4. 赛庚啶（PERIACTIN）。
5. 阿米替林（ELAVIL）。
6. 己酮可可碱（TRENTAL）：接触性过敏最有效。
7. 环孢霉素（ATOPICA）：非常有效但价格昂贵。
8. 曲安西龙喷雾剂（低剂量曲安西龙喷雾剂0.015%）。
9. 加巴喷丁（NEURONTIN）。
10. 氟西汀HCL（PROZAC）。
11. 孟鲁司特（SINGULAIR）。
12. 非索非那定HCL（ALLEGRA）。

销售的抗组胺药：避免减充血剂

1. 苯海拉明（BENADRYL）25mg胶囊：使用____包，每日三次，连用7～10d，然后根据需要使用。

2. 扑尔敏（CHLORTRIMETON）4mg片剂：使用____片，每日三次，连用7～10d，然后根据需要使用。

3. 扑尔敏（CHLORTRIMETON）8mg片剂：使用____片，每日三次，连用7～10d，然后根据需要使用。

4. 克立马丁（TAVIST-1 不是TAVIST-D）1.34mg片剂：使用____片，每日两次，连用7～10d，然后根据需要服用。

5. 氯雷他定（CLARITIN）10mg片剂：使用____片，每日两次。（无需解充血药）

6. 西替利嗪（ZYRTEC）10mg片剂。使用____片，每日两次。（无需解充血药）

可与上述药物联合使用（仅用于兽医）

甲氰咪胍（TAGAMET）200mg片剂：使用____片，每日两次，连用7～10d，然后根据需要服用。

作者：Karen Helton Rhodes，DVM，Dip. ACVD

孟祥龙　译　李国清　校

细　菌　感　染

皮肤和毛囊的细菌感染（脓皮病，毛囊炎，疖病）是犬的常见难题。这些病变常表现为皮肤的葡萄球菌感染或生长过度。细菌感染常出现一系列的特征性病变：毛囊丘疹，脓疱，脓疱破裂后结痂，表皮环形脱屑（中间无鳞屑，外周有环状鳞屑），最后形成色素斑。在某些品种，这些感染仅出现片状和环状脱毛。常见的致病微生物（葡萄球菌）被认为是正常菌群。引起葡萄球菌致病的原因很多；为防止复发，必须找出这些原因。常见原因包括过敏、寄生虫感染、激素失调、角质化障碍、免疫缺陷和代谢紊乱等。

浅表脓皮病（毛囊炎）

浅表脓皮病可能是其他潜在疾病（如过敏性皮炎、内分泌异常和免疫抑制等）的主要或次要的条件。尽管一些犬可能经历由于对葡萄球菌过敏引起的明显瘙痒，但大部分浅表脓皮病只是与轻微瘙痒有关。发生瘙痒时，为了判断潜在问题是否与临床症状有关，往往需要评估抗生素对病畜的疗效。抗生素最少必须使用3周，并且要与局部香波治疗结合使用。评估期间要避免使用类固醇。

复发性浅表脓皮病

复发性浅表脓皮病是犬常见的难题。如果潜在的具体病因不能确定（过敏、甲状腺功能减退、肾上腺皮质机能亢进、糖尿病和肿瘤等），必须努力控制皮肤的细菌菌群并刺激病畜的免疫状态。可尝试用各种方法来控制病畜对正常菌群的反应：间歇性抗生素疗法，抗生素的亚最小抑菌浓度，积极的香波治疗和其他局部疗法，免疫调制剂等。管理这些慢性病例的重要方面是建立可接受的有效治疗维持方案。

深层脓皮病

毛囊炎和疖病，深层脓皮病是病犬常见的难题。多数病例涉及毛囊的葡萄球菌感染，严重感染可引起毛囊上皮的破裂，使得毛干、角质和损坏的胶原蛋白进入真皮，从而启动“异物”反应。大量炎症累积后就出现红疹和渗出性肿胀等症状，这种炎症趋向于肉芽肿，由于必须要特异性治疗而且持续时间长，因而引起治疗上的难题。

建议做一个全面的代谢诊断检查以排除潜在疾病促发因素的可能性。有时皮肤活组织检查和切除组织的培养在该病鉴定上非常有用。

全身性抗生素治疗至少需要6～8周，香波治疗应与过氧化苯甲酰或者双氯苯双胍己烷的口服治疗相结合。通常必须剃除毛发以免形成封闭的痂皮，并允许外用药剂与病变皮肤接触。水疗法（浸泡或涡旋）配合防腐剂在治疗初期非常有利，可以除去痂皮，减少外表细菌数，促进外皮形成和减少不适。

爪 部 皮 炎

爪部皮炎是深层脓皮症的一种表现形式，可影响爪间部位。在深层脓皮病的病例中，常常是治疗反应的最后部位。需要全面的诊断检查以排除除细菌（如蠕形螨、马拉色氏菌等）以外的其他原因。长期（6～8周）口服抗生素，需要畜主授权，因为涉及许多步骤：

第一步：用氧化苯甲酰或双氯苯双胍己烷洗爪子，刚开始每天将脚爪在香波里浸泡至少15～20min，然后间隔时间可以延长。

第二步：将脚爪凉干，在患处撒上足够的收敛药（如domboros），然后凉干。该步可以每天一次或每天三次。

第三步：局部使用药膏或凝胶（莫匹罗星软膏或过氧苯甲酰凝胶）。起始阶段每天三次，随后用药次数可逐渐减少。

（注：如果患部不潮湿和渗出较少，第二步可以省略）

记住应设置维持治疗方案包括香波治疗和局部治疗。控制临床病变所需的用药频率随病畜而异。

备注：______________________________

____

____

____

____

作者：Karen Helton Rhodes， DVM， Dip. ACVD

孟祥龙　译　李国清　校

血 液 监 测

您的宠物处方为__________________。这种药物通过肺/肾代谢。我们需要根据此药_____每天一次或者隔日一次的使用情况，每3~4月做一次血液检查。如果我们随后能够进一步递减药物用量，可以将血检时间延长为每6个月一次。

*请注意：血检非常重要，它能够保证我们在使用药物过程中不会对宠物造成伤害。频繁检测，能够反映血检的异常，以免出现更严重的问题。

血检需要：_________________________________*

您的下次血检预约应安排在_____________________________。

*为了宠物的安全，如果在上述日期之前未进行血检工作，我们将不能替换您的药物。

作者：Karen Helton Rhodes，DVM，Dip. ACVD

孟祥龙 译 李国清 校

化学疗法与免疫抑制疗法

宠物已经采取化学疗法，这就意味着医生认为这种药物的效果大于潜在的不良反应。

当处理化学疗法的药丸时，要时刻记得戴乳胶手套。

当所有其他方法用尽时，我们会用化疗法来治疗一些免疫调节性疾病、癌症及偶尔出现的严重过敏。

骨髓抑制是最常见的不良反应，可以引起红细胞和白细胞数量下降，导致贫血，从而不能抵抗感染。我们也会见到肝肾功能的变化。

为了防止这些不良反应发生，我们需要对所有化疗的病畜频繁进行血液监控。每3～4周需进行一次CBC或全血细胞计数，每2～3个月需进行一次全血筛查（包括血清化学检测肝/肾值）。这些检测常常取决于被检药物的类型。

您下次CBC应该安排在________________*

您下次全血筛查/全程检测应该预定在_____________。*

*为了宠物的安全，如果在上述日期之前未进行血检，我们将不能替换您的药物。

作者：Karen Helton Rhodes，DVM，Dip. ACVD

孟祥龙　译　李国清　校

接 触 性 皮 炎

接触性过敏是被环境过敏原致敏后再次接触所发生的反应。分类上叫做迟发型（IV型）超敏反应，可能是对许多物质致敏的结果。致敏作用常常是由许多新的物质引入动物环境所造成的；然而，在预先与某一物质频繁接触一段时间（数月到数年）之后，过敏病例也有报道。纤维织物和化学物质可能是最常见的过敏性物质。覆盖地面的绿色植被也被列入其中。确定过敏相关物质往往需要非常彻底的调查。用于人的皮试，在犬身上也已使用，但结果却是模棱两可。从疑似物中进行分离，用该分离物进行接种是检测过敏原的最好方法。

计划：

1. 穿T恤可避免潜在的接触，并有助于防止创伤。
2. 口服药物：______________________________
3. 外用药物：______________________________

作者：Karen Helton Rhodes，DVM，Dip.ACVD

孟祥龙　译　李国清　校

蠕　形　螨

蠕形螨病是一种炎性寄生虫病，其特征是在毛囊和皮肤内出现大量的蠕形螨。蠕形螨大量繁殖的原因不详，但免疫系统T细胞的遗传缺陷怀疑与此有关。

蠕形螨病有两种类型：1）局部型；2）全身型。局部型以局部小的病灶为特征。局部蠕形螨病的典型病变是局部轻度红疹，部分脱毛和不同数量的鳞屑。最常见的发病部位是眼周围和口周围区域；前腿和躯体是第二个常见的发病部位。局部蠕形螨病多数病例症状轻微，可自行消退。然而，大约10%的病例将发展为全身型。全身型可分为青年发病（小于1岁的犬），成年发病和足螨病（爪）。全身蠕形螨病的病变十分严重，包括红疹、脱毛、痂皮、鳞屑和渗出。可出现不同程度的瘙痒。一些犬可能仅有足螨病（爪），而不涉及其他部位。继发性脓皮病（细菌感染）是全身蠕形螨病的常见特征。

局部蠕形螨病的治疗

局部蠕形螨病不一定需要治疗，因为大多数病例可自行康复。

治疗并不能阻止发展为全身型，应对病畜健康状态（即肠道寄生虫寄生、饮食等）进行评估以确保潜在异常不会引起动物对蠕形螨易感。局部蠕形螨病常采用局部疗法。

全身蠕形螨病的治疗

治疗全身蠕形螨病需要花费一段时间。在许多病例中，仅仅是控制此病而不是完全治愈。治疗全身蠕形螨病可采用下列步骤：

1. 如果皮肤明显结痂和渗出，要给宠物剃毛（长毛宠物）。
2. 轻轻地去掉皮肤上所有的痂皮。
3. 用眼用软膏保护眼睛。
4. 用含有过氧化苯甲酰的洗发水给犬洗澡或在含有防腐液的涡旋浴中浸泡。
5. 用毛巾擦干。
6. 每周重复一次或两次。
7. 采用全身性抗生素治疗一段时间。

药物选择

1. 伊维菌素：伊维菌素目前批准作为犬恶丝虫的预防药，但高剂量也可用来治疗蠕形螨病。已报道该药在某些品种引起的不良反应远大于其他品种（柯利牧羊犬，喜乐蒂牧羊犬，英国古代牧羊犬）。常见的不良反应有：颤抖、肌无力、瞳孔扩大、呕吐、腹泻及痉挛。除了那些敏感的品种以外，伊维菌素的使用在兽医皮肤病的临床上非常多见。伊维菌素被认为是治疗蠕形螨最有效的药物之一。伊维菌素的药敏试验可通过华盛顿州立大学兽医临床药理学实验室（www.vetmed.wsu.edu.vcpl）进行。

为了确保不出现不良反应，治疗的第一周常用较低的剂量：

第一周治疗剂量（测试剂量）________________________________

一周后常规治疗剂量______________________________________

2. 双甲脒浸泡剂（商品名Mitaban）：Mitaban是一种浸泡剂，用于局部皮肤，每周使用一次或隔周一次。幼犬使用后12～24h有明显的嗜睡。浸泡时应该选在通风良好的地方。某些病变区域如面部常常难以有效的浸泡。

3. 双甲脒浇泼剂（商品名Promeris）：不良反应与局部浸泡剂（Mitaban）类似。

4. 美倍霉素（商品名Interceptor）：Interceptor常用于预防犬恶丝虫病。伊维菌素敏感的品种常对该药耐受。不良反应与伊维菌素类似（抑郁，共济失调，痉挛）。

5. 石硫合剂浸泡剂（商品名LymDip）：该药可选择治疗猫（非犬），石硫合剂浸泡剂非常安全但具有恶臭味。当药物浸泡后潮湿时要防止猫舔舐毛皮，因为该药可引起口部刺激。

6. 其他（新产品正在临床试验）____

____

预后

预后效果取决于很多因素，包括严重程度、发病年龄、病程及潜在的疾病。成年发病常难以治愈，需要长期治疗。为了防止遗传倾向，受影响的青年犬最好从育种群中淘汰（阉割/OHE）。

复查预约

每月一次或隔月一次预约复查对于监测该病的进程非常重要。经常刮皮屑和拔毛检查是非常必要的，因为许多犬看起来“治愈”了，但是在显微镜下仍然可以见到螨虫。检查为阴性后，通常要继续治疗至少一个月。

作者：Karen Helton Rhodes，DVM，Dip. ACVD

孟祥龙　译　李国清　校

皮肤真菌病（皮癣）

皮肤真菌病（犬小孢子菌，石膏样小孢子菌，须毛癣菌）是指许多嗜角质的真菌感染皮肤所引起的疾病。通过直接接触或接触环境中感染的毛发和皮屑来传播。环境中感染的毛发可保持感染性达数月或数年之久。人畜共患病（感染人）是常见的难题，最有可能感染的品种是波斯猫和其他长毛猫，可作为无症状的携带者。

治疗目标应该是消除来自宿主的感染和清除环境的污染。感染的动物最好应与家庭中其他宠物隔离。每个确诊为皮肤真菌病的病例都应该进行局部治疗。全身修剪有利于减少环境中感染毛发的污染，可允许局部用药。局部抗菌浴和冲洗的效果不同，但是在去除皮屑、痂皮、渗出和松散的感染毛发方面都是有效的。为了加快康复常常需要全身性治疗。最常用的药物包括酮康唑、伊曲康唑、特比萘芬和灰黄霉素（该药对猫有严重的不良反应——白血球减少症）。真菌疫苗在控制皮肤真菌病方面效果不显著。动物接种该疫苗后可抑制临床症状，但培养仍呈阳性，可造成人畜共患的威胁。

环境的净化是该病的重要方面。复发和再污染是常见的难题。所有污染的设备、玩具、食物容器、转运笼、磨爪杆、美容用品、寝具等都必须从环境中清除掉。任何在浴缸或洗衣机内不能清洗的物品都应销毁。急救物品必须用抗菌皂（双氯苯双胍己烷）和热水洗涤，冲洗干净后，再在1：30稀释的0.5%次氯酸钠中浸泡10min。至少重复3次。环境中所有的表面必须吸尘，擦洗，冲洗，再用1：30倍稀释的次氯酸钠溶液擦干净。真空袋应焚毁或用次氯酸钠溶液浸泡。火炉和空调空气过滤器需每周更换或丢弃。每日用1：4稀释的双氯苯双胍已烷溶液（2%次氯酸钠）喷洒过滤器将有助于减少空气中再循环的真菌孢子数量。书、灯、小摆设和家具每周也必须吸尘并用抗真菌液（次氯酸，双氯苯双胍已烷）擦干净。无法销毁和移动的地毯必须用抗真菌消毒剂冲洗。蒸汽清洁无法保持地毯水温在43℃以上，除非在水中加入抗真菌消毒剂（双氯苯双胍己烷），否则不是杀真菌孢子的可靠方法。如果主人希望有效消除房屋中真菌，必须采取这种大规模清除的措施。

关于癣的更多信息，可点击：www.wormsandgermsblog.com

作者：Karen Helton Rhodes，DVM，Dip. ACVD

孟祥龙　译　李国清　校

食物排除试验

食物过敏在犬中相对少见，大约仅占所有过敏的3% ~ 15%。猫的食物过敏可能比较多见，已经报道的病例多达40%。动物对其食物中任何成分都可发生食物过敏。最常见的是蛋白质成分（即牛肉、鸡肉、鱼、蛋等）或碳水化合物（玉米、小麦、大豆等），但也可能是添加剂和防腐剂。这些问题的发生通常与饮食的改变无关，因为大多数动物吃过敏性食物已经长达两年以上。这个问题可发生在任何年龄段。

瘙痒是最常见的症状，还可见到舐足，咬腿，抓脸和舔腋下、腹部及腹股沟。皮肤可能出现发红或炎症。摇头和耳部感染也常见。食物过敏也可出现异常症状，如呕吐和腹泻。食物过敏有关临床症状的持续时间可与过敏性食物在体内的存留时间一样长。

目前没有快速简便的方法用于食物过敏性疾病的诊断，血液检查和皮内试验不能用来诊断食物过敏。鉴定食物过敏的唯一方法是饲喂宠物限定的饮食8 ~ 12周来确定临床症状是否有所改善。在饮食实验过程中如有任何继发感染（细菌/真菌），需立刻治疗。

由于商业化饮食含有相似的成分，仅仅更换食物的商标是不可能有帮助的。饮食中要含有一种宠物从未吃过的蛋白来源，这种饮食必须饲喂8 ~ 12周。这叫做低过敏性饮食，因为采用宠物从未吃过的食物不会发生过敏反应。通常需要整整8 ~ 12周的时间，该饮食才能起作用，临床症状才会减轻。在实验期间，其他食物、宴飨、剩饭、生皮、咀嚼药片（如加味的心丝虫药物）和其他任何加味东西都不能食用。

饮食需缓慢改变，经过4 ~ 5d的时间逐步将新的食物混合到以前的食物中。这样可将胃肠道的不适（像呕吐和稀粪）减到最小。一旦该饮食成为唯一的食物来源，这一天就看作是（8 ~ 12周）实验的第1天。

如果经过8 ~ 12周的试验后症状轻微改善或没有改善，宠物除了这种饮食外没吃其他任何东西，并且在实验阶段出现的感染已及时治疗，那么皮肤问题极有可能是其他潜在的原因，如空气传播的花粉。

下面几点是这种诊断方案成功的关键：

- 给你的宠物饲喂指定饮食，不允许其他的食物和治疗。
- 确保你的所有家庭成员和朋友知道你的宠物正在接受特殊饮食，不能给予其他食物。
- 如果你为了奖励或训练需要，可使用一些指定饮食。
- 如果你的房内有同一种类其他宠物，请饲喂同样的饮食或分开饲喂。
- 采食期间保持宠物在室外饮食，防止宠物捡食丢弃的食物。
- 如果给宠物药片，不要藏于指定饮食以外的东西里面，如果给药是个难题，请与兽医商讨。
- 在饮食实验期间必须避免有味的物品，如药物、牙膏和某些塑料玩具中所见的那些。
- 在外锻炼时，如果你的宠物有吃丢弃食物或垃圾的习惯，请用皮带栓住。

作者：Karen Helton Rhodes，DVM，Dip. ACVD.

孟祥龙 译 李国清 校

肉芽肿性皮脂腺炎

1. 皮脂腺的肉芽肿性破坏可引起皮肤脱毛和脱屑。

2. 受影响的品种包括：标准贵宾犬、秋田犬、萨摩耶犬、维希拉猎犬和其他纯种及杂交品种。

3. 怀疑为常染色体隐性遗传。

4. 原因/发病机理：未知。理论包括：

- 皮脂腺破坏是一种发育和遗传缺陷。
- 皮脂腺破坏是一种针对皮脂腺某一成分的免疫调节性疾病。
- 初始缺陷是角质化缺陷，可导致皮脂腺障碍，角质化缺陷是一种脂质代谢缺陷或异常的结果（毒性中间产物等）。

5. 临床表现：在身体背部包括头部和四肢两侧对称性严重鳞片附着（银白色鳞片包住暗淡的毛发角质蛋白管型）；病变通常无恶臭，无油腻。

6. 常见继发性细菌感染，特别是秋田犬。

目前可用的诊断试验：皮肤活组织检查。

治疗：这种皮肤病不能治愈，只能控制（在一些病例中）。

局部治疗

1. 角质软化剂洗浴____

2. 角质软化剂冲洗和喷雾____________________________________

3. 软化剂冲洗，浸润，喷雾，局部浇泼____________________________

作者：Karen Helton Rhodes，DVM，Dip. ACVD

孟祥龙　译　李国清　校

尘螨的接触控制

室内尘螨比较微小，无处不在。它们以人和动物的皮屑和毛发为食，常见于床、床垫、地毯、沙发和宠物垫料。由于室内温度和湿度适宜（相对湿度50%～70%），尘螨可以在家庭环境中大量繁殖。

室内尘螨过敏是动物和人的常见问题。消灭过敏环境中的螨虫是很困难的，甚至是不可能的。有效的环境控制可能有助于减少螨的数量，从而减少患畜的不适。脱敏疗法也能有效地控制或减少与尘螨过敏有关的临床症状。

下列步骤有助于控制尘螨数量（要特别注意过敏宠物睡觉的地方）：

1. 避免使用地毯，最好使用光滑地面，如硬木、乙烯或瓷砖；如果必须使用地毯的话，可选择薄地毯。

2. 去掉室内软垫家具、书、档案、报纸、杂志、填充动物玩具、壁挂和其他“集尘器”。

3. 宠物垫料只用合成材料，避免用羽毛、羊毛、马鬃填料。记住，杉木屑常常是犬过敏性皮炎的来源。

4. 经常用热水洗涤所有的床上用品。

5. 如果你的宠物睡在床上，要用密封的塑料布包住床垫和弹簧床垫，用胶带封住这些包装上的拉链。使用可洗的毛毯和床垫，最无灰尘的床是水床。

6. 植物也可能是“集尘器”，应去掉。

7. 经常更换火炉和空调过滤器，静电过滤器在过滤灰尘、螨虫、吸入性颗粒方面可能更有效。这些过滤器及其控制犬的过敏反应的效果尚未进行专门的研究。

8. 在炎热季节使用空调来控制温度。最好是中央空调，但窗式空调也起作用。要保持湿度在30%～50%，除湿机证明有益。

9. 每天用吸尘器、湿拖把、湿布清扫地板灰尘，房间清扫后适当晾干。

10. 经常给动物梳理，最好在室外进行。

室内灰尘过敏

室内灰尘过敏比较常见，干净的房间也不例外。室内灰尘是各种物质的混合，具体成分各个房间不同，取决于家具类型、建筑材料、有无宠物、湿度及其他因素。一粒灰尘可能含有纺织纤维，人的皮肤微粒，动物皮屑，微小的螨和细菌，部分蟑螂，霉菌孢子，食物颗粒和其他碎片。对人类而言，室内灰尘是引起过敏患者常年鼻塞、流鼻涕、瘙痒、流眼水、打喷嚏的一个主要原因。灰尘也可以使哮喘的人气喘、咳嗽和气促。

灰尘过敏是室内肮脏的标志？

不是。室内环境脏可以使灰尘过敏反应加重，然而常规的家务可能无法完全消除室内灰尘过敏症状。因为灰尘中许多物质通过正常清扫不可能清除干净。强力清除的方法可使更多的灰尘进入空气，使过敏症状更加恶化。

室内灰尘过敏是否有季节性?

在美国，7月和8月尘螨数量可达到高峰，过敏原水平到12月份还保持很高。春末螨过敏原水平最低。一些尘螨敏感的人报告他们的症状在冬天加重。这是因为引发尘螨过敏的螨排泄物和死螨的碎片仍然存在。霉菌水平高峰期常见于夏季，取决于你住的地点，因为一些热带地区常年都有霉菌。蟑螂也有明显的季节性，高峰期在夏末。

室内灰尘中为什么有霉菌?

霉菌常见于室外空气。然而，如果给予适当的条件，任何房间都可以产生霉菌。你也许看不到它在墙上生长，但是在你的房间里仍然存在。霉菌的室内生长需要两个因素：（1）相对湿度达到50%以上，如管道或地基渗漏，或任何有持续水源的地方；（2）一些栽培的东西。霉菌特别喜欢在墙板，木材和织物上生长，但如果条件适宜，任何地方都可以生长。

作者：Karen Helton Rhodes，DVM，Dip. ACVD

孟祥龙　译　李国清　校

马拉色菌性皮炎（真菌）

厚皮马拉色菌是腐生性真菌，常见于正常和异常的皮肤。常常很难确定这种真菌是否是临床病变的病因（真菌过敏）或仅作为受损皮肤次要的病原（潜在病原；过敏性皮炎等）。马拉色菌性皮炎最常见的临床症状包括：红疹（红皮肤），脱屑（灰黄色），表面油腻，结痂和恶臭。动物极度瘙痒（痒）和不舒服。许多病例对控制瘙痒的常用疗法效果较差。大约50%患畜具有潜在的病因（如过敏），因而必须查清。

马拉色菌性皮炎特异性准确的诊断非常困难，主要取决于皮肤病变的临床评估。治疗包括口服（酮康唑，氟康唑，伊曲康唑或特比萘芬）和局部洗浴/抗菌疗法相结合。许多病例需要长期维持香波治疗以保持真菌数量在可接受和无临床症状的水平。一些病畜也需要长期口服药物来控制症状。

注意：____

____

____

____

复查____

作者：Karen Helton Rhodes，DVM，Dip. ACVD

孟祥龙　译　李国清　校

霉菌过敏的接触控制

大多数真菌、霉菌在温暖湿润的环境下生长最好，但从热带到北极和沙漠等所有类型的地区都可以发现霉菌。由于他们的普遍性，霉菌可能是室内环境中吸入和经皮肤接触的过敏原的来源。真菌一般从其他有机物获得营养和能量。霉菌常见于冰箱，淋浴室，地下室，室内植物覆盖物，蒸发冷却器和加湿器的滤器。

下列是室内最常见的霉菌：

1. 链格孢属：窗户，门口，地下室，蒸发冷却器和加湿器。
2. 曲霉属菌：室内植物和厨房模具。
3. 枝孢属和着色芽生菌属：厕所，浴室，瓷砖冷凝水，脚板后面，木嵌板和木地板。
4. 青霉菌：厨房模具。
5. 根霉菌：厨房模具。
6. 圣诞树常是霉菌的一个来源。
7. 洪水的水渍可增加霉菌生长。

霉菌过敏的临床症状可能在冬季月份或潮湿季节突然出现，要经常更换冷凝系统、炉子和加湿器的滤器。使用除湿机来减少霉菌孢子数量。避免室内植物，因为其覆盖物利于霉菌的生长。

作者：Karen Helton Rhodes，DVM，Dip. ACVD

孟祥龙　译　李国清　校

耳炎（耳病）

外耳炎是临床上犬的常见难题（猫较少见），治疗或控制此病非常困难。

外耳炎的主要和诱发原因

1. 寄生虫。
2. 过敏反应。
3. 接触性刺激。
4. 角质化障碍。
5. 自身免疫性疾病。
6. 异物。
7. 代谢性疾病。
8. 结构异常（改变微环境）。
9. 品种间显微解剖变化（已发现可卡犬和西班牙猎犬比杂种犬的大汗腺和毛囊多）。
10. 湿度过大（给药和游泳等可浸渍皮肤组织）。
11. 阻塞性耳病可保留水分和碎片。
12. 清洁过度。

次　要　原　因

1. 真菌（厚皮马拉色菌）。
2. 革兰氏阳性菌（如葡萄球菌）。
3. 革兰氏阴性菌（假单孢杆菌，变形杆菌等）。

慢性病变引起的并发症

1. 慢性炎症可引起耳孔上皮层形成增生性折叠，妨碍清洗。
2. 慢性炎症可引起上皮增厚，耵聍腺肿大和纤维增生（疤痕），导致耳道狭窄。
3. 慢性炎症可导致组织疤痕和钙化，引起过度的不适和陷阱感染。

治　　疗

1. 常规清理用________________________________，每周__________次。

*记住清理后15min，再给药（因清洁剂可能会稀释药物）。

2. 局部给药

__________ 滴数__________每天次数__________，共__________周

__________ 滴数__________每天次数__________，共__________周

□每日交替

耳炎（耳病）标准

Ⅰ级标准	
严重阶段	诊断/治疗选项
外耳道炎	细胞学 冲洗不用镇静 局部治疗
Ⅱ级标准	
严重阶段	诊断/治疗选项
复发性外耳炎	细胞学 外耳道C/S 镇静后冲洗 局部/口服治疗
Ⅲ级标准	
严重阶段	诊断/治疗选项
严重外耳炎 （初始或复发） 疑似/确诊的中耳炎	细胞学 外耳道C/S 中耳C/S 视频耳镜检查（诊断治疗） 一般麻醉下进行 局部和口服治疗
Ⅳ级标准	
严重阶段	诊断/治疗选项
外耳炎/中耳炎“后期阶段” 医学上无法治疗该耳病	全耳道摘除（TECA）

作者：Karen Helton Rhodes，DVM，Dip. ACVD

孟祥龙　译　李国清　校

落叶型天疱疮

落叶型天疱疮（PF）是非接触性感染疾病，可影响犬、猫、马及人类的皮肤。PF是免疫系统和皮肤的疾病。当动物身体将自身部分皮肤当作异物识别时，问题就出现了。这种异常的免疫应答可造成皮肤受损。从某种意义上说，动物正在试图排斥自身皮肤，就像试图排斥病毒和细菌感染一样。

为什么免疫系统将自身作为异物来识别？已经提出各种解释，包括遗传的、环境的、药物和病毒因素。犬有一些遗传方面的证据，因为PF在某些品种最为常见，特别是秋田犬、杜宾犬、比利时小牧羊犬、腊肠犬和松狮犬PF的发生率远高于其他品种。目前为止，没有哪个品种的研究能证明PF具有遗传性，人类的研究已经表明PF不是纯粹的遗传性疾病。假如有某些其他必需因素存在的话，通常认为遗传因素产生PF的能力更大。

两种性别均可发生PF，发病年龄不一，在不到1岁和大于10岁的犬猫中都有病例出现；然而，多数病例从成年开始发病。皮肤病变首先是小红点，很快形成脓疱（丘疹），然后形成痂皮。在大多数病例中，主人所见的主要病变是红点，随后形成厚厚的痂皮（疥疮）。痂皮常见于鼻、面部、耳和公犬的阴囊，但全身都能发现。可出现不同程度的瘙痒，一些动物一点没有感到不安，而另一些动物却时常摩擦和抓挠皮肤。一些动物由于疾病和摩擦引起的皮肤损伤可以产生继发性细菌感染。

偶尔主人会注意到宠物精神沉郁，昏睡，厌食。在此期间许多皮肤产生痂皮，好像几乎要扩散到全身。偶尔动物腿部和腹部出现水肿。病情发作期间可以见到因溃疡和关节僵硬引起的跛行。

确诊为PF后方可进行治疗，因为许多其他疾病与PF非常相似。为了尽快开始正确的合理的治疗，必须通过活检进行诊断。

为了诊断PF，必须手术取出一小块皮肤，送到实验室确诊（活组织检查）。有时可能需要多次活组织检查才能确诊。选择活组织检查的部位很重要。

一旦确诊为PF，有几个治疗方案可供选择。所有方案都是采用不同类型的药物来抑制异常的免疫应答，因此叫做免疫抑制性药物。每种药物都有治疗作用和不良反应。虽然很少发生严重的不良反应，但是要频繁监测以减少治疗并发症的机会。多数病例PF可以得到控制，因此皮肤一般正常，少有发作，因而通常需要终身治疗。治疗期间需要定期监测观察治疗药物的任何不良反应。此外，有些病例采用目前的治疗方法可能无法控制。

目前还没有任何试验能确定何种治疗效果最好。在你了解宠物疾病能否控制之前，需要尝试采用几种不同的药物或它们的合剂。

作者：Karen Helton Rhodes，DVM，Dip.ACVD

孟祥龙　译　李国清　校

疥　螨　病

疥疮（疥螨病）是由犬疥螨引起的。疥螨生活在皮肤的表层，它们在那里挖掘“隧道”、繁殖和产卵。如果没有宿主，疥螨一般不能长期生存，因此它们一般通过犬直接接触来传播。这种接触包括玩耍、寄宿、美容或直接与其他犬接触。然而，许多病例中并未发生已知的接触。

该病的特点是剧烈瘙痒，类固醇和其他药物治疗仅部分有效。典型的疥疮表现为胸部、腹部出现红色丘疹（疙瘩）；随着时间推移，在耳、肘和跗关节处可出现厚厚的鳞片或痂皮。可出现发热、淋巴结肿大和体重减轻，并可继发性细菌感染。

诊　断

为了准确诊断该病，必须在显微镜下观察到皮屑或排泄物中的螨虫。然而，由于螨虫数量很少，这步操作起来非常困难。不能发现螨虫也就无法治愈该病。如果怀疑为疥螨病，应该给予治疗，这可能是诊断该病并治愈患犬的唯一途径。

如果雌螨产下一枚卵，从卵孵化到生长为成螨需要17～21d时间。因此，整个生活史阶段都必须继续治疗。

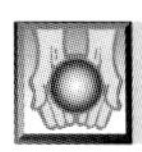

治　疗

一些药物可有效地杀死螨虫。可供选择的药物包括注射剂，外用浇泼剂，口服药物和身体浸泡/冲洗液。

药物选择____

使用频率____

环境控制

清理动物的生活环境和垫料。无需特殊的消毒剂。疥螨离开宿主就不能存活，犬身上大量螨的存在可增加环境中螨的出现概率，这可能会增加对家庭内其他宠物或人的传播风险。因此该区域需用熏蒸或用跳蚤药治疗来消除室内螨的数量。

人畜共患病（传播给人）

疥螨在家庭内更愿意寄生在宠物身上而非人类。一些人比另一些人更易感。如果发生人畜共患病，请联系医生并告知你的宠物已诊断为疥螨感染。他们可能会开具外用扑灭司林乳膏来消除螨虫。人类常见的临床症状为红色丘疹（沿着腰、胸和手臂出现疙瘩），常常很痒。人的疥疮感染常为自限性，也许需要治疗。

作者：Karen Helton Rhodes，DVM，Dip. ACVD

孟祥龙　译　李国清　校

洗发香波疗法的说明

为宠物选择一种特殊的香波治疗，香波中加入药物。宠物要想得到全效的治疗，必须严格按照说明书来做。多数香波和局部冲洗是其他治疗的辅助疗法。香波疗法为维持治疗方案，以防止皮肤病复发和延长皮肤的健康状态。

遵循的步骤：

1. 淋浴区气温要暖和，水温必须微温，除非有其他要求。被毛需彻底浸湿。

2. 要特别注意宠物皮肤上的患病部位。患区应给予充足的香波并很好地揉搓。然后用肥皂清洗其他被毛。尽管其活性成分有同样的效果，但是一些香波可能比另一些要好。

3. 要让香波在被毛上保留15 ~ 20min，香波的接触时间非常重要，最好是使用计时器。如果在后院沐浴，涂抹肥皂后可以让犬自由走动15 ~ 20min。

4. 冲洗与香波一样重要，香波不冲洗可对皮肤造成刺激。

5. 使用药物护发素或冲洗皮肤和被毛。视患畜病情，用药后轻轻冲洗被毛。

6. 可用毛巾擦干，也可使用吹风机，但必须确保温度适中，不能太热。

7. 重复香波治疗每隔________________天，持续________________周。

然后每隔________________天，持续________________周。

药物香波　　　　药物冲洗　　　　局部药膏/喷雾/等

________　　　　________　　　　________________

附加

TX：____

____

____

作者：Karen Helton Rhodes，DVM，Dip. ACVD

孟祥龙　译　李国清　校

外科手术步骤和出院指导

如果你的宠物今天有常规麻醉，你肯定希望他/她在未来的一两天有个好的睡眠。如果发现你的宠物异常嗜睡，请立刻联系办公室。

- 晚上给宠物提供一个安静的休息地方（远离其他动物、小孩等）。
- 晚上给予少量的食物和水。兴奋或紧张的病畜倾向于饮食过多，可导致严重后果。
- 宠物前腿有放置静脉导管的绷带，晚上可以拿走。
- 后腿上有芬太尼贴片，是定时释放的止痛药。应该在______日去掉。去掉时，撕掉贴片上胶带然后丢弃，抓住贴片的边缘撕下来，做冲洗处理。撕下后用肥皂水冲洗患部。

* **芬太尼贴片可引起某些动物过度镇静/兴奋，如果你的宠物出现异常行为，请立刻通知我们。**

- 明天开始使用所有药物。
- 缝合线可以被机体吸收，无需拆除。有时吸收会延迟，在此情况下可手工拆线。
- 重要的是缝合处不能被宠物舔或抓，因为这会引起切口裂开或产生疤痕。
- 保持切口干净/干燥。术后两周内，不能给犬洗澡。如果必须洗澡，洗澡前在手术切口处要涂抹药膏。
- 组织病理学检查需要7～14d出结果，我们一收到结果就会尽快联系你。

作者：Karen Helton Rhodes，DVM，Dip. ACVD

孟祥龙　译　李国清　校

库欣氏综合征的症状

您的宠物有库欣氏综合征吗?

在犬中有许多与库欣氏综合征（也叫做肾上腺皮质激素过多症）相关的症状。这些症状常呈渐进式发展，因为发病缓慢，其变化常被当作正常衰老过程的一部分而被忽略了。下面是宠物在家时主人常能观察到的症状。

过饮–多尿–失禁

1. 主人常注意到水碗的水比平常加得更频繁。一些犬的膀胱不能憋一整晚，夜间叫着要出去；而先前是不需要的。

2. 可能检测到尿道感染，也可观察到尿失禁。

多少用水量是正常的?

每天每只犬每10磅体重需要喝1杯水。

食欲增加甚至贪食

这种症状可导致犬不停的乞求或偷食垃圾。重要的是主人不能被宠物的好食欲所欺骗；好食欲不一定是健康正常的标志。

大腹便便的外观

这种症状在90%库欣氏综合征的犬中都会出现，是荷尔蒙引起的体内脂肪再分配加上腹部肌肉组织分解所造成的。

肌无力

库欣氏综合征中肌蛋白被破坏，结果可导致运动障碍、昏睡，不愿在家具上跳动或爬楼梯。

皮肤疾病

1. 内分泌（荷尔蒙）性皮肤病的典型症状是：

   a. 身体主要部位脱毛，包括头和腿。

   b. 皮肤薄而褶，伤口愈合不良。

   c. 毛发剪短后不再生长。

   d. 黑头和皮肤变黑，特别是腹部。

   e. 持久或重复性皮肤感染（特别是清除皮肤感染期间，犬不感到痒）。

2. 还可见到皮肤的另一种症状叫做皮肤钙化病，皮肤内发生钙沉着，出现凸起、变硬、坚如岩石的区域，身体任何部位均可发生。

3. 其他明显的症状包括：过度气喘和呼吸短促，不孕，肌肉僵硬（叫假性肌强直，是库欣氏综合征中非常罕见的一种症状）和高血压。

猫何时发生库欣氏综合征

猫的临床特征和犬基本相似：饮水量过多，肌肉萎缩，大腹便便的外观，被毛稀薄及皮肤异常。有些猫在耳尖上出现奇特的卷曲。值得注意的是在库欣氏综合征中，只有10%的犬发生糖尿病，而80%猫可发生糖尿病。患库欣氏综合征的动物治疗糖尿病，效果较差，病情难以控制，除非在控制了库欣氏综合征之后。

作者：Karen Helton Rhodes，DVM，Dip. ACVD

孟祥龙　译　李国清　校

垂体性库欣氏综合征的治疗

解肾腺瘤的传统疗法

解肾腺瘤片（一般称为米托坦，化学名是o，p’-DDD）目前已成为垂体依赖性库欣氏综合征的唯一治疗药物。虽然有潜在的严重不良反应，但使用方便，相对便宜。因为该药在犬库欣氏综合征中已用过数十年，多数兽医都有丰富的用药经验，并有防止不良反应所需的监测技术。解肾腺瘤片治疗的缺点之一是需要定期做血液监测试验。

该药如何发挥作用

一般认为解肾腺瘤片是一种化疗药物。实际上它可侵蚀肾上腺皮层，影响皮质类固醇激素的分泌。垂体肿瘤可持续分泌大量的刺激物，但是肾上腺应答时不再能够分泌过量肾上腺皮质激素。当太多的肾上腺皮质受到侵蚀，问题就会出现。短期的解肾腺瘤片反应较为常见（大约30%的犬有时会出问题），需要使用强的松作为解毒剂。如果出现这样的短期反应，应停止使用解肾腺瘤片，直到肾上腺能够再生以及有可能恢复低剂量治疗。有时肾上腺大量侵蚀会持久发生，必须治疗该犬以弥补可的松的不足。这是个相当严峻的问题，这种反应已经成为寻找治疗垂体依赖性库欣氏综合征更好药物的推动力。

该药如何使用

用解肾腺瘤片治疗库欣氏综合征包括两个阶段：控制该病的诱导阶段和低剂量维持阶段，理想情况下可维持动物的整个一生。

诱导阶段

1. 在诱导期间，宠物主人可收到一份解肾腺瘤片的处方加一瓶强的松片，假如发生解肾腺瘤片反应的话，可作为解毒剂。一定要知道哪个是哪种药。解肾腺瘤片每天随餐服用，在此期间以便肿大和过度刺激的肾上腺快速减到理想的大小。解肾腺瘤片与食物一起给药是非常重要的，否则无法被犬的身体所吸收。可采用ACTH刺激试验（原先用于诊断库欣氏综合征的相同试验）来证实已经到达诱导终点。ACTH刺激试验一般安排在诱导试验的第8天或第9天。识别终点的标志非常重要，假如不久就会发生的话。

2. 如果观察到诱导终点的下列任何症状，你应该联系兽医：

a. 腹泻或呕吐；

b. 食欲丧失（喂食物时对吃不感兴趣，碗中食物未动等）；

c. 饮水量减少（诱导期间测量饮水量可能有用）；

d. 昏睡或精神萎靡。

3. 如果发生以上任何症状，请告诉你的兽医。这个时间可以作为早期ACTH刺激试验的时间，甚至可能是使用解毒片的时候。在诱导阶段最好是与你的兽医密切保持Email或电话联系，因为此时犬有可能到达诱导终点的早期。

4. 如果以上症状无一发现，ACTH刺激试验按计划在诱导的第8天或第9天进行。如果试验表明肾上腺发生了大量侵蚀，解肾腺瘤片的剂量改为每周一次或两次，而不是每天服用，该犬成功进入维持期。如果试验表明肾上腺需要更多的侵蚀，要继续诱导。到诱导的第10~16天，多数犬已经到达维持期，但是另一些需要更长的时间，特别是联合用药，会改变解肾腺瘤片的代谢（如苯巴比妥）。

维持阶段

1. 进入维持期后大约一个月要进行一次ATCH刺激试验，然后每年至少两次。大约50%的犬在某一时刻会复发，需要第二轮诱导。

2. 解肾腺瘤片治疗4~6个月后，库欣氏综合征的临床症状有望完全逆转。通常所见的第一个症状是饮水量增加，最后一个症状是毛发再生。

3. 如果在维持阶段的任何时候发生食欲减退、呕吐、腹泻或精神萎靡，应该怀疑为解肾腺瘤片反应。应该通知兽医，这也许是时候用强的松解毒片。在使用解毒片后30min内，解肾腺瘤片反应将逆转。

曲 洛 司 坦

1. 曲洛司坦是3-β羟基类固醇脱氢酶的抑制物。该酶参与产生几种类固醇，包括皮质醇。抑制该酶可抑制皮质醇的产生。一些研究表明该药治疗垂体依赖性库欣氏综合征有效，其疗效可能与解肾腺瘤相同。

2. 曲洛司坦随食物一起给药，每天1~2次。常见不良反应是轻微嗜睡和食欲减退，特别是使用初期身体对激素改变的适应。已报道阿狄森氏病反应中肾上腺皮质死亡。大多数反应都是轻微的，停止使用曲洛司坦可以好转。但是持久性阿狄森氏病反应也可能发生，就像解肾腺瘤片一样。尽管这些持久性反应对解肾腺瘤片来说一般具有剂量依赖性，但对曲洛司坦来说却具有特殊性，这意味着发病剂量无法预测，任何剂量均可发生。正因为这样，曲洛司坦的血液监测与解肾腺瘤片一样重要。两项研究表明，曲洛司坦的持久性或威胁生命的阿狄森氏病反应风险为2%~3%，而解肾腺瘤片为2%~5%。

3. 曲洛司坦在美国多年不被使用，其他国家（常为英国）必须获得食品及药物管理局的允许。截至2009年，曲洛司坦（商标名为Vetory®）已经获得美国兽医用品的许可证，并且多数兽医通过常规渠道可以买到。

4. 对于解肾腺瘤来说，剂量可根据定期ACTH刺激试验的结果来调整（10~14d，30d，90d，然后每6个月一次）。人们也许要问，为什么曲洛司坦的监测与解肾腺瘤片相似但确定用药剂量却比解肾腺瘤片复杂。起初人们认为因为曲洛司坦使用了一种可逆性酶抑制剂，因此不会引起威胁生命的阿狄森氏病反应。虽然现在这种观点值得怀疑，但是当宠物无法耐受解肾腺瘤片或解肾腺瘤片无效时，至少有个可选择的有效药物。

曲洛司坦与解肾腺瘤片相比的优点

曲洛司坦不会侵蚀肾上腺皮质。仅作为一种酶抑制剂并且是完全可逆的。尚不清楚为什么该药仍有发生阿狄森氏病反应的可能，理论上应该更安全。

曲洛司坦与解肾腺瘤片相比的缺点

1. 起初认为曲洛司坦比解肾腺瘤更安全，所以宠物主人对安全问题有可能形成错觉，而忽视药物反应的重要症状。

2. 曲洛司坦精确的剂量仍然无法计算。

3. 由于给药频次少，解肾腺瘤片的花费实际上较低。

4. 曲洛司坦每天给药1～2次；解肾腺瘤片仅每周1～2次。

5. 目前在美国兽医界使用曲洛司坦的经验较少。你的兽医可能需要定期咨询其他专家。

丙炔苯丙胺（商品名：司来吉兰）

1. 对治疗库欣氏综合征来说，丙炔苯丙胺代表着一个完全不同的方式。丙炔苯丙胺不是试图干扰肾上腺过度分泌类固醇激素，而是试图直接针对垂体瘤。

2. 对丙炔苯丙胺的研究是从发现该药对人类帕金森综合征治疗有效时开始。然而，犬的研究发现了一些令人惊奇的结果，包括从脑垂体释放ACTH。

3. 使用丙炔苯丙胺的研究表明垂体中间区ACTH的分泌受神经递质多巴胺的支配。当多巴胺水平升高时，ACTH分泌停止。

4. 垂体瘤对体内正常的调节机制没有强烈的应答，但大多数库欣氏综合征患犬的垂体瘤并非位于垂体中间区。这就意味着中间区仍然能够对多巴胺调节进行正常的调控。

5. 如何提高脑垂体多巴胺的水平？丙炔苯丙胺可抑制降解多巴胺的酶，这就意味着多巴胺的存在会持续更久。丙炔苯丙胺还可刺激其他神经递质的产生，有助于刺激多巴胺的分泌。当多巴胺与垂体中间区结合时，可与多巴胺发生协同作用。这意味着多巴胺越多，ACTH总的释放量就越少，肾上腺分泌的类固醇就越少。

丙炔苯丙胺不良反应的发生率极低

（大约5%的有轻微恶心，不安或听力减退）。

丙炔苯丙胺真的起作用吗？该药代谢性分解产物主要是安非他明和脱氧麻黄碱（强兴奋剂，也可抑制饥饿）。当患库欣氏综合征的犬变得更加好动和食欲比平常更好时，是因为库欣氏病得到控制还是由于受到丙炔苯丙胺副产品的刺激？没人知道丙炔苯丙胺在垂体的作用方式，评价库欣氏综合征治疗过程的常规监测试验并非有用。在独立研究中，大约1/5犬对丙炔苯丙胺有明显反应。由生产商资助的研究表明，大约1/5犬对丙炔苯丙胺并没有反应。

丙炔苯丙胺与解肾腺瘤片相比的优势

由于该药特有的机理，该药不会引起阿狄森氏病，因此，使用丙炔苯丙胺时无须做监测试验。丙炔苯丙胺是FDA允许用来治疗犬库欣氏综合征的唯一药物。对于只有轻微症状但虚弱的犬，丙炔苯丙胺可能是最佳的选择。

解肾腺瘤片比丙炔苯丙胺的优势

丙炔苯丙胺实际上比解肾腺瘤片贵很多。丙炔苯丙胺的药效不可靠或部分有效，可能需要相当长的治疗时间。如果治疗2个月后没见效果，常规方案是剂量加倍。在确定病畜治疗无效选择其他药物前，继续使用一个月。使用解肾腺瘤片时，药效快，且可通过检测来证明。

什么是阿狄森氏病/阿狄森氏危机？

1. 阿狄森氏病也叫肾上腺皮质机能减退，与库欣氏综合征正好相反，由于可的松的缺乏所引起。

如果解肾腺瘤片对肾上腺损伤太大的话，那么阿狄森氏病可能是永久性疾病。如果发生了这种情况，就需要无限地补充激素，以防出现休克而危及生命，因为这时身体将无法适应任何压力。药物治疗阿狄森氏病可能非常昂贵，特别是对于大型犬，一般认为阿狄森氏病不需要诱导。

2. 值得注意的是有一些专家认为阿狄森氏病的治疗比库欣氏综合征要简单的多。他们使用大剂量的解肾腺瘤片，旨在诱导阿狄森氏病并实施相应的长期治疗。这并不是治疗库欣氏综合征的常用方法，医院更多选择传统的治疗方法，目的不是用这种极端的方法治疗库欣氏病。但是，假如出现这种并发症的话，人们应该知道这是一种可治愈的情况。

作者：Karen Helton Rhodes，DVM，Dip. ACVD

孟祥龙　译　李国清　校

中耳炎和慢性外耳炎手术治疗的耳镜视频检查

耳镜视频检查具有优越的光学放大倍数，可以提供更多的细节用于评估外耳道、鼓膜和大泡。

中耳炎是外科疾病

1. 中耳炎病畜中大约82%有持续6个月以上的慢性和复发性外耳炎。

2. 导致耳疾治疗失败的主要原因是未知的并发性中耳炎。

外科/麻醉耳镜视频检查的适应证

1. 慢性复发性耳部感染。

2. 化脓性中耳炎/外耳炎。

3. 耳朵疼痛的评估。

4. 鼓膜膨胀或异常（可预示需要鼓膜切开手术）。

5. 息肉/耳部肿块。

6. 原发性分泌型中耳炎：主要是骑士查理王猎犬。

7. 中耳炎的临床症状：面神经麻痹，霍纳氏综合征，传导性耳聋。

8. 内耳炎的临床症状：共济失调，水平或旋转性眼球震颤（快速远离患病耳朵），斜视，头偏向患侧，患耳回旋，神经性听力丧失（记录为脑干听觉诱发电位）。

9. 总耳道切除（TECA）前的确诊/治疗选择。

麻醉下耳镜视频检查评估的优势

1. 中耳炎常是外科疾病。

2. 能够操纵耳道并对近端水平耳道的健康和通畅进行评估。

3. 评估鼓膜和中耳的疾病程度；可能需要鼓膜切开术（穿刺紧张部以排除鼓室后的流体压，评估大泡内容物）。

4. 排除分泌物，方便大泡和近端耳道给药（用注入的药物直接经导管对深部耳道进行抽吸冲洗）。

5. 从腹侧泡获得细胞评价和培养/敏感性试验的样品（将从中耳获得的病原和/或细菌与从外耳道收集的样品进行抗生素敏感性比较，可能有89.5%的不同）。

6. 中耳胆脂瘤的切除（先天性或慢性中耳炎的结果）。

7. TECA之前最后的诊断和治疗。

麻醉耳镜视频检查/鼓膜切开术

- 促进可视化；

- 增强冲洗和去除碎片；
- 精确的样品收集：来自深部耳道（泡）/活组织培养的细胞学样品/培养或敏感性；
- 鼓膜切开术；
- 增加诊断的准确性；
- 特定的治疗计划；
- 为病畜录制视频；
- 门诊手术。

作者：Karen Helton Rhodes，DVM，Dip. ACVD

孟祥龙　译　李国清　校

有时候，
我们需要慢下来，
用书本滋养心灵和思想，
静谧中梳洗劳顿的精神驿站，
汲取全球行业精英的智慧与营养，
充盈后重新出发，我们一定走得更远！

Book Catalogue

2014

世界兽医经典著作译丛

第1期

全国优秀出版社
中国农业出版社

厚积薄发 传承经典——《世界兽医经典著作译丛》

在农业部兽医局的指导和支持下，中国农业出版社联合多家世界著名出版集团，本着“权威、经典、适用、提高”的原则从全球上千种外文兽医著作中精选出50余种汇成《世界兽医经典著作译丛》(以下简称“译丛”)。译丛几乎囊括了国外兽医著作的精华，原著者均为各领域的权威专家，其中很多专著有着数十年的积淀和实践经验，堪称业界经典之作，是兽医人员案头必备工具书。

为高质量完成译丛的翻译出版任务，我们组建了《世界兽医经典著作译丛》译审委员会，由农业部兽医局张仲秋局长担任主任委员，国家首席兽医师和兽医领域的院士担任顾问，召集全国兽医行政、教育、科研等领域的近800名专家亲自参与翻译。这是我国兽医行业首次根据学科发展和人才知识结构系统引进国外专著，并组织动员全行业专家深度参与。其目的就是尽快缩小我国与发达国家在兽医领域的差距。

感谢参与翻译和审稿的每位专家，他们秉承严谨的学术精神和工作热情，保障了书稿翻译的质量和进度。尤令我们感动的是一些资深老专家站在学科发展和人才培养角度，一丝不苟地帮助审改稿件。感谢中国农业出版社，因为专业与专注，始终保持卓越的出版品质。

建议读者在阅读这些著作时，不要囿于自己研究的小领域，拓宽基础学科和新兴学科知识，建构扎实的专业知识基础。

让我们静下心来，跟随着大师徜徉于经典著作的世界，充盈后再出发！

《世界兽医经典著作译丛》实施小组

中国农业出版社简介

中国农业出版社(副牌：农村读物出版社)成立于1958年，是农业部直属的全国最大的一家以出版农业专业图书、教材和音像制品为主的综合性出版社，是全国首批15家“优秀出版社”之一，“全国科普工作先进集体”、“全国三下乡先进集体”和“服务‘三农’先进出版单位”，新闻出版总署评定的“讲信誉、重服务”的出版单位，连续九年获“中央国家机关文明单位”称号。建社50多年来始终坚持正确出版导向，坚持服务“三农”的办社宗旨，以农业专业出版和教育出版为特色，依托强大的作者队伍、高素质的出版队伍和丰富的出版资源，累计出版各类图书、教材5万多种，总印数达6亿册。有300多种图书和400余种教材分别获得国家级和省(部)级优秀图书奖和优秀教材奖。

养殖业出版分社简介

养殖业出版分社是中国农业出版社的重要出版部门，承担着畜牧、兽医、水产、草业、畜牧工程等学科的专著、工具书、科普读物等出版任务，为全国最系统、权威的养殖业图书出版基地。在几代编辑人员的共同努力下，出版了一大批优秀图书，拥有了行业最优秀的作者资源，获得国家、省部级及行业内出版奖项近百次。近几年来，分社立足专业面向行业，出版了一系列有影响力的重点专著、实用手册和科普图书，承担着多项国家重点出版项目，并积极构建数字出版内容和传播平台，将继续为我国养殖业健康发展和公共卫生安全提供智力支持。

兽医手册 第2版

者：Reuben J. Rose
David R. Hodgson
译：汤小朋 齐长明（中国农业大学）

介：本书是世界赛马兽医学的经典作。本书重点在马病的诊断，分19绍，包括：临床检查、常见疾病鉴实用诊断影像学、肌肉骨骼系统、系统、心血管系统、消化系统、、马驹学、泌尿系统、血液淋巴系皮肤病、神经学、内分泌系统、临理、临床细菌学、临床营养学与治等。

6开 · 精装 · 2000年9月出版
N：978-7-109-11817-1
价：490元

动物园与野生动物医学 第6版

作者：Murray E. Fowler
R.Eric Miller
主译：张金国（北京动物园研究员）

简介：本书涵盖了两栖动物、爬行动物、鸟类、鱼类和哺乳动物的疾病、饲养管理、营养、生理指标、麻醉保定、繁殖，以及就地和易地保护所涉及的多方面问题，远远超出了野生动物医学的范畴。着重强调了目前面临的一些问题，如鹿科动物慢性消耗性疾病和野生鹿、象的结核病，描述了新出现或新发现的疾病，如蝙蝠副黏病毒和海洋野生动物原虫性脑膜炎，还涉及了一些野生动物立法及人兽共患病方面的问题。

大16开 · 精装 · 2014年1月出版
定 价：200元

小动物临床

小动物临床手册 第4版

作者：Phea V. Morgan
（加州大学兽医学院教授）
主译：施振声（中国农业大学教授）

简介：本书由全世界131位小动物临床专家精心编写而成，是小动物临床工作者必备的工具书。全书包括19篇133章。以患病动物检查开始，分别介绍了11大系统，并介绍传染性疾病、行为及营养性疾病、中毒学和环境因素造成的伤害等。每个系统中，根据该系统的解剖结构顺序分为不同的小节，按照顺序介绍先天性、发育性、退化性、传染性、寄生虫性、代谢/中毒性、免疫性介导、血管性、营养性、肿瘤性及创伤性等疾病。

大16开 · 精装 · 2005年4月出版
ISBN：978-7-109-09218-1
定 价：380元

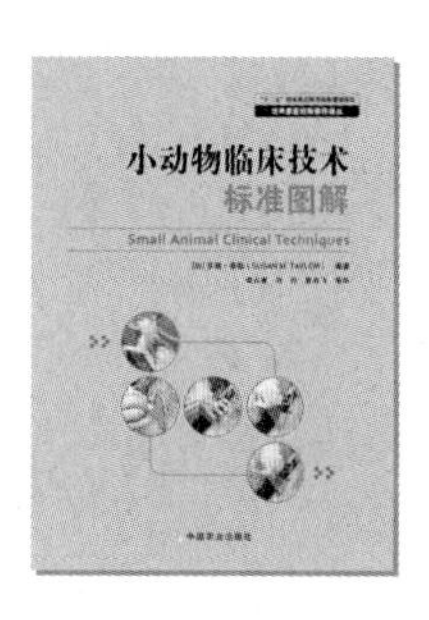

小动物临床技术标准图解

作者：Susan Meric Taylor
（加拿大萨省大学兽医学院教授）
主译：袁占奎（中国农业大学博士）

简介：本书将是小动物临床操作技巧最佳读本。本书中精致的图解和线条图以及局部解剖图相结合来介绍各种实用的临床技术。重点介绍了静脉血采集、动脉血采集、注射技术、皮肤检查技术、耳部检查、眼科技术、呼吸系统检查技术、心包穿刺术、消化系统技术、泌尿系统技术、阴道细胞学、骨髓采集、关节穿刺术和脑脊液采集技术等。日常所有的临床技术您达到了精湛水平了吗？看看本书，您就会学会很多技术。

大16开 · 精装 · 2012年6月出版
ISBN：978-7-109-15060-7
定 价：158元

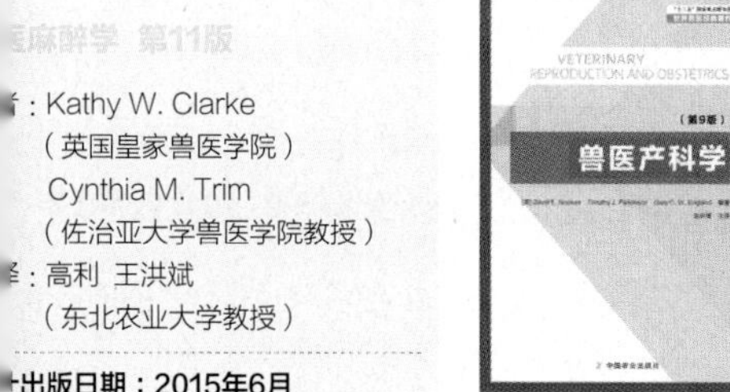

麻醉学 第11版

者：Kathy W. Clarke
（英国皇家兽医学院）
Cynthia M. Trim
（佐治亚大学兽医学院教授）
译：高利 王洪斌
（东北农业大学教授）

出版日期：2015年6月

影像诊断：鸟类、外来宠物野生动物

者：Charles S. Farrow
（加拿大萨斯喀彻温大学教授）
译：熊惠军（华南农业大学教授）

6开 · 精装
出版日期：2014年9月

影像诊断学 第6版

者：Donald E. Thrall
（北卡罗来纳州立大学教授）
译：谢富强（中国农业大学教授）

6开 · 精装
出版日期：2015年1月

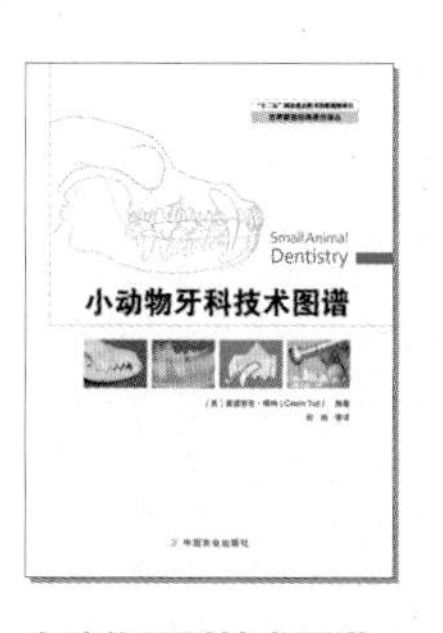

兽医产科学 第9版

作者：David E. Noakes 等
（英国伦敦大学皇家兽医学院教授）
主译：赵兴绪（甘肃农业大学教授）

简介：本书有70年历史，是兽医产科界的经典图书。全面系统介绍了兽医产科学的相关知识，包括：卵巢正常的周期性活动及其调控，妊娠与分娩，手术干预，难产及其他分娩期疾病，低育与不育，公畜，外来动物的繁殖，辅助繁殖技术共8篇35章内容。

大16开 · 精装 · 2014年1月出版
ISBN：978-7-109-15973-0
定 价：280元

小动物牙科技术图谱

作者：Cedric Tutt
（欧洲著名动物牙科专家）
主译：刘朗（北京市小动物医师协会理事长）

简介：本书是国内第一本小动物牙科学技术专著，由国内知名的专科医师刘朗组织翻译。全书主要介绍了牙齿结构、临床检查方法、X线照相、拔牙学、口腔手术、结构材料、修复、根管治疗、咬合异常和正常咬合、兽医牙科医生案例学习等。

大16开 · 精装 · 2012年6月出版
ISBN：978-7-109-14700-3
定 价：225元

兽医内镜学：以小动物临床为例

作者：Timothy C. McCarthy
主译：刘云 田文儒（东北农业大学教授，青岛农业大学教授）

简介：我国第一本以小动物为例引进的兽医内镜学著作。主要介绍兽医内镜及其器械简介、内镜麻醉、内镜活检样品处理与病理组织学、膀胱镜、鼻镜、支气管镜、胸腔镜、上消化道内镜检查、结肠镜、胸腔镜、视频耳镜、阴道内镜、关节镜以及其他内镜等。从设备开始讲解，一直到成功开展手术，步步图解。

大16开 · 精装 · 2014年3月出版
ISBN：978-7-109-16496-3
定 价：398元

小动物心脏病学

作者：Ralf Tobias Marianne Skrodzki Matthias Schneider（德国柏林大学教授）
译者：徐安辉（华中科技大学同济医学院）

简介：德国柏林大学3位兽医教授编写，我国第一本引进版小动物心脏病专著。德国医学的精益求精技术，配合清晰的全彩照片步步图解，让您逐步成为心脏科专业大夫。全书分为两部分，第一部分为心脏检查，包括：兽医诊所接诊心脏病患、心功能不全的病理生理学、心脏病的临床检查、心电图、心脏的放射检查、心脏的超声检查、动脉血压、实验室检查；第二部分为心血管疾病，包括：先天性心脏病、后天性心脏病和遗传性心脏病、介入心脏病学以及心脏用药等内容。

大16开·精装·2014年3月出版
ISBN：978-7-109-18406-0
定　价：215元

小动物B超诊断彩色图谱

作者：[美]Dominique Penninck [加]Marc-Andre d' Anjou
主译：熊惠军（华南农业大学教授）

简介：全球最权威实用的B超诊断"圣经"级教程，以病例为核心，清晰的B超病例图谱，教你步步为营学习。熊惠军教授领衔翻译团队历时2年倾力翻译。

大16开·精装·2014年3月出版
ISBN：978-7-109-17403-0
定　价：380元

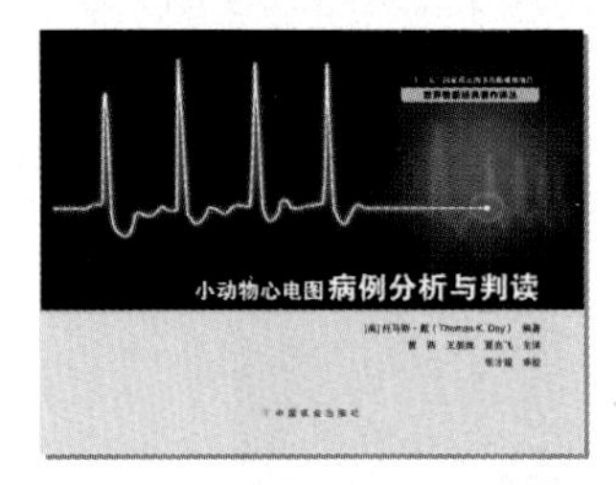

小动物心电图病例分析与判读 第2版

作者：Thomas K. DAY（英国赫瑞瓦特大学）
主译：曹燕 王姜维 夏兆飞

简介：本书是在《小动物心电图入门指南》上的进阶版本，全书主要介绍小动物心电图异常类型病例53例，并侧重病例分析和判读。

大16开·精装·2012年6月出版
ISBN：978-7-109-16498-7
定　价：82元

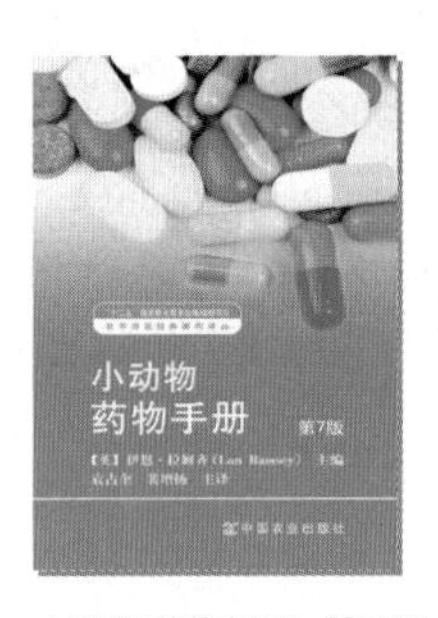

小动物药物手册 第7版

作者：英国小动物医师协会组编 Ian Ramsey（格拉斯哥大学教授）
主译：袁占奎（中国农业大学）
主审：张小莺（西北农林科技大学教授）

简介：《小动物药物手册》是经典药物手册。我国的很多优秀宠物医师以此为蓝本应用于临床。该书针对国内外小动物临床用药实际情况，系统介绍药物的正确合理使用，包括给药剂量、给药方式、给药间隔和次数、毒副作用以及配伍禁忌等，避免滥用兽药引起细菌耐药性及兽医临床药物选择和疾病防治等系列难题的产生。该书不仅从理论上阐述了与小动物相关兽药的正确使用原则、给药方案和疾病防治等，还结合大量临床试验资料，对药物的合理应用提供第一手资料。

大32开·软精装·2014年3月出版
ISBN：978-7-109-17863-2
定　价：85元

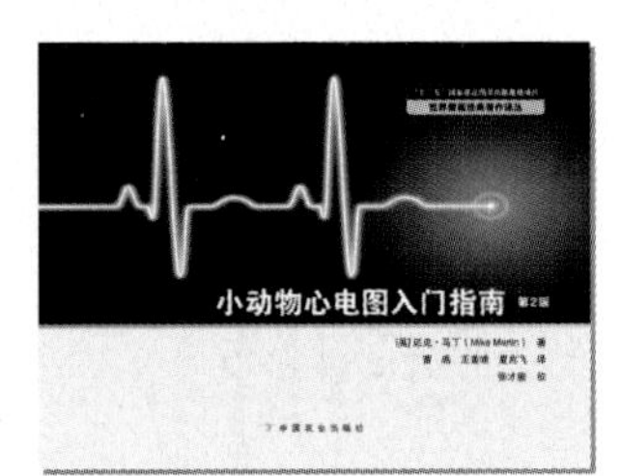

小动物心电图入门指南 第2版

作者：MikeMartin（英国著名小动物心脏病专家）
主译：曹燕 王姜维 夏兆飞

简介：本书主要介绍了小动物心脏电生理以及如何产生心电图波形、心脏异常电激动、心电图理论、心率失常的控制、心电图的记录与判读等。是您掌握心电图的入门必读书籍。

大16开·精装·2012年6月出版
ISBN：978-7-109-15059-1
定　价：78元

小动物皮肤病诊疗彩色图谱

作者：[美] Steven F. Swaim Walter C. Renberg Kathy M. Shike
主译：李国清（华南农业大学教授）

大16开·平装·2014年2月出版
ISBN：978-7-109-17545-7
定　价：345元

宠物医师临床速查手册 第2版

作者：Candyce M. Jack（执业兽医技术员）Patricia M. Watson（执业兽医技术员）
主译：师志海（河南省农业科学院）
主审：夏兆飞（中国农业大学教授）

简介：本书是宠物医师临床快速查阅的案头图书。包含了大量临床实践的技术应用知识，犬猫解剖、预防保健、诊断技术、影像学检查、患病动物护理、麻醉等方面的技术，包括从基本的体格检查到化疗管理相关的高级技能。是宠物医师最实用便捷的临床工具书。

大16开·精装
出版日期：2014年5月

5分钟兽医顾问：犬和猫 第4版

作者：Larry P. TilleyFrancis W. Smith
主译：施振声（中国农业大学教授）

大16开·精装
预计出版日期：2015年1月

小动物临床实验室诊断 第5版

作者：Michael D. Willard（德州农工大学兽医学院教授）Harold Tvedten（密歇根州立大学兽医学院教授）
主译：郝志慧（青岛农业大学教授）

预计出版日期：2014年9月出版

犬猫细胞学与血液学诊断

作者：Rick L. Cowell（IDEXX实验室）Ronald D. Tyler（俄克拉荷马州立大学兽医学院）
主译：陈宇驰（德国LABOKLIN实验室）

预计出版日期：2015年6月

5分钟兽医顾问：犬猫临床试验与诊断规程

作者：Shelly L. Vaden（美国北卡罗莱纳州立大学教授）等130位作者
主译：夏兆飞

预计出版日期：2015年12月

小动物临床皮肤病秘密

主编：Rick L. Cowell（俄克拉荷马州立大学）
主译：程宇（重庆和美宠物医院院长）

预计出版日期：2015年3月出版

小动物皮肤病学 第7版

作者：William H. Miller（康奈尔大学兽医学院教授）
主译：林德贵（中国农业大学教授）

预计出版日期：2014年9月出版

犬猫皮肤病临床病例

作者：Hilary Jackson, Rosar Marsella（佛罗里达州立大学）
主译：刘欣（北京爱康动物医院）

预计出版日期：2015年1月出版

小动物医院管理实践

作者：Carole Clarke Marion Chapm
主译：赖晓云

预计出版日期：2015年1月出版

其他

食品中抗生素残留分析

作者：Jian Wang,James D. MacNeil（加拿大食品检验局）
Jack F. Kay（英国环境、食品与农村事务部）
译者：于康震（农业部副部长，研究员）
沈建忠（中国农业大学教授）等

预计出版日期：2014年9月出版

实验动物科学手册：动物模型 第3版

作者：Jann Hau（丹麦哥本哈根大学教授）
Steven J. Schapiro（得克萨斯州立大学）
主译：曾林（军事医学科学院实验动物中心研究员）

预计出版日期：2015年1月出版

动物疫病监测与调查系统：方法与应用

作者：M.D.Salman（科罗拉多州立大学）
主译：黄保续 邵卫星（中国动物卫生与流行病学中心）

预计出版日期：2014年7月出版

定量风险评估

作者：David Vose
主译：孙向东（中国动物卫生与流行病学中心）

预计出版日期：2015年1月出版

猪福利管理

作者：Jeremy N. Marchant-Forde（普渡大学）
主译：刘作华（重庆市畜科院研究员）

预计出版日期：2014年8月出版

家畜行为与福利 第4版

作者：D. M. Broom（剑桥大学教授）
主译：魏荣 葛林 等

预计出版日期：2014年5月出版

项目策划：黄向阳 邱利伟
项目运营：雷春寅
培训总监：神翠翠
销售经理：周晓艳
版权法务：杨 春
外文编辑：栗 柱
编辑部邮箱：ccap163@163.com

说 明：出版社只接受团购和咨询，零售请与经销商联系购买。
团购热线：010-59194929 59194355 59194924

传统书店：各地新华书店
专业书店：郑州大地书店 / 北京启农书店 / 北农阳光书店
网络书店：当当网 卓越网 京东商城 淘宝商城 等

邮寄及汇款方式：
北京市朝阳区麦子店街18号楼农业部北办公区
中国农业出版社养殖业出版分社（邮编：100125）
编辑部电话：010-59194929
读者服务部：010-59194872
网 址：www.ccap.com.cn
户 名：中国农业出版社
开 户 行：农业银行北京朝阳路北支行
账 号：04010104000333

获取更多新书信息及购书咨询，请扫描二维码。

基础兽医学

反刍动物解剖学彩色图谱 第2版

者：Raymond R. Ashdown 等
（英国伦敦大学皇家兽医学院）
译：陈耀星（中国农业大学教授）

介：本书由英国皇家兽医学院解剖研究室的教授领衔编写，以标本和手绘图相结合的方式介绍了头部、前肢、腹部、后肢、颈部、胸部和腹部器官，骨骼、关节、肌肉、血管、神经等详细的解剖结构和示意图。

16开 · 精装 · 2012年9月出版
SBN：978-7-109-15340-0
价：210元

DUKES家畜生理学 第12版

作者：William O. Reece
（艾奥瓦州立大学教授）
主译：赵茹茜（南京农业大学教授）

简介：该书堪称国际兽医和动物科学领域家畜（动物）生理学的“圣经”。本书包括体液和血液；肾的功能、呼吸功能及酸碱平衡；心血管系统；神经系统、特殊感觉、肌肉和体温调节；内分泌、生殖和泌乳；消化、吸收和代谢等六大部分55章。

大16开 · 精装 · 2014年3月出版
ISBN：978-7-109-16066-8
定 价：280元

预防兽医学

兽医免疫学 第8版

作者：Ian R.Tizard
（得克萨斯A&M大学教授）
主译：张改平（院士，河南农业大学）

简介：本书是兽医免疫学的经典之作，全面系统介绍了兽医免疫学的相关知识，包括：机体防御、炎症发生机制、中性白细胞及其产物、巨噬细胞和炎症后期、补体系统、细胞信号（细胞因子及其受体）、抗原、树状突细胞和抗原处理、主要组织相容性复合体、免疫系统器官、淋巴细胞、辅助性T细胞及其对抗原的反应、B细胞及其抗原反应、抗体、抗原结合受体的产生、T细胞功能、获得性免疫调控、体表免疫、疫苗应用、细菌和真菌免疫等38章。

大16开 · 精装 · 2012年9月出版
ISBN：978-7-109-16403-1
定 价：350元

兽医寄生虫学 第9版

作者：Dwight D. Bowman
（康奈尔大学兽医学院教授）
主译：李国清（华南农业大学教授）

简介：本书是美国兽医院校的经典教材，主要内容包括概述、节肢动物、原生动物、蠕虫、虫媒病、抗寄生虫药、寄生虫学诊断、组织病理学诊断、附录（各种动物的驱虫药等）。全书配有清晰的照片。

大16开 · 精装 · 2013年5月出版
ISBN：978-7-109-16490-1
定 价：348元

医药理学与治疗学 第9版

者：Jim E. Riviere
（美国科学院医学院士，北卡罗莱纳州立大学兽医学院）
Mark G. Papich
（北卡罗莱纳州立大学）
译：操继跃（华中农业大学教授）
刘雅红（华南农业大学教授）

介：60多年前，本书第1版由美国兽药理学之父L · 梅耶 · 琼斯博士（Dr. Meyer Jones）撰写。本次第9版一增加了药物在次要动物和竞赛动物等域的应用；二是加大从临床治疗学的角论述药理学内容；三是增加了使用动物身上的人用药品的标签外用药的述，并对种属差异性的重要影响进行强调；四是特别强调了食品动物的用，以保证人类食品安全。

16开 · 精装 · 2012年8月出版
BN：978-7-109-16066-8
价：348元

兽医血液学彩色图谱

作者：John W. Harvey
（佛罗里达大学兽医学院教授）
主译：刘建柱（山东农业大学副教授）

简介：美国著名病理学教授的倾心之作。本书包括血液和骨髓两部分。血液部分包括：血样检查、红细胞、白细胞、血小板、混杂细胞和寄生虫；骨髓部分主要内容包括：造血细胞生成、骨髓检查、脊髓细胞紊乱、造血性新生物（肿瘤）以及非造血性新生物。

大16开 · 精装 · 2012年1月出版
ISBN：978-7-109-15061-4
定 价：168元

兽医病理学 第5版

作者：James F. Zachary
（伊利诺伊州立大学病理学教授）
M. Donald McGavin
（田纳西州立大学病理学教授）
主译：赵德明（中国农业大学教授）

预计出版日期：2015年1月出版

兽医临床病例分析 第3版

作者：Denny Meyer John W. Harvey
（佛罗里达州立大学兽医学院）
主译：夏兆飞（中国农业大学教授）

预计出版日期：2014年6月出版

兽医临床尿液分析

主译：Carolyn A. Sink Nicole M. Weinstein
主译：夏兆飞

预计出版日期：2014年5月出版

兽医流行病学研究 第2版

作者：Ian Dohoo
（加拿大爱德华王子岛大学教授）
主译：刘秀梵（院士，扬州大学）

简介：我国著名的兽医流行病学专家刘秀梵院士亲自主持翻译。本书一是全面系统介绍流行病学的基本原理，详细描述各种流行病学方法、材料和内容为研究者所用；二是重点介绍设计和分析技术两方面的问题，对这些方法有全面而准确的描述；三是为各种流行病学方法提供现实的例子，所用的数据集在书中都有描述。无论对研究人员，还是对高效师生，对实验方法建立和实验数据分析都有重要的指导作用。

大16开 · 精装 · 2012年9月出版
ISBN：978-7-109-15857-3
定 价：280元

兽医病毒学 第4版

作者：N.JamesMacLachlan
（加州大学兽医学院教授）
Edward J. Dubovi
（康奈尔大学兽医学院教授）
主译：孔宪刚
（哈尔滨兽医研究所研究员）

简介：本书内容包括两部分共32章。第一部分介绍了病毒学的基本知识，涉及动物感染与相关疾病。第二部分介绍临床症状，发病机理，诊断学，流行病学以及具体的病例。第4版在第3版的基础上作了大量修订，补充了兽医病毒学领域最新的知识，扩充了实验动物、鱼和其他水生生物、鸟类的病毒及病毒病的相关内容。保留了新出现的病毒病，包括人兽共患病。

预计出版日期：2014年7月

外来动物疫病 第7版

主编：Corrie Brown
（佐治亚大学兽医学院教授）
Alfonso Torres
（康奈尔大学兽医学院教授）
主译：王志亮
（中国动物卫生与流行病学中心研究员）

简介：美国动物健康协会外来病与突发病委员会从1953年组织编写《外来动物疾病》，经不断完善成为当今国际上高水平的外来动物疾病培训教材。该书囊括了几乎所有的外来动物疾病，《国际动物健康法典》规定必须通报的疫病和近年来全球范围内的动物新发病尽在其中。对我国读者而言，不仅可以从中得到我们所需要的外来动物疾病的知识，也可以学到我国既存的某些重大动物疫病的有关知识，对提高我国兽医工作人员对外来动物疾病的识别能力和防控技术水平有重要意义。

预计出版日期：2014年3月

兽医临床寄生虫学 第8版

作者：Anne M. Zajac
（维吉尼亚-马里兰兽医学院副教授）
Gary A. Conboy
（爱德华王子岛大学副教授）
主译：殷宏（兰州兽医研究所研究员）

大16开 · 精装
预计出版日期：2015年1月出版

兽医流行病学 第3版

作者：Mike Thrusfield
（爱丁堡大学教授）
主译：黄保续（中国动物卫生与流行病学中心研究员）

预计出版日期：2015年1月

兽医微生物与微生物疾病 第2版

作者：P.J. Quinn（都柏林大学教授）
主译：马洪超（中国动物卫生与流行病学中心主任）

预计出版日期：2014年9月

兽医微生物学 第3版

作者：David Scott McVey，Melissa Kennedy
（田纳西州立大学兽医学院教授）
M.M. Chengappa
（堪萨斯州立大学兽医学院教授）
主译：王笑梅
（哈尔滨兽医研究所研究员）

预计出版日期：2015年9月

人与动物共患病

作者：Peter M. Rabinowitz
（耶鲁大学大学医学院）
主译：刘明远（吉林大学教授）

预计出版日期：2014年9月

临床兽医

禽病学 第12版

作者：Y.M. Saif
（俄亥俄州立大学教授）
主译：苏敬良（中国农业大学教授）
高福（院士，中国疾病预防控制中心/中科院微生物所）

简介：《禽病学》初版于1943年，经过70年的历史，已经成为禽病领域最权威经典的著作。本书既具理论性，又具实践性，是世界禽病学从业者的必备工具书。本书从第7版开始引入我国，对我国的养禽业起到了重要的促进作用，已成为禽病临床工作者重要工具书。本次出版为第12版。

大16开 · 精装 · 2011年12月出版
ISBN：978-7-109-15653-1
定 价：290元

绵羊疾病学 第4版

作者：I.D.Aitken
（英国爱丁堡莫里登研究所原所长、大英帝国勋章获得者）
主译：赵德明（中国农业大学教授）

简介：本书内容共分十六部分75章，包括：福利，繁殖生理学，生殖系统疾病，消化系统疾病，呼吸系统疾病，神经系统疾病，蹄部和腿部疾病，皮肤、毛发和眼睛疾病，新陈代谢和矿物质紊乱，中毒，肿瘤，检查技术等。

大16开 · 精装 · 2012年9月出版
ISBN：978-7-109-15820-7
定 价：160元

默克兽医手册 第10版

主编：Cynthia M. Kahn
主译：张仲秋（农业部兽医局局长）
丁伯良
（天津畜牧兽医研究所研究员）

简介：本书是全球兽医的案头书籍，是兽医学科内集大成图书。本版第10版凝聚了全球19个国家400余位专家学者的智慧与实际经验，涵盖了循环系统、消化系统、眼和耳、内分泌系统、全身性疾病、免疫系统、体被系统、代谢病、肌肉骨骼系统、神经系统、生殖系统、泌尿系统、行为学、临床病理学与检查程序、急症与护理、野生动物与实验动物、饲养管理与营养、药理学、毒理学、家禽、人兽共患病等兽医所涉及的方方面面。

小16开 · 精装
预计出版日期：2014年6月

马病诊疗学 第7版

作者：Kim A. Sprayberry，N. Edward Robinson
（密歇根州立大学教授）
主译：于康震（农业部副部长，研究员）

预计出版日期：2015年5月出版

山羊疾病学 第2版

作者：Mary C. Smith
（康奈尔大学兽医学院教授）
David M. Sherman
（塔夫茨大学兽医学院副教授）
主译：刘湘涛（兰州兽医研究所研究员）

预计出版日期：2015年1月

兽医操作规程与急诊治疗 第9版

作者：Richard B. Ford（北卡罗来纳州州立大学兽医学院教授）
主译：施振声 麻武仁（中国农业大学教授）

预计出版日期：2014年10月

小动物外科学大系（4册）
全球小动物外科界“圣经”

小动物外科学 ① ②

作者：Theresa Welch Fossum
（得州农工大学兽医学院教授）

小动物外科学 ③ ④

作者：Karen M. Tobias
（田纳西州立大学兽医学院教授）
Spencer A. Johnston
（佐治亚州立大学兽医学院教授）
译者：袁占奎 等

大16开 · 精装
预计出版日期：2014年5月至12月

小动物整形外科与骨折修复 第4版

作者：Donald L. Piermattei
（科罗拉多州立大学教授）
Gretchen L. Flo，Charles E. DeCamp
（密歇根州立大学教授）
主译：侯加法（南京农业大学教授）

预计出版日期：2015年9月出版

猫病学 第4版

作者：Gary D. Norsworthy
（密西西比州立大学兽医学院教授）
译者：赵兴绪（甘肃农业大学教授）

简介：作者来自全球60多位优秀的猫科专业教授和一线兽医联合编写。主要涵盖猫病学方方面面，包括：细胞学·影像·临床操作技术，行为学，牙科，手术，临床病例，常用处方等。

大16开 · 精装
预计出版日期：2014年5月

小动物肿瘤基础入门

作者：Rob Foale（英国诺丁汉大学）
Jackie Demetriou
（英国剑桥大学）
主译：董军（中国农业大学）

预计出版时间：2014年5月

小动物临床肿瘤学 第5版

作者：Stephen J. Withrow
（科罗拉多州大学教授，动物癌症中心创办者）
David M. Vail（威斯康星州立大学麦迪逊分校教授）
主译：林德贵（中国农业大学教授）

预计出版日期：2015年1月

小动物外科系列

权威经典
阶梯学习
精英培养

小动物麻醉与镇痛 ①

作者：Gwendolyn L. Carroll
（美国得克萨斯农工大学教授）
主译：施振声 张海泉

简介：本辑由美国得克萨斯大学农工大学麻醉学教授Gwendolyn L. Carroll主编。内容包括：麻醉设备、监护、通风换气、术前准备、术前用药、诱导麻醉剂和全静脉麻醉、引入麻醉、局部麻醉及镇痛技术、镇痛、非甾体类抗炎药物、支持疗法、心肺复苏术、特殊患病动物的麻醉、物理医学及其在康复中的作用、临床麻醉技术等内容。

大16开 · 平装 · 2014年1月出版
ISBN：978-7-109-16499-4
定　价：108元

小动物外科基础训练 ②

作者：[美] Fred Anthony Mann
Gheorghe M. Constantinescu
Hun-Young Yoon
主译：黄坚 林德贵（中国农业大学）

简介：本书主要针对外科基础标准化训练来展开。包括：患病动物的术前评估，小动物麻醉基础，外科无菌技术，外科手术中抗生素的使用，基本的外科手术器械，灭菌的包裹准备，手术室规程，手术服装，刷洗、穿手术衣和戴手套，手术准备和动物的体位，手术创巾的铺设，手术器械的操作，外科打结，缝合材料和基本的缝合样式，创伤愈合与创口闭合基础，外科止血，外科导管和引流，犬卵巢子宫摘除术，术后的疼痛管理，患病动物的疗养和随访。

大16开 · 平装 · 2014年2月出版
ISBN：978-7-109-17612-6
定　价：200元

小动物外科手术原则 ③

作者：Stephen Baines Vicky Lipscomb
（英国皇家兽医学院）
主译：周珞平

简介：本书包括三个部分：一、手术的设施及设备；二、对于手术患畜的围手术期考虑；三、外科生物学及操作技术。本书为各个兽医外科学原则在实践中的完美呈现提供了一个坚实的基础。对于兽医、护士、在校及刚毕业的兽医专业学生来说，本书将是十分有益的。本书中文版将分上下两册为您一一呈现，敬请关注。

大16开 · 平装 · 2014年3月出版
ISBN：978-7-109-18667-5
定　价：255元

小动物软组织手术 ④

作者：Karen M. Tobias
（田纳西州立大学兽医学院教授）
主译：袁占奎（中国农业大学）

简介：本书作者将20多年软组织手术经验汇集此书，全面介绍了皮肤手术、腹部手术、消化系统手术、生殖系统手术，泌尿系统手术，会阴部手术，头颈部手术以及其他操作等。

大16开 · 平装 · 2014年3月出版
ISBN：978-7-109-17544-0
定　价：255元

小动物绷带包扎、铸件与夹板技术 ⑤

作者：Steven Swaim（奥本大学教授）
Walter Renberg, Kathy Shike
（堪萨斯州立大学）
主译：袁占奎（中国农业大学）

简介：本书主要介绍了绷带包扎、铸件及夹板固定基础，头部和耳部绷带包扎，胸部、腹部及骨盆部绷带包扎，末端绷带包扎以及制动技术。

大16开 · 平装 · 2014年3月出版
ISBN：978-7-109-18548-7
定　价：90元

小动物伤口管理与重建手术 ⑥ ⑦ 第3版

作者：Miichael M. Pavletic
（波士顿Angell动物医学中心）
主译：袁占奎 李增强 牛光斌

简介：作者35年伤口管理和重建手术经验汇集本书，是全球小动物外科手术修复的权威著作。包括皮肤，伤口愈合基本原则，敷料、绷带、外部支撑物和保护装置，伤口愈合常见并发症，特殊伤口的管理，局部因素，减张技术，皮肤伸展技术，邻位皮瓣，远位皮瓣技术，轴型皮瓣，游离移植片，面部重建，口腔重建，美容闭合技术等内容。

大16开 · 平装 · 2014年3月出版
ISBN：978-7-109-18685-9

小动物骨盆部手术 ⑧

作者：[西班牙] Jose Rodriguez Gomez
Jaime Graus Morales Maria
Jose Martinez Sanudo
主译：丁明星（华中农业大学兽医学院教授）

预计出版日期：2014年9月出版

小动物微创骨折修复手术 ⑨

作者：Brian S. Beale
主译：周珞平

预计出版日期：2014年9月出版

小动物肿瘤手术 ⑩

作者：[奥] Simon T. Kudnig
[美] Bernard Séguin
主译：李建基
（扬州大学兽医学院教授）

预计出版日期：2015年1月出版